“十三五”国家重点出版物出版规划项目
面向可持续发展的土建类工程教育丛书

画法几何与土木工程制图

主编　何　蕊　姜文锐
参编　李利群　吴雪梅　王　迎
　　　高　岱　李平川　崔馨丹
　　　曲焱炎　邱　微　高承林
主审　钱晓明　栾英艳

机械工业出版社

本书针对土木类专业制图课程编写，包括画法几何及土木专业制图、识图知识。

全书共15章，内容包括制图的基本知识与技能，点、直线和平面的投影，换面法，立体的投影，工程曲面，轴测投影，组合体视图，建筑形体的表达方法，标高投影，施工图概述及总图，建筑施工图，结构施工图，室内给水排水工程图，供暖通风与空气调节工程图，道路、桥梁、涵洞工程图。

本书在内容和例题选择上充分体现土木工程相关专业的特点，为突出时代感和科学性，尽量做到引用现行相关国家标准、规范、图集，从而使教材内容不滞后，与工程实际不脱节。

本书适用于普通高等学校土木建筑类及相关专业的专业制图相关课程教学，也可供其他类型高等教育有关课程教学使用。

本书配套有授课PPT、思考题参考答案、动画等教学资源，免费提供给选用本书的授课教师，需要者请登录机械工业出版社教育服务网（www. cmpedu. com）注册下载。

图书在版编目（CIP）数据

画法几何与土木工程制图/何蕊，姜文锐主编. —北京：机械工业出版社，2021.6（2023.8重印）
（面向可持续发展的土建类工程教育丛书）
“十三五”国家重点出版物出版规划项目
ISBN 978-7-111-68353-7

Ⅰ.①画… Ⅱ.①何… ②姜… Ⅲ.①画法几何-高等学校-教材②土木工程-建筑制图-高等学校-教材 Ⅳ.①TU204

中国版本图书馆CIP数据核字（2021）第102407号

机械工业出版社（北京市百万庄大街22号 邮政编码100037）
策划编辑：李 帅 责任编辑：李 帅 臧程程 舒 宜
责任校对：王明欣 封面设计：张 静
责任印制：单爱军
北京虎彩文化传播有限公司印刷
2023年8月第1版第6次印刷
184mm×260mm · 22印张 · 2插页 · 549千字
标准书号：ISBN 978-7-111-68353-7
定价：64.90元

电话服务	网络服务
客服电话：010-88361066	机 工 官 网：www. cmpbook. com
010-88379833	机 工 官 博：weibo. com/cmp1952
010-68326294	金 书 网：www. golden-book. com
封底无防伪标均为盗版	机工教育服务网：www. cmpedu. com

前　言

党的二十大报告指出："教育、科技、人才是全面建设社会主义现代化国家的基础性、战略性支撑。"为培养德智体美劳全面发展的人才，全面提高工程技术人员的知识水平，并满足适应行业人才培养的需求，编者总结多年的教学经验，对课程内容进行了适当的调整，编写了本书和与其配套使用的《画法几何与土木工程制图习题集》。本书在编写过程中充分体现土木工程及其相关专业类型的特点，在内容和例题选择上尽量贴近实际，同时有所删减，与既往教材相比增加了组合体构型设计和结构施工图平面整体表达方法等内容，删减了旋转法和立体表面展开等内容，突出时代感和科学性，从而使教材内容与工程实际相适应，推进土木类工程图学的教学改革。

本书严格贯彻 GB/T 50001—2017《房屋建筑制图统一标准》、GB/T 50104—2010《建筑制图标准》、GB/T 50103—2010《总图制图标准》、GB/T 50105—2010《建筑结构制图标准》、GB/T 50106—2010《建筑给水排水制图标准》、GB 50162—1992《道路工程制图标准》、GB/T 50114—2010《暖通空调制图标准》等制图标准。所涉及的相关标准、规范、图集均为现行标准，使本书不与现行标准脱钩。同时本书融入课程思政教育理念，帮助学生养成执行相关标准和规范的制图习惯，具备良好的职业素养。

全书共 15 章，内容包括制图的基本知识与技能，点、直线和平面的投影，换面法，立体的投影，工程曲面，轴测投影，组合体视图，建筑形体的表达方法，标高投影，施工图概述及总图，建筑施工图，结构施工图，室内给水排水工程图，供暖通风与空气调节工程图，道路、桥梁、涵洞工程图。

本书在文字叙述上尽量做到简明扼要、通俗易懂，例图尽量做到简单清晰，来源于工程实际，便于教学。

参加本书编写工作的有：哈尔滨工业大学何蕊（第 11、14 章）、姜文锐（第 4、7、8 章）、李利群（第 3 章）、吴雪梅（第 5、6 章）、王迎（第 2 章）、高岱（第 12 章）、李平川（第 15 章）、崔馨丹（第 1 章）、曲焱炎（第 9 章）、邱微（与何蕊共同编写第 13 章），宏鑫建设集团有限公司高承林（与何蕊共同编写第 10 章）。何蕊负责书中有关标准、规范、图集内容的更新、修订。何蕊、姜文锐任主编，钱晓明、栾英艳任主审。

由于编者水平有限，书中难免存在疏漏之处，恳请读者批评指正。

编　者

目　录

第 1 章　制图的基本知识与技能

本章概要

本章主要介绍 GB/T 50001—2017《房屋建筑制图统一标准》的基本规定、绘图仪器与工具的使用以及几何作图等内容。

1.1　制图标准的基本规定

推动煤电清洁化利用的技术图纸

中华人民共和国住房和城乡建设部与中华人民共和国国家质量监督检验检疫总局于 2017 年 9 月 27 日联合发布，并于 2018 年 5 月 1 日实施中华人民共和国国家标准 GB/T 50001—2017《房屋建筑制图统一标准》。原国家标准 GB/T 50001—2010《房屋建筑制图统一标准》同时废止。其内容包括：图幅、图线、字体、比例、符号、定位轴线、常用建筑材料图例、图样画法、尺寸标注等。为了统一房屋建筑制图规则，做到图面清晰、简明，适应信息化发展与房屋建设的需要，利于国际交往，房屋建筑制图应符合 GB/T 50001—2017《房屋建筑制图统一标准》的规定。

GB/T 50001—2017《房屋建筑制图统一标准》适用于房屋建筑总图，建筑、结构、给水排水、暖通空调、电气等各专业的下列工程制图：

1）新建、改建、扩建工程的各阶段设计图、竣工图。

2）原有建（构）筑物的总平面图的实测图。

3）通用设计图、标准设计图。

GB/T 50001—2017《房屋建筑制图统一标准》适用于计算机辅助制图、手工制图方式绘制的图样。房屋建筑制图除应符合《房屋建筑制图统一标准》外，尚应符合国家现行有关标准以及各专业制图标准的规定。

1.1.1　图幅及规格

图纸幅面及图框尺寸应符合表 1-1 的规定，并应符合图 1-1、图 1-2 规定的格式。

需要微缩复制的图纸，其一个边上应附有一段准确米制尺度，四个边上均应附有对中标志，米制尺度的总长应为 100mm，分格应为 10mm。对中标志应画在图纸内框各边长的中点处，线宽应为 0.35mm，并应伸入内框边，在框外应为 5mm。对中标志的线段，应于图框长边尺寸 l_1 和图框短边尺寸 b_1 范围取中。

图纸的短边不可加长，A0～A3 幅面长边尺寸可加长，应符合表 1-2 的规定。

表 1-1　幅面及图框尺寸　　(单位：mm)

尺寸代号＼幅面代号	A0	A1	A2	A3	A4
$b \times l$	841×1189	594×841	420×594	297×420	210×297
c	10			5	
a	25				

注：表中 b 为幅面短边尺寸，l 为幅面长边尺寸，c 为图框线与幅面线间宽度，a 为图框线与装订线边间宽度。

表 1-2　图纸长边加长尺寸　　(单位：mm)

幅面尺寸	长边尺寸	长边加长后尺寸					
A0	1189	1486 (A0+l/4)	1783 (A0+l/2)	2080 (A0+3l/4)	2378 (A0+l)		
A1	841	1051 (A1+l/4)	1261 (A1+l/2)	1471 (A1+3l/4)	1682 (A1+l)	1892 (A1+5l/4)	2102 (A1+3l/2)
A2	594	743 (A2+l/4)	891 (A2+l/2)	1041 (A2+3l/4)	1189 (A2+l)	1338 (A2+5l/4)	1486 (A2+3l/2)
		1635 (A2+7l/4)	1783 (A2+2l)	1932 (A2+9l/4)	2080 (A2+5l/2)		
A3	420	630 (A3+l/2)	841 (A3+l)	1051 (A3+3l/2)	1261 (A3+2l)	1471 (A3+5l/2)	1682 (A3+3l)
		1892 (A3+7l/2)					

注：有特殊需要的图纸，可采用 $b \times l$ 为 841mm×891mm 与 1189mm×1261mm 的幅面。

图纸以短边作为垂直边应为横式，以短边作为水平边的应为立式。A0～A3 图纸宜横式使用，必要时，也可立式使用。

一个工程设计中，每个专业所使用的图纸，不宜多于两种幅面，不含目录及表格所采用的 A4 幅面。

1.1.2　标题栏

图纸中应有标题栏、图框线、幅面线、装订边线和对中标志。图纸的标题栏及装订边的位置，应符合以下规定：

1）横式使用的图纸，应按图 1-1a～c 规定的形式布置。

2）立式使用的图纸，应按图 1-2a～c 规定的形式布置。

应根据工程需要选择确定标题栏、会签栏的尺寸、格式及分区，如图 1-3 所示。签字区应包含实名列和签名列，并应该符合下列规定：

1）涉外工程的标题栏内，各项主要内容的中文下方应附有译文，设计单位的上方或左方，应加“中华人民共和国”字样。

2）在计算机辅助制图文件中使用电子签名与认证时，应符合《中华人民共和国电子签名法》的有关规定。

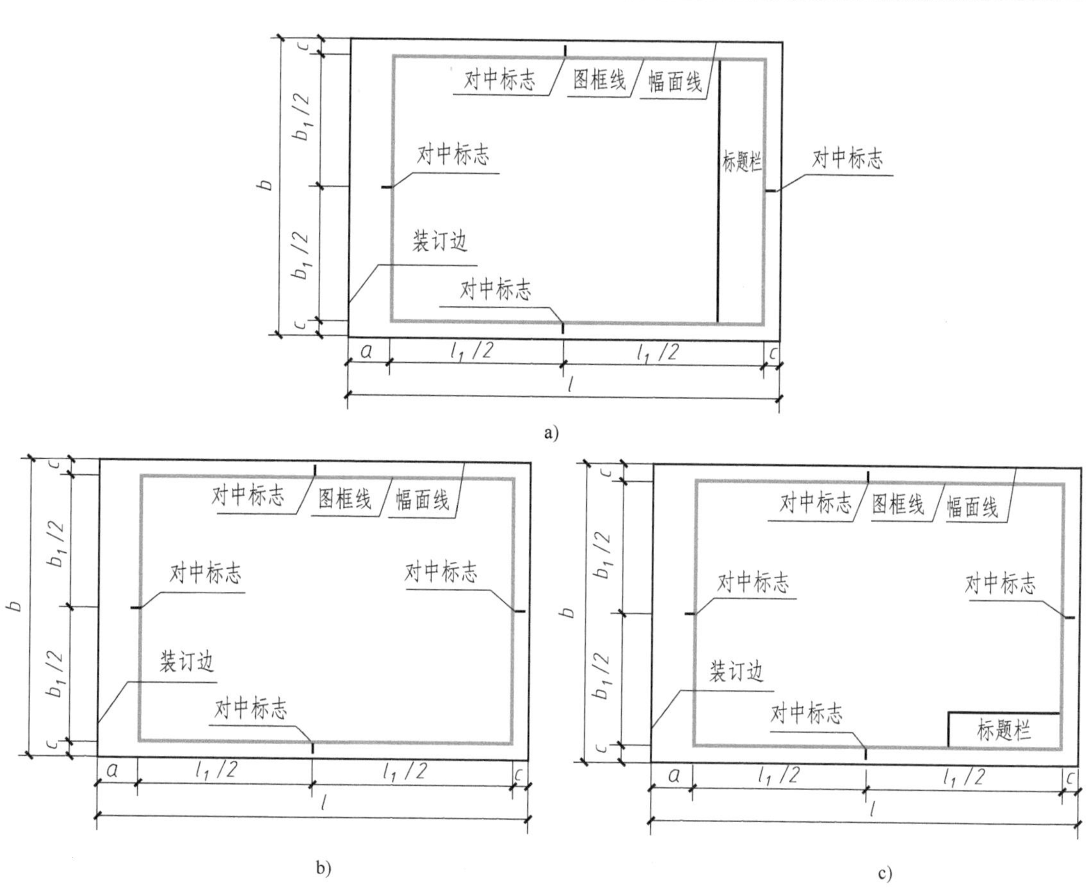

图 1-1　横式幅面

a）A0～A3 横式幅面（一）　b）A0～A3 横式幅面（二）　c）A0～A1 横式幅面

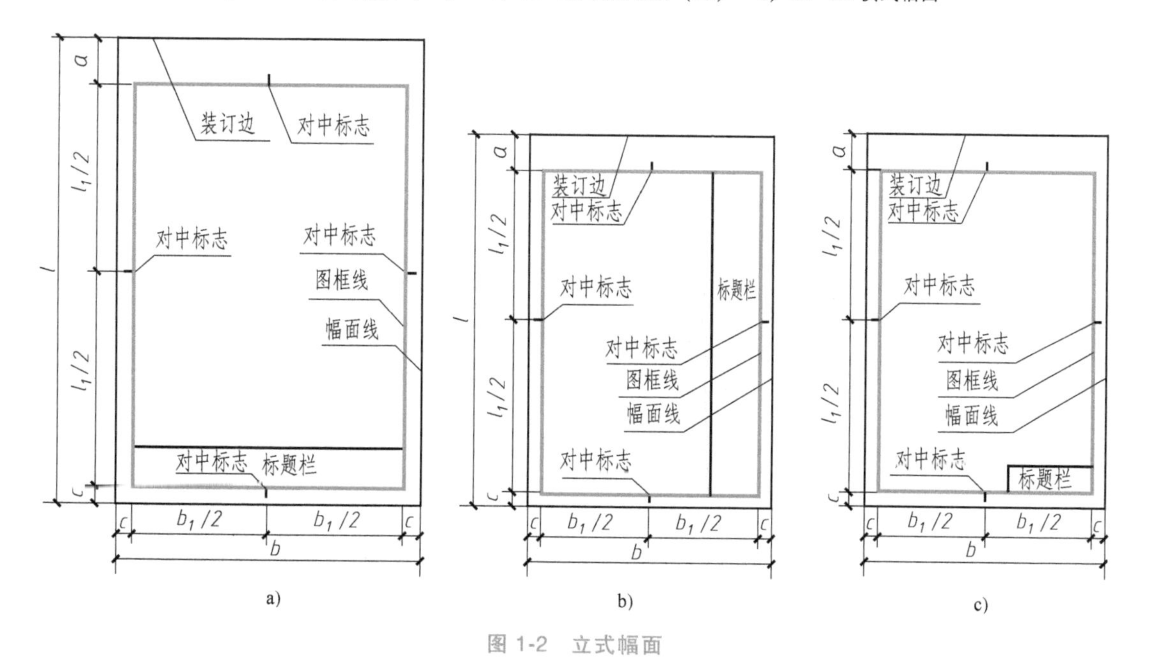

图 1-2　立式幅面

a）A0～A4 立式幅面（一）　b）A0～A4 立式幅面（二）　c）A0～A2 立式幅面

3）当由两个以上的设计单位合作设计同一个工程时，设计单位名称区可依次列出设计单位名称。

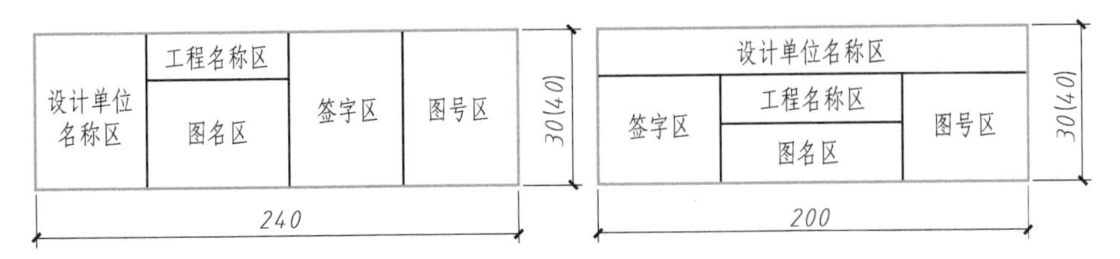

图 1-3　标题栏

学生制图作业的标题栏，可采用图 1-4 所示格式。

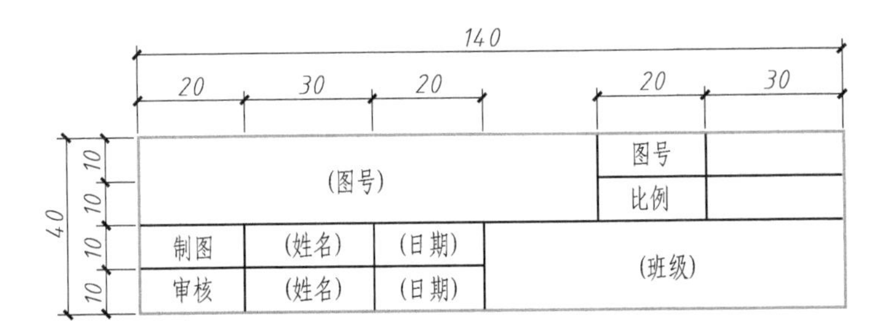

图 1-4　学生用标题栏格式

工程图纸应按专业顺序编排，应为图纸目录、设计说明、总图、建筑图、结构图、给水排水图、暖通空调图、电气图等编排。各专业的图纸，应按图纸内容的主次关系、逻辑关系进行分类，做到有序排列。

1.1.3　图线

图线的基本线宽 b，宜按照图纸比例及图纸性质从 1.4mm、1.0mm、0.7mm、0.5mm 线宽系列中选取。每个图样，应根据复杂程度与比例大小，先选定基本线宽 b，再选用表 1-3 中相应的线宽组。

表 1-3　线宽组　（单位：mm）

线宽比	线宽组			
b	1.4	1.0	0.7	0.5
$0.7b$	1.0	0.7	0.5	0.35
$0.5b$	0.7	0.5	0.35	0.25
$0.25b$	0.35	0.25	0.18	0.13

注：1. 需要微缩的图纸，不宜采用 0.18mm 及更细的线宽。
2. 同一张图纸内，各不同线宽中的细线，可统一采用较细的线宽组的细线。

在土木工程制图中，应根据所绘制的不同内容，选用不同的线型和不同粗细的图线。土木工程图样的图线有实线、虚线、单点长画线、双点长画线、折断线、波浪线等。除了折断线、波浪线外，其他各种图线又有粗、中粗、中、细四种不同的宽度，见表 1-4。

表 1-4　图线种类及用途

名称		线型	线宽	一般用途
实线	粗		b	主要可见轮廓线
	中粗		$0.7b$	可见轮廓线、变更云线
	中		$0.5b$	可见轮廓线、尺寸线
	细		$0.25b$	图例填充线、家具线
虚线	粗		b	见各有关专业制图标准
	中粗		$0.7b$	不可见轮廓线
	中		$0.5b$	不可见轮廓线、图例线
	细		$0.25b$	图例填充线、家具线
单点长画线	粗		b	见各有关专业制图标准
	中		$0.5b$	见各有关专业制图标准
	细		$0.25b$	中心线、对称线、轴线等
双点长画线	粗		b	见各有关专业制图标准
	中		$0.5b$	见各有关专业制图标准
	细		$0.25b$	假想轮廓线、成型前原始轮廓线
折断线	细		$0.25b$	断开界线
波浪线	细		$0.25b$	断开界线

同一张图纸内，相同比例的各图样应选用相同的线宽组。图纸的图框和标题栏线可采用表 1-5 的线宽。

表 1-5　图框和标题栏线的宽度　　（单位：mm）

图幅代号	图框线	标题栏	
		外框线	分格线
A0、A1	b	$0.5b$	$0.25b$
A2、A3、A4	b	$0.7b$	$0.35b$

图线的画法及注意事项：

1）相互平行的图例线，其净间隙或线中间隙不宜小于 0.2mm，如图 1-5a 所示。

2）虚线、单点长画线或双点长画线的线段长度和间隔，宜各自相等，如图 1-5a 所示。

3）单点长画线或双点长画线，当在较小图形中绘制有困难时，可用实线代替，如图 1-5b 所示。

4）单点长画线或双点长画线的两端，不应采用点。点画线与点画线交接或点画线与其他图线交接时，应采用线段交接。

5）虚线与虚线交接或虚线与其他图线交接时，应采用线段交接。虚线为实线的延长线时，不得与实线连接，如图 1-5c 所示。

6）图线不得与文字、数字或符号重叠、混淆，不可避免时，应首先保证文字等的清晰。

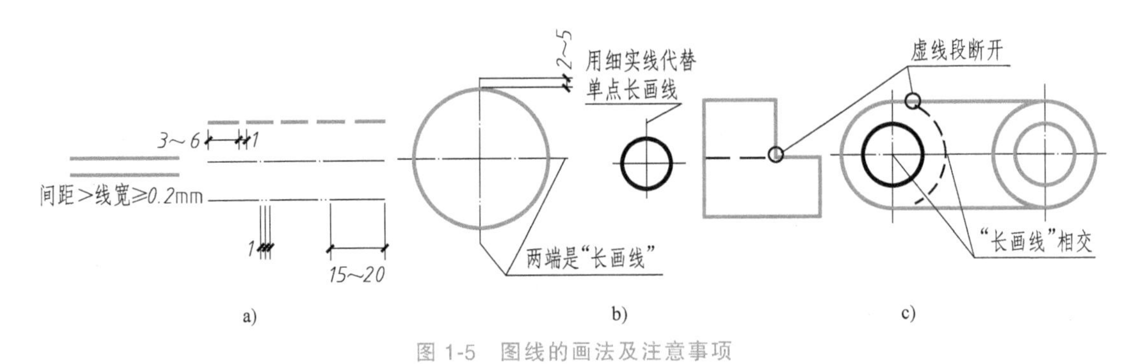

图 1-5　图线的画法及注意事项

1.1.4　字体

图纸上所需书写的文字、数字或符号等，均应笔画清晰、字体端正、排列整齐；标点符号应清楚正确。

文字的字高，应从表 1-6 中选用。字高大于 10mm 的文字宜选用 True type 字体，如需书写更大的字，其高度应按$\sqrt{2}$的倍数递增。

表 1-6　文字的字高　（单位：mm）

字体种类	汉字矢量字体	True type 字体及非汉字矢量字体
字高	3.5、5、7、10、14、20	3、4、6、8、10、14、20

图样及说明中的汉字，宜优先采用 True type 字体中的宋体字型，采用矢量字体时应为长仿宋体字型。同一图纸字体种类不应超过两种。矢量字体的宽高比宜为 0.7，且应符合表 1-7 中的规定，打印线宽宜为 0.25～0.35mm；True type 字体宽高比宜为 1。大标题、图册封面、地形图等的汉字，也可书写成其他字体，但应易于辨认，其宽高比宜为 1。

表 1-7　长仿宋体字高宽关系　（单位：mm）

字高	3.5	5	7	10	14	20
字宽	2.5	3.5	5	7	10	14

如表 1-8 所示，书写长仿宋体字，其要领是：横平竖直、注意起落、结构匀称、填满方格、笔画清楚、字体端正、间隔均匀、排列整齐。如图 1-6 所示，要注意字形及其结构特点。如图 1-7 所示，注意起笔、落笔、转折和收笔，做到干净利落，笔画不可有歪曲、重叠和脱节等现象，同时要按照整个字结构类型的特点，灵活地调整笔画间隔，使整个字体更加匀称和美观。

表 1-8　长仿宋体字的基本笔画

名称	点	横	竖	撇	捺	挑	折	勾
笔画形状	长点 垂点 下挑点 上挑点	平横 斜横		平撇 斜撇 直撇	斜捺 平捺	平挑 斜挑	竖折　横折 斜折　双折	竖勾　竖弯勾 左曲勾　右曲勾

（续）

名称	点	横	竖	撇	捺	挑	折	勾
例字	泥楼 热总	工 七	上 中	人 形	尺 建	比 结	凹周 安及	侧机 划构

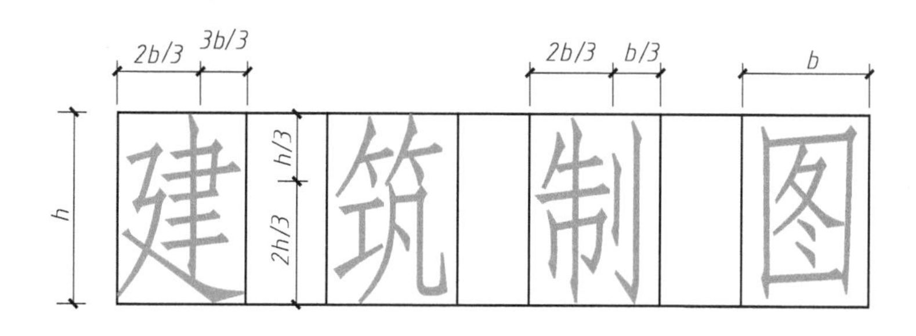

图 1-6　长仿宋体的字形结构

10号字

设计方案施工图纸钢结构

7号字

国家房屋建筑制图统一标准幅面比例

5号字

土木工程工业与民用建筑结构市政给排水暖通道路交通管理

3.5号字

住宅工业厂房梁柱墙身基础门窗楼梯间阳台厨房卫生间雨篷走廊屋面起居室通风道

横平竖直注意起落结构匀称填满方格

笔画清楚字体端正间隔均匀排列整齐

图 1-7　长仿宋体字

图样及说明中的字母、数字，宜优先采用 True type 字体中的 Roman 字型，书写规则应符合表 1-9 的规则。

表 1-9　字母及数字的书写规则

书写格式	字体	窄字体
大写字母高度	h	h
小写字母高度(上下均无延伸)	$7h/10$	$10h/14$
小写字母伸出的头部或尾部	$3h/10$	$4h/14$
笔画宽度	$h/10$	$h/14$
字母间距	$2h/10$	$2h/14$
上下行基准线的最小间距	$15h/10$	$21h/14$
词间距	$6h/10$	$6h/14$

字母及数字，当需要写成斜体时，其斜度应是从字的底线逆时针向上倾斜 75°。斜体字的高度和宽度与相应的直体字相等，如图 1-8 所示。

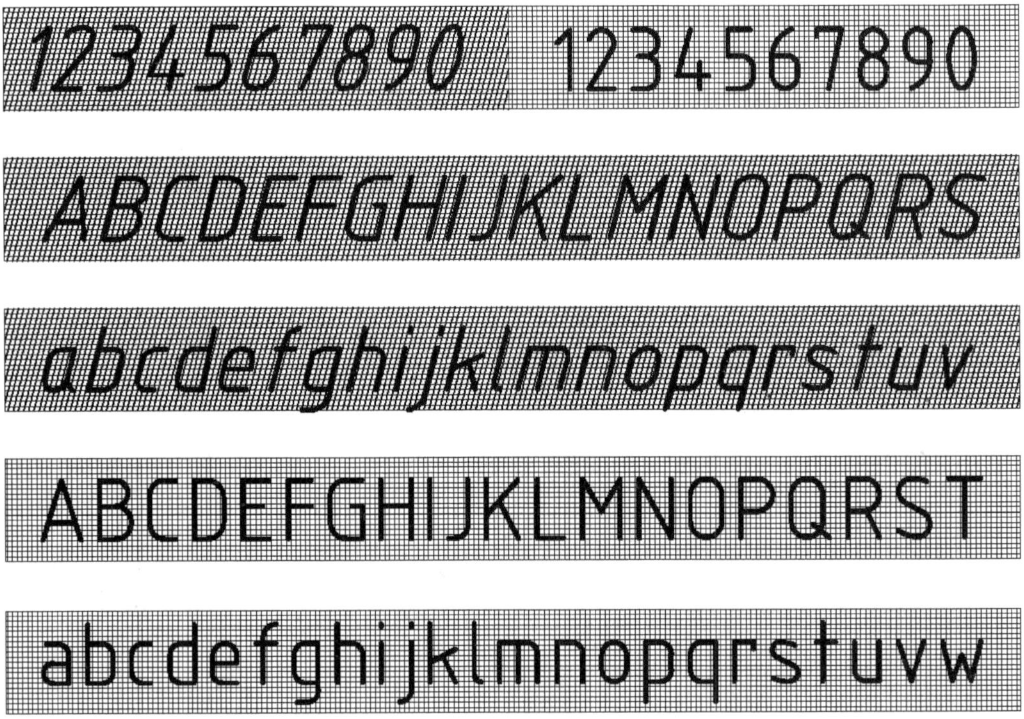

1234567890　1234567890

ABCDEFGHIJKLMNOPQRS

abcdefghijklmnopqrstuv

ABCDEFGHIJKLMNOPQRST

abcdefghijklmnopqrstuvw

图 1-8　字母、数字示例

数量的数值注写，应采用正体阿拉伯数字。各种计量单位凡前面有量值的，均应采用国家颁布的单位符号注写。单位符号应采用正体字母。分数、百分数和比例数的注写，应采用阿拉伯数字和数学符号。字母及数字的字高不应小于 2.5mm。

当注写的数字小于 1 时，应写出个位的“0”，小数点应采用圆点，齐基准线书写。

长仿宋汉字、字母、数字应符合现行国家标准 GB/T 14691—1993《技术制图　字体》的有关规定。

1.1.5　比例

图样的比例，应为图形与实物相对应的线性尺寸之比。比例的符号为“：”，比例应以阿拉伯数字表示，如 1：1、1：2、1：100 等。

图 1-9 是对同一个形体用三种不同比例的图形。

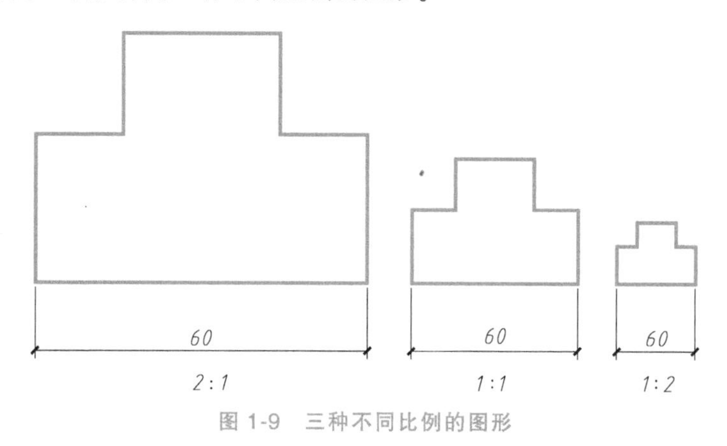

图 1-9　三种不同比例的图形

比例宜注写在图名的右侧，字的基准线应取平；比例的字高宜比图名的字高小一号或二号，如图 1-10 所示。

平面图 1：100　⑥ 1：20

图 1-10　比例的注写

绘图所用的比例应根据图样的用途与被绘对象的复杂程度，从表 1-10 中选用，并优先选用表中常用比例。

表 1-10　绘图所用的比例

常用比例	1：1、1：2、1：5、1：10、1：20、1：30、1：50、1：100、1：150、1：200、1：500、1：1000、1：2000
可用比例	1：3、1：4、1：6、1：15、1：25、1：40、1：60、1：80、1：250、1：300、1：400、1：600、1：5000、1：10000、1：20000、1：50000、1：100000、1：200000

一般情况下，一个图样应选一种比例。根据专业制图的需要，同一图样可选用两种比例。特殊情况下也可自选比例，这时除应注出绘图比例外，还应在适当位置绘制出相应的比例尺。需要缩微的图纸应绘制比例尺。

1.1.6　尺寸标注

图样只能表示形体的形状，其大小及各组成部分的相对位置是通过尺寸标注来确定的。

1. 尺寸的组成

图样上的尺寸，应包括尺寸界线、尺寸线、尺寸起止符号和尺寸数字，如图 1-11 所示。

（1）尺寸界线　尺寸界线应用中实线绘制，应与被注长度垂直，其一端应离开轮廓线不少于 2mm，另一端宜超出尺寸线 2~3mm，图样轮廓线可作为尺寸界线，如图 1-12 所示。

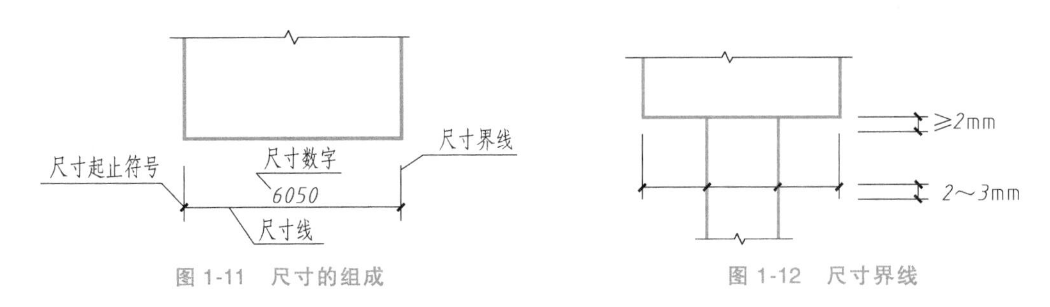

图 1-11　尺寸的组成　　　图 1-12　尺寸界线

(2) 尺寸线　尺寸线应用中实线绘制，应与所标注长度平行，两端宜以尺寸界线为边界，也可超出尺寸界线 2~3mm，图样本身的任何图线均不得用作尺寸线。

(3) 尺寸起止符号　尺寸起止符号用中粗斜短线绘制，其倾斜方向应与尺寸界线成顺时针 45°角，长度宜为 2~3mm。轴测图中用小圆点表示尺寸起止符号，小圆点直径 1mm，如图 1-13a 所示。半径、直径、角度与弧长的尺寸起止符号，宜用箭头表示，箭头宽度 b 不宜小于 1mm，如图 1-13b 所示。

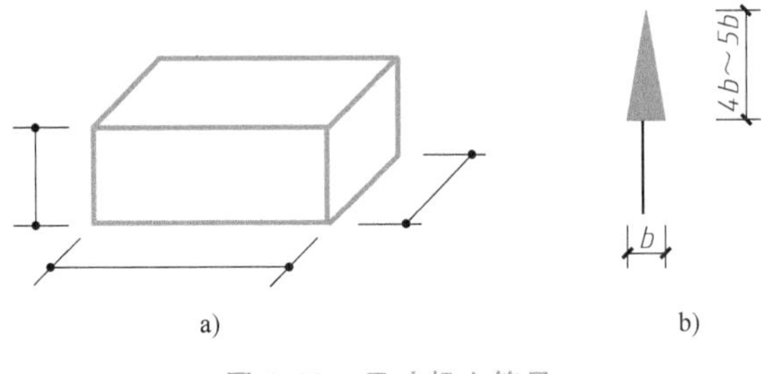

图 1-13　尺寸起止符号

a) 轴测图尺寸起止符号　b) 箭头尺寸起止符号

(4) 尺寸数字　图样上的尺寸，应以尺寸数字为准，不应从图上直接量取，也与绘图比例无关。图样上的尺寸单位，除标高及总平面图以米为单位外，其他必须以毫米为单位。尺寸数字的方向，应按图 1-14a 的规定注写，若尺寸数字在图中所示 30°斜线区内，也可按图 1-14b 的形式注写。

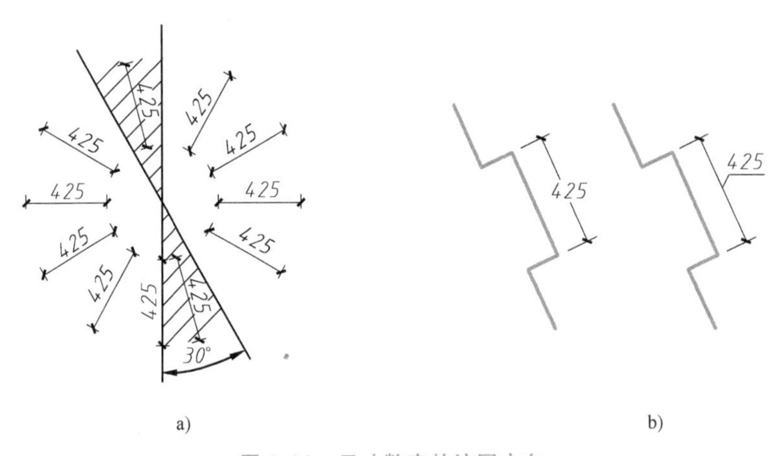

图 1-14　尺寸数字的注写方向

尺寸数字应依其方向注写在靠近尺寸线的上方中部。如没有足够的注写位置，最外面的尺寸数字可注写在尺寸界线的外侧，中间相邻的尺寸数字可上下错开注写，可用引出线表示标注尺寸的位置，如图 1-15 所示。

2. 常见的尺寸标注形式

(1) 半径、直径、球的尺寸标注　标注半圆（或小半圆）的尺寸时要标注半径。半径的尺寸线应一端从圆心开始，另一端画出箭头指向圆弧，半径数字应加注半径符号“R”，

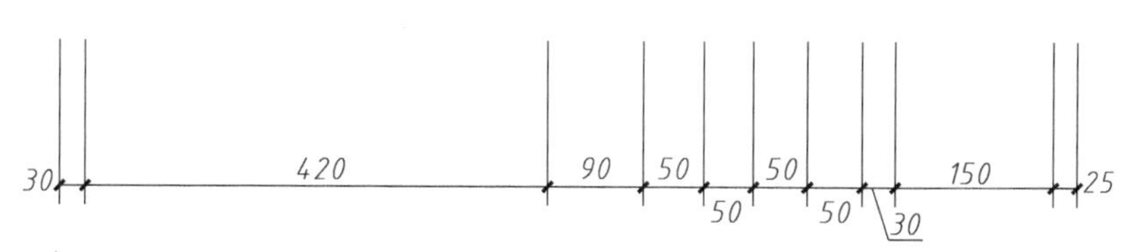

图 1-15　尺寸数字的注写位置

如图 1-16a 所示。较小圆弧的半径，可按图 1-16b 的形式标注，较大圆弧的半径，可按图 1-16c 的形式标注。

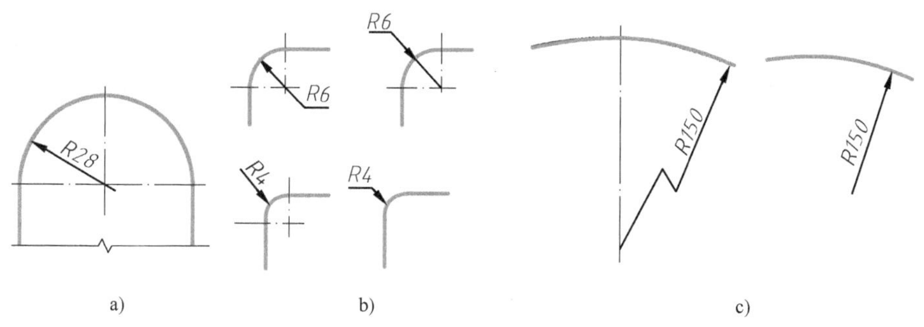

图 1-16　半径的尺寸标注

a）半径标注方法　b）小圆弧半径的标注方法　c）大圆弧半径的标注方法

标注圆（或大半圆）的直径尺寸时，直径数字前加注符号“ϕ”，在圆内标注的尺寸线应通过圆心，两端画箭头指至圆弧，如图 1-17a 所示。较小圆的直径，可以标注在圆外，如图 1-17b 所示。

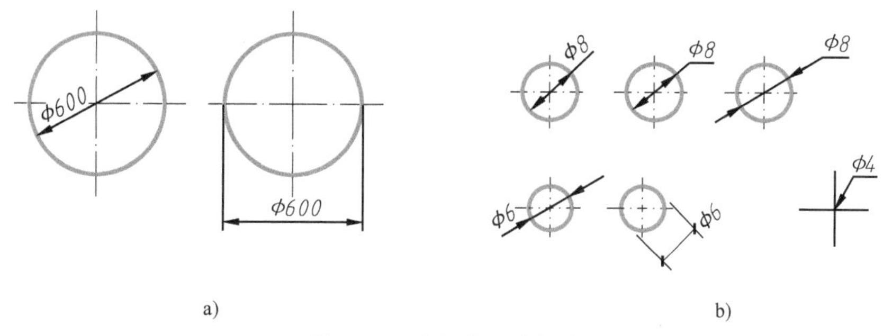

图 1-17　直径的尺寸标注

a）圆直径的标注方法　b）小圆直径的标注方法

标注球的半径尺寸时，应在尺寸数字前加注符号“*SR*”，标注球的直径尺寸时，应在尺寸数字前加注符号“*S*ϕ”。注写方法与圆直径及圆弧半径的尺寸标注方法相同。

（2）角度、弧长、弦长的标注　角度的尺寸线应以圆弧表示。该圆弧的圆心应是该角的顶点，角的两边为尺寸界线。起止符号用箭头表示，如没有足够位置画箭头，可用圆点代替，角度数字应沿尺寸线方向注写，如图 1-18 所示。

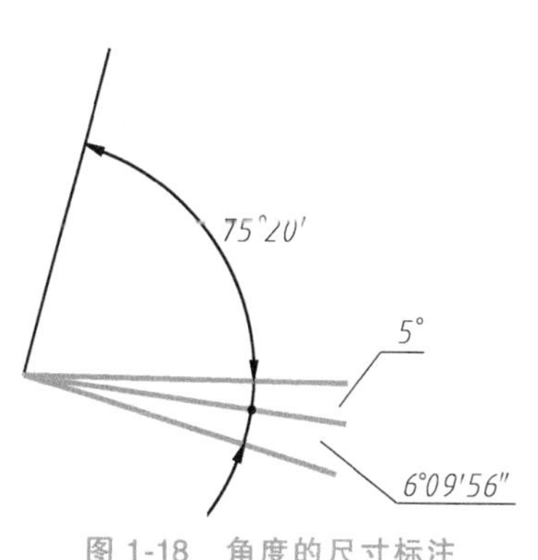

图 1-18　角度的尺寸标注

标注圆弧的弧长时，尺寸线应以与该圆弧同心的圆弧线表示，尺寸界线应指向圆心，起止符号用箭头表示，弧长数字上方或前应加注圆弧符号“⌒”，如图 1-19 所示。

标注圆弧的弦长时，尺寸线应以平行于该弦的直线表示，尺寸界线应垂直于该弦，起止符号用中粗斜短线表示，如图 1-20 所示。

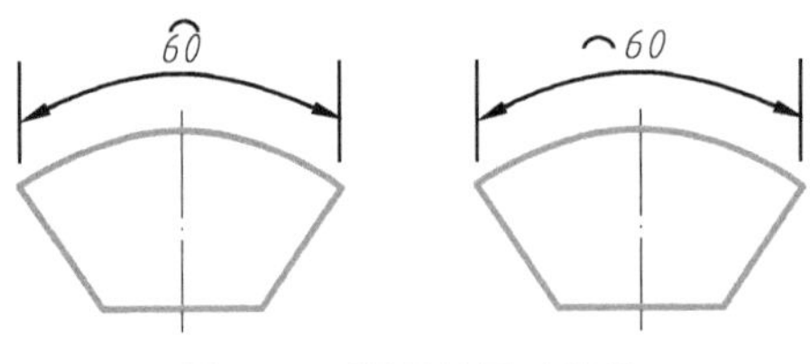

图 1-19　弧长的尺寸标注

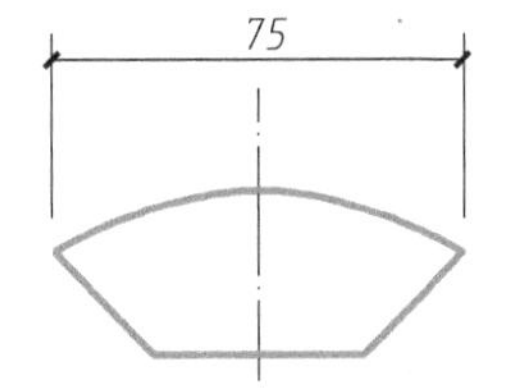

图 1-20　弦长的尺寸标注

（3）薄板厚度、正方形、坡度、非圆曲线等尺寸标注　在薄板板面标注板厚尺寸时，应在厚度数字前加厚度符号“*t*”，如图 1-21 所示。标注正方形的尺寸，可用“边长×边长”的形式，也可在边长数字前加正方形符号“□”，如图 1-22 所示。

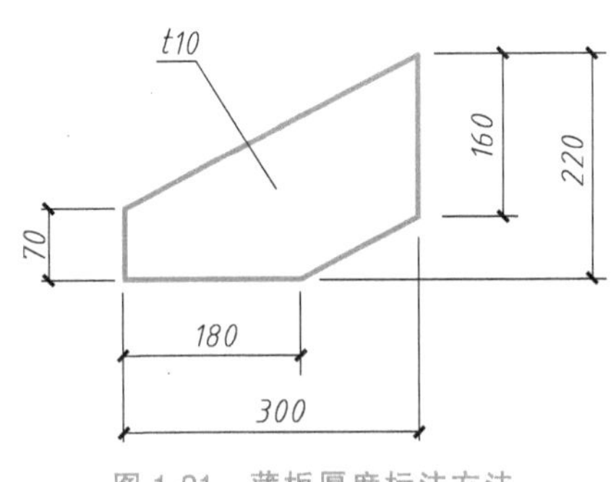

图 1-21　薄板厚度标注方法

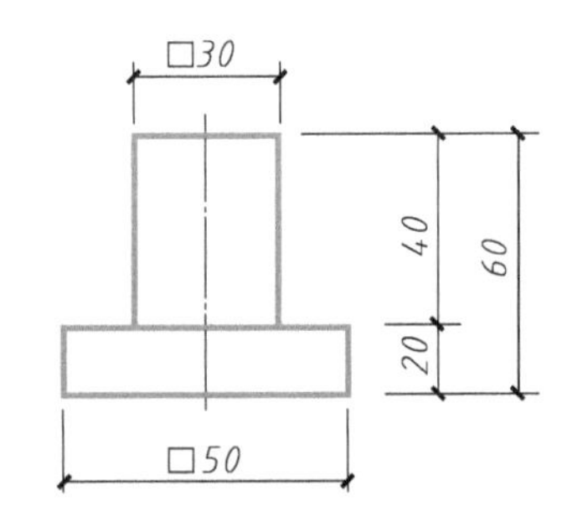

图 1-22　标注正方形尺寸

标注坡度时，应加注坡度符号“←”或“⟵”（图 1-23a、b），箭头应指向下坡方向，如图 1-23c、d 所示。坡度也可用直角三角形的形式标注，如图 1-23e、f 所示。

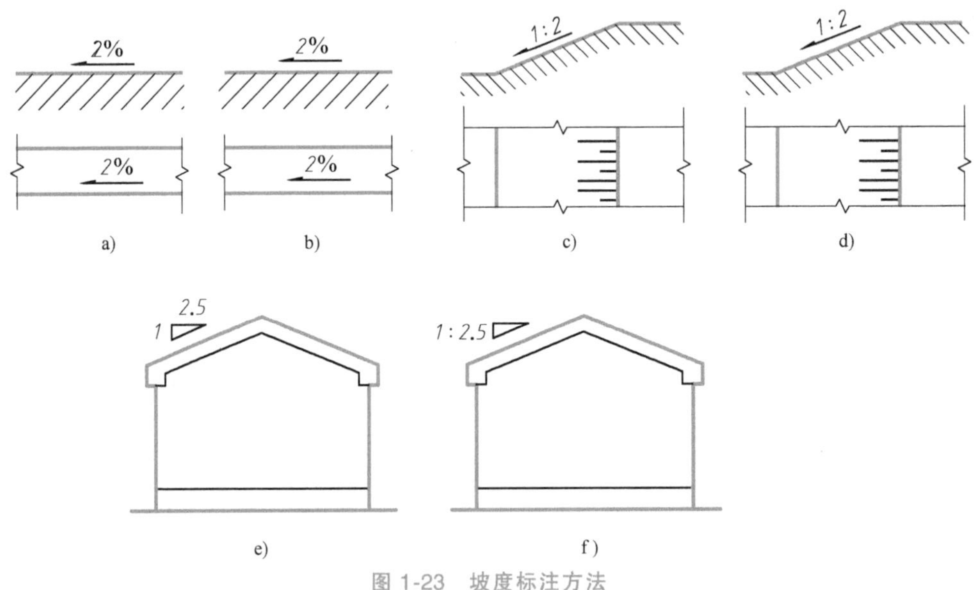

图 1-23　坡度标注方法

外形为非圆曲线的构件，可用坐标形式标注尺寸，如图 1-24 所示。复杂的图形，可用网格形式标注尺寸，如图 1-25 所示。

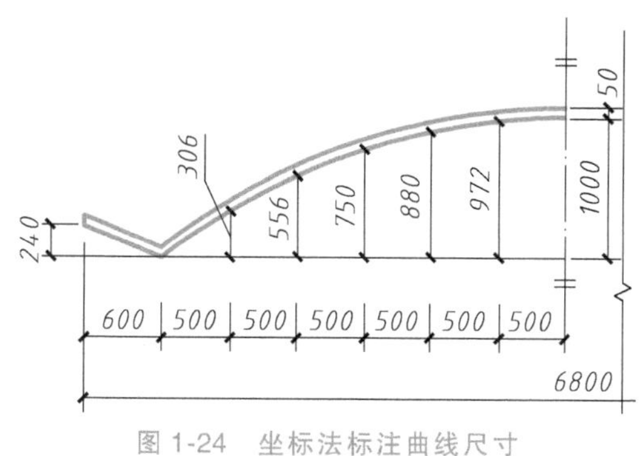

图 1-24　坐标法标注曲线尺寸

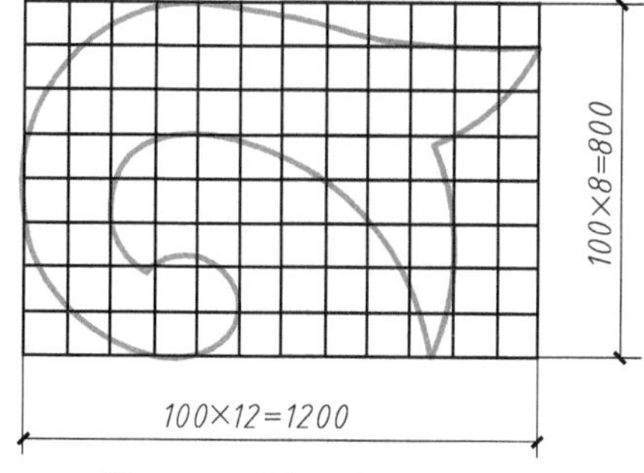

图 1-25　网格法标注曲线尺寸

3. 尺寸的排列与布置

尺寸宜标注在图样轮廓外，不宜与图线、文字及符号等相交，如图 1-26 所示。

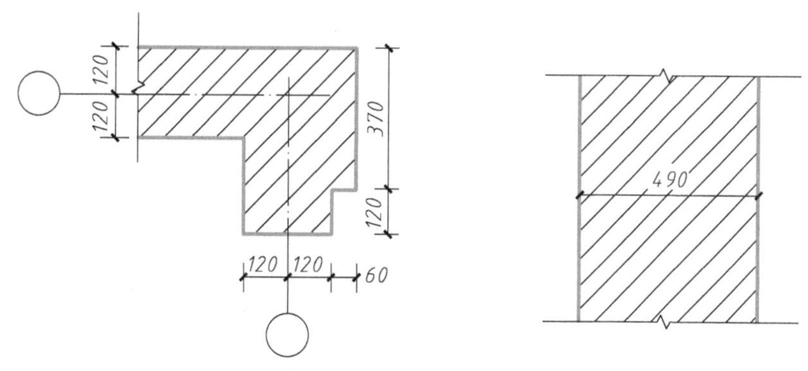

图 1-26　尺寸数字的注写

互相平行的尺寸线，应从被注写的图样轮廓线由近向远整齐排列，较小尺寸应离轮廓线近，较大尺寸应离轮廓线较远。图样轮廓线以外的尺寸界线，距图样最外轮廓的距离不宜小于 10mm。平行排列的尺寸线的间距宜为 7～10mm，并应该保持一致。总尺寸的尺寸界线应靠近所指部位，中间的分尺寸的尺寸界线可稍短，但其长度应相等，如图 1-27 所示。

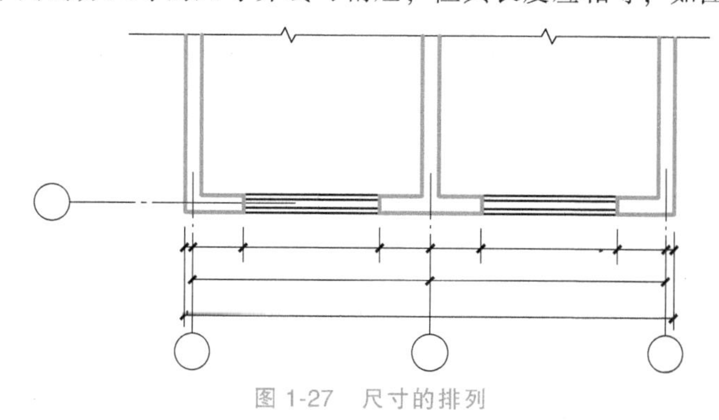

图 1-27　尺寸的排列

4. 尺寸的简化标注

（1）单线图尺寸　杆件或管线的长度，在单线图（桁架简图、钢筋简图、管线简图）上，可直接将尺寸数字沿杆件或管线的一侧注写，如图 1-28 所示。

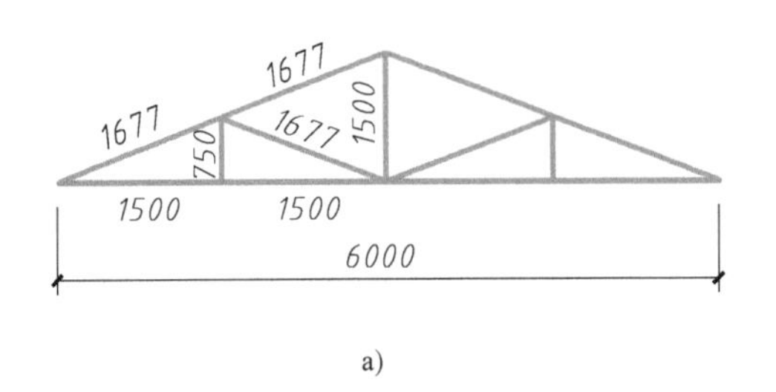

a)

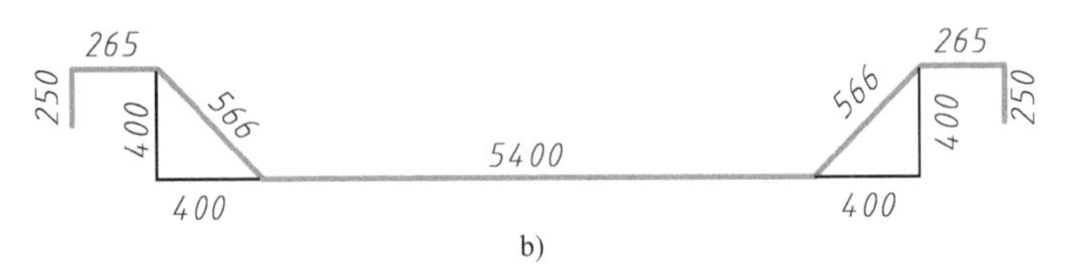

b)

图 1-28　单线图尺寸标注方法

（2）连排等长尺寸　连续排列的等长尺寸，可用“等长尺寸×个数＝总长”或“总长（等分个数）”的形式标注，如图 1-29 所示。

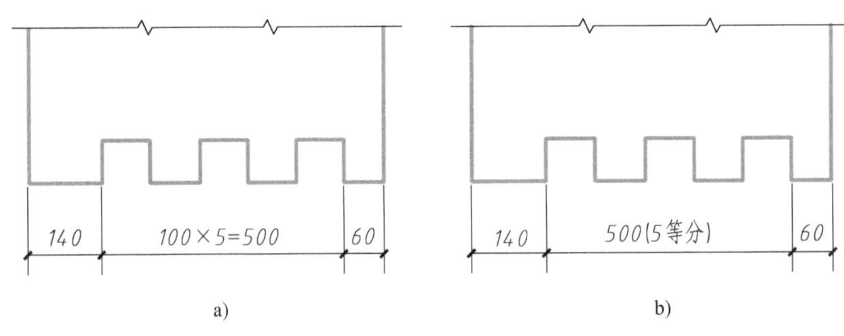

a)　　b)

图 1-29　等长尺寸简化标注方法

（3）相同要素尺寸　构配件内的构造要素（如孔、槽等）如相同，可仅标注其中一个要素的尺寸，如图 1-30 所示。

（4）对称构件尺寸　对称构配件采用对称省略画法时，该对称构配件的尺寸线应略超出对称符号，仅在尺寸线的一端画尺寸起止符号，尺寸数字应按整体全尺寸注写，其注写位置宜与对称符号对齐，如图 1-31 所示。

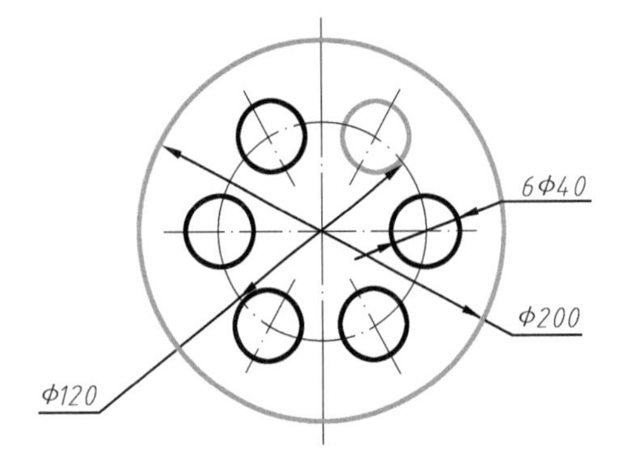

图 1-30　相同要素尺寸标注方法

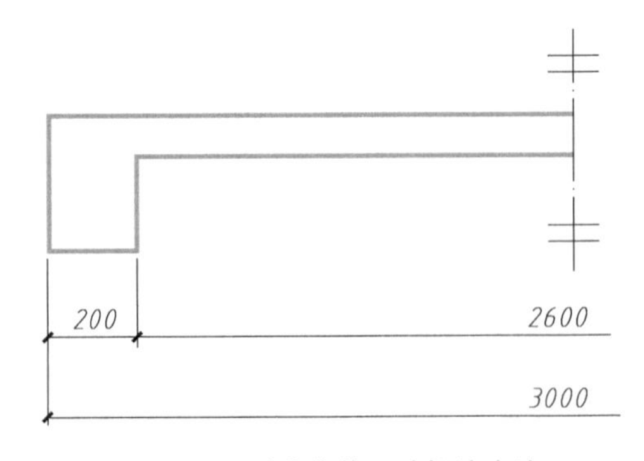

图 1-31　对称构件尺寸标注方法

（5）相似构配件尺寸　两个构配件如个别尺寸数字不同，可在同一图样中将其中一个构配件的不同尺寸数字注写在括号内，该构配件的名称也应注写在相应的括号内，如图 1-32 所示。

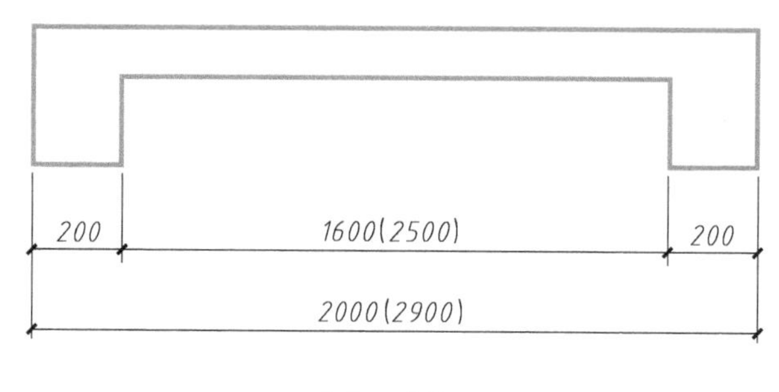

图 1-32　相似构配件尺寸标注方法

数个构配件如仅某些尺寸不同，这些有变化的尺寸数字，可用拉丁字母注写在同一图样中，另列表格写明其具体尺寸，如图 1-33 所示。

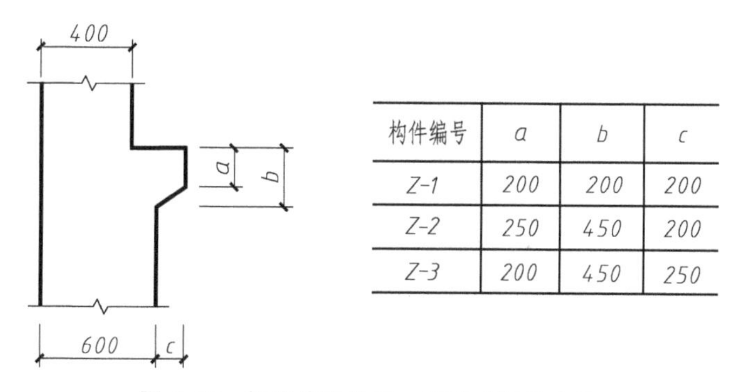

构件编号	a	b	c
Z-1	200	200	200
Z-2	250	450	200
Z-3	200	450	250

图 1-33　相似构配件尺寸表格式标注方法

1.2　手工绘图的一般方法和步骤

掌握正确的绘图方法和步骤，能够加快绘图速度，提高图面质量。

1.2.1　尺规作图

1. 绘图前的准备

1）根据所绘图样的内容，准备好绘图工具和仪器，削磨好铅笔和圆规所用的铅芯。常用的绘图工具有图板、丁字尺、三角板、圆规、分规等。丁字尺是由尺头和尺身组成的，画图时尺头靠在图板的工作边上，沿尺身的上边缘画水平线，如图 1-34 所示。一副三角板有 30°（60°）和 45°直角三角板两块，三角板与丁字尺配合画竖直线或 15°整数倍的斜线，如图 1-35 所示。圆规是画圆和圆弧的专用仪器，一般配有三种插腿：铅笔插腿（画铅笔线圆用）、直线笔插腿（画墨线圆用）、钢针插腿（代替分规用）。画大圆时可在圆规上接一个延伸杆，以扩大圆的半径，如图 1-36 所示。

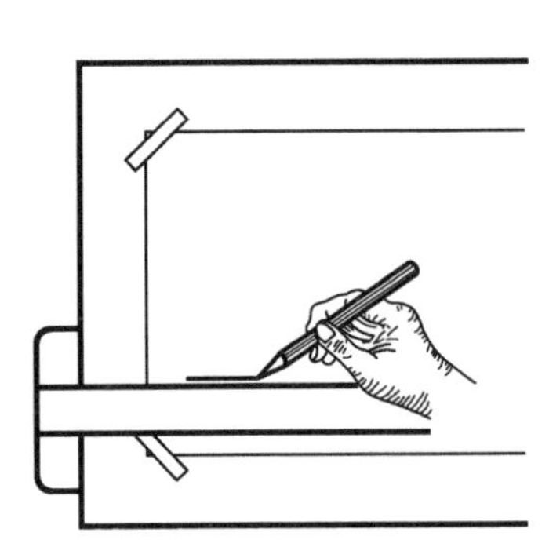

图 1-34　图板和丁字尺配合使用

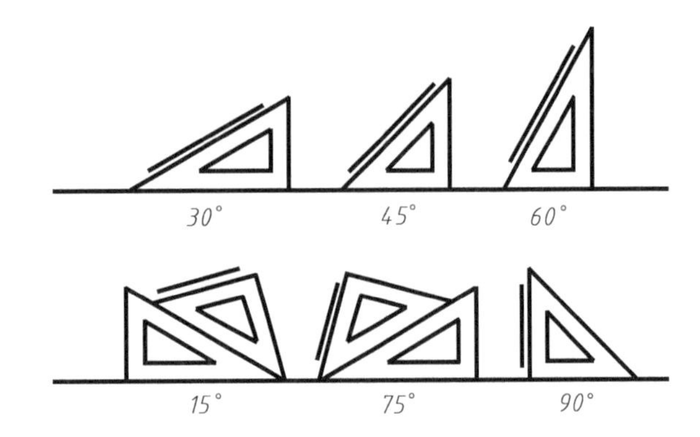

图 1-35　三角板与丁字尺配合使用

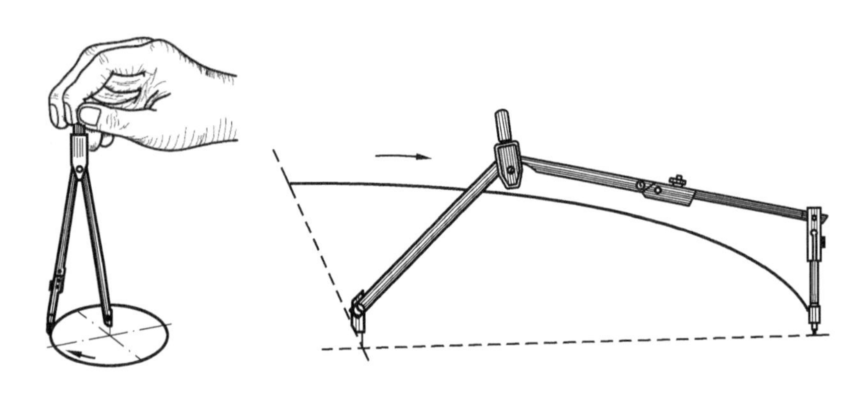

图 1-36　圆规及其使用

2）图纸在图板中的位置应该是图纸距图板的左边缘、下边缘约一个丁字尺尺身的宽度。具体布置：丁字尺的尺头紧靠在图板的左边缘上，使图纸的下框线与丁字尺的工作边重合，然后用胶带纸将图纸的四个角固定在图板上，如图 1-37 所示。

3）绘图所用铅笔以铅芯的软硬度来分类，2B、B、HB、H、2H 依次变硬。画铅笔图时，图线的线宽要求不同粗细的铅芯和削磨形状。具体选用如图 1-38 所示。

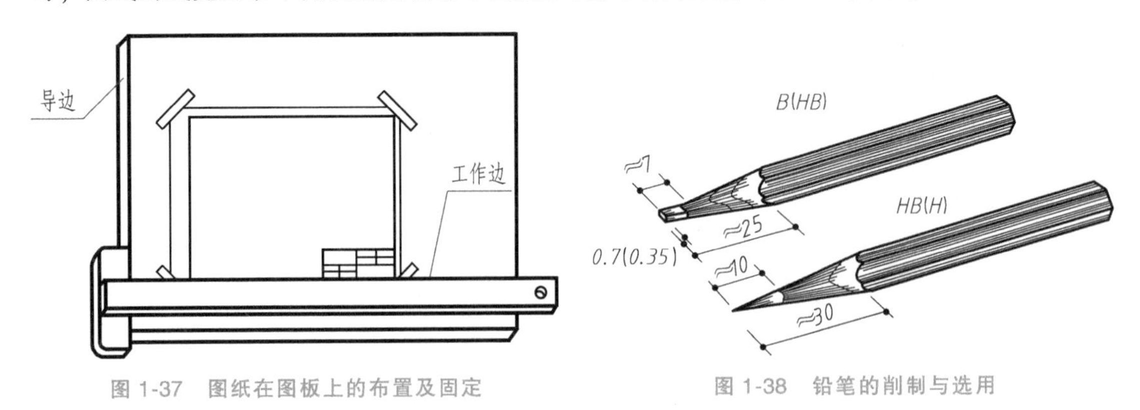

图 1-37　图纸在图板上的布置及固定

图 1-38　铅笔的削制与选用

2. 画底稿线

1）布图。根据所画图样的内容和比例，要在图面上进行布图，以确定各图形在图纸的

位置，使图形分布合理、协调、匀称。

2）根据所画图样的内容，确定出画图的先后次序，然后用尖细铅笔（常用 2H 铅笔）轻轻地画出图形的底稿线（包括尺寸界线、尺寸线、尺寸起止符号等）。画底稿线的顺序是：若图形中有轴线或者中心线、对称线，应该首先画出，然后画出图形的主要轮廓线，最后再画细部图线。

3. 加深图线

底稿线完成后，仔细检查校对，确实无误后方可按线型规定进行加深。加深的顺序是：

1）首先加深细实线、单点长画线、折断线、波浪线及尺寸线、尺寸界线等细的图线。

2）加深中实线和虚线。先加深圆及圆弧，再由上至下地加深水平线，由左至右地加深竖直线和其他方向的倾斜线。

3）加深中粗线及粗实线。次序与加深中实线、虚线一样。

4）画出材料图例。

4. 写工程字

标注尺寸数字，填写标题栏。

1.2.2　徒手画图

实际工作中，例如：在实物测绘、方案初步设计和技术交流等方面，常常需要快速勾画图稿的徒手画图技术。虽然徒手画图画的是草图，但也力求视图表达正确，图形大致符合比例，线型符合规定，字体端正，图面整洁等。

1. 草图的要求

绘制草图，一般是在淡色方格纸上或将透明图纸衬上方格纸进行，其方法基本上同仪器图。

草图虽然是徒手画，有一定误差，但不能潦草、失真。它是目测形体的大小和各部分比例绘制出来的，在长、宽、高以及各基本形体的大小及其相互之间的比例关系上，应与实物大致一样。不能把高的画成矮的，把长的画成短的。所绘草图的大小，要根据形体的大小、繁简等实际情况，选择适当的比例，进行放大或缩小。徒手画出的图形既要准确、清晰，又要便于标注尺寸。

草图的底线用 HB 铅笔，加深粗实线用 2B 铅笔，虚线用 B 铅笔，铅芯一律削成圆锥状。草图中的单点长画线、细实线用 H 铅笔一次完成。草图中的字体同仪器图的要求一致。

2. 画草图的技巧

画草图时，图纸可以不固定，手执笔的姿势如图 1-39 所示。手执笔的部位不能太低，用力不能过大。画图时，要目测或用铅笔测量形体及组成形体的各基本形体的长、宽、高，找准它们之间的相互位置及大小比例关系。然后用方格纸上的格数来控制所画图线的长短。

（1）画各种直线　水平线和垂直线应尽量在方格纸的格上画。画水平线，可将图纸放得稍斜些，以便从左下方向右上方画，如图 1-39a 所示。画短线时，将手腕抵住纸面，移动手指画出。画较长线时，宜以均匀的速度移动手腕，目光看向终点。画垂直线，应从上向下画，如图 1-39b 所示。45°斜线要沿方格的对角线方向画。任意斜线应从左上方向右下方或从右上方向左下方画。图 1-40a 所示为徒手所画出的各类直线段。

图 1-40b 所示为徒手画出的与水平线成 30°、45°、60°特殊角度的斜线，方法为按两条

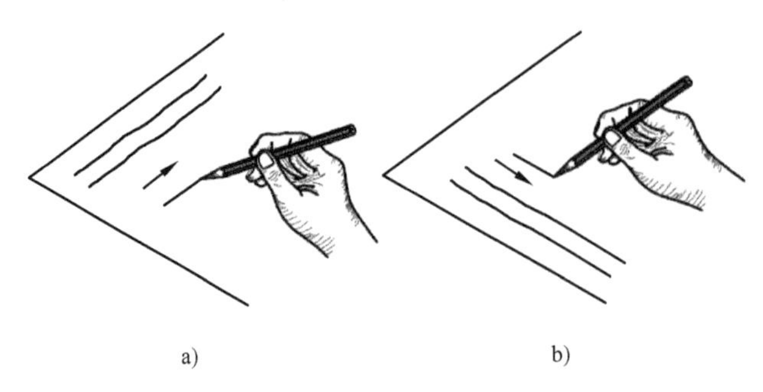

a)　　b)

图 1-39　画直线的姿势

a）画水平线　b）画垂直线

直角边的近似比例定出两端点后，连线画出，也可按等分圆弧的方式画出。

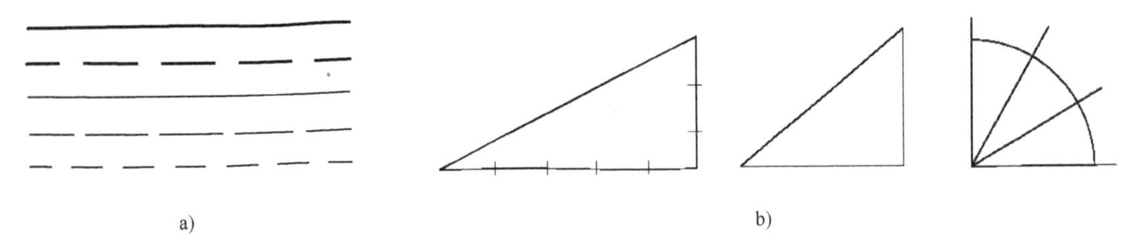

a)　　b)

图 1-40　徒手画线段

a）画各种图线　b）特殊角度线段的画法

（2）画圆　画圆时，先在方格纸上确定圆心，然后过圆心画出水平、垂直两条中心线，如图 1-41a 所示。画小圆时，在中心线上按半径长度目测出四个点，然后徒手连接成圆，如图 1-41b 所示。画大圆时，再通过圆心画出几条不同方向的直线，然后按半径目测出圆周上的一些点，徒手连接成圆，如图 1-41c 所示。

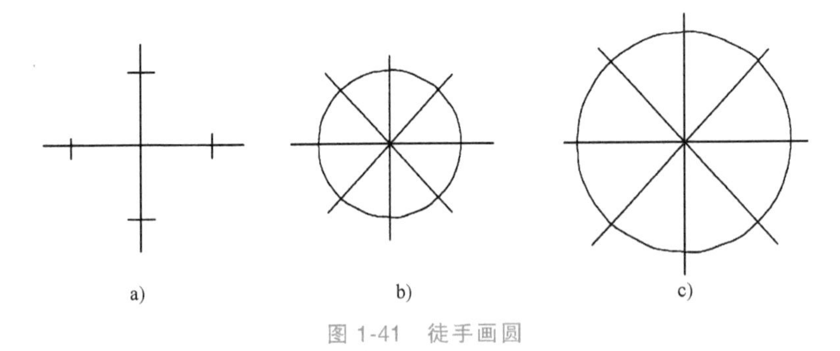

a)　　b)　　c)

图 1-41　徒手画圆

（3）画椭圆　通常是已知长、短轴画椭圆，如图 1-42 所示。根据长、短轴的长度，先作出椭圆的外切矩形，如果所画椭圆较小，可以直接画出椭圆；如果椭圆较大，则在画出外切矩形后，再作出矩形的对角线，然后将对角线的一半长度目测分成 10 等分，定出 7 等分的点，如图中的 5、6、7、8 点。依次用光滑曲线连接 1、5、4、6、2、7、3、8 八点（八点法），即得所作椭圆。

画草图时，图线要尽量符合规定，直线要平直，粗细要分明，达到自然光顺。图形要完整、清晰，布图要合理、恰当。

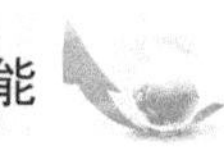

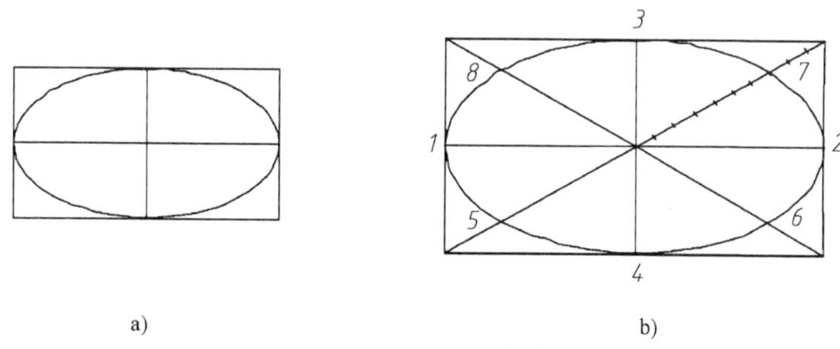

a)　　b)

图 1-42　徒手画椭圆

1.3　几何作图

利用绘图工具完成几何作图是绘制各种平面图形的基础，也是绘制工程图样的基础。下面介绍几种常见的几何作图方法。

1.3.1　等分圆周及作圆内接正多边形

1. 圆的五等分及作正五边形

如图 1-43 所示，圆的五等分及正五边形的作图步骤如下：

1）作出半径 *OG* 的中点 *H*。

2）以 *H* 为圆心，*HA* 为半径作圆弧交 *OF* 于点 *I*，线段 *AI* 即为五边形的边长。

3）以 *AI* 长为单位分别在圆周上截得各等分点 *B*、*C*、*D*、*E*，顺次连接各点即得正五边形 *ABCDE*。

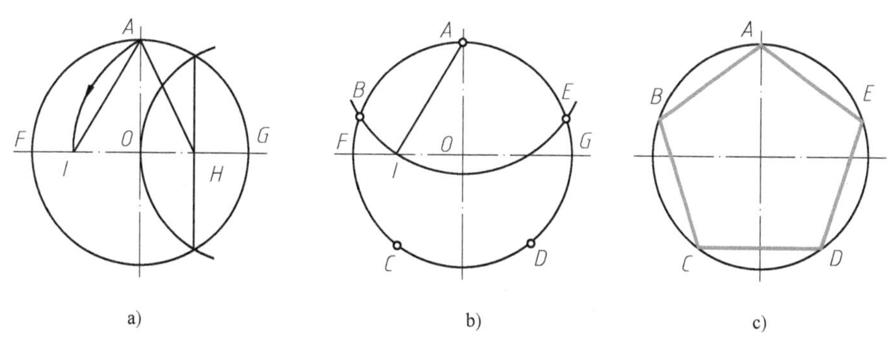

a)　　b)　　c)

图 1-43　圆内接正五边形画法

2. 圆的六等分及作正六边形

如图 1-44 所示，圆的六等分及正六边形的作图步骤如下：

1）分别以 *A*、*D* 为圆心，以 *OA* = *OD* 为半径作圆弧交圆周于 *B*、*F*、*C*、*E* 各等分点，如图 1-44a 所示。

2）顺次连接圆周上六个等分点，即得正六边形 *ABCDEF*，如图 1-44b 所示。也可用三角板、丁字尺配合作图，如图 1-44c 所示。

3. 圆的 *n* 等分及作正 *n* 边形（以正七边形为例）

如图 1-45 所示，圆的七等分及正七边形的作图步骤如下：

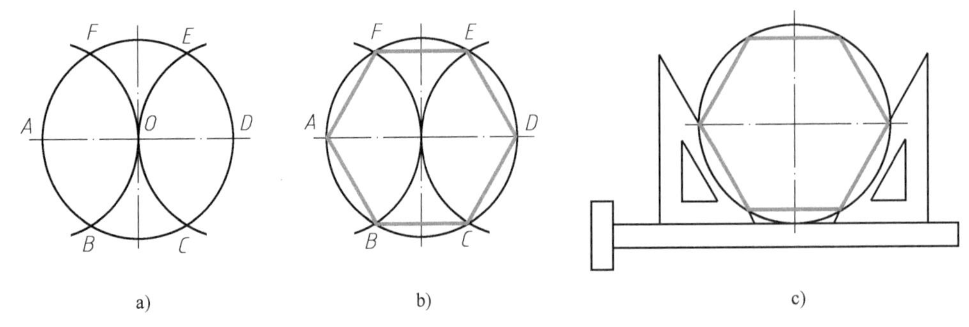

图 1-44　圆内接正六边形画法

1）利用平行线等分线段定理将直径 *AB* 七等分。

2）以 *B* 为圆心，*AB* 长为半径作圆弧交水平直径的延长线于 *E*、*F* 两点。

3）从 *E*、*F* 两点分别向各偶数点（2、4、6）连线并延长，与圆周相交于Ⅰ、Ⅱ、Ⅲ、Ⅳ、Ⅴ、Ⅵ点，顺次连接各点即得圆内接正七边形。

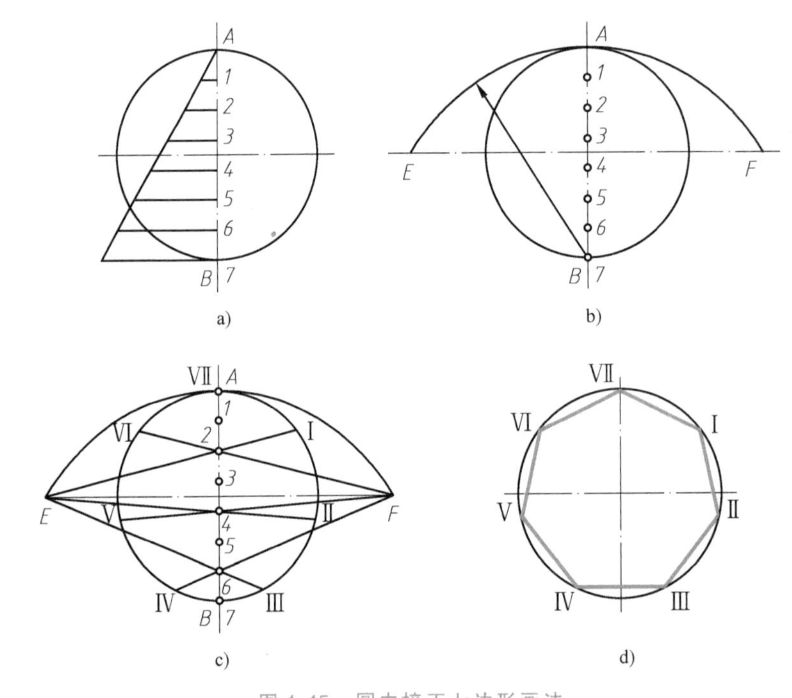

图 1-45　圆内接正七边形画法

a）将直径 *AB* 七等分　b）求作 *E*、*F*　c）连接偶数点　d）连接得到正七边形

1.3.2　非圆平面曲线的画法

1. 椭圆的画法

常用的椭圆画法有两种：一种是准确的画法——同心圆法，一种是近似的画法——四心扁圆法。

（1）同心圆法　已知长轴 *AB*、短轴 *CD*、中心点 *O*，作椭圆，如图 1-46 所示。

作图步骤如下：

1）以 O 为圆心，以 OA 和 OC 为半径，作出两个同心圆，如图 1-46a 所示。

2）过中心 O 作等分圆周的辐射线（图中作了 12 条），如图 1-46b 所示。

3）过辐射线与大圆的交点向内画竖直线，过辐射线与小圆的交点向外画水平线，则竖直线与水平线的相应交点即为椭圆上的点，如图 1-46b 所示。

4）用曲线板将上述各点依次光滑连接起来，即得所画的椭圆，如图 1-46c 所示。

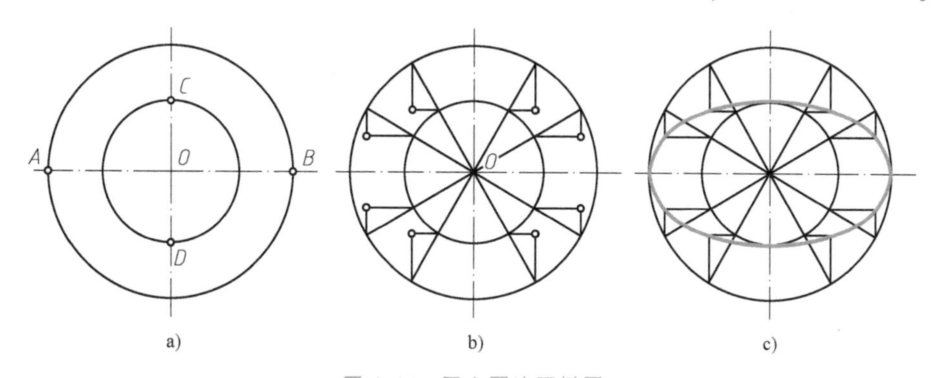

图 1-46　同心圆法画椭圆

a）作同心圆　b）作辐射线　c）作交点并连接

（2）四心扁圆法　已知长轴 AB、短轴 CD、中心点 O，作椭圆，如图 1-47 所示。

作图步骤如下：

1）连接 AC，在 AC 上截取 E 点，使 $CE=OA-OC$，如图 1-47a 所示。

2）作 AE 线段的中垂线并与短轴交于 1 点，与长轴交于 2 点。同时，在 CD 上和 AB 上找到 1 和 2 的对称点 3 和 4，则 1、2、3、4 即为四段圆弧的四个圆心，如图 1-47b 所示。

3）将四个圆心点两两相连，作出四条连心线。以 1、3 为圆心，以 $1A=3B$ 为半径，分别画圆弧 T_1T_2 和 T_3T_4，两段圆弧的四个端点分别落在四条连心线上，再以 2、4 为圆心，以 $2C=4D$ 为半径，分别画圆弧 T_1T_3 和 T_2T_4，完成所作的椭圆。这是个近似的椭圆，它由四段圆弧组成，T_1、T_2、T_3、T_4 为四段圆弧的连接点，也是四段圆弧相切（内切）的切点，如图 1-47c 所示。

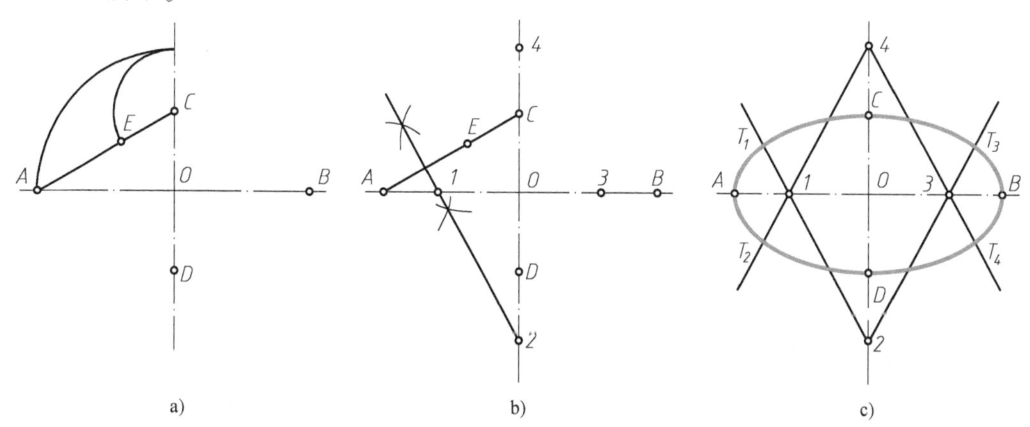

图 1-47　四心扁圆法画椭圆

a）作 E 点　b）找圆心　c）作四段圆弧

2. 抛物线的画法

如图 1-48 所示，已知抛物线的宽度 AB、深 OO_1，作此抛物线。

作图步骤如下：

1）以 AB、OO_1 为长、短边作一个矩形 $ABCD$。

2）将 AD、DO、BC、CO 分别进行等分（图中作了四等分，1、2、3 为等分点）。

3）过 AD 和 BC 上的等分点作 O 点的辐射线，过 CO 和 DO 上的等分点作 OO_1 的平行线，找到对应的（编号相同的）辐射线和平行线的交点Ⅰ、Ⅱ、Ⅲ等 6 个点，即为抛物线上的点。

4）用曲线板将上述 6 个点和顶点 O、端点 A 与 B 依次光滑连接起来，即得所作的抛物线。

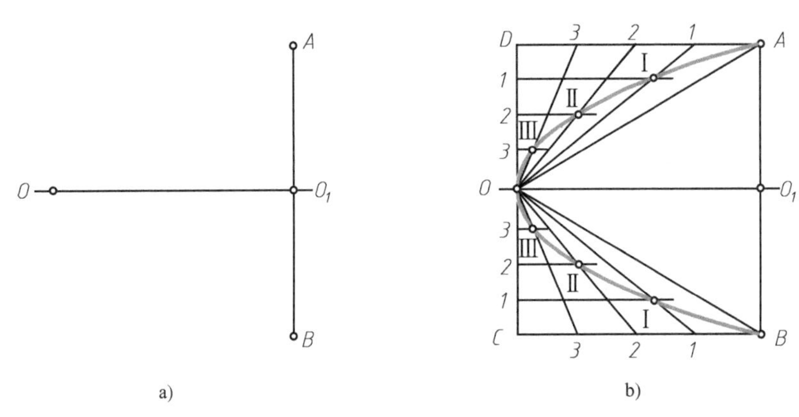

图 1-48 抛物线的画法

a）作轴线 b）作抛物线

3. 双曲线的画法

如图 1-49 所示，已知双曲线的轴线 AB、渐近线 PQ、RS 及焦点 F_1、F_2，作此双曲线。

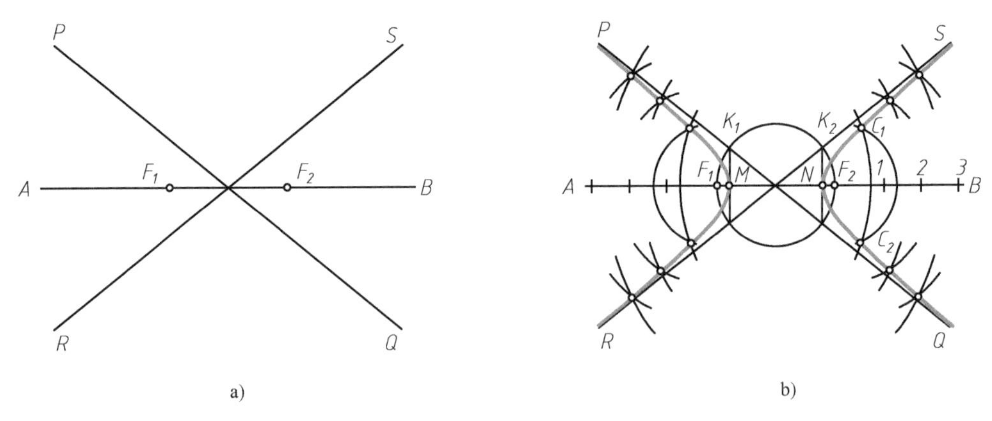

图 1-49 双曲线的画法

a）作渐进线 b）作双曲线

作图步骤如下：

1）以 F_1F_2 为直径作半圆，与渐近线相交于 K_1、K_2 两点，并由 K_1、K_2 分别作轴线 AB

的垂线，得双曲线的两个顶点 M、N。

2）在轴线 AB 上自 F_1 向左、F_2 向右对称地各取几个点，如1、2、3等点。

3）以 $N1$ 为半径，F_2 为圆心画圆弧，再以 $M1$ 为半径、F_1 为圆心画圆弧，两圆弧相交所得交点 C_1、C_2 即为双曲线上的点。

4）重复运用上述方法即可求出双曲线上更多的点。

5）用曲线板将所求各点以及顶点光滑地连接起来，即得所作的双曲线。

1.3.3　圆弧连接

绘制平面图形时，经常需要用圆弧将两条直线、一圆弧和一直线或两个圆弧光滑地连接起来，这种连接作图称为圆弧连接。圆弧连接要求的光滑就是相切，即连接圆弧与已知直线或已知圆弧相切，切点即是连接点。圆弧连接的作图过程是：先确定连接圆弧的圆心，再找连接点（切点），最后作出连接圆弧。

下面介绍圆弧连接的几种典型作图。

1. 用圆弧连接两直线

如图1-50所示，已知直线 L_1 和 L_2，连接圆弧半径 R，圆弧连接作图步骤如下：

1）分别作距直线 L_1 和 L_2 为 R 的平行线Ⅰ、Ⅱ，其交点 O 即为连接圆弧的圆心。

2）自圆心 O 分别向 L_1 和 L_2 作垂线，得到的垂足 T_1 和 T_2 即为连接点（切点）。

3）以 O 为圆心，以 R 为半径画弧半径画弧 T_1T_2，完成连接作图。

2. 用圆弧连接一直线和一圆弧

如图1-51a所示，已知直线 L_1 和半径为 R_1 的圆弧，连接圆弧半径 R，圆弧连接作图步骤如下：

1）作距直线 L_1 为 R 的平行线Ⅰ。

2）以 O_1 为圆心，以 $R+R_1$ 的长度为半径画弧（外切相加），圆弧与平行线Ⅰ交得 O 即为连接圆弧的圆心。

3）过 O 向 L_1 作垂线，得到垂足 T_1，连 O、O_1 并延长得交点 T_2，T_1 和 T_2 即为连接点（切点）。

4）以 O 为圆心，以 R 为半径画弧 T_1T_2，完成连接作图。图1-51b所示为内切作图的过程。

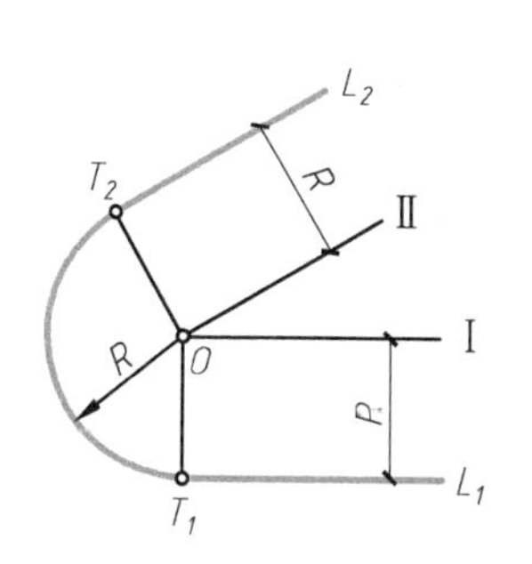

图1-50　用圆弧连接两已知直线

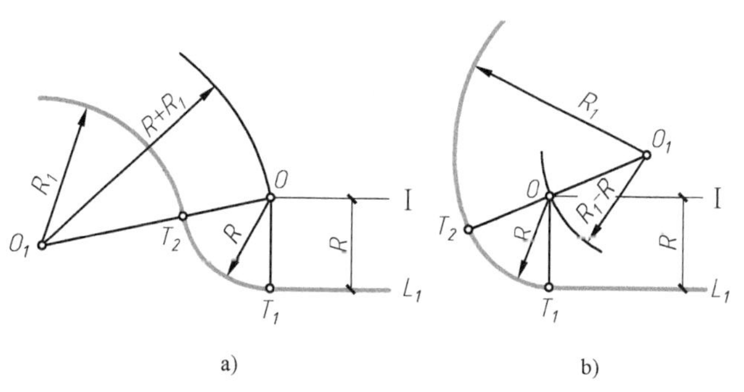

图1-51　用圆弧连接直线和圆弧

a）外切　b）内切

3. 用圆弧连接两圆弧

如图 1-52 所示，已知半径分别为 R_1 和 R_2 的圆弧，连接圆弧半径 R，圆弧连接的形式有以下三种情况：

1）与两个圆弧都外切。如图 1-52a 所示，作图步骤如下：

① 以 O_1 为圆心，以 $R+R_1$ 为半径画弧，再以 O_2 为圆心，以 $R+R_2$ 为半径画弧，两圆弧的交点即为连接圆弧的圆心。

② 分别作连心线 OO_1 和 OO_2，并确定它们与圆弧的交点 T_1 和 T_2，T_1 和 T_2 即为连接点（外切的切点）。

③ 以 O 为圆心、R 为半径画弧 T_1T_2，完成连接作图。

2）与两个圆弧都内切。如图 1-52b 所示，作图步骤如下：

① 以 O_1 为圆心，以 $R-R_1$ 为半径画弧，再以 O_2 为圆心，以 $R-R_2$ 为半径画弧，两圆弧的交点即为连接圆弧的圆心。

② 分别作连心线 OO_1 和 OO_2，并确定它们与圆弧的交点 T_1 和 T_2，T_1 和 T_2 即为连接点（内切的切点）。

③ 以 O 为圆心、R 为半径画弧 T_1T_2，完成连接作图。

3）与一个圆弧外切，与另一个圆弧内切。如图 1-52c 所示，作图步骤如下：

① 分别以 O_1、O_2 为圆心，以 $R-R_1$、$R+R_2$ 为半径画弧，则两圆弧交点即为连接圆弧的圆心。

② 分别作连心线 OO_1 和 OO_2，并确定它们与圆弧的交点 T_1 和 T_2，T_1 和 T_2 即为连接点（前者为内切切点，后者为外切切点）。

③ 以 O 为圆心、R 为半径画弧 T_1T_2，完成连接作图。

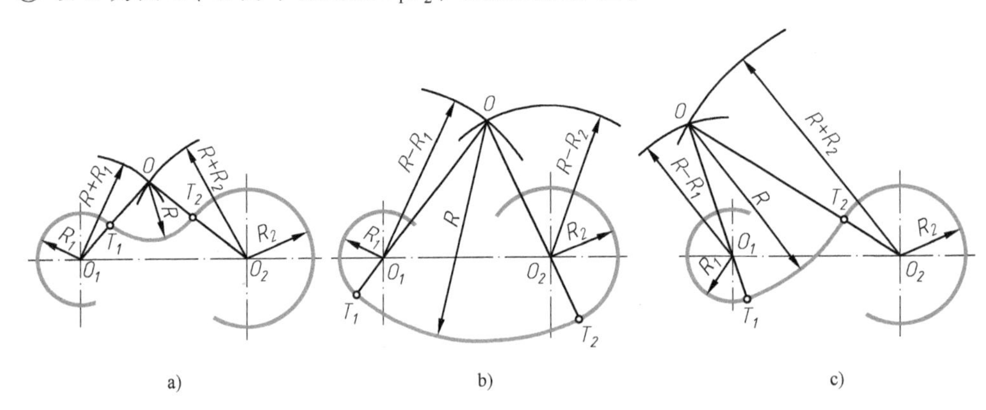

图 1-52 用圆弧连接两圆弧

a）与两个圆弧外切 b）与两个圆弧内切 c）与一个圆弧外切，与另一个内切

1.4 平面图形的尺寸标注和线段分析

1.4.1 平面图形的尺寸标注

平面图形中标注的尺寸按其作用分为：

1. 定形尺寸

确定各部分形状大小的尺寸，称为定形尺寸，如直线段的长度、圆弧的直径或半径、角度的大小等。如图 1-53 中，*R*75、*R*48、*R*24，线段长度 260、40 等均为定形尺寸。

2. 定位尺寸

确定平面图形各部分之间相对位置的尺寸，称为定位尺寸。由于平面图形有两个方向的尺寸，即长度方向和宽度方向，所以一般情况下图形中的每一部分都有两个方向的定位尺寸。如图 1-53 中的 200、64、50 等。

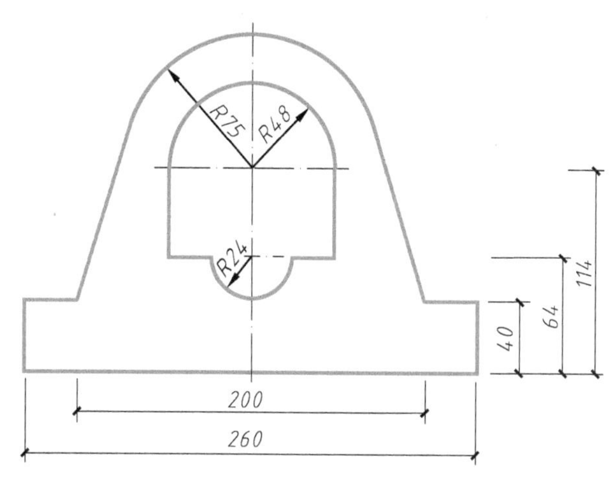

图 1-53　平面图形的尺寸标注

标注定位尺寸起始位置的点和线，称为尺寸基准。在平面图形中有长度和宽度两个方向的基准。常用的基准为对称图形的对称线，较大的圆的中心线或图形的底线（端线）等。如图 1-53 中的长度方向尺寸基准选取左右的对称中心线，宽度方向以图形底线作为尺寸基准。应注意的是：有的尺寸既是定形尺寸，又充当定位尺寸。如图 1-53 中的尺寸 50 既是左右两边铅垂线的定形尺寸，又可看作 *R*75、*R*48 宽度方向的定位尺寸。

标注平面图形的尺寸，要求完整、正确、清晰。

1.4.2　平面图形的线段分析

在平面图形中，根据给出的定位尺寸把线段（包括圆弧和直线）分为以下三类：

1. 已知线段

有足够的定形尺寸和两个方向的定位尺寸，可直接画出的线段称为已知线段，如图 1-54 中的 ϕ220、ϕ120、*R*110、*R*200、*R*600、*R*380 等。

2. 中间线段

只有一个方向的定位尺寸，需靠一端与另一线段相切才能画出的线段称为中间线段，如图 1-54 中的 *R*100。

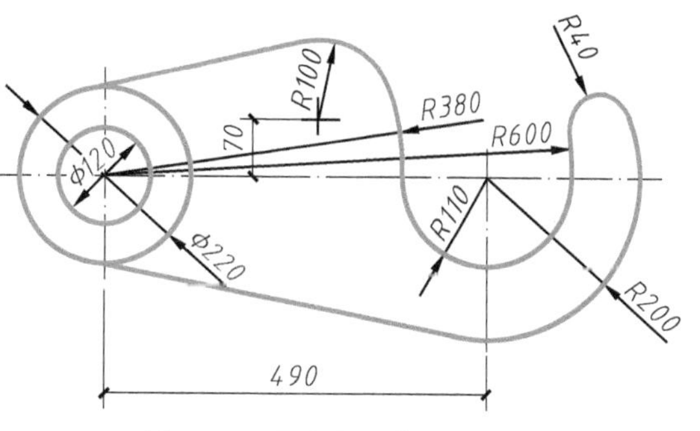

图 1-54　平面图形的线段分析

3. 连接线段

没有定位尺寸，需靠两端与另两线段相切才能画出的线段称为连接线段，如图 1-54 中

的 $R40$。

思考题

1. 国家标准对制图做了哪些规定？
2. 采用徒手绘图方法，绘图时有哪些注意事项？
3. 简述平面图形尺寸标注方法。
4. 几何作图时，什么是已知线段、中间线段、连接线段？

第2章　点、直线和平面的投影

本章概要

本章主要介绍国家标准 GB/T 14692—2008《技术制图　投影法》中关于投影法的基本知识以及点、直线和平面的投影。学习本章后应熟悉投影法的基本概念，投影法的分类，用迹线表示直线和平面的方法；应掌握平行投影法的性质，点的投影规律，各种位置直线和各种位置平面的投影特性，以及两直线的相对位置关系以及直线与平面、平面与平面的相对位置关系。

2.1　投影的概念及分类

2.1.1　投影的概念

如图 2-1a 所示，三角板在光源光线照射下，落在地面或墙面上的影子就是一个成影现象。画法几何中，把图 2-1a 这种自然现象抽象为图 2-1b。相当于光源的点 S，称为投影中心；相当于地面或墙面的平面 H 为得到投影的面，称为投影面；光线 SA、SB、SC 称为投射

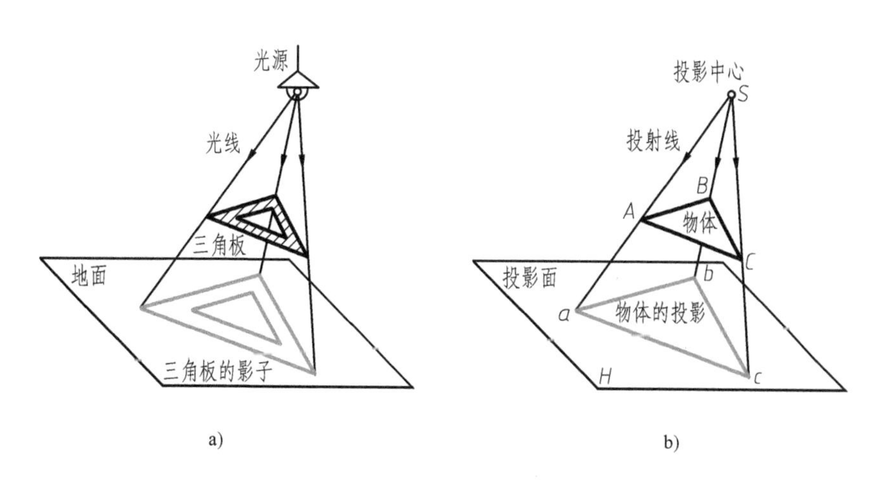

图 2-1　投影的概念
a）自然现象　b）投影形成

线。投射线 SA、SB、SC 与投影面 H 的交点 a、b、c 称为空间点 A、B、C 在投影面 H 上的投影。那么，空间 $\triangle ABC$ 在 H 面上的投影即为 $\triangle abc$。这种使空间物体在投影面上产生投影的方法，称为投影法。

2.1.2　投影法分类

投影法分类是根据投射线的类型（平行或汇交）、投影面与投射线的相对位置（垂直或倾斜）及物体的主要轮廓与投影面的相对关系（平行、垂直或倾斜）设定的，其基本分类如图 2-2 所示。

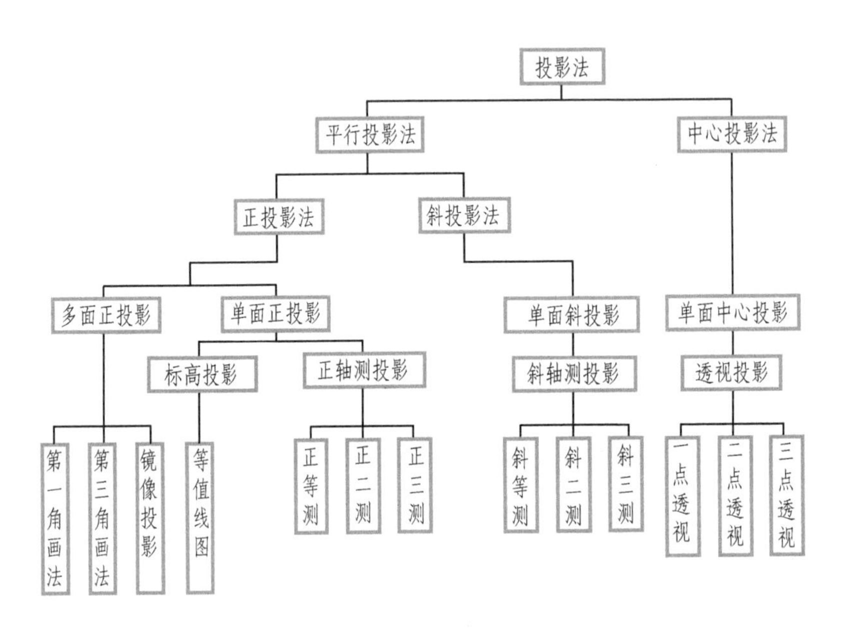

图 2-2　投影法分类

1. 中心投影法

如图 2-1b 所示，当投影中心 S 距离投影面 H 为有限远时，即所有投射线在有限远处相交于一点 S，所得到投影的方法称为中心投影法。

2. 平行投影法

如图 2-3 所示，当投影中心 S 距离投影面 H 为无限远时，即所有投射线都相互平行，所得到投影的方法称为平行投影法，根据投射线与投影面垂直与否，平行投影法又分为斜投影法和正投影法两类。

（1）斜投影法　如图 2-3a 所示，当投射线与投影面倾斜时，所得到投影的方法称为斜投影法。

（2）正投影法　如图 2-3b 所示，当投射线与投影面垂直时，所得到的投影的方法称为正投影法。

投影面、投影中心和被投射的物体是确定投影的三要素。在中心投影的情况下，物体在投影面和投影中心之间移动时，其投影的大小发生变化，越靠近投影中心，投影越大，反之越小。在平行投影情况下，物体沿着投射线方向移动时，物体的投影大小不变。

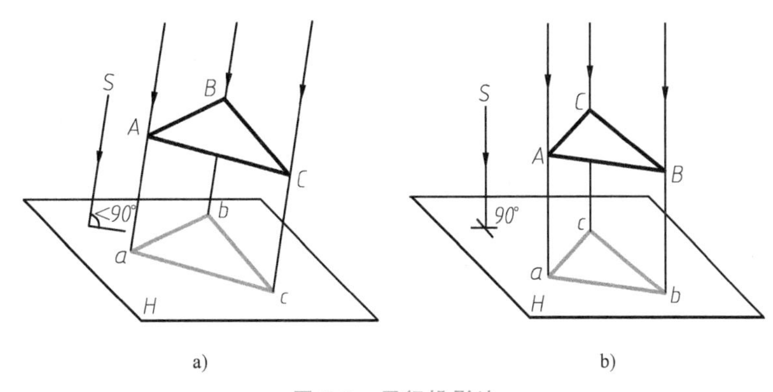

a)　　　　　　　　b)

图 2-3　平行投影法

a）斜投影法　b）正投影法

2.2　平行投影的几何性质

平行投影法（特别是正投影法）是工程制图中绘制图样的主要方法。因此，了解平行投影法的几何性质，对绘制和分析物体的投影特别重要。

平行投影法的几何性质如下：

1. 同素性

点的投影仍然是点，一般情况下直线的投影仍为直线。

如图 2-4a 所示，过 A 点的投射线与投影面 H 的交点 a 即为 A 点的投影，过直线 BC 的投射面与投影面 H 的交线 bc 即为直线 BC 的投影。

2. 从属性

点在直线上，点的投影在直线的投影上。如图 2-4a 所示，若 $K \in BC$，则 $k \in bc$。

3. 定比性

点分线段所成的比例，等于点的投影分线段投影所成的比例。如图 2-4a 所示，若 $K \in BC$，则 $BK : KC = bk : kc$。

4. 平行性

两直线平行，其投影也平行，且线段之比等于投影之比。如图 2-4b 所示，若 $AB // CD$，则 $ab // cd$，且 $AB : CD = ab : cd$。

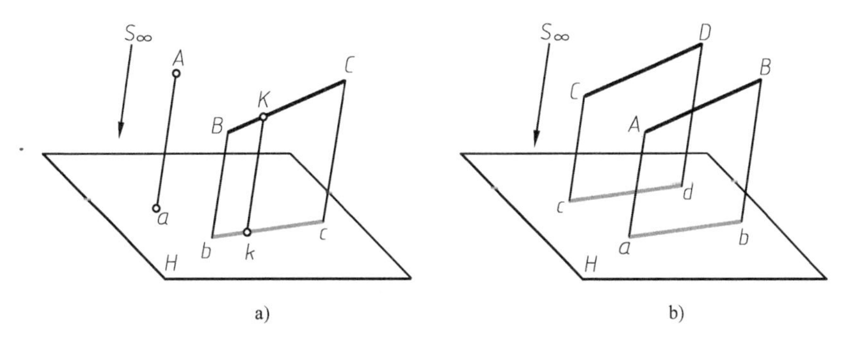

a)　　　　　　　　b)

图 2-4　平行投影法的几何特性（一）

a）同素性、从属性、定比性　b）平行性

5. 显实性

若线段或平面平行于投影面，则它们的投影反映实长或实形。如图 2-5 所示，若 $MN/\!/H$，则 $mn=MN$；若 $\triangle ABC/\!/H$，则 $\triangle abc \cong \triangle ABC$。

6. 积聚性

对正投影来说，直线或平面垂直于投影面，则直线的投影积聚为一点，平面的投影积聚为一直线；对斜投影来说，直线或平面平行于投射线，则直线的投影积聚为一点，平面的投影积聚为一直线，这样的投影叫作积聚投影。此时，直线上的点的投影必落在直线的积聚投影上，平面上的直线或点的投影必落在平面积聚投影上。

如图 2-5 所示，在正投影情况下，若 $AB \perp H$，则 a（b）为一点；若 $K \in AB$，则（K）$\equiv$ a（b）；若 $\triangle CDE \perp H$，则 cde 为一直线；若 F、$MN \subset \triangle CDE$，则 f、$mn \in cde$。

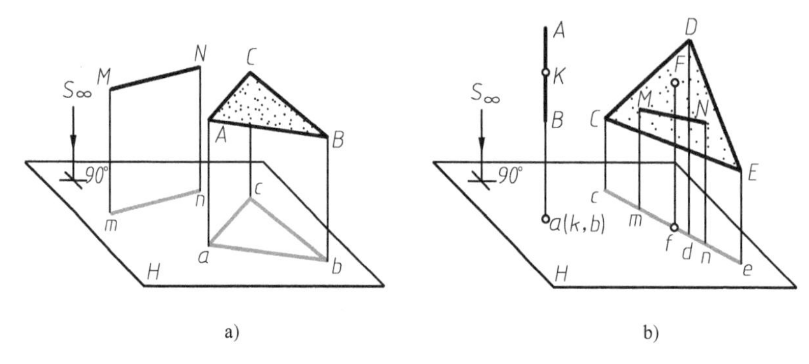

图 2-5 平行投影法的几何特性（二）

a）显实性 b）积聚性

2.3 多面正投影

工程制图绘制图样的主要方法是正投影法。但是，只用一个正投影图来表达物体是不够的。如图 2-6 所示，用正投影法将空间的物体Ⅰ、Ⅱ向投影面 H 上进行投影，所得到的投影完全相同。若根据这个投影图确定物体的形状，显然是不可能的。因为它可以是物体Ⅰ，也可以是物体Ⅱ。由此可见，单面正投影不能唯一地确定物体的形状，若要使正投影图能够唯一地确定物体的形状，就需要采用多面正投影的办法。

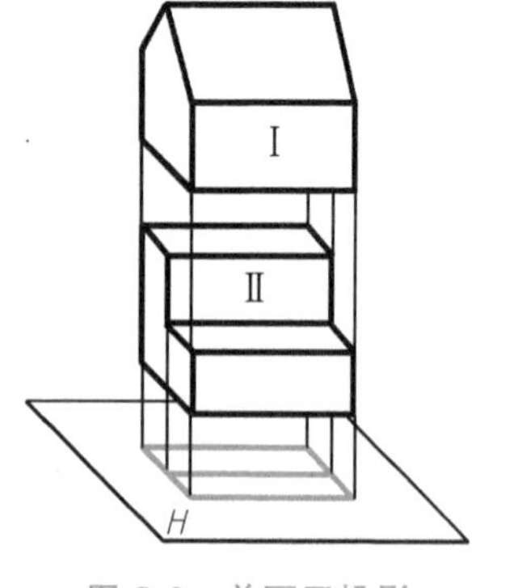

图 2-6 单面正投影

如图 2-7 所示，设定三个相互垂直的投影面，分别用 V、H、W 表示；它们的交线称为投影轴，分别用 OX、OY、OZ 表示。用正投影法将物体分别向这三个投影面上进行投影。然后，使 V 面保持不动，把 H 面绕 OX 轴向下旋转 90°，把 W 面绕 OZ 轴向右旋转 90°，这样就得到了位于同一平面（展开后的平面）上的三个正投影图，这便是物体的三面投影图。物体在 H、V 和 W 面上的投影，分别称为水平投影、正面投影和侧面投影。由于物体的三面投影图能够反映物体的上面、正面和侧面的形状、大小，因此根据物体的三面投影图可以唯一确定该物体。

由于正投影法的特点，工程上常用多面正投影来描述空间物体，本书中后续提到的投影如无特殊说明均为正投影。

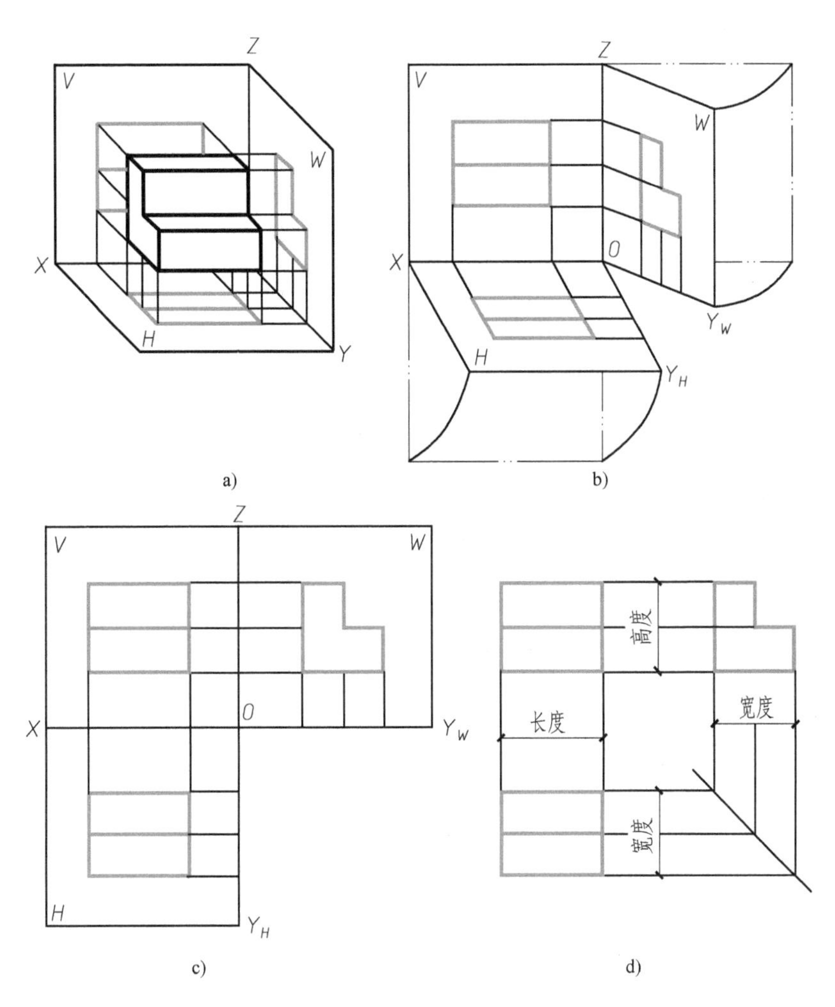

图 2-7　三面正投影的形成

a）直观图　b）展开过程　c）三面投影体系　d）三面投影图

■ 2.4　点的投影

2.4.1　点的单面投影

点在某一投影面上的投影，实质上是过该点向投影面所作垂足。因此，点的投影仍然是点。

如图 2-8 所示，过空间 A 点向投影面 H 作投射线，该投射线与 H 面的交点 a，即为 A 点在 H 面上的投影。这个投影是唯一的。反过来，给出投影 a，却不能唯一确定 A 点的空间位置。因为位于投射线上的所有点（如 A_1 点），其在 H 面上的投影均与 a 重合。所以，空间点和它的单面投影之间不具有一一对应的关系。

2.4.2　点的两面投影

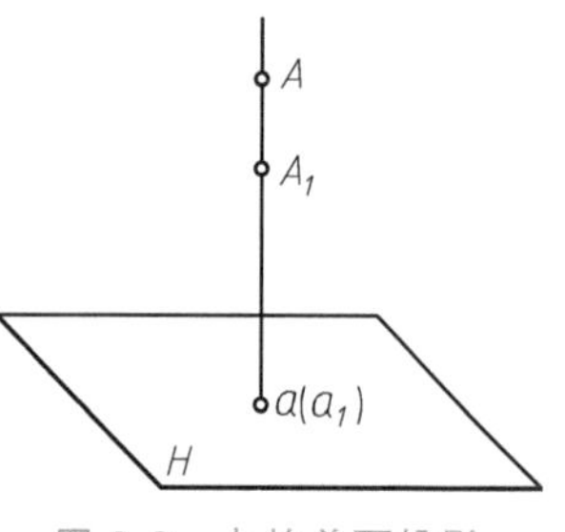

图 2-8　点的单面投影

要确定点的空间位置需要有点的两面投影。如图 2-9a 所示，在两投影面的空间内有一点 A，由 A 点分别向 H 面和 V 面作垂线，所得的两个垂足即为 A 点的两个投影 a 和 a'。A 点在 H 面上的投影 a，称为 A 点的水平投影；A 点在 V 面上的投影 a'，称为 A 点的正面投影。现在假想把空间 A 点移去，再过 a 和 a'分别作 H 面和 V 面的垂线，其交点就是 A 点的空间位置。这就是说，由空间点的两个投影即可确定点的空间位置。由此可见，空间点和它的两个投影之间具有一一对应的关系。

投影 a 位于 H 面上，a'位于 V 面上。为使 a 和 a'位于同一平面内，可以把 H、V 两个平面展成一个平面。如图 2-9b 所示，使 V 面保持不动，将 H 面绕 OX 轴向下旋转 90°与 V 面重合，即得点的两面正投影图，如图 2-9c 所示。其投影特性如下：

1）点的水平投影 a 和正面投影 a'的连线垂直于投影轴 OX，即 $\overline{aa'} \perp OX$。

2）点的水平投影到 OX 轴的距离等于空间点到 V 面的距离，点的正面投影到 OX 轴的距离等于空间点到 H 面的距离，即 $|aa_x| = |Aa'|$，$|a'a_x| = |Aa|$。

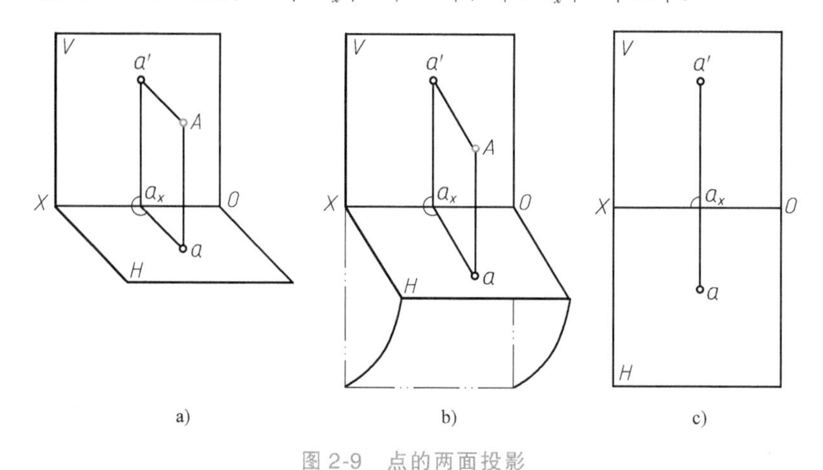

图 2-9　点的两面投影

a）直观图　b）展开　c）点的两面投影体系

2.4.3　点的三面投影

虽然点的两面投影已经能够确定点在空间的位置，但为表达物体，特别是较复杂的物体，常常需要三面投影，因此还需要研究点的三面投影及其相互间的投影关系。

如图 2-10a 所示，在两投影面 H 和 V 的基础上，再在右侧设立一个同时垂直于 H 和 V 的 W 面作为第三个投影面，该投影面称为侧立投影面。W 面与 H 面和 V 面的交线也称投影轴，分别用 OY 和 OZ 表示，OX、OY 和 OZ 的交点 O 称为原点。

如图 2-10a 所示，给出在三投影面的空间内一点 A，由 A 点分别向 H、V、W 面作垂线，所得的三个垂足即为 A 点的三个投影 a、a'和 a''。在 W 面上的投影 a''称为 A 点的侧面投影。

如图 2-10b 所示，为把三个投影 a、a'和 a''表示在同一平面上，规定 V 面不动，把 H 面

绕 OX 轴向下旋转 90°，把 W 面绕 OZ 轴向右旋转 90°，与 V 面重合（随 H 面旋转的 OY 轴以 OY_H 表示，随 W 面旋转的 OY 轴以 OY_W 表示），这样即得点的三面投影图，如图 2-10c 所示。点的三面投影特性如下：

1）点的水平投影 a 和正面投影 a' 的连线垂直于投影轴 OX，即 $\overline{aa'} \perp OX$。

2）点的正面投影 a' 和侧面投影 a'' 的连线垂直于投影轴 OZ，即 $\overline{a'a''} \perp OZ$。

3）点的侧面投影 a'' 到 OZ 轴的距离等于点的水平投影 a 到 OX 轴的距离（都等于空间点到 V 面的距离），即 $|a''a_z| = |aa_x|$ （$= |Aa'|$）。

上述特性说明了在点的三面投影图中，每两个投影之间都有一定的投影规律，因此，只要给出点的任意两个投影就可以求出第三个投影。

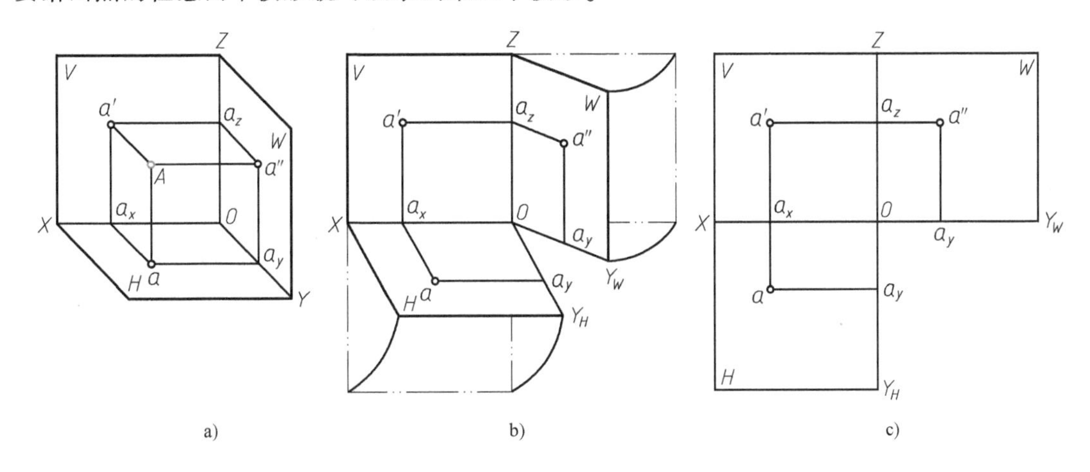

图 2-10　点的两面投影

a）直观图　b）展开　c）点的三面投影体系

【例 2-1】 已知 A 点的水平投影 a 和正面投影 a'，求其侧面投影 a''，如图 2-11a 所示。

作图：

(1) 如图 2-11b，过 a' 作 OZ 轴的垂线交 OZ 于 a_z（a'' 必在 $a'a_z$ 的延长线上）；

(2) 在 $a'a_z$ 的延长线上截取 $a_za''=aa_x$，即得 a''。

作图中，为使 $a''a_z=aa_x$，也可以用 1/4 圆弧将 aa_x 转向 $a''a_z$，如图 2-11c 所示，也可以用 45°斜线将 aa_x 转向 $a''a_z$，如图 2-11d 所示。

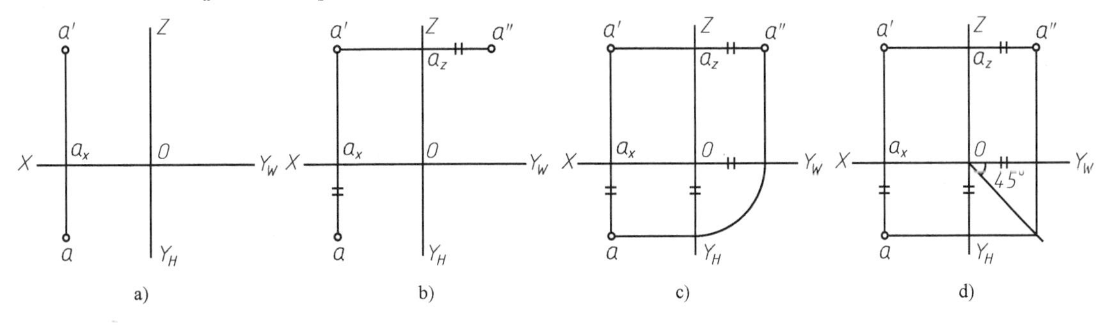

图 2-11　点的"二补三"作图

a）已知　b）截取 Δy　c）辅助圆弧　d）45°辅助线

2.4.4 点的投影和坐标的关系

如图 2-12 所示，如果把三个投影面视为三个坐标面，那么 OX、OY、OZ 即为三个坐标轴，三个轴的交点即为坐标原点。这样，点到投影面的距离就可以用点的三个坐标 x、y、z 来表示：

A 点到 W 面的距离等于它的 x 坐标，即 $Aa''=Oa_x=x_A$。

A 点到 V 面的距离等于它的 y 坐标，即 $Aa'=Oa_y=y_A$。

A 点到 H 面的距离等于它的 z 坐标，即 $Aa=Oa_z=z_A$。

图中明显地反映出点的投影与坐标的关系：

坐标 x_A 和 y_A 确定了水平投影 a。

坐标 x_A 和 z_A 确定了正面投影 a'。

坐标 y_A 和 z_A 确定了侧面投影 a''。

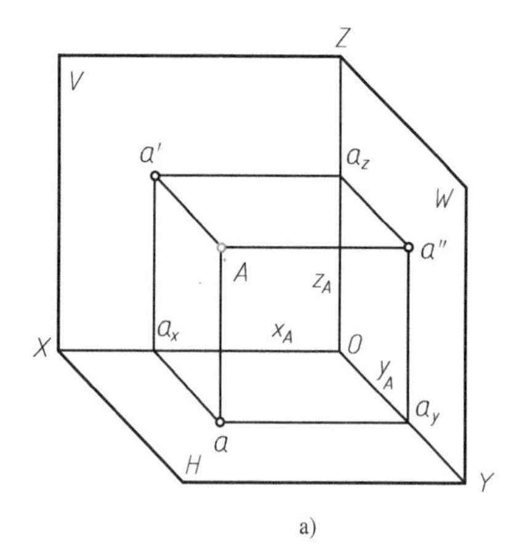

a)

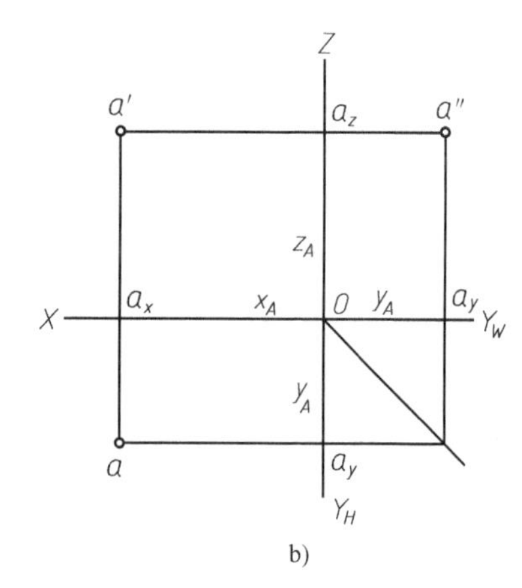

b)

图 2-12 点的投影与坐标的关系

a）直观图 b）展开图

由此可见，给出点的坐标可作出点的投影，反之，给出点的投影也可量出点的坐标。

【例 2-2】 已知空间四点的坐标：A（50，30，30），B（20，40，0），C（10，0，50），D（30，0，0）。求作四点的直观图和三面投影图，如图 2-13a、b 所示。

其中：A 点的三个坐标均不为零，它位于三投影面体系的空间；B 点的 z 坐标为零，它位于 H 面上，其水平投影与其本身重合，正面投影和侧面投影分别位于 OX 轴上和 OY 轴上；C 点的 y 坐标为零，它位于 V 面上，其正面投影与其本身重合，水平投影和侧面投影分别位于 OX 轴上和 OZ 轴上；D 点的 y、z 坐标均为零，它位于 OX 轴上，其正面投影和水平投影与其本身重合，侧面投影与原点重合。图 2-13c、d 为作图结果。

2.4.5 两点的相对位置、重影点

两点的相对位置是指两点间的左右、上下、前后的位置关系。在投影图上判别两点的相对位置是读图中的重要问题。

如图 2-14a 所示，假定观察者面对 V 面，则 OX 轴的指向为左方，OY 轴的指向为前方，OZ 轴的指向为上方，于是两点间的相对位置是：

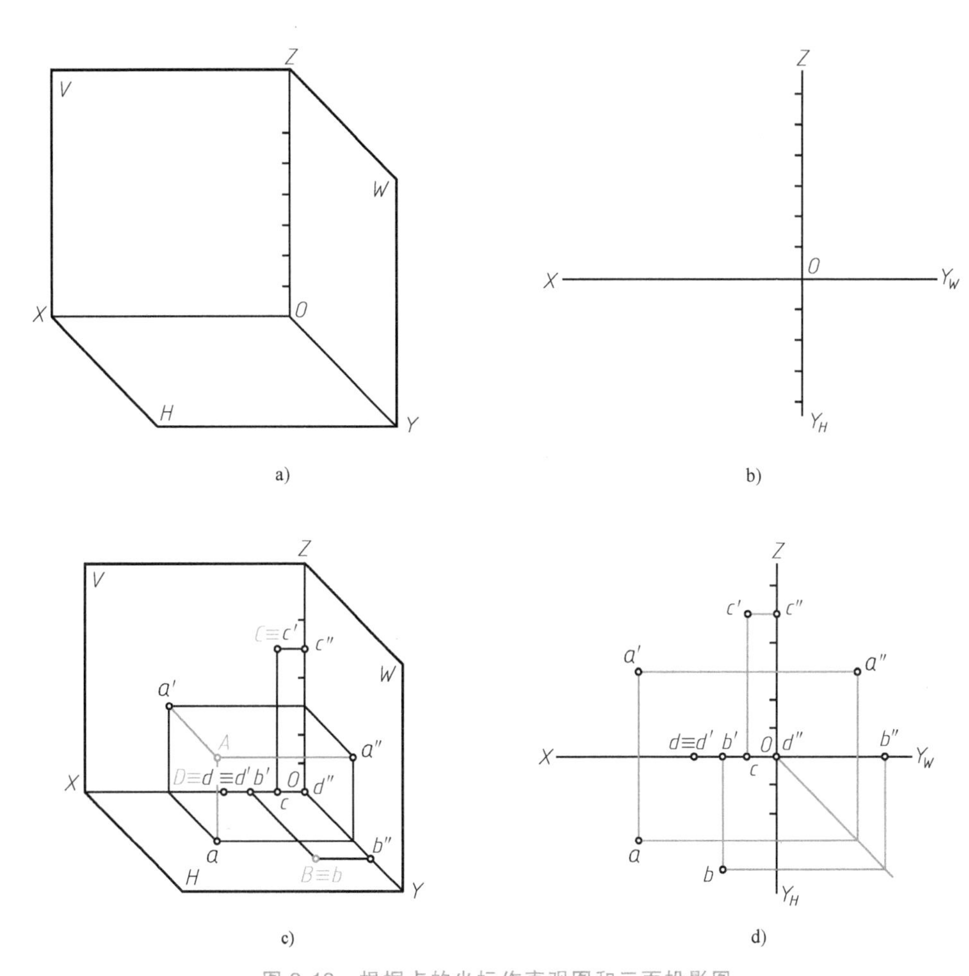

图 2-13　根据点的坐标作直观图和三面投影图

a）三面投影直观图　b）三面投影展开　c）直观图作图　d）展开作图

比较 x 坐标的大小，可以判定两点左右的位置关系，x 大的点在左，x 小的点在右。

比较 y 坐标的大小，可以判定两点前后的位置关系，y 大的点在前，y 小的点在后。

比较 z 坐标的大小，可以判定两点上下的位置关系，z 大的点在上，z 小的点在下。

从三面投影图上看可得：

两点的水平投影反映两点间的左右、前后的位置关系。

两点的正面投影反映两点间的左右、上下的位置关系。

两点的侧面投影反映两点间的前后、上下的位置关系。

根据图 2-14b 中 A、B 两点的三面投影可以判断：A 点在左，B 点在右；A 点在前，B 点在后；A 点在上，B 点在下。

如果空间两个点在某一投影面上的投影重合，那么这两个点就叫作对于该投影面的重影点，见表 2-1，其中：

水平投影重合的两个点叫水平（H 面）重影点。

正面投影重合的两个点叫正面（V 面）重影点。

侧面投影重合的两个点叫侧面（W 面）重影点。

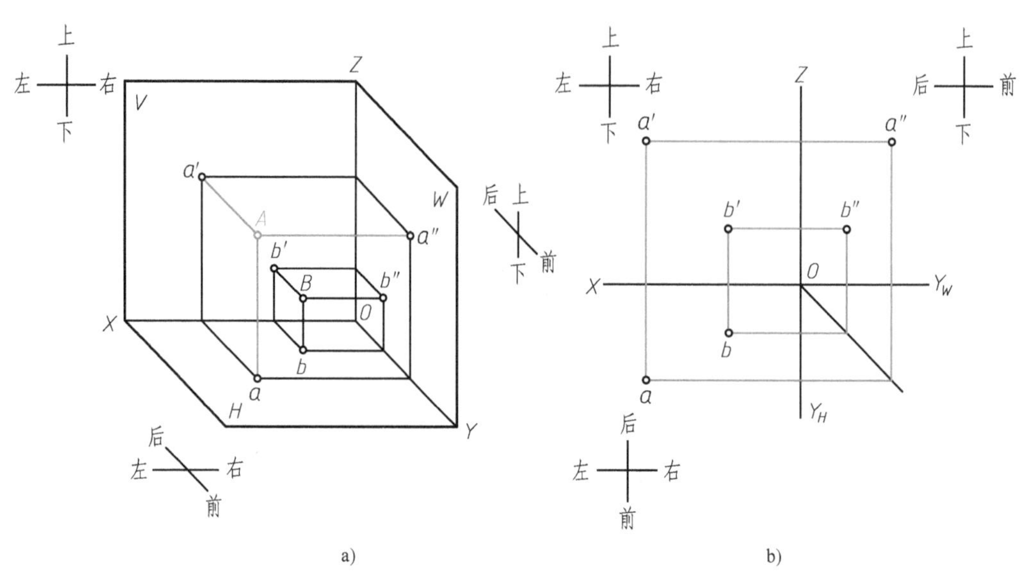

图 2-14　两点的相对位置

a）直观图　b）投影图

显然，出现两个点投影重合的原因是两个点位于某一投影面的同一条投射线上（这两个点的某两个坐标相同）。因此，当观察者沿投射线方向观察两点时，必有一点可见，一点不可见，这就是重影点的可见性。

表 2-1　重影点

分类	直观图	投影图	投影特性
水平重影点	Z V a′ W b′ A a″ b″ X B O a(b) H Y	Z a′ a″ b′ b″ X O Y_W a(b) Y_H	1. 正面投影和侧面投影反映两点的上下位置 2. 水平投影重合为一点，上面一点可见，下面一点不可见
正面重影点	Z V a′(b′) B b″ W a″ A X O b H a Y	Z a′(b′) b″ a″ X O Y_W b a Y_H	1. 水平投影和侧面投影反映两点的前后位置 2. 正面投影重合为一点，前面一点可见，后面一点不可见

（续）

分类	直观图	投影图	投影特性
侧面重影点			1. 水平投影和正面投影反映两点的左右位置 2. 侧面投影重合为一点，左面一点可见，右面一点不可见

重影点可见性的判别方法是：

对水平重影点，观察者从上向下看，上面一点可见，下面一点不可见。

对正面重影点，观察者从前向后看，前面一点可见，后面一点不可见。

对侧面重影点，观察者从左向右看，左面一点可见，右面一点不可见。

不可见点的投影符号写在括号内。

2.5　直线的投影

直线常用线段的形式来表示，在不考虑线段本身的长度时，也常把线段称为直线。

直线的投影实质上是过该直线的投射面与投影面的交线，所以直线的投影还是直线（特殊情况除外），如图 2-15a 所示。

由初等几何知道，两点决定一直线，所以作线段的投影，只要分别作出线段两端点的三面投影，然后再分别把两点在同一投影面上的投影（以下简称同面投影）连接起来，即得直线的投影，如图 2-15b 所示。

根据直线与投影面的相对位置，可把直线分为一般位置直线和特殊位置直线。

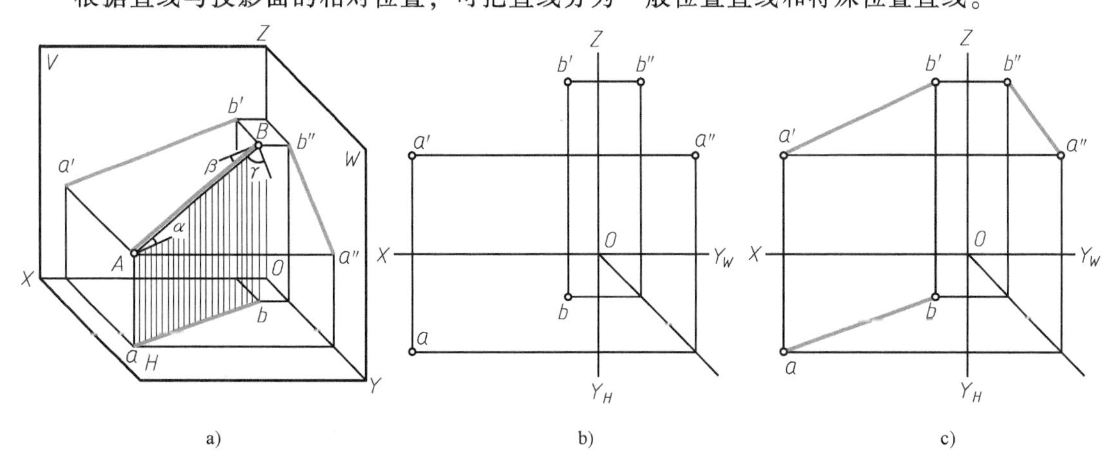

图 2-15　一般位置直线的投影

a）直观图　b）一般线段端点的三面投影　c）一般线段的三面投影

2.5.1 一般位置直线

如图 2-15a 所示，与三个投影面都倾斜的直线（AB）称为一般位置直线，它与投影面 H、V、W 的倾角分别为 α、β、γ。其投影特性如下：

1）直线的三面投影与投影轴都倾斜，任何投影与投影轴的夹角，均不反映直线与任何投影面的倾角。

2）直线的三面投影均小于实长，即 $|ab| = |AB|\cos\alpha$，$|a'b'| = |AB|\cos\beta$，$|a''b''| = |AB|\cos\gamma$。

2.5.2 特殊位置直线

只与某一个投影面平行或垂直的直线叫特殊位置直线，它包括投影面平行线和投影面垂直线两种。

1. 投影面平行线

只与一个投影面平行（与另外两个投影面倾斜）的直线称为投影面平行线，与 H 面平行的直线称为水平线，与 V 面平行的直线称为正平线，与 W 面平行的直线称为侧平线。表 2-2 列出了这三种直线的直观图和三面投影图。

表 2-2　投影面的平行线

直线	直观图	投影图	投影特性
水平线	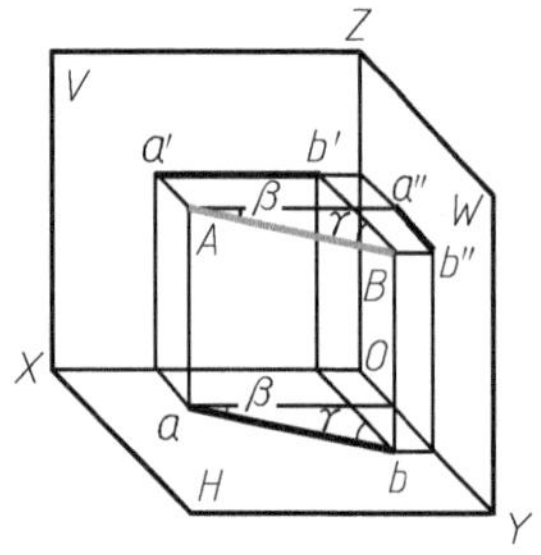	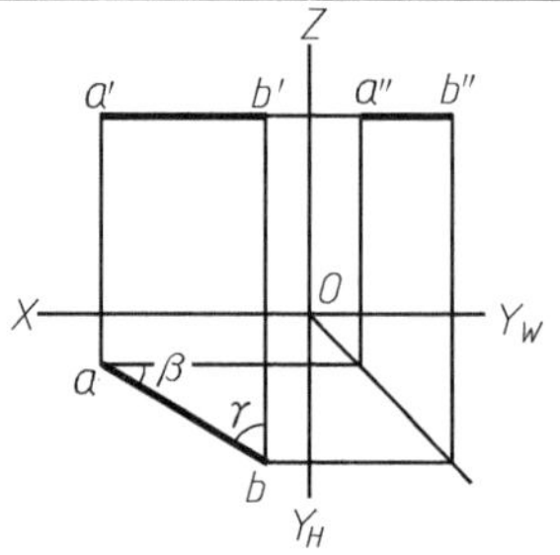	1. 水平投影 ab 反映实长和倾角 β、γ 2. 正面投影 $a'b'/\!/OX$，侧面投影 $a''b''/\!/OY_W$ 轴
正平面	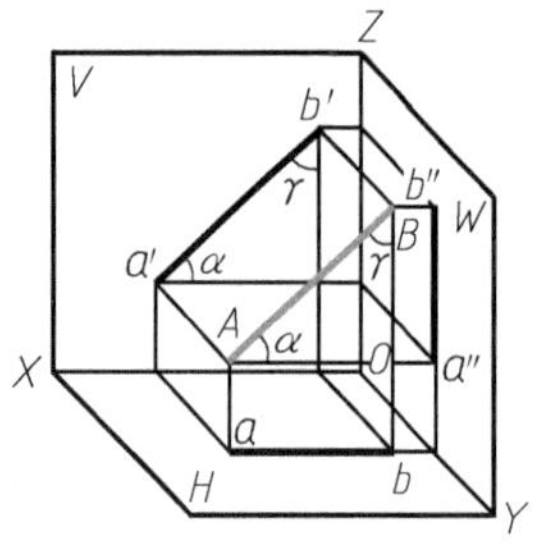	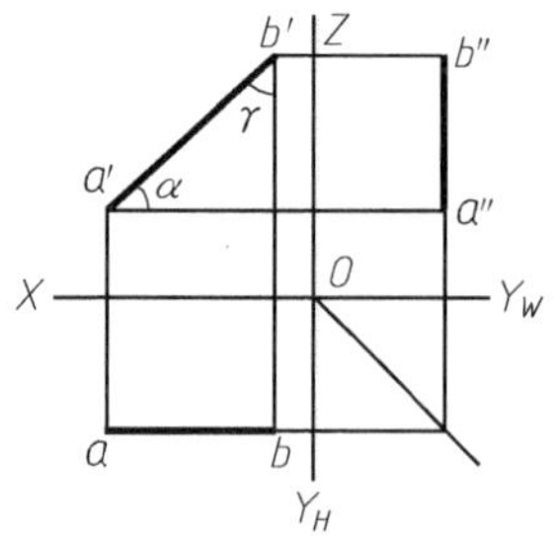	1. 正面投影 $a'b'$ 反映实长和倾角 α、γ 2. 水平投影 $ab/\!/OX$ 轴，侧面投影 $a''b''/\!/OZ$ 轴
侧平线	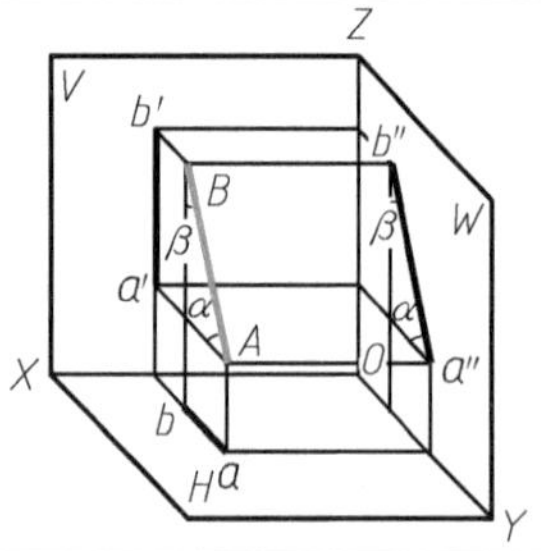	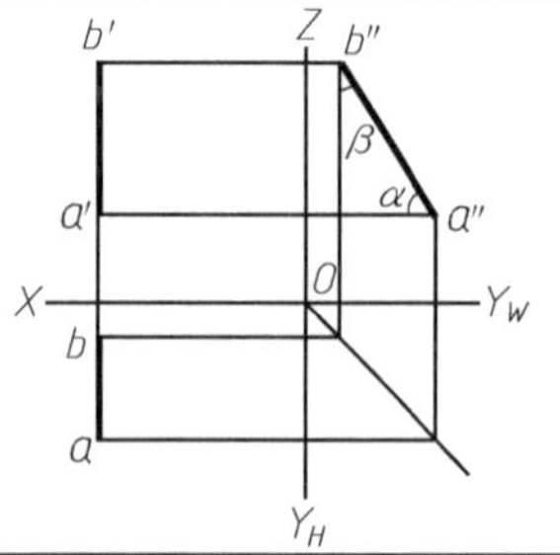	1. 侧面投影 $a''b''$ 反映实长和倾角 α、β 2. 正面投影 $a'b'/\!/OZ$ 轴，水平投影 $ab/\!/OY_H$ 轴

从表 2-2 中可以归纳出投影面平行线的投影特性：

1）直线在其平行的投影面上的投影反映线段的实长（显实性），并且该投影与投影轴的夹角反映直线与相应投影面的倾角。

2）直线的其他两个投影均平行于相应的投影轴，但不反映线段的实长。

2. 投影面垂直线

只与一个投影面垂直（必然与另外两个投影面平行）的直线称为投影面垂直线。与 *H* 面垂直的直线称为铅垂线，与 *V* 面垂直的直线称为正垂线，与 *W* 面垂直的直线称为侧垂线。表 2-3 列出了这三种直线的直观图和三面投影图。

表 2-3　投影面的垂直线

直线	直观图	投影图	投影特性
铅垂线			1. 水平投影积聚成一点 *a*（*b*） 2. 正面投影 $a'b'$垂直 *OX* 轴，侧面投影 $a''b''$垂直 OY_W 轴，同时，正面投影 $a'b'$与侧面投影 $a''b''$均平行于 *OZ* 轴，并且都反映实长
正垂线			1. 正面投影积聚成一点 a'（b'） 2. 水平投影 *ab* 垂直 *OX* 轴，侧面投影 $a''b''$垂直 *OZ* 轴，同时，水平投影 *ab* 平行于 OY_H 轴，侧面投影 $a''b''$平行于 OY_W 轴，并且都反映实长
侧垂线			1. 侧面投影积聚成一点 a''（b''） 2. 正面投影 $a'b'$垂直 *OZ* 轴，水平投影 *ab* 垂直 OY_H 轴，同时，正面投影 $a'b'$与水平投影 *ab* 均平行于 *OX* 轴，并且都反映实长

从表 2-3 中可以归纳出投影面垂直线的投影特性：

1）直线在其垂直的投影面上的投影，积聚为一点（积聚性）。

2）直线的其他两个投影均垂直于相应的投影轴，且反映线段的实长（显实性）。

3. 直线上的点

点在直线上，即点属于直线。根据平行投影的从属性和定比性可知：若点在直线上，则点的投影必落在直线的同面投影上，且点分线段所成的比例等于点的投影分线段相应投影所成的比例。

如图 2-16 所示，如果 $C \in AB$，则 $c \in ab$，$c' \in a'b'$，$c'' \in a''b''$；且 $AC : CB = ac : cb = a'c' : c'b' = a''c'' : c''b''$。

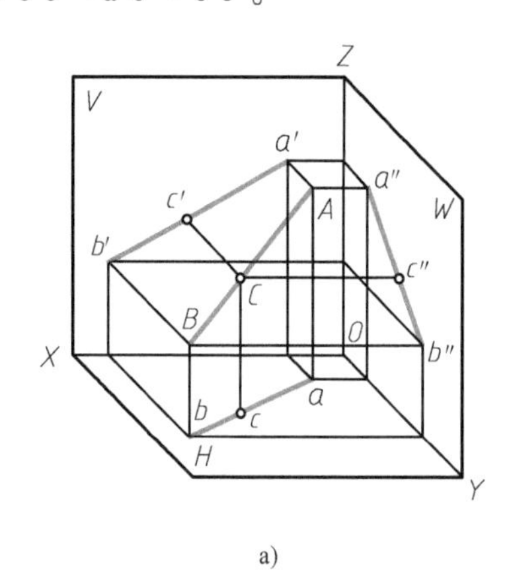

a)

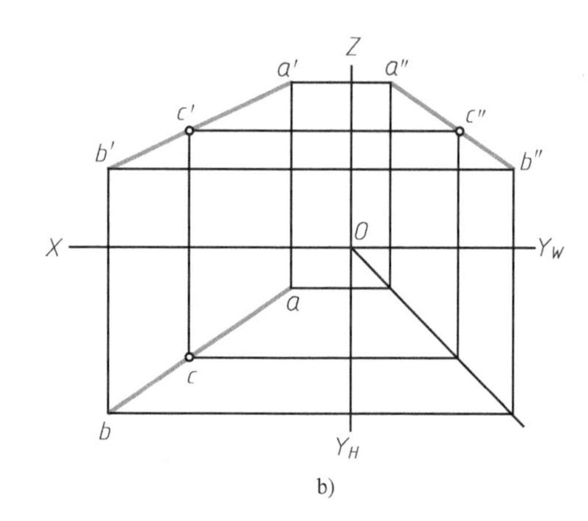

b)

图 2-16　直线上的点

a）直观图　b）投影图

【例 2-3】　已知 C 点在水平线 AB 上，且 $AC = 20\text{mm}$，求 C 点的两面投影（图 2-17）。

作图：

（1）在直线的水平投影（实长投影）ab 截取 $ac = 20\text{mm}$，得 c 点；

（2）自 c 点向上引投射线，在直线的正面投影 $a'b'$上确定出 c'点。

【例 2-4】　已知 C 点在侧平线 AB 上，试根据水平投影 c 求正面投影 c'（图 2-18）。

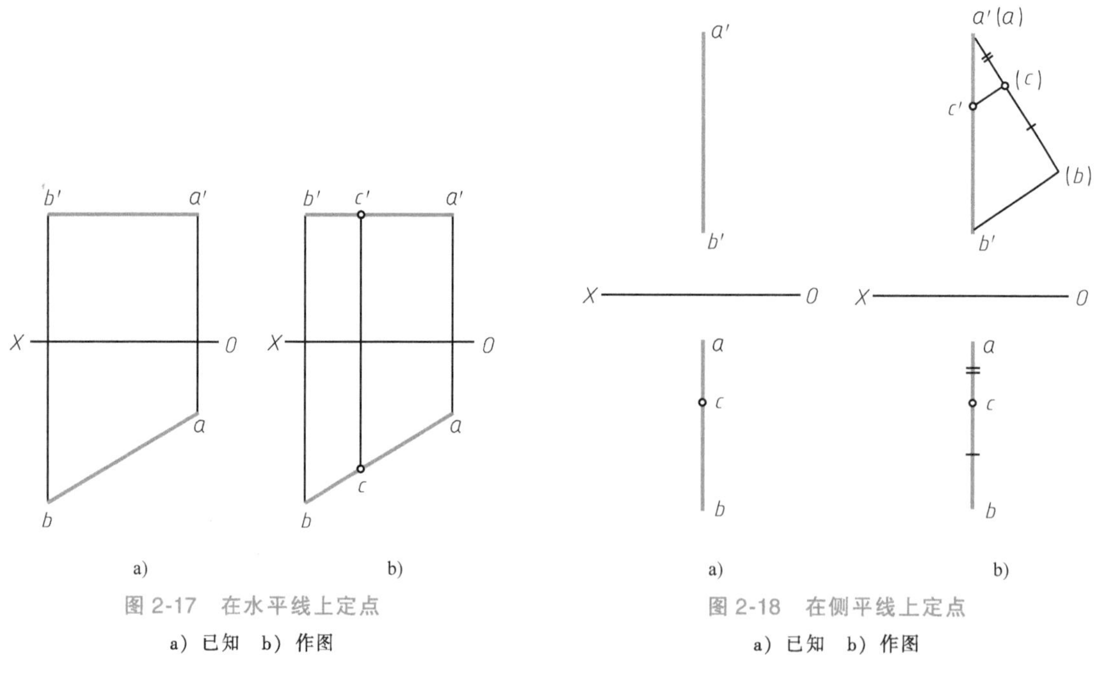

图 2-17　在水平线上定点

a）已知　b）作图

图 2-18　在侧平线上定点

a）已知　b）作图

作图：

用定比性将正面投影分成与水平投影成相同的比例，即$\dfrac{a'c'}{c'b'} = \dfrac{ac}{cb}$，得正面投影 c'（图中

表明了分定比的几何作图方法）。

2.6　一般位置直线的实长与倾角

在上一节中，通过对特殊位置直线的投影特性可知，特殊位置直线的投影能反映线段的实长和对投影面的倾角，而一般位置直线的投影均不反映实长，且投影与投影轴的夹角也不反映直线与投影面的倾角。对于一般位置直线，可以在投影图上用几何作图的方法求出一般位置直线的实长和倾角，这种方法称为直角三角形法。

如图 2-19a 所示，过线段的端点 B 作水平投影 ab 的平行线，交 Aa 于 A_0，则 $\triangle AA_0B$ 是一个直角三角形。在此三角形中，直角边 A_0B 等于水平投影 ab，直角边 AA_0 等于线段两端点的 z 坐标差（$AA_0=Aa-Bb=z_A-z_B=\Delta z_{AB}$），斜边 AB 即是线段的实长，而 $\angle ABA_0$ 等于线段与投影面 H 的倾角 α。

根据直观图的分析，可以利用它所表明的直角三角形中线段的实长、倾角、两端点坐标差和投影之间的关系，来完成如图 2-19b 投影图上的求实长和 α 角的几何作图：

1）以水平投影 ab 为一直角边，在另一直角边（自 a 点所作与 ab 垂直的线段）上截 $A_1a=a'a_0'$（Δz_{AB}）。

2）连接 A_1b，作 $\text{Rt}\triangle abA_1$，则 $\triangle abA_1\cong\triangle A_0BA$，斜边 A_1b 等于线段 AB 实长，斜边 A_1b 与水平投影 ab 的夹角等于直线 AB 与 H 面的倾角 α。

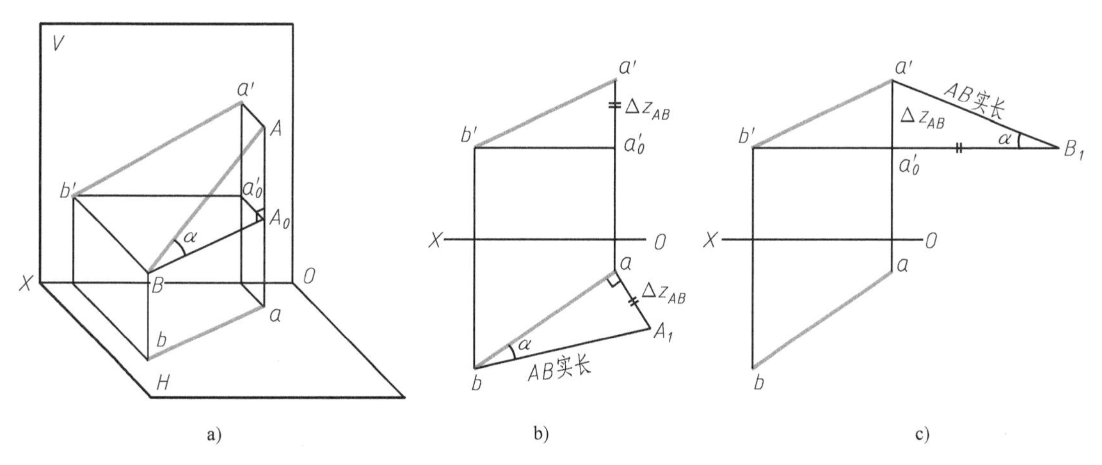

图 2-19　求线段的实长和 α 角

a）直观图　b）直角三角形法 1　c）直角三角形法 2

上述在投影图中采用的几何作图方法就是直角三角形法。在直角三角形中，有线段的实长、倾角 α、两端点的 z 坐标差、水平投影 ab 四个几何要素，只要知道其中的两个，另外两个就可以求得。这样的几何作图也可以按如图 2-19c 所示的那样来完成：以 $a'a_0$（Δz_{AB}）为一直角边，在另一直角边（即 $b'a_0'$ 的延长线上）截取 $a_0'B_1$ 等于水平投影 ab，作 $\text{Rt}\triangle B_1a_0'a'$，则 $\triangle B_1a_0'a'\cong\triangle A_0BA$，斜边 $a'B_1=AB$ 实长，$\angle a'B_1a_0'=\alpha$。

图 2-20a 表明了求一般位置直线实长和对 V 面的倾角 β 的作图原理。图 2-20b 和图 2-20c 是具体作图方法：以正面投影为一直角边，以两端点的 y 坐标差（Δy_{AB}）为另一直角边，作直角三角形，则三角形的斜边等于线段的实长，斜边与正面投影的夹角等于直线与 V 面

的倾角 β。

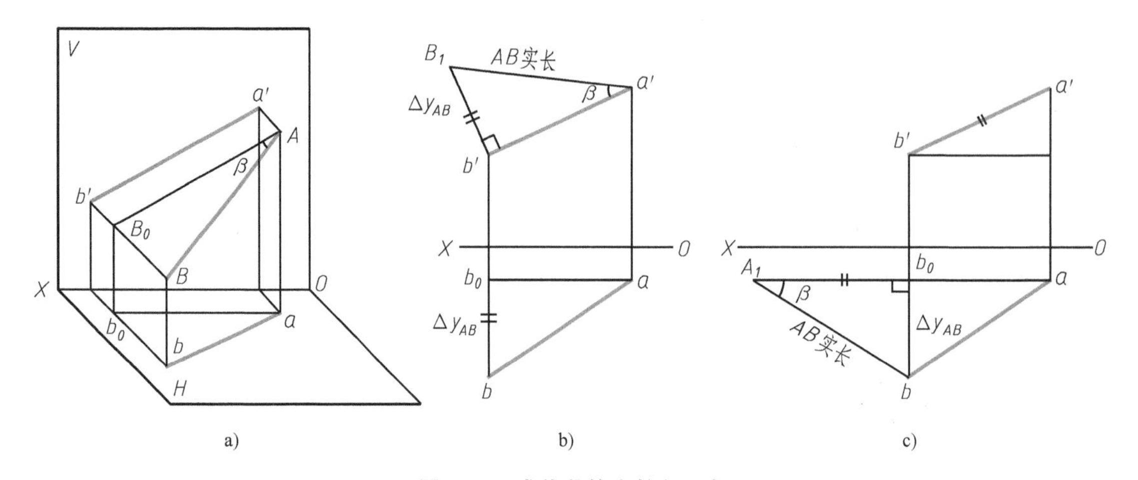

a) b) c)

图 2-20 求线段的实长和 β 角

a）直观图 b）直角三角形法 1 c）直角三角形法 2

【例 2-5】 已经直线 AB 的正面投影和水平投影如图 2-21a 所示，在直线 AB 上截取 $AK=15\text{mm}$，求 K 点的两面投影。

作图（图 2-21b）：

（1）用直角三角形法作出线段 AB 的实长 aB_1；

（2）在 aB_1 上截取 $aK_1=15\text{mm}$；

（3）用分定比的方法找出 K 点的投影 k 和 k'。

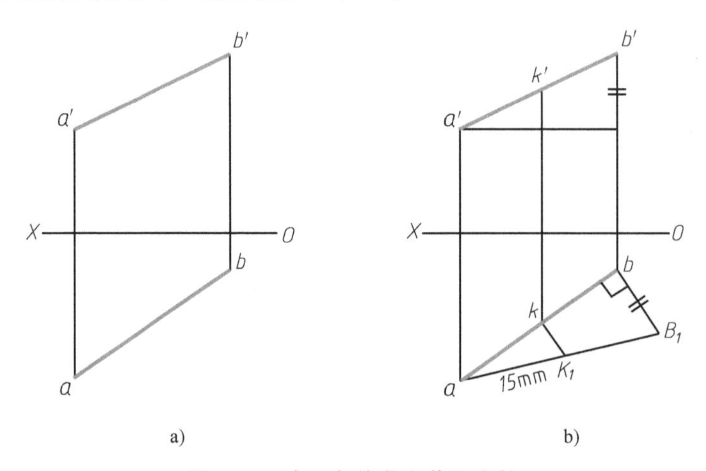

a) b)

图 2-21 在一般线段上截取定长

a）原图 b）作图

【例 2-6】 已知直线 AB 的正面投影 $a'b'$，A 点的水平投影 a，直线对 H 面的倾角 $\alpha=30°$，求直线的水平投影（图 2-22a）。

作图（图 2-22b）：

（1）在正面投影上自 a'点引 OX 轴平行线，与投影投射线相交于 b_0'，则 $b'b_0$ 为线段两端点的 z 坐标差（Δz_{AB}）；

（2）自 b'点引与水平方向夹角30°的斜线，与 $a'b_0'$ 的延长线交于 A_1 点，则 $\angle b'A_1b_0'=30°$，$A_1b_0'=ab$；

（3）在水平投影上以点 a 为圆心，以 A_1b_0' 为半径画弧，与投影投射线相交于 b 和 b_1；

（4）连接 ab 和 ab_1，即为所求的水平投影（此题有两解）。

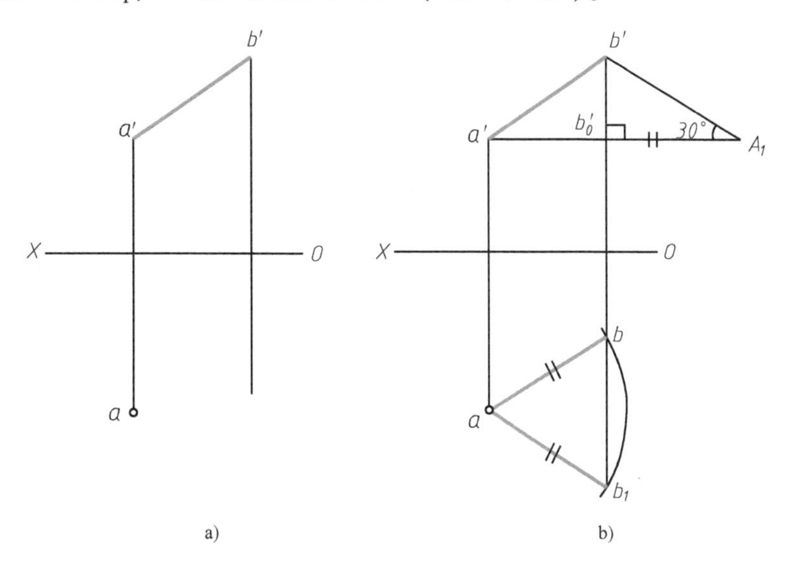

图2-22　补画线段的水平投影

a）原图　b）作图

2.7　两直线的相对位置

空间两直线的相对位置有三种情况：平行、相交和交错。其中交错也称为交叉、异面。

2.7.1　两直线平行

由平行投影的平行性可知：若空间两直线相互平行，则它们的同面投影也一定相互平行。反之，如果两直线的各同面投影相互平行，则这两直线在空间也一定相互平行，且两平行线段的长度之比等于同面投影的长度之比。

如图2-23所示，若 $AB // CD$，则有 $ab//cd$，$a'b'//c'd'$，$a''b''//c''d''$，且 $AB:CD=ab:cd=a'b':c'd'=a''b'':c''d''$。

对两条一般位置直线来说，在投影图上，只要有任意两个同面投影相互平行，就可判定这两条直线在空间一定平行。但对两条同为某一投影面的平行线来说，则需从两直线在该投影面上的投影是否平行来判定；或者当它们的方向趋势一致时，看其他两面投影的比例是否相等。如图2-24所示，两侧平线侧面投影不平行，故空间两侧平线不平行。

2.7.2　两直线相交

两直线相交，必有一个交点，该交点为两直线的公共点。由平行投影的从属性和定比性，可得出如下结论：

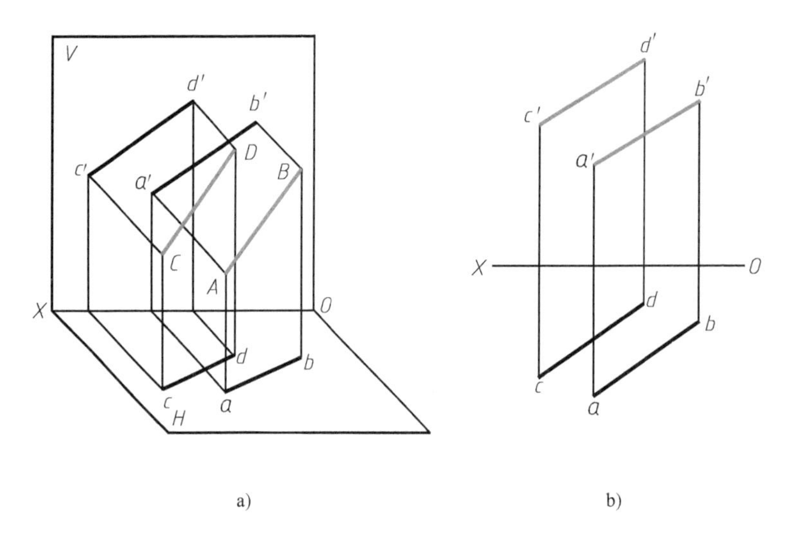

图 2-23　两平行直线的投影

a）原图　b）作图

1）两直线相交，其同面投影必然相交，且投影的交点就是交点的投影（投影交点的连线必垂直于投影轴）。

2）交点分线段所成的比例等于交点的投影分线段同面投影所成的比例。

如图 2-25 所示，若 $AB \cap CD$，K 为交点，则 $ab \cap cd$，$a'b' \cap c'd'$，$a''b'' \cap c''d''$，且 $\frac{AK}{KB}=\frac{ak}{kb}=\frac{a'k'}{k'b'}=\frac{a''b''}{k''b''}$，$\frac{CK}{KD}=\frac{ck}{kd}=\frac{c'k'}{k'd'}=\frac{c''k''}{k''d''}$

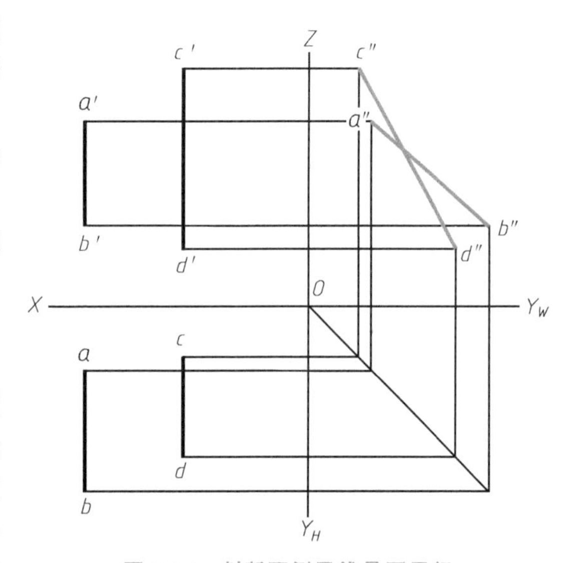

图 2-24　判断两侧平线是否平行

对两条一般位置直线来说，在投影图上，只要有任意两个同面投影交点的连线垂直于相应的投影轴，就可判定这两条直线在空间一定相交。但当两条直线中有一条为某一投影面的平行线时，则需要进行判断。

如图 2-26 所示，AB 为一般位置直线，CD 为侧平线。在此种情况下，仅凭其水平投影和正面投影尚不能判定两直线是否相交，因为两投影交点的连线总是垂直于 OX 轴的。可以用以下两种方法进行判定。

1）方法 1。利用第三面投影进行判定：作出两直线的侧面投影 $a''b''$和 $c''d''$，如果侧面投影也相交，且侧面投影的交点和正面投影的交点连线垂直于 OZ 轴，则两直线是相交的，否则不相交。从图 2-26b 上可以看出，两直线正面投影的交点和其侧面投影的交点连线不垂直于 OZ 轴，故 AB 和 CD 两直线不相交。

2）方法 2。利用直线上点的定比性进行判定：如图 2-26c 所示，假定 AB 与 CD 相交于 K，则 $ck : kd$ 应等于 $c'k' : k'd'$。可以在正面投影上过 c'任作一直线，取 $c'k'_1=ck$，$k'_1d'_1=kd$；

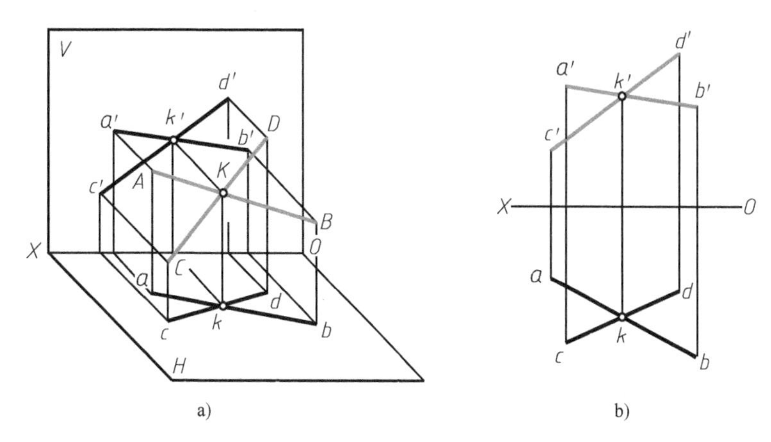

图 2-25　相交两直线的投影

a）直观图　b）投影图

连接 d'_1d'，过 k'_1 作 d'_1d' 的平行线，它与 $c'd'$ 的交点不是 k'。说明 $ck:kd \neq c'k':k'd'$。由此也可判定直线 AB 和 CD 不相交。

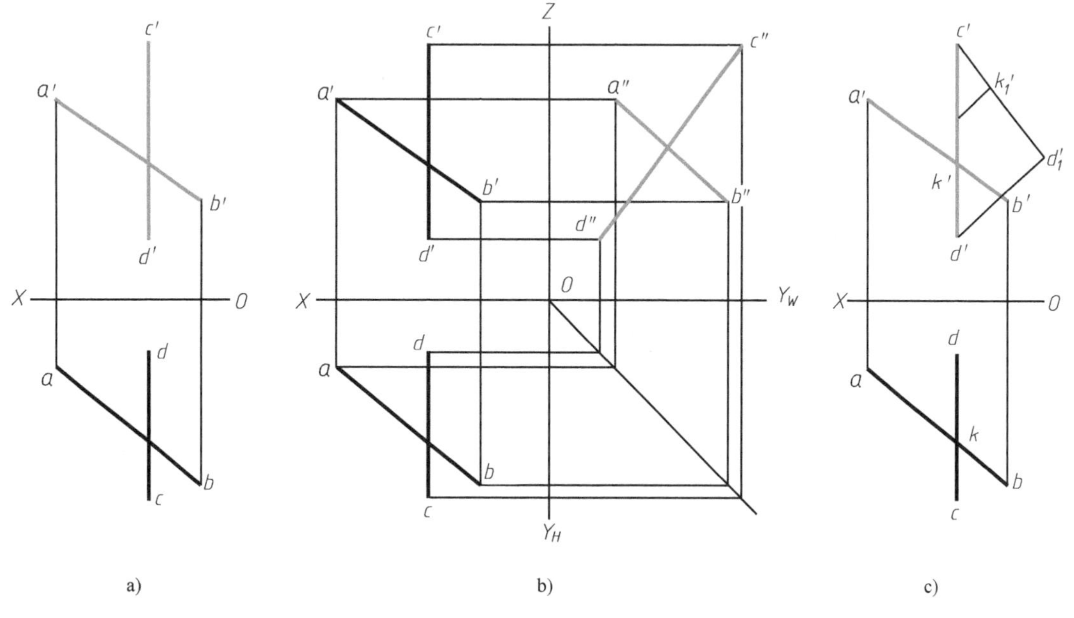

图 2-26　判断两直线是否相交

a）已知　b）补作第三面投影　c）比例法判断

2.7.3　两直线交错

空间两直线既不平行，也不相交，称为交错直线 。因此，交错直线的投影，既不具备两直线平行的投影特点，也不具备两直线相交的投影特点。交错直线的同面投影可能相交，但同面投影的交点并不是空间一个点的投影，因此投影交点的连线不垂直于投影轴。

实际上，交错直线投影的交点，是空间两个点的投影，是位于同一投射线上而分属于两条直线的一对重影点。

从图 2-27 可以看出，直线 AB 上的点Ⅰ和 CD 上的点Ⅱ，位于同一条铅垂线上，是 H 面的重影点，即交点 1（2）。自 1（2）向上引投射线即可找到它们的正面投影 $1'$ 和 $2'$。比较 $1'$ 和 $2'$ 可知，位于直线 AB 上的Ⅰ点在上，位于直线 CD 上的点Ⅱ在下。因此，当沿着投影方向从上向下看时，水平重影点 1 可见，2 不可见。

直线 AB 上的点Ⅲ和 CD 上的点Ⅳ，位于同一条正垂线上，是 V 面的重影点，即交点 $3'$（$4'$）。自交点 $3'$（$4'$）向下引投射线即可找到它们的水平投影 3 和 4。比较 3 和 4 可知，位于直线 AB 上的点Ⅲ在前，位于直线 CD 上的点Ⅳ在后。因此，当沿着投影方向从前向后看时，正面重影点 $3'$ 可见，$4'$ 不可见。

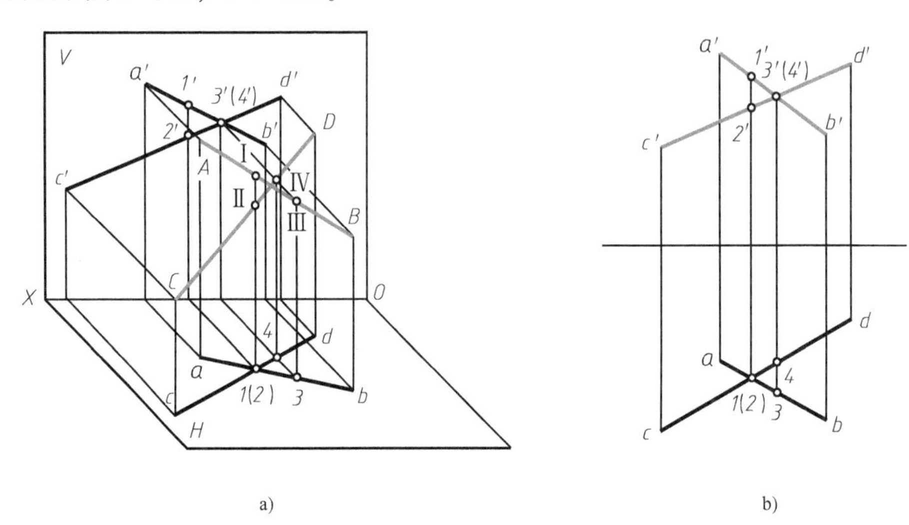

a) b)

图 2-27 判断两直线是否相交

a）直观图 b）投影图

2.7.4 直角的投影

空间的两直线，夹角可以是锐角、钝角或直角。一般地，要使两直线的夹角在某一投影面上的投影角度不变，必须使两直线都平行于该投影轴。但是，对于直角来说，只要有一条直角边平行于某一个投影面，则该直角在该投影面上的投影仍然是直角，这就是直角的投影特性。

如图 2-28 所示，直角投影特性的证明如下：

设直线 $AB \perp BC$，且 $AB /\!/ H$，证明 $ab \perp bc$。

$\because AB \perp BC$，$AB \perp Bb$（$AB /\!/ H$，$Bb \perp H$），

$\therefore AB \perp CBbc$；

又 $\because ab /\!/ AB$，$\therefore ab \perp CBbc$，故 $ab \perp bc$；

证毕。

如果把 AB 直线平移至 A_1B_1 的位置上，

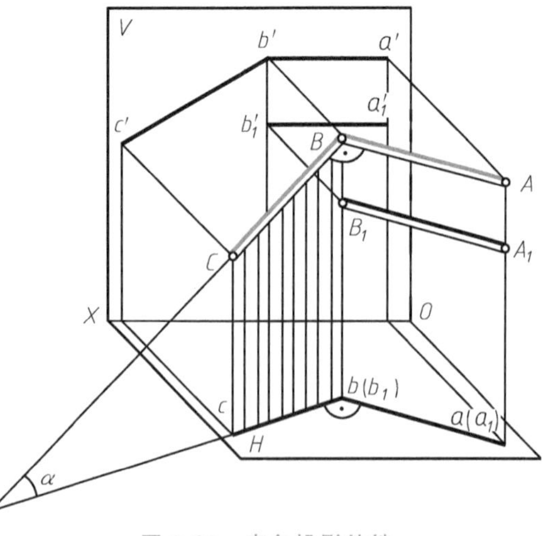

图 2-28 直角投影特性

即 A_1B_1 与 BC 垂直交错，那么同样可以证明 $a_1b_1 \perp bc$。

也就是说，两垂直直线（垂直相交或垂直交错），只要其中有一条直线是水平线，则它们的水平投影一定垂直。

同理可知，两垂直直线（垂直相交或垂直交错），只要其中有一条直线是正平线，则它们的正面投影一定垂直。

图 2-29 给出了两直线的两面投影，根据直角投影特性可以断定它们在空间是相互垂直的，其中图 2-29a、c 是垂直相交，图 2-29b、d 是垂直交错。

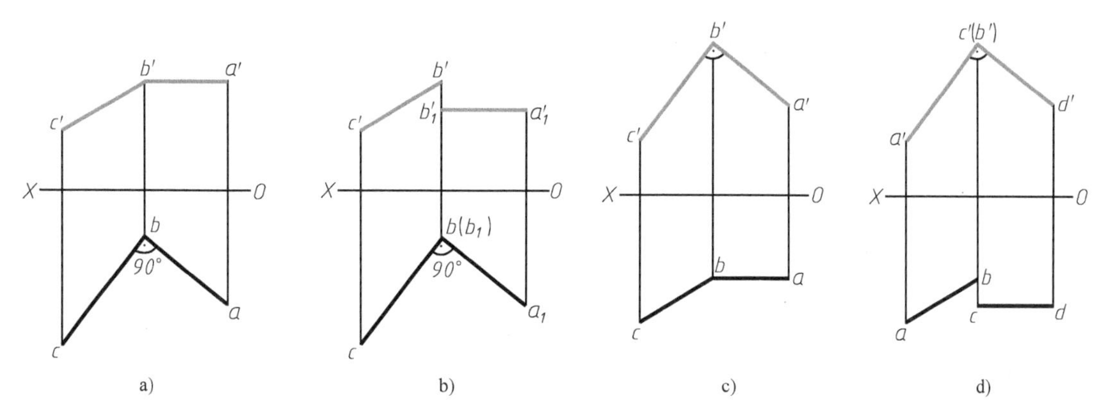

图 2-29　直角的投影

a)、c) 垂直相交　b)、d) 垂直交错

【例 2-7】　求点 A 到正平线 CD 的距离（图 2-30a）。

分析：因为 CD 为正平线，利用直角的投影特性，可以作出 CD 的垂线 AB，线段 AB 就表示 A 点到 CD 的距离。但是 AB 是一般位置直线，它的投影不反映实长，因此需要用直角三角形法求出它的实长，这个实长才是所求的真实距离。

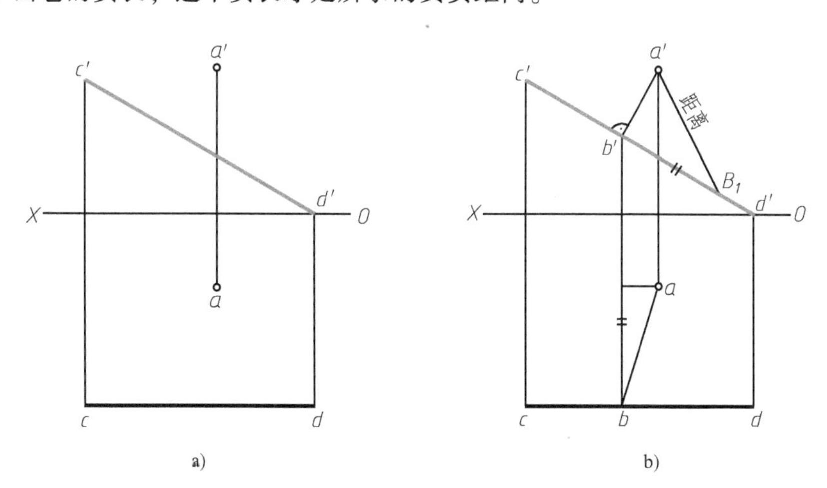

图 2-30　求点到直线的距离

a) 已知　b) 作图

作图（图 2-30b）：

(1) 过 a' 作 $c'd'$ 的垂线，并与 $c'd'$ 相交于 b'，得垂直线段的正面投影 $a'b'$；

(2) 自 b'向下引投射线，在 cd 上找到 b，连接 ab 即为垂直线段的水平投影；

(3) 用直角三角形法求出线段 AB 的实长 $a'B_1$，即得所求的真实距离。

【例 2-8】 已知矩形 $ABCD$ 两邻边 AB、BC 的正面投影和 AB 边的水平投影，试完成该矩形的两面投影（图 2-31a）。

分析：因为矩形的两邻边互相垂直，并且给出的 AB 边是水平线，因此根据直角投影特性可知 AB、BC 两邻边的水平投影一定垂直；又因为矩形的对边互相平行，根据平行两直线的投影特性可作出其余两边的投影。

作图（图 2-31b）：

(1) 过 b 点作 ab 的垂线与过 c'点的投影投射线相交于 c 点；

(2) 分别过 a、c 作 bc 和 ab 的平行线，两平行线相交于 d 点，即得矩形的水平投影 $abcd$；

(3) 分别过 a'、c'作 $b'c'$和 $a'b'$的平行线，两平行线相交于 d'点，即得矩形的正面投影 $a'b'c'd'$（dd'连线应垂直于 OX 轴）。

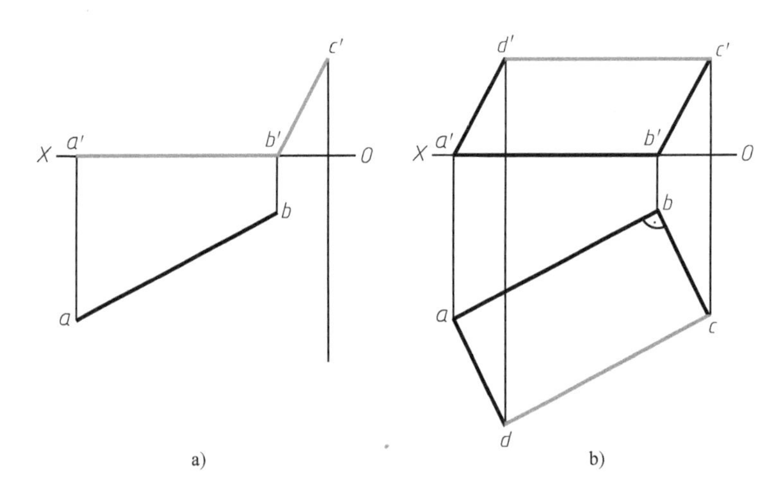

图 2-31　完成矩形的两面投影

a) 已知　b) 作图

2.8　平面的投影

平面可以看成是点和直线不同形式的组合。因此，平面的投影可用下列构成平面的几何要素的投影来表示（图 2-32）：

1）不在同一直线上的三点（图 2-32a）。

2）一直线和线外一点（图 2-32b）。

3）两相交直线（图 2-32c）。

4）两平行直线（图 2-32d）。

5）平面图形（图 2-32e）。

以上五种平面的表示方法可以互相转换。但对同一平面而言，无论用哪一种表示方法，它所确定的平面是不变的。

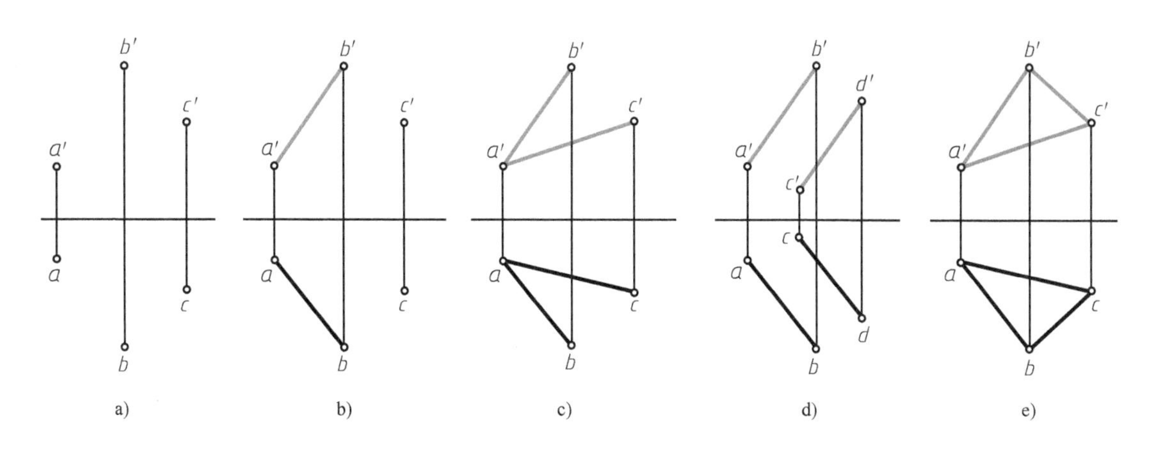

图 2-32　平面的表示法

a）不在同一直线上的三点　b）一直线和线外一点　c）两相交直线　d）两平行直线　e）平面图形

根据平面与投影面的相对位置，平面也分为一般位置平面和特殊位置平面。

2.8.1　一般位置平面

与三个投影面都倾斜的平面称为一般位置平面。如图 2-33 所示，由于一般位置平面与三个投影面都倾斜，因此平面三角形的三个投影均不反映实形，也无积聚性，但仍为原图形的类似形。

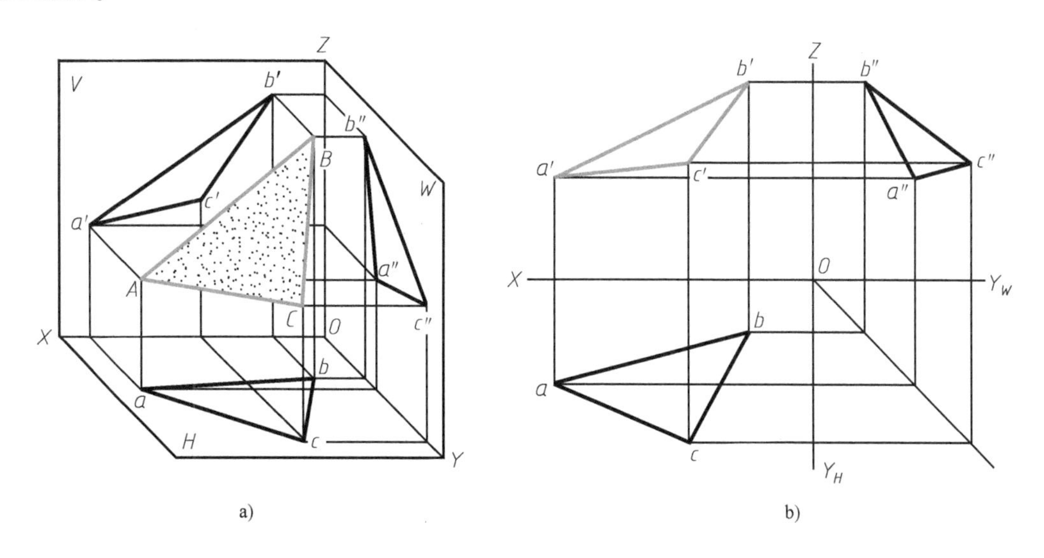

图 2-33　一般位置平面的投影

a）直观图　b）投影图

2.8.2　特殊位置平面

只与一个投影面垂直或平行的平面称为特殊位置平面。它包括投影面垂直面、投影面平行面两种。

1. 投影面垂直面

只与一个投影面垂直的平面称为投影面垂直面，其中：垂直于 H 面的平面称为铅垂面；垂直于 V 面的平面称为正垂面；垂直于 W 面的平面称为侧垂面。

表 2-4 列出了这三种平面的直观图和三面投影图，从中可以归纳出投影面垂直面的投影特性：

1）平面在其垂直的投影面上的投影积聚成线段（积聚性），并且该投影与投影轴的夹角等于该平面与相应投影面的倾角。

2）平面的其他两个投影都小于实形，并且是平面图形的类似型。

表 2-4　投影面垂直面

平面	直观图	三面投影图	投影特性
铅垂面	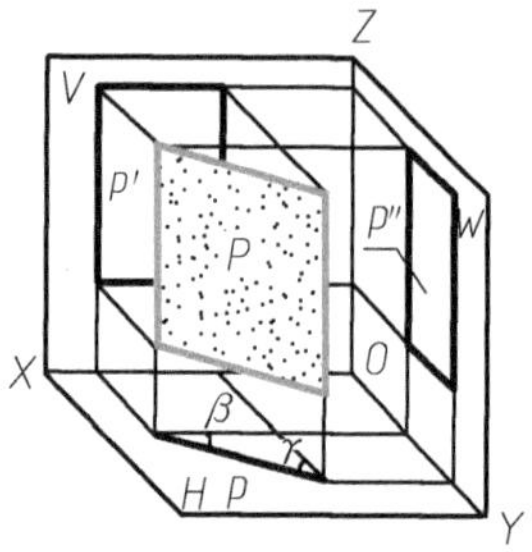	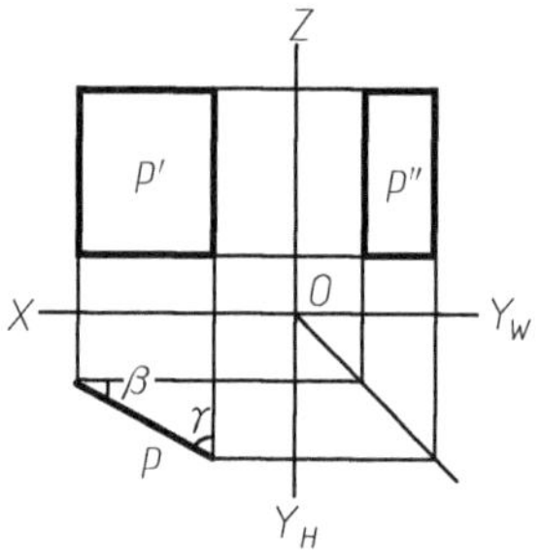	1. 水平投影 p 积聚成直线，并反映平面的倾角 β 和 γ 2. 正面投影 p' 和侧面投影 p'' 均小于实形
正垂面	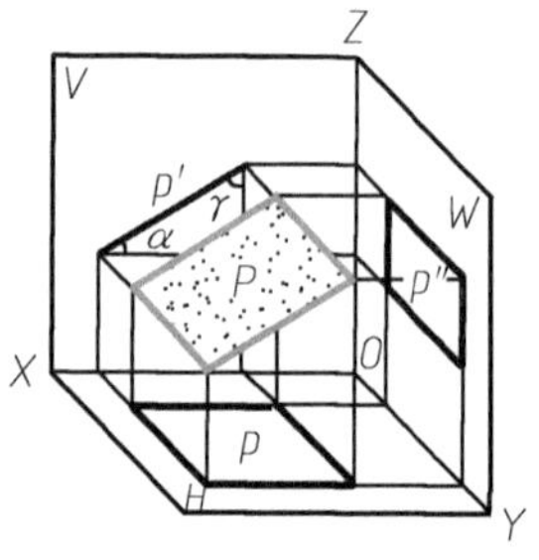	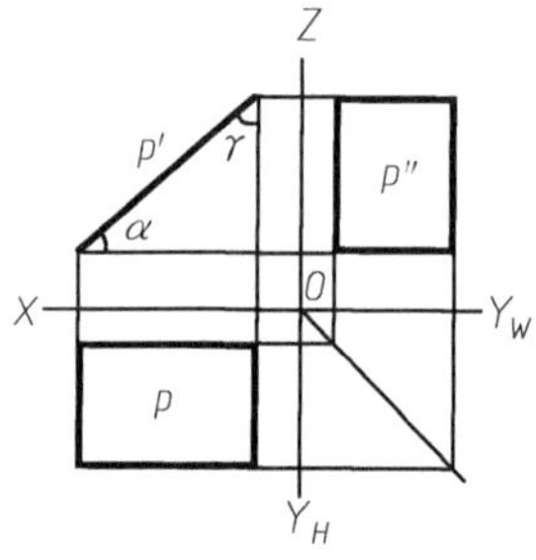	1. 正面投影 p' 积聚成直线，并反映平面的倾角 α 和 γ 2. 水平投影 p 和侧面投影 p'' 均小于实形，并且是平面图形的类似型
侧垂面	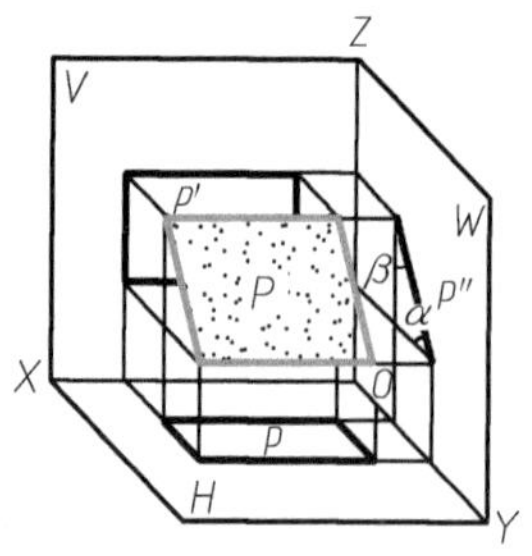	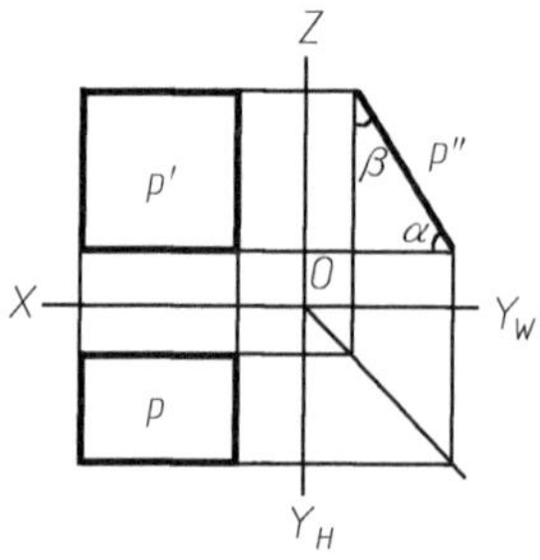	1. 侧面投影 p'' 积聚成直线，并反映平面的倾角 α 和 β 2. 水平投影 p 和正面投影 p' 均小于实形，并且是平面图形的类似型

2. 投影面平行面

只与一个投影面平行的平面称为投影面平行面，其中：平行于 H 面的平面称为水平面；平行于 V 面的平面称为正平面；平行于 W 面的平面称为侧平面。投影面平行面同时垂直于另两个投影面。

表 2-5 列出了这三种平面的直观图和三面投影图。

表 2-5　投影面平行面

平面	直观图	三面投影图	投影特性
水平面			1. 水平投影 p 反映实形 2. 正面投影 p' 积聚成直线，且 $p'//OX$ 轴，侧面投影 p'' 积聚成直线，且 $p''//OY_W$ 轴
正平面			1. 正面投影 p' 反映实形 2. 水平投影 p 积聚成直线，且 $p//OX$ 轴，侧面投影 p'' 积聚成直线，且 $p''//OZ$ 轴
侧平面			1. 侧面投影 p'' 反映实形 2. 水平投影 p 积聚成直线，且 $p//OY_H$ 轴，正面投影 p' 积聚成直线，且 $p'//OZ$ 轴

从表 2-5 中可以归纳出投影面平行面的投影特性：

1）平面在其平行的投影面上的投影反映实形（显实性）；

2）平面的其他两个投影积聚成线段（积聚性），并且平行于相应的投影轴。

2.8.3　属于平面的点和直线

1. 点在平面上

点在平面上的几何条件：

如果点在平面内的一条已知直线上，则该点必在此平面内。

如图 2-34a 所示，$\because A$、$D \in \triangle ABC$，$\therefore AD \in \triangle ABC$；$\because K \in AD$，$\therefore K \in \triangle ABC$。

2. 直线在平面上

直线在平面上的几何条件：

如果直线过平面上的两个已知点，或者直线过平面上的一个已知点，并且平行于平面上

的一条已知直线，则该直线必在此平面内。

如图 2-34a 所示，∵ A、$D \in \triangle ABC$，∴ $AD \in \triangle ABC$；∵ $E \in \triangle ABC$，且 $EF//AB$，∴ $EF \in \triangle ABC$。

从前面对直线上的点的从属关系，以及两直线平行和相交关系的讨论已经知道，此类关系都具有投影的不变性，即投影之后几何关系不变。由此，根据上述几何条件和投影的不变性，可以判断图 2-34b 中给出的 K 点、AD 直线、EF 直线位于△ABC 平面上。

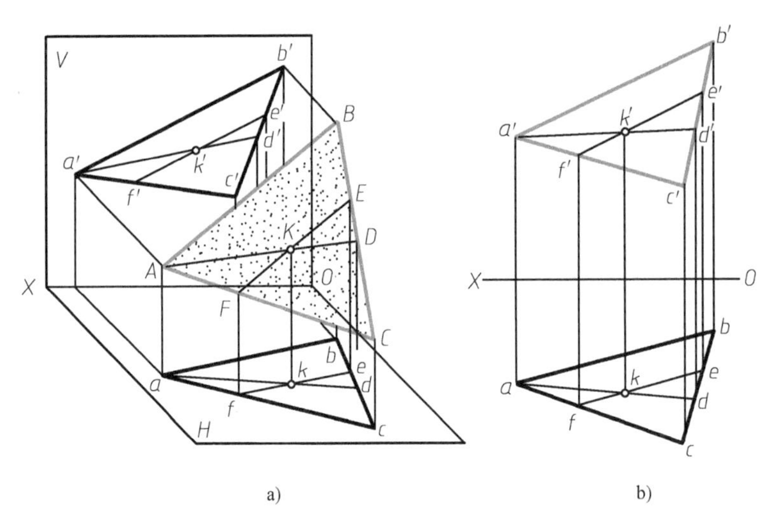

图 2-34　平面上的点和直线

a）直观图　b）投影图

上述几何条件和投影性质也是在平面上画线、定点的作图依据。

【例 2-9】　已知△ABC 平面上 M 点的水平投影 m，求它的正面投影及过 M 点属于△ABC 平面内的正平线（图 2-35a）。

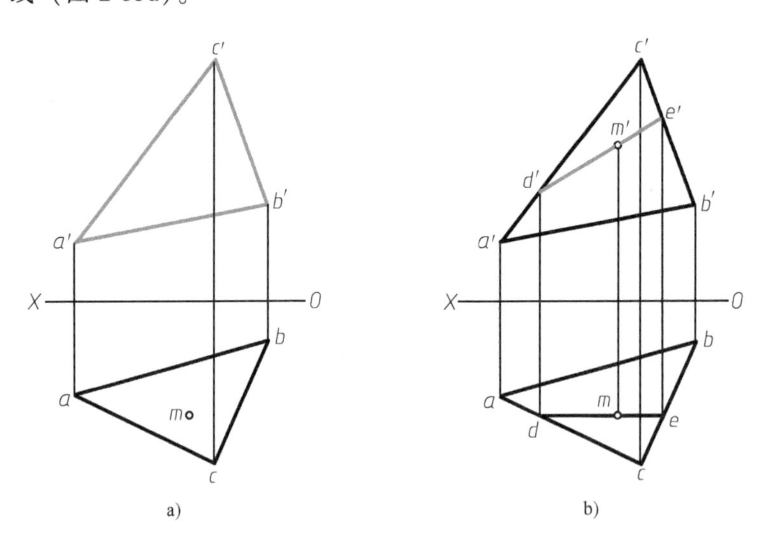

图 2-35　平面上的点和直线

a）已知　b）作图

作图（图2-35b）：

（1）在水平投影上过 m 作平行于 OX 轴的辅助线，交 ac 和 bc 于 d、e；

（2）自 d、e 向上引投射线，与 $a'c'$和 $b'c'$相交于 d'、e'；

（3）连接 d'、e'成直线，即得过 M 点的正平线 DE 的两面投影 de 和 $d'e'$；

（4）自 m 向上引投射线，与 $d'e'$相交于 m'。

【例2-10】 已知平面四边形 $ABCD$ 的正面投影 $a'b'c'd'$和两邻边 AB、AD 的水平投影 ab、ad，试完成该四边形的水平投影（图2-36a）。

分析：C 点属于 A、B、D 三点所确定的平面内，则 C 点的水平投影 c 可用在平面内取点的方法来求得。

作图（图2-36b）：

（1）连接 B、D 的同面投影 b、d 和 b'、d'；

（2）连接 A、C 的正面投影 a'、c'与 $b'd'$相交于 e'（即为两相交直线 BD，AC 的交点的正面投影）；

（3）自 e'向下引投射线与 bd 相交于 e；

（4）连接 ae，自 c'向下引投射线与 ae 延长线相交于 c；

（5）连接 bc 和 dc，完成作图。

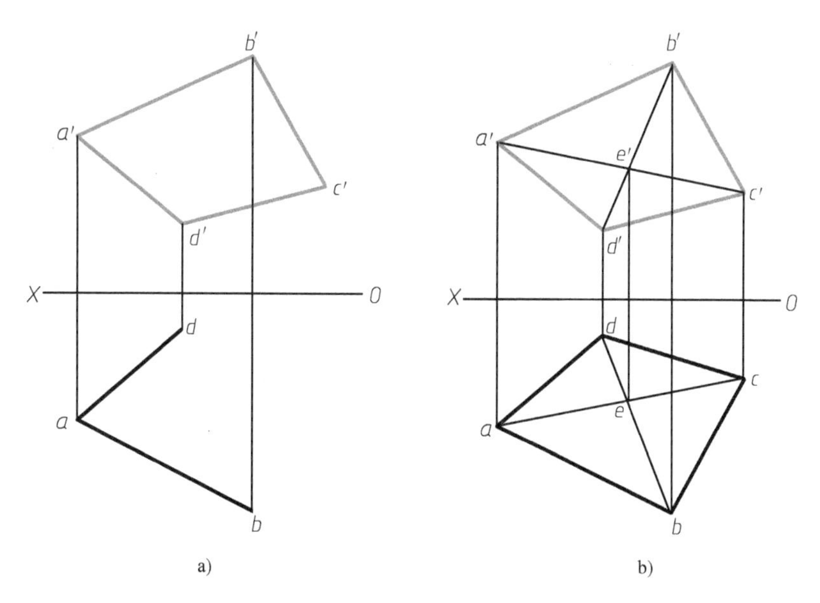

图2-36　完成平面四边形的水平投影

a）已知　b）作图

【例2-11】 已知梯形平面上三角形的正面投影 $l'm'n'$，求它的水平投影 lmn（图2-37a）。

作图（图2-37b）：

（1）延长 $m'n'$并与 $b'c'$和 $a'd'$分别相交于1′、2′；

（2）自1′和2′分别向下引投射线，并在 bc 和 ad 上找到1和2，连接1和2；

（3）自 m'和 n'分别向下引投射线，并在12上找到 m 和 n；

(4) 过 n 作 $ln/\!/ad$（$\because$ AD 与 LN 共面，且 $l'n'/\!/a'd'$，$\therefore$ $ln/\!/ad$）；

(5) 自 l' 向下引投射线，在 ln 上找到 l；

(6) 连 lm，完成三角形的水平投影。

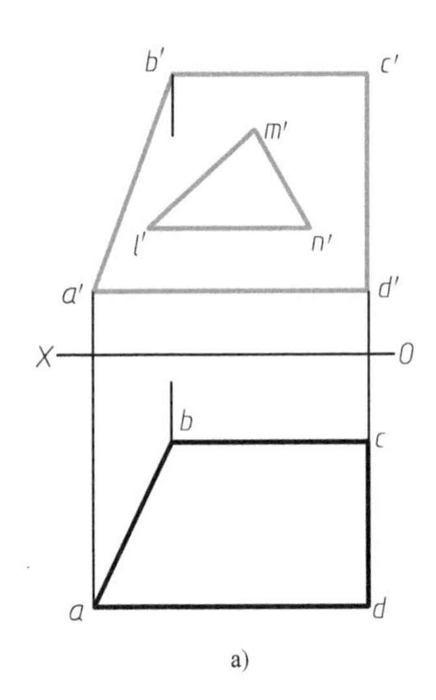

a)

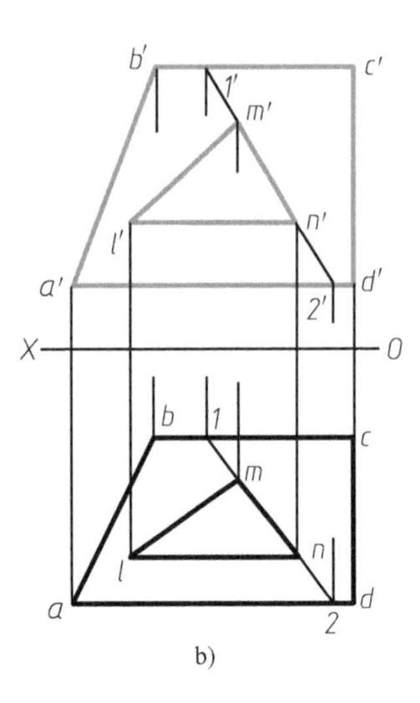

b)

图 2-37　补出梯形平面上三角形的水平投影

a）已知　b）作图

2.9　直线的迹点和平面的迹线

2.9.1　直线的迹点

直线与投影面的交点叫直线的迹点，其中：

与 H 面的交点叫水平迹点，用 M 表示。

与 V 面的交点叫正面迹点，用 N 表示。

与 W 面的交点叫侧面迹点，用 S 表示。

迹点既在直线上，又在投影面上，因此迹点的投影具有直线上的点和投影面上的点两种特性，如图 2-38 所示。

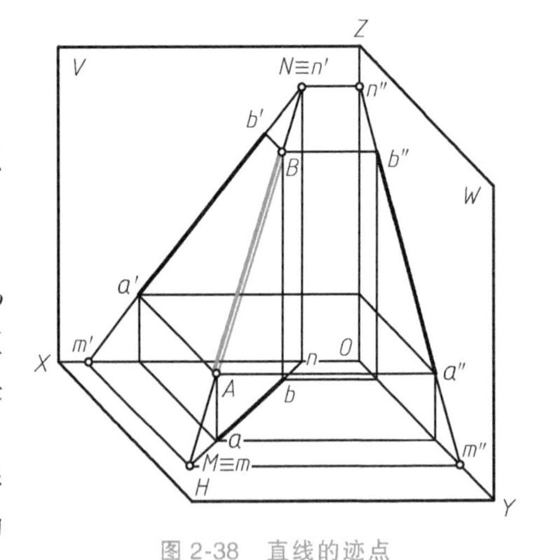

图 2-38　直线的迹点

水平迹点的水平投影 m 在直线的水平投影 ab 上（是 M 点本身），它的正面投影 m' 是直线的正面投影 $a'b'$ 与 OX 轴的交点，它的侧面投影 m'' 是直线的侧面投影 $a''b''$ 与 OY 轴的交点。

正面迹点的正面投影 n' 在直线的正面投影 $a'b'$ 上（是 N 点本身），它的水平投影 n 是直线的水平投影 ab 与 OX 轴的交点，它的侧面投影 n'' 是直线的侧面投影 $a''b''$ 与 OZ 轴的交点。

根据上述迹点的投影特性，可以在直线的投影图上很容易地完成迹点的投影作图。

【例 2-12】 给出直线 AB 的投影，求直线的水平迹点和正面迹点（图 2-39a）。

作图（图 2-39b）：

（1）延长直线的正面投影 $a'b'$并与 OX 轴交于 m'，自 m'向下引投射线与直线的水平投影 ab 交于 m，延长直线的侧面投影 $a''b''$并与 OY 轴交于 m''，则 m'、m、m''为水平迹点的三面投影；

（2）延长直线的水平投影 ab 并与 OX 轴交于 n，自 n 向上引投射线与直线的正面投影 $a'b'$交于 n'，延长直线的侧面投影 $a''b''$并与 OZ 轴交于 n''，则 n、n'、n''为正面迹点的三面投影。

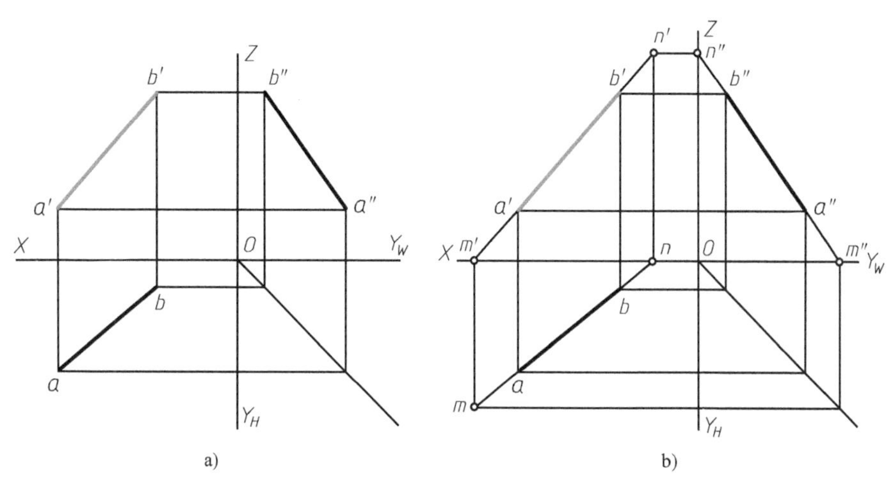

图 2-39　求直线的水平迹点和正面迹点

a）已知　b）作图

2.9.2　平面的迹线

平面与投影面的交线叫平面的迹线，如图 2-40 所示。

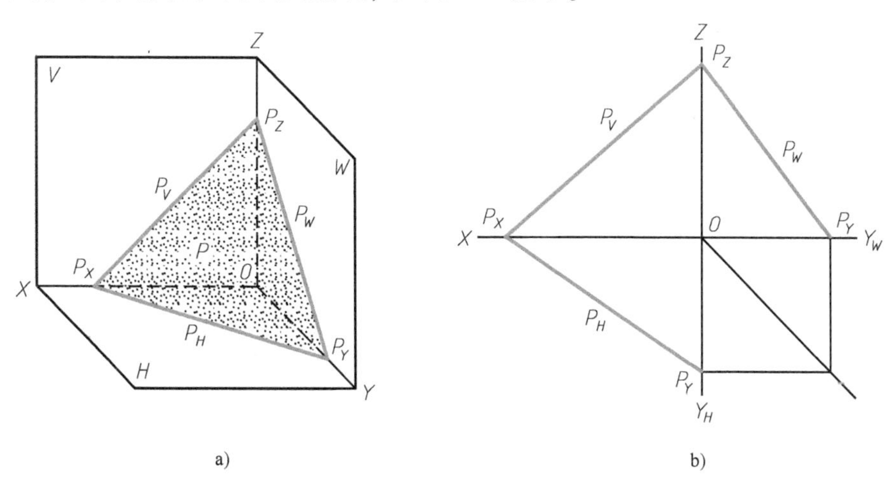

图 2-40　平面的迹线

a）直观图　b）投影图

平面 P 与 H 面的交线叫水平迹线，用 P_H 表示。

平面 P 与 V 面的交线叫正面迹线，用 P_V 表示。

平面 P 与 W 面的交线叫侧面迹线，用 P_W 表示。

每两条迹线都与投影轴相交于一点（三面共点），其中：

P_H，P_V 与 OX 轴相交于 P_X 点。

P_H，P_W 与 OY 轴相交于 P_Y 点。

P_V，P_W 与 OZ 轴相交于 P_Z 点。

平面的迹线，实际上是平面上各条直线迹点的集合，因此，当平面由两平行线、两相交线或平面图形给出时，可以用求直线迹点的方法作出平面的迹线。

【例 2-13】 平面 P 由相交两直线 AB、CD 给定，求它的水平迹线和正面迹线（图 2-41a）。

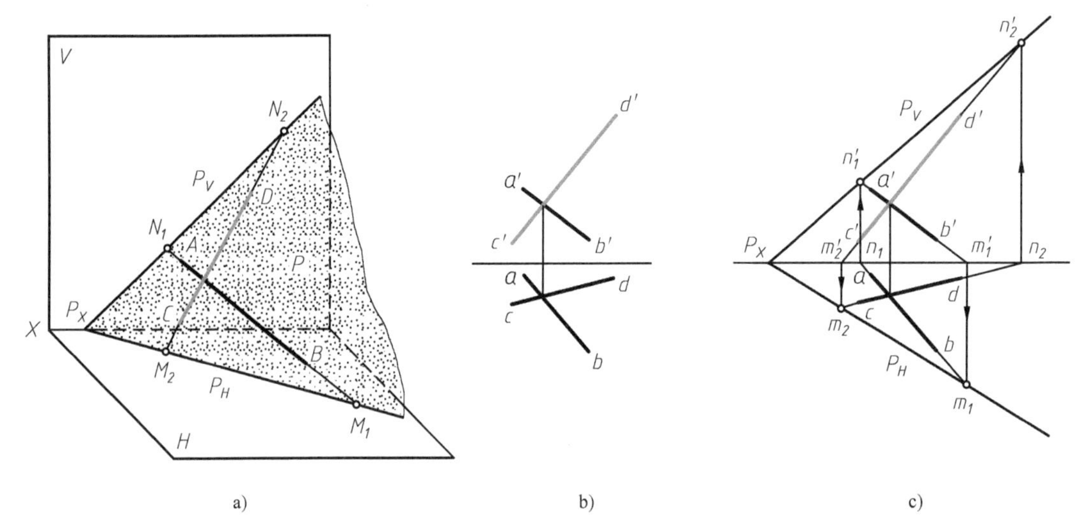

图 2-41 求平面的迹线

a）分析 b）已知 c）作图

作图（图 2-41b）：

（1）按照例 2-12 的作法，求出 AB、CD 两直线的水平迹点（m_1，n_1 和 m_2，n_2）和正面迹点（m_1'，n_1' 和 m_2'，n_2'）；

（2）连接水平迹点的水平投影（m_1，m_2）得水平迹线 P_H，连接正面迹点的正面投影（n_1'，n_2'）得正面迹线 P_V（注意 P_H 和 P_V 应交于 OX 轴上的同一点 P_X）。

2.9.3 特殊面的迹线

1）表 2-6 给出了投影面垂直面的迹线。

从表 2-6 中可以看出迹线的特点：

① 平面在它垂直的投影面上的迹线有积聚性（相当于平面的积聚投影），且迹线与投影轴的夹角等于平面与相应投影面的倾角。

② 平面的其他两条迹线垂直于相应的投影轴。

2）表 2-7 给出了投影面平行面的迹线。

表 2-6　投影面垂直面的迹线

平面	直观图	投影图	投影特性
铅垂面	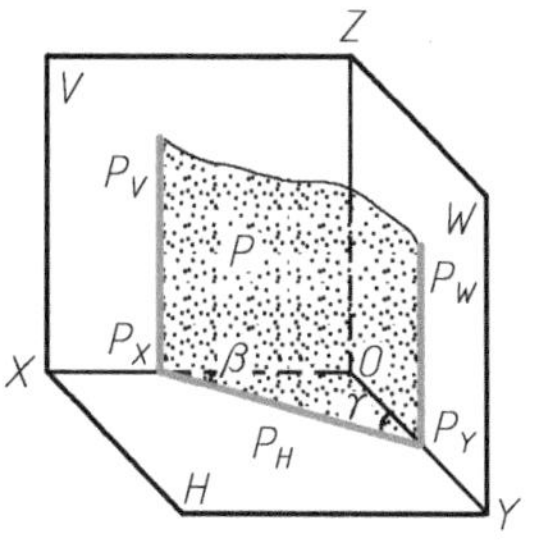	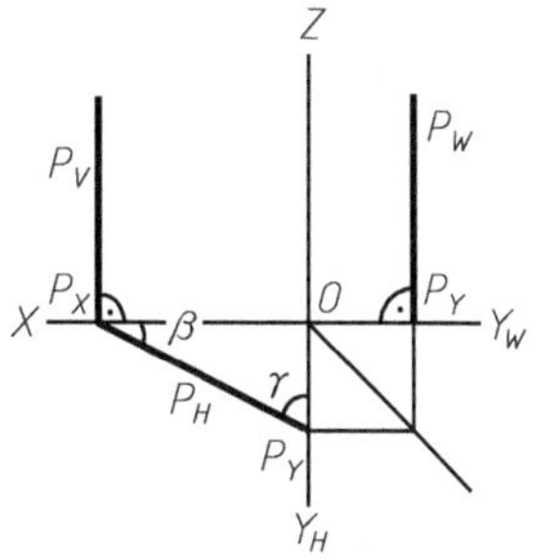	1. 水平迹线 P_H 有积聚性，并且反映平面的倾角 β 和 γ 2. 正面迹线 P_V 和侧面迹线 P_W 分别垂直于 OX 轴和 OY_W 轴
正垂面	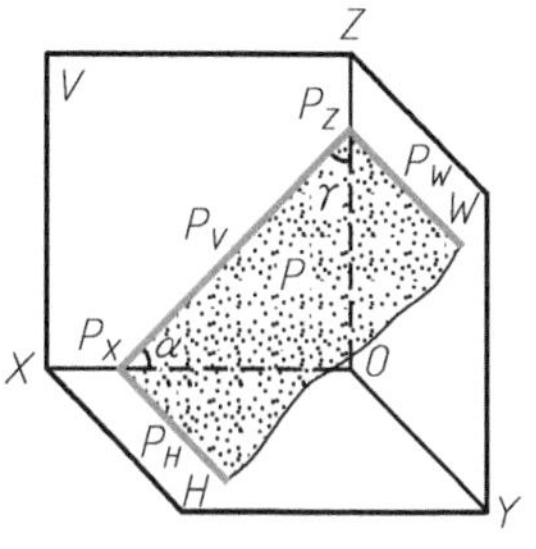	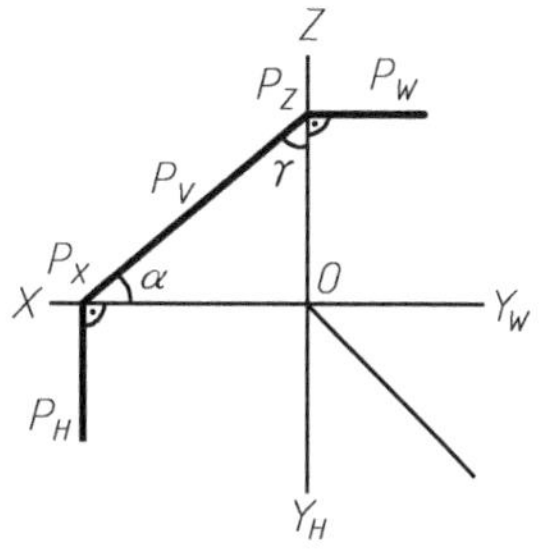	1. 正面迹线 P_V 有积聚性，并且反映平面的倾角 α 和 γ 2. 水平迹线 P_H 和侧面迹线 P_W 分别垂直于 OX 轴和 OZ 轴
侧垂面	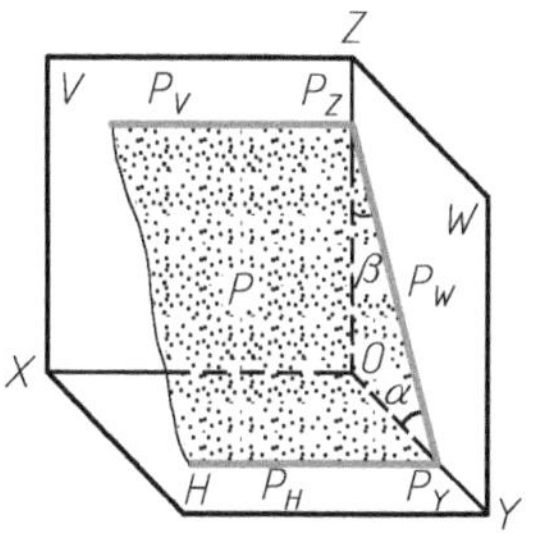	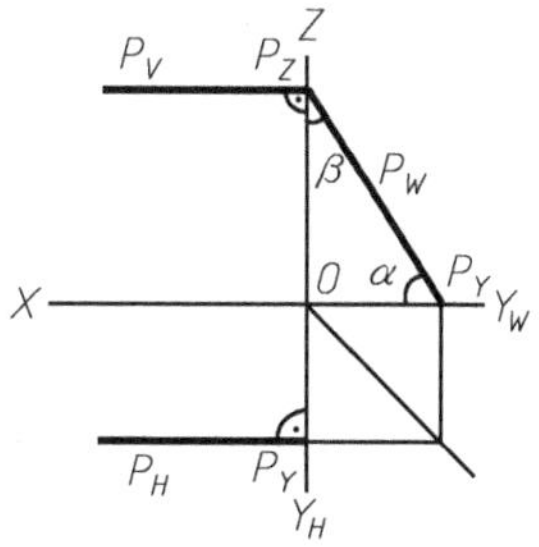	1. 侧面迹线 P_W 有积聚性，并且反映平面的倾角 α 和 β 2. 水平迹线 P_H 和正面迹线 P_V 分别垂直于 OY_H 轴和 OZ 轴

表 2-7　投影面平行面的迹线

平面	直观图	投影图	迹线特点
水平面	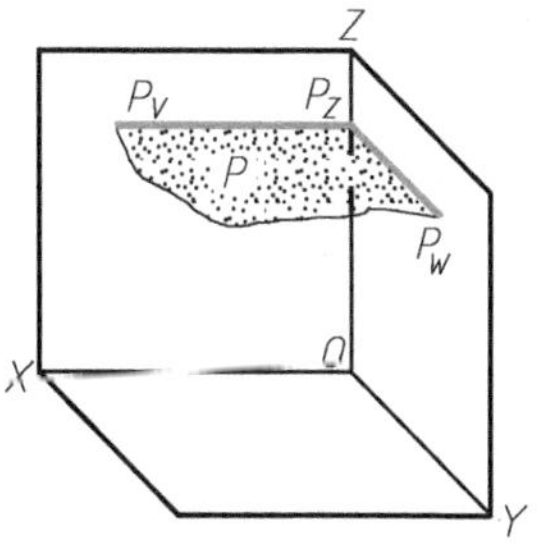	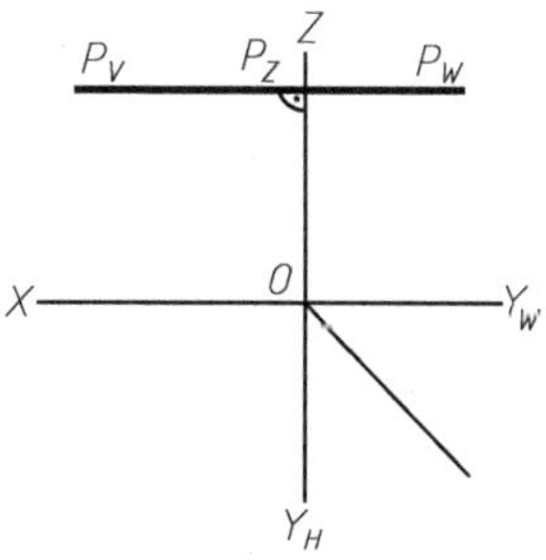	1. 没有水平迹线 2. 正面迹线 P_V 和侧面迹线 P_W 都有积聚性，且分别平行于 OX 轴和 OY_W 轴

（续）

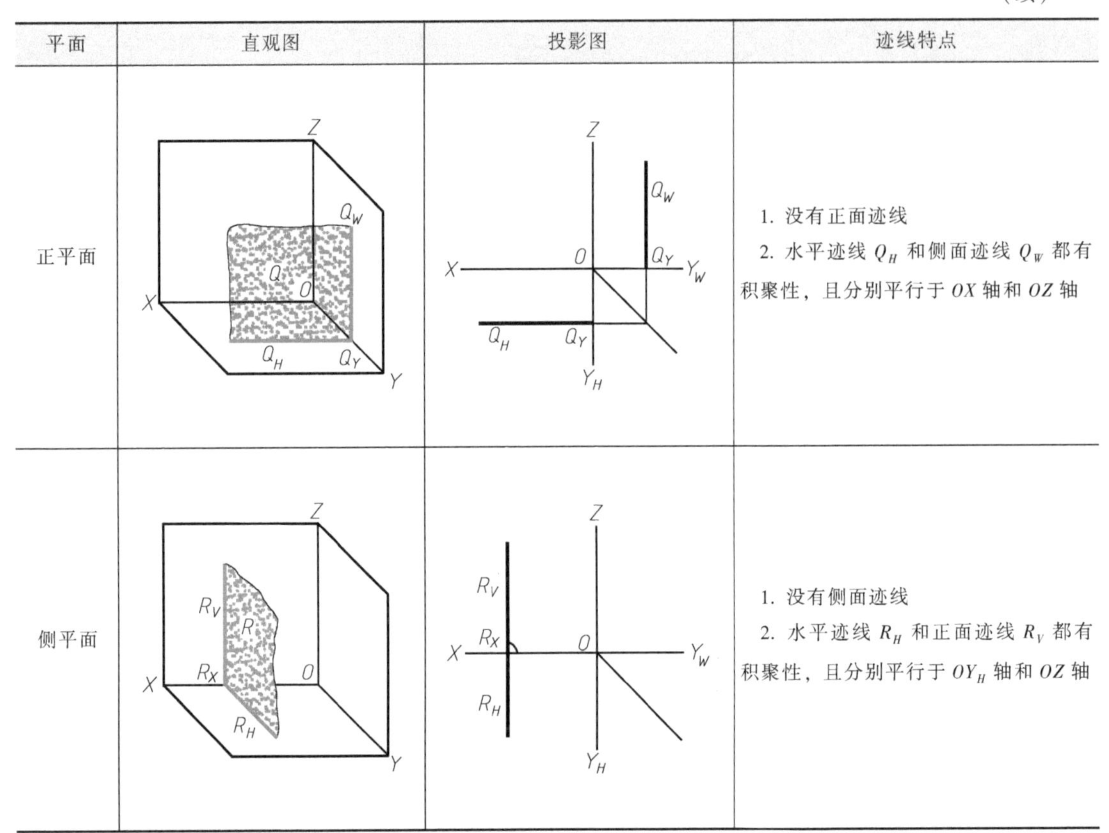

平面	直观图	投影图	迹线特点
正平面			1. 没有正面迹线 2. 水平迹线 Q_H 和侧面迹线 Q_W 都有积聚性，且分别平行于 OX 轴和 OZ 轴
侧平面			1. 没有侧面迹线 2. 水平迹线 R_H 和正面迹线 R_V 都有积聚性，且分别平行于 OY_H 轴和 OZ 轴

从表 2-7 中可以看出迹线的特点：

① 平面在它平行的投影面上没有迹线。

② 平面的其他两条迹线都有积聚性（相当于积聚投影），且迹线平行于相应的投影轴。

在两面投影图中，用迹线表示特殊位置平面是非常方便的。如图 2-42 所示：P_H 表示铅垂面 P（$P_V \perp OX$ 可省略）；Q_V 表示正垂面 Q（$Q_H \perp OX$ 可省略）；R_V 表示水平面 R；S_H 表示正平面 S。

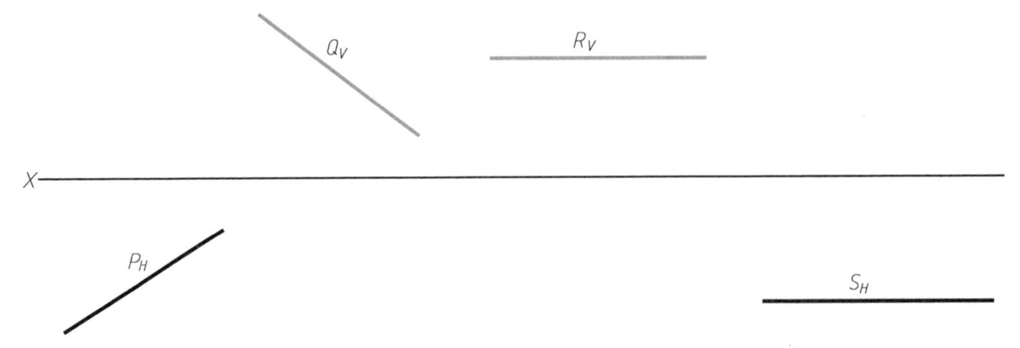

图 2-42　用迹线表示的特殊面

图 2-43 和图 2-44 是在投影作图中用迹线表示特殊位置平面的两个例子。前者是过 AB 直线作铅垂面 P，后者是过 A 点作水平面 R。

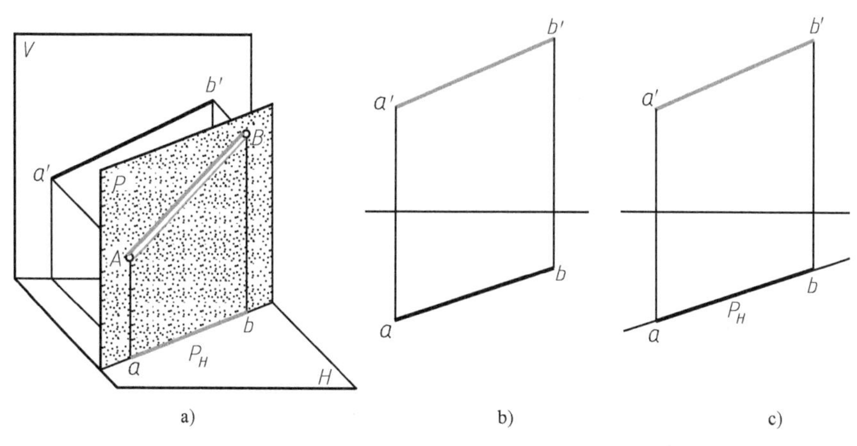

图 2-43　过直线作铅垂面
a）分析　b）已知　c）作图

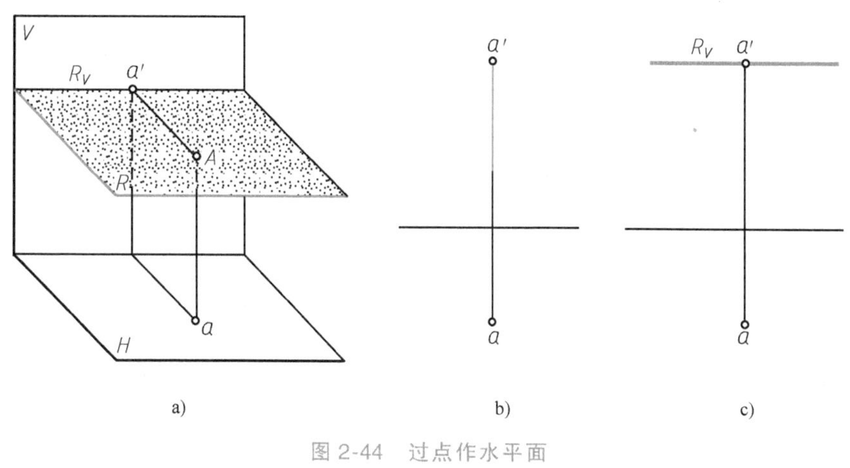

图 2-44　过点作水平面
a）分析　b）已知　c）作图

2.10　直线与平面、平面与平面的相对位置

2.10.1　平行

1. 直线与平面平行

由立体几何可知：如果直线平行于平面内的一条直线，则该直线与平面平行。反过来，如果直线与平面相互平行，则平面内必包含与直线平行的直线。如图 2-45a 所示，AB 直线与 P 平面上的 CD 直线平行，所以 AB 直线与 P 平面平行。图 2-45b 是它们的投影图。

【例 2-14】　试判别直线 AB 与 $\triangle CDE$ 平面是否平行（图 2-46a）。

分析：由直线与平面平行的几何条件可知，如果 $AB /\!/ \triangle CDE$，则必能在 $\triangle CDE$ 内作出与 AB 平行的直线，否则不平行。

作图（图 2-46b）：

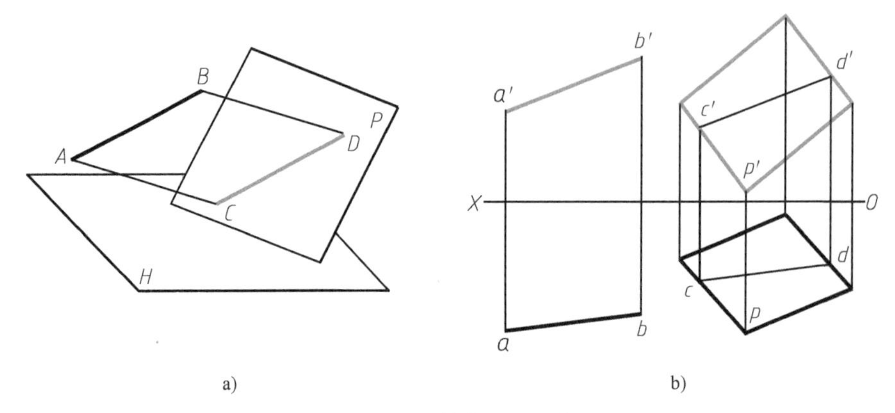

图 2-45　直线与平面平行
a）直观图　b）投影图

（1）在△*CDE* 平面上作直线 *CF*，使 $c'f'/\!/a'b'$，再作水平投影 *cf*；

（2）从图中可以看出，*cf* 不平行于 *ab*，即 *CF* 不平行于 *AB*，这说明△*CDE* 内不包含与 *AB* 平行的直线，因此可判定直线 *AB* 与△*CDE* 不平行。

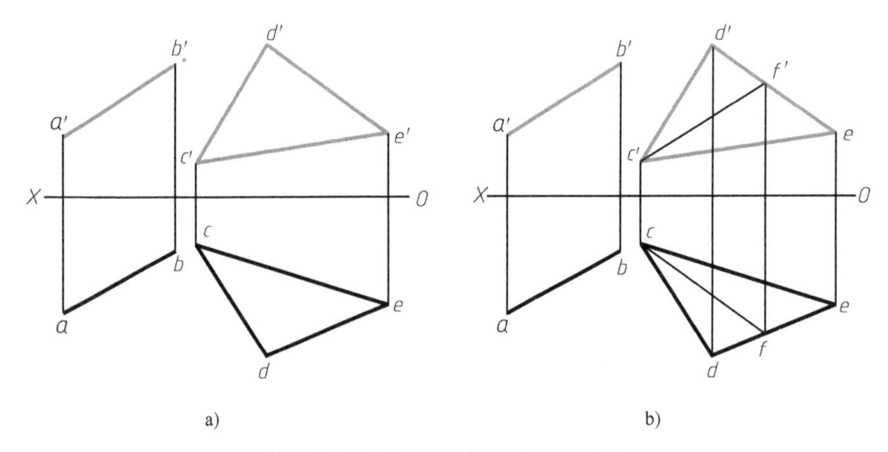

图 2-46　判断直线与平面是否平行
a）已知　b）作图

当判定直线与特殊位置平面是否平行时，只要检查平面的积聚投影与直线的同面投影是否平行即可。如图 2-47 所示，平面的积聚投影 *cde* 与直线的同面投影 *ab* 平行，故 *AB* 直线与△*CDE* 平面平行。

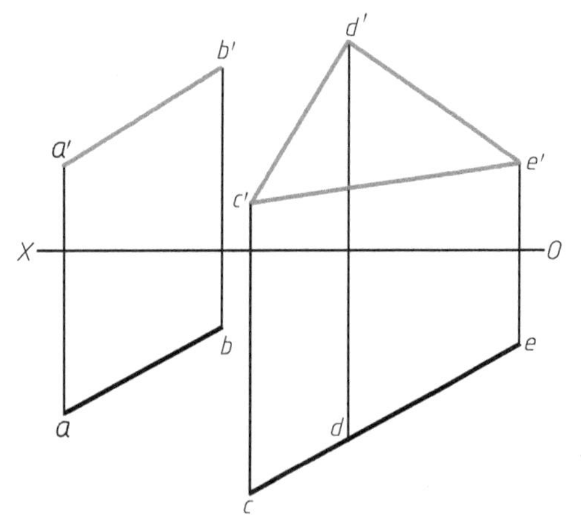

图 2-47　判定直线与铅垂面是否平行

【例 2-15】　过 *A* 点作正平线 *AB* 平行于△*CDE* 平面（图 2-48a）。

分析：根据题意，正平线 *AB* 必然与平面内的正平线平行。

作图（图 2-48b）：

（1）在△*CDE* 内作一条正平线 *CF*（*cf*,

$c'f'$)；

(2) 过 A 点作直线 AB 平行于 CF ($ab /\!/ cf$，$a'b' /\!/ c'f'$)，则直线 AB 即为所求。

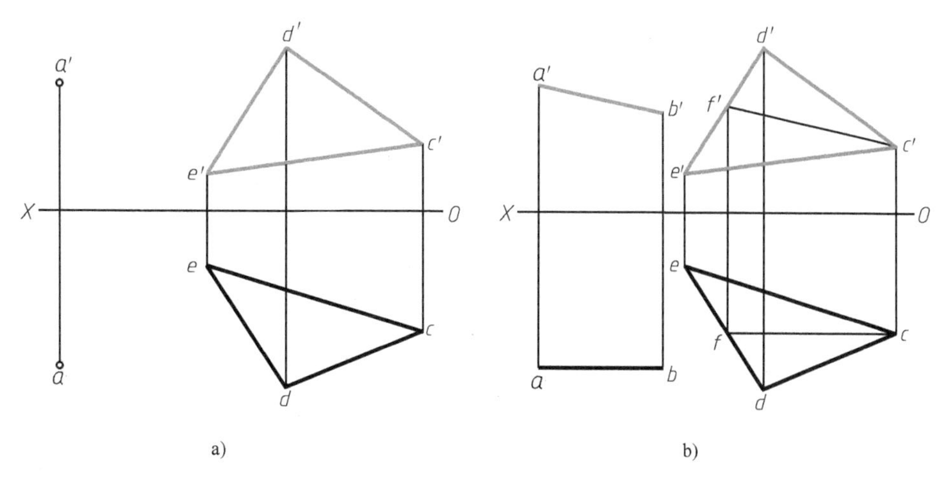

图 2-48　过点作正平线与平面平行

a) 已知　b) 作图

2. 平面与平面平行

由立体几何可知：如果一平面内的两条相交直线与另一平面内的两条相交直线分别平行，则两平面平行。

如图 2-49a 所示，平面 P 上的两相交直线 AB、AC 对应地平行于 Q 平面上的两相交直线 DE、DF，所以 P、Q 两平面平行。图 2-49b 是它们的投影图。

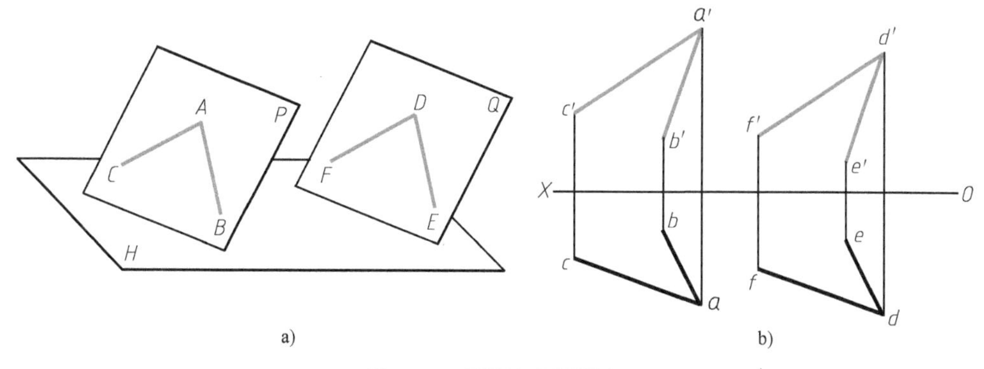

图 2-49　平面与平面平行

a) 直观图　b) 投影图

根据上述几何条件和平行投影的几何性质，即可在投影图上判定两平面是否平行，并可依此解决有关两平面平行的投影作图问题。

【例 2-16】 试判定两平面 $\triangle ABC$ 与 $DEFG$ 是否平行（图 2-50a）。

分析：由两平面平行的几何条件可知，如果 $\triangle ABC /\!/ DEFG$，则必能在 $DEFG$ 内作出两相交直线与 $\triangle ABC$ 平面内的两相交直线平行，否则两平面不平行。

作图（图 2-50b）：

(1) 在 $\triangle ABC$ 内任选两条相交直线 AB，AC；

(2) 在四边形平面 $DEFG$ 上过 D 点的水平投影 d 作出 $dm /\!/ ab$，作 $dn /\!/ ac$，并求出相应的 $d'm'$和 $d'n'$；

(3) 从图中得知，AB、AC 与 $DEFG$ 内的 DM、DN 的同面投影都相应平行，由此可判定两平面平行。

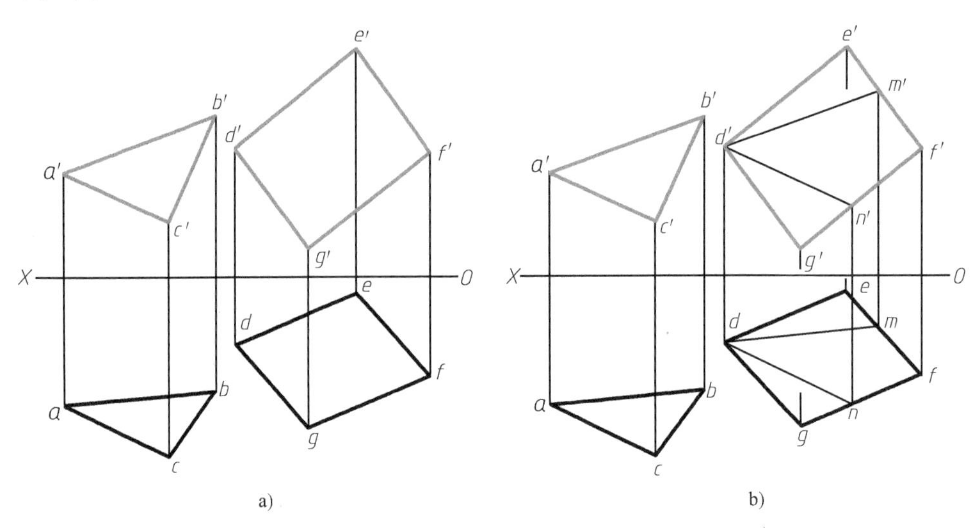

图 2-50 判断两平面是否平行

a）直观图 b）投影图

当判定两特殊位置平面是否平行时，只要检验它们的同名积聚投影是否平行即可。如图 2-51 所示，两铅垂面的水平投影（积聚投影）平行，所以两平面平行。

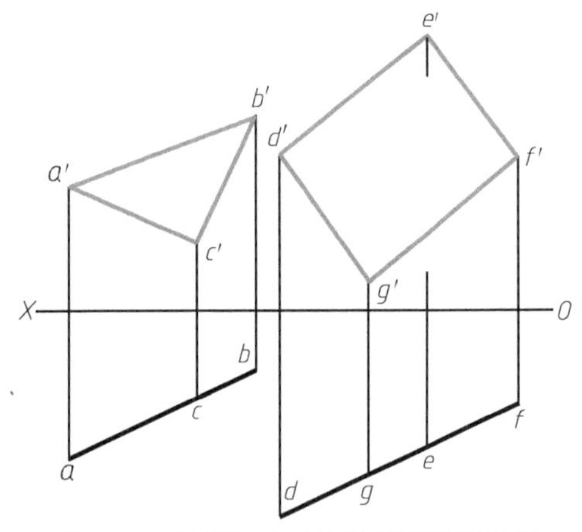

图 2-51 判断两特殊位置平面是否平行

2.10.2 相交

直线与平面相交有一个交点，交点是直线与平面的公共点，它既在直线上又在平面上；平面与平面相交有一条交线，交线是两平面的公共线。这种双重的从属关系是求交点或交线的依据。

求交点和交线是投影作图中的两个基本定位问题。下面分特殊情况和一般情况来讨论。

1. 特殊情况相交

在投影作图中，如果给出的直线或平面其投影具有积聚性，则可利用积聚性直接确定交点或交线的一个投影，然后再利用其他相应方法（线上定点、面上定点、面上定线）求出交点或交线的另一个投影。

直线与平面相交后，直线以交点为分界点被平面分成两部分。假定平面是不透明的，则沿着投射线方向观察直线时，位于平面两侧的直线，势必一侧看得见，另一侧看不见（被平面遮住）。在作投影图时，要求把看得见的直线画成粗实线，看不见的直线画成虚线。

两平面相交后，交线为分界线，把每个平面均分成两部分。假定平面都不透明，则沿着投射线方向观察两平面时，两平面互相遮挡，被遮住的部分看不见，未被遮住的部分看得见。在作投影图时，要求把看得见的部分画成粗实线，把看不见的部分画成虚线。

（1）投影面垂直线与一般位置平面相交

【例2-17】 已知铅垂线 *MN* 和一般平面△*ABC*，求它们的交点 *K*（图2-52）。

分析：因为交点属于直线上的点，而铅垂线的水平投影具有积聚性，所以铅垂线上交点的水平投影必然与铅垂线的积聚投影重合；同时又由于交点是平面上的点，故可利用面上定点的方法求出交点的正面投影。

作图：

（1）在铅垂线的积聚投影 *m*（*n*）上标出交点的水平投影 *k*；

（2）在平面的水平投影上过 *k* 点引辅助线 *ad*，并作出它的正面投影 *a′d′*；

（3）在 *a′d′* 上找到交点的正面投影 *k′*。

判别直线的可见性：

因为直线是铅垂线，平面上过交点 *K* 的直线 *AD* 把平面分成前、后两部分，相对于铅垂线 *MN*，*ADC* 在其前，*ADB* 在其后，所以正面投影 *m′k′* 可见，*k′n′* 不可见。

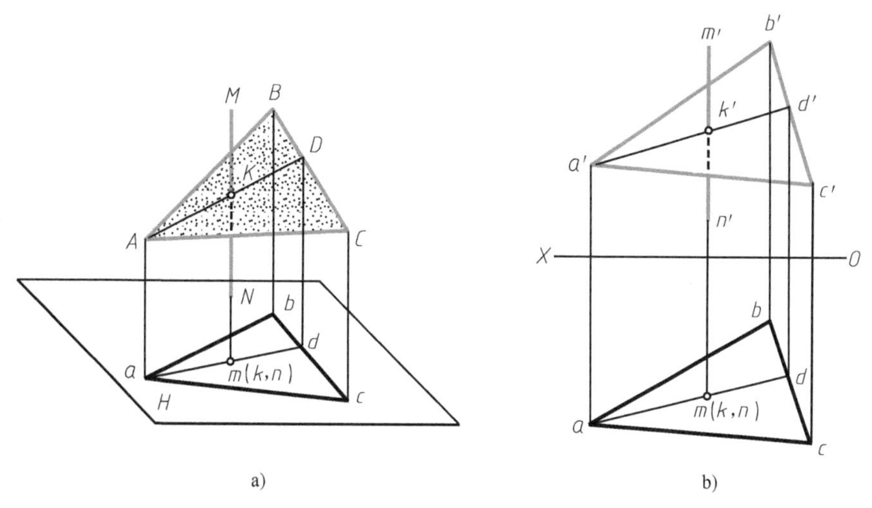

图2-52　求特殊线与一般面的交点

a）分析　b）作图

（2）一般位置直线与特殊位置平面相交

【例2-18】 求一般位置直线 *MN* 和铅垂面△*ABC* 的交点 *K*（图2-53）。

分析：因为铅垂面的水平投影具有积聚性，所以属于平面和直线上的共有点——交点的水平投影必然位于铅垂面的积聚投影和直线的水平投影的交点处，其正面投影可用线上定点的方法找到。

作图：

（1）在直线的水平投影 *mn* 和平面的积聚投影 *abc* 的交点处标出交点的水平投影 *k*；

（2）自 *k* 向上引投射线，在 *m′n′* 上找到交点的正面投影 *k′*。

判别直线的可见性：

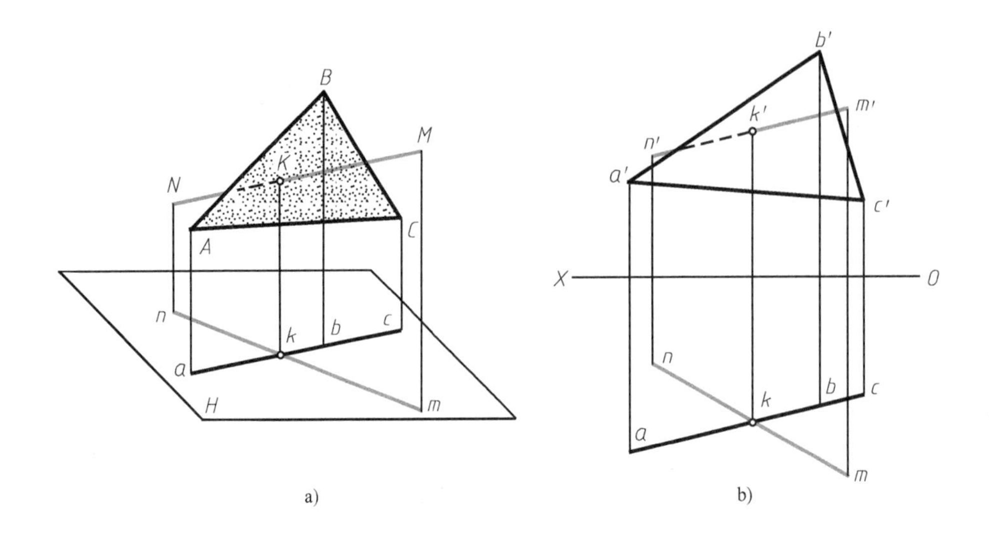

图 2-53　求一般线与特殊面的交点

a）分析　b）作图

因为平面为铅垂面，所以它把直线分成 *MK* 和 *KN* 两部分，相对于平面，从水平投影看，*mk* 在前，*kn* 在后，所以在正面投影上，*m'k'*可见，*k'n'*不可见。

（3）特殊位置平面与一般位置平面相交

【例 2-19】　求一般位置平面△*ABC* 和铅垂面 *P* 的交线 *MN*（图 2-54）。

分析：因为铅垂面的水平投影具有积聚性，所以交线的水平投影积聚在铅垂面的积聚投影上，然后利用在三角形平面上定线的方法可以找到交线的正面投影。

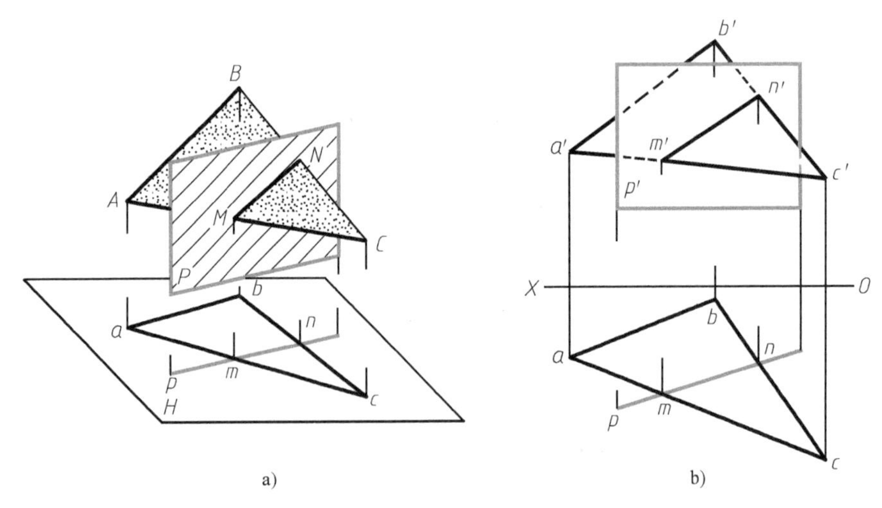

图 2-54　求一般面与特殊面的交线

a）分析　b）作图

作图：

（1）在平面的积聚投影 *p* 上标出交线的水平投影 *mn*（端点 *M* 和 *N* 实际上是 *AC* 边和 *BC* 边与 *P* 平面的交点）；

（2）自 m 和 n 分别向上引投射线，并在 $a'c'$ 上和 $b'c'$ 上找到它们的正面投影 m' 和 n'；

（3）用直线连接 m' 和 n'，即得交线的正面投影。

判别两平面的可见性：

因为平面 P 为铅垂面，所以它把△ABC 平面分成前、后两部分，从水平投影可以看出 CMN 在 P 前，$ABNM$ 在其后，由此，正面投影 $c'm'n'$ 可见，画粗实线，$a'b'n'm'$ 被遮住的部分不可见，画成虚线；相对地，P 平面正面投影的可见性可依据△ABC 平面的可见性直接判别。

2. 一般情况相交

在投影图中，如果给出的直线或平面的投影没有积聚性，则求交点或交线要用辅助平面法。

（1）一般位置直线与一般位置平面相交

【例 2-20】 求一般位置直线 MN 与一般位置平面△ABC 的交点 K（图 2-55）。

分析：因为直线与平面均无积聚性，所以求它们的交点应用辅助平面法。图 2-55a 说明了其作图原理。图中，P 是过 MN 直线所作的辅助平面（通常是特殊面），DE 是辅助平面 P 与△ABC 平面的交线（称为辅助交线）。显然，辅助交线 DE 与 MN 直线的交点 K，就是△ABC 平面与直线 MN 的交点。

辅助平面法求交点的作图步骤如下：

（1）过已知直线作一辅助平面（特殊位置平面）；

（2）求辅助平面与已知平面的辅助交线；

（3）求辅助交线与已知直线的交点。

作图：

（1）过直线 MN 作辅助平面 P，如图 2-55c 所示，辅助面为铅垂面，迹线 P_H 应与 mn 重合；

（2）求 P 平面与△ABC 平面的交线 DE，如图 2-55d 所示；

（3）找出辅助交线 DE 与直线 MN 的交点 K，即为所求的交点（k'，k），如图 2-55e 所示。

判别直线的可见性：

用重影点判别法来完成直线的可见性判别，如图 2-55f 所示，在交错两直线 AC、MN 的水平投影上标出水平重影点 d 和 f，向上引投射线到它们的正面投影 d' 和 f'，从图中可以看出 MN 直线上的 F 点高于 AC 边上的 D 点，这说明 NK 段直线高于△ABC 平面，水平投影 fk 可见，相反，KM 段低于△ABC 平面，水平投影 km 被遮挡部分不可见（图中已用虚线画出）；同样地，在交错两直线 AC、MN 的正面投影上标出正面重影点 g' 和 h'，向下引投射线找到它们的水平投影 g 和 h，从图中可以看出 AC 边上的 G 点前于 MN 直线上的 H 点，这说明 MK 段直线在△ABC 平面之后，正面投影 $m'k'$ 被遮住部分不可见（图中已用虚线画出）。而 KN 段直线在△ABC 平面之前，正面投影 $k'n'$ 可见。

（2）两个一般位置平面相交

【例 2-21】 求两个一般位置平面 ABC 和 DEF 的交线 MN（图 2-56）。

分析：如图 2-56a 所示，两平面 ABC 和 DEF 的交线 MN，其端点 M 是 AB 直线与 DEF 平面的交点，另一端 N 是 DE 直线与 ABC 平面的交点。可见，用辅助平面法求出两个交点

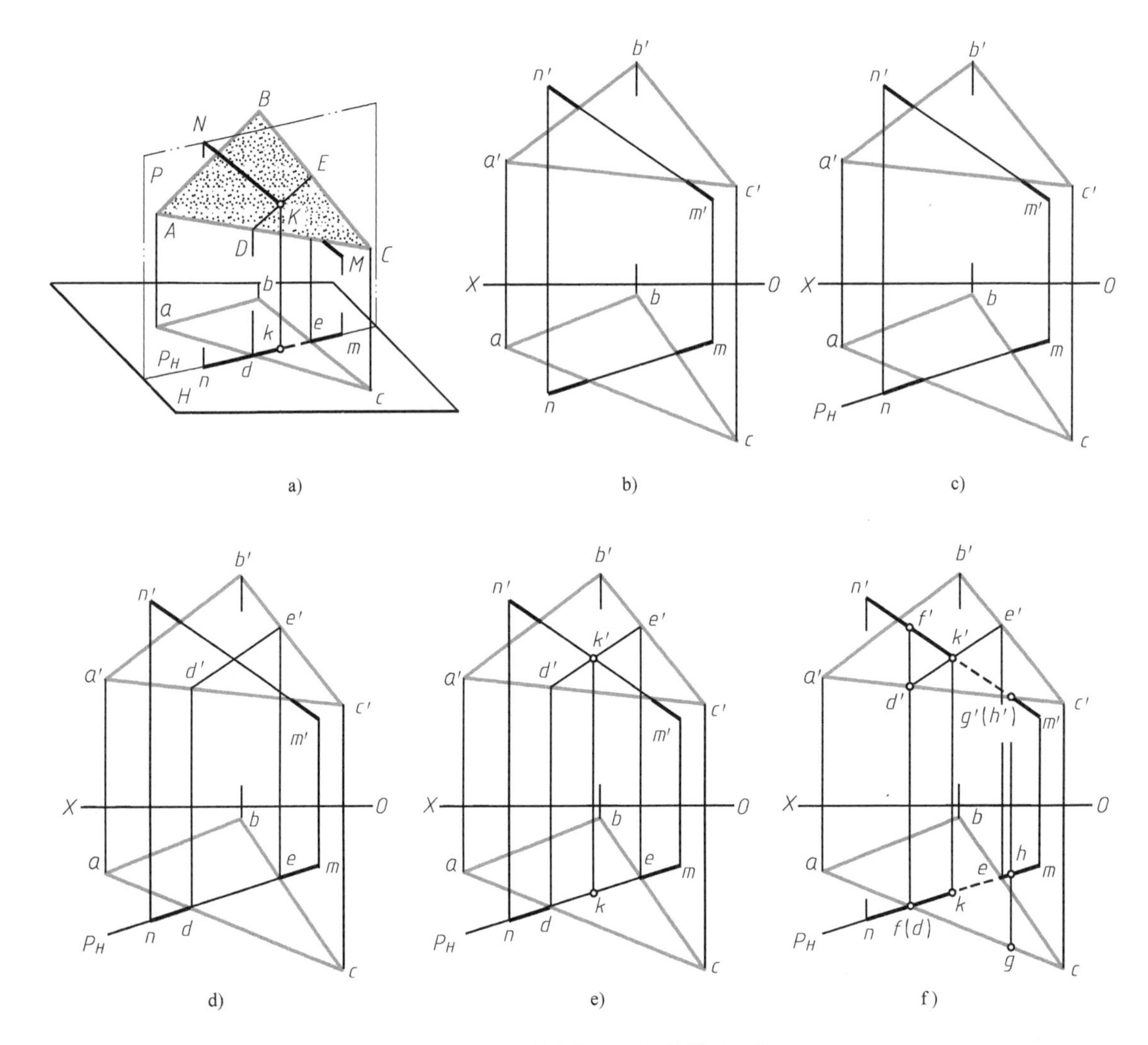

图 2-55　一般位置直线和一般位置平面相交

a）分析　b）已知　c）作图步骤 1　d）作图步骤 2　e）作图步骤 3　f）判断可见性

后，再连成直线就是所求的交线。

作图：

（1）用辅助平面法求 *AB* 直线与 *DEF* 平面的交点 *M*（*m*，*m′*），如图 2-56c 所示；

（2）用同样的方法求 *DE* 直线与 *ABC* 平面的交点 *N*（*n*，*n′*），如图 2-56d 所示；

（3）用直线连接 *M* 点和 *N* 点，即为所求交线（*mn*，*m′n′*），如图 2-56e 所示。

判别两平面的可见性：

利用重影点法可判别两平面的可见性。如图 2-56e 所示，利用水平重影点 Ⅰ 和 Ⅱ 可判断两平面水平投影的可见性；利用正面重影点Ⅲ和Ⅳ可判别两平面正面投影的可见性。

2.10.3　垂直

1. 直线与平面垂直

从初等几何学知道：如果直线垂直于平面上的任意两条相交直线，则该直线与该平面垂直。

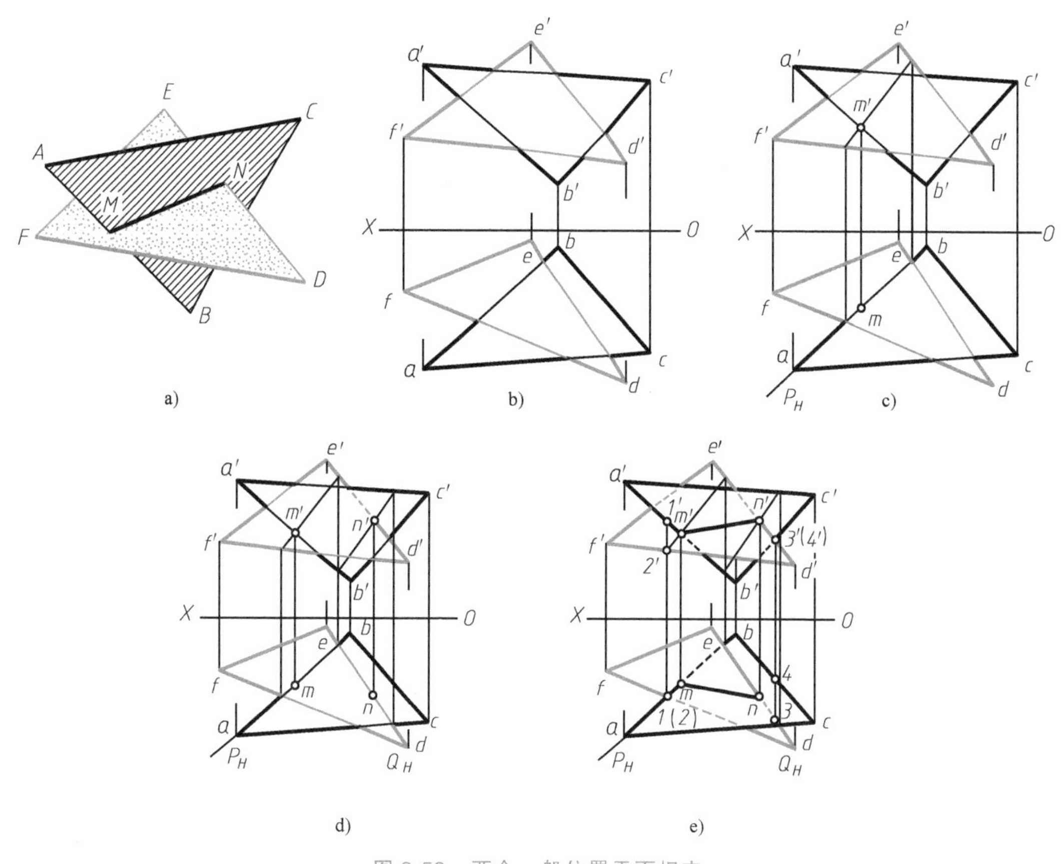

图 2-56　两个一般位置平面相交

a）直观图　b）已知　c）求 *M* 点　d）求 *N* 点　e）连接整理

若直线与平面垂直，则直线与平面上的任何直线都垂直（相交垂直或交错垂直）。

与平面垂直的直线，称该平面的垂线；反过来，与直线垂直的平面，称该直线的垂面。

从图 2-57a 中，可以推出直线与平面垂直的投影特性。

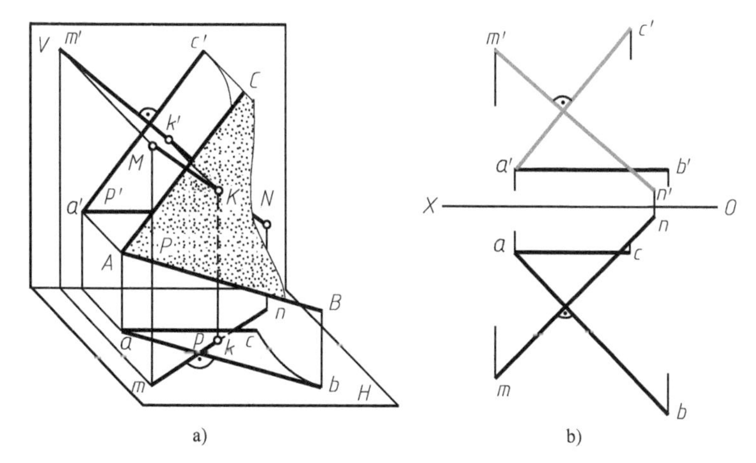

图 2-57　直线与平面垂直的投影特性

a）直观图　b）投影图

设 MN 直线与 P 平面垂直，AB 和 AC 是 P 平面上的相交两直线，且 AB 为水平线、AC 为正平线。

根据假设条件可知，垂线 MN 与水平线 AB 垂直，与正平线 AC 也垂直。

而根据直角投影特性可知，垂线的水平投影与水平线的水平投影垂直，即 $mn \perp ab$；垂线的正面投影与正平线的正面投影也垂直，即 $m'n' \perp a'c'$。

由此得出结论：垂线的水平投影必垂直于平面上的水平线的水平投影，垂线的正面投影必垂直于平面上的正平线的正面投影。这就是平面垂线的投影特性，如图 2-57b 所示。

平面垂线的投影特性通常用来图解有关距离的问题。

【例 2-22】 求 M 点到 ABC 平面的距离（图 2-58a）。

分析：点到平面的距离是指垂直距离。因此，过点向平面作垂线并求出垂足，则点到垂足的距离就是点到平面的距离。

作图：

（1）过 M 点向 ABC 平面作垂线 MN（图 2-58b）；

（2）用辅助平面法求 MN 直线与 ABC 平面的交点 K；

（3）用直角三角形法求 MK 线段的实长，即为 M 到 ABC 平面的垂直距离。

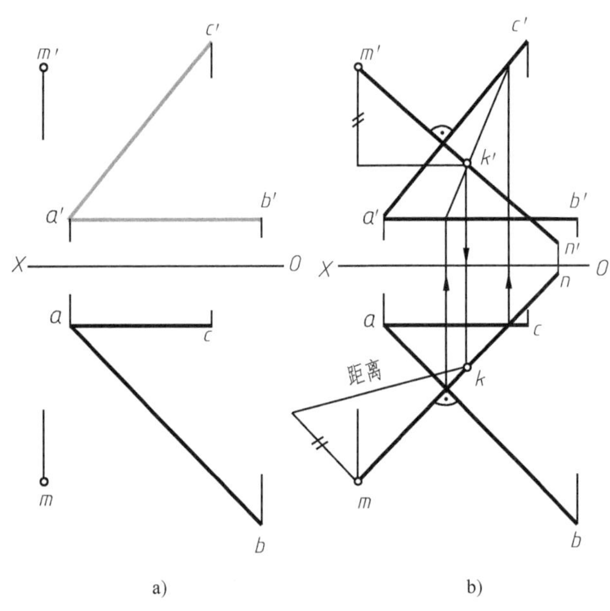

图 2-58　直线与平面垂直的投影特性

a）已知　b）作图

如果求点到特殊位置平面的距离，则作图变得简单。如图 2-59 所示，给出 M 点和铅垂面 P，很明显，与铅垂面垂直的直线一定是水平线，而且水平线的水平投影应与铅垂面的积聚投影垂直，水平投影的长度就等于距离。

【例 2-23】 求 A 点到直线 MN 的距离（图 2-60a）。

分析：点到直线的距离等于点到直线间的垂直线段的长度。这个垂直线段必然位于过已知点且垂直于已知直线的垂面上，因此只要作出这个垂面，求出垂足，则连接已知点和垂足的线段即为点到直线间的垂直线段。

作图（图 2-60b）：

（1）过 A 点分别作水平线 AB 和正平线 AC 与直线 MN 垂直（注意 $ab \perp mn$，$a'c' \perp m'n'$），则 ABC 平面与 MN 直线垂直；

（2）用辅助平面法（图中正垂面 Q 为辅助平面）求 MN 直线与 ABC 平面的交点 K；

（3）连 AK 并用直角三角形法求出 AK 线段的实长，即为 A 点到 MN 直线的距离。

2. 两平面垂直

从初等几何学知道：若直线垂直于平面，则过该直线的任何平面都与该平面垂直。

如图 2-61 所示，MN 直线垂直于 P 平面，则 LMN 平面、KMN 平面都垂直于 P 平面。

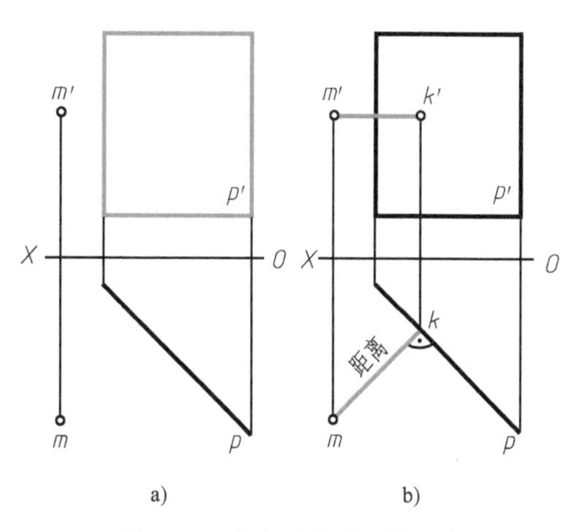

图 2-59　求点到特殊面的距离

a）已知　b）作图

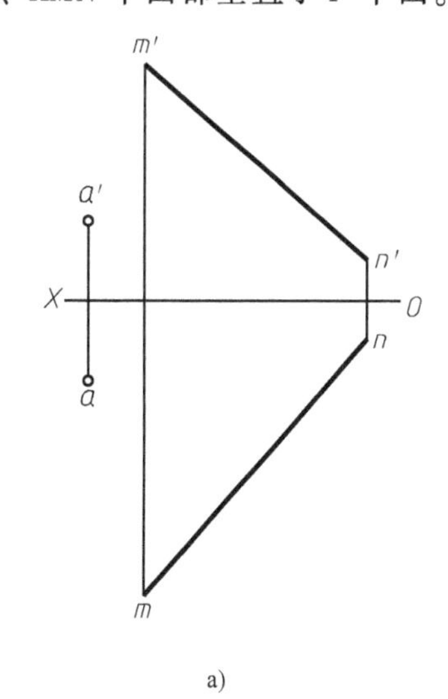

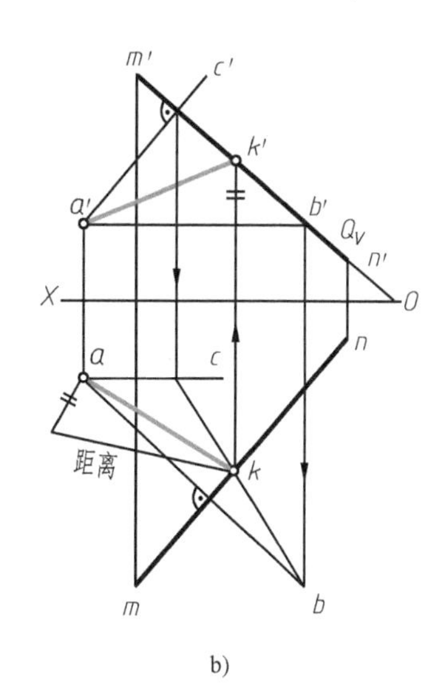

图 2-60　求点到直线的距离

a）已知　b）作图

【例 2-24】　过 M 点作一平面，使它与 ABC 平面和 P 面都垂直（图 2-62a）。

分析：根据两平面垂直的几何条件，只要过 M 点分别向 ABC 平面和 P 平面作两条垂线，则两垂线确定的平面便与两平面垂直。

作图（图 2-62b）：

（1）过 M 点向 ABC 平面作垂线 ML（先在 ABC 平面上作一条水平线 AD 和一条正平线 BE，然后再作垂线 ML，注意 $ml \perp ad$、$m'l' \perp b'e'$）；

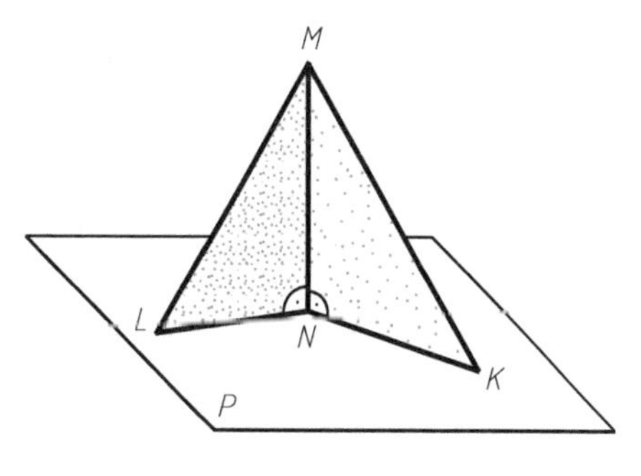

图 2-61　两平面垂直的几何条件

（2）再过 M 点向 P 平面作垂线 MN（因为 P 平面是正垂面，所以它的垂线一定是正平线，而且正面投影 $m'n' \perp P_V$），则 LMN 平面为所求的平面。

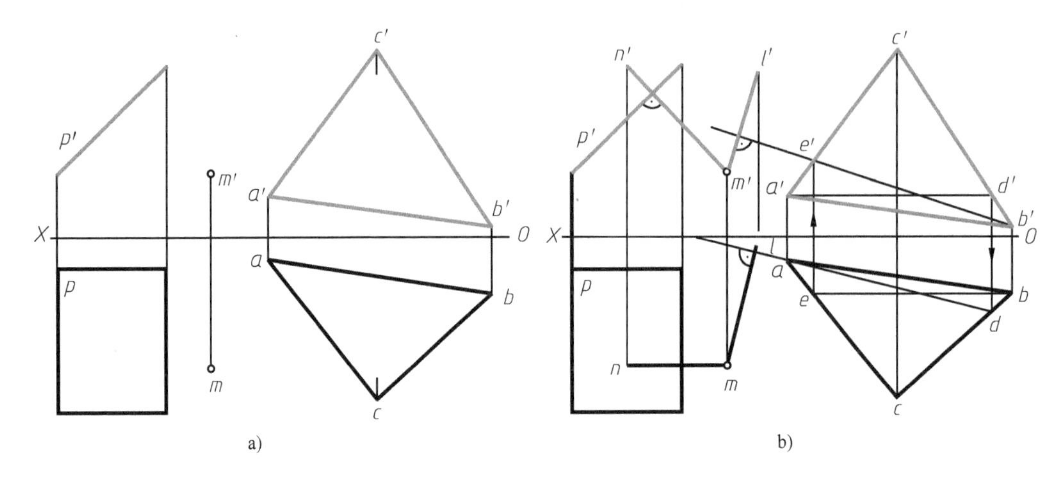

图 2-62　过点作一平面与两平面垂直

a）已知　b）作图

【例 2-25】　过 M 点作铅垂面与 $ABCD$ 平面垂直（图 2-63a）。

分析：根据题目要求应该先过已知点向已知平面作一条垂线，然后再过该垂线作铅垂面。

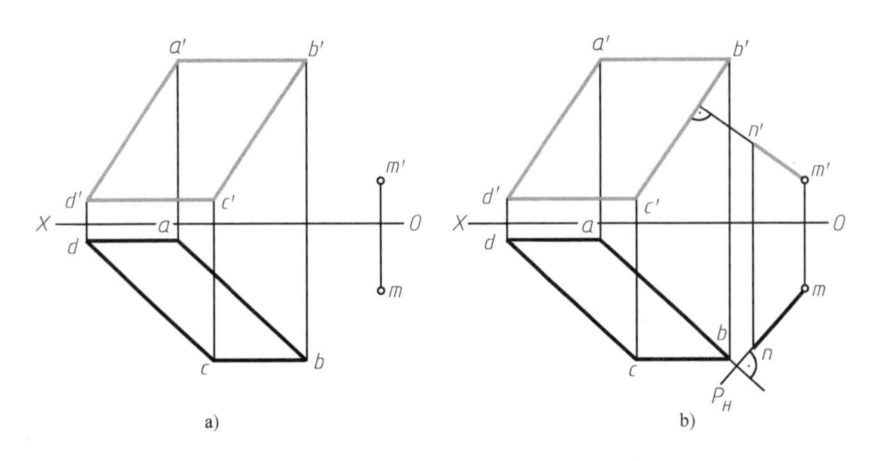

图 2-63　过点作铅垂面与已知平面垂直

a）已知　b）作图

作图（图 2-63b）：

（1）过 M 点向 $ABCD$ 平面作垂线 MN（因为 AB 边是水平线，BC 边是正平线，所以 $mn \perp ab$，$m'n' \perp b'c'$）；

（2）过 MN 直线作铅垂面 P（水平迹线 P_H 应与水平投影 mn 重合）。

思考题

1. 什么是中心投影？什么是平行投影？

2. 平行投影的六个几何性质是什么？
3. 什么是正投影？
4. 三面正投影图是怎样形成的？它们之间有什么关系？
5. 试述点的三面投影规律。
6. 试述特殊位置直线的投影特性。
7. 两相交直线和两交错直线的投影有何区别？
8. 试述直角投影特性。
9. 试述特殊位置平面的投影特性。
10. 怎样在平面上画线定点？
11. 怎样求直线的迹点和平面的迹线？

第3章 换 面 法

本章概要

本章主要介绍点、直线、平面一次和二次换面法的基本作图原理以及换面法解决实际问题的应用。

3.1 换面法的基本原理

图示和图解空间几何的作图问题主要归结为两类：一是定位问题，即在投影图上确定空间几何元素（点、线、面）和几何体的投影；二是度量问题，即根据几何元素和几何体的投影确定它们的实长、实形、角度、距离等。

通过第2章内容可知，当空间的直线、平面对投影面处于特殊位置——平行或垂直时，上述两类问题的作图较为简便。

图3-1a、b中正平线的正面投影和水平面的水平投影都有显实性，投影本身可直接反映线段的实长和平面形的实形；图3-1c、d中铅垂线的水平投影和铅垂面的水平投影都有积聚性，利用积聚性可轻易地找到点与直线的距离和直线与平面的交点。

如果给出的直线或平面对投影面处于一般位置，那么它们的投影就没有显实性和积聚性，图解时就有一定的困难，作图过程也比较复杂。

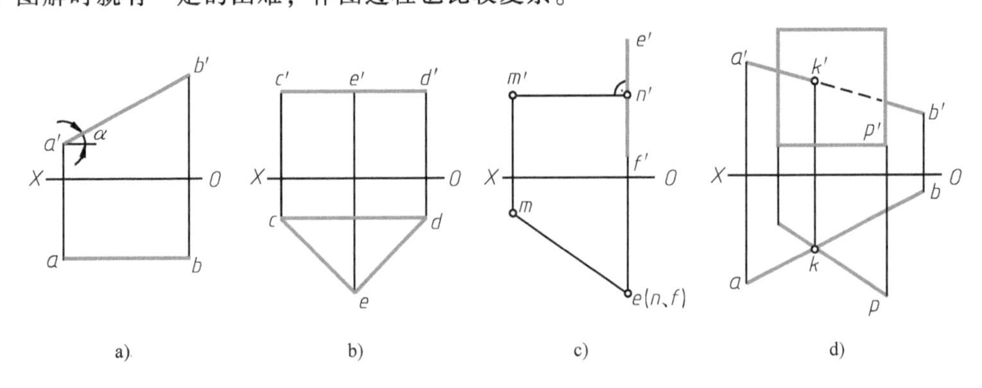

图3-1 利用显实性、积聚性图解的例子

a）正平线 b）水平面 c）点到直线的距离 d）求一般线和铅垂面的交点

所谓换面法即空间几何元素保持不动，用新的投影面替换原有的某个投影面，使空间几何元素对新投影面处于有利于解题的位置。

本章将讨论换面法的作图方法及运用换面法来解答空间几何问题。

3.2　换面法的作图方法

3.2.1　换面原则

如图 3-2 所示，更换投影面时，新投影面的位置并不是任意的。首先，空间几何元素在新投影面上的投影要有利于解题；此外，新投影面还要垂直于原来的某一个投影面，构成新的两投影面体系，以便运用正投影原理由原来的投影作出新投影。

由于新投影面的位置选择受到上述限制，解答某些问题时，更换一个投影面有时不能使空间几何元素与新投影面达到预期的相对位置，从而得不到有利于解题的新投影。这时需连续进行两次或多次换面，但每次只能更换一个投影面。如图 3-3 所示，先换 V 面，再换 H 面。也可以先换 H 面，再换 V 面。

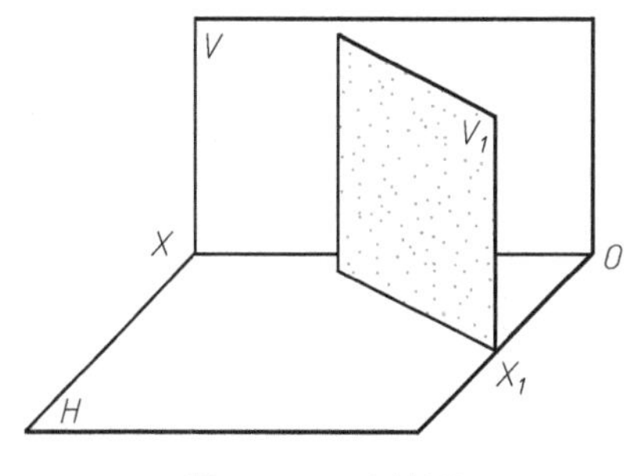

图 3-2　一次换面

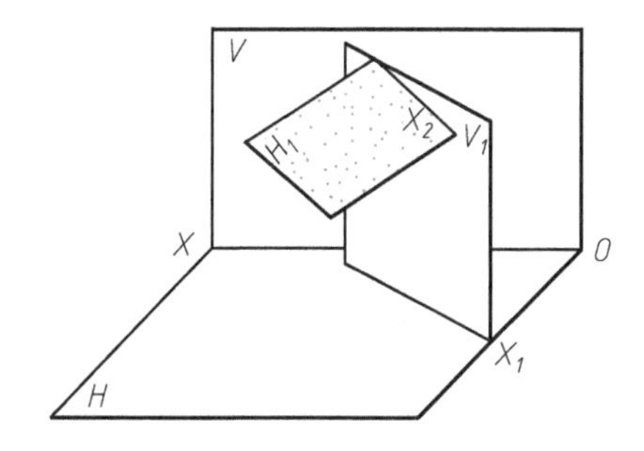

图 3-3　两次换面

3.2.2　求作点的新投影

任何空间几何元素可以看作点的集合，所以，研究运用换面法解决某些作图问题之前，首先要讨论点的新投影作法。

1. 一次换面

下面讨论新的投影面替换了原有的一个投影面之后，点在新投影面上的投影与原先两投影之间的关系。图 3-4 所示为更换正立投影面 V 时，点的投影变换规律。

如图 3-4a 所示，在两面投影体系 V/H 中，用新的投影面 V_1 替换投影面 V，保留投影面 H，并使 $V_1 \perp H$。于是，投影面 H 和 V_1 就形成了新的两面投影体系 V_1/H，它们的交线 O_1X_1 就成为新的投影轴，简称新轴。原投影轴 OX 称为旧轴。

图 3-4a 中 A 点在 V_1 面上的投影，称为新的投影，记作 a_1'；在 V 面上的投影 a'，称为被替换的投影；在 H 面上的投影 a，称为被保留的投影。

在新、旧投影面体系中，由于 H 面保持不动，所以 A 点到 H 面的距离（z 坐标）不变，因而有 $a_1'a_{X1}=a'a_X$。

当新投影面 V_1 绕 O_1X_1 展开之后，则得如图 3-4b 所示投影图，在该投影图上有 $aa_1' \perp$

O_1X_1，$a_1'a_{X1}=a'a_X$。由上述分析可得出 A 点的新投影 a_1' 的作图方法：

① 过保留投影 a 作直线 $aa_{X1}\perp O_1X_1$，得垂足 a_{X1}，并延长 aa_{X1}。

② 在 aa_{X1} 的延长线上截取 $a_1'a_{X1}=a'a_X$ 得点 a_1'，a_1' 即 A 点在 V_1 面上的新投影。

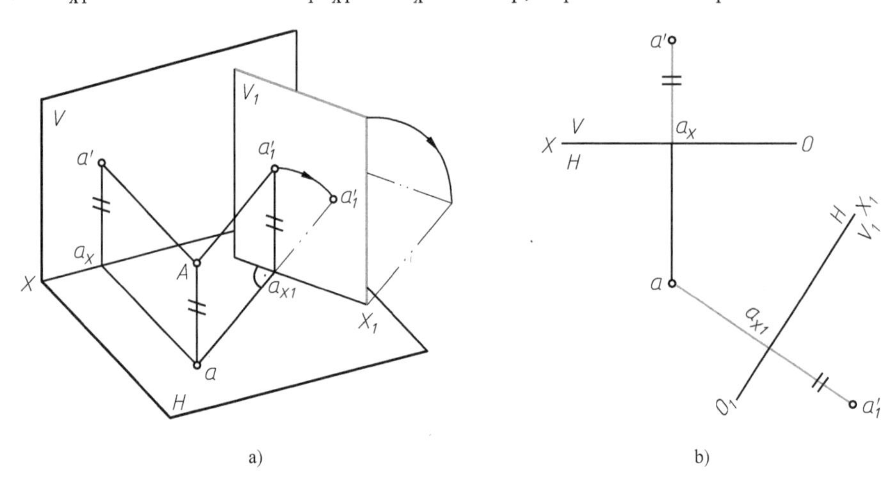

图 3-4　点的一次变换（换 V 面）

a）直观图　b）投影图

图 3-5 表示更换 H 面。取新投影面 H_1，使 $H_1\perp V$，原投影面体系 V/H 变换成 V/H_1。V 面为保留投影面；H 面为被替换投影面；H_1 面为新投影面。

图 3-5a 中 A 点在 H_1 面上的投影为 a_1，此时，A 点到 V 面的距离（y 坐标）不变，所以 $a_1a_{X1}=aa_X$。

当新投影面 H_1 绕 O_1X_1 轴展开后，在投影图上有 $a'a_1\perp O_1X_1$；$a_1a_{X1}=aa_X$。

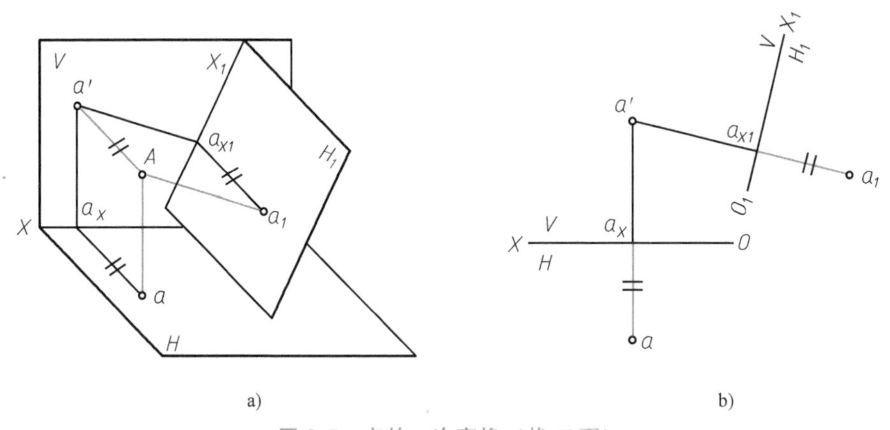

图 3-5　点的一次变换（换 H 面）

a）直观图　b）投影图

综合上述更换投影面的两种情况，得如下投影规律：

1）点的新投影与保留投影的连线垂直于新轴。

2）点的新投影到新轴的距离等于被替换投影到旧轴的距离。

当新投影面的位置（新轴的位置）确定后，由点的原来投影作其新投影的方法为：

① 过点的保留投影作直线垂直于新轴，得一垂足，并延长到新投影面内。

② 在新投影面上，自垂足在所作垂线的延长线上截取线段等于被替换投影到旧轴的距离，截得的点即为所求新投影。

直线或平面的变换，可归结为直线上的两点或平面上三点的变换，其方法、步骤与上述相同。

2. 两次换面

图 3-6 表示更换两次投影面时求作点的新投影的方法，其作图原理与更换一次投影面相同。在 V/H 体系中，先用 V_1 替换 V，使 $V_1 \perp H$ 组成 V_1/H 投影面体系（H 为保留投影面），求出 a_1'。

再把 V_1/H 当作原投影面体系，用新投影面 H_1 替换 H，使 $H_1 \perp V_1$ 组成新的 V_1/H_1 投影面体系，求出新投影 a_1。此时 V_1 面为保留投影面，被替换投影面则指 H 面。V_1、H_1 面的交线为新轴 O_2X_2，而 O_1X_1 在第二次换面时被称为旧轴。

二次换面时，点的投影变换规律仍适用，即 $a_1'a_1 \perp O_2X_2$；$a_1a_{X2} = aa_{X1}$，如图 3-6b 所示。

在换面顺序上可以有两种方案，即 $V/H \rightarrow V_1/H \rightarrow V_1/H_1$ 或 $V/H \rightarrow V/H_1 \rightarrow V_1/H_1$，由需要而定。

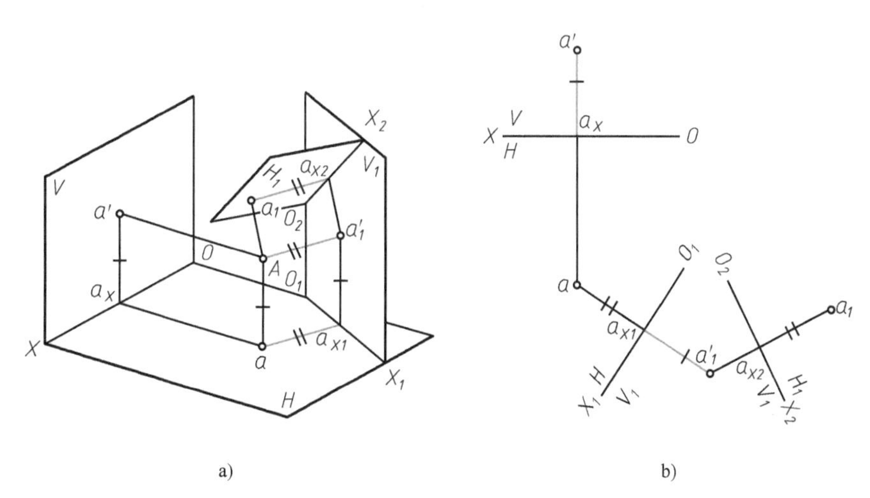

图 3-6　点的两次变换

a）直观图　b）投影图

3.3　基本作图问题

用换面法解答各类定位与度量问题时，均可归结为下列四个基本作图问题。

1. 把一般位置直线变换成新投影面平行线

由上述规则可知，要把一般位置直线变换成新投影面平行线，所选新投影面应与直线平行，同时又垂直于保留的原投影面，从而新轴应平行于直线的保留投影。

如图 3-7a 所示，AB 为 V/H 体系中的一般位置直线。若更换 V 面，把 AB 变换成 V_1 面的平行线，则新投影面 V_1 应平行于 AB 且垂直于 H。此时新轴 X_1 应平行于 AB 的水平投影 ab。直线的投影可由其上任意两点确定，故新轴确定后，可按点的新投影的作法作出直线 AB 的新投影 $a_1'b_1'$，AB 变换成 V_1/H 体系内的平行线。

作图步骤如下：

1）如图 3-7b 所示，作新轴 $O_1X_1/\!/ab$，作出 A 点及 B 点在 V_1 面上的新投影 $a_1'b_1'$。

2）$a_1'b_1'$ 反映线段 AB 的实长，它与 O_1X_1 轴的夹角 α 为直线 AB 对 H 面的倾角。

若更换 H 面，可将 AB 变换成 H_1 面的平行线，如图 3-8 所示。此时 $O_1X_1/\!/a'b'$，a_1b_1 反映 AB 的实长，a_1b_1 与 X_1 轴的夹角 β 即为 AB 对 V 面的倾角。

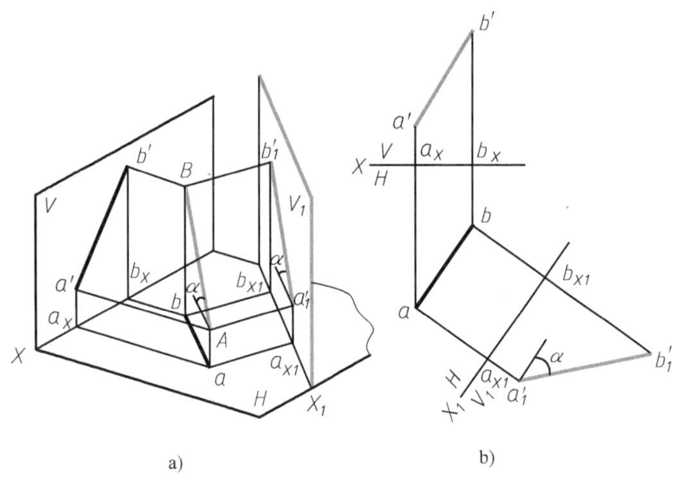

图 3-7　一般位置直线变 V_1 面平行线

a）直观图　b）作图步骤

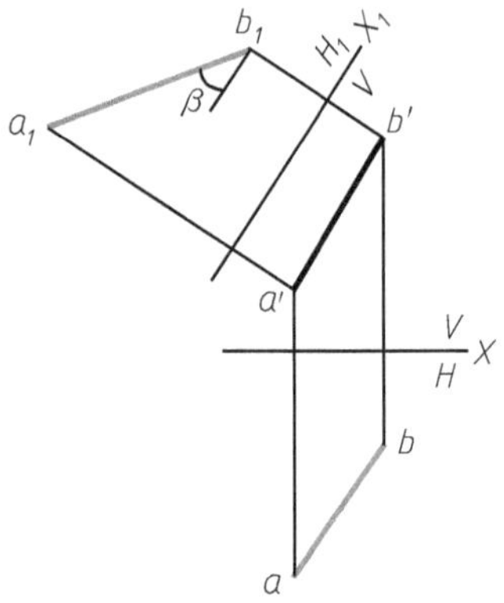

图 3-8　一般位置直线变 H_1 面平行线

2. 把一般位置直线变换成新投影面垂直线

要把一般位置直线变换成新投影面垂直线，只更换一个投影面显然不行。因为找不到一个新投影面，既与一般位置直线垂直，又与一个原投影面垂直。但如果所给直线是投影面平行线，要将其变换成新投影面垂直线，更换一次投影面即可完成。

如图 3-9a 所示，直线 AB 为 V/H 体系内的正平线，若将其变换成新投影面垂直线，需设新投影面 $H_1\perp AB$。又因为 $AB/\!/V$，所以 H_1 必定垂直于 V 面。AB 变换为 V/H_1 体系内的垂直线。

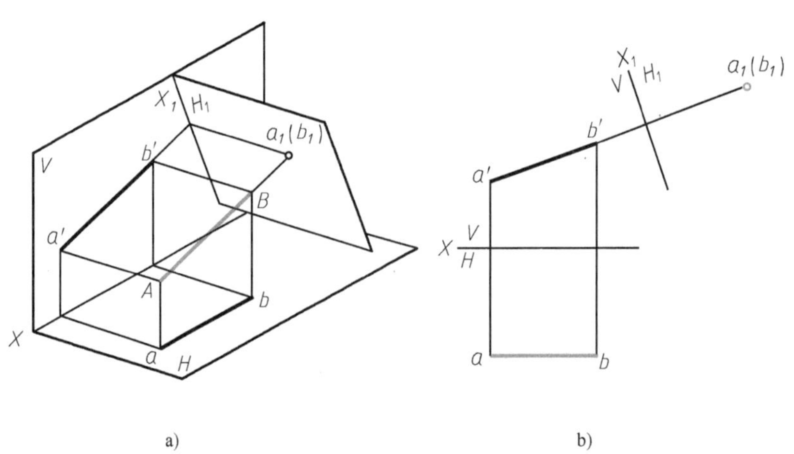

图 3-9　平行线变换成新投影面垂直线

a）直观图　b）作图步骤

作图步骤如下：

作新轴 $O_1X_1 \perp a'b'$，并作出 AB 在 H_1 面上的新投影 a_1b_1。a_1、b_1 重影为一点，图 3-9b 所示为其投影图。

综上可知，要把一般位置直线变换成新投影面垂直线，必须两次更换投影面。如图 3-10a 所示，把 V/H 体系内的一般位置直线 AB 先换成 V_1/H 体系内的平行线，再换成 V_1/H_1 体系内的垂直线，作图过程如图 3-10b 所示。

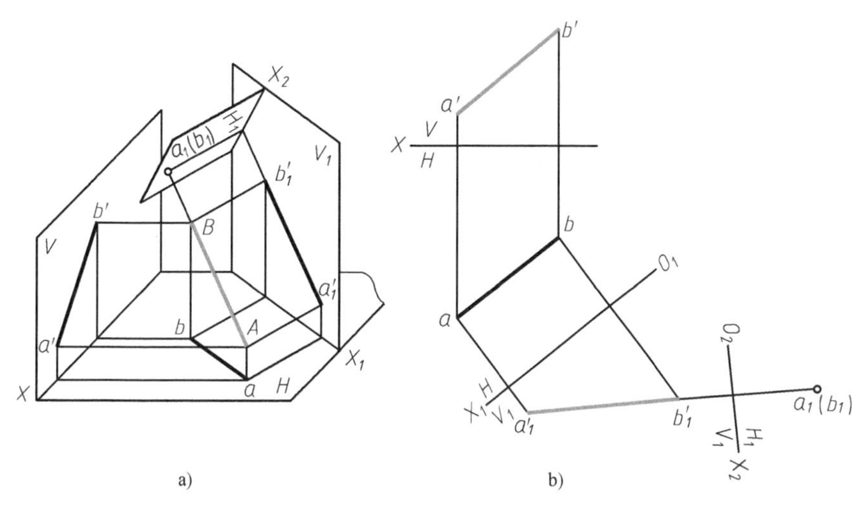

图 3-10　一般位置直线变换成新投影面垂直线

a）直观图　b）作图步骤

3. 把一般位置平面变换成新投影面垂直面

如图 3-11a 所示，平面△ABC 在 V/H 体系内为一般位置平面。若把它变换成新投影面垂直面，可设新投影面 V_1 替换原投影面 V，并使 V_1 垂直于△ABC 内的一直线 L。为保证 V_1 同时垂直于 H 面，应取 $L//H$，即 L 为△ABC 内的水平线。根据投影性质，新轴 $O_1X_1 \perp l$。

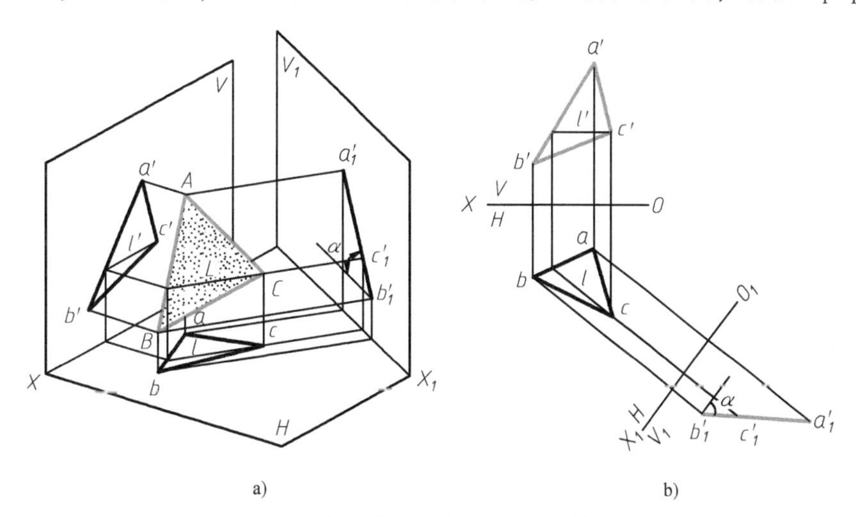

图 3-11　一般位置平面变换成 V_1 面的垂直面

a）直观图　b）作图步骤

作图步骤如下：

1）在△*ABC* 内取水平线 *L*（l、l'）。

2）作 $O_1X_1 \perp l$，按点新投影作法，作出△*ABC* 各顶点在 V_1 面上的新投影 a_1'、b_1'、c_1'。由于 $L \perp V_1$，$\triangle ABC \perp V_1$，所以 $a_1'b_1'c_1'$ 成一线段。

$a_1'b_1'c_1'$ 与 O_1X_1 轴的夹角为△*ABC* 对 *H* 面的倾角 α。作图过程如图 3-11b 所示。

同理，也可以更换 *H* 面把△*ABC* 变换为 V/H_1 体系内的垂直面，如图 3-12 所示。此时，$a_1b_1c_1$ 与 O_1X_1 轴的夹角为△*ABC* 对 *V* 面的倾角 β。

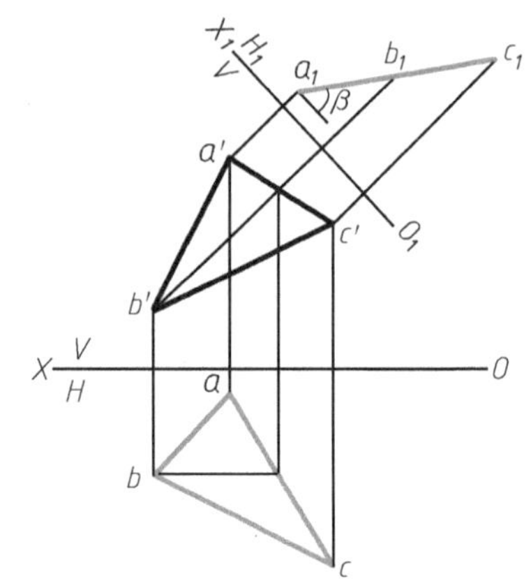

图 3-12　一般位置平面变换成 H_1 面的垂直面

4. 把一般位置平面变换成新投影面平行面

要把一般位置平面变换成新投影面平行面，必须两次更换投影面。第一次把一般位置平面变成新投影面垂直面，原理与作图方法如前所述。第二次把垂直面再换成新投影面平行面。

如图 3-13a 所示，平面 $\triangle ABC \perp V_1$，再设新投影面 $H_1 /\!/ \triangle ABC$，且 $H_1 \perp V_1$。根据平行面的投影性质，新轴 $O_2X_2 /\!/ a_1'b_1'c_1'$。在 H_1 面上作出△*ABC* 顶点的新投影 a_1、b_1、c_1，$\triangle a_1b_1c_1$ 为△*ABC* 的实形。

图 3-13b 所示为一般位置平面两次变换为新投影面平行面的作图过程。

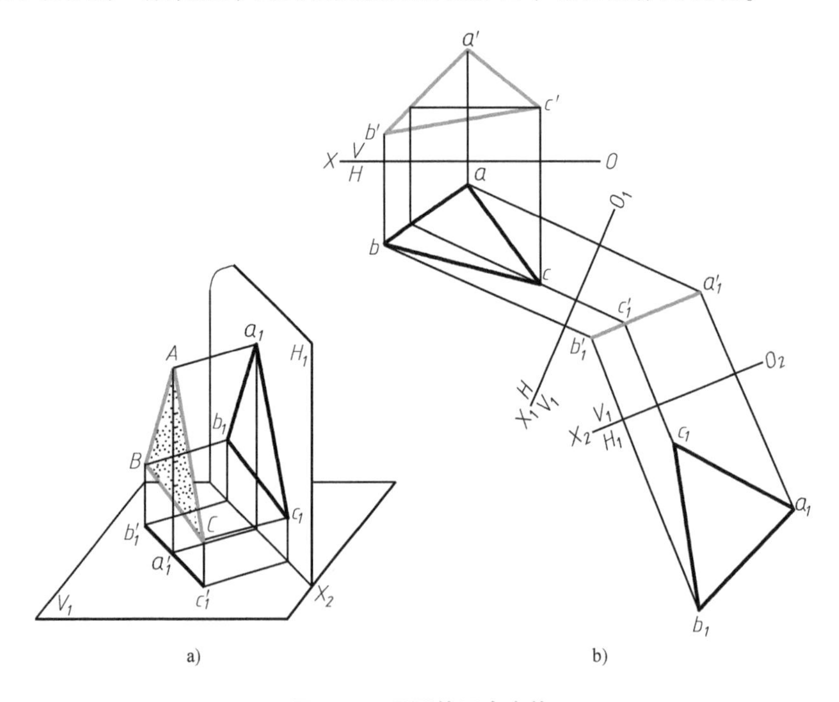

图 3-13　平面的两次变换

a）由垂直面变为 H_1 面的平行面　b）一般位置平面变为 H_1 面的平行面

应当注意，两次或多次换面时，不能连续更换一个投影面，而应两个投影面交替更换。上述四个基本作图题综合运用，可以解决空间几何元素多种定位与度量问题。

3.4　应用举例

【例 3-1】　试过 *A* 点作直线与已知直线 *BC* 垂直相交，如图 3-14 所示。

分析：当直线 *BC* 平行于某投影面时，由直角投影定理可知，与 *BC* 垂直的直线在该投影面上的投影反映其垂直关系。将直线 *BC* 由一般位置变换为某投影面平行线，须更换一次投影面。

作图：

（1）用 V_1 替换 *V*（也可以用 H_1 替换 *H*），将 *BC* 换成 V_1 面的平行线。

（2）*A* 点随同直线 *BC* 一起变换，得新投影 a_1'。

（3）过 a_1' 向 $b_1'c_1'$ 作垂线得垂足 e_1'。e_1' 为两线垂直相交后的交点 *E* 在 V_1 面上的投影。

（4）将 e_1' 逆变换返回到 *V/H* 体系，得 *e* 及 *e'*。连接 *ae*、*a'e'* 即为所求。

讨论：此题也可以将 *A* 点及直线 *BC* 看成同一平面。将平面 *ABC* 变换成新投影面平行面，在反映实形的新投影上作出 *A* 点到直线 *BC* 的距离 *AE*，然后返回到原投影面体系即可。同样方法也可以求出两平行直线间的距离、两相交直线间的夹角、作角平分线等。因此凡属同一平面内几何元素的定位、度量问题，均可将此平面变换成新投影面平行面加以解决。

【例 3-2】　求 *K* 点到平面 *P*（*ABCD*）的距离。

分析：如图 3-15a 所示，若过 *K* 点向平面 *P* 引垂线，则 *K* 点到垂足 *L* 的距离就是 *K* 到平面 *P* 的距离。如果平面 *P* 是某投影面垂直面，则垂线 *KL* 就是该投影面的平行线，距离可直接反映在投影图上。

由于 *P* 平面属一般位置平面，故本题须更换一次投影面，将其变换成新投影面垂直面。

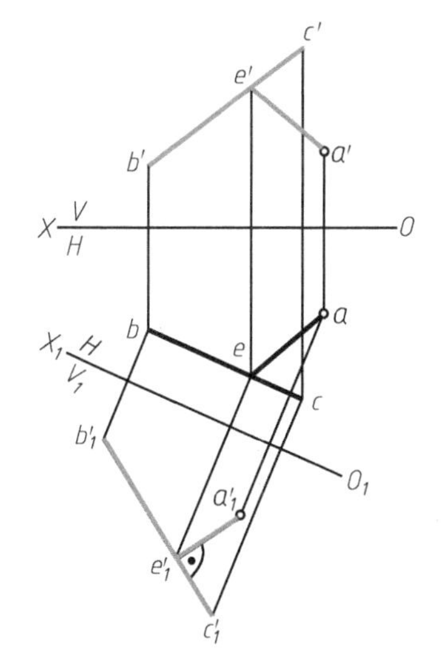

图 3-14　过 *A* 点作 *AE* 垂直于 *BC*

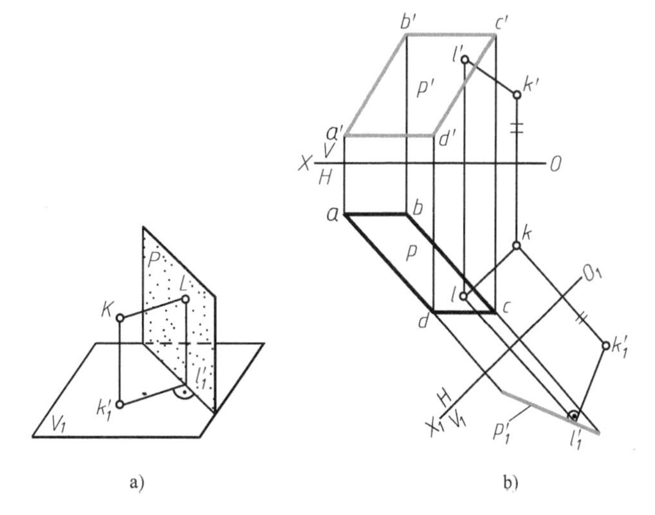

图 3-15　求点到平面的距离

a）直观图　b）作图步骤

作图：

（1）更换 *V* 面，把平面 *P* 变换成 V_1 面的垂直面。作新轴 $O_1X_1 \perp ad$（*AD*、*BC* 为 *P* 内水平线）。

(2) 作出 P 在 V_1 面上的新投影 p_1' 及 K 点的新投影 k_1'。

(3) 过 k_1' 向 p_1' 作垂线，垂足为 l_1'。$k_1'l_1'$ 即为 K 点到平面 P 的真实距离，如图 3-15b 所示。

讨论：如果需要作出 KL 的投影，可按照点的变换规则把 l_1' 返回到 V/H 体系。因 KL 是 V_1 面的平行线，所以过 k 作 $kl // O_1X_1$ 即可求出 l。再由 l、l_1' 定出 l'。

若本题变换一下已知条件，即给出 K 点到平面 P 的距离及 K 点的一个投影 k（或 k'），而要求补出 k'（或 k），应如何作图？请读者自行分析。

【例 3-3】 已知平面△ABC 及△ABD，求此两平面的夹角。

分析：一般位置直线 AB 为△ABC 与△ABD 的交线。如图 3-16a 所示，当 AB 垂直于某新投影面时，两平面的新投影——积聚线段投影之间的夹角，即两平面真实的夹角。为此应进行两次换面，将 AB 换成新投影面垂直线。

作图：

(1) 如图 3-16b 所示，更换 V 面，把 AB 换成 V_1 面的平行线。作新轴 $O_1X_1 // ab$，并作出 A、B、C、D 在 V_1 面上的新投影 a_1'、b_1'、c_1'、d_1'。

(2) 更换 H 面，把 AB 换成 H_1 面的垂直线。作新轴 $O_2X_2 \perp a_1'b_1'$，并作出 A、B、C、D 在 H_1 面上的新投影 a_1、b_1、c_1、d_1。其中 a_1、b_1 重影为一点。

(a_1) b_1c_1 与 (a_1) b_1d_1 之间的夹角 θ 即为△ABC 与△ABD 的夹角。

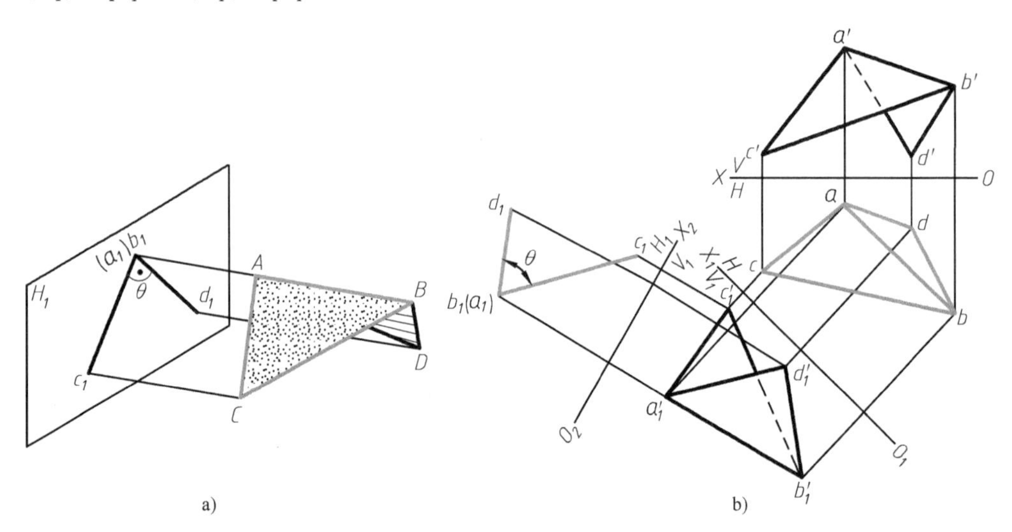

图 3-16 求两平面的夹角

a）二面角直观图 b）作图步骤

【例 3-4】 求交叉两直线 AB、CD 之间的距离及公垂线的投影。

分析：交叉两直线间的距离即是它们之间公垂线的实长。如图 3-17a 所示，若使两交叉直线之一 CD 变换成新投影面 H_1 的垂直线时，AB、CD 的公垂线 MN 必为该投影面的平行线，MN 在 H_1 面上的投影 m_1n_1 反映公垂线的实长；另一条直线 AB 虽为一般位置，但因 $MN \perp AB$，由直角投影定理有 $a_1b_1 \perp m_1n_1$，由此可定出公垂线的位置。

由于 AB、CD 均为一般位置直线，故本题需两次更换投影面。

作图：

（1）如图 3-17b 所示，将一般位置直线 *CD* 变换成新投影面垂直线。直线 *AB* 随同 *CD* 一起变换。

（2）过重影点 c_1（n_1、d_1）向 a_1b_1 作垂线，垂足为 m_1。m_1n_1 即为 *AB*、*CD* 间公垂线的实长。

（3）将 m_1 逆变换返回，可定出 m_1'、m、m'。

（4）作 $m_1'n_1' /\!/ O_2X_2$ 定出 n_1'，再逆变换求出 n、n'。mn、$m'n'$ 即为公垂线 *MN* 的投影。

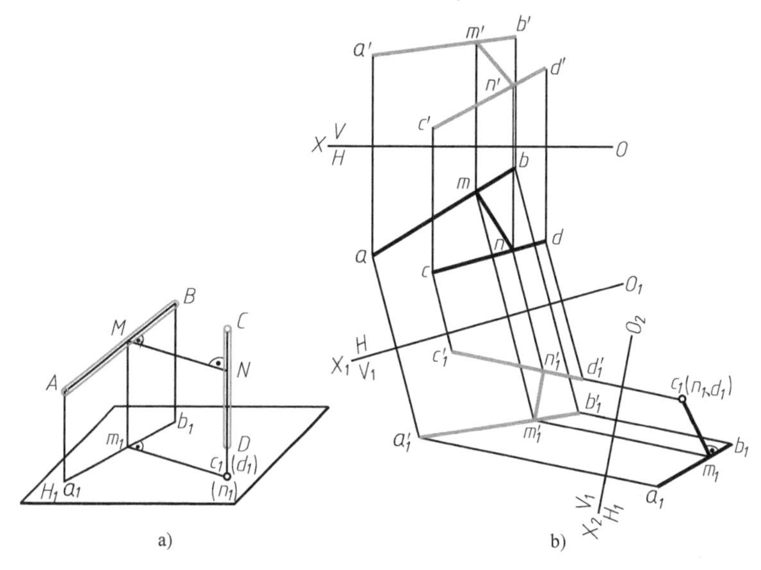

图 3-17　求交叉两直线间的距离及公垂线

a）直观图　b）作图步骤

将上述分析及作图进行类推，则可用来解答点到直线的距离、平行二直线间的距离、平行的直线与平面间的距离等度量问题；也可以在给定距离时反过来求解某些定位问题，如补投影等，希望读者自己加以总结。

思考题

1. 试述换面法的实质和方法。
2. 在换面法中，如何根据点的两面投影作出点的新投影？
3. 在换面法中，有哪些基本作图方法？作图时新轴的位置如何确定？
4. 一般位置直线换成投影面平行线需要进行几次换面？
5. 一般位置直线换成投影面垂直线需要进行几次换面？
6. 一般位置平面换成投影面垂直面需要进行几次换面？
7. 一般位置平面换成投影面平行面需要进行几次换面？
8. 试总结第 4~7 题中的几种换面方法可解决实际中的哪些问题。

第 4 章　立体的投影

本章概要

本章讨论典型的平面立体和曲面立体的投影表示法，重点介绍平面与立体相交——截交线、立体与立体相交——相贯线的投影作图方法。

4.1　平面立体的投影

平面立体是由多个多边形平面围成的立体，如棱柱、棱锥等。由于平面立体是由平面围成的，而平面是由直线围成的，直线是由点连成，所以求平面立体的投影实际上就是求点、线、面的投影。在投影图中，不可见的棱线投影用虚线表示。在研究立体三面投影时，只考虑表面（外表面、内表面）上的点，不考虑立体体内的点。

4.1.1　棱柱

1. 投影

棱柱由棱面及上、下底面组成，棱面上各条侧棱线互相平行。图 4-1a 所示为三棱柱，上、下底面是水平面（三角形），后棱面是正平面（矩形），左、右两个棱面是铅垂面（矩形）。把三棱柱分别向三个投影面进行正投影，得到三面投影图如图 4-1b 所示（投影面的边框线和投影轴不需要画出）。

分析三面投影图可知：三棱柱的水平投影是一个三角形，它是上底面和下底面的投影（上、下底面重影，上底可见、下底不可见），并反映实形。三角形的三条边是垂直于 H 面的三个棱面的积聚投影，三个顶点是垂直于 H 面的三条棱线的积聚投影。

正面投影是两个矩形，左边矩形是左棱面的投影（可见），右边矩形是右棱面的投影（可见），这两个投影均不反映实形。两个矩形的外围线框构成的大矩形是后棱面的投影（不可见），反映实形。上、下两条横线是上底面和下底面的积聚投影。三条竖线是三条棱线的投影，反映实长。

侧面投影是一个矩形，它是左、右两个棱面的重合投影（不反映实形，左面可见，右面不可见）。四条边分别是：左边是后棱面的积聚投影；上、下两条边分别是上、下两底面的积聚投影；右边是左、右两棱面的交线（棱线）的投影。左边同时也是另外两条棱线的投影。

为保证三棱柱的投影对应关系，三面投影图应满足：正面投影和水平投影长度对正，正面投影和侧面投影高度平齐，水平投影和侧面投影宽度相等。这就是三面投影图之间的“三等关系”。

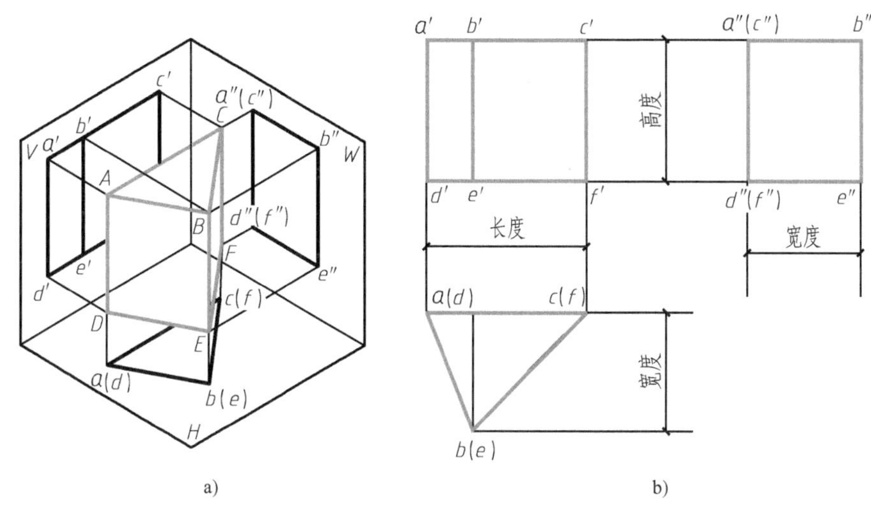

图 4-1 三棱柱的投影

a）直观图 b）投影图

三棱柱的投影

2. 棱柱表面上的点

平面立体是由平面围成的，所以平面立体表面上点的投影特性与平面上点的投影特性是相同的，而不同的是平面立体表面上点的投影存在着可见性问题。规定处在可见平面上的点为可见点，用“○”（空心圆圈）表示；处在不可见平面上的点为不可见点，用“●”（实心圆圈）或用括号括上其投影符号表示。

在投影图上，如果给出平面立体表面上点的一个投影，就可以根据点在平面上的投影特性，求出点在其他投影面上的投影。如图 4-2a 所示，已知三棱柱表面上点 Ⅰ、Ⅱ 和 Ⅲ 的正面投影 1′（可见）、2′（不可见）和 3′（可见），可以作出它们的水平投影和侧面投影。

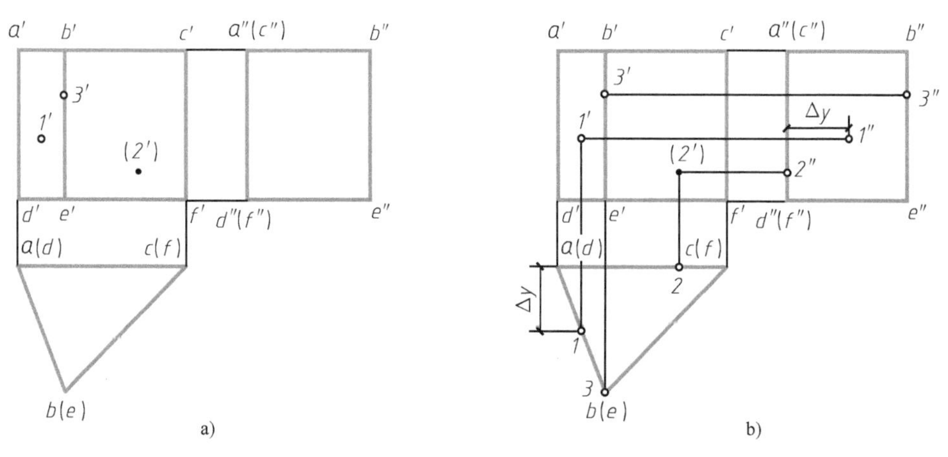

图 4-2 棱柱表面上点的投影

a）已知 b）作图

从投影图上可以看出，点Ⅰ在三棱柱左棱面 *ABED*（铅垂面）上，点Ⅱ在不可见的后棱面 *ACFD*（正平面）上，点Ⅲ 在 *BE* 棱线（铅垂线）上。

作图过程如图 4-2b 所示：

1）利用左棱面 *ABED* 和后棱面 *ACFD* 的水平投影有积聚性，由 1′、2′向下引投影连线求出水平投影 1、2；利用 *BE* 棱线水平投影的积聚性，可知水平投影 3 落在 *BE* 的积聚投影上。

2）通过“二补三”作图求出各点的侧面投影 1″、2″和 3″。

4.1.2 棱锥

1. 投影

棱锥由几个棱面和一个底面组成，棱面上各条侧棱交于一点，称为锥顶。如图 4-3a 所示的三棱锥，底面是水平面（△*ABC*），后棱面是侧垂面（△*SAC*），左、右两个棱面是一般位置平面（△*SAB* 和△*SBC*）。把三棱锥向三个投影面作正投影，得三面投影图如图 4-3b 所示。

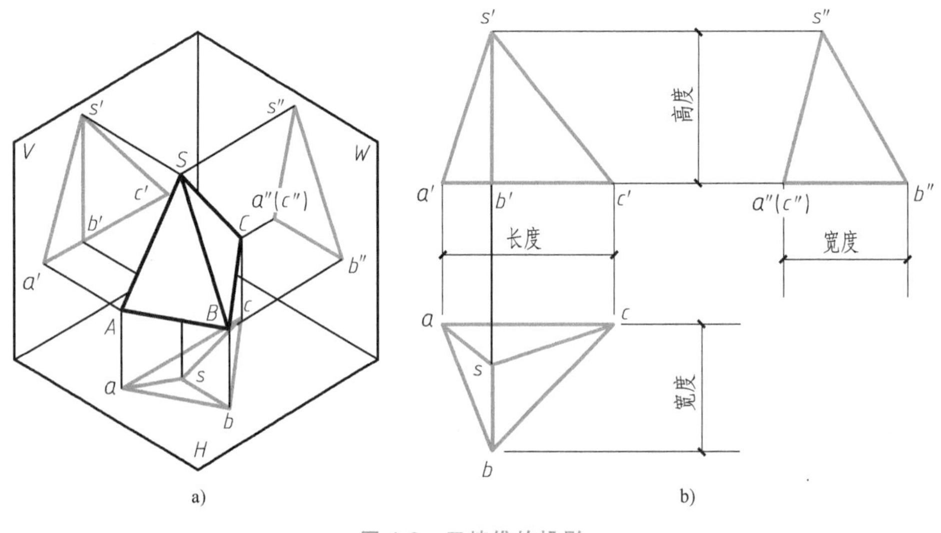

图 4-3 三棱锥的投影

a）直观图 b）投影图

三棱锥的投影

从三面投影图中可以看出：水平投影由四个三角形组成，△*sab* 是左棱面 *SAB* 的投影（不反映实形）；△*sbc* 是右棱面 *SBC* 的投影（不反映实形）；△*sac* 是后棱面 *SAC* 的投影（不反映实形）；△*abc* 是底面 *ABC* 的投影（反映实形）。

正面投影由三个三角形组成，△*s′a′b′*是左棱面 *SAB* 的投影（不反映实形），△*s′b′c′*是右棱面 *SBC* 的投影（不反映实形），△*s′a′c′*是后棱面 *SAC* 的投影（不反映实形），下面的一条横线 *a′b′c′*是底面 *ABC* 的投影（有积聚性）。

侧面投影是一个三角形，它是左、右两个棱面的投影（左右重影，不反映实形），左边的一条线 *s″a″*（*c″*）是后棱面的投影（有积聚性），下边的一条线 *a″*（*c″*）*b″*是底面的投影（有积聚性）。

构成三棱锥的各几何要素（点、线、面）应符合投影规律，三面投影图之间应符合

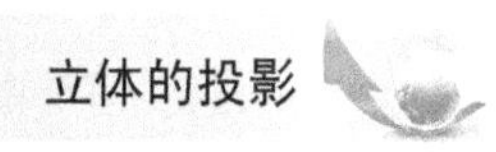

“三等关系”。

2. 棱锥表面上的点

如图 4-4 所示，棱锥表面定点有三种情况：

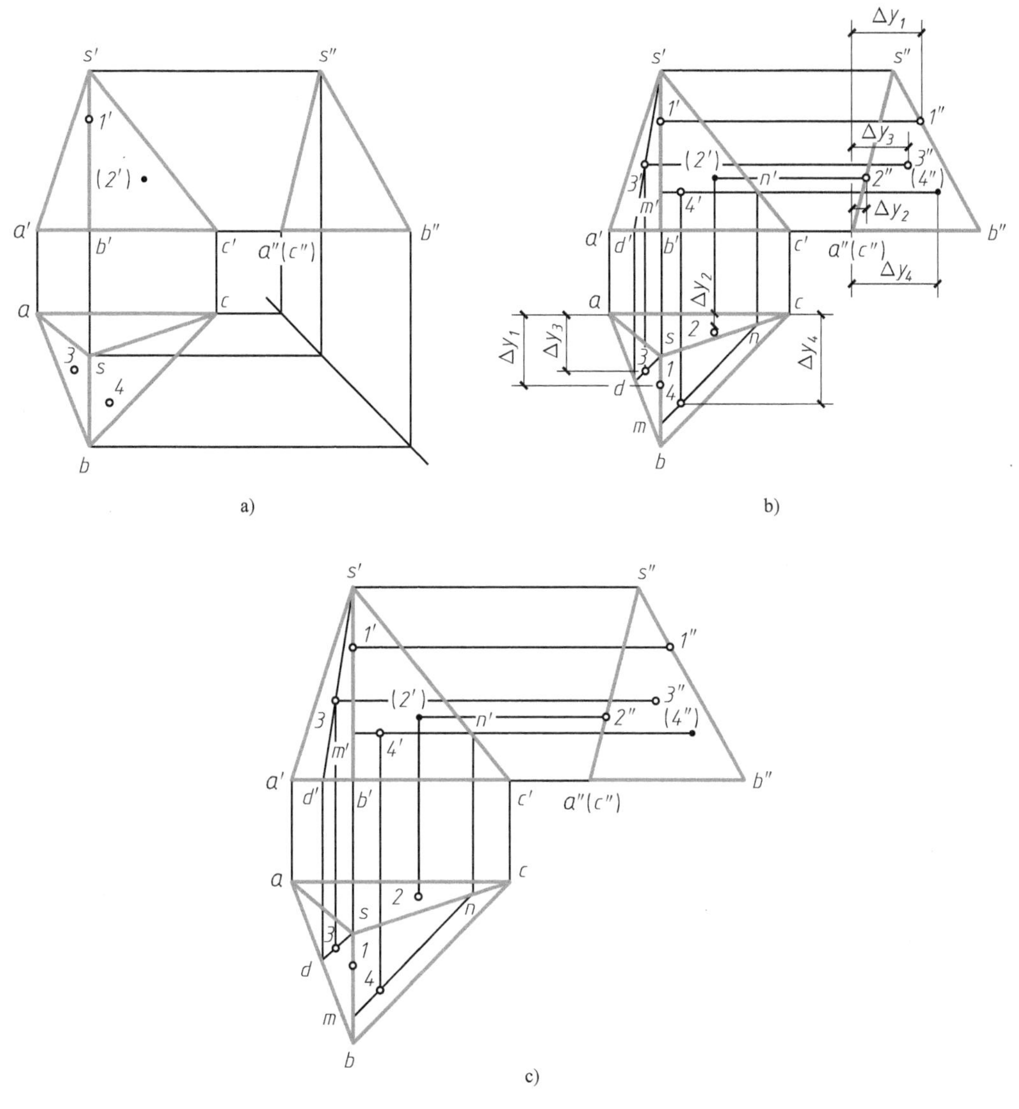

图 4-4　棱锥表面上点的投影

a）已知　b）作图　c）表面定点结果

1）点在棱线上：棱锥棱线上定点需要先确定点所在棱线另两面投影，然后通过投影连线及 y 坐标确定点的另两面投影；如图中点Ⅰ，点Ⅰ位于三棱锥前面的棱线上，通过三等关系，确定这条棱线的另两面投影，再通过正面投影 1′向左侧投影绘制投影连线，交该棱线的左侧投影于 1″，即为Ⅰ点的左侧投影，再通过Ⅰ点左侧投影与水平投影 Δy 相同得到水平投影。

2）点在特殊平面上：若点在棱锥下表面，则点所在平面两面投影积聚，可以通过积聚性定点；若点在侧锥面上（或正垂面），如点Ⅱ，则首先确定其在积聚投影上的点，本图中

Ⅱ点先确定侧面投影，然后通过 y 坐标相等确定水平投影。

3）点在一般面上：若点在棱锥两个一般面上，则需要通过构造辅助线确定另两面投影，辅助线的形式可以是通过两个已知点构造，如Ⅲ点，也可以通过面内一个已知点并平行于另一条已知边进行构造，如Ⅳ点。Ⅲ点和Ⅳ点另两面投影作法如下：

① 在水平投影图上，连 s 点和 3 点并延长交于 ab 线段上一点 d，由 d 向上引投影连线交 $a'b'$ 于点 d'，连 s' 和 d'；由 3 向上引投影连线交 $s'd'$ 于 3′，由 3 和 3′确定 3″。

② 在水平投影图上，过点 4 作直线 mn 平行于直线 bc（m，n 分别在 sb 和 sc 上），过 n 点向上引投影连线交 $s'c'$ 于 n'，由 n' 作平行于 $b'c'$ 的直线交 $s'b'$ 于 m'；由 4 向上引投影连线交 $m'n'$ 于 4′，由 4 和 4′确定 4″。

4.2 曲面立体的投影

曲面立体是曲面或曲面与平面包围而成的立体。工程上应用较多的是回转体，如圆柱、圆锥和圆球等。

回转体是由回转曲面或回转曲面与平面围成的立体，回转曲面是由运动的母线（直线或曲线）绕着固定的轴线（直线）做回转运动形成的，曲面上任一位置的母线称为素线。

曲面立体的投影是由构成曲面立体的曲面和平面的投影组成的。

4.2.1 圆柱

圆柱是由圆柱面和上、下底面围成的。圆柱面是一条直线（母线）绕一条与其平行的直线（轴线）回转一周所形成的曲面。

1. 投影

如图 4-5a 所示，直立的圆柱轴线是铅垂线，上、下底面是水平面。把圆柱向三个投影面作正投影，得三面投影图，如图 4-5b 所示。

水平投影是一个圆，它是上、下底面的重合投影（反映实形），圆周又是圆柱面的投影（有积聚性），圆心是轴线的积聚投影。过圆心的两条（横向与竖向）点画线是圆的对称中心线。

正面投影是一个矩形线框，它是前半个圆柱面和后半个圆柱面的重合投影，中间的一条竖直点画线表示轴线，上、下两条横线是上、下两个底面的积聚投影，左、右两条竖线是圆柱面上最左和最右两条轮廓素线 AA_1 和 BB_1 的投影，这两条轮廓素线称为正面转向轮廓线，水平投影分别积聚为两个点 a（a_1）和 b（b_1），侧面投影与轴线的侧面投影重合。正面转向轮廓线是区分圆柱表面前后可见与不可见的分界线。

侧面投影也是一个矩形线框，它是左半个圆柱面和右半个圆柱面的重合投影，中间的一条竖直点画线表示轴线，上、下两条横线是上、下两个底面的积聚投影，侧面投影两条竖线是圆柱面上最前和最后两条轮廓素线 CC_1 和 DD_1 的投影，这两条轮廓素线称为侧面转向轮廓线，水平投影分别积聚为两个点 c（c_1）和 d（d_1），正面投影与轴线的侧面投影重合。侧面转向轮廓线是区分圆柱表面左右可见与不可见的分界线。

2. 圆柱表面上的点和线

在圆柱表面上定点，可以利用圆柱表面投影的积聚性来作图。

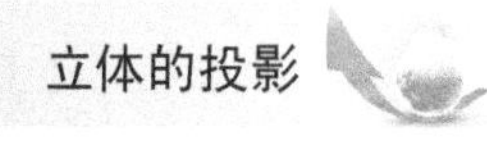

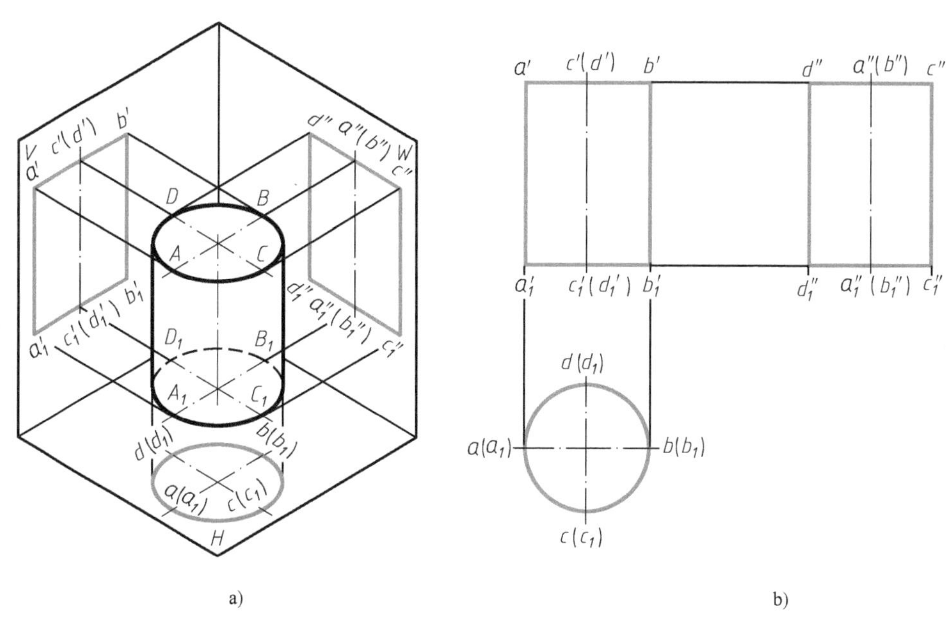

图 4-5　圆柱的投影　　圆柱的投影

a）直观图　b）投影图

如图 4-6 所示，已知圆柱的三面投影及其表面上过Ⅰ、Ⅱ、Ⅲ、Ⅳ点的曲线Ⅰ、Ⅱ、Ⅲ、Ⅳ的正面投影 1′2′3′4′，求该曲线的水平投影和侧面投影。

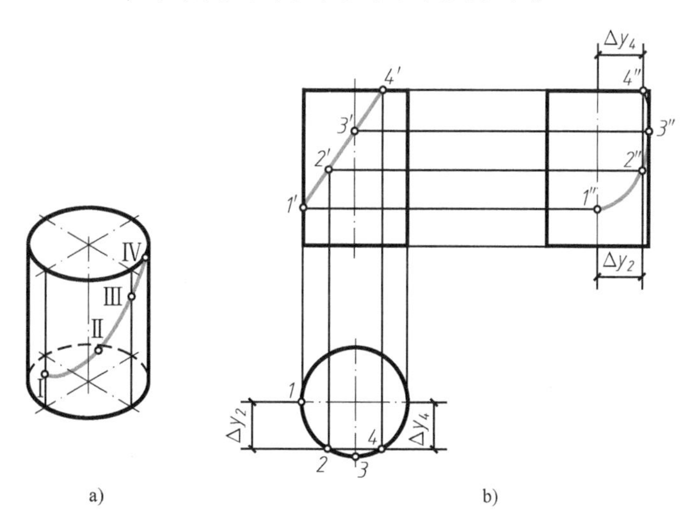

图 4-6　圆柱表面上的点和线的投影

a）直观图　b）投影图

点Ⅰ、Ⅱ、Ⅲ，Ⅳ及曲线ⅠⅡⅢⅣ都在圆柱面上，因此，可以利用圆柱面水平投影的积聚性，先作出水平投影，然后再用“二补三”作图作出侧面投影。

1）从正面投影可知Ⅰ、Ⅱ、Ⅲ、Ⅳ点位于前半个圆柱面上，Ⅰ点是最左转向轮廓线上的点，Ⅲ点是最前转向轮廓线上的点，Ⅳ点是顶圆上的点，因此，可以确定水平投影 1 在横向点画线与圆周的左面交点处，侧面投影 1″在点画线上（与轴线重合），水平投影 3 在竖向点画线与圆周的前面交点处，侧面投影 3″在轮廓线上。

2）为求Ⅱ点和Ⅴ点的水平投影和侧面投影，需从正面投影 2′和 4′向下引连线并与前半圆周相交，即得水平投影 2 和 4，然后再用“二补三”作图，确定其侧面投影 2″和 4″。

3）曲线ⅠⅡⅢⅣ的水平投影 1234 是积聚在圆周上的一段圆弧。侧面投影 1″2″3″4″是连接 1″、2″、3″、4″各点的一段光滑曲线，因为Ⅰ、Ⅱ两点在左半个圆柱面上，Ⅳ点在右半个圆柱面上，Ⅲ点在左半个和右半个圆柱面的分界线（侧面转向轮廓线）上，所以曲线ⅠⅡⅢ一段侧面投影 1″2″3″可见，连实线，ⅢⅣ一段侧面投影 3″4″不可见，连虚线。

4.2.2 圆锥

圆锥是由圆锥面和底面围成的。圆锥面是一条直线（母线）绕一条与其相交的直线（轴线）回转一周所形成的曲面。

1. 投影

如图 4-7a 所示，圆锥的轴线是铅垂线，底面是水平面，其三面投影如图 4-7b 所示。

水平投影是一个圆，它是圆锥面和底面的重合投影，反映底面的实形，过圆心的两条（横向与竖向）点画线是对称中心线，圆心还是轴线和锥顶的投影。

正面投影是一个三角形，它是前半个圆锥面和后半个圆锥面的重合投影，中间竖直的点画线是轴线的投影，三角形的底边是圆锥底面的积聚投影，左、右两条边 *s′a′* 和 *s′b′* 是圆锥最左、最右两条素线（*SA* 和 *SB*）的投影。*SA* 和 *SB* 的水平投影重合在横向点画线上，即 *sa* 和 *sb*，侧面投影重合在轴线的侧面投影上，即 *s″a″*（*s″b″*）。圆锥最左、最右两条素线也称正面转向轮廓线，是圆锥表面前后可见与不可见的分界线。

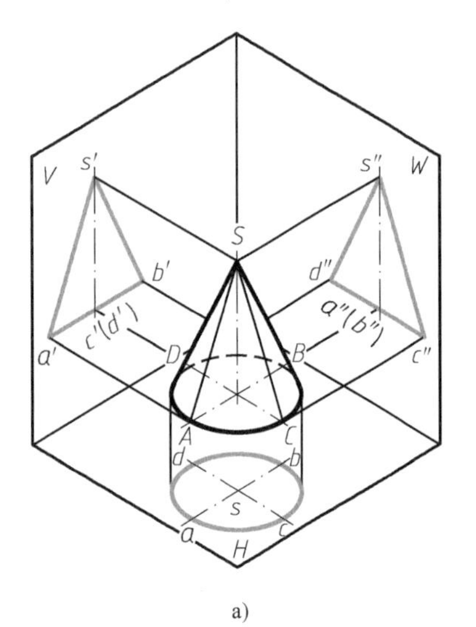

a)

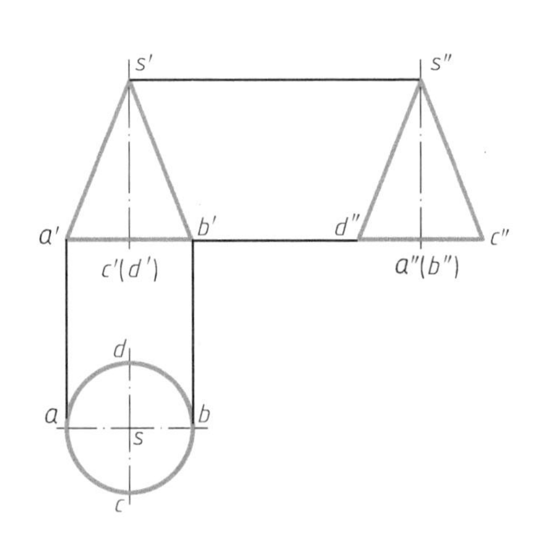

b)

圆锥的投影

图 4-7 圆锥的投影
a）直观图 b）投影图

侧面投影也是一个三角形，它是左半个圆锥面和右半个圆锥面的重合投影，中间竖直的点画线是轴线的侧面投影，三角形底边是底面的投影，两条边线 *s″c″*和 *s″d″*是最前和最后两条轮廓素线 *SC* 和 *SD* 的投影。*SC* 和 *SD* 的水平投影位于竖向的点画线上，即 *sc* 和 *sd*，正面投影重合在轴线的正面投影上，即 *s′c′*（*s′b′*）。圆锥最前、最后两条素线也称侧面转向轮廓

线，是圆锥表面左右可见与不可见的分界线。

2. 圆锥表面上的点和线

圆锥面上的任意一条素线都过圆锥顶点，母线上任意一点的运动轨迹都是圆。圆锥轮廓线和底面上的点可以通过轮廓线对应投影及底面积聚性确定另两面投影，圆锥表面一般位置的点可通过辅助线法确定另两面投影。用素线作为辅助线作图的方法，称为素线法，用垂直于轴线的圆作为辅助线作图的方法，称为纬圆法。

如图 4-8 所示，已知圆锥表面上Ⅰ、Ⅱ、Ⅲ、Ⅳ四个点的正面投影 1′、2′、3′、4′，以及曲线ⅠⅡⅢ的正面投影 1′2′3′，求作它们的水平投影和侧面投影。

点Ⅰ、Ⅱ、Ⅲ、Ⅳ及曲线ⅠⅡⅢ都在圆锥面上，Ⅰ点在圆锥面左侧转向轮廓线上，Ⅲ点在底圆上，这两个点是圆锥面上的特殊点，可以通过引投影连线确定其水平投影和侧面投影。Ⅱ点和Ⅳ点是圆锥面上的一般点，可以用素线法或纬圆法确定其水平投影和侧面投影。

作图步骤为：

1）Ⅰ点位于圆锥面最左侧转向轮廓线上，所以它的水平投影 1 应为自 1′向下引连线与点画线的交点（可见），侧面投影 1″应为自 1′向右引连线与点画线的交点（与轴线重影，可见）。

Ⅲ点是底圆前半个圆周上的点，水平投影 3 应为自 3′向下引连线与前半个圆周的交点（可见），利用“二补三”作图确定其侧面投影 3″（可见）。

2）用素线法作点Ⅱ投影的作图方法：

连 s'和 2′延长交底圆于 m'，然后自 m'向下引连线交底圆前半个圆周于 m，连 sm，最后由 2′向下引连线与 sm 相交，交点即为Ⅲ点的水平投影 2（可见）。Ⅱ点的侧面投影 2″可用“二补三”作图求得（可见）。

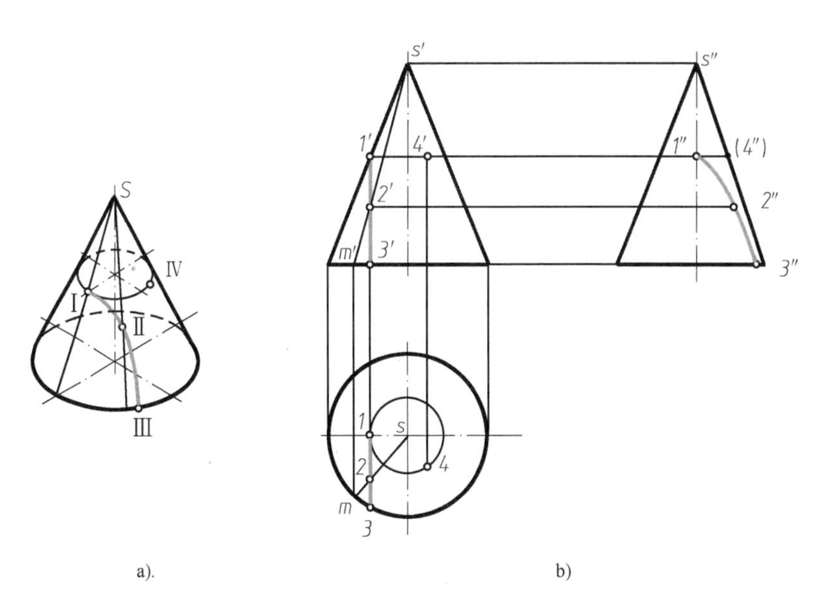

图 4-8　圆锥表面上的点和线的投影

a）直观图　b）投影图

3）用纬圆法作点Ⅳ投影的作图方法：

过 4′点作直线垂直于轴线，与轮廓素线的两个交点之间的线段就是过Ⅳ点纬圆的正面投影，在水平投影上，以底圆中心为圆心，以纬圆正面投影的线段长度为直径画圆，这个圆就是过Ⅳ点纬圆的水平投影。然后自 4′点向下引连线与纬圆的前半个圆周的交点，即为Ⅳ点的水平投影 4（可见）。最后利用“二补三”作图求出其侧面投影 4″（不可见）。

4）将点 1、2、3 连成实线就是曲线ⅠⅡⅢ的水平投影（锥面上的点和线水平投影都可见），曲线ⅠⅡⅢ全部位于左半个圆锥面上，所以侧面投影可见，将点 1″、2″、3″用曲线光滑连接，即为曲线ⅠⅡⅢ的侧面投影。

4.2.3 圆球

圆球是由球面围成的。球面是圆（母线）绕其一条直径（轴线）回转一周形成的曲面。

1. 投影

如图 4-9 所示，在三面投影体系中有一个圆球，其三个投影为三个直径相等的圆（圆的直径等于圆球的直径）。这三个圆实际上是位于球面上不同方向的三个轮廓圆的投影：正面投影轮廓圆是球面上平行于 *V* 面的最大正平圆（前、后半球的分界圆）的正面投影，其水平投影与横向中心线重合，侧面投影与竖向中心线重合；水平投影轮廓圆是球面上平行于 *H* 面的最大水平圆（上、下半球的分界圆）的水平投影，其正面投影和侧面投影均与横向中心线重合；侧面投影轮廓圆是球面上平行于 *W* 面的最大侧平圆（左、右半球的分界圆）的侧面投影，其水平投影和正面投影均与竖向的中心线重合。在三个投影图中，对称中心线的交点是球心的投影。

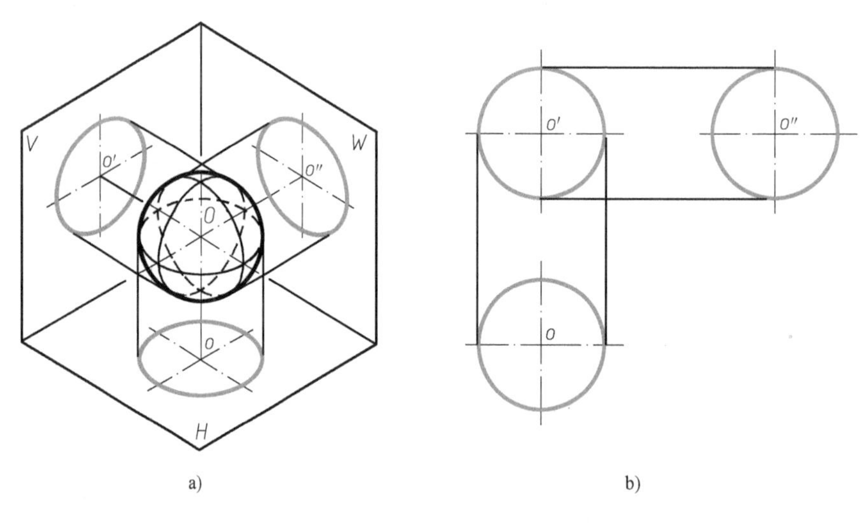

圆球的投影

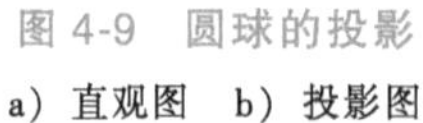
图 4-9 圆球的投影

a）直观图 b）投影图

2. 圆球表面上的点和线

圆球表面上的点分特殊点和一般点，特殊点是在轮廓圆上的点，这类点定点可以通过轮廓圆的对应投影和投影连线确定三面投影；一般点定点可以利用圆球面上平行于投影面的辅助圆进行作图，这种作图方法也称为纬圆法。

如图 4-10 所示，已知圆球的三面投影，以及圆球面上Ⅰ、Ⅱ、Ⅲ、Ⅳ点的正面投影 1′、

2′、3′、4′，求作它们的其他投影。

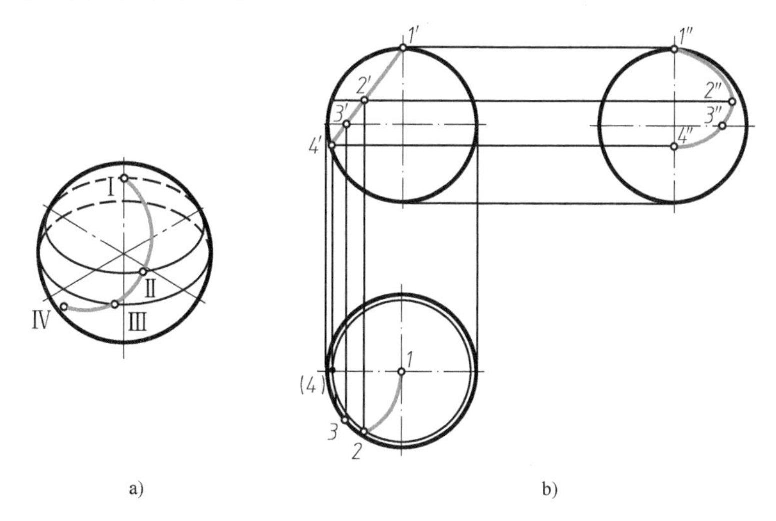

图 4-10　圆球表面上的点和线的投影

a）直观图　b）投影图

从投影图上可知Ⅰ、Ⅳ两点在正面投影轮廓圆上，Ⅲ点在水平投影轮廓圆上，这三点是球面上的特殊点，可以通过引连线直接作出它们的水平投影和侧面投影。Ⅱ点是球面上的一般点，需要用纬圆法求其水平投影和侧面投影。

作图步骤如图 4-10b 所示：

1）Ⅰ点是正面投影轮廓圆上的点，且是球面上最高点，它的水平投影 1（可见）应落在中心线的交点上（与球心重影），侧面投影 1″应落在竖向中心线与侧面投影轮廓圆的交点上（可见）。Ⅲ点是水平投影轮廓圆上的点，它的水平投影 3（可见）应为自点 3′向下引连线与水平投影轮廓圆前半周的交点，侧面投影 3″（可见）应落在横向中心线上，根据水平投影 3 到横向中心线的距离等于侧面投影 3″到竖向中心线的距离，可由水平投影引连线截取求得。Ⅳ点是正面投影轮廓线上的点，它的水平投影（不可见）应为自 4′点向下引连线与横向中心线的交点，侧面投影 4″（可见）应为自 4′向右引连线与竖向中心线的交点。

2）用纬圆法求Ⅱ点的水平投影和侧面投影的作图过程是：在正面投影上过 2′作平行横向中心线的直线，并与轮廓圆交于两个点，则两点间线段就是过点Ⅱ纬圆的正面投影，在水平投影上，以轮廓圆的圆心为圆心，以纬圆正面投影线段长度为直径画圆，即为过点Ⅱ纬圆的水平投影，然后自 2′点向下引连线与纬圆前半个圆周的交点就是Ⅱ点的水平投影 2（可见），最后利用“二补三”作图确定侧面投影 2″（可见）。

3）曲线ⅠⅡⅢⅣ的水平投影 1234 是连接 1、2、3、4 各点的一段光滑曲线，由于ⅠⅡⅢ一段位于上半个球面上，ⅢⅣ一段位于下半个球面上，所以水平投影 123 一段可见，连实线，34 段不可见，连虚线。点Ⅰ、Ⅱ、Ⅲ、Ⅳ均处于左半个球面上，所以曲线ⅠⅡⅢⅣ的侧面投影 1″2″3″4″可见，并为连接 1″、2″、3″、4″各点的一段光滑的曲线（实线）。

■ 4.3　平面与平面立体相交

平面与立体相交，可以认为立体被平面所截切，所用的平面称截平面，所得的交线称截交线。截交线具有共有性及封闭性两个特点，共有性指截交线是由截平面与立体表面的共有点组成的，封闭性指截交线在空间中是封闭的图形。

当单一截切平面与平面立体相交时，所得截交线是一个平面多边形，多边形的顶点是平面立体的棱线（或边）与截平面的交点。

当多个截切平面与平面立体相交时，所得截交线由多个平面多边形组成，多边形间交线是两个截切平面的交线，一般情况下，交线的端点在平面立体的表面上，特殊情况下也可能在棱线上。

因此，求平面立体的截交线，通常有线面交点及面面交线两种方法。

4.3.1 平面与棱柱相交

图 4-11a 表示三棱柱被正垂面 P 截断，图 4-11b 表示截断后三棱柱投影的画法，图中符号 P_V 表示特殊面 P 的迹线，这条直线可以确定该特殊面的空间位置。首先，绘出三棱柱被截切面正面投影和水平投影，然后补画被截切后的侧面投影。

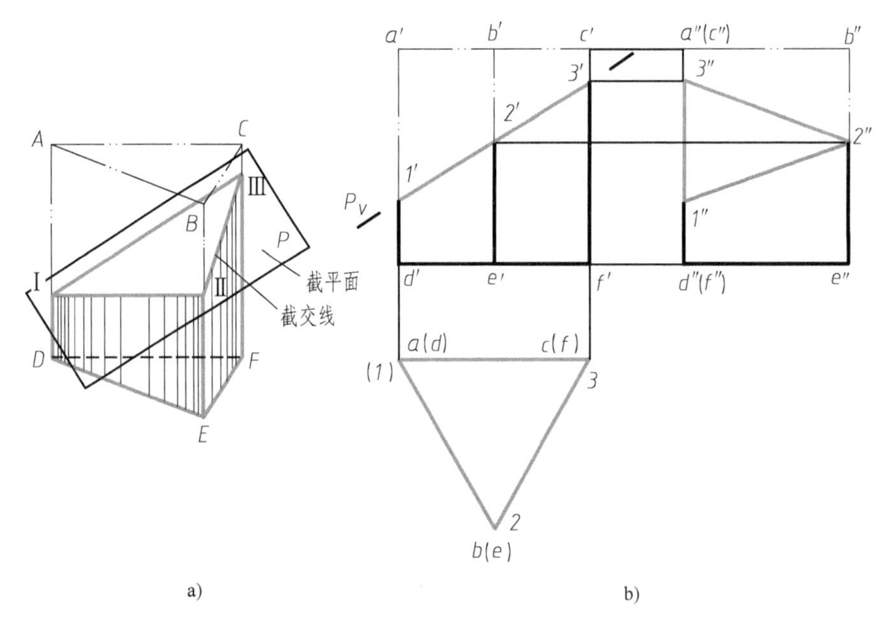

图 4-11　正垂面与三棱柱相交

a）直观图　b）投影图

由于截平面 P 是正垂面，因此位于正垂面上的截交线正面投影必然位于截平面的积聚投影 P_V 上，而且三条棱线与 P_V 的交点 1′、2′、3′就是截交线的三个顶点的正面投影。

又由于三棱柱的棱面分别是铅垂面和正平面，其水平投影有积聚性，因此，位于三棱柱棱面上的截交线水平投影必然落在棱面的积聚投影上。

至于截交线的侧面投影，只需通过 1′、2′、3′点向右作投影连线即可在对应的棱线上找到 1″、2″、3″，将此三点依次连成三角形，同时判断可见性，可见的线用实线连接，不可见的线用虚线连接，就得到截交线的侧面投影。最后，擦掉切掉部分图线（或用双点画线代替），完成截断后三棱柱的三面投影图。

【例 4-1】 完成五棱柱切割体的水平投影和侧面投影，如图 4-12 所示。

分析：从正面投影可以看出，五棱柱上的切口，是被一个水平面 *P* 和一个正垂面 *Q* 切割而成的。切口的水平面是一个长方形，切口的正垂面是一个五边形。

作图：

(1) 根据共有性，在五棱柱正面投影的切口处，标定出切口的各交点 1′（2′）、4′（3′）、5′（7′）、6′；

(2) 根据棱柱表面定点方法，找出各交点的侧面投影 1″（4″）、2″（3″）、5″、6″、7″（切口水平面长方形 1″2″3″4″积聚，切口正垂面 3″4″5″6″7″反映五边形）；

(3) 利用交点的正面投影和侧面投影，作出各交点的水平投影 1、2、3、4、5、6、7（切口水平面 1234 反映实形，切口正垂面 34567 为五边形）；

(4) 连接各点的同面投影并判断可见性；特别注意两个平面的交线Ⅲ Ⅳ在投影面上的投影。

(5) 整理轮廓线，擦掉切除部分的图线（或用双点画线画出）用虚线画出被挡住棱线的水平投影。

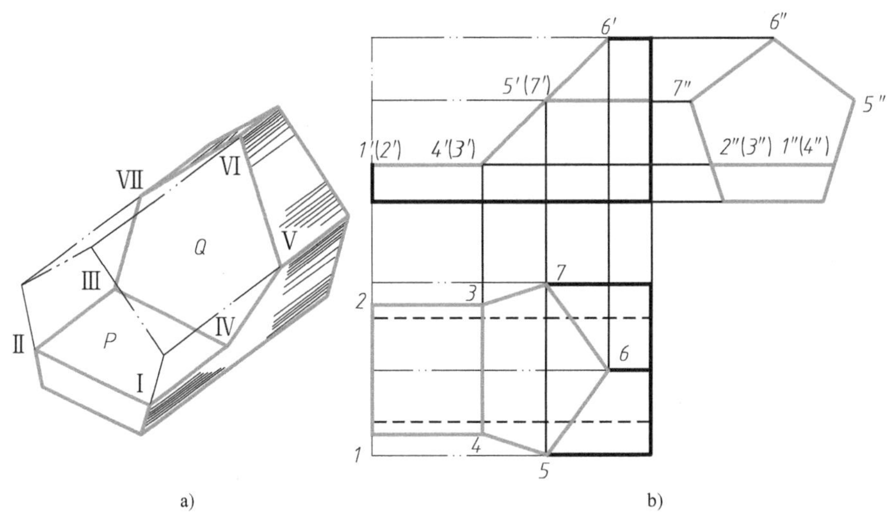

a)　　b)

图 4-12　五棱柱切割体

a）直观图　b）投影图

五棱柱切割体

【例 4-2】 完成四棱柱切割体的水平投影和侧面投影，如图 4-13 所示。

分析：从正面投影可以看出，四棱柱上的切口，是被一个水平面 *P*、一个侧平面 *R* 和正垂面 *Q* 切割而成的。切口的水平面 *P* 是一个五边形，切口的侧平面 *R* 是一个矩形，切口的正垂面 *Q* 是一个五边形。

作图：

(1) 根据共有性，在四棱柱正面投影的切口处，标定出切口的各交点 2′、3′（1′）、4′（5′）、7′（6′）、8′（10′）、9′；

(2) 根据棱柱表面定点方法，找出各交点的水平投影 1（10）、3（8）、4（7）、5（6）、2（9）（切口水平面 *P* 反映实形，侧平面 *R* 积聚，正垂面 *Q* 为五边形）；

(3) 利用交点的正面投影和水平投影，作出各交点的侧面投影 1″、2″、3″、4″、5″、6″、7″、8″、9″、10″；

(4) 连接各点的同面投影并判断可见性；

(5) 擦去切掉部分的图线（或用双点画线画出），剩余轮廓线检查描深，注意被挡住的棱线用虚线绘制。

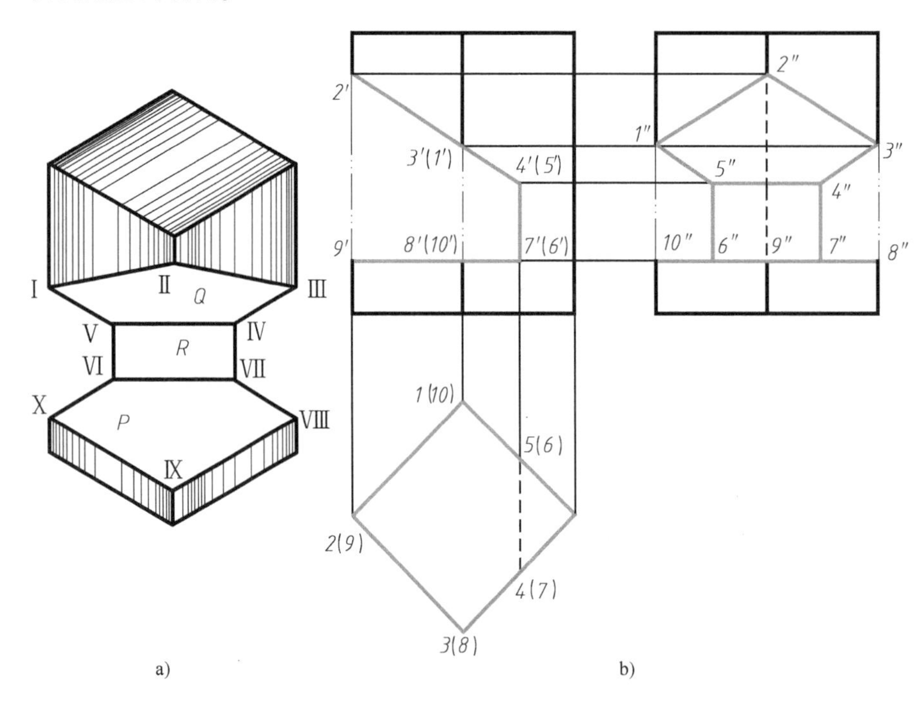

图 4-13 四棱柱切割体

a）直观图 b）投影图

四棱柱切割体

4.3.2 平面与棱锥相交

图 4-14a 所示为三棱锥被正垂面 P 截断的直观图，图 4-14b 所示为截断后三棱锥投影的画法。截平面 P 是正垂面，所以截交线的正面投影位于截平面的积聚投影 P_V 上，各棱线与截平面交点的正面投影 1′、2′、3′可直接得到。截交线的水平投影和侧面投影，可通过以下作图求出：

1）通过棱锥表面定点方法，自 1′、2′、3′向右引连线，在 $s''a''$、$s''b''$、$s''c''$上找到交点的侧面投影 1″、2″、3″。

2）自 1′、3′向下引连线，在 sa、sc 上找到交点Ⅰ、Ⅲ 的水平投影 1、3；由 2′和 2″进行“二补三”作图找到Ⅱ点的水平投影 2（应在 sb 上）。

3）连接同面投影并判断可见性，得截交线的水平投影△123 和侧面投影△1″2″3″。

4）整理轮廓线，擦掉切掉部分的图线，将剩余轮廓线检查描深。

【例 4-3】 完成四棱锥切割体的水平投影和侧面投影，如图 4-15 所示。

分析：从正面投影中可以看出，四棱锥的切口是由一个水平面 P 和一个正垂面 Q 切割而成的。水平面 P 切割四棱锥的截交线是三角形，正垂面 Q 切割四棱锥的截交线是五边形（图 4-15a）。

作图：

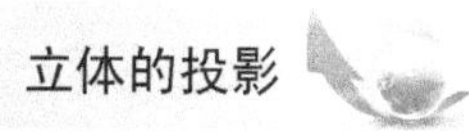

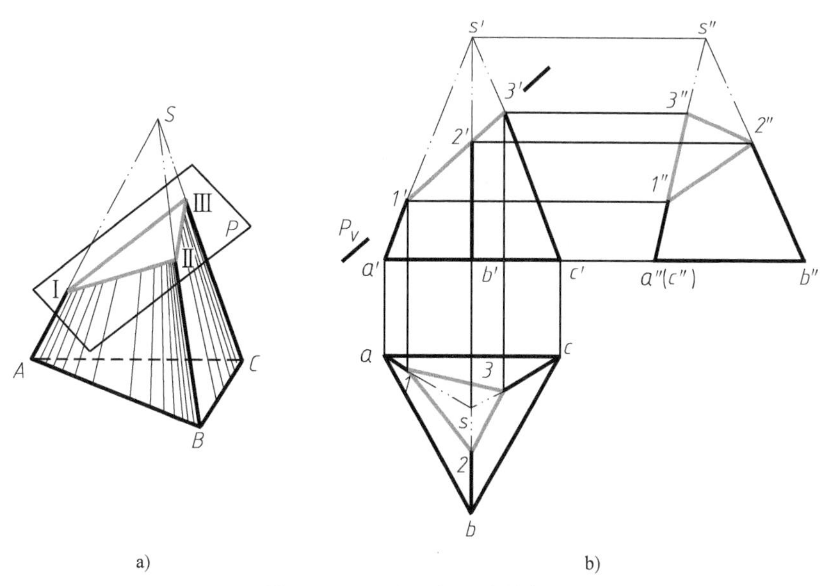

图 4-14　正垂面与三棱锥相交

a）直观图　b）投影图

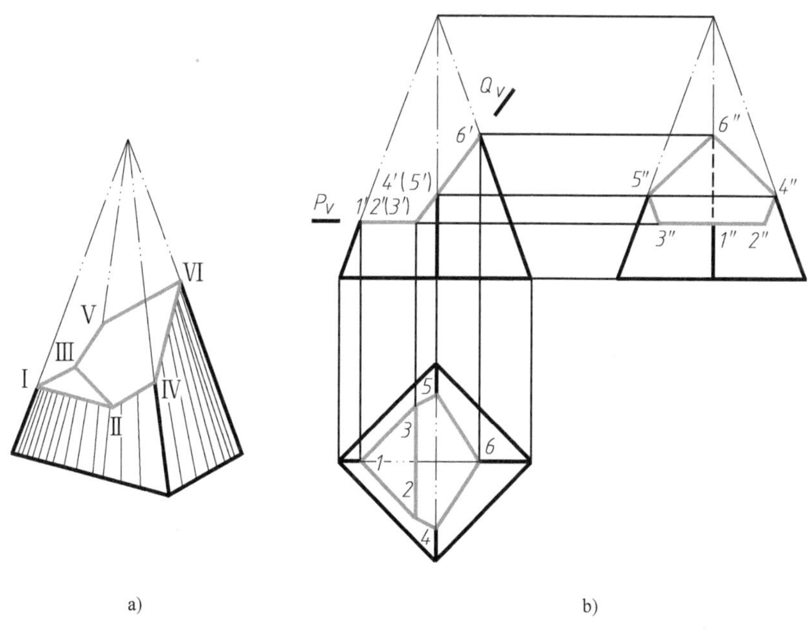

图 4-15　四棱锥切割体

a）直观图　b）投影图

（1）根据共有性，在正面投影上，标出各交点的正面投影 1′、2′（3′）、4′（5′）、6′；

（2）自 1′、6′分别向下、向右引连线，在对应的棱线上，找到它们的水平投影 1、6 和侧面投影 1″、6″；

（3）自 4′、5′向右引连线，在对应棱线投影上，找到它们的侧面投影 4″、5″，并利用“二补三”作图找到它们的水平投影 4、5；

（4）因为ⅠⅡ和ⅠⅢ 线段分别与它们同面的底边平行，因此利用投影的平行性可以作出Ⅱ，Ⅲ 两点的水平投影2、3，然后利用“二补三”作图找到它们的侧面投影2″、3″；

（5）连接各点的同面投影并判断可见性；

（6）整理轮廓线，将剩余部分轮廓线检查描深。

【例4-4】 完成三棱锥切割体的水平投影和侧面投影，如图4-16所示。

分析：从正面投影中可以看出，三棱锥的切口是由一个水平面 *P* 和一个正垂面 *Q* 切割而成的。水平面 *P* 和正垂面 *Q* 切割三棱锥的截交线都是四边形（见直观图）。

作图：

（1）在正面投影上，标出各交点的正面投影1′、2′、3′（4′）、5′、6′；

（2）自1′、5′分别向下、向右引连线，在对应的棱线投影上，找到它们的水平投影1、5和侧面投影1″、5″；

（3）自2′、6′向右引连线，在对应棱线投影上，找到它们的侧面投影2″、6″；

（4）因为ⅤⅣ、ⅤⅥ、ⅥⅢ线段分别与它们同面的底边平行，利用投影的平行性可以作出6、3、4，同时，ⅡⅢ、ⅠⅣ线段平行于同面的右棱线，即可找出2和3″；然后利用“二补三”和面的积聚性找到余下的投影；

（5）连接各点的同面投影并判断可见性；

（6）整理轮廓线，将剩余部分检查描深。

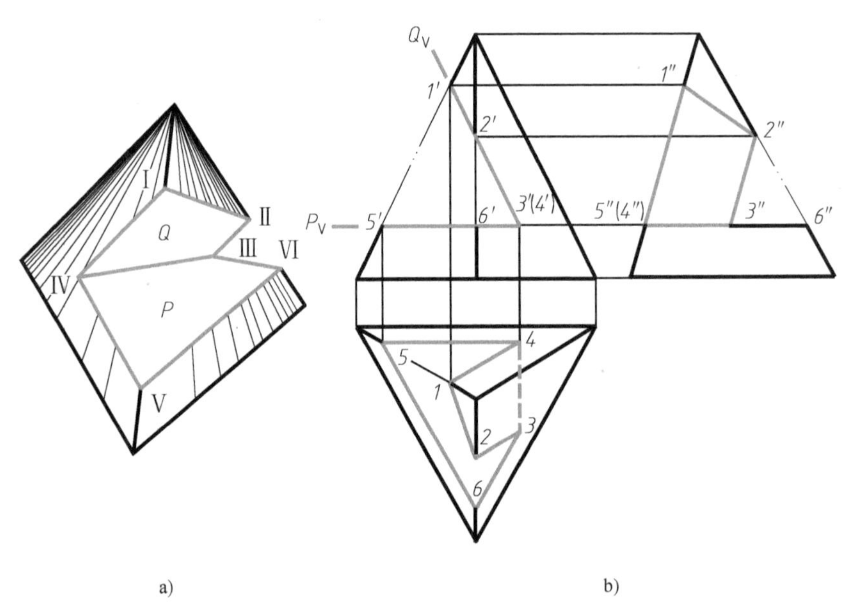

图4-16 三棱锥切割体

a）直观图 b）投影图

4.4 平面与曲面立体相交

单个平面与曲面立体相交所得截交线的形状可以是曲线围成的平面图形，或者曲线和直线围成的平面图形，也可以是平面多边形。多个平面与曲面立体相交所得截交线的形状是上述图形的组合，截交线的形状由截平面与曲面立体的相对位置来决定。

4.4.1　平面与圆柱相交

平面与圆柱面相交所得截交线的形状有三种，见表 4-1。

1）当截平面通过圆柱的轴线或平行于轴线时，截交线为矩形。

2）当截平面垂直于圆柱的轴线时，截交线为圆。

3）当截平面倾斜于圆柱的轴线时，截交线为椭圆。

表 4-1　平面与圆柱相交的截交线

截平面位置	平行于轴线	垂直于轴线	倾斜于轴线
直观图	P	P	P
投影图	P_V	P_V	P_V
截交线形状	矩形	圆	椭圆

【例 4-5】　求正垂面 P 与圆柱相交的截交线，如图 4-17a 所示。

分析：从投影图上可知，截平面 P 与圆柱轴线倾斜，截交线应是一个椭圆。椭圆长轴ⅠⅡ是正平线，短轴Ⅲ Ⅳ是正垂线。因为截平面的正面投影和圆柱的水平投影有积聚性，所以椭圆的正面投影是积聚在 P_V 上的线段，椭圆的水平投影是积聚在圆柱面上的轮廓圆，椭圆的侧面投影仍是椭圆（不反映实形）。

绘制这个截交线的侧面投影需要确定组成椭圆的特殊点，即极限位置点（最前、最后、最左、最右、最高、最低）、轮廓线上的点、长轴短轴点，在这个例子中这三种特殊位置点都在轮廓线上。Ⅰ、Ⅱ为左右轮廓线上的点，同时也是最左最右最低最高及长轴上的点；Ⅲ、Ⅳ为前后轮廓线上的点，同时也是最前最后及短轴上的点。这四个点可以确定椭圆的形状，为了保证椭圆绘制的精度，通常再取四个一般点。

作图：

（1）在正面投影上，选取椭圆长轴和短轴端点 1′、2′和 3′（4′），然后，再选取一般点 5′（6′）、7′（8′）；

(2) 由这八个点的正面投影向下引连线，在圆周上找到它们的水平投影 1、2、3、4、5、6、7、8；

(3) 利用“二补三”作图找到它们的侧面投影 1″、2″、3″、4″、5″、6″、7″、8″；

(4) 依次光滑连接 1″、5″、3″、7″、2″、8″、4″、6″、1″，即得椭圆的侧面投影；

(5) 通过Ⅲ、Ⅳ点所在轮廓线正面投影可以判断左侧投影轮廓线剩余部分，补全形体左侧投影。

当截切平面与轴线的夹角 $\gamma>45°$ 时，椭圆侧面投影的上下方向为短轴，前后方向为长轴；当截切平面与轴线的夹角 $\gamma<45°$ 时，椭圆侧面投影的上下方向为长轴，前后方向为短轴；当截切平面与轴线的夹角 $\gamma=45°$ 时，椭圆在空间中仍是椭圆形状，侧面投影的长短轴正好相等，等于圆柱的直径，因此这种情况确定圆心半径就可以直接绘制侧面投影。

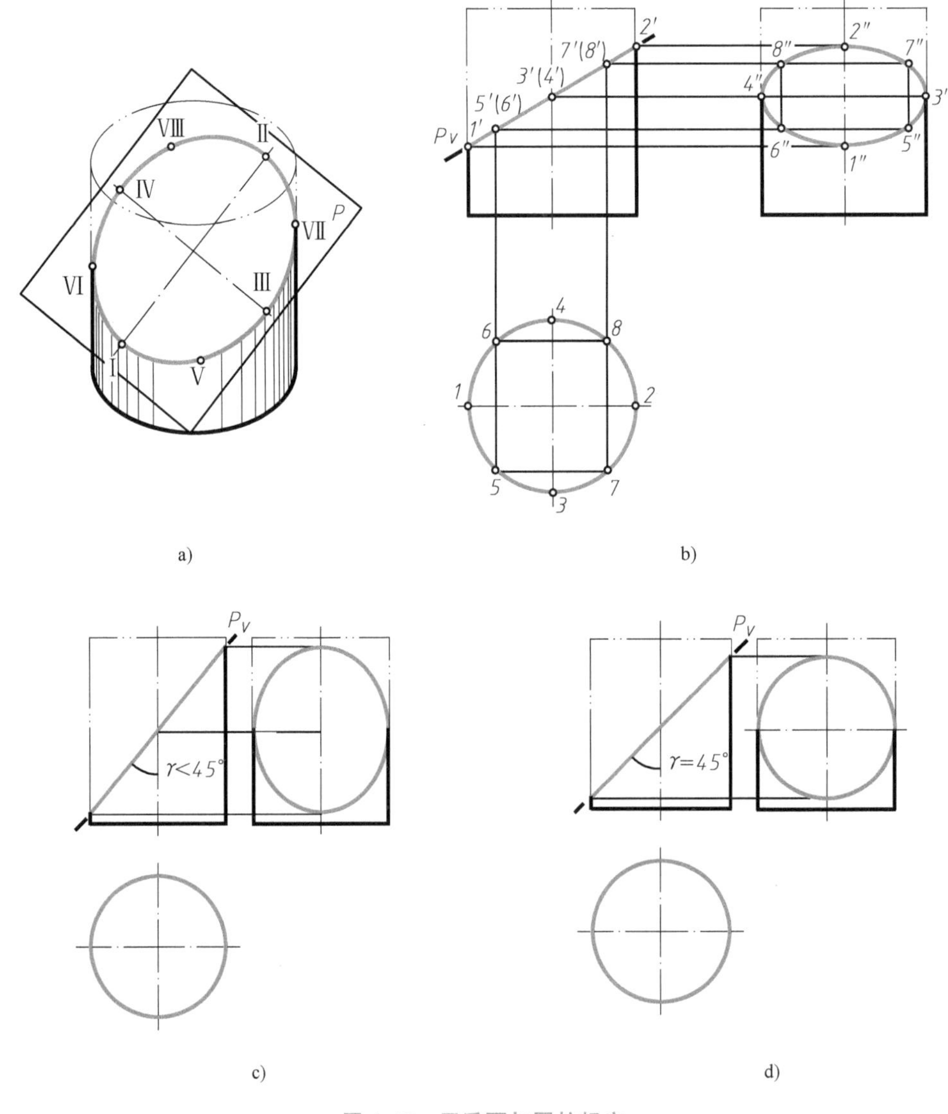

图 4-17　正垂面与圆柱相交

a）直观图　b）投影图 $\gamma>45°$　c）投影图 $\gamma<45°$　d）投影图 $\gamma=45°$

【例 4-6】 求圆柱切割体的水平投影和侧面投影，如图 4-18 所示。

分析：从正面投影可知，圆柱是被一个正垂面 P 和一个侧平面 Q 切割，切口线是一段椭圆弧和一个矩形，它们的正面投影分别积聚在 P_V 上和 Q_V 上，水平投影分别积聚在圆周 53146 一段圆弧上和线段 56 上。

图中所给 P 平面与圆柱轴线恰好倾斜 45°角，椭圆的侧面投影正好是个圆（椭圆长轴和短轴的侧面投影 1″2″和 3″4″相等，都等于圆柱的直径），找到圆心、确定半径后可用圆规直接画图。同时标注出特殊位置点。

矩形部分由线段组成，标出线段端点 5′、6′、7′、8′，利用积聚性及坐标关系确定左侧投影。

连接判断可见性并整理轮廓线。

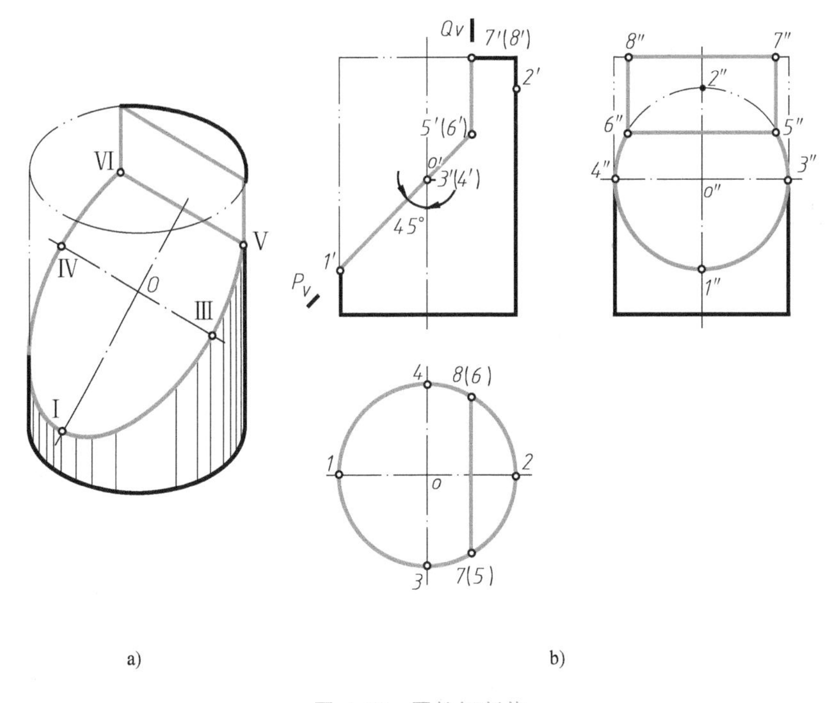

圆柱切割体

图 4-18　圆柱切割体
a）直观图　b）投影图

4.4.2　平面与圆锥相交

平面与圆锥相交所得截交线的形状有五种，见表 4-2。

1）当截平面通过锥顶时，截交线为一个三角形。

2）当截平面垂直于轴线时，截交线为一圆。

3）当截平面与轴线夹角 α 大于母线与轴线夹角 θ 时，截交线为一椭圆。

4）当截平面平行于一条素线即 $\alpha=\theta$ 时，截交线由抛物线和一条直线组成。

5）当截平面与轴线夹角 α 小于母线与轴线夹角 θ 时（截平面平行于轴线为特殊情况），截交线由双曲线和直线组成。

表 4-2 平面与圆锥相交的截交线

截平面位置	通过锥顶	垂直于轴线	与轴线夹角 α 大于母线与轴线夹角 θ	平行于一条素线（即 $\alpha=\theta$）	与轴线夹角 α 小于母线与轴线夹角 θ
直观图	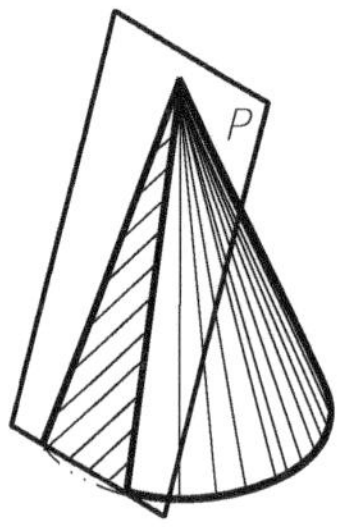	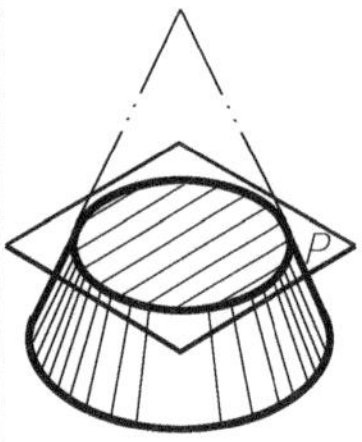	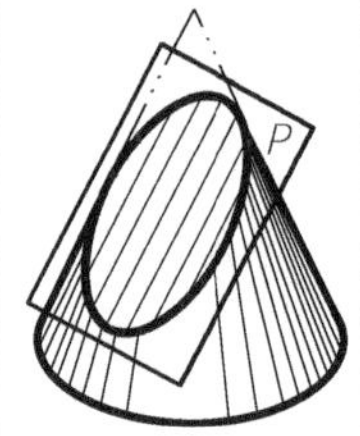	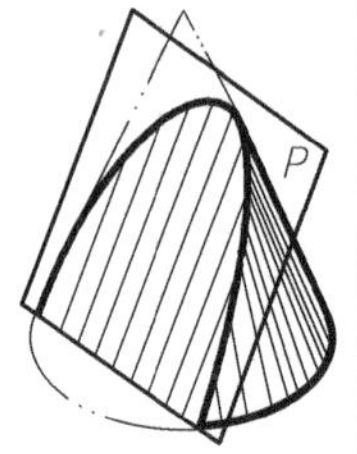	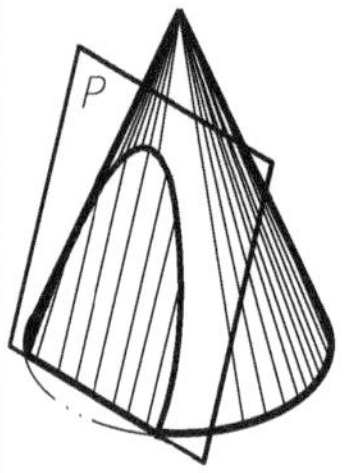
投影图	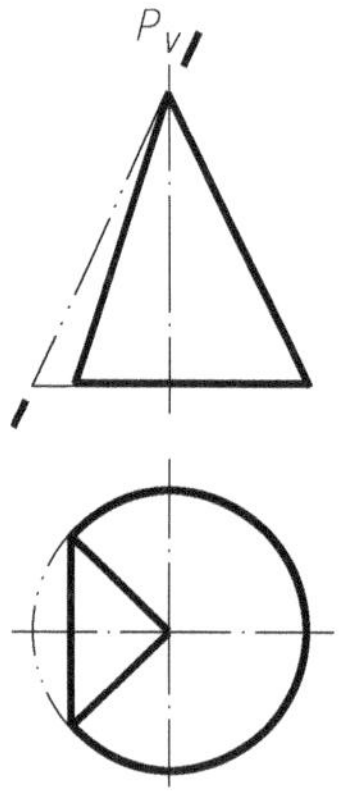	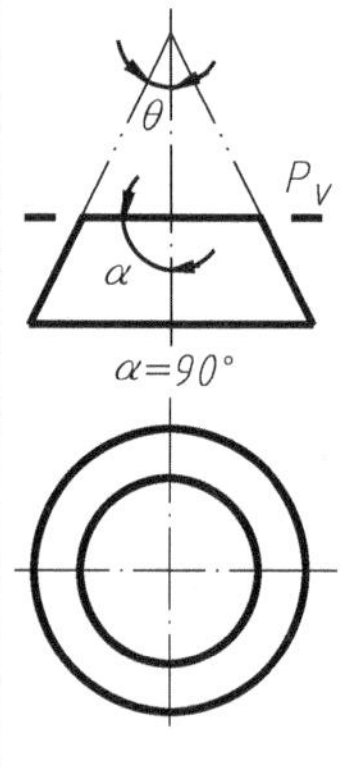 $\alpha=90°$	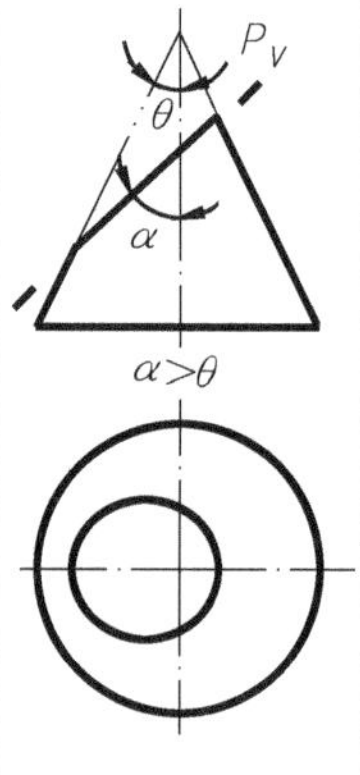 $\alpha>\theta$	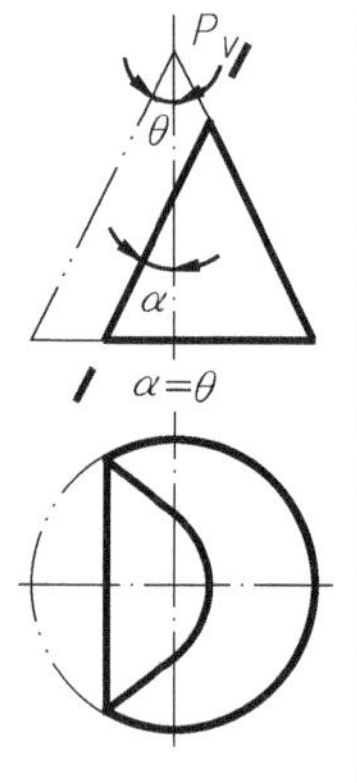 $\alpha=\theta$	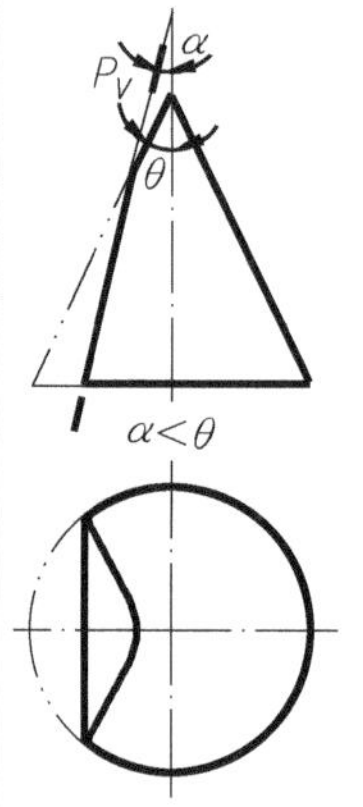 $\alpha<\theta$
截交线形状	三角形	圆	椭圆	抛物线+直线	双曲线+直线

【例 4-7】 求正垂面 P 与圆锥相交的截交线，如图 4-19 所示。

分析：从正面投影可知，截平面 P 与圆锥轴线夹角大于母线与轴线夹角，所以截交线是一个椭圆。

椭圆的正面投影积聚在截平面的积聚投影 P_V 上成为线段，水平投影和侧面投影仍然是椭圆（都不反映实形）。

为了求出椭圆的水平投影和侧面投影，应先在椭圆的正面投影上标定出所有的特殊点（长短轴端点、极限位置点和侧面投影轮廓线上的点）和几个一般点，然后把这些点看作圆锥表面上的点，用圆锥表面定点的方法（素线法或纬圆法），求出它们的水平投影和侧面投影，再将它们的同面投影依次连接成椭圆。

作图：

（1）在正面投影上，找到椭圆的长轴两端点的投影 1′、2′，短轴两端点的投影 3′（4′）（位于线段 1′2′的中点），侧面投影轮廓线上的点 7′（8′）和一般点 5′（6′）；

（2）自 1′、2′、7′、8′向下和向右引连线，直接找到它们的水平投影 1、2、7、8 和侧面投影 1″、2″、7″、8″；

（3）用纬圆法求出 Ⅲ、Ⅳ、Ⅴ、Ⅵ 点的水平投影 3、4、5、6 和侧面投影 3″、4″、5″、6″；

（4）将八个点的同面投影光滑地连成椭圆并判断可见性；

（5）整理轮廓线。

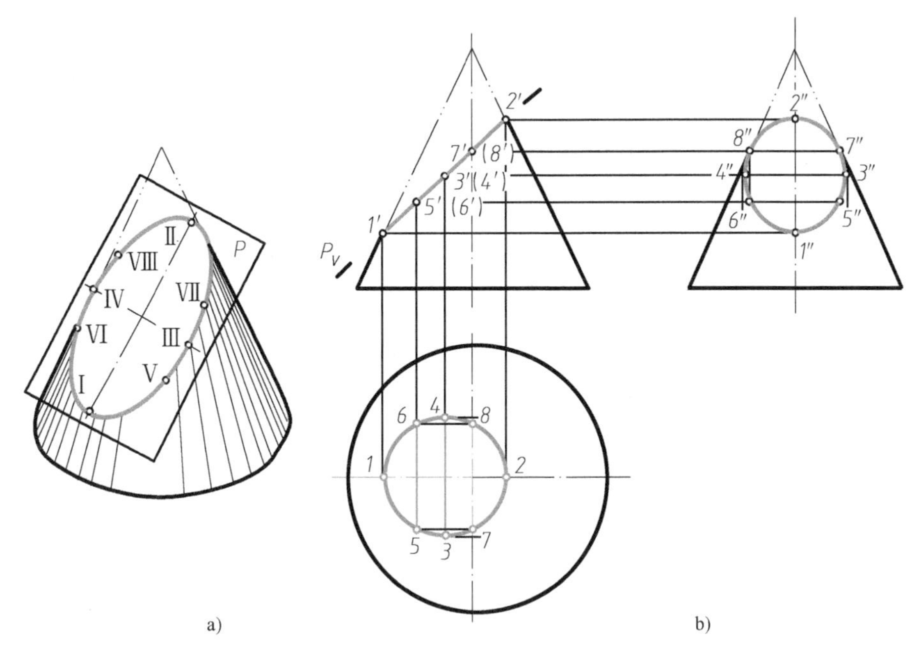

图 4-19　正垂面与圆锥相交

a）直观图　b）投影图

正垂面与圆锥相交

【例 4-8】　完成圆锥切割体的水平投影和侧面投影，如图 4-20 所示。

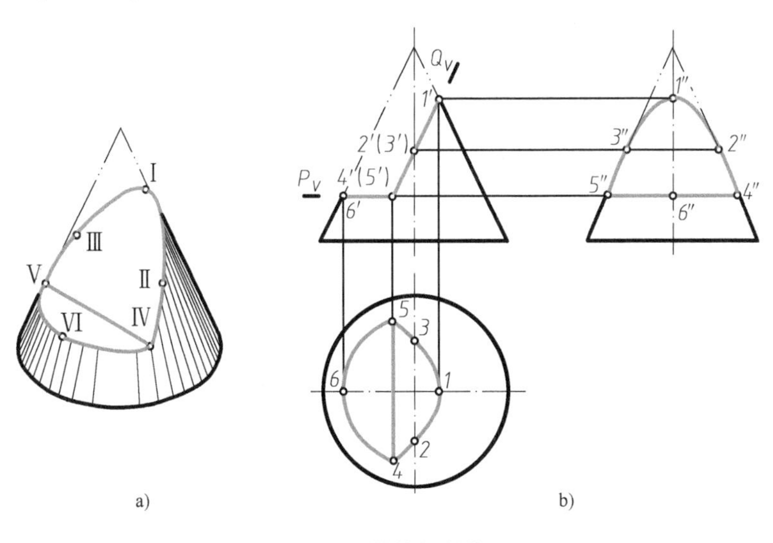

图 4-20　圆锥切割体一

a）直观图　b）投影图

圆锥切割体一

分析：从正面投影可知，所给形体是圆锥被一个水平面 P 和一个正垂面 Q 切割而成。P 平面与圆锥面的截交线是一段圆弧（$P \perp$ 轴线），Q 平面与圆锥面的截交线是抛物线，P 平面与 Q 平面交线是一段正垂线。截交线的正面投影积聚在 P_V 和 Q_V 上。

作图：

(1) 在正面投影上标出圆弧上特殊点 6′、4′（5′）和抛物线上特殊点 4′（5′）、2′（3′）、1′；

(2) 自 1′、2′、(3′) 向右引投影连线，求出Ⅰ、Ⅱ、Ⅲ点的侧面投影 1″、2″、3″，再用“二补三”作图求出水平投影 1、2、3；

(3) 用纬圆法求出Ⅳ、Ⅴ、Ⅵ点的水平投影 4、5、6 和侧面投影 4″、5″、6″；

(4) 用光滑的曲线将 4、5、6 点连成圆弧，4、2、1、3、5 点连成抛物线，4、5 两点连成直线，同时判断可见性，得圆锥切割体的水平投影；

(5) 将 4″和 5″两点连接成直线，5″、3″、1″、2″、4″点连成抛物线并判断可见性；

(6) 通过正面投影判断侧面投影轮廓线位置，将轮廓线 3″点和 2″点以上的侧面投影轮廓线擦掉（或画成双点画线），就得到圆锥切割体的侧面投影。

【例 4-9】 完成圆锥切割体的水平投影和侧面投影，如图 4-21 所示。

分析：从正面投影可知，所给形体是圆锥被一个水平面 P、一个正垂面 Q 和一个侧平面 R 切割而成。P 平面与圆锥面的截交线是一段圆弧（$P\perp$ 轴线），Q 平面与圆锥的截交线是三角形（P 过锥顶），R 平面与圆锥面的截交线是双曲线；P 平面与 Q 平面的截交线是一段正垂线。截交线的正面投影积聚在 P_V、Q_V 和 R_V 上。

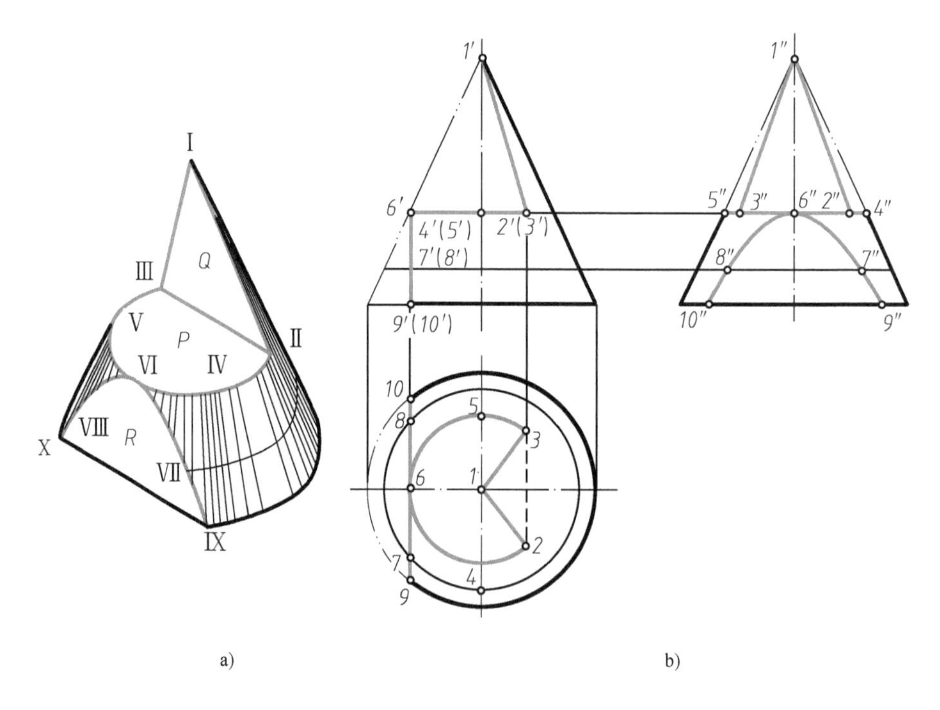

图 4-21 圆锥切割体二

a) 直观图 b) 投影图

作图：

(1) 在正面投影上标出直线段端点 1′、2′（3′），圆弧上的点 2′（3′）、4′（5′）、6′和双曲线上的点 6′、7′（8′）、9′（10′）；

(2) 根据表面定点方法，再用“二补三”作图确定这十个点的另两面投影；1′、4′

(5′)、6′为特殊位置点，其他点用辅助线求得；

(3) 将1、2、3点连成三角形，2、3线段连成虚线；2、4、6、5、3点连成圆弧，再将双曲线水平积聚投影9、7、6、8、10绘制成直线，同时整理轮廓线，即得圆锥切割体的水平投影；

(4) 将1″、2″、3″连成三角形；水平圆侧面投影4″、2″、6″、3″、5″积聚连成直线；9″、7″、6″、8″、10″连成双曲线，再将水平圆的侧面投影之上的圆锥前后轮廓线擦去（或画成双点画线），就得到圆锥切割体的侧面投影。

4.4.3　平面与圆球相交

平面与球面相交所得截交线是圆。

当截平面为投影面平行面时，截交线在截平面所平行的投影面上的投影为圆（反映实形），其他两投影为线段（长度等于截圆直径）。

当截平面为投影面垂直面时，截交线在截平面所垂直的投影面上的投影是一段直线（长度等于截圆直径），其他两投影为椭圆。

【例4-10】　完成正垂面 P 与球面相交立体的左侧投影及水平投影，如图4-22所示。

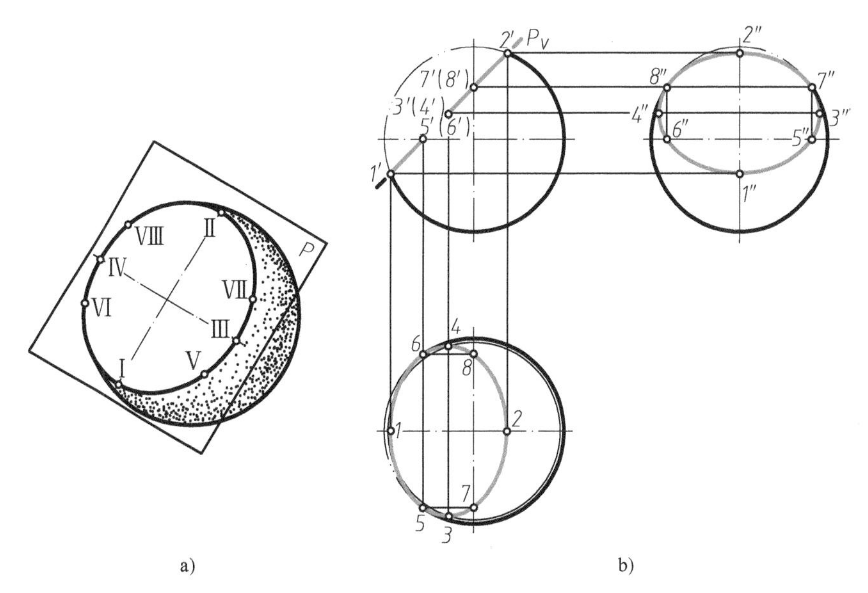

图4-22　正垂面切割球

a) 直观图　b) 投影图

分析：正垂面 P 截球面所得截圆的正面投影是积聚在 P_V 上的一段直线（长度等于截圆直径），截圆的水平投影和侧面投影为椭圆。

为了作出截圆的水平投影和侧面投影，可在截圆的正面投影上标注一些特殊点，然后用纬圆法求得这些点的水平投影和侧面投影，最后将这些点的同面投影连成椭圆。

作图：

(1) 在截圆的正面投影上标出截圆最左、最右点1′、2′（在轮廓圆上）和最前、最后点3′（4′）（在线段1′2′的中点处），上下半球分界圆上点5′（6′）和左右半球分界圆上点

7′（8′）；

（2）求出这些点的水平投影和侧面投影，其中 1、2 和 1″、2″应在前后半球分界圆上；3、4 和 3″、4″用纬圆法求得（前后对称，两点距离应等于截圆直径）；5、6 在水平投影轮廓圆上，5″、6″在横向中心线上；7、8 在竖向中心线上，7″、8″在侧面投影轮廓圆上；

（3）在水平投影上，按 153728461 顺序连成椭圆，并将 516 一段左侧轮廓圆 56 擦掉；

（4）在侧面投影上，按 1″5″3″7″2″8″4″6″1″顺序连成椭圆，并将 7″2″8″一段上面轮廓圆 7″8″擦掉。

【例 4-11】 完成半球切割体的水平投影和侧面投影，如图 4-23 所示。

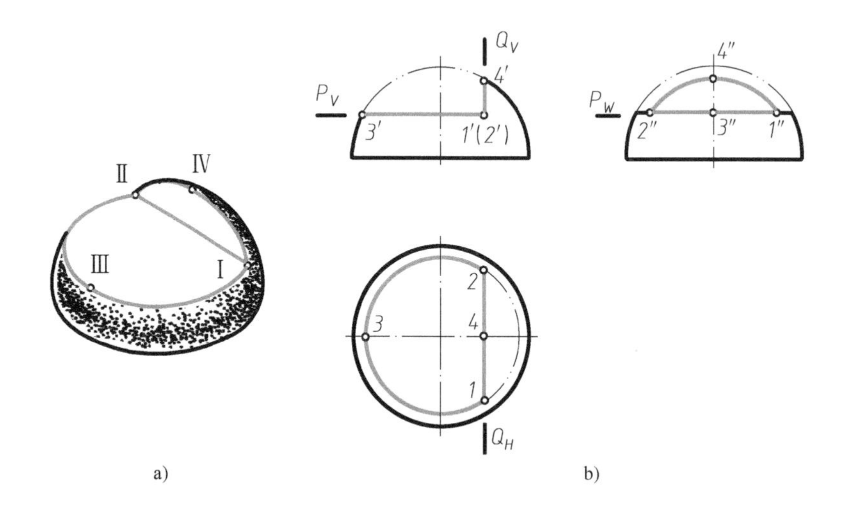

图 4-23 半球切割体

a）直观图 b）投影图

从正面投影上可知，所给半球切割体是由一个水平面 P 和一个侧平面 Q 切割而成，P 面与半球的截圆正面投影为与 P_V 重影的一段直线，水平投影为一段圆弧，侧面投影为与 P_W（符号 P_W 表示特殊面 P 的侧面投影是一条直线，有积聚性）重影的一段直线；Q 面与半球的截圆正面投影为与 Q_V 重影的一段直线，水平投影为与 Q_H 重影的一段直线，侧面投影为一段圆弧；P 面与 Q 面的交线为一段正垂线，其正面投影为 P_V 与 Q_V 的交点，水平投影与 Q_H 重影，侧面投影与 P_W 重影。

作图时只要确定切口线处水平圆弧和侧平圆弧的圆心位置和半径大小就可以用圆规直接画出切口线的水平投影和侧面投影（请读者自己分析作图过程）。

4.5 两平面立体相交

两立体相交，也称两立体相贯，其表面交线称为相贯线。与截交线类似，相贯线也具有共有性、封闭性的特点。

两平面立体相交所得相贯线，一般情况是封闭的空间折线，如图 4-24a 所示。相贯线上每一段直线都是两立体棱面的交线，而每一个折点都是一立体棱线与另一立体棱面的交点，因此，求两平面立体相贯线的方法是：

1）确定两立体参与相交的棱线和棱面。

2）求出参与相交的棱线与棱面的交点。

3）依次连接各交点。连点时应遵循：只有当两个点对于两个立体而言都位于同一个棱面上才能连接，否则不能连接。

4）判别相贯线的可见性。判别的方法是：只有两个可见棱面的交线才可见，连实线；否则不可见，连虚线。

【例 4-12】 求直立三棱柱与水平三棱柱的相贯线，如图 4-24 所示。

分析：从水平投影和侧面投影可以看出，两三棱柱相互部分贯穿，相贯线应是一组空间折线。

因为直立三棱柱的水平投影有积聚性，所以相贯线的水平投影必然积聚在直立三棱柱的水平投影轮廓线上；同样，水平三棱柱的侧面投影有积聚性，因此相贯线的侧面投影必然积聚在水平三棱柱的侧面投影轮廓线上。于是，相贯线的三个投影，只需求出正面投影。

从直观图中可以看出，水平三棱柱的 D 棱、E 棱和直立三棱柱的 B 棱参与相交（其余棱线未参与相交），每条棱线有两个交点，可见相贯线上总共应有六个折点，求出这些折点便可连成相贯线。

作图：

(1) 在水平投影和侧面投影上，确定六个折点的投影 1（2）、3（5）、4（6）和 $1''$、$2''$、$3''$（$4''$）、$5''$（$6''$）；

(2) 由 3（5）、4（6）向上引连线与 d'棱和 e'棱相交于 $3'$、$4'$和 $5'$、$6'$，由 $1''$、$2''$向左引连线与 b'棱相交于 $1'$、$2'$；

(3) 连点并判别可见性（图中 $3'5'$和 $4'6'$两段是不可见的，应连虚线）。

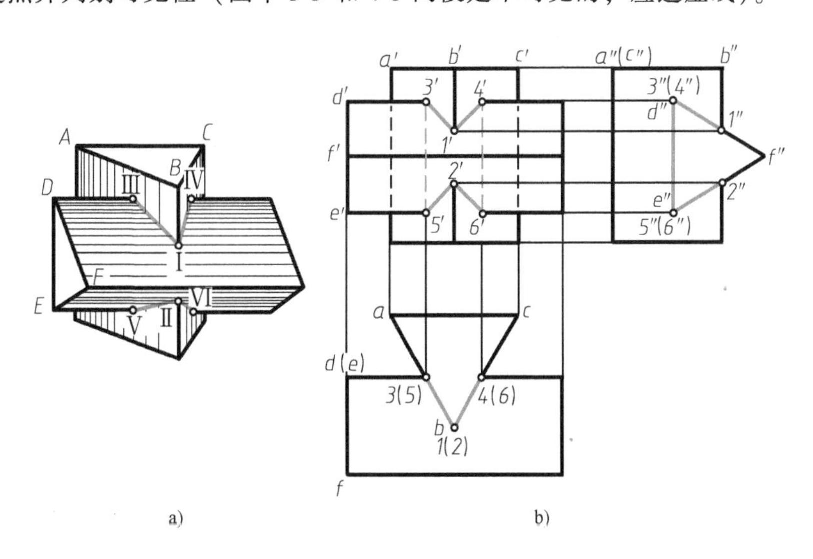

图 4-24　两三棱柱相贯

a）直观图　b）投影图

【例 4-13】 求四棱柱与四棱锥的相贯线，如图 4-25 所示。

分析：从水平投影可以看出，四棱柱从上向下贯入四棱锥中，相贯线是一组封闭的折线。

因为直立的四棱柱水平投影具有积聚性，所以相贯线的水平投影必然积聚在直立四棱柱的水平投影轮廓线上，相贯线的正面投影和侧面投影需要作图求出。

从图中可知，四棱柱的四条棱线和四棱锥的四条棱线参与相交，每条棱线有一个交点，相贯线上总共有八个折点。

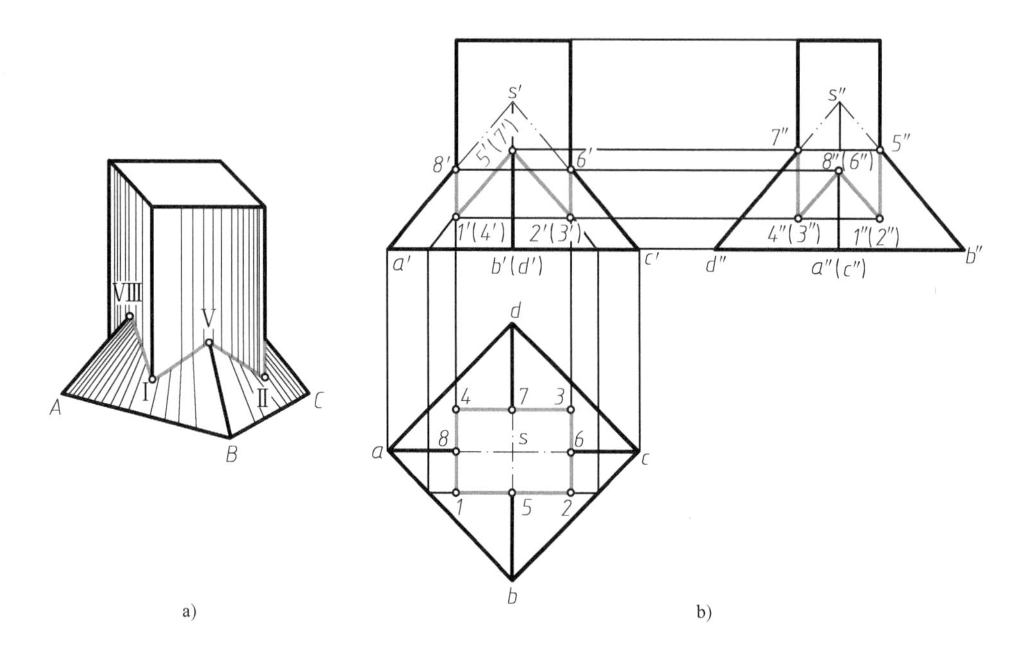

图 4-25　四棱柱与四棱锥相贯

a）直观图　b）投影图

作图：

（1）在相贯线的水平投影上标出各折点的投影 1、2、3、4、5、6、7、8；

（2）过Ⅰ点在 *SAB* 平面上作辅助线与 *SA* 平行，利用平行性求出Ⅰ点的正面投影 1′，进而利用对称性求出Ⅳ、Ⅱ、Ⅲ 点的正面投影（4′）、2′（3′），然后由 1′（4′）、2′（3′）向右引连线求出侧面投影 1″（2″）、（3″）4″；

（3）Ⅴ、Ⅵ、Ⅶ、Ⅷ四个点分别位于四棱锥的四条棱线上和四棱柱四个棱面上，利用四棱柱左右棱面正面投影的积聚性可以确定 8′和 6′，而后引投影连线找到 8″（6″），利用四棱柱前后棱面侧面投影的积聚性可以确定 5″和 7″，而后引投影连线找到 5′（7′）；

（4）连接 1′5′和 5′2′，4″8″和 8″1″（其余的线或是积聚，或是重合）；

（5）将参与相交的棱线画到交点处。

【例 4-14】 求出带有三棱柱孔的三棱锥的水平投影和侧面投影，如图 4-26 所示。

分析：三棱锥被三棱柱穿透后形成一个三棱柱孔，并且在三棱锥的表面上出现了孔口线，其实，孔口线与三棱锥、三棱柱相贯线完全是一样的。由于三棱柱孔正面投影有积聚性，因此孔口线的正面投影积聚在三棱柱孔的正面投影轮廓线上，棱柱和棱锥的水平投影和侧面投影没有积聚性，孔口线的水平投影和侧面投影就需要作图求出。

三棱柱孔的三条棱线和三棱锥的一条棱线参与相交，孔口线上应有八个折点，但从正面

投影上可以看出，三棱柱的上边棱线与三棱锥的前边棱线相交，所以实际折点只有七个。

作图：

（1）在正面投影图上标出七个折点的投影 1′、2′、3′、4′、5′、6′、7′；

（2）利用棱锥表面定点的方法，求出它们的水平投影 1、2、3、4、5、6、7 和侧面投影 1″、2″、3″、4″、5″、6″、7″；

（3）将各折点按下述方法连接：水平投影上 15、57、73、31 连接（形成前部孔口线），26、64、42 连线（形成后部孔口线）；侧面投影上 1″3″、3″7″连线（其余线或积聚或重合）；

（4）整理轮廓线。用虚线画出三棱柱孔的棱线的水平投影和侧面投影，并擦掉棱锥 17 一段水平投影轮廓线以及 1″7″一段侧面投影轮廓线。

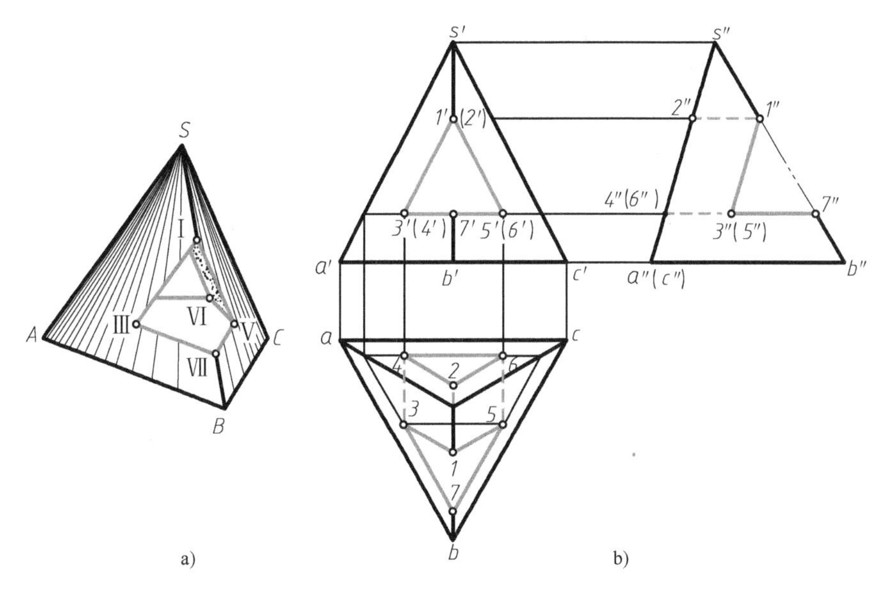

图 4-26　穿孔的三棱锥

a）直观图　b）投影图

4.6　平面立体与曲面立体相交

平面立体与曲面立体相交所得相贯线，一般是由几段平面曲线结合而成的空间曲线。相贯线上每段平面曲线都是平面立体的一个棱面与曲面立体的截交线，相邻两段平面曲线的交点是平面立体的一个棱线与曲面立体的交点。因此，求平面立体与曲面立体的相贯线，就是求棱面与曲面立体的截交线和求棱线与曲面立体的交点。

求平面立体与曲面立体的相贯线的方法是：

1）求出平面立体棱线与曲面立体的交点。

2）求出平面立体的棱面与曲面立体的截交线。

3）判别相贯线的可见性，判别方法与两平面立体相交时相贯线的可见性判别方法相同。

【例 4-15】　求圆柱与四棱锥的相贯线，如图 4-27 所示。

分析：从水平投影可知，相贯线是由四棱锥的四个棱面与圆柱相交所产生的四段一样的椭圆弧（前后对称，左右对称）组成的，四棱锥的四条棱与圆柱的四个交点是四段椭圆弧的结合点。

由于圆柱的水平投影有积聚性，因此，四段椭圆弧以及四个结合点的水平投影都积聚在圆柱的水平投影上；正面投影上，前后两段椭圆弧重影，左、右两段椭圆弧分别积聚在四棱锥左、右两棱面的正面投影上；侧面投影上，相贯线的左、右两段椭圆弧重影，前、后两段椭圆弧分别积聚在四棱锥前后两棱面的侧面投影上。作图时，应注意对称性，正面投影应与侧面投影相同。

作图：

（1）在水平投影上，用2、4、6、8标出四个结合点的水平投影，并在四段交线的中点处标出椭圆弧最低点的水平投影1、3、5、7；

（2）在正面投影和侧面投影上，求出这八个点的正面投影1′、2′（8′）、3′（7′）、4′（6′）、5′和侧面投影7″、8″（6″）、1″（5″）、2″（4″）、3″；

（3）在正面投影上，过2′（8′）、3′（7′）、4′（6′）点画椭圆弧，在侧面投影上，过8″（6″）、1″（5″）、2″（4″）点画椭圆弧。

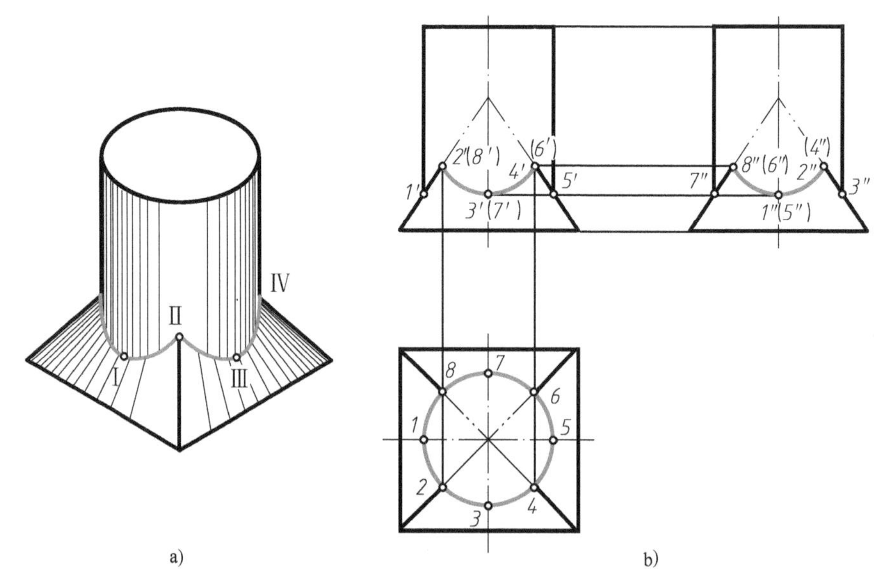

图4-27　圆柱与四棱锥相贯

a）直观图　b）投影图

【例4-16】　求三棱柱与半球的相贯线，如图4-28所示。

分析：从水平投影中可以看出，三棱柱的三个棱面都与半球相交，且三棱柱的三个棱面分别是铅垂面、正平面和侧平面。因此，相贯线的形状应该是三段圆弧组成的空间曲线，棱柱的三条棱线与半球相交的三个交点是这三段圆弧的结合点。

由于棱柱的水平投影有积聚性，因此三段圆弧及三个结合点的水平投影是已知的，只需求出它们的正面投影和侧面投影。从图中可以看出，后面一段圆弧的正面投影反映实形，侧面投影应该积聚在后棱面上（后棱面是正平面）；右边一段圆弧的侧面投影反映实形，正面投影应该积聚在右棱面上（右棱面是侧平面）；左面一段圆弧的正面投影和侧面投影都应该变形为椭圆弧（左棱面是铅垂面）。

作图：

（1）在三棱柱的水平投影上标出三段圆弧的投影 12、23 和 34561；

（2）正面投影 1′2′应是一段圆弧，可用圆规直接画出（因看不见要画成虚线），侧面投影 1″2″积聚在后棱面上；

（3）侧面投影 2″3″也是一段圆弧，也可用圆规直接画出（不可见，画成虚线），正面投影 2′3′积聚在右棱面上；

（4）用球面上定点的方法求出Ⅳ、Ⅴ、Ⅵ 点的正面投影 4′、5′、6′和侧面投影 4″、5″、6″，然后连成椭圆弧（其中 1′6′一段和 4″3″一段是不可见的，画成虚线）。

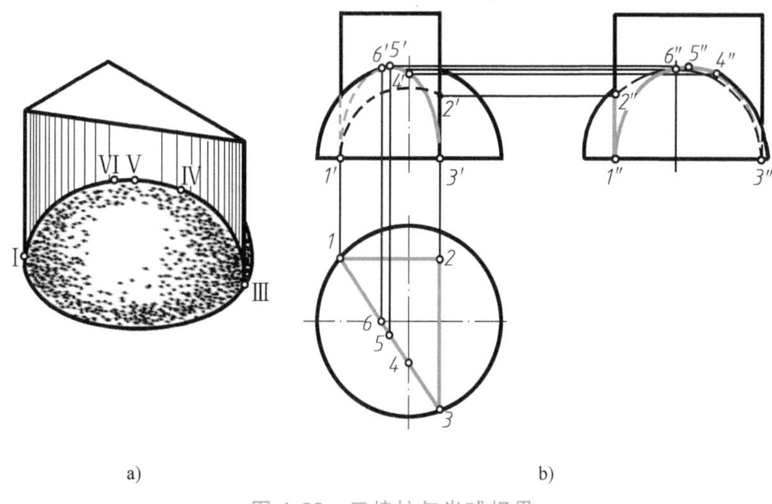

图 4-28　三棱柱与半球相贯

a）直观图　b）投影图

【例 4-17】 求出带有四棱柱孔的圆锥的水平投影和侧面投影，如图 4-29 所示。

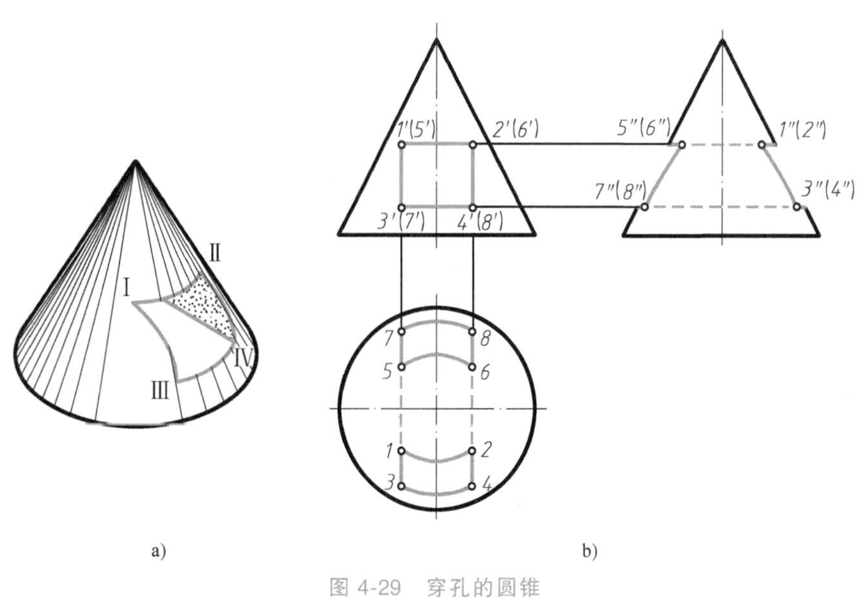

图 4-29　穿孔的圆锥

a）直观图　b）投影图

分析：四棱柱孔与圆锥表面的交线相当于四棱柱与圆锥的相贯线，它是前后对称、形状相同的两组曲线，每组曲线都是由四段平面曲线结合成的，上、下两段是圆弧，左、右两段是相同的双曲线弧。相贯线的正面投影积聚在四棱柱孔的正面投影上，水平投影和侧面投影需要作图求出。

作图：

(1) 在正面投影上，注出各段曲线结合点的投影 1′（5′）、2′（6′）、3′（7′）、4′（8′）；

(2) 在正面投影上，量取四棱柱孔的上、下棱面与圆锥的截交线——圆弧的直径，并在水平投影上直接画出其投影 12、56、34、78 四段圆弧，然后，作出它们的侧面投影 1″（2″）、5″（6″）、3″（4″）、7″（8″）；

(3) 在侧面投影上，作出双曲线弧 1″3″、5″7″、（2″4″）、（6″8″），它们的水平投影 13、57 和 24、68 分别积聚在四棱柱孔的左、右两个棱面上；

(4) 画出四条棱线的水平投影和侧面投影（虚线），并擦掉被挖掉的侧面投影轮廓线部分。

4.7 两曲面立体相交

两曲面立体相交所得相贯线，在一般情况下是封闭的空间曲线；在特殊情况下，可以是平面曲线或直线。

4.7.1 两曲面立体相交的一般情况

两曲面立体的相贯线是两曲面立体表面的共有线，相贯线上的点是两曲面立体表面的共有点。求作两曲面立体相贯线的投影时，一般先作出两曲面立体表面上一些共有点的投影，而后再连成相贯线的投影。

在求作相贯线上的点时，与作曲面立体截交线一样，应作出一些能控制相贯线范围的特殊点，如曲面立体投影轮廓线上的点，相贯线上最高、最低、最左、最右、最前、最后点等，然后按需要再求作相贯线上的一般点。在连线时，应表明可见性，可见性的判别原则是：只有同时位于两个立体可见表面上的相贯线才是可见的，否则不可见。

1. 表面取点法

当两个立体中至少有一个立体表面的投影具有积聚性（如垂直于投影面的圆柱）时，可以用在曲面立体表面上取点的方法作出两曲面立体表面上的这些共有点的投影。具体作图时，先在圆柱面的积聚投影上，标出相贯线上的一些点；然后把这些点看作另一曲面的点，用表面取点的方法，求出它们的其他投影；最后，把这些点的同面投影光滑地连接起来（可见线连成实线、不可见线连成虚线）。

【例 4-18】 补画两相交圆柱的正面投影，如图 4-30 所示。

分析：从已知条件可知，两圆柱的轴线垂直相交，有共同的前后对称面和左右对称面，小圆柱横向穿过大圆柱。因此，相贯线是左右对称的两条封闭空间曲线。

由于大圆柱的水平投影积聚为圆，相贯线的水平投影就积聚在小圆柱穿过大圆柱处的左右两段圆弧上；同样地，小圆柱的侧面投影积聚为圆，相贯线的侧面投影也就积聚在这个圆

上。因此，只有相贯线的正面投影需要作图求得。因为相贯线前后对称，所以相贯线的正面投影为左、右各一段曲线弧。

作图：

(1) 作特殊点。先在相贯线的水平投影和侧面投影上，标出左侧相贯线的最上、最下、最前、最后点的投影 1 (2)、3、4 和 1″、2″、3″、4″，再利用“二补三”作图作出这四个点的正面投影 1′、2′、3′ (4′)；

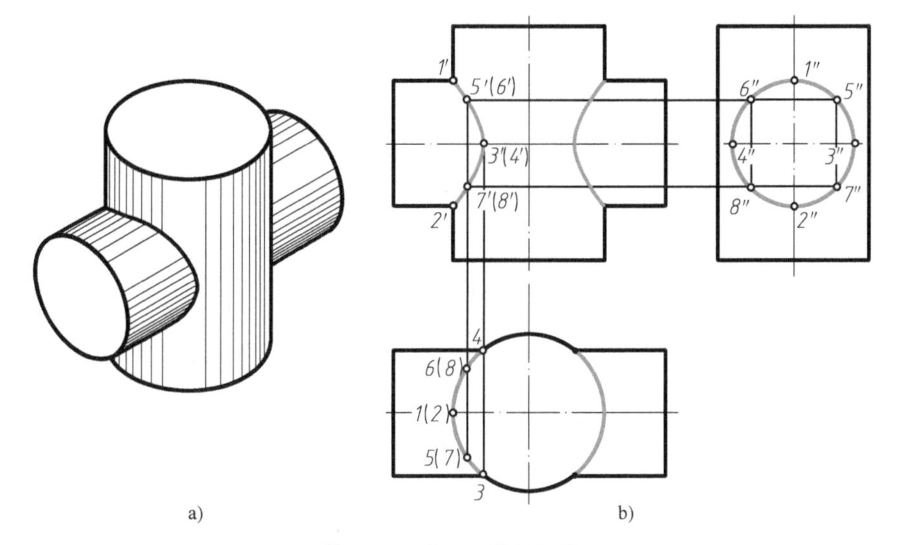

图 4-30　两正交圆柱相贯

a) 直观图　b) 投影图

两正交圆柱相贯

(2) 作一般点。在相贯线的水平投影和侧面投影上标出前后、上下对称的四个点的投影 5 (7)、6 (8) 和 5″、6″、7″、8″，然后利用“二补三”作图作出它们的正面投影 5′ (6′)、7′ (8′)；

(3) 按 1′5′3′7′2′顺序将这些点光滑连接 (与 1′6′4′8′2′一段曲线重影)，即得左侧相贯线的正面投影；

(4) 利用对称性，作出右侧相贯线的正面投影。

2. 辅助截平面法

如图 4-31a 所示，为求两曲面立体的相贯线，可以用辅助截平面切割这两个立体，切得的两组截交线必然相交，且交点为“三面共点”(两曲面及辅助截平面的共有点)，“三面共点”当然就是相贯线上的点。用辅助截平面求得相贯线上点的方法就是辅助截平面法。具体作图时，首先加辅助截平面 (通常是水平面或正平面)；然后分别作出辅助截平面与两已知曲面的两组截交线 (应为直线或圆)；最后找出两组截交线的交点，即为相贯线上的点。

【例 4-19】 补画圆柱和圆台相贯体的正面和水平投影，如图 4-31 所示。

分析：从图中可以看出，圆柱与圆台前后对称，整个圆柱在圆台的左侧相交，相贯线是一条闭合的空间曲线。由于圆柱的侧面投影有积聚性，所以相贯线的侧面投影积聚在圆柱的侧面投影轮廓圆上；又由于相贯线前后对称，所以相贯线的正面投影前后重影，为一段曲线弧；相贯线的水平投影为一闭合的曲线，其中处在上半个圆柱面上的一段曲线可见 (画实线)，处在下半个圆柱面上一段曲线不可见 (画虚线)。

作图：

（1）通过共有性标注特殊点，由于圆柱侧面投影具有积聚性，所以相贯线的侧面投影就在此圆上。首先标注处在圆柱、圆台轮廓线上的点，即1″、2″、3″、4″；其次标注极值点，1″、2″点同时也是最上、最下点，2″同时也是最左点，3″、4″分别是最前、最后点。

正面投影中的最右点通过侧面投影作辅助线的方法得到，通过解析几何证得，侧面投影从圆柱积聚投影圆心向圆台轮廓线作垂线，正面投影相贯线的最右点5″、6″就在垂足所在的辅助平面 P_{V1} 上。再标注两个一般点7″、8″。

（2）轮廓线上的点1″、2″的另两面投影可通过相贯线与轴线的相对投影及投影连线确定。

（3）3″、4″点可通过纬圆法及轮廓线求得，5″、6″点的另两面投影可以通过辅助平面的方法确定，根据（1）的所得水平面 P_{V1}，P_{V1} 与圆柱面交出两条素线，与圆锥面交出一个水平圆，作出该圆的水平投影并找到素线与圆的交点5和6，然后通过投影连线在 P_{V1} 上找到5′和6′；熟练后，3″、4″、5″、6″、7″、8″点可通过圆锥表面纬圆法及 Δy 坐标确定7″、8″和另两面投影。

（4）依次连接各点的同面投影并判断可见性，正面投影1′5′3′7′2′一段和1′（6′）（4′）（8′）2′一段重影（连实线），水平投影46153一段可见，连实线，4（8）（2）（7）3一段不可见，连虚线。

（5）整理轮廓线，注意虚实。

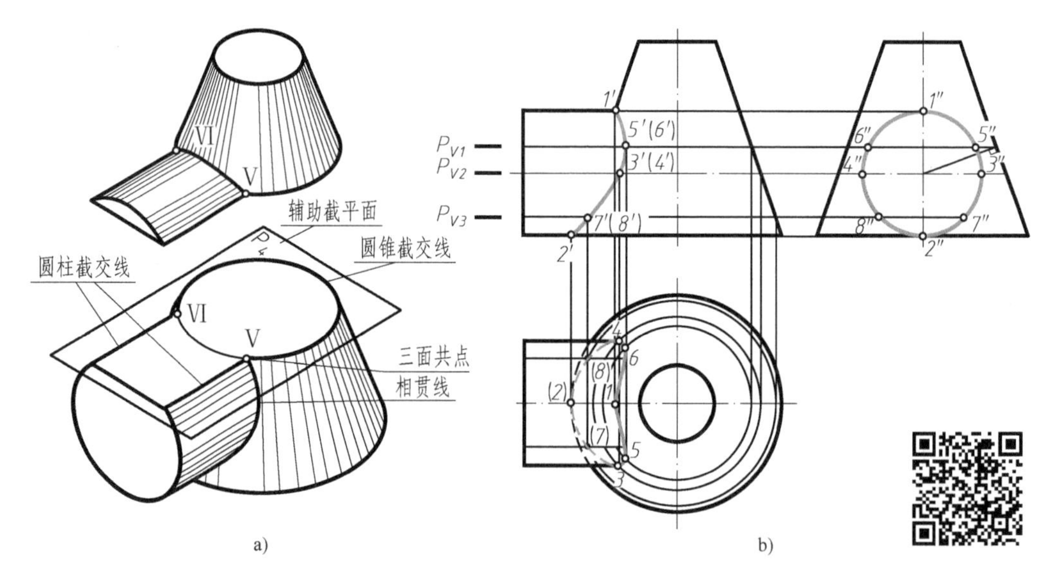

图 4-31　圆柱与圆台相贯　　　　圆柱与圆台相贯

a）直观图　b）投影图

【例 4-20】　补画轴线垂直交错的大、小两圆柱的正面投影，如图 4-32 所示。

分析：从投影图上可以看出，两圆柱轴线垂直交错。大圆柱的轴线是侧垂线，大圆柱面的侧面投影有积聚性；小圆柱的轴线是铅垂线，小圆柱面的水平投影有积聚性。小圆柱在大圆柱的上部偏前部位相交，相贯线是一条闭合的空间曲线。相贯线的水平投影积聚在小圆柱的水平投影上；相贯线的侧面投影积聚在大圆柱的侧面投影上；相贯线的正面投影为闭合的

曲线，其中处在前半个小圆柱面上的一段曲线可见，处在后半个小圆柱面上的一段曲线不可见。

作图：

（1）首先，根据共有性标注相贯线上特殊点，轮廓线上的点 1、2、3、4、5、6。Ⅰ、Ⅱ同时也是相贯线上最前、最后点；Ⅲ、Ⅳ为最左、最右点；Ⅴ、Ⅵ点为最上点，Ⅰ点为最下点。标注一般点 7、8。

（2）根据两个具有积聚性的圆柱表面，可以根据对应关系确定这八个点的侧面投影。

（3）根据投影连线及轴线轮廓线对应关系确定正面投影。

（4）在正面投影上，依次连接各点的正面投影，其中 3′7′1′8′4′一段位于前半个小圆柱面上，可见，连实线；3′(5′)(2′)(6′)4′一段位于后半个小圆柱面上，不可见，连虚线。

（5）整理轮廓线。

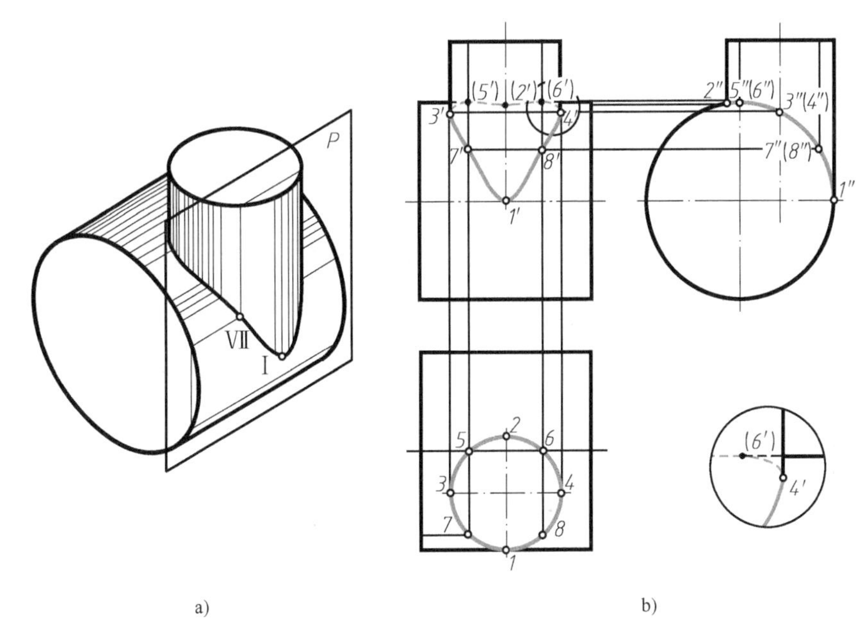

图 4-32　轴线垂直交错的两圆柱相贯

a）直观图　b）投影图

【例 4-21】　绘制圆锥、半圆球相贯体三面投影，如图 4-33 所示。

分析：

绘制相贯体三面投影时，如包含有积聚投影的立体，要充分利用积聚性及共有性进行求解，当两立体均不具有积聚性时，则需要利用辅助平面法或辅助球面进行求解。

作图：

（1）图中圆锥与半圆球相交，首先标出特殊点，1′点在半圆球的正面最大圆上，也在圆锥左侧轮廓线上，同时也是相贯线最高点；相贯线最低点为半圆球和圆锥底面交点 2、3。圆锥、圆球相贯体的最右点寻找方法为，在侧面投影上，从圆锥轴线与圆球水平中心线的交点向圆锥轮廓线作垂线，相贯线的最右点在这个平面上，标出最右点 6″、7″。

（2）Ⅰ、Ⅱ、Ⅲ点的水平和侧面投影可根据轴线轮廓线相对应关系及投影连线确定。

（3）本例中Ⅵ、Ⅶ点的另两面投影需通过辅助平面法确定。通过Ⅵ、Ⅶ作水平面，该

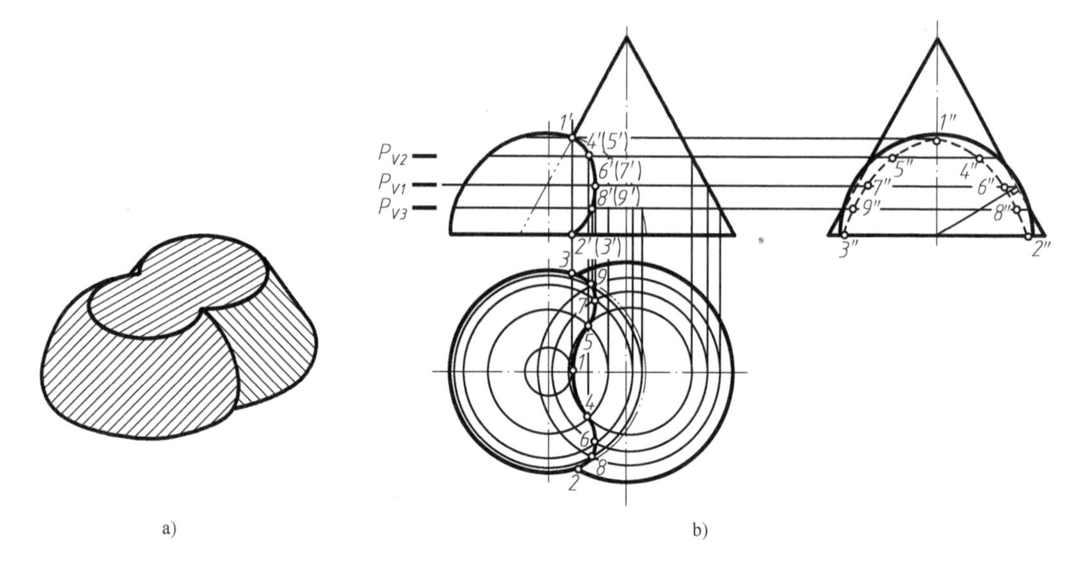

图 4-33　圆锥、半圆球相贯

a）直观图　b）投影图

水平面与圆球和圆锥的交线均为圆，根据共有性，Ⅵ、Ⅶ即这两个圆在该平面的交点。先求出水平投影 6、7，再根据投影连线及 Δy 确定正面、侧面投影。同样选择两个高度，取一般点Ⅳ、Ⅴ、Ⅷ、Ⅸ确定三面投影。

（4）正面投影用光滑曲线连接 1′、4′、6′、8′、2′并判断可见，连实线，1′、5′、7′、9′、3′与之重合；侧面投影用光滑曲线连接 3″、9″、7″、5″、1″、4″、6″、8″、2″，这些点都在半圆球侧面的最大圆右边，因此侧面投影不可见，连虚线；水平投影用光滑曲线连接 3、9、7、5、1、4、6、8、2 并判断可见，连实线。

（5）整理轮廓线。

4.7.2　两曲面立体相交的特殊情况

在一般情况下，两曲面立体的相贯线是空间曲线。但是，在特殊情况下，两曲面立体的相贯线可能是平面曲线或直线。下面介绍两曲面的相贯线为平面曲线的两种特殊情况。

1. 两回转体共轴

当两个共轴的回转体相贯时，其相贯线是一个垂直于轴线的圆。

图 4-34a 所示为圆柱与半球具有公共的回转轴（铅垂线），它们的相贯线是一个水平圆，其正面投影积聚为直线，水平投影为圆（反映实形，与圆柱等径）。图 4-34b 所示为圆球与圆锥具有公共的回转轴，其相贯线也为水平圆，该圆正面投影积聚为直线，水平投影为圆（反映实形）。

2. 两回转体公切于球

当两个回转体公切于一个球面时，它们的相贯线是两个椭圆，如图 4-35 所示。

图 4-35a 所示为两圆柱相交，直径相等，轴线垂直相交，还同时公切于一个球面，它们的相贯线是两个正垂的椭圆，其正面的投影积聚为两相交直线，水平投影积聚在竖直圆柱的

投影轮廓圆上。图 4-35b 所示为轴线垂直相交、还同时公切于一个球面的一个圆柱与一个圆锥相贯，它们的相贯线是两个正垂的椭圆，其正面投影积聚为两相交直线，水平投影为两个椭圆。

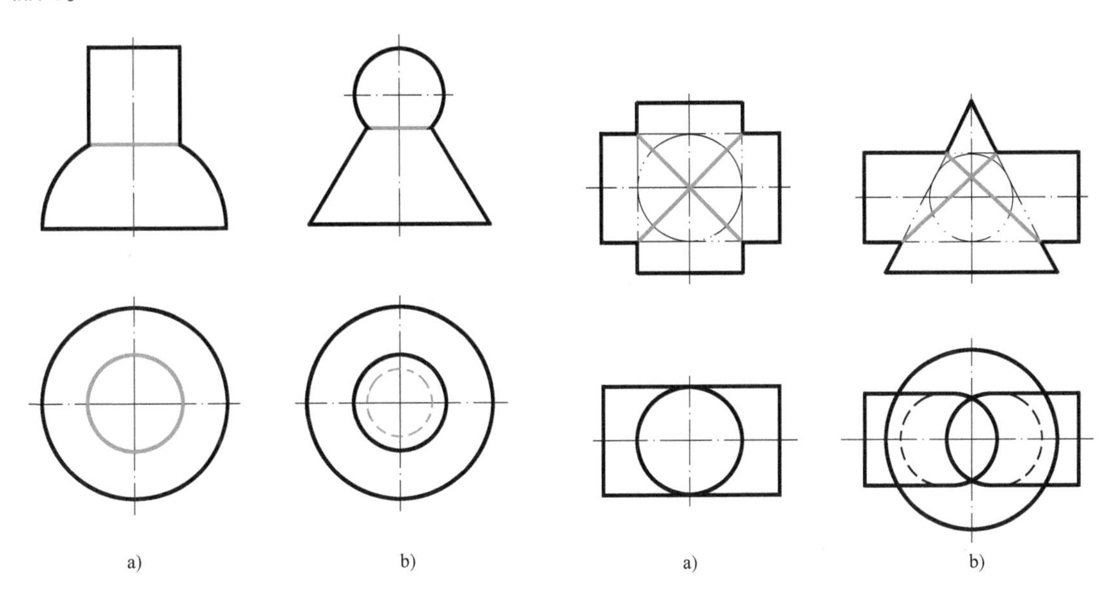

图 4-34　共轴的两回转体相交

a）共轴的圆柱与半球相交　b）共轴的圆球与圆锥相交

图 4-35　公切于球面的两回转体相交

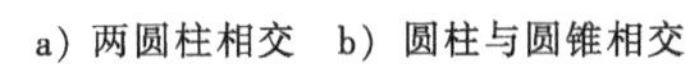

a）两圆柱相交　b）圆柱与圆锥相交

思考题

1. 棱柱、棱锥、圆柱、圆锥、圆球的投影有哪些特性？

2. 求作立体表面上的点和线有哪些方法？

3. 平面与平面立体相交及平面与曲面立体相交时，其截交线具有哪些性质？怎样作图？

4. 两平面立体相交、平面立体与曲面立体相交、两曲面立体相交的相贯线各有什么性质？作出相贯体三面投影的步骤是什么？

5. 应用表面取点法求相贯线的应用条件是什么？怎样作图？

6. 应用辅助平面法求相贯线的作图步骤是什么？

7. 两曲面立体相贯的特殊情况及产生条件是什么？怎样作图？

第5章 工程曲面

本章概要

本章介绍了常用工程曲面的形成及图示方法，包括柱面和锥面、柱状面和锥状面、单叶回转双曲面、双曲抛物面、螺旋线及螺旋面的画法。在本章学习中，需要了解常用工程曲面的形成，掌握常用工程曲面的画法。

5.1 柱面和锥面

在建筑工程中，有些建筑物的表面是由一些特殊的曲面构成的，这些曲面统称为工程曲面，例如图5-1a所示建筑物的顶面和图5-1b所示建筑物的立面。

a)

b)

图5-1 工程曲面实例

a）某教堂 b）某美术馆

曲面可以看成是线运动的轨迹，这种运动着的线叫母线，控制母线运动的线或面叫导线或导面。由直母线运动形成的曲面叫直纹曲面；由曲母线运动形成的曲面叫非直纹曲面。母线在运动过程中，母线的每一个位置都是曲面上的线，这些线叫曲面的素线。

如图5-2所示，直母线AA_1沿着H面上的曲导线ABC滑动时始终平行于直导线L，即可形成一个直纹曲面，在这个直纹曲面上存在着许许多多的直线（直纹曲面的素线）。

同一个曲面可能由几种不同的运动形式形成，例如图5-3所示的正圆柱：a为直线绕着

与它平行的轴线做回转运动；b 为铅垂线沿着水平圆滑动；c 为水平圆沿着铅垂方向平行移动。

曲面的种类繁多，本章仅讨论工程上常用的一些曲面的形成和它们的图示方法。

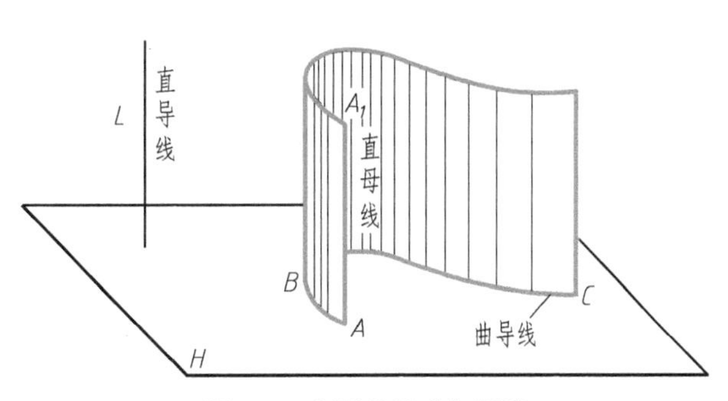

图 5-2　曲面的形成与要素

5.1.1　柱面

如图 5-4a 所示，直母线 AA_1 沿着曲导线 $ABCD$ 移动，且始终平行于直导线 L，这样形成的曲面叫柱面。

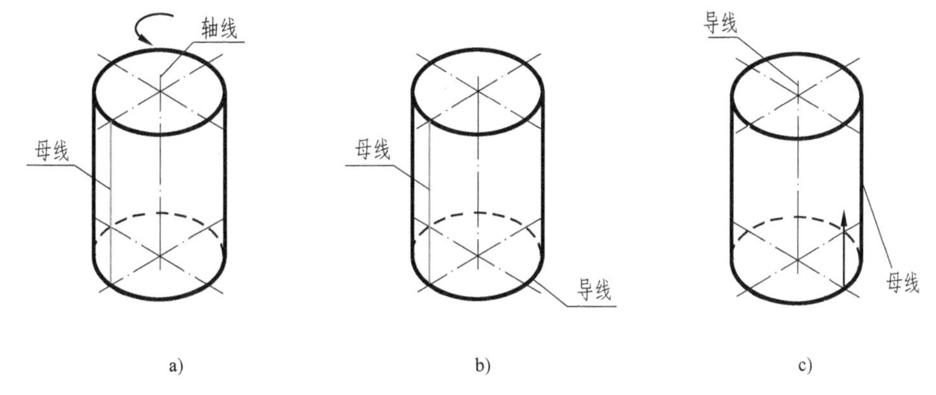

图 5-3　正圆柱形成的不同形式

a）直线绕平行轴回转　b）铅垂线沿着水平圆滑动　c）水平圆铅垂方向平行移动

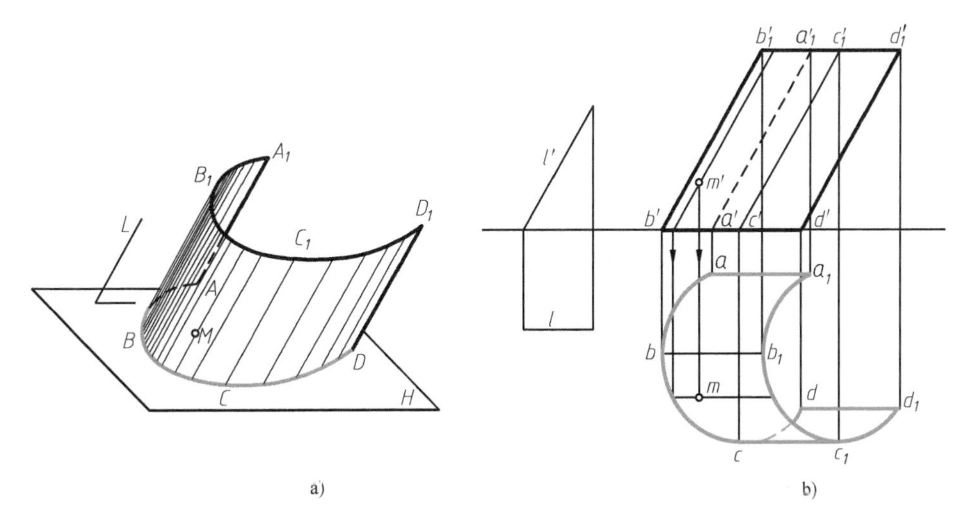

图 5-4　柱面的形成及投影

a）形成　b）投影

表示柱面的基本要素是直母线、直导线和曲导线。从理论上说，只要把这些要素的投影画出，则柱面即可完全确定。但是，这样表示的柱面不能给人以完整清晰的感觉，因此，还需要画出柱面的边界线和投影轮廓线。图 5-4a 中直线 AA_1、DD_1 和曲线 $ABCD$、$A_1B_1C_1D_1$ 都是柱面的边界线，需要画出全部投影；BB_1 是柱面正面投影轮廓线，只需画出正面投影；CC_1 是柱面水平投影轮廓线，只需画出水平投影。

在图 5-4b 中还表示了在柱面上画点的作图方法，例如已知柱面上 M 点的正面投影 m'，则利用柱面上的素线为辅助线可以求出它的水平投影 m。

图 5-5a～c 给出了三种形式的柱面。当它们被一个与母线垂直的平面截割时，所得正截面是圆或椭圆。根据正截面的形状，把它们分别叫作正圆柱、正椭圆柱和斜圆柱。

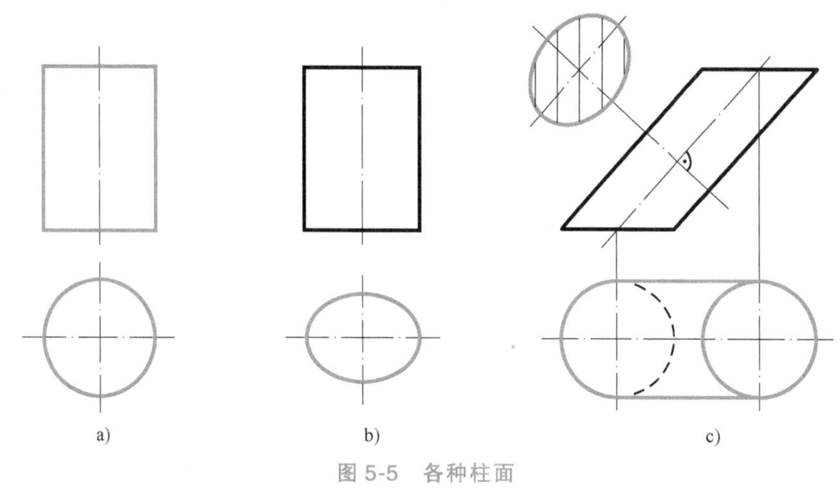

图 5-5　各种柱面

a）正圆柱　b）正椭圆柱　c）斜圆柱

5.1.2　锥面

如图 5-6a 所示，直母线 SA 沿着曲导线 $ABCDE$ 移动，且始终通过一点 S，这样形成的曲面叫锥面。

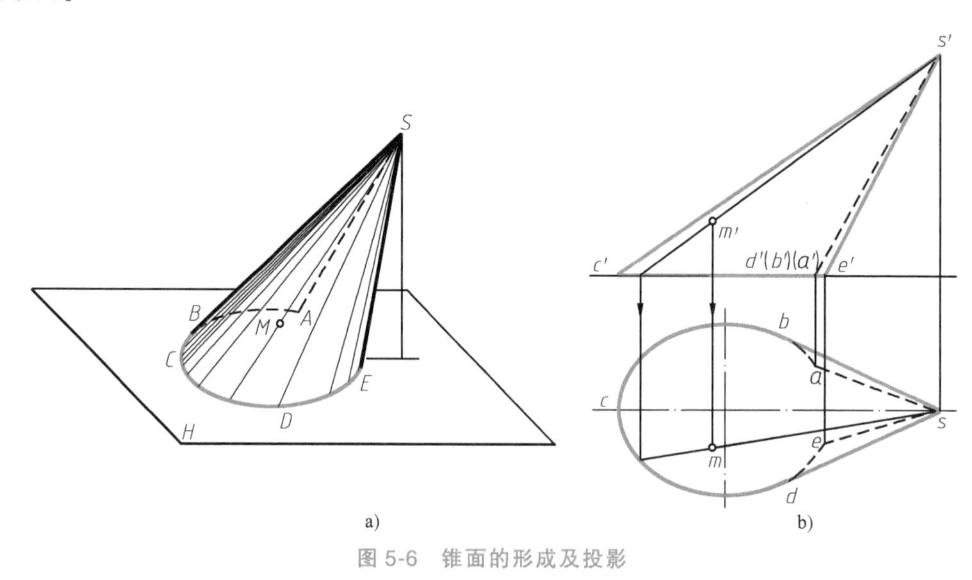

图 5-6　锥面的形成及投影

a）形成　b）投影

画锥面的投影时，必须画出锥顶 S 及导线 $ABCDE$ 的投影，此外，还需要画出锥面的边

界线 SA 和 SE 的投影以及正面投影轮廓线 SC 的正面投影和水平投影轮廓线 SB 及 SD 的水平投影，如图 5-6b 所示。

图中还表明了以素线（过锥顶的直线）为辅助线在锥面上画点的方法。

图 5-7 中给出了三种形式的锥面，它们也同样用正截面的形状来命名：图 5-7a 为正圆锥，图 5-7b 为正椭圆锥，图 5-7c 为斜圆锥。

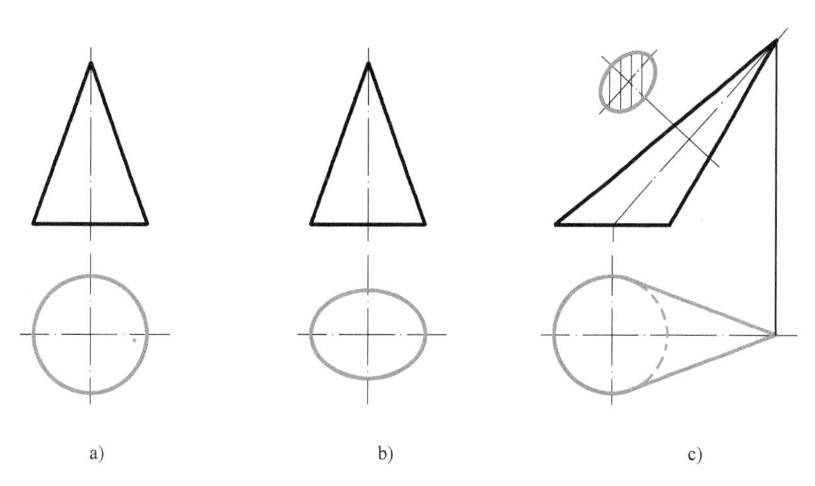

图 5-7　各种锥面

a）正圆锥　b）正椭圆锥　c）斜圆锥

5.2　柱状面和锥状面

5.2.1　柱状面

直母线沿着两条曲导线移动，且又始终平行于一个导平面，这样形成的曲面叫柱状面。

如图 5-8a 所示，直母线 AA_1 沿着两条曲导线——半个正平椭圆 ABC 和半个正平圆 $A_1B_1C_1$移动，并且始终平行于导平面 P（图中为侧平面），即可形成一个柱状面。

可以看出，柱状面上相邻的素线都是交错直线，这些素线又都平行于侧平面，都是侧平线，因此水平投影和正面投影都相互平行。

图 5-8b 是这个柱状面的投影图，在图上除了画出两条导线的投影外，还画出曲面的边界线和投影轮廓线（图中没有画出导平面的投影）。

5.2.2　锥状面

直母线一端沿着直导线移动，另一端沿着曲导线移动，而且又始终平行于一个导平面，这样形成的曲面叫锥状面。

如图 5-9a 所示，直母线 AA_1 沿着直导线 AC 和曲导线 $A_1B_1\ C_1$（半个椭圆）移动，且始终平行于导平面 P（侧平面），即可形成一个锥状面。

在这个锥状面上，相邻的素线也都是交错直线，所有的素线也都是侧平线，它们的水平投影和正面投影都相互平行。图 5-9b 是锥状面的投影图，图中没有画出导平面。

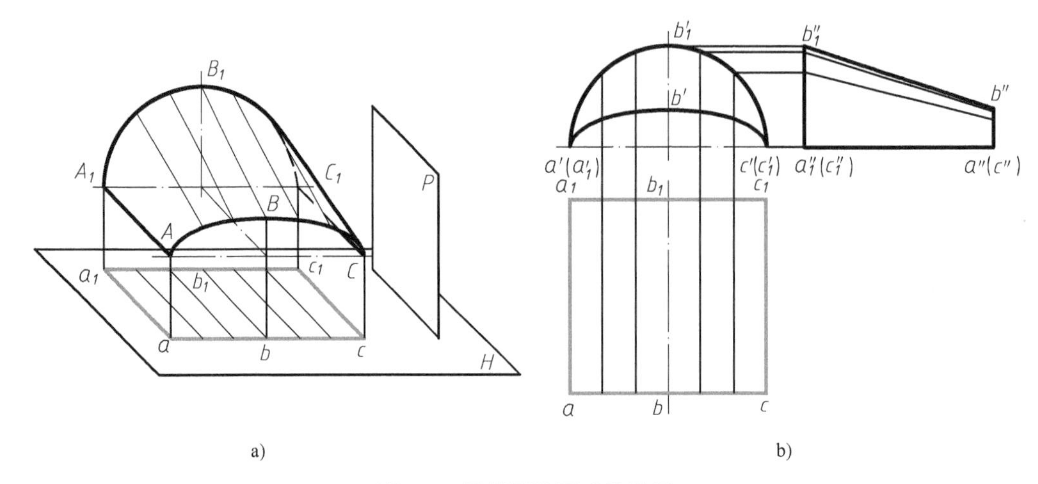

图 5-8 柱状面的形成及投影

a）形成 b）投影

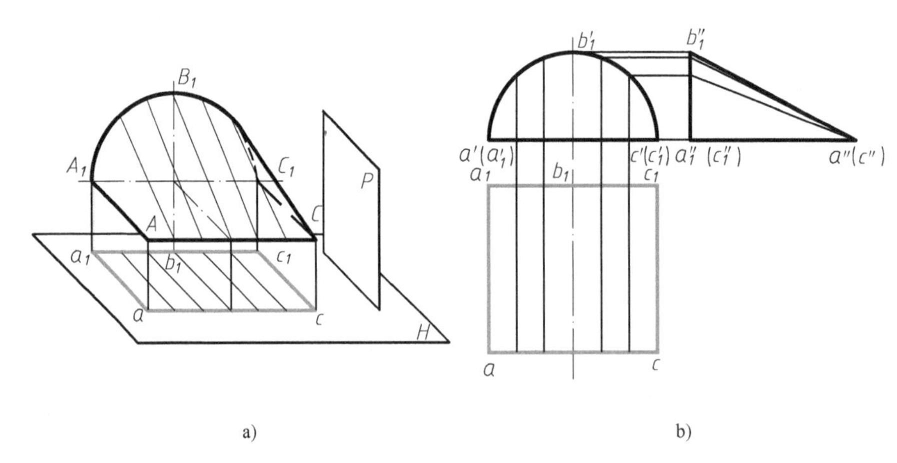

图 5-9 锥状面的形成及投影

a）形成 b）投影

图 5-10 为一锥状面应用的例子——体育馆的入口顶棚。

图 5-10 锥状面的实例

5.3 单叶回转双曲面

两条交错直线，以其中一条直线为母线，另一条直线为轴线做回转运动，这样形成的曲

面叫单叶回转双曲面。

如图 5-11 所示，AA_1 和 OO_1 为两条交错直线，以 AA_1 为母线，OO_1 为轴线做回转运动，即可形成一个单叶回转双曲面。

在回转过程中，母线上各点运动的轨迹都是垂直于轴线的纬圆，纬圆的大小取决于母线上的点到轴线的距离。母线上距离轴线最近的点形成了曲面上最小的纬圆，称为喉圆。

从图 5-11 中可以看出，如果把母线 AA_1 换到 BB_1 的位置，那么这两个母线形成的是同一个单叶回转双曲面。可见，在单叶回转双曲面上存在着两族素线，同一族素线都是交错直线，不同族素线都是相交直线。

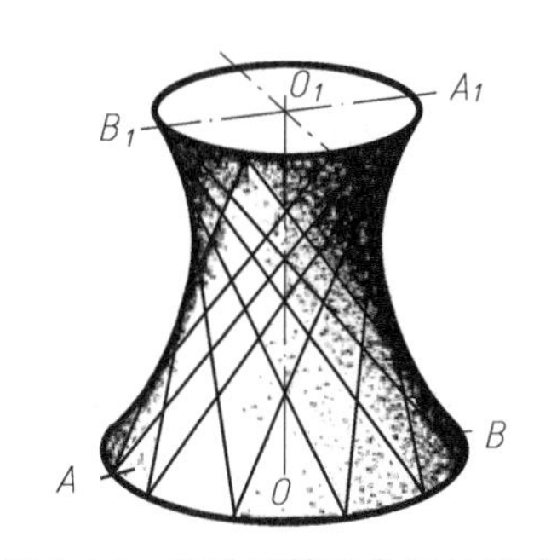

图 5-11　单叶回转双曲面的形成

画单叶回转双曲面的投影，同样要求画出边界线的投影和轮廓的投影。

图 5-12a 给出了单叶回转双曲面的母线 AA_1 和轴线 OO_1。

图 5-12b 表明了投影图的画法——素线法，其作图步骤如下：

1）作出母线 AA_1 和轴线 OO_1 的两面投影。

2）作出母线 AA_1 的两端点绕轴线 OO_1 回转形成的两个边界圆的两面投影。

3）在水平投影上，自 a 点和 a_1 点起把两个边界圆作相同等分（图中为十二等分），得等分点 1、2、…、11、12 和 1_1、2_1、…、11_1、12_1，向上引联系线，在正面投影上得各等分点 1′、2′、…、11′、12′和 $1'_1$、$2'_1$、…$11'_1$、$12'_1$。

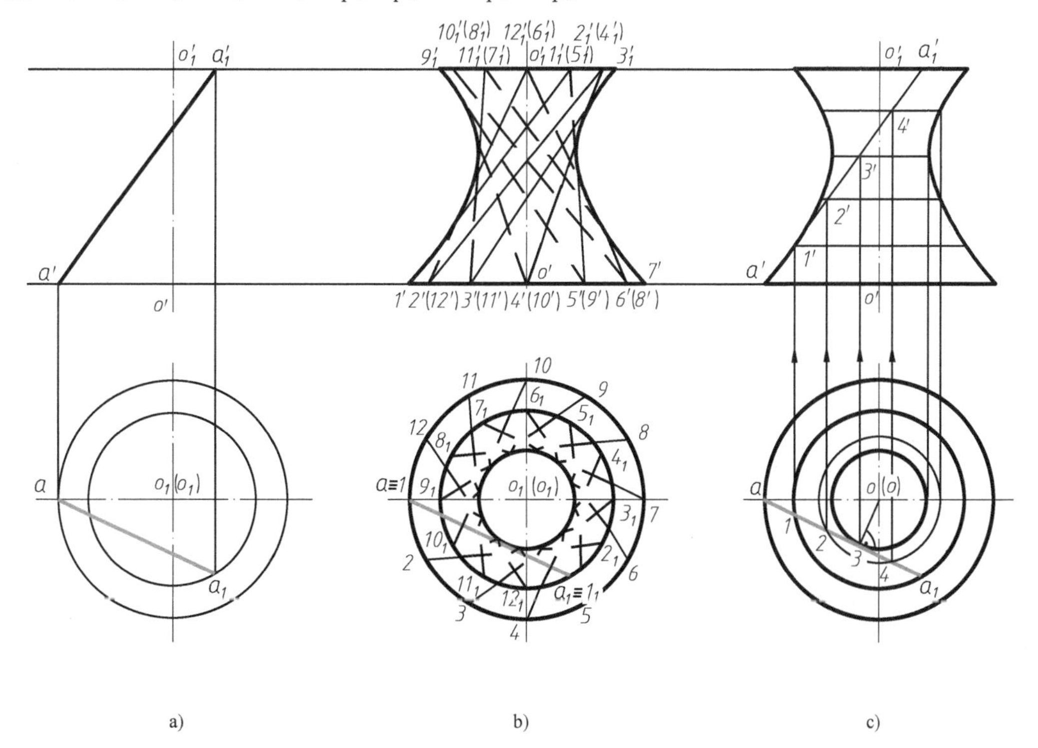

图 5-12　单叶回转双曲面的画法

a）已知条件　b）素线法　c）纬圆法

4）在水平投影上连素线 11_1、22_1、…、1111_1、1212_1，并以 o 点为圆心作圆与各素线相切，即为喉圆的水平投影。

5）在正面投影上连素线 $1'1'_1$、$2'2'_1$、…、$11'11'_1$、$12'12'_1$，并且画出与各素线相切曲线（包络线），即为轮廓线的正面投影。

图 5-12c 表明了投影图的另一种画法——纬圆法，其作图步骤如下：

1）作出母线 AA_1 和轴线 OO_1 的两面投影。

2）过 a 点和 a_1 点分别作出两个边界圆的水平投影，而后作出它们的正面投影。

3）在母线 aa_1 上找出与轴线距离最近的点 3，并以 o 点为圆心、$o3$ 为半径画圆，得喉圆的水平投影，而后再作出喉圆的正面投影。

4）在母线 aa_1 上适当地选取三个点 1、2 和 4，并且过这三个点分别作三个纬圆（先作水平投影，再作正面投影）。

5）根据各纬圆的正面投影作出单叶回转双曲面的轮廓线投影（双曲线）。

5.4 双曲抛物面

直母线沿着两条交错的直导线移动，并且始终平行于一个导平面，这样形成的曲面叫双曲抛物面。如图 5-13a 所示，两交叉直线 AB、CD 为直导线，H 面为导平面，当直母线 AC 沿着 AB、CD 移动时，始终与 H 面平行。图 5-13b 是它的投影图。图中画出了两交叉导线的投影及一系列素线的投影。图 5-13c 所示为这种曲面的应用实例。

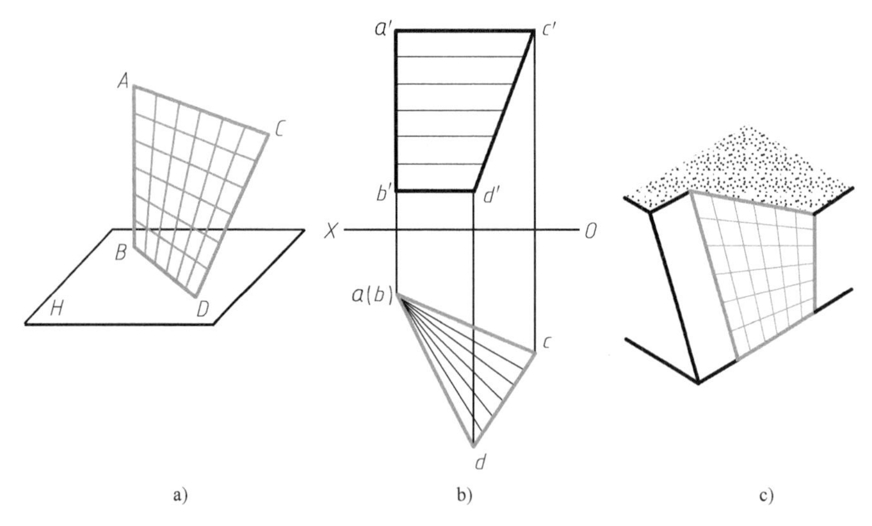

图 5-13 双曲抛物面

a）形成 b）投影 c）实例

如图 5-14 所示，已知两交叉直导线 AB、CD 的两投影，以及铅垂导平面 P 的投影，双曲抛物面的作图步骤如下：

1）如图 5-14b 所示，先将直导线 AB 分为若干等分，得等分点的水平及正面投影 1、2、3、4、5 及 1′、2′、3′、4′、5′，再过各等分点作素线，先过各水平投影点作 11_1、22_1、…平行于 P_H，并与 cd 交于 1_1、2_1、…即得双曲抛物面的水平投影，然后由 1_1、2_1、…求得正

面投影 $1_1'$、$2_1'$、…。

2）如图 5-14c 所示，作出各素线的正面投影，并作出与素线都相切的包络线，即双曲抛物面的正面投影。

此为双曲抛物面的一般情况作图。

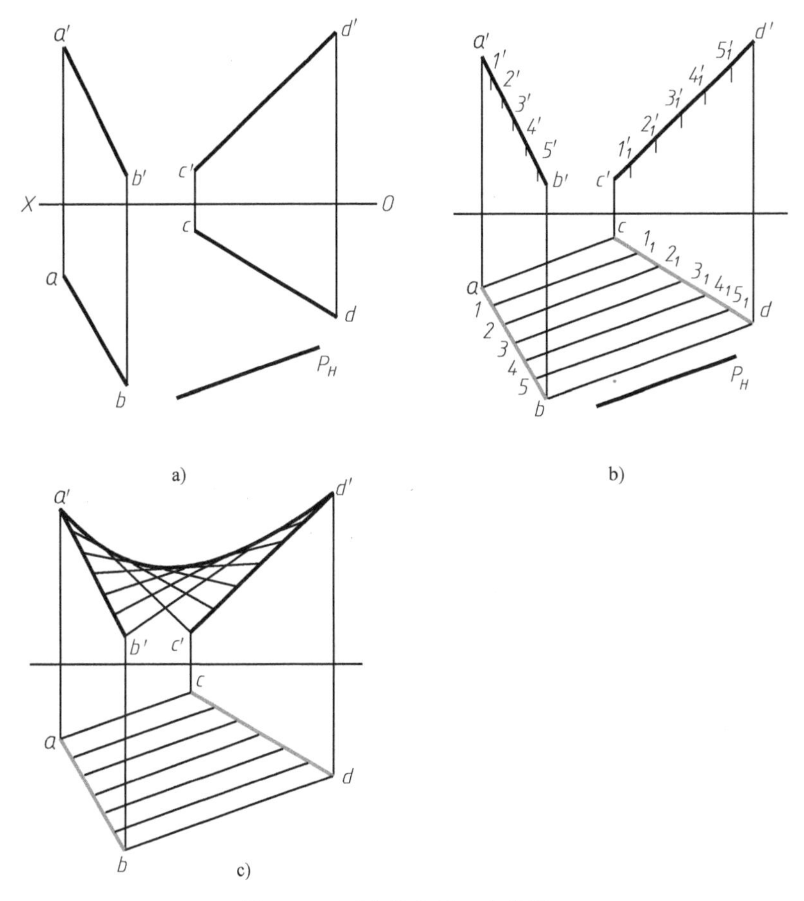

图 5-14　双曲抛物面一般作图

a）已知　b）求等分点　c）包络线

如图 5-15 所示，直母线 *AD* 沿着两条交错的直导线 *AB*、*CD* 移动，并且平行于一个导平面 *P*（图中 *P* 为铅垂面），即可形成一个双曲抛物面。

如果以 *CD* 直线为母线，*AD*、*BC* 两直线为导线，铅垂面 *Q* 为导平面，也可形成一个双曲抛物面。显然，这个双曲抛物面与前面形成的那个双曲抛物面是同一个曲面。

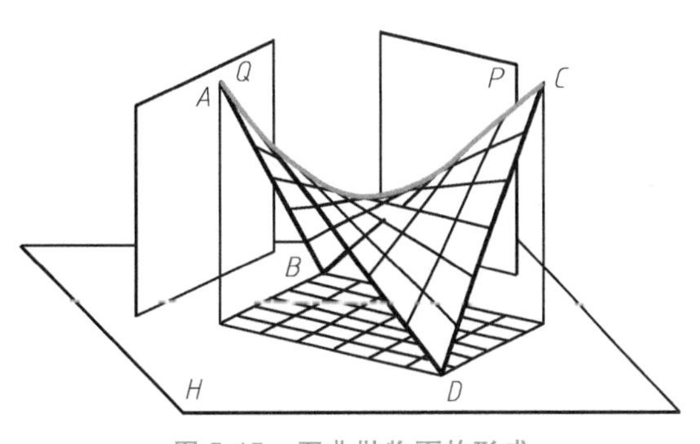

图 5-15　双曲抛物面的形成

因此，在双曲抛物面上也存在着两族素线，同族素线相互交错，不同族素线全部相交。

如图 5-16 所示为双曲抛物面投影图的画法，其作图步骤如下：

1）画出导平面（铅垂面）P 的水平迹线 P_H 以及导线 AB、CD 的各个投影（P_H 应与 ad、bc 平行）。

2）把导线 AB、CD 作相同的等分（图中为六等分），得等分点的各个投影 1、2、…、1′、2′、…和 1″、2″、… 以及 1_1、2_1、…、$1_1'$、$2_1'$、…和 $1_1''$、$2_1''$、…。

3）连线，ad、bc、11_1、22_1、…，$a'd'$、$b'c'$、$1'1_1'$、$2'2_1'$、…和 $a''d''$、$b''c''$、$1''1''_1$、$2''2''_1$、…，作出边界线和素线的各个投影。

4）在正面投影上和侧面投影上，分别作出与各素线都相切的包络线（均为抛物线），完成曲面轮廓线的投影。

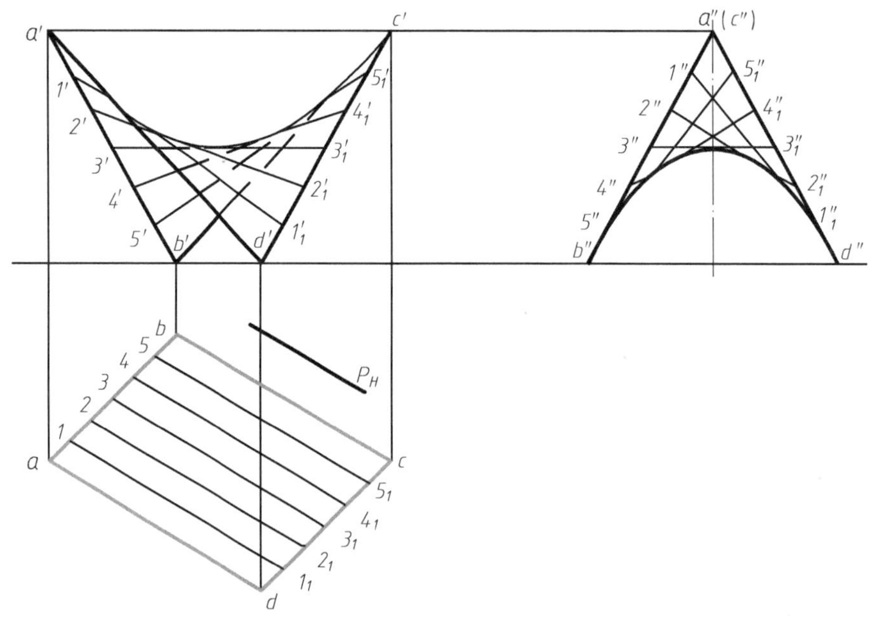

图 5-16 双曲抛物面投影图的画法

5.5 螺旋线及螺旋面

5.5.1 圆柱螺旋线

如图 5-17a 所示，M 点沿着圆柱表面的素线 AA_1 向上等速移动，而素线 AA_1 又同时绕着轴线 OO_1 等速转动，则 M 点的运动轨迹是一条圆柱螺旋线。这个圆柱叫导圆柱，圆柱的半径 R 叫螺旋半径，动点回转一周沿轴向移动的距离 h 叫导程。

图中表明了 M 点沿 AA_1 上升，AA_1 绕 OO_1 向右旋转形成的一条螺旋线；可想而知，如果 M 点沿 AA_1 上升，AA_1 绕 OO_1 向左旋转，同样可以形成另一条螺旋线。前者叫右旋螺旋线，后者叫左旋螺旋线。控制螺旋线的要素为螺旋半径 R、导程 h 和旋转方向。

图 5-17b 为圆柱螺旋线投影图的画法，其作图步骤如下：

1）画出导圆柱的两面投影，圆柱的高度等于 h，圆柱的直径等于 $2R$。

2）把导圆柱的底圆进行等分（图中作了八等分），并按右螺旋方向（逆时针方向）进行编号 0、1、2、…、7、8。

3）把导程 h 作相同的等分，并且画出横向格线。

4）自 0、1、2、…、7、8 向上引联系线，并在横向格线上自下而上、依次地找到相应的点 0′、1′、2′、…、7′、8′。

5）将 0′、1′、2′、…、7′、8′依次地连成光滑的曲线（为正弦曲线，4′~8′一段不可见，应连虚线），完成螺旋线的正面投影（水平面投影积聚在导圆柱的轮廓圆上）。

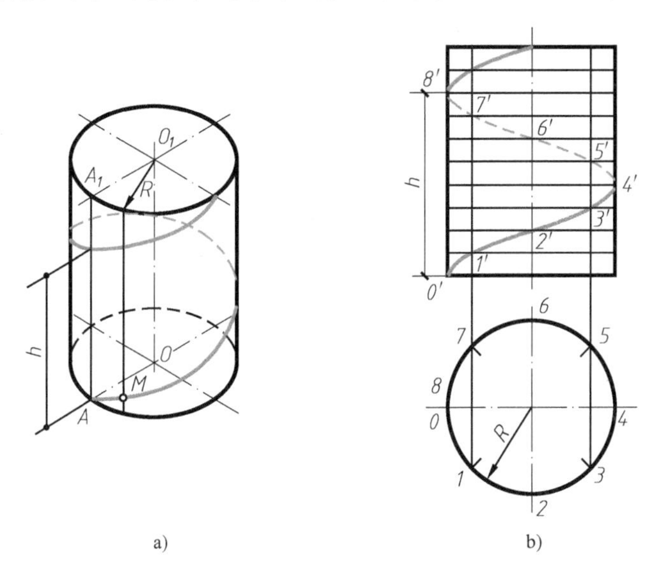

图 5-17 圆柱螺旋线

a）形成 b）投影

5.5.2 平螺旋面

如图 5-18a 所示，直线 MN（母线）一端沿着圆柱螺旋线（曲导线）移动，另一端沿着圆柱轴线（直导线）移动，并且始终与水平面 H（导平面）平行，这样形成的曲面叫平螺旋面。

为了画出平螺旋面的投影，应当首先根据螺旋半径、导程、螺旋方向画出导圆柱的轴线和圆柱螺旋线的投影，然后画出各条素线的投影（图中画出了十二条素线）。由于平螺旋面的母线平行于水平面，所以平螺旋面的素线也都是水平线，它们的正面投影与轴线垂直，水平投影与轴线相交，如图 5-18b 所示。

在建筑工程上，平螺旋面和圆柱螺旋线常见于楼梯扶手及螺旋楼梯，作图方法如图 5-19 及图 5-20 所示。

1. 楼梯扶手

已知楼梯扶手弯头的 H 面投影和弯头断面的 V 面的投影，如图 5-19a 所示，求扶手弯头的 V 面投影，作图步骤如下：

1）分析：以矩形 $ABCD$（或正方形）为断面形状的楼梯扶手弯头和双跑楼梯扶手弯头的形状，实际上是由 1/2 螺距的平螺旋面和内外圆柱面所组成的：AB 的运动轨迹和 CD 的

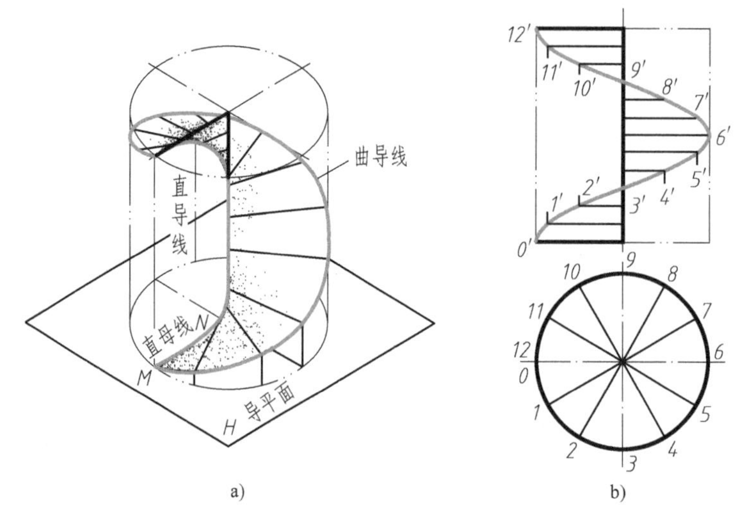

a)　　b)

图 5-18　平螺旋面

a）形成　b）投影

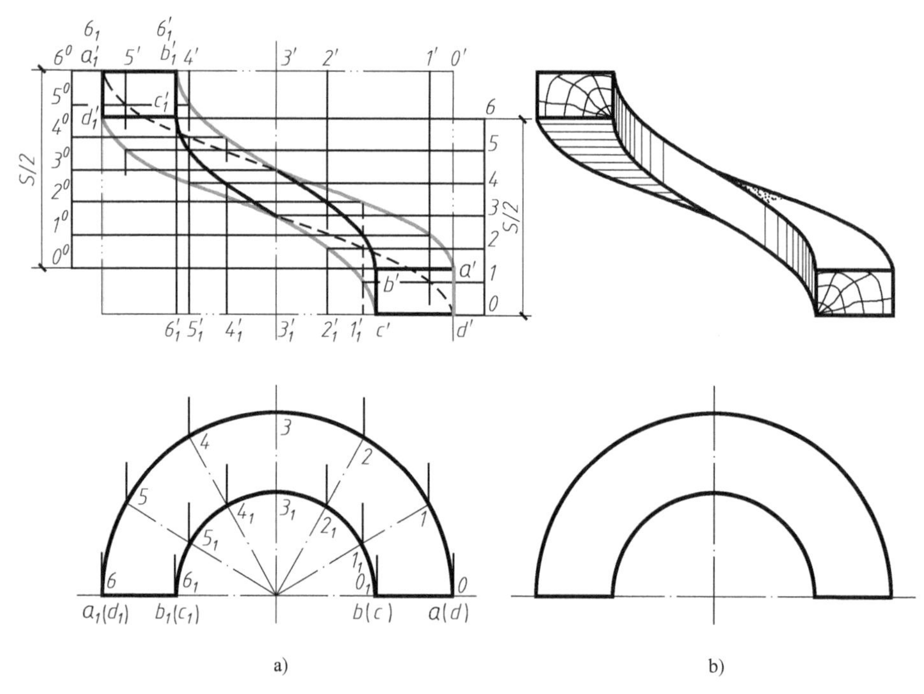

a)　　b)

图 5-19　楼梯扶手弯头

a）作图　b）结果

运动轨迹都是空心平螺旋面，而 *AD*、*BC* 所形成的曲面则是内、外圆柱面，只要作出过点 *A*、*B*、*C*、*D* 的 4 条螺旋线，或者说，分别作出以 *AB*、*CD* 为母线的两个空心平螺旋面的 *V* 投影，即得弯头的 *V* 投影；*H* 投影具有积聚性，与给出的 *H* 投影重合，不必另求。

2）作图，如图 5-19a 所示。

① 将 *H* 投影同心半圆分成 6 等分，并作出内外素线相应的 *V* 投影 1′、2′、3′、4′、5′、

$6'$和 $1_1'$、$2_1'$、$3_1'$、$4_1'$、$5_1'$、$6_1'$。

② 将 c'与 c_1' 之间的铅垂高度（$=S/2$）6 等分，并过分点各作水平线，得 1、2、3、4、5、6 线。再将 b'与 b_1'之间的铅垂高度（$=S/2$）6 等分，过分点各作水平线，得 1^0、2^0、3^0、4^0、5^0、6^0 线。

③ 铅垂素线的 V 投影与相应水平分格线的交点，即为螺旋线上的点，作出以 AB 和 CD 为母线的平螺旋面即为所求，并判别可见性，图 5-19b 所示为加阴影线后的最后结果图。

2. 螺旋楼梯

在实际工程中，螺旋楼梯的承重方式常见的有两种，一是由中间实心圆柱承重，如图 5-20 所示。二是由一定厚度的楼梯板承重，形如图 5-20 右图所示去掉中间柱子，楼板的下表面就是螺旋面。下面举例说明螺旋楼梯的画法。

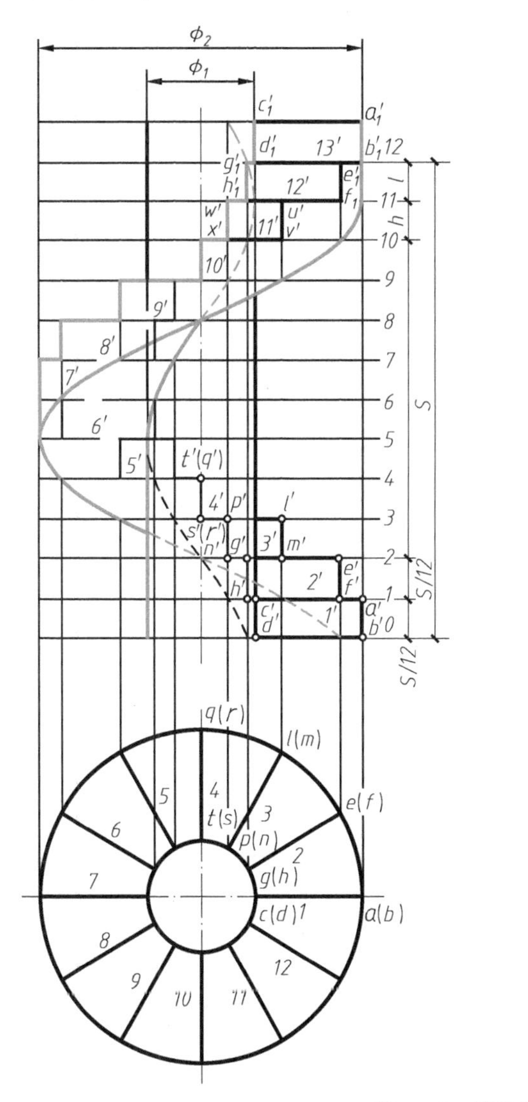

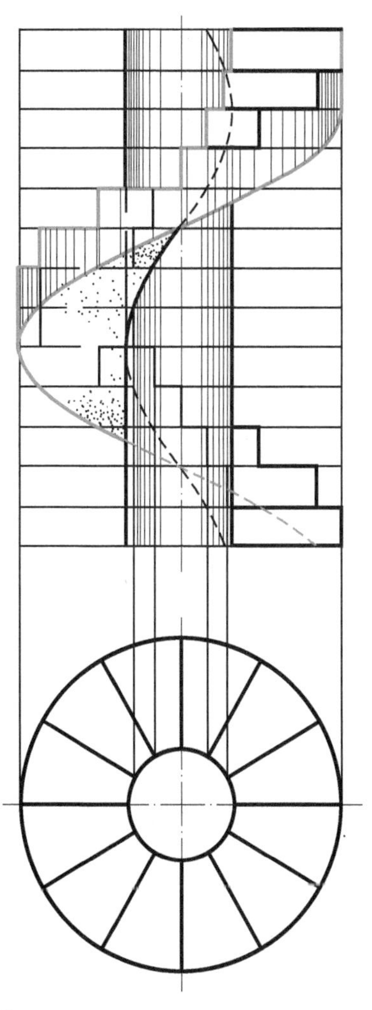

图 5-20　圆柱螺旋楼梯

已知内、外圆柱直径分别为 ϕ_1 和 ϕ_2，螺距为 S，踢面高 $h=S/12$（通常取 150 ~ 170

mm)，梯板厚度 $l=S/12$（也可大于 $S/12$），求作螺旋楼梯的 H、V 投影。

作图步骤如下：

1）作 H 投影，如图 5-20 左图所示：过圆心将圆周作 12 等分，得踏面（水平面）和踢面（铅垂面）的 H 投影。

2）作 V 投影，如图 5-20 左图所示：

① 将螺距 S 十二等分，得水平分格线，并注上数字 0~12。

② 作各踢面（矩形）的 V 投影：第一踢面由矩形 $ABDC$ 组成，是 V 面平行面，V 投影反映实形，在 0 线与 1 线之间得到 $a'b'd'c'$；第二踢面由矩形 $EFGH$ 组成，从 H 投影 e（f）、g（h）各点引铅垂线与水平分格线 1 线、2 线相交，得矩形框 $e'f'h'g'$；第三踢面由矩形 $LMNP$ 组成，从 H 投影 l（m）、p（n）引铅垂线与水平分格线 2 线、3 线相交，得矩形线框 $l'm'n'p'$；第四踢面是侧平面 $QRST$ 矩形，其 V 投影积聚为一条竖直线 t'（q'）s'（r'），其余各踢面 V 投影的作法也都相似。

③ 作各踏面（扇形）的 V 投影（均为水平线）：各踢面作出之后各踏面的积聚投影——水平线就带出来了，如踏面扇形 $AFHC$，其 V 投影就是水平线 $a'f'c'h'$；踏面扇形 $EMNG$ 其 V 投影就是水平线 $e'm'g'n'$。与踏面 $LRSP$ 对称的左右、前后，四个踏面的 V 投影，在作出相近踏面 4′、10′之后，由于 4′、10′积聚为铅垂线，故踏面 V 投影所积聚的水平线需加长一段，如踏面扇形 $LRSP$，其 V 投影应将水平线 $l'p'$ 延长到与 s'（r'）相交止，这样，$l'p's'$（r'）即为踏面 $LRSP$ 的 V 投影，其余与它对称的三个踏面的作法类似。

④ 作梯板的 V 投影：具有一定厚度的梯板的内、外表面实际上是圆柱面，下表面是平螺旋面。画梯板的 V 投影，实际上只要绘出梯板与内、外圆柱表面交线——螺旋线即可。外螺旋线画法：从每一踢面外侧边线（铅垂线）往下取一个厚度 $l=S/12$，即为螺旋线各分点（图中从 13′踢面外侧线 $a_1'b_1'$ 往下取一个厚度 l 得 u' 点；从 12′踢面外侧边线 $e_1'f_1'$ 往下取一个厚度 l 得 v' 点），连接起来就得外表面上的螺旋线。内圆柱上螺旋线画法：从每一踢面的内侧边线（也是踢面与内圆柱表面交线）往下取一个 l 厚，得螺旋线上各点（如从图中第 13′踢面内侧边线 $c_1'd_1'$ 往下取一个 $l=S/12$ 厚，得 w' 点，u' 与 w' 点同在一水平线上，第 12′踢面内侧边线 $g_1'h_1'$ 往下取一个 $l=S/12$ 厚，得 x' 点，同样 v' 和 x' 点在同一水平线上……），连接起来就得内表面上螺旋线。

⑤ 螺旋线作出之后，为了加强直观性，可在余下的大圆柱可见侧表面和小圆柱可见侧表面上加绘阴影线，阴影线用细实线画，近轮廓素线处间距密些，近轴线处间距疏些。

思考题

1. 什么是曲面形成的要素？
2. 柱面是怎样形成的？常见的柱面有哪些？
3. 锥面是怎样形成的？常见的锥面有哪些？
4. 什么是柱状面？它的投影有何特点？
5. 什么是锥状面？它的投影有何特点？
6. 单叶回转双曲面是怎样形成的？怎样作出它的投影？
7. 双曲抛物面是怎样形成的？怎样作出它的投影？
8. 平螺旋面是怎样形成的？怎样作出它的投影？

第6章 轴测投影

本章概要

本章依次讲述了轴测投影的基本知识、正轴测投影、斜轴测投影，重点讲述了常用轴测投影图的画法。在本章学习中，需要了解轴测投影图的形成及分类；熟悉不同类型轴测投影图的轴间角及轴向伸缩系数；熟练掌握正等轴测投影、正面斜二测的具体画法。

多面正投影图能够完整、准确地表达物体各部分的形状和尺寸大小，而且绘图简便，便于施工，是工程上普遍采用的图样。但它的缺点是立体感差，读图困难。图 6-1a 所示为一物体的三面正投影图，图 6-1b、c 分别为其用斜二测和正等测画法画出的立体图，比较之下，后者立体感强，易于读图。但由于这种立体图存在绘制复杂、度量性差等缺点，所以，工程上常用立体图作为辅助图样以弥补多面正投影图的缺点。一般的立体图是用轴测投影法画出的轴测投影图，简称轴测图。轴测图可用于研究建筑空间的构成与关系及建筑节点构造的关系，具有简明、直观的表达效果，它也常用来表达零件、机器设备外观、空间机构和管路布局等。

轴测图的可见轮廓线宜用 0.5b 线宽的实线绘制，断面轮廓线宜用 0.7b 线宽的实线绘制。不可见轮廓线可不必绘出，必要时，可用 0.25b 线宽的虚线绘出所需部分。

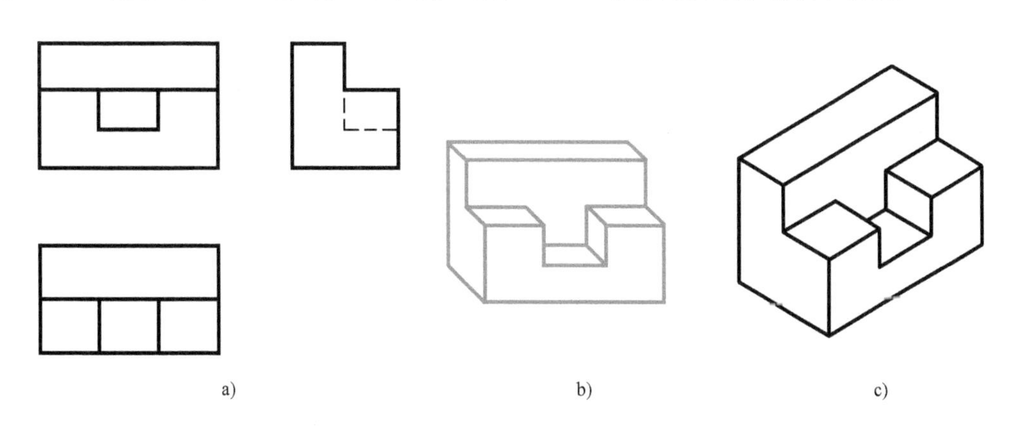

a)　　b)　　c)

图 6-1　物体的三面投影图和轴测投影图

a) 正投影图　b) 斜二测图　c) 正等测图

6.1 轴测投影的基本知识

6.1.1 轴测投影图的形成

如图 6-2 所示，轴测投影图是指将物体连同其参考直角坐标系，沿不平行于任一坐标面的方向，用平行投影法投射在单一投影面上所得的具有立体感的图形。投影面 P 称为轴测投影面，S 为投射方向。

轴测投影图不仅能反映物体三个侧面的形状，具有立体感；而且能够测量物体三个方向的尺寸，具有可量性。但测量时必须沿轴测量，这是轴测投影命名的由来。

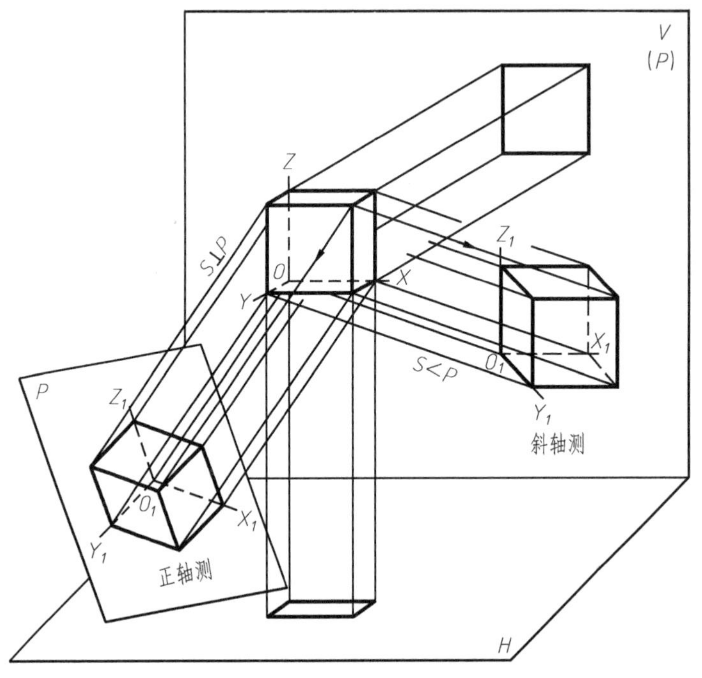

图 6-2　轴测投影的形成和分类

6.1.2 轴间角及轴向伸缩系数

图 6-2 中，$O\text{-}XYZ$ 是表示空间物体长、宽、高三个尺度方向的直角坐标系。$O_1\text{-}X_1Y_1Z_1$ 是指在投影面 P 上的轴测投影，称为轴测轴。轴测轴表明了轴测图中长、宽、高三个尺度方向。轴测轴之间的夹角 $\angle X_1O_1Y_1$、$\angle Y_1O_1Z_1$ 和 $\angle X_1O_1Z_1$，叫轴间角。轴测轴和空间坐标轴之间对应尺寸的比值称为轴向伸缩系数。

当空间坐标轴 $O\text{-}XYZ$ 的位置发生变化，或者投射线 S 方向角度发生变化时，轴间角和轴向伸缩系数都将变化。

轴间角和轴向伸缩系数是轴测投影中的重要参数，确定轴间角和轴向伸缩系数就等于确定轴向和轴向比例，只有轴向和轴向比例确定之后才可以画轴测投影图。

因为轴测投影也属于平行投影，所以平行投影中的基本性质（如平行性、从属性和定

比性）在轴测投影中是不变的，画图时应该充分利用这些性质。

6.1.3　轴测投影的分类

轴测投影方向与投影面可以垂直也可以倾斜。当投射方向 S 与投影面 P 垂直时，所得投影叫正轴测投影；当投射方向 S 与投影面 P 倾斜时，所得投影叫斜轴测投影。具体分类如下：正轴测投影——投射方向 S 垂直于投影面 P 时所得的轴测投影；斜轴测投影——投射方向 S 倾斜于投影面 P 时所得的轴测投影。

这两类轴测投影根据伸缩系数不同，各分为三种：

1）$p=q=r$，称为正（斜）等轴测投影，简称正（斜）等测。

2）$p=q\neq r$ 或 $p=r\neq q$ 或 $q=r\neq p$，称为正（斜）二等轴测投影，简称正（斜）二测。

3）$p\neq q\neq r$，称正（斜）三测轴测投影，简称正（斜）三测。

6.2　正轴测投影

当投射方向 S 与投影面 P 垂直，三个坐标面 XOY、YOZ 和 XOZ 都与投影面 P 倾斜时，所得的平行投影为正轴测投影。在正轴测投影中，如果三个轴向伸缩系数都相等，就叫正等轴测投影（简称正等测）；如果两个轴向伸缩系数相等，一个不等，称作正二等轴测投影（简称正二测）。

1. 正等测的轴间角与轴向伸缩系数

正等测的投影条件是：投射方向 S 与投影面 P 垂直，三个坐标轴 OX、OY、OZ 与投影面 P 倾斜而且倾角相等。

如图 6-3 所示，满足上述条件的正等测图中轴间角均为 120°，通常将 O_1Z_1 轴画成竖直方向，O_1X_1、O_1Y_1 轴与水平成 30°角。轴向伸缩系数 $p_1=q_1=r_1=0.82$，这是计算出来的理论系数（理论推导略）。当用这个系数画图时，将轴向尺寸乘以 0.82 后画很不方便，所以实际画图时取 $p=q=r=1$，这是为了简化作图而规定的简化系数。用简化系数时，物体上所有的轴向尺寸与实际尺寸相等，但画出的正等测图被放大了 $1/0.82\approx1.22$ 倍，可是形状并不改变，不影响立体感。采用这两种轴向伸缩系数绘图产生的差异如图 6-3c 所示。

房屋建筑的轴测图宜采用正等测投影并用简化轴向伸缩系数绘制，即 $p=q=r=1$。

2. 正等测的画法

作图时，O_1Z_1 轴一般画成铅垂线，另外要考虑到物体与轴测投影面的相对位置，使图形能清楚地反映出物体所需表达部分，如图 6-4 所示。下面举例说明正等测的画法。

【例 6-1】　作出图 6-5 所示正六棱柱的正等轴测图。

分析：为减少不必要的作图线，先从正六棱柱顶面开始作图比较方便。故把坐标面 XOY 重合于顶面，且 OZ 轴过顶面中心。

作图：

（1）在给定的投影图中选定直角坐标系，并在水平投影图中确定坐标轴上的点 1、2、3、4，六棱柱顶面正六边形的顶点 5、6、7、8，如图 6-5a 所示；

（2）画轴测轴，并根据水平投影图作出坐标上 1、2、3、4 点的轴测投影 1_1、2_1、3_1、4_1，如图 6-5b 所示；

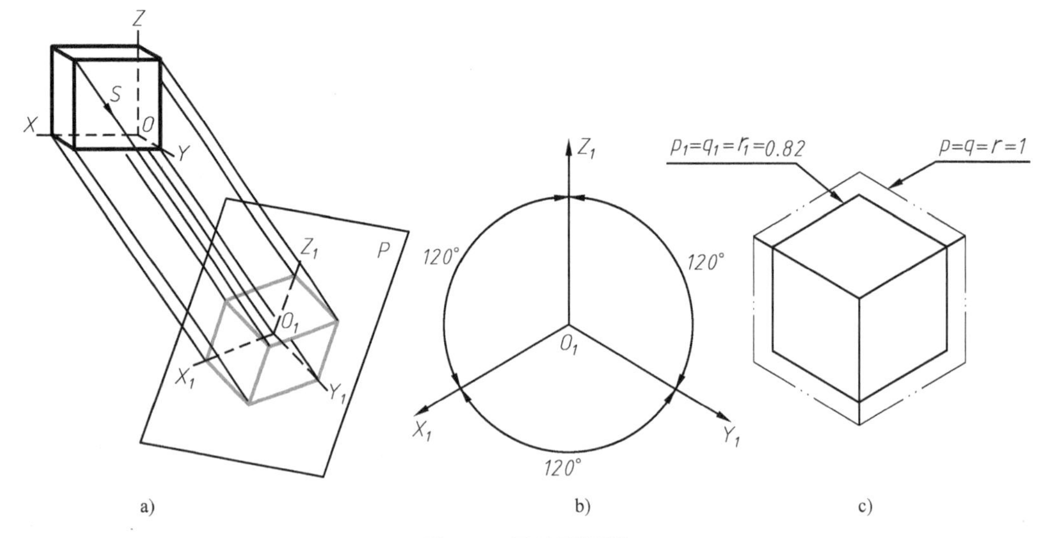

图 6-3 正轴测投影

a）正轴测投影形成 b）正等测投影轴及轴间角 c）轴向伸缩系数

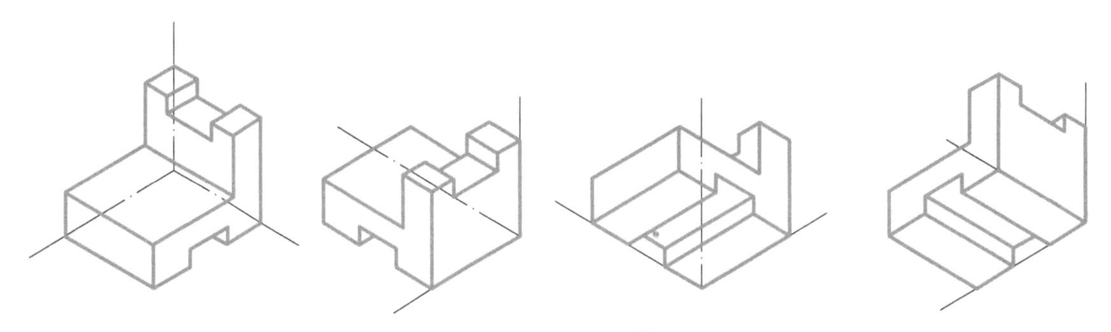

图 6-4 不同位置正等测

（3）过 3_1、4_1 分别作直线平行于 O_1X_1 轴并量取 $3_15_1=35$、$3_16_1=36$、$4_17_1=47$、$4_18_1=48$，得 5_1、6_1、7_1、8_1 点。用直线连接各点完成顶面轴测图，如图 6-5c 所示；

（4）过 7_1、1_1、5_1、6_1 各点作棱线平行于 O_1Z_1 轴，长度等于六棱柱的高度 h，得底面上各点，如图 6-5d 所示；

（5）作出正六棱柱底面的可见棱线，擦去多余作图线，描深全图，如图 6-5e 所示。

【例 6-2】 作出 6-6a 所示垫块的正等轴测图。

分析：如图 6-6a 所示，垫块是一个简单组合体，画其轴测图时可采用形体分析法，想象它是由基本几何体切割而成，因而在作图时采用切割法。

作图：

（1）建立原轴，标注原点，如图 6-6a 所示；

（2）建立新轴，画未切割前的长方体外形如图 6-6b 所示；

（3）切去左前方一长方体，再切去左后方一三棱柱，如图 6-6c 所示；

（4）擦去多余线、描深，完成垫块正等测，如图 6-6d 所示。

【例 6-3】 作出 6-7a 所示组合体的正等测。

图 6-7a 所示的形体是由几个基本几何体叠加而成的组合体，画图时可以用叠加法。

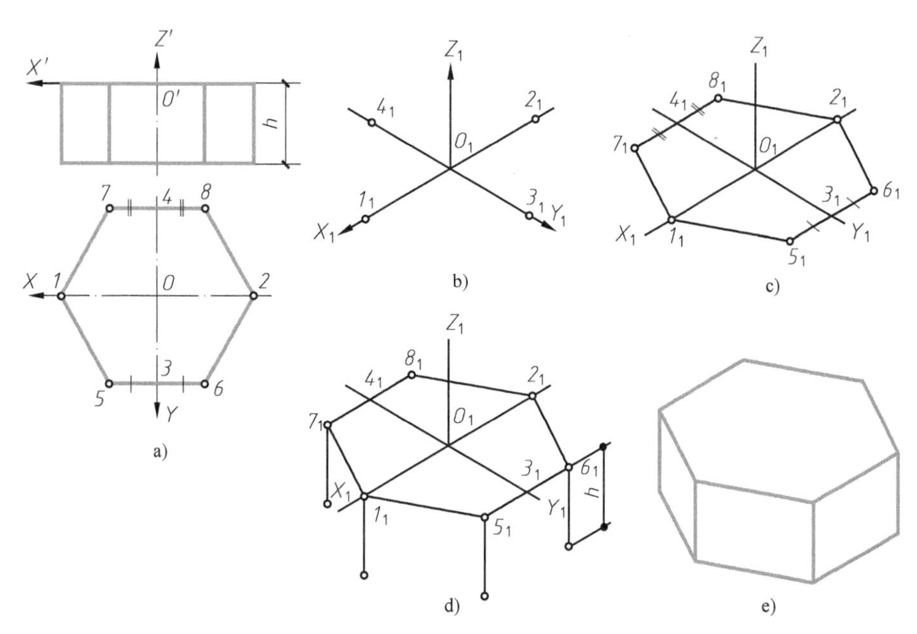

图 6-5　正六棱柱的正等测

a）建立原轴　b）建立新轴并取点　c）绘制上表面　d）绘制侧棱　e）完成

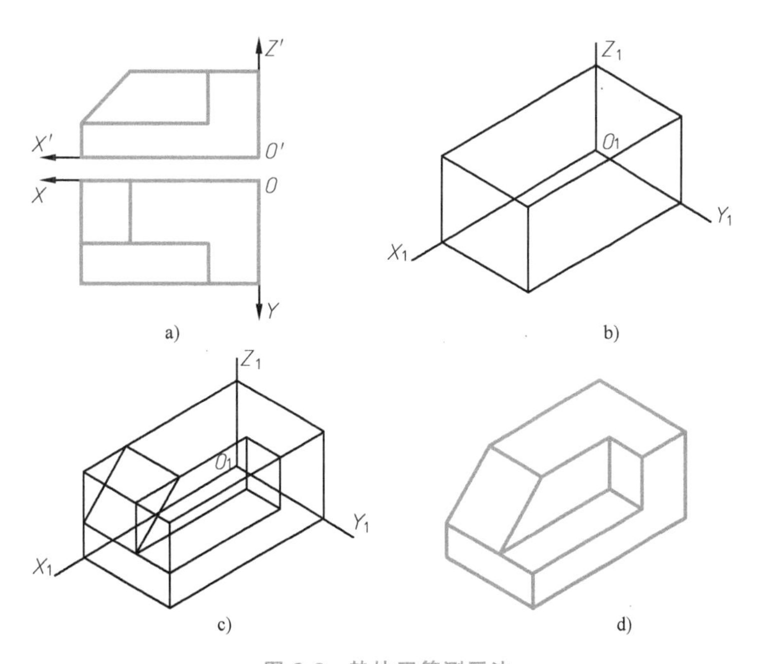

图 6-6　垫块正等测画法

a）建立原轴　b）建立新轴并绘制长方体　c）切割　d）完成

作图：

（1）画出水平矩形板的正等测，如图 6-7b 所示；

（2）画出正面矩形板的正等测，注意与水平板的相对位置，如图 6-7c 所示；

（3）画出右侧三角板的正等测，同样要注意它的位置，如图 6-7d 所示；

（4）擦去多余线条，加深、完成组合体的正等测，如图 6-7e 所示。

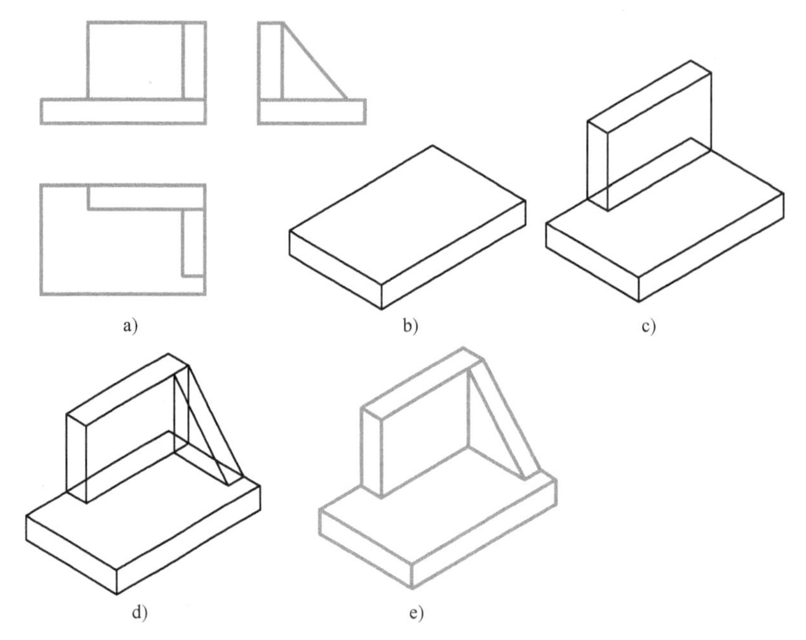

图 6-7　组合体的正等测

a）三视图　b）绘制底板　c）绘制矩形板　d）绘制三角板　e）检查描深完成

【例 6-4】 作出 6-8a 所示台阶的正等测。

图 6-8a 所示台阶由两级台阶和左右栏板组成。

作图：

（1）画出左右栏板长方体的正等测（图 6-8b）；

（2）画出栏板切割表面交线（图 6-8c）；

（3）画出台阶在右侧栏板的交线（图 6-8d）；

（4）画出台阶，擦去多余的线条，加深图线，完成台阶的正等测（图 6-8e）。

【例 6-5】 作局部梁、板、柱节点的仰视正等测（图 6-9）。

图 6-9a 所示节点，上大下小，为能表示出下部构造，投影方向应由下向上（即仰视）。

作图：

（1）画出上面楼板的正等测（由下往上画，坐标面 XOY 放在下面，坐标原点 O 在底面中心上，如图 6-9b 所示）；

（2）画出立柱的正等测（由上往下画，如图 6-9c 所示）；

（3）画出 X 轴方向的大梁和 Y 轴方向的小梁的正等测（包括梁与柱、梁与板的交线，如图 6-9d 所示）；

（4）加深图线，完成节点的正等测，如图 6-9e 所示。

【例 6-6】 坐标面（或平行于坐标面）上圆的正等测的近似画法。

在正等轴测图中，由于各坐标面对轴测投影面的倾角均相等，所以，位于各坐标面上直径相等的圆，其轴测投影都是大小完全相同的椭圆，只是长、短轴方向各不相同。

经理论分析，位于 XOY 坐标面上的圆的正等测椭圆，长轴垂直于轴测轴 O_1Z_1；位于

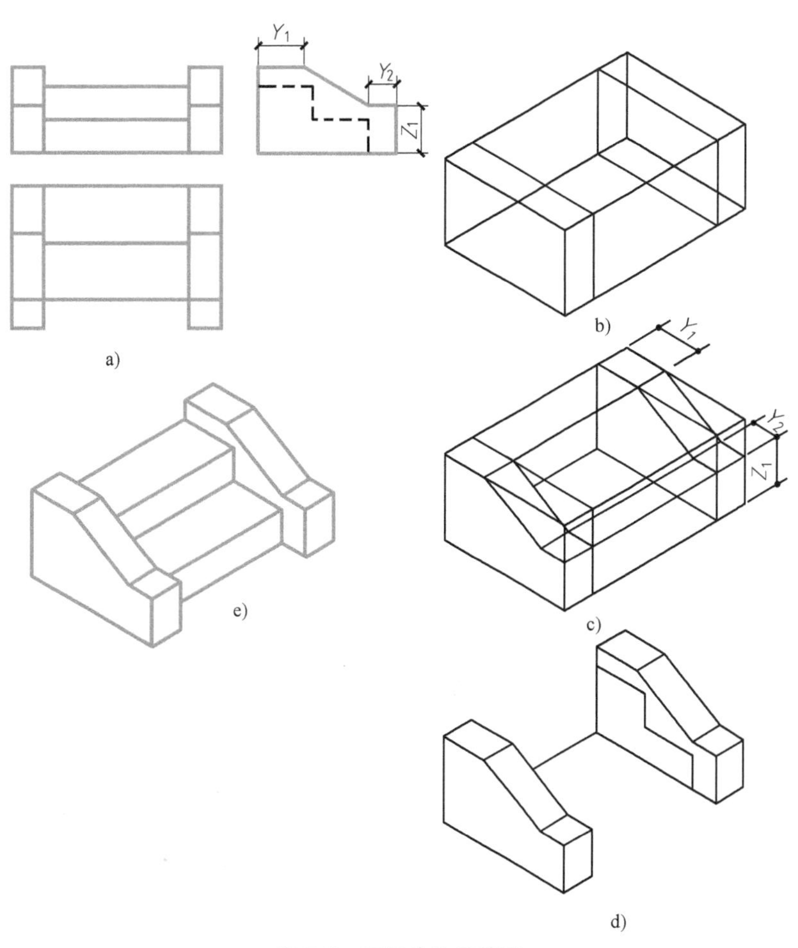

图 6-8　切割体的正等测

a）三视图　b）绘制栏板　c）切割栏板　d）完成栏板　e）绘制台阶完成

XOZ 坐标面上的圆的正等测椭圆，长轴垂直于轴测轴 O_1Y_1；位于 *YOZ* 坐标面上的圆的正等测椭圆，长轴垂直于轴测轴 O_1X_1。各椭圆的短轴垂直于长轴。椭圆长轴的长度等于圆的直径 d，短轴长度等于 $0.58d$，如图 6-10a 所示。

如果采用简化伸缩系数，其长、短轴均放大 1.22 倍，即长轴等于 $1.22d$，短轴等于 $0.71d$ 如图 6-10b 所示。

与坐标面平行的圆，其正等测画法与上述相同。在绘制圆的正等测时，常采用四心圆弧法近似画椭圆。图 6-11 所示为 *XOY* 坐标面内的圆，其直径为 d，它内切于正方形，切点为 A、B、C、D。

用四心圆弧法画其正等测椭圆的步骤如图 6-12 所示。

作图：

（1）过圆心 O_1 作轴测轴 O_1X_1、O_1Y_1 及椭圆的长、短轴方向线。由直径 d 确定 A_1、B_1、C_1、D_1 四点，如图 6-12a 所示。

（2）作出圆外切正方形的正等测——菱形，12、56 为菱形的对角线，如图 6-12b 所示。

（3）连接 $1A_1$、$1C_1$ 交 56 于 3、4 两点，则 1、2、3、4 分别为四段圆弧的圆心。以 1 为圆心、$1A_1$ 为半径作弧 A_1C_1；同样，以 2 为圆心作弧 B_1D_1，如图 6-12c 所示。

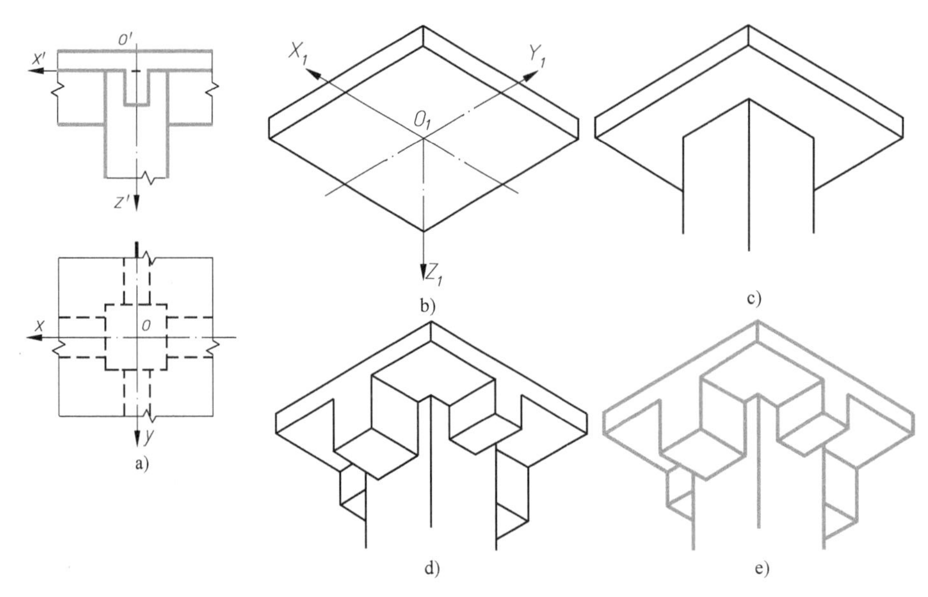

图 6-9 局部节点的正等测

a）建立原轴 b）建立新轴并绘制楼板 c）绘制立柱 d）绘制大梁、小梁 e）检查描深完成

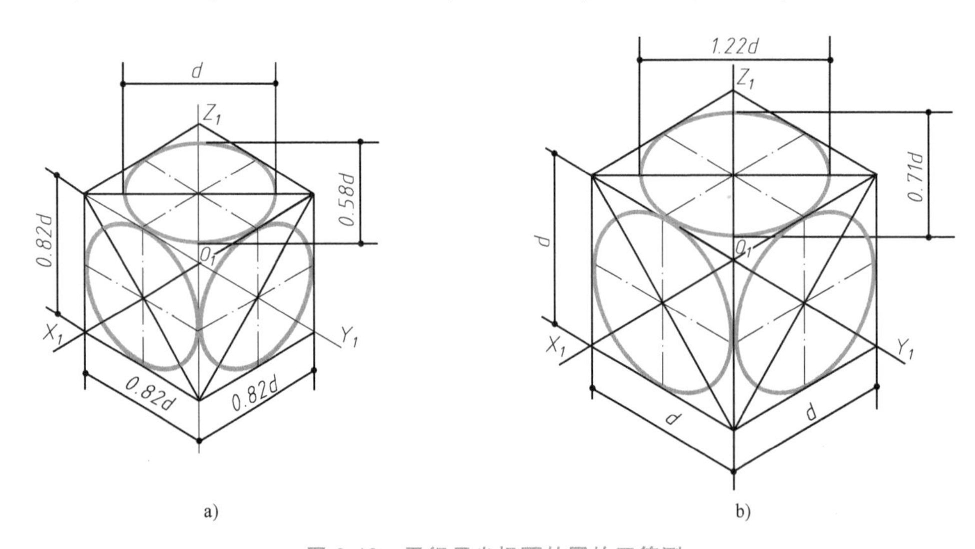

图 6-10 平行于坐标面的圆的正等测

a）轴向伸缩系数为 0.82 时圆的正等测 b）轴向伸缩系数为 1 时圆的正等测

（4）以 3 为圆心、$3A_1$ 为半径作弧 A_1D_1；同样以 4 为圆心作弧 C_1B_1，并以 A_1、B_1、C_1、D_1 为切点描深四段圆弧，如图 6-12d 所示。

用四心圆弧法画椭圆，就是用四段不同心的圆弧近似代替椭圆，所以叫四心圆弧法。实际画图时为简化作图，一般不作出菱形，只定出四段圆弧的圆心及四个切点即可。故上例可简化为图 6-13 的形式，具体作法是：过 O_1 作轴测轴及长、短轴方向线，并截 $O_1A_1 = O_1D_1 = O_11 =$

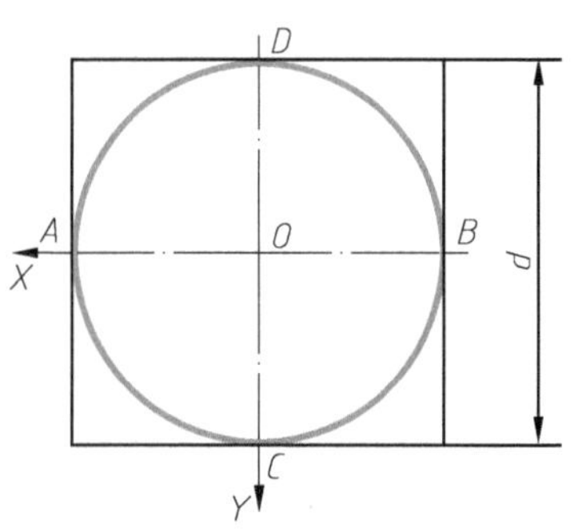

图 6-11 XOY 坐标面内的圆

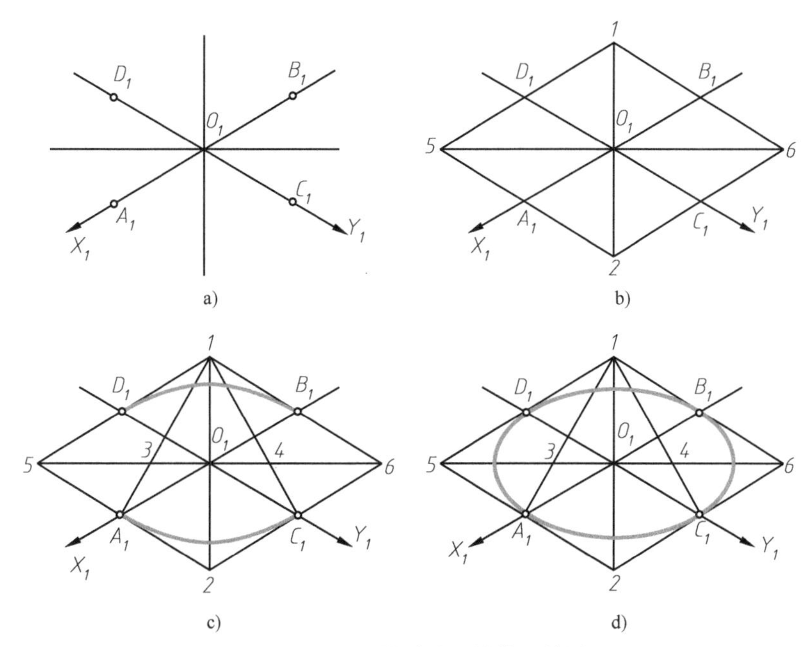

图 6-12 四心圆弧法画圆的正等测

a）作轴测轴 b）作菱形 c）找圆心半径 d）作四段圆弧

$O_1B_1=O_1C_1=O_12=d/2$，连 $1A_1$、$1C_1$ 定出 3、4。分别以 1、2、3、4 为圆心，A_1、C_1、B_1、D_1 为切点作出四段圆弧，如图 6-13b 所示。

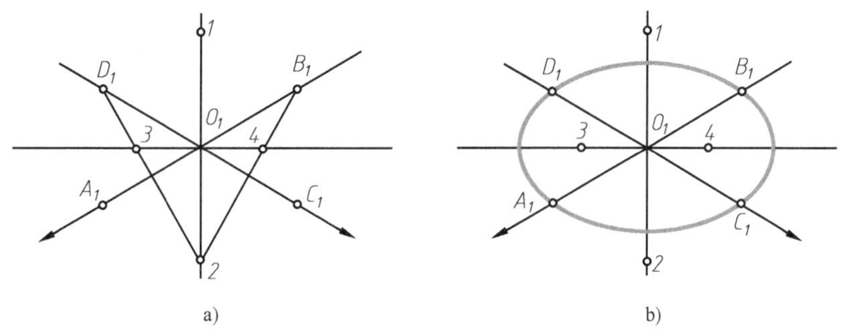

图 6-13 四心圆弧法画圆的正等测简化作图

【例 6-7】 作出图 6-14 所示圆角的正等测。

图 6-14 所示为一块有圆角的底板，厚度为 h；圆角各占圆周的四分之一，半径为 R。这些圆角的正等测应为椭圆的一部分。

图 6-14 有圆角的底板的投影图

作图：

（1）画底板轴测图。从上表面四角点沿两边分别量取长度为 R 的点（切点），过切点作相应边的垂线，分别交于 1、2、3、4 点，如图 6-15a 所示。

（2）以 1、2、3、4 为圆心，相应长度为半径作圆弧。将 1、3、4 沿 Z_1 轴方向向下平移距离 h，得 O_1、O_3、O_4。分别以 O_1、O_3、O_4 为圆心，以相应长度为半径作圆弧，并作两个小圆弧的公切线，如图 6-15b 所示。

（3）擦去作图线、描深，完成全图，如图 6-15c 所示。

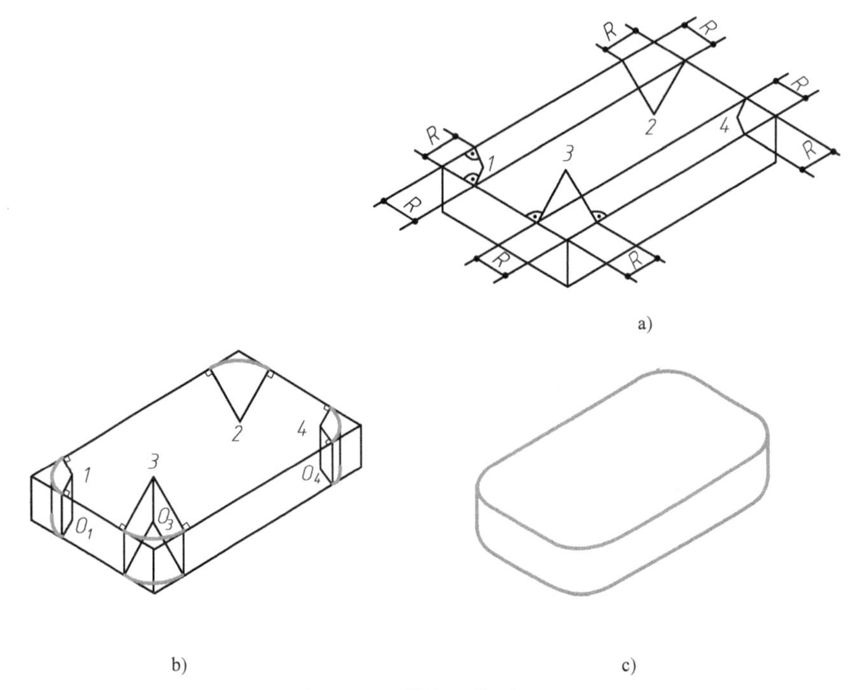

图 6-15 圆角正等测画法

a）作底板 b）作圆角 c）检查描深

【例 6-8】 画出图 6-16a 所示圆柱的正等轴测图。

分析：圆柱的轴线是铅垂线，因此两端面是平行于 XOY 坐标面且直径相等的圆。

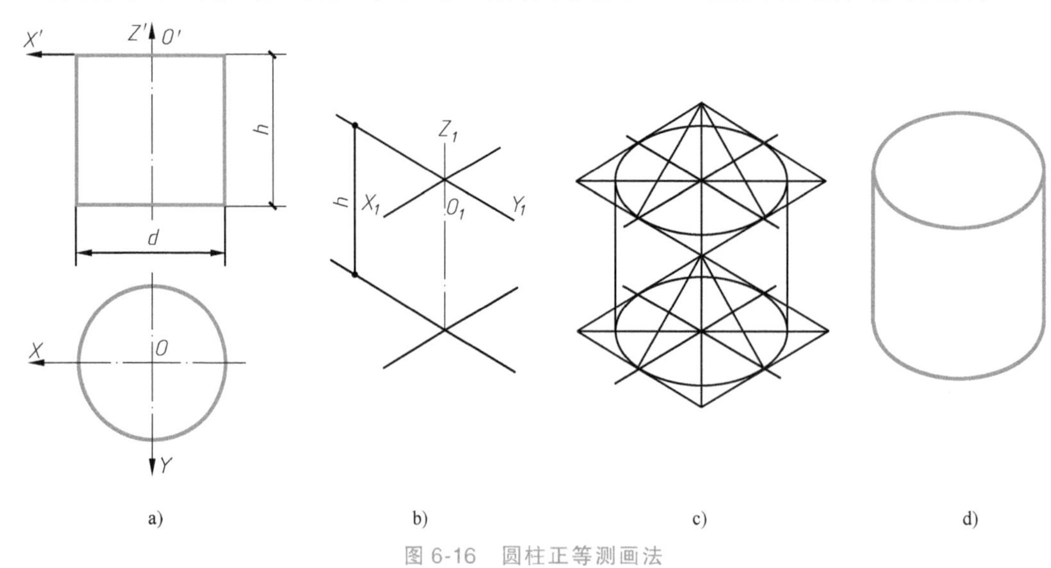

图 6-16 圆柱正等测画法

a）已知 b）作轴测轴 c）作草图 d）检查描深

作图：

（1）在正投影图中选定坐标系，如图 6-16a 所示；

（2）画轴测轴，定出上、下端面中心的位置，如图 6-16b 所示；

（3）画上、下端面的正等测椭圆及两侧轮廓线，如图 6-16c 所示；

（4）擦去作图线，描深，如图 6-16d 所示。

图 6-17 表示轴线分别为 *OX*、*OY*、*OZ* 三个方向的圆柱的正等测。

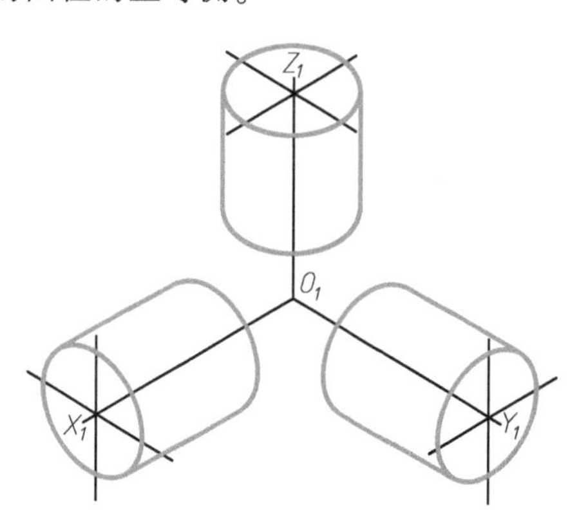

图 6-17　各方向圆柱正等测画法

【例 6-9】　作出图 6-18a 所示圆台的正等轴测图。

分析：圆台的轴线是水平放置的，它的两端面是平行于 *YOZ* 坐标面的圆，可按平行于该坐标面的圆的正等测画出。

作图：

（1）在投影图中确定坐标系；

（2）画轴测轴，定出两端面中心位置，画出两端圆的外切正方形的正等测如图 6-18b 所示；

（3）画左端面小椭圆、右端面大椭圆可见部分，如图 6-18c 所示；

（4）作两端椭圆的公切线，擦去作图线描深，如图 6-18d 所示。

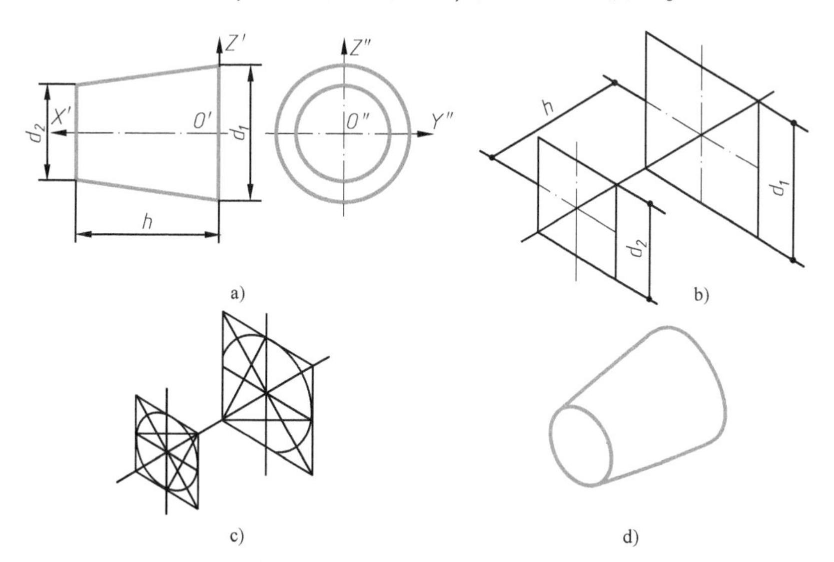

图 6-18　圆台正等测画法

a）已知　b）作轴测轴　c）作草图　d）检查描深

【例 6-10】　作图 6-19a 所示圆球的正等轴测圆。

圆球的正等测为与球直径相等的圆。采用简化轴测伸缩系数，则圆的直径放大了 1.22 倍。为了使图形富有立体感，一般将过球心且与三个坐标面平行的圆的正等测椭圆画出，如图 6-19b 所示。

【例 6-11】　被截切后圆柱的两面投影如图 6-20a 所示，试画出其正等轴测图。

分析：圆柱轴线垂直于 *H* 面，被一个侧平面、一个水平面、一个正垂面所截。画图时可先画出完整圆柱，再按顺序截切。

作图：

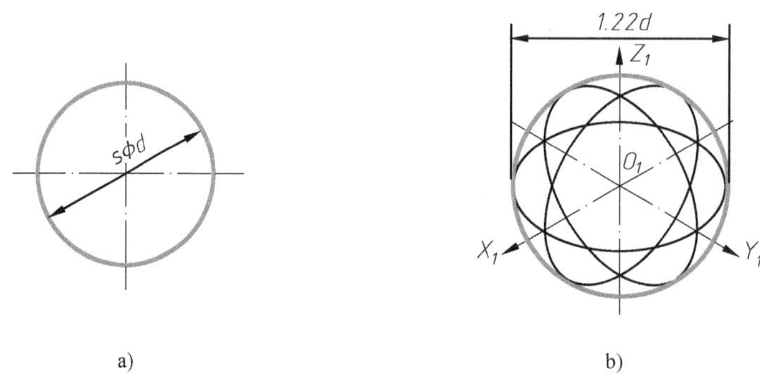

图 6-19 圆球的正等测

a）圆球投影 b）圆球正等测

（1）在正投影图中确定坐标系及截交线上一系列点的坐标，如图 6-20a 所示。

（2）画出圆柱的正等测，切去上端部分圆柱，其水平切口的轴测投影为部分椭圆，垂直切口为平行四边形，如图 6-20b、c 所示；

（3）画左侧斜截部分的交线——椭圆。用坐标法作出截交线上系列点的轴测投影，如图 6-20d 所示；

（4）依次光滑连接各点，擦净作图线、描深，如图 6-20e 所示。

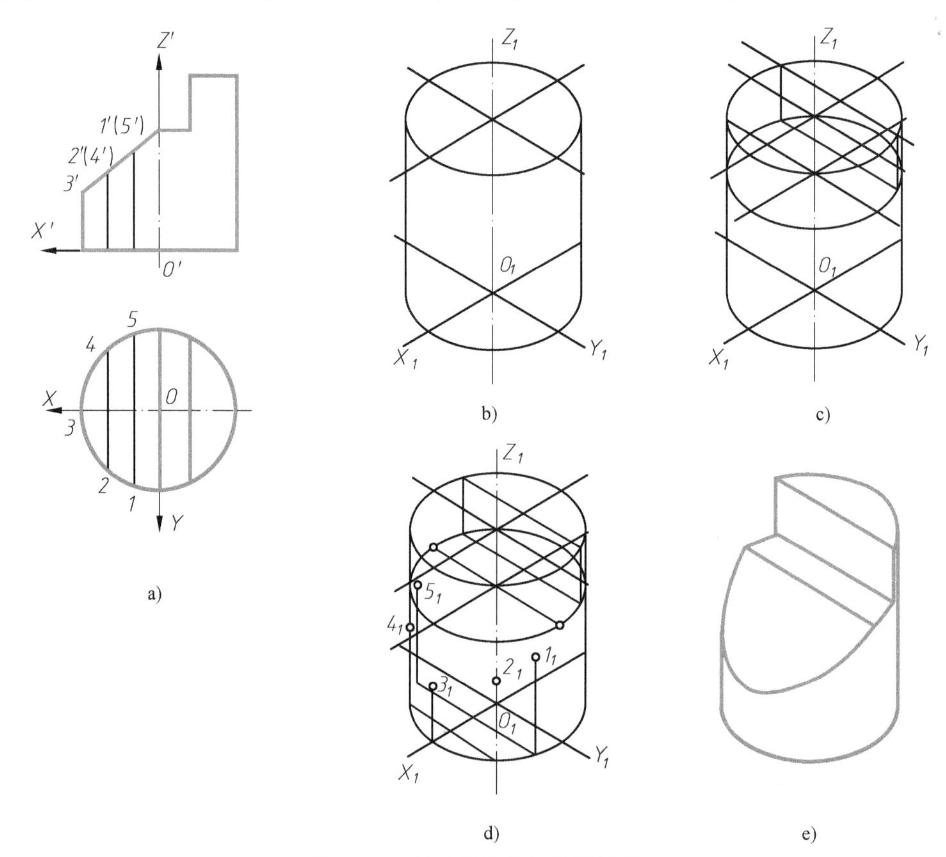

图 6-20 截切后圆柱正等测画法

a）已知 b）作圆柱正等测 c）作侧平面及水平面 d）找正垂面 e）检查描深

【例 6-12】 作圆柱相贯体的正等测（图 6-21）。

图 6-21a 所示形体由一个小圆柱和半个空心大圆柱相贯而成，其相贯线用辅助截面法作出。在画轴测图时可用辅助截面法。

作图：

（1）作出半圆柱的正等测，如图 6-21b 所示；

（2）画出竖直小圆柱的正等测，如图 6-21c 所示；

（3）用辅助截面法求出两圆柱表面的公共点，并画出相贯线，如图 6-21c 所示；

（4）擦去多余的线条，加深图线，完成形体的正等测，如图 6-21d 所示。

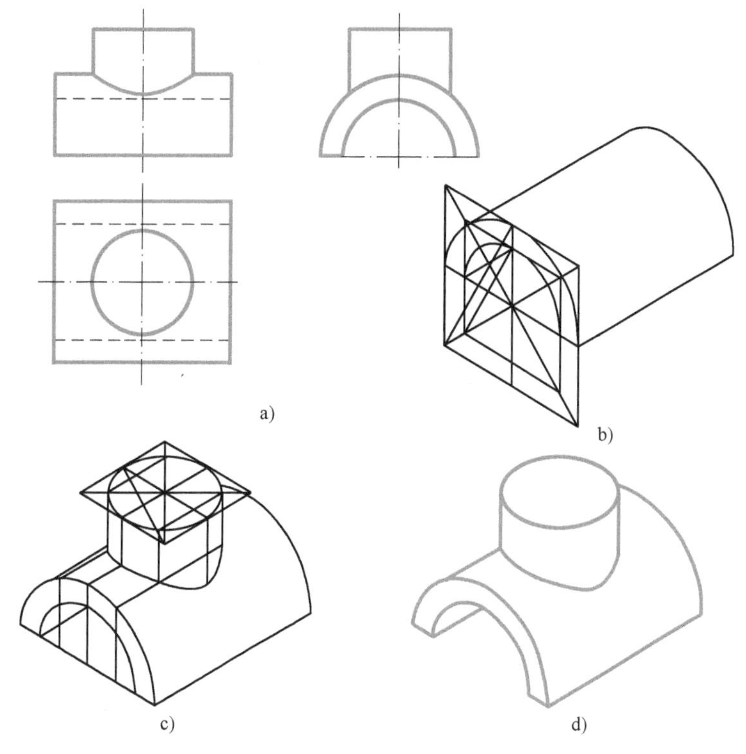

图 6-21　圆柱相贯体正等测画法

a）已知　b）作半圆柱的正等测　c）画出竖直小圆柱及相贯线的正等测　d）检查描深

【例 6-13】 画出图 6-22a 所示组合体的正等测。

分析：画组合体轴测图的基本方法与画组合体投影图一样，用形体分析法。按基本形体及各形体间的相对位置，逐个画出每个形体的轴测图。

图示组合体由底板、立板和三角形肋板三部分组成。底板前端带圆角；立板底部与底板同宽，顶部是圆柱体，开有圆柱孔。

作图：

（1）画出底板和立板，如图 6-22b 所示；

（2）画肋板及圆柱孔，如图 6-22c 所示；

（3）画底板圆角部分，如图 6-22d 所示；

（4）擦去作图线，加深，如图 6-22e 所示。

【例 6-14】 根据图 6-23a 所示物体的三面投影图，作出它的正等测图。

分析：从所给投影图看出，该物体由底板和立板两部分组成。底板为长方体，其上有个半圆柱形槽；立板下半部为长方体，其上有个长方体通孔，上半部为三棱柱体，其上有个圆柱孔（不通孔）。

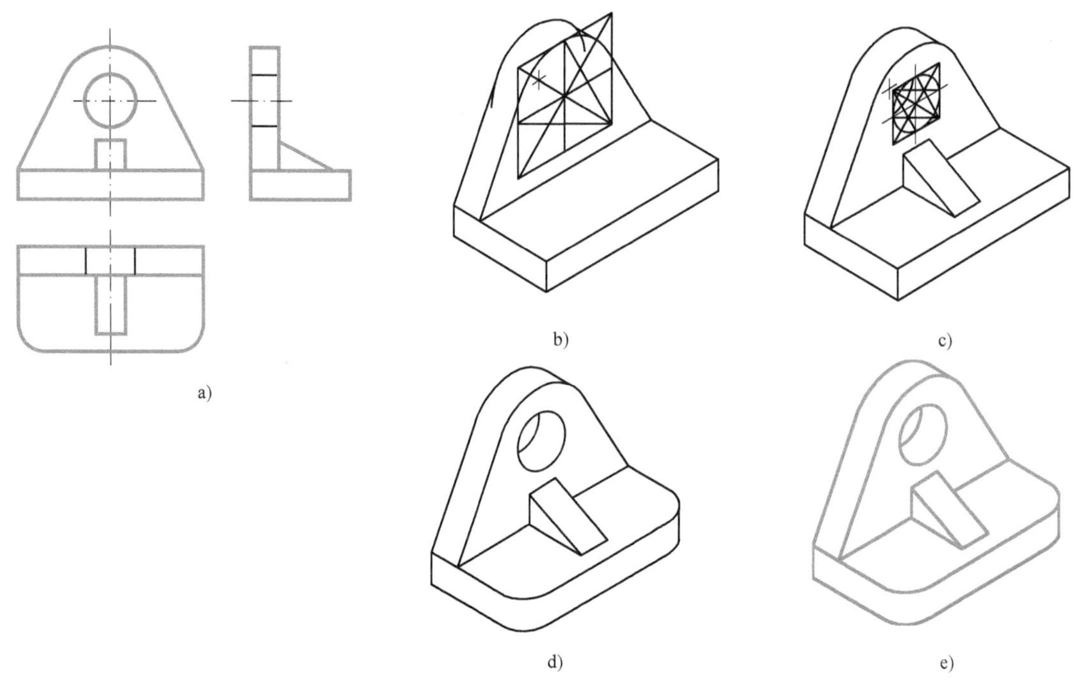

图 6-22　组合体正等测

a）投影图　b）画出底板和立板　c）画肋板及圆柱孔　d）画底板圆角部分　e）检查描深

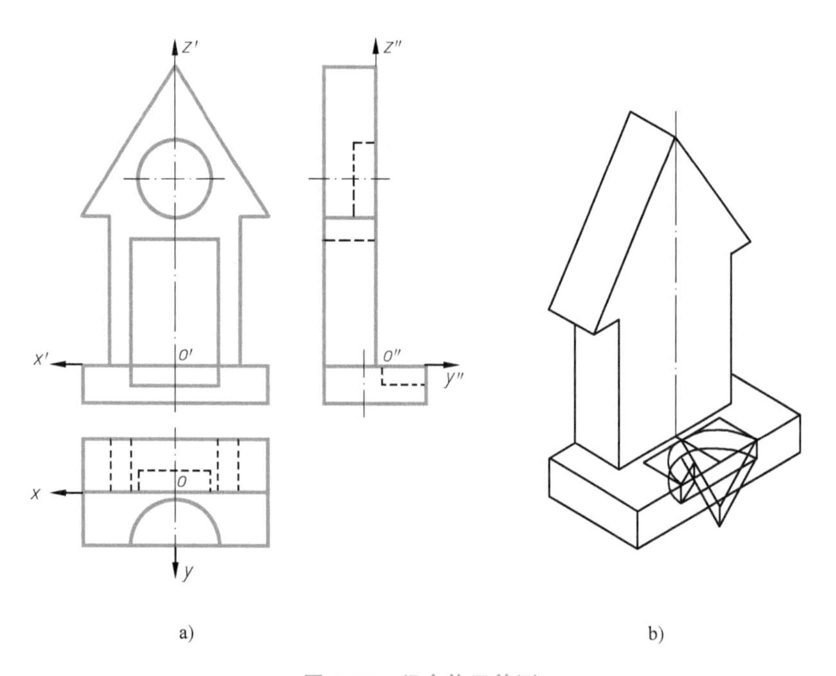

图 6-23　组合体正等测

a）投影图　b）画底板立板

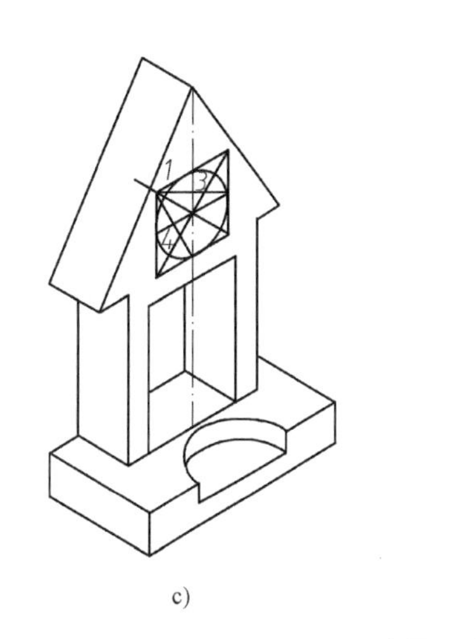

c)

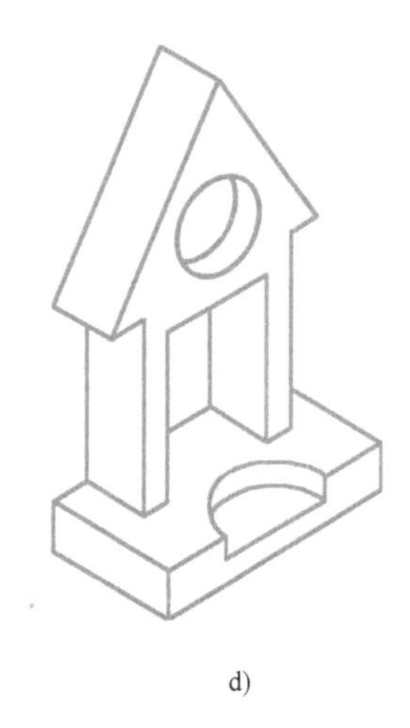

d)

图 6-23　组合体正等测（续）

c）画细部　d）检查描深

作图：

（1）画轴测轴，并作底板长方体、立板长方体及三棱柱体的正等测图，如图 6-23b 所示；

（2）作出底板上的半圆柱槽、立板上的长方体通孔及圆柱孔的正等测图，如图 6-23c 所示；

要注意立板上圆柱孔的画法。圆孔前端面的椭圆用“四心圆弧法”作出，其外切菱形的两组对边分别平行于 OX、OZ 轴；圆孔后端面的椭圆各圆心 1、3、4 和切点仍由前面椭圆的相应点沿 OY 轴向圆孔平移的深度尺寸得到，该椭圆位于前端椭圆图形内的部分为可见。

（3）完成物体的正等测图，如图 6-23d 所示。

6.3　斜轴测投影

当投射方向 S 与投影面 P 倾斜，坐标面 XOZ（即物体的正面）与 P 平行时，所得平行投影为正面斜轴测投影；当投射方向 S 与投影面 P 倾斜，坐标面 XOY（即物体的水平面）与投影面 P 平行时，所得平行投影为水平斜轴测投影。不论是正面斜轴测投影还是水平斜轴测投影，如果三个轴向伸缩系数都相等，就叫作斜等轴测投影（简称斜等测）；如果两个轴向伸缩系数相等，一个不等，就叫斜二等轴测投影（简称斜二测）。

6.3.1　斜二测

1. 斜二测的轴间角和轴向伸缩系数

（1）正面斜二测　如图 6-24 所示，让坐标面 XOZ 平行于轴测投影面 P，投射方向 S 倾斜于投影面 P，把物体向 P 进行斜投影得正面斜轴测投影，此时，因为 XOZ 坐标面平行于投影面 P，所以轴间角 $\angle X_1O_1Z_1=90°$，而且长向伸缩系数 $p=1$，高向伸缩系数 $r=1$，至于轴测轴中 O_1Y_1 的方向则与投射方向 S 有关，O_1Y_1 的长短与投射方向 S 和投影面 P 的倾斜角度有关。为作图方便和获得较好的直观效果，使 O_1Y_1 与水平方向成 45°（或 135°）角，取宽向伸缩系数 $q=0.5$（通常也要令 O_1Y_1 轴与水平方向成 30°或 60°），则按上述方法形成的正面斜二等轴测投影图简称正面斜二测。

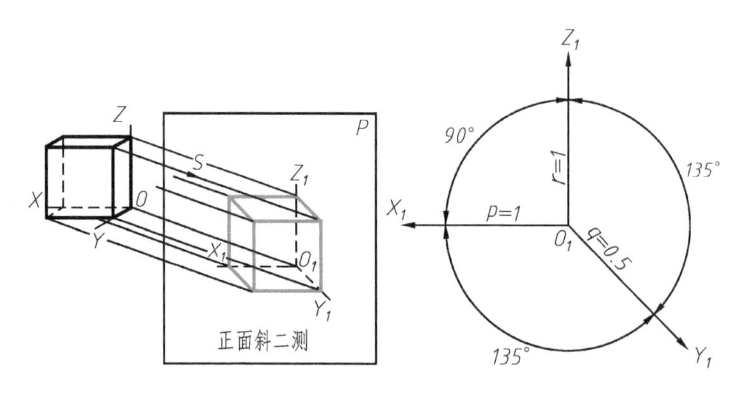

图 6-24 正面斜二测投影图的形成

（2）水平斜二测　同理，水平斜二测中 XOY 面平行于投影面，则 $\angle X_1O_1Y_1=90°$。轴向伸缩系数 $p=q=1$（长度、宽度不变），r 取 0.5（高度缩短一半），如图 6-25 所示。

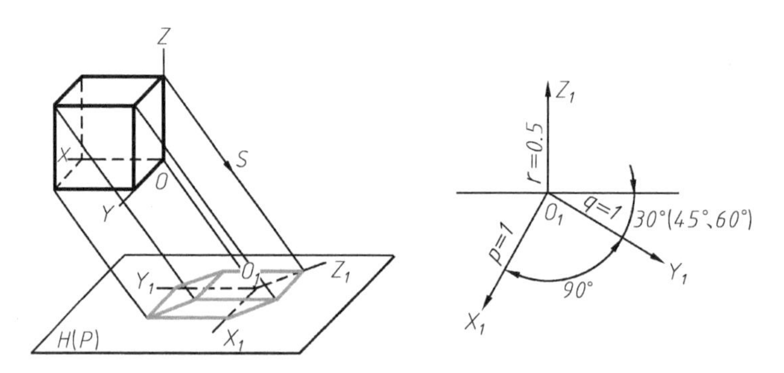

图 6-25　水平斜二测的轴间角与伸缩系数

2. 斜二测的画法

画图之前，首先要根据物体的形状特点选定斜二测的种类，通常情况要选用正面斜二测，画建筑物的鸟瞰图时则选用水平斜二测。

当选用正面斜二测时，由于正面（前面）形状不变，因此要把物体形状较为复杂的一面作为正面，同时还要根据形状的特点，适当地选择 O_1Y_1 轴方向。图 6-26 为四种不同形式的立体的正面斜二测，它们的投射方向各不相同。

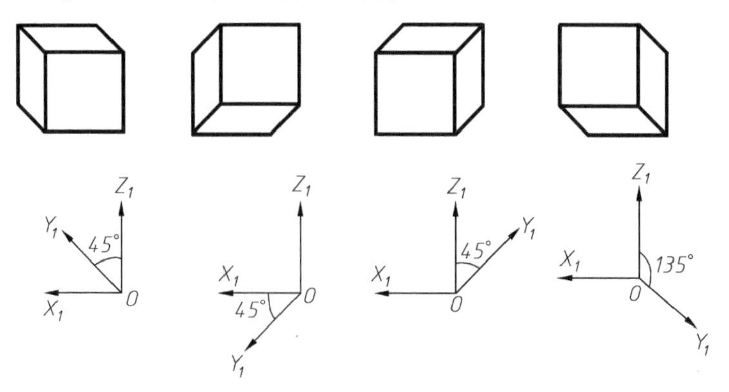

图 6-26　正面斜二测的不同形式

为了确定物体上各点的位置，需要在物体上引进坐标轴，坐标原点通常选在物体的某个顶点上（或对称中心上），坐标轴选在物体的棱线上（或轴线、对称线上），坐标面选在物体的棱面上。

画轴测图时，首先要画出轴测轴，然后沿轴向、按比例地画出物体上各点的轴测投影；最后连接各点的轴测投影，完成所给形体的轴测投影图（在轴测图上，不可见的线不必画出）。

下面通过具体的例题来说明正面斜二测图的几种基本画法。

【例 6-15】 作花格砖的正面斜二测，其步骤如下：

图 6-27 表示花格砖正面斜二测的作图。

作图：

（1）选正面与坐标面 XOZ 重合，O 点可选在左前下角；

（2）根据形体正面投影图的形状，画出花格砖正面形状，并从各角点引出与水平线呈 45°角的平行线（看不见的线不画），如图 6-27b 所示；

（3）在引出的平行线上截取花格砖宽度的一半，画花格砖后面可见的轮廓线，如图 6-27c 所示。此例为坐标法示例。

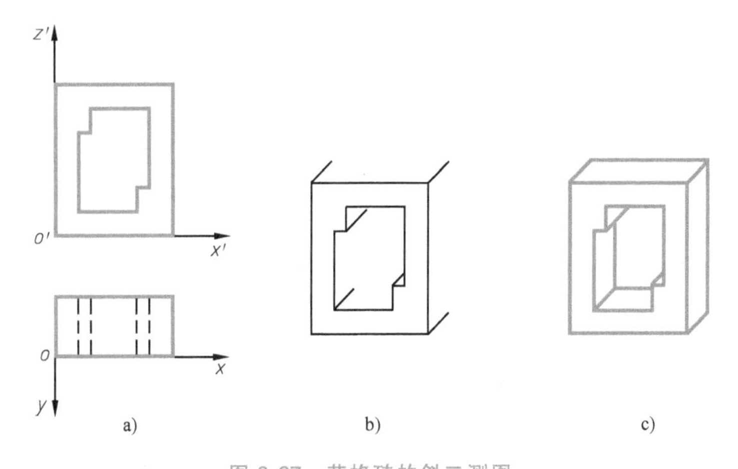

图 6-27　花格砖的斜二测图

a）投影图　b）斜二测作图过程　c）斜二测图

【例 6-16】 作挡土墙的正面斜二测（图 6-28）。

图 6-28a 所示的挡土墙是由底板、竖墙和扶壁三部分形体组成，画图时一部分一部分逐步叠成。

作图：

（1）画出底板的正面斜二测图，如图 6-28b 所示；

（2）在底板的上面画出竖墙的正面斜二测图，注意左右位置关系，如图 6-28c 所示；

（3）在底板上面，竖墙的左面，画出扶壁正面斜二测图，注意前后居中，完成挡土墙的斜二测，如图 6-28d 所示。

此例即叠加画法。

【例 6-17】 作出带有切口的四棱柱的正面斜二测（图 6-29）。

图 6-29 表明了带切口的四棱柱正面斜二测的作图方法，该形体是正四棱柱经过切割后

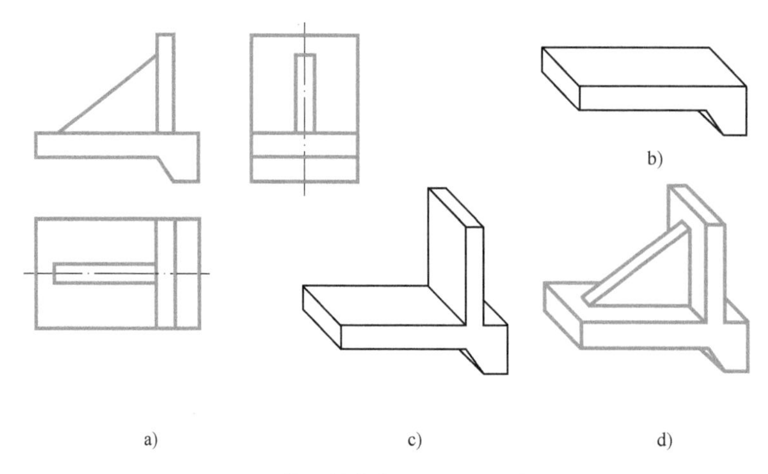

图 6-28 挡土墙的斜二测图——叠加法

a）投影图 b）作底板 c）作竖墙 d）作扶壁、检查描深

形成的。画图时，宜按着切割方法进行作图。

作图：

（1）让坐标面 *XOY* 与四棱柱顶面重合，坐标原点 *O* 在中心上，*OZ* 轴向下与侧棱平行（图 6-29a）；

（2）画出轴测轴及完整的四棱柱的正面斜二测（图 6-29b）；

（3）根据截平面的位置，在轴测图上画出两截平面与四棱柱的截交线（图 6-29c）；

（4）擦去多余线条，加深，完成带切口四棱柱的正面斜二测（注意，两截平面的交线不要遗漏（图 6-29d）。

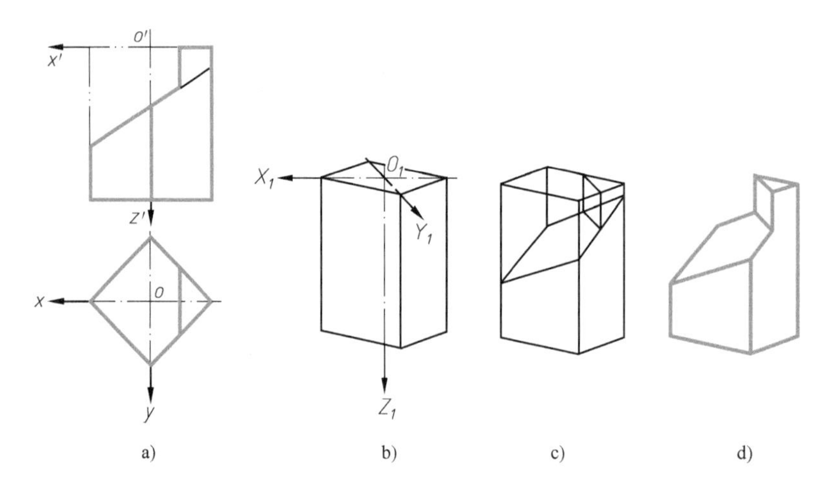

图 6-29 带有切口的四棱柱的斜二测——切割法

a）投影图 b）建立新轴作四棱柱 c）作切口 d）检查描深

【例 6-18】 圆的正面斜二测近似画法。

根据斜二测的投影特点，物体上平行于 *XOZ* 坐标面的圆的轴测投影仍为圆，且大小不变。与 *XOY*、*YOZ* 坐标面平行的圆的斜二测均为椭圆。椭圆的长轴长度为 1.06d，短轴长度

为0.33d。当圆平行于XOY坐标面时，其斜二测椭圆的长轴与O_1X_1轴倾斜约7°10′；圆平行于YOZ坐标面时，其斜二测椭圆长轴与O_1Z_1倾斜约7°10′，短轴均垂直于长轴，如图6-30所示。

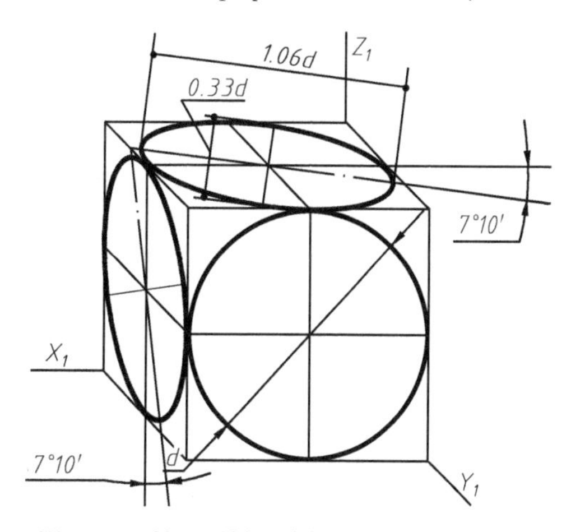

图6-30　斜二测椭圆的长、短轴方向及大小

图6-31表明了$X_1O_1Y_1$坐标面上斜二测椭圆的近似画法。

作图：

（1）作轴测轴O_1X_1、O_1Y_1，截取$O_1A_1 = O_1B_1 = d/2$；$O_1C_1 = O_1D_1 = d/4$，如图6-31a所示；

（2）过A_1、B_1点作O_1Y_1的平行线；过C_1、D_1点作O_1X_1轴的平行线得一平行四边形。过O_1作与O_1X_1轴成7°10′的斜线，即为椭圆长轴的位置。过O_1作长轴的垂线，即为短轴的位置，如图6-31b所示；

（3）在短轴上取$O_11 = O_22 = d$，分别以1、2为圆心，以$1A_1$、$2B_1$为半径作两个大圆弧。连接$1A_1$、$2B_1$，与长轴交于3、4两点，如图6-31c所示；

（4）以3、4两点为圆心，以$3A_1$、$4B_1$为半径作两个小圆弧与大圆弧相接，即完成椭圆，如图6-31d所示。

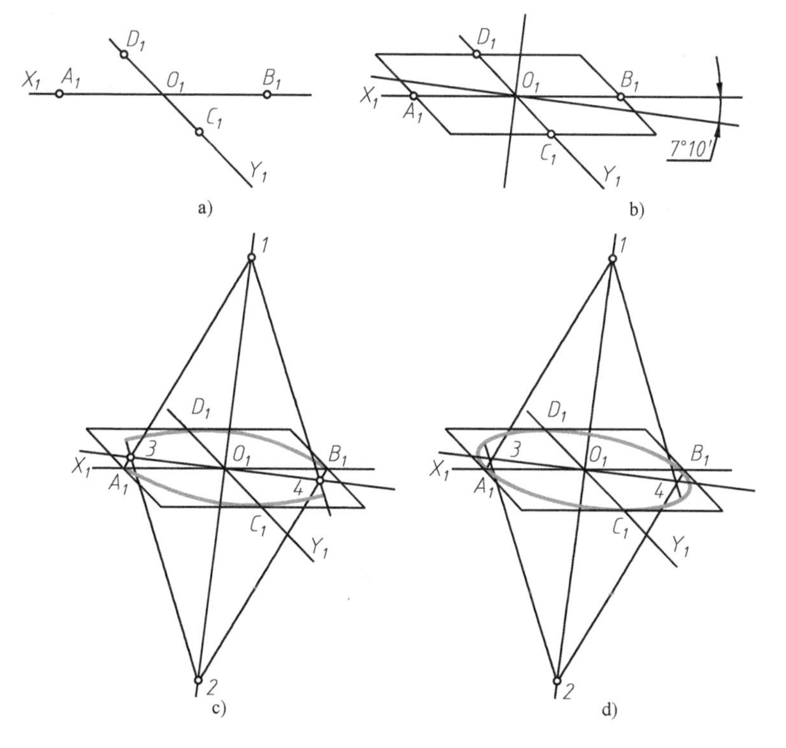

图6-31　斜二测椭圆的近似画法

a）作轴测轴　b）作平行四边形　c）作大圆弧　d）完成椭圆

$Y_1O_1Z_1$ 坐标面上的椭圆，仅长、短轴位置不同，画法与上述相同。

【例 6-19】 圆的斜二测画法——八点法。

图 6-32 所示为一立方体的正面斜二测，从图上可以看出：立方体正面的正方形和内切圆，形状、大小和相切性质都不变，而立方体上面、侧面的正方形和内切圆，只有相切性质不变，形状、大小都改变了——正方形变成了平行四边形，内切圆变成了内切椭圆。在斜二测中画这些椭圆时，可用八点法。

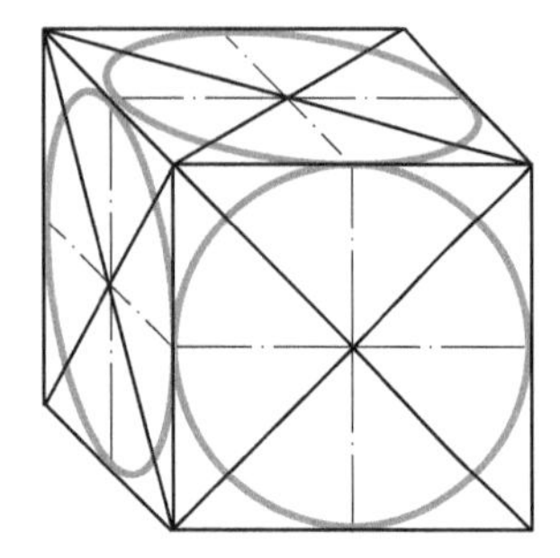

图 6-32　平行坐标面的圆的斜二测

图 6-33 表明了用八点法画水平圆斜二测椭圆的作图步骤。

作图：

（1）作圆的外切正方形 $abcd$ 与圆相切于 1、2、3、4 四个切点，连正方形对角线与圆相交于 5、6、7、8 四个交点，如图 6-33a 所示；

（2）根据 1、2、3、4 点的坐标，在轴测轴上定出 1_1、2_1、3_1、4_1 四点的位置，并作出外切正方形 $abcd$ 的斜二测——平行四边形 $a_1b_1c_1d_1$，如图 6-33b 所示；

（3）连平行四边形的对角线 a_1c_1、b_1d_1，由 4_1 点向 a_1b_1 的延长线作垂线得垂足 e_1，以 4_1 为圆心、4_1e_1 为半径画圆弧，与 b_1c_1 交于 f_1、g_1 两点，过 f_1、g_1 分别作两条直线与 a_1b_1 平行并与平行四边形的对角线交于 5_1、6_1、7_1、8_1 四个点，如图 6-33c 所示；

（4）用曲线光滑地连接 1_1、2_1、…、8_1 八个点，即为所求的椭圆，如图 6-33c 所示。侧平圆斜二测同水平圆斜二测的画法完全一样，只是椭圆的方向有所不同。

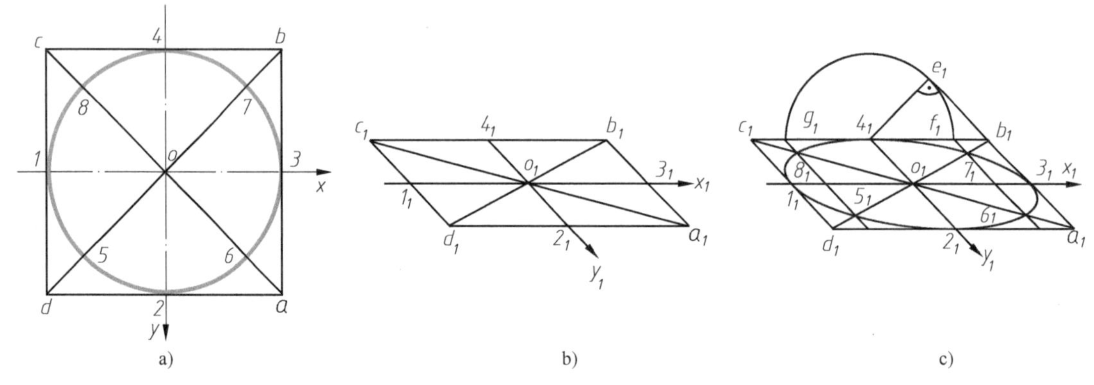

图 6-33　八点法画水平圆斜二测椭圆

a）水平圆　b）作轴测轴　c）八点法作椭圆

【例 6-20】 作拱门的正面斜二测（图 6-34）。

由前述可知，凡是平行于 XOZ 坐标面的图形，其正面斜二测投影反映实形。这样，当物体的某一方向形状比较复杂，特别是有较多的圆时，可将该面放置成与 XOZ 坐标面平行，采用斜二测作图非常简便。图 6-34 中的拱门由墙体、台阶、门洞等多个形体组成，画图时要一个个地去画，逐步完成整体图形。

作图：

（1）把 XOY 坐标面选在地面上，XOZ 坐标面选在墙体前面，OZ 轴在拱门的中心线上

（图 6-34a）。

（2）画出墙体正面斜二测（图 6-34b）。

（3）画出台阶的正面斜二测，注意台阶要居中；台阶的后面要靠在墙体的前面（图 6-34c）。

（4）画出门洞的正面斜二测，注意画出从门洞中能够看到的后边缘（图 6-34d）。

（5）擦去多余线条，加深，完成拱门的正面斜二测，如图 6-34e 所示。

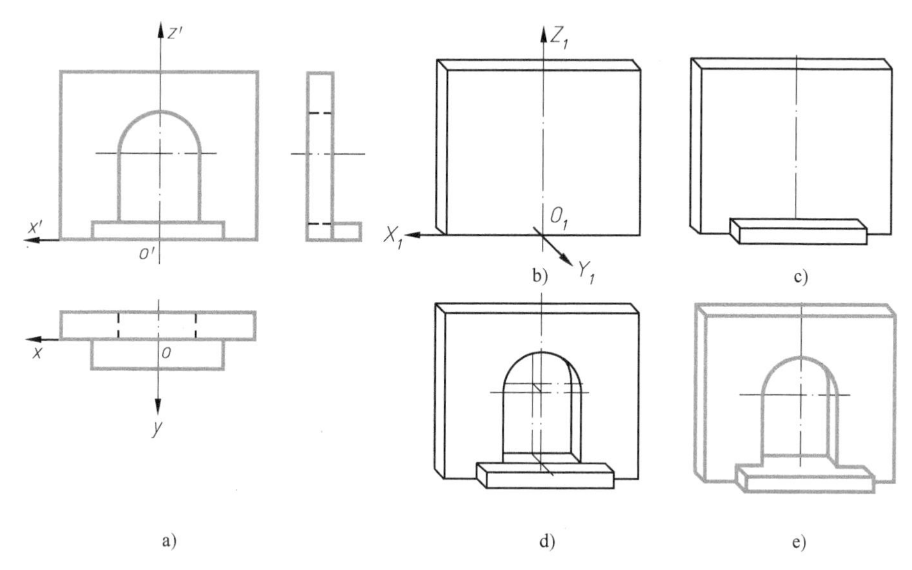

图 6-34　拱门的斜二测

a）投影图　b）作墙　c）作台阶　d）作门洞　e）检查描深

【例 6-21】　画出图 6-35a 所示结构的正面斜二测图。

分析：该形体由 U 形墙（带门洞）、两级台阶和左右栏板组成。

作图：

（1）确定坐标轴，如图 6-35a 所示；

（2）画轴测轴，确定各圆心的位置，画出 U 形墙和门洞前后轮廓线以及栏板外轮廓线，如图 6-35b 所示；

（3）画出栏板形状及台阶在地面上的轮廓线，如图 6-35c 所示；

（4）完成台阶轮廓线。注意与栏板交线的变化，如图 6-35d 所示；

（5）擦去作图线，描深，如图 6-35e 所示。

【例 6-22】　画出组合形体的正面斜二测图（图 6-36）。

分析：该物体由带圆孔的弯板和圆柱堆积而成，如图 6-36a 所示。弯板前面的圆孔平行于正平面，其正面斜二测仍为圆。圆柱端面的圆，其正面斜二测为水平椭圆。

作图：

（1）画出下面弯板的正面斜二测图；

（2）画弯板前的圆孔；

（3）画上面的圆柱，如图 6-36b 所示。先画圆柱两个端面的椭圆，再连公切线即得圆柱，如图 6-36c 所示。

【例 6-23】　作建筑小区的水平斜二测（图 6-37）。

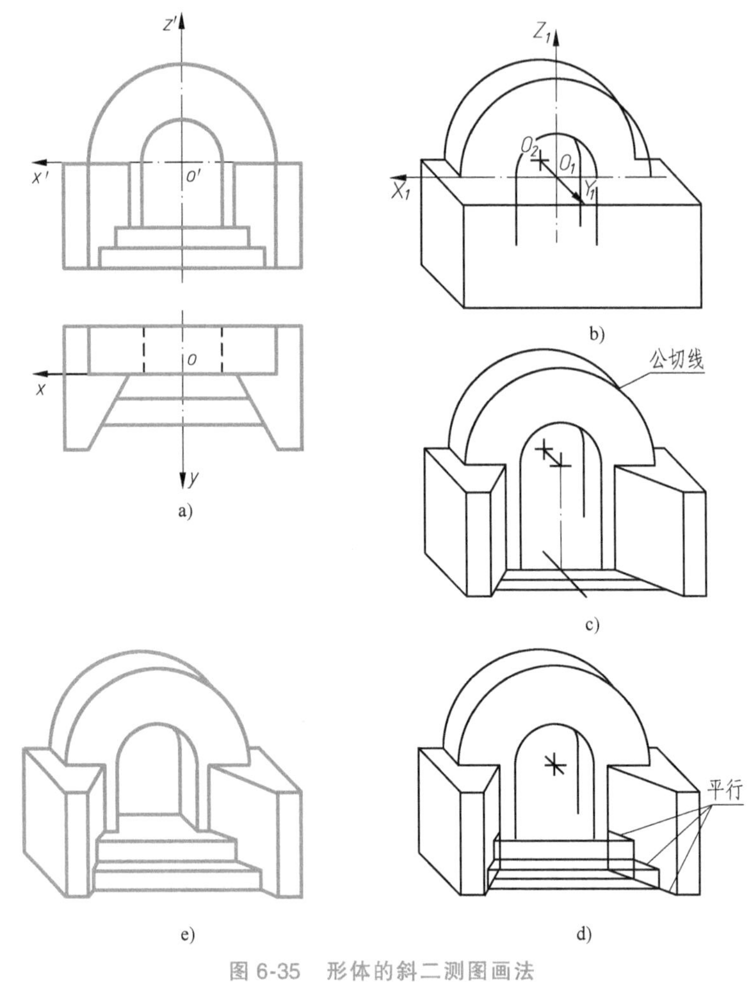

图 6-35　形体的斜二测图画法

a）投影图　b）作 U 形墙及门洞　c）作栏板　d）作台阶　e）检查描深

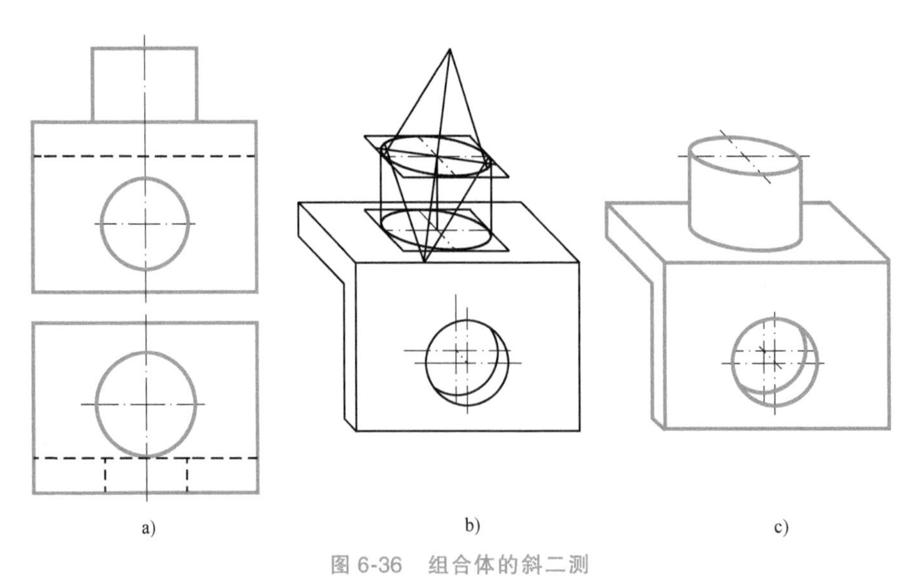

图 6-36　组合体的斜二测

a）投影图　b）画弯板及圆孔　c）画弯板上面的圆柱

图 6-37a 是这个建筑小区的两面投影图，图 6-37b、c 表明了它的水平斜二测的画法。

作图：

（1）把坐标面 XOY 选在地面上，坐标原点 O 在左前角上；

（2）画出轴测轴，O_1X_1 与水平方向成 60°角，O_1Y_1 与 O_1X_1 成 90°角，O_1Z_1 在竖直方向上；

（3）根据水平投影图画出各个建筑物底面的轴测图（与水平投影图的形状、大小、位置相同）；

（4）过各角点作竖直线（只画出可见的线），并量取各自高度的一半，再画出各建筑物顶面的轮廓线；

（5）擦去多余线条，加深，完成小区的水平斜二测。

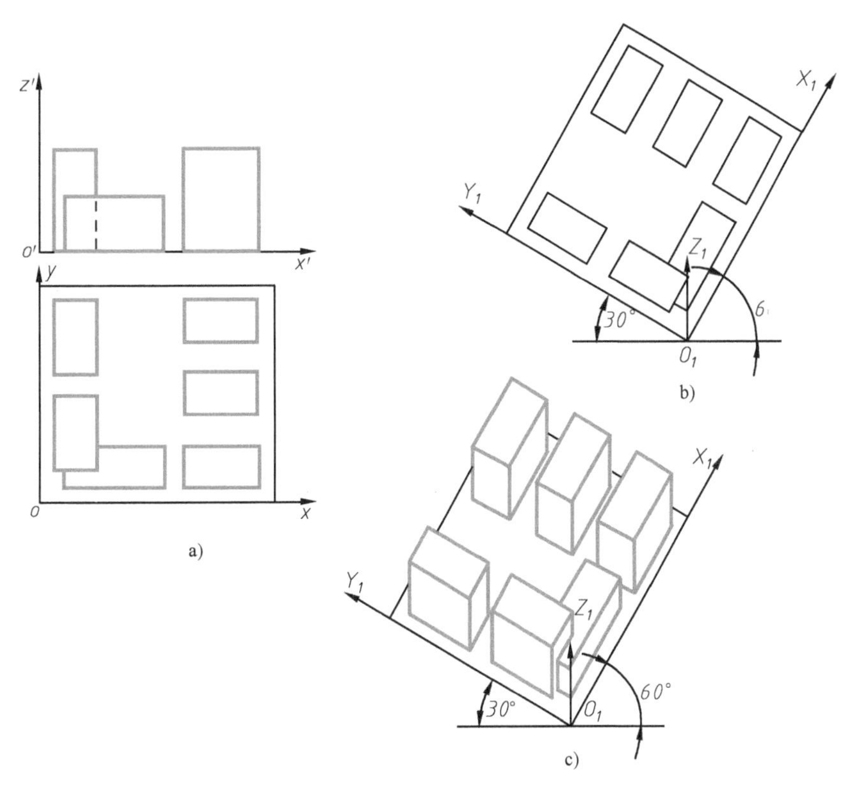

图 6-37　建筑小区的水平斜二测

a）投影图　b）作建筑小区的水平斜二测　c）检查描深

6.3.2　水平斜等测图

当选取轴测投影面 P 平行于空间物体上坐标系的 XOY 面时，进行斜投影可以得到水平斜轴测图，此时，轴 OX 和 OY 与其轴测投影 O_1X_1 和 O_1Y_1 平行且相等，即系数 $p=q=1$，轴间角 $\angle X_1O_1Y_1=90°$。

轴间角$\angle Z_1O_1X_1$ 和 O_1Z_1 轴向的伸缩系数，同样可以单独随意选择。一般轴间角取 120°、150°、135°，O_1Z_1 轴向的伸缩系数仍取 1。此时水平斜轴测图也称为水平斜等测图。为了加强直观性，习惯把 O_1Z_1 轴画成铅垂线，即 O_1X_1 轴和 O_1Y_1 轴分别对水平线成 30°、

60°或 45°角，如图 6-38 所示。

水平斜等测图表达了物体在水平方向上的实形，作图简便，被广泛用来绘制房屋单体的俯视外观、水平剖视和建筑小区规划图等。

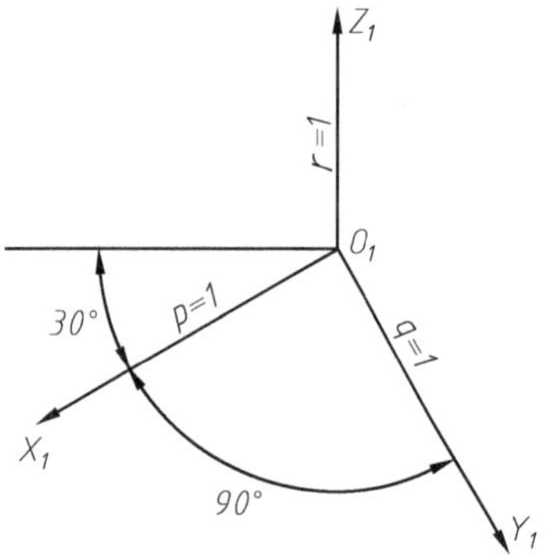

图 6-38 水平斜等测图的轴测轴

【例 6-24】 画出图 6-39a 所示形体的水平斜等测图。

从正投影图可以看出，该形体由圆柱和八棱柱组成，水平投影较复杂，并有圆形。如使轴测投影面平行于水平面，作图就很方便。

作图：

（1）在正投影图上，确定原点 O，画出坐标轴，如图 6-39a 所示。

（2）画轴测轴，使 O_1X_1 轴对水平线成 30°角，将形体的水平投影旋转 30°后画出，如图 6-39b 所示。

（3）按圆柱的高度作出顶面圆的实形，按八棱柱的高度从各转折点向下作垂线，如图 6-39c 所示。

（4）作圆柱的左、右轮廓线，并作八棱柱的底面。将可见线描深后即得到形体的水平斜等测图，如图 6-39d 所示。

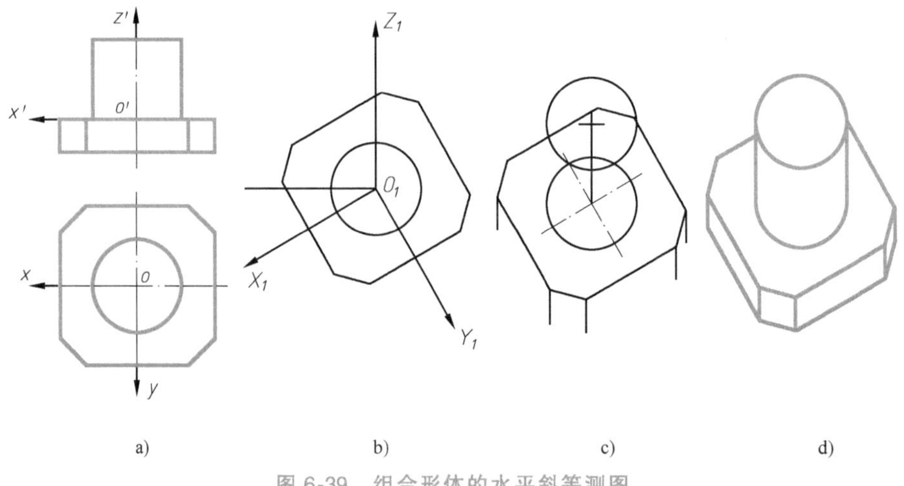

图 6-39 组合形体的水平斜等测图

a）投影图 b）作八棱柱 c）作圆柱 d）检查描深

思考题

1. 什么是轴测投影？什么是轴间角、轴向伸缩系数？
2. 正等测、斜二测的轴间角和轴向伸缩系数都是多少？
3. 正等测的简化系数是多少？采用简化系数后对正等测有何影响？
4. 试述正等测、斜二测图中不同坐标面上圆的轴测图画法。
5. 在什么情况下，运用斜二测？什么情况下运用正等测？
6. 水平斜二测、水平斜等测图一般在什么情况下应用？

第7章　组合体视图

本章概要

前面几章介绍了基本几何形体的投影，本章着重介绍复杂形体——组合体的画图、尺寸标注、读图和构型设计等，为下一章建筑形体表达方法的学习打下良好的基础。

7.1　组合体的基本知识

由几个基本形体按照一定的组合形式形成的新的复杂形体称为组合体。

1. 组合体的三视图

组合体在 V、H、W 投影面上的正投影称为组合体的三视图。正面投影称为主视图，水平投影称为俯视图，侧面投影称为左视图，如图7-1a所示。

三个视图须保持组合体三视图间的投影规律，即三等关系：主视图和俯视图长对正；主视图和左视图高平齐；俯视图和左视图宽相等，如图7-1b所示。

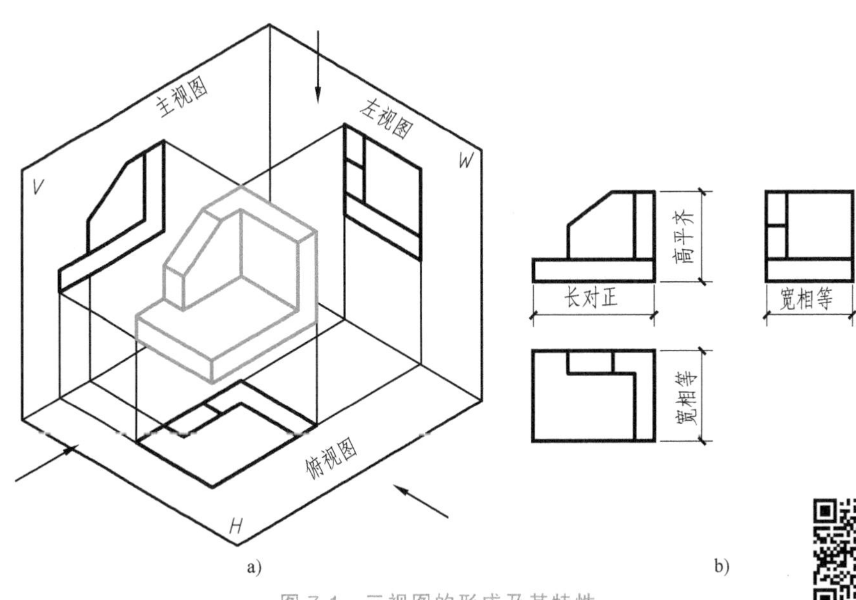

图7-1　三视图的形成及其特性

a）三视图的形成过程　b）三视图

赵学田与"九字诀"

2. 组合体的组合形式

组合体的组成方式：叠加、挖切和综合（既有叠加又有挖切）。叠加就是把若干个基本形体按一定的组合方式连接在一起而形成组合体，棱柱、棱锥（棱台）、圆柱、圆锥（圆台）、圆球等称为基本形体，如图 7-2a 所示。挖切就是从基本形体中挖去部分形成空腔或孔洞，或切去基本形体的一部分，相当于去除若干个基本形体而形成的组合体，如图 7-2b 所示。综合类型就是叠加和挖切的融合，从而形成复杂的组合体，如图 7-2c 所示。

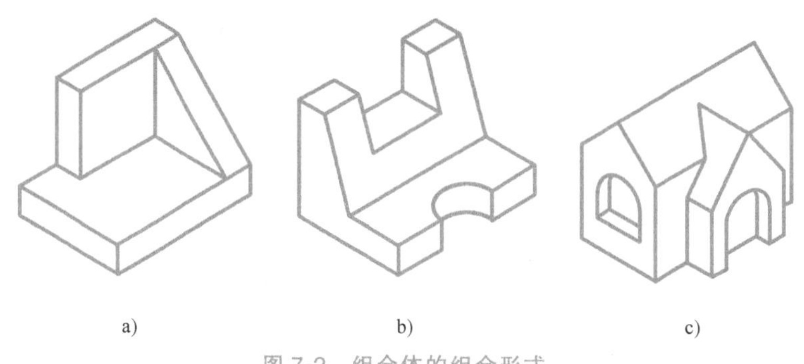

图 7-2 组合体的组合形式

a）叠加 b）挖切 c）综合

3. 组合体中各基本形体表面间的连接关系

（1）共面（平齐） 当组合体中两个基本形体具有相互连接的一个面（共平面或共曲面）时，它们之间没有分界线，在视图上也不画分界线，共面可以是共平面，也可以是共曲面，如图 7-3a、b 所示。

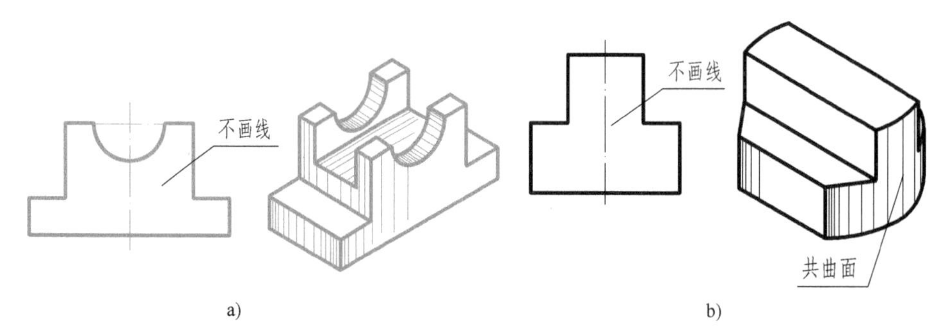

图 7-3 共面（平齐）关系

a）共平面 b）共曲面

（2）异面（相错） 若两个基本形体不共面（异面），则应画出分界线，如图 7-4 所示。

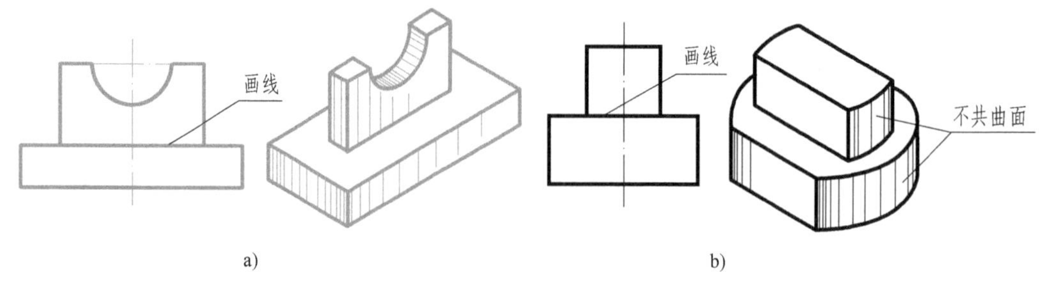

图 7-4 异面（相错）关系

a）不共平面 b）不共曲面

（3）相切　当组合体中两个基本形体的邻近表面相切时，相切后相切的平面及曲面或两曲面光滑连接，大多情况下相切处不画切线，如图 7-5a 主视图及图 7-5b 左视图所示。需要注意的是图 7-5b 中俯视图需画出表示两相切圆柱的轮廓素线。

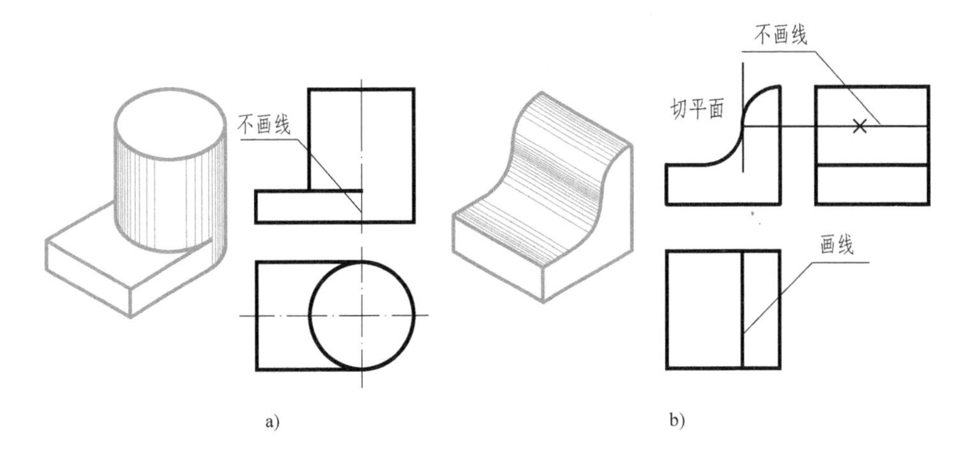

图 7-5　相切关系
a）相切处不画切线　b）两圆柱相切画法

（4）相交　当组合体中两个基本形体的邻近表面相交而产生交线时，应在视图上画出交线，如图 7-6 所示。

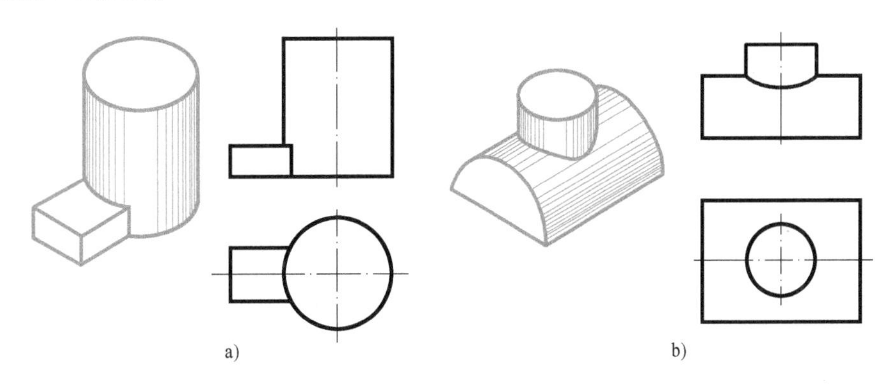

图 7-6　相交关系
a）平面与曲面相交　b）曲面与曲面相交

7.2　组合体视图的画法

画组合体视图首先要分析组合体的类型和由哪些基本形体构成，然后分析它们之间的连接关系，并从一个基本形体入手画起，进而完成整个组合体的视图。画组合体视图的方法与步骤如下。

1. 形体分析

画组合体视图时，首先要分解组合体并确定它是由哪些基本形体构成，再分析它们之间

的连接关系，从而弄清楚它们的形状特征。如图 7-7a 所示的组合体，可以把它分解成是由以下这些基本形体组成的：底部是两个长方体构成的台阶；在台阶的后面，与台阶下部长方体左侧平齐地放置一块长方形直立板，它的正上方和它前后平齐地放置一块半圆板；右侧和直立板右对齐，从前向后放置一块多边形栏板，多边形栏板的底面与下台阶底面平齐。

特别注意的是：形体分析的目的是把握住组合体的形状，便于画图、读图和标注尺寸而假想拆分，但组合体始终是一个整体。

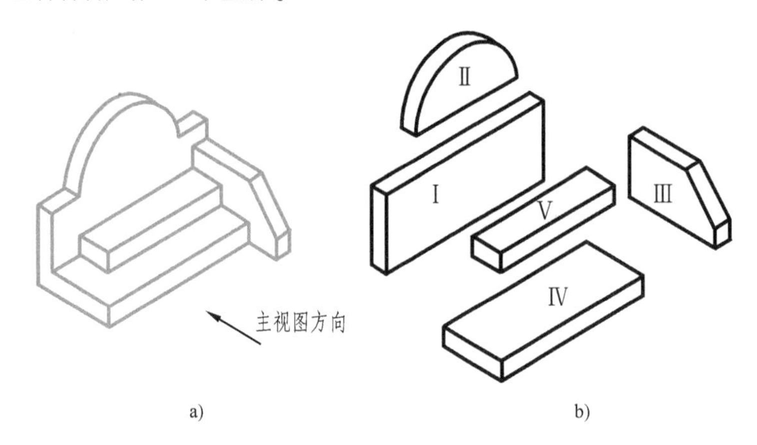

图 7-7　组合体的形体分析

a）立体图　b）形体分析

2. 主视图的选择

用一组视图表达组合体，首先要确定主视图。主视图一旦确定，其他视图也随之确定。因此，主视图的选择起主导作用，并会影响其他视图的选择和画法。选择主视图要遵循以下原则。

（1）自然位置或工作位置　形体在通常状态下或工作状态下所处的位置称为自然位置或工作位置。例如，桌椅的自然位置或工作位置总是桌椅腿朝下的。因此，画主视图时，应使形体处于自然位置或工作位置。

（2）特征面　确定完形体的自然位置或工作位置后，首先应当选择主视图。通常选择能够反映形体主要轮廓特征的方向作为主视图的投影方向来绘制主视图。如图 7-7a 所示，箭头所指示的投影方向最能反映它的主要轮廓特征，因此选为主视图的方向。

（3）其他视图中尽量减少虚线　主视图的确定还应尽量避免使其他视图中产生过多的虚线。虚线越多，表明不可见的部分越多，不便于读图和尺寸标注。

3. 视图数量的选择

为了清楚地表达形体，在主视图确定之后，还需要选择其他视图。对于常见的组合体，通常画出其主视图、俯视图、左视图即可把该组合体表示清楚。在下一章将介绍对于复杂的形体有时需要增加其他的视图。在能把形体表达清楚的前提下，视图的数量越少越好。

4. 画图步骤

以图 7-7a 所示的组合体为例，介绍组合体绘图步骤与方法。

（1）确定图幅、比例　画图之前，按形体的大小以及尺寸标注所需的位置，按国家标

准选择适当的图幅和比例。

（2）布置视图　确定各视图的轴线、对称中心线或其他定位线的位置，并要注意视图之间以及视图和图框线之间的距离（包括尺寸标注），使视图均匀布置在图幅内，如图 7-8a 所示。

（3）画底稿　按形体分析法分解组合体为各基本形体以及确定它们之间的相对位置，逐个画出各基本形体的三个视图。根据图 7-7a 所示的组合体，先画形体Ⅰ、Ⅱ，如图 7-8b 所示；然后画形体Ⅲ，如图 7-8c 所示；最后画形体Ⅳ、Ⅴ，如图 7-8d 所示。

（4）加深　画完底稿之后，要仔细检查，修正错误，擦去多余图线，按国家标准规定加深图线，如图 7-8e 所示。

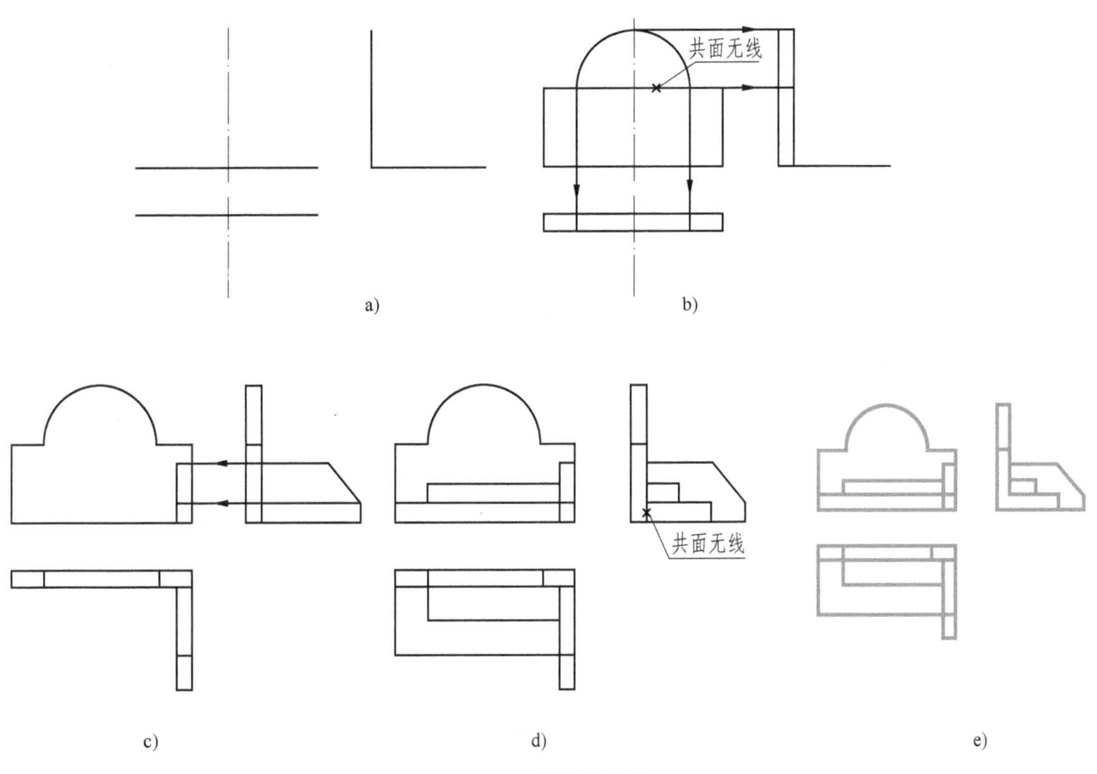

图 7-8　组合体的画法一

a）画定位线　b）画形体Ⅰ、Ⅱ　c）画形体Ⅲ　d）画形体Ⅳ、Ⅴ　e）检查描深

【例 7-1】　画出如图 7-9a 所示组合体的三视图。

作图：

（1）形体分析。该组合体在长方体的基础上，经过切割掉形体Ⅰ、Ⅱ而成为切割类型的组合体，如图 7-9b 所示。

（2）选择主视图。选择图 7-9a 中箭头所指的方向为主视图的方向。

（3）选定图幅、比例。

（4）先画长方体。如图 7-9c 所示，画出长方体的三个视图。

（5）然后画出切去部分。如图 7-9d 和 e 所示，分别画出切去形体Ⅰ、Ⅱ各部分的三视图。

（6）检查、加深，如图 7-9f 所示。

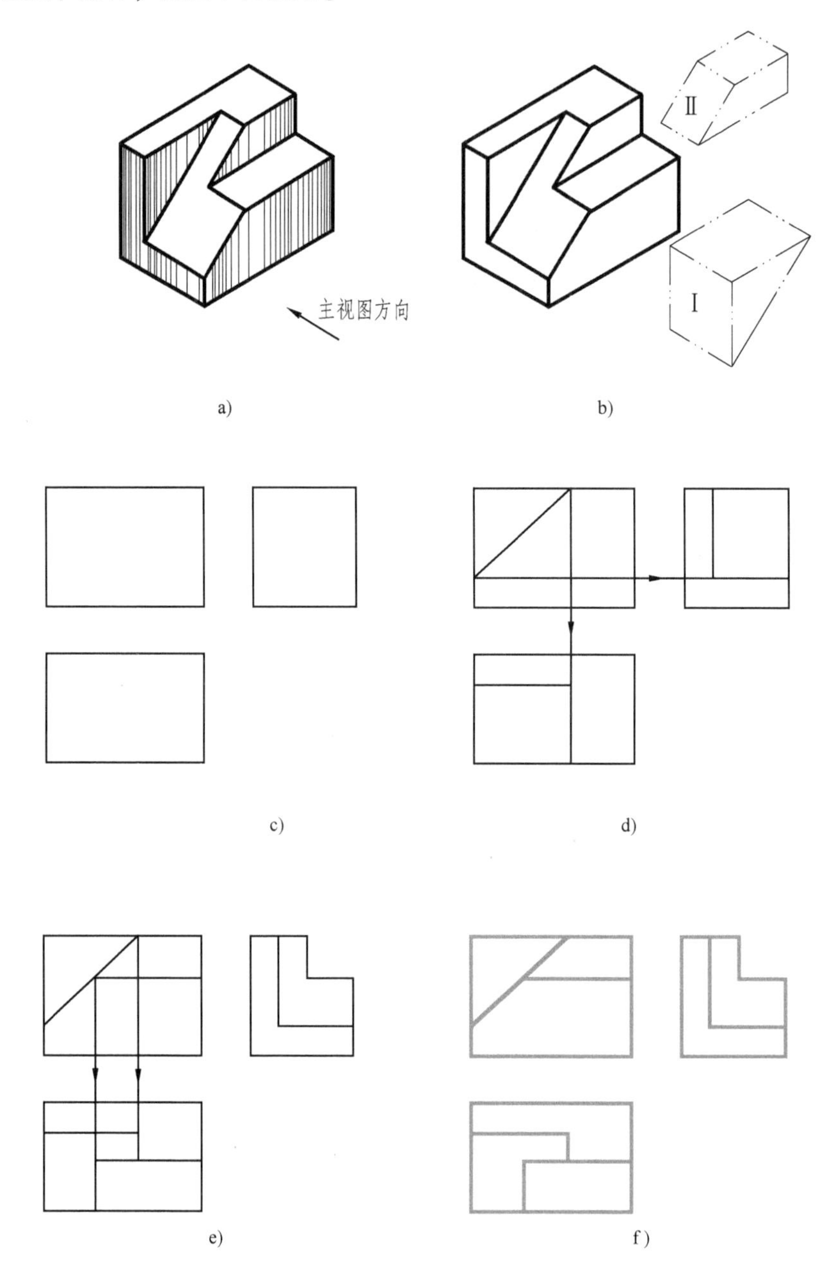

图 7-9　组合体的画法二

a）立体图　b）形体分析　c）画长方体　d）画切去部分Ⅰ　e）画切去部分Ⅱ　f）加深

【例 7-2】 画出如图 7-10a 所示组合体的三视图。

作图：

（1）形体分析。该组合体为综合类型的组合体。其基本形体分别为五棱柱Ⅰ、长方体Ⅱ和半圆板Ⅲ，在这些基本形体的基础上，经过切割掉形体Ⅳ、Ⅴ、Ⅵ而成为新的组合体，如图 7-10b 所示。

（2）选择主视图。选择图 7-10a 中箭头所指的方向为主视图的方向。

（3）选定图幅、比例。

（4）先画五棱柱Ⅰ及切去部分形体Ⅳ。如图 7-10c 和 d 所示，画出五棱柱Ⅰ及切去部分形体Ⅳ的三个视图。

（5）再画长方体Ⅱ及切去部分形体Ⅴ。如图 7-10e 和 f 所示，画出长方体Ⅱ及切去部分形体Ⅴ的三个视图。

（6）最后画半圆板Ⅲ及切去部分形体Ⅵ。如图 7-10g 和 h 所示，画出半圆板Ⅲ及切去部分形体Ⅵ的三个视图。

（7）检查、加深，如图 7-10i 所示。

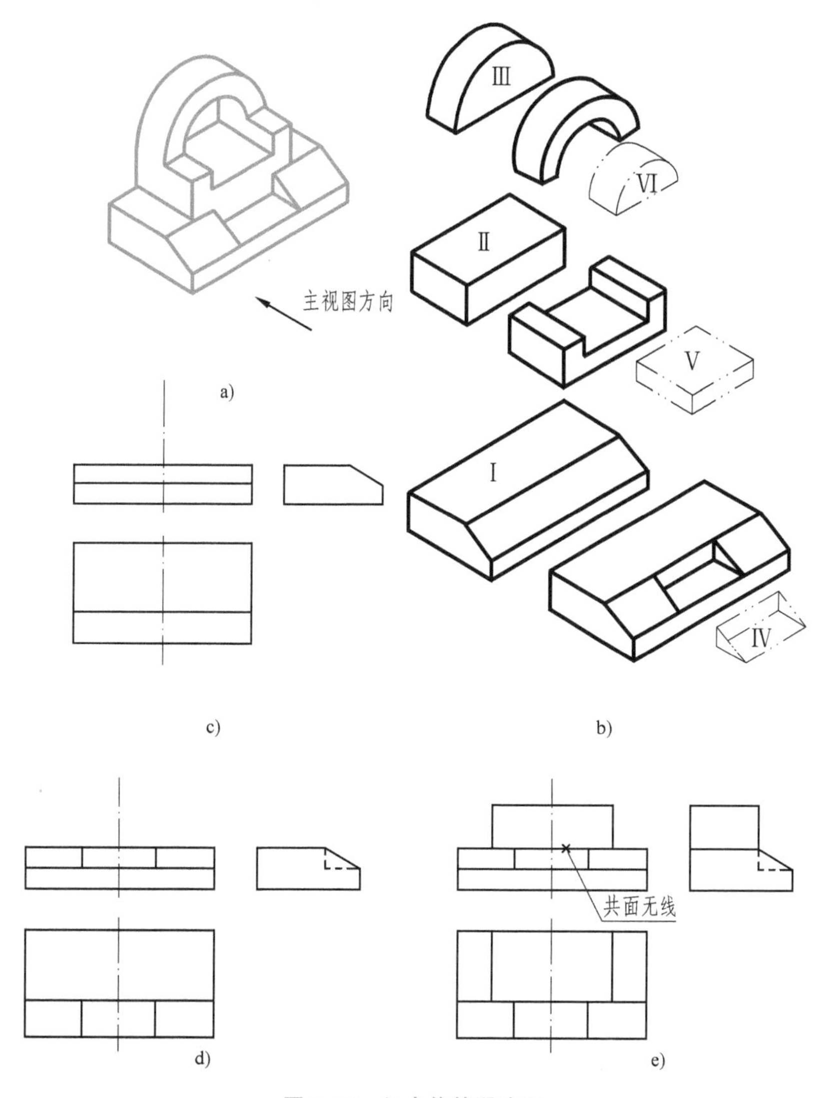

组合体的画法三

图 7-10　组合体的画法三

a）立体图　b）形体分析　c）画五棱柱Ⅰ　d）画切去部分Ⅳ　e）画长方体Ⅱ

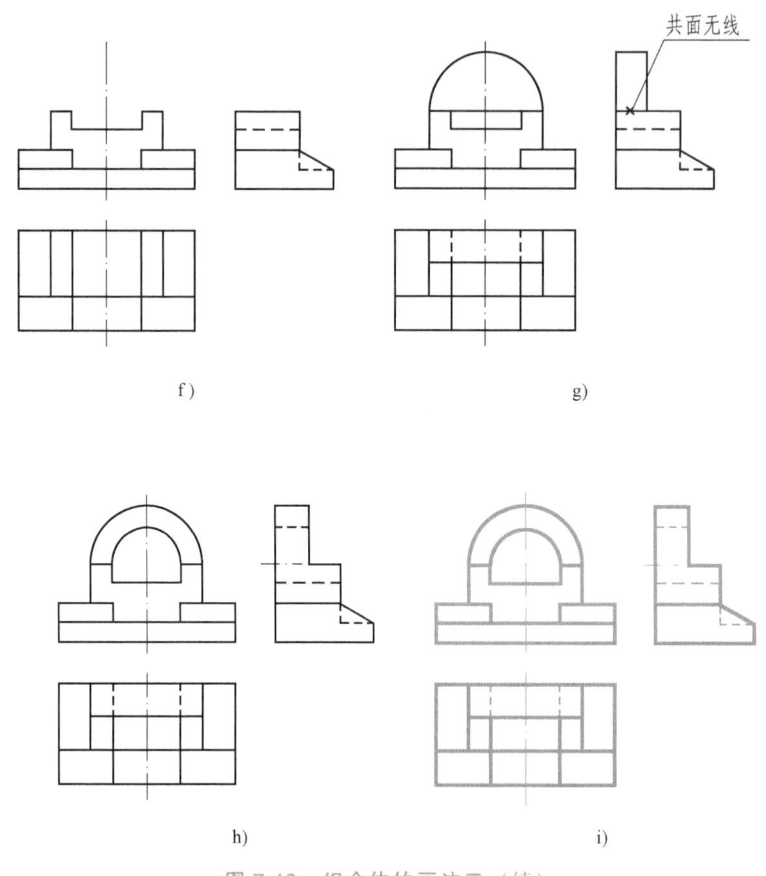

图 7-10　组合体的画法三（续）

f）画切去部分Ⅴ　g）画半圆板Ⅲ　h）画切去部分Ⅵ　i）检查描深

7.3　组合体视图的尺寸标注

组合体视图只能确定其形状，而要确定组合体的大小及各部分的相对位置，还必须标注出齐全的尺寸。标注组合体尺寸的基本要求是：正确、清晰、完整、合理。尺寸标注应符合国家现行的 GB/T 50001—2017《房屋建筑制图统一标准》中关于尺寸标注的基本规定；标注的尺寸在视图中的位置要明显、整齐、有条理；所标注的尺寸能够准确、唯一地确定组合体的形状和大小。

国家标准对尺寸标注的规定已在第 1 章介绍过，不再赘述。

7.3.1　组合体的尺寸分类

为了保证组合体尺寸标注完整、正确，由形体分析法可知：组合体的尺寸要能表达出组成组合体的各基本形体的大小、它们相互间的位置及组合体整体的大小。因此，组合体的尺寸分为三类，即定形尺寸、定位尺寸和总体尺寸。

1. 定形尺寸

确定基本形体大小和形状的尺寸，称为定形尺寸。常见的基本形体有棱柱、棱锥（棱

台)、圆柱、圆锥（圆台)、圆球等。这些基本形体的定形尺寸标注如图 7-11 所示。

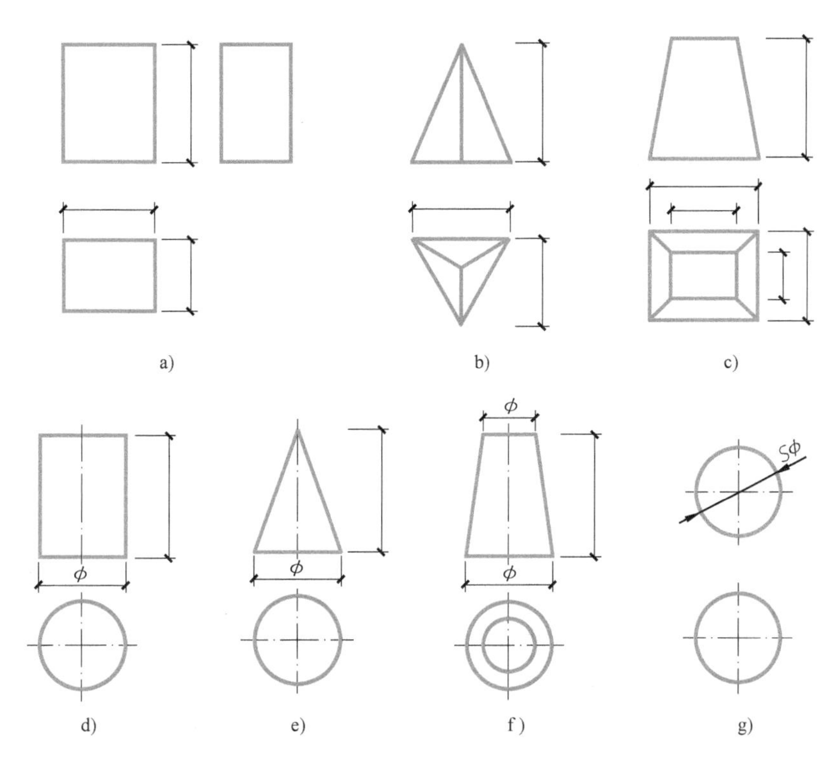

图 7-11　基本形体的定形尺寸标注

a）四棱柱　b）三棱锥　c）四棱台　d）圆柱　e）圆锥　f）圆台　g）圆球

2. 定位尺寸

确定基本形体与基准之间相对位置的尺寸，称为定位尺寸。标注定位尺寸的起始点，称为定位尺寸的基准。在组合体长、宽、高三个方向上标注的尺寸都要有基准。通常把组合体的底面、侧面、对称线、轴线、中心线等作为定位尺寸的基准。

图 7-12 所示为各种定位尺寸标注的示例，现说明如下：

图 7-12a 所示的两个形体有一重叠的水平面，高度方向不需要定位，但应标注其前后和左右两个方向的定位尺寸，它们的基准分别为下面形体的后面和右面。

图 7-12b 所示的两个形体左右对称，则它们的左右位置可由对称线确定，不必标出左右方向的定位尺寸，只需注出前后方向的定位尺寸即可，其基准为下面形体的后表面。

图 7-12c 所示的两个形体前后、左右都对称，则它们的前后、左右相对位置均可由两条对称线确定。因此，长、宽、高三个方向的定位尺寸都可省略。

图 7-12d 所示圆孔定位尺寸应标注圆孔中心与基准间的距离。

图 7-12e 所示长度方向上两圆形结构以对称线对称，则此时长度方向定位尺寸也应以对称线对称标注。

3. 总体尺寸

总体尺寸是确定组合体总长、总宽和总高的尺寸。在组合体视图上，上述三类尺寸应准确地标出，即完整的基本要求。

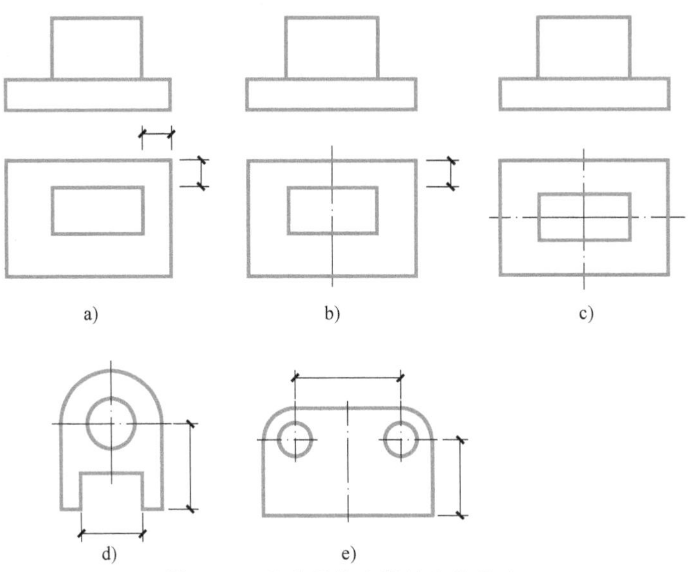

图 7-12 基本形体之间的定位尺寸

a）前后、左右方向定位尺寸 b）左右方向定位尺寸 c）无须定位尺寸
d）常见结构的定位尺寸一 e）常见结构的定位尺寸二

7.3.2 组合体尺寸标注的步骤

组合体尺寸标注的步骤如下：

1）分解组合体，标注出各基本形体的定形尺寸。

2）标注出各基本形体之间的定位尺寸。

3）标注出组合体的总体尺寸。

4）调整三个类型尺寸的位置，检查无误。

【例 7-3】 标注如图 7-13 所示组合体的尺寸（尺寸已在图上，这里仅作说明）。

该组合体是由底板、立板和肋板组合而成的形体，在立板上切出一个长圆孔，在底板上切出一个圆孔。

（1）定形尺寸：底板的长、宽、高分别为 60、40、10；立板的长、宽、高分别为 60、10、30；肋板的高、宽、厚分别为 30、30、8；底板上的圆孔直径为 14，孔深 10；立板上的长圆孔长 20，上、下为两个半圆，半圆的半径为 7。

（2）定位尺寸：立板在底板的上面，其左、右和后面与底板对齐，所以在长度、高度、宽度方向的定位尺寸都可省略。肋板在底板上面，其后面与立板的前面相靠，所以其高度、宽度方向的定位尺寸可以省略，在长度方向上，以底板的右端面为基准，定位尺寸是 10。底板上的圆孔以底板的左侧面和前端面为基准，在长度和宽度方向上的定位尺寸分别为 21 和 15。立板上的长圆孔以立板的左侧面和下面为基准，在长度方向上的定位尺寸是 21，在高度方向上的定位尺寸分别为 12 和 6。

（3）总体尺寸：总长、总宽、总高分别为 60、40、40。

尺寸标注的位置如图 7-13 所示。

【例 7-4】 标注如图 7-14 所示组合体的尺寸。

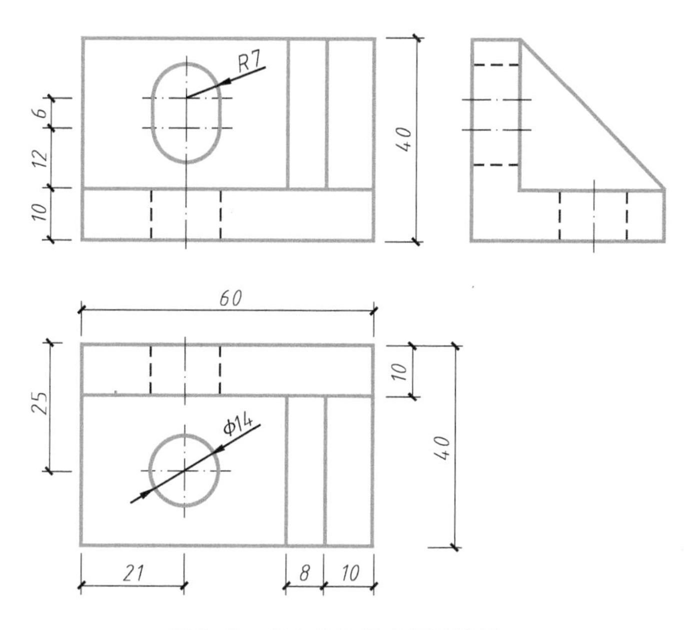

图 7-13 组合体的尺寸标注示例一

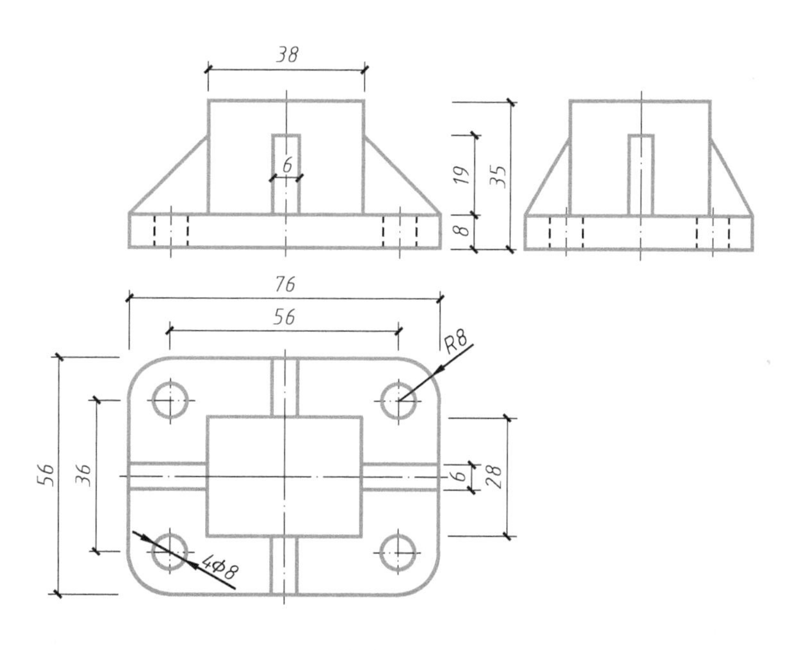

图 7-14 组合体的尺寸标注示例二

该组合体是由四个角带圆角的底板、四棱柱和四块三角形支承板组合而成的形体，在底板上切出四个圆孔。

（1）定形尺寸：底板的长、宽、高分别为 76、56、8；四棱柱的长、宽、高分别为 38、28、27，圆角半径为 8；支承板为 19×6×14 和 6×19×19；底板上的圆孔直径为 8。

（2）定位尺寸：由于组合体前后对称、左右对称，四棱柱与底板、支承板与底板均以对称线为基准，不需要定位尺寸。四个圆孔在长度方向上的定位尺寸为 56，在宽度方向上的定位尺寸为36。

（3）总体尺寸：总长、总宽、总高分别为76、56、35。

7.4 读组合体视图

读图是画图的逆过程。画图和读图可以看成认知过程的两个阶段。画图是第一个阶段，即由模型或立体图（感性认识），按照投影原理（正投影法）用视图的形式（理性认识）表现出来；而读图是第二个阶段，即由视图（理性认识），通过构思想象出形体的空间形状（感性认识）。从认知过程来说，第二个阶段较第一个阶段更复杂。因此，除了要熟练地运用投影规律进行分析外，还要掌握读图的基本知识和方法，并要多读、多画，以提高空间想象力和分析解决问题的能力。

7.4.1 读图的基本要领

组合体的形状是通过几个视图来表达的，一个视图只能反映它的一个方向的形状。因此，读图时，要根据视图间的对应关系，把各个视图联系起来综合分析。

如图7-15所示的四组视图，它们的主视图都相同，却表现出四组不同形状的形体。又如图7-16所示的四组视图，它们的主视图和俯视图均相同，但也表现出四种不同形状的形体。

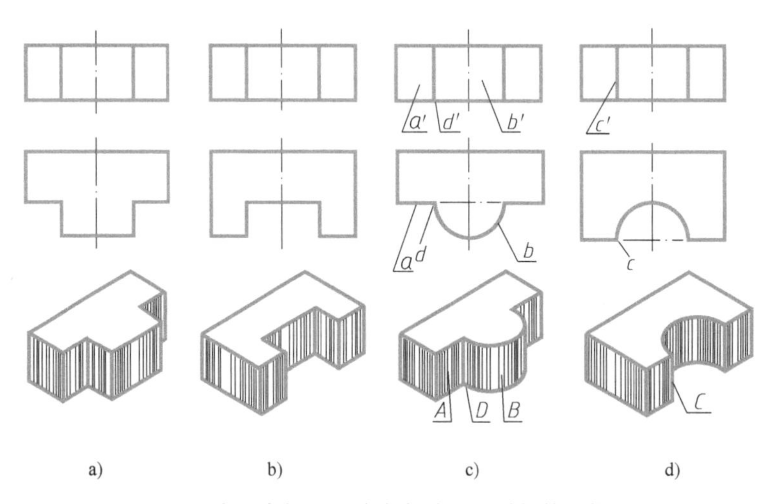

图7-15 由一个视图可确定各种不同形状的形体示例
a）示例一 b）示例二 c）示例三 d）示例四

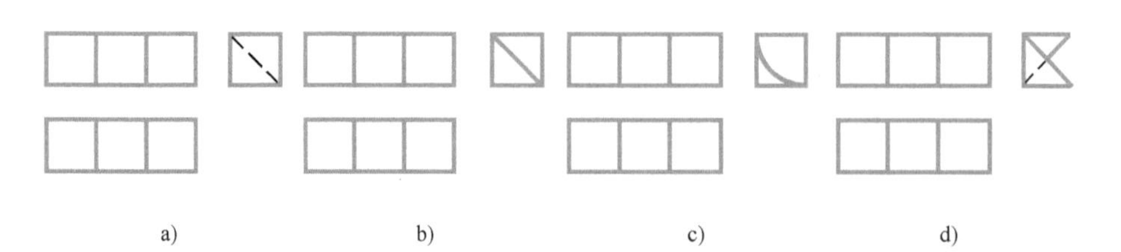

图7-16 由两个视图可确定各种不同形状的形体示例
a）示例一 b）示例二 c）示例三 d）示例四

7.4.2　读图的基本方法

1. 形体分析法

读图时，一般是从反映组合体形状特征的主视图入手，根据视图之间的“长对正、高平齐、宽相等”的三等关系，把形体分解为几个组成部分（即基本形体），然后对每一组成部分的视图进行分析，从而想象出它们的形状、大小。最后，再由这些基本形体的相对位置想象出整个组合体的形状。

读图实践中，通过视图把形体分解成几个组成部分并找出它们相互对应的各个视图，这是形体分析的关键。由前面知识知道，不论什么形状的组合体，它的各个视图的轮廓线总是封闭的线框；它的每一个组成部分相对应的视图也是一个线框。反之，视图中的每一个线框也一定是形体或组成该形体的某一部分的投影轮廓线。这样，在视图中画出几个线框，就相当于把组合体分解成几个组成部分（基本形体）。

2. 线面分析法

读图时，对于比较复杂的组合体，在运用形体分析法的同时，不易读懂的部分，还常用线面分析法对局部进行分析。所谓线面分析法，就是根据围成组合体的表面及表面之间交线的投影，来逐线、逐面进行分析，分析出它们的空间位置及形状，从而想象出它们所围成的整个组合体的形状。

1）视图中每一个封闭的线框的含义有两种：

① 投影图上的每一个封闭线框代表空间形体的某一表面（平面或曲面）的投影轮廓。图 7-17 中标出的封闭线框 1、3、1′、2′、1″。

② 一个视图上的线框在其他视图上的对应投影有两种可能，积聚为一线段；或是类似形，如图 7-17 所示，1、1′、1″为平面Ⅰ的三面投影，符合三等关系，三个投影是类似形，代表空间中的一个一般位置平面；封闭线框 2′的水平投影没有对应的类似形，因此积聚在线段 2、侧面投影对应线框 2″，代表空间铅垂面Ⅱ；封闭线框 3 在另两面投影没有对应的类似形，根据三等关系，分析积聚为 3′、3″两条线段，则代表空间水平面Ⅲ。

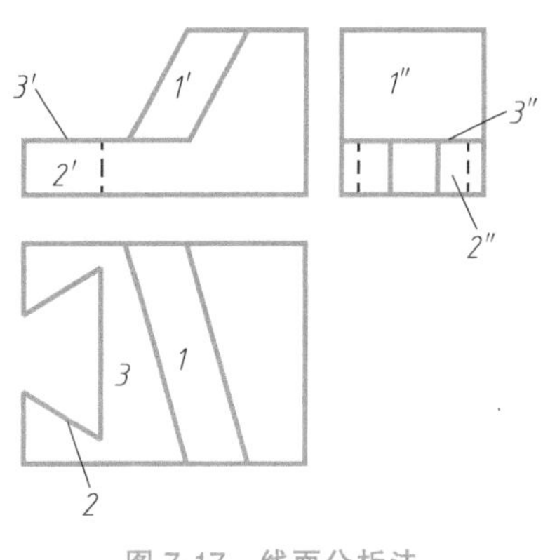

图 7-17　线面分析法

2）视图中每一条图线的意义有三种：

① 面（平面或曲面）的积聚投影。如图 7-15c 所示，俯视图中的图线 a 和 b，对应主视图中的线框 a'和 b'，分别代表 A 平面和 B 圆柱曲面的积聚投影。

② 两个面交线的投影。如图 7-15d 所示，主视图中的图线 c'，对应俯视图中积聚成一点 c，所以图线 c'是形体前面平面和曲面交线 C 的投影。

③ 曲面轮廓线的投影。如图 7-15c 所示，主视图中的图线 d'，对应俯视图中积聚成一点 d，也可看成是形体前面曲面左侧轮廓线 D 的投影。

下面以图 7-18a 所示为例，说明形体分析法的基本步骤。

1）划线框，对投影。在已知视图上划分若干个线框，通常采用反映组合体比较明显的形状特征的主视图进行划分。把每个线框看作某个基本形体的一个投影。图 7-18a 所示是一个组合体的三视图。把主视图划分为两个局部封闭线框，如图 7-18a 中的线框 1′和 2′。每个封闭线框看成一个基本形体的投影，利用“三等关系”找出每个基本形体在其他视图中的对应投影，如图 7-18b 所示线框 1、1″和图 7-18c 所示线框 2、2″。

2）按投影，定形体。按对应的投影以及各基本形体的投影特征，确定各自基本形体的形状，如图 7-18b、c 分别表示想出的基本形体Ⅰ、Ⅱ。

3）综合起来想整体。确定各基本形体形状之后，再分析它们之间的相对位置，就可以想象出组合体的整体形状，如图 7-18d 所示。

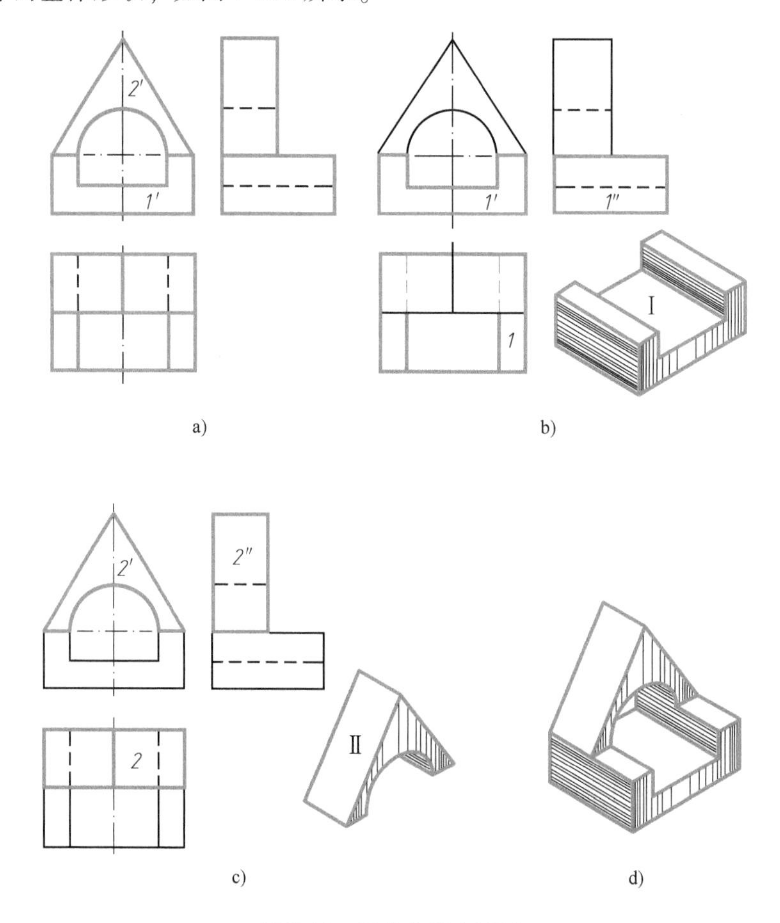

图 7-18　形体分析法读图

a）已知三视图　b）划线框、对投影、想形体Ⅰ　c）划线框、对投影、想形体Ⅱ　d）综合起来想整体

下面以图 7-19a 所示为例，说明线面分析法的基本步骤。

1）划线框，对投影。在已知的视图上划分 7 个线框，分别表示组合体的主要表面。

2）按投影，定表面。按投影规律找出对应的投影，对照各种位置平面的投影性质，可确定它们是正平面Ⅰ、侧平面Ⅲ、正垂面Ⅳ、侧垂面Ⅵ和水平面Ⅱ、Ⅴ、Ⅶ，如图 7-19b、c、d 所示。确定平面的规律就是按投影关系找类似形，如果三个视图都有相应的类似形，表明其一定是一般面，否则，一定是特殊面。同时，也要注意视图上面图线所对应的含义，注意线面结合。

3）围合起来想整体。把分析所得的各个表面，对照其所在的位置，即可围合出组合体的整体形状，如图 7-19d 所示。

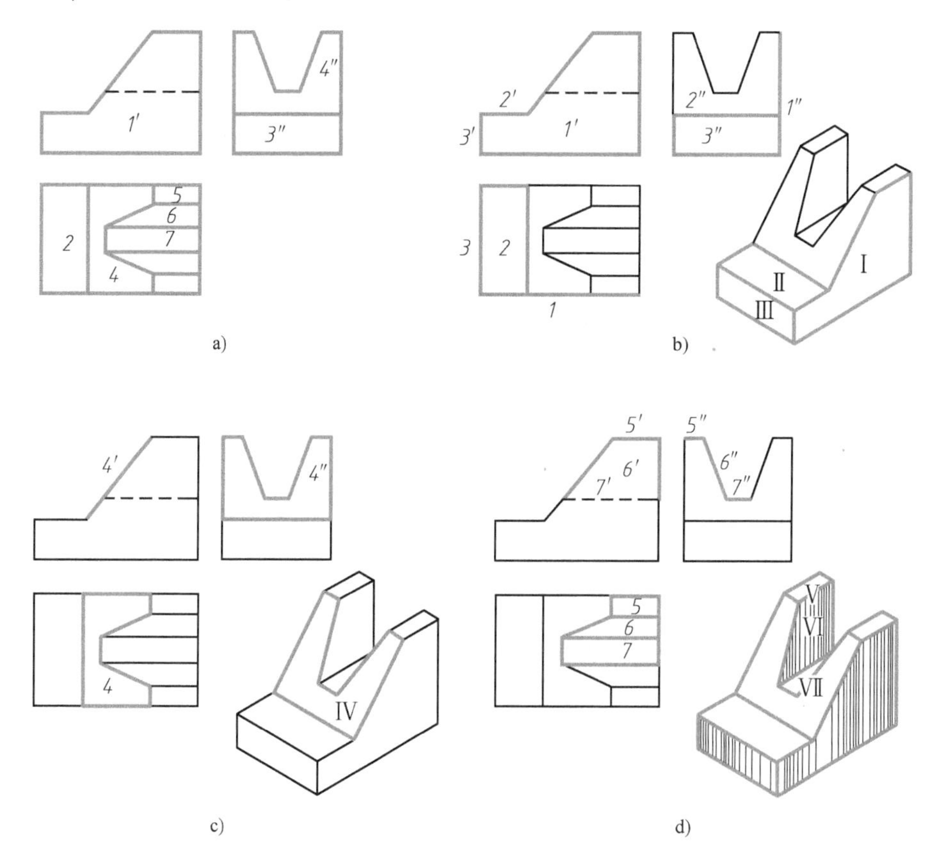

图 7-19 线面分析法读图

a）已知三视图 b）划线框、定表面Ⅰ、Ⅱ、Ⅲ c）划线框、定表面Ⅳ d）划线框、定表面Ⅴ、Ⅵ、Ⅶ，并围合成组合体

7.4.3 读图示例

【例 7-5】 如图 7-20a 所示，已知组合体的两视图，补画其俯视图。

读图步骤如下：

（1）划线框，对投影。根据图 7-20a 所示，在已知的视图上划分 9 个线框，分别表示组合体的主要表面。

（2）对投影，定表面。按投影规律找出对应的投影，对照各种位置平面的投影性质，可确定它们是水平面Ⅰ、Ⅱ和正垂面Ⅲ，如图 7-20b 所示；正平面Ⅳ、侧平面Ⅴ，如图 7-20c 所示；侧平面Ⅶ、侧垂面Ⅸ和水平面Ⅵ、Ⅷ，如图 7-20d 所示。

（3）补画俯视图。把分析所得的各个表面，对照其所在的位置，先补画出水平面Ⅰ、Ⅱ和正垂面Ⅲ，如图 7-20b 所示；再补画出正平面Ⅳ、侧平面Ⅴ，如图 7-20c 所示；最后补画出侧平面Ⅶ、侧垂面Ⅸ和水平面Ⅵ、Ⅷ，如图 7-20d 所示。

（4）加深。对照三个视图检查线、面的投影是否属实无误，同时注意整个组合体的形状（图 7-20e）。最后，将俯视图加深。图 7-20f 所示为想象出的组合体形状。

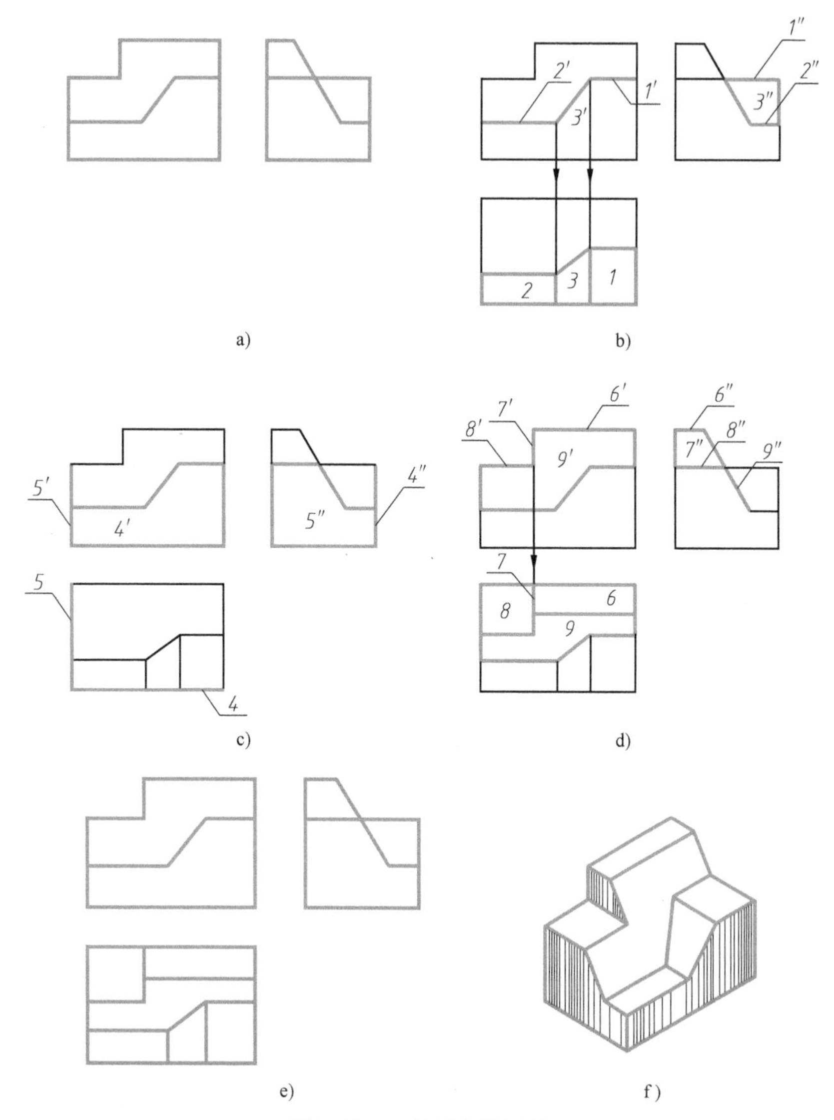

图 7-20　二补三作图过程

a）已知两视图　b）分析表面Ⅰ、Ⅱ、Ⅲ，并补画其俯视图　c）分析表面Ⅳ、Ⅴ，并补画其俯视图
d）分析表面Ⅵ、Ⅶ、Ⅷ、Ⅸ，并补画其俯视图　e）加深　f）想象出组合体形状

【例 7-6】 如图 7-21a 所示，已知组合体的两视图，补画其左视图。

首先用形体分析法进行粗读，想象出组合体的形状，再根据画图步骤，划分出各基本形体的形状以及它们之间的连接关系和相对位置，按照“三等关系”，逐个画出基本形体的左视图，经检查无误后加深。其补图过程如下：

（1）划线框，对投影。如图 7-21a 所示，在已知的主视图上划分出 4 个线框，把每个线框看作某个基本形体的一个投影。

（2）对投影，定形体。如图 7-21b 所示，利用“三等关系”分别找出线框 1′对应的俯视图线框 1，按其对应的投影及特征，确定出基本形体Ⅰ并补画出其左视图 1″；如图 7-21c 所示，线框 2′、3′对应俯视图的线框 2、3，确定出基本形体Ⅱ、Ⅲ形状，并补画出它们的左视图 2″、3″；如图 7-21d 所示，线框 4′对应俯视图的线框 4，确定出基本形体Ⅳ为挖切掉

的圆柱，并补画出左视图 4″。

(3) 综合起来想整体。确定各基本形体形状之后，根据它们之间的相对位置，就可以想象出组合体的整体形状，如图 7-21e 所示。同时，检查视图有无错误，最后，加深左视图。

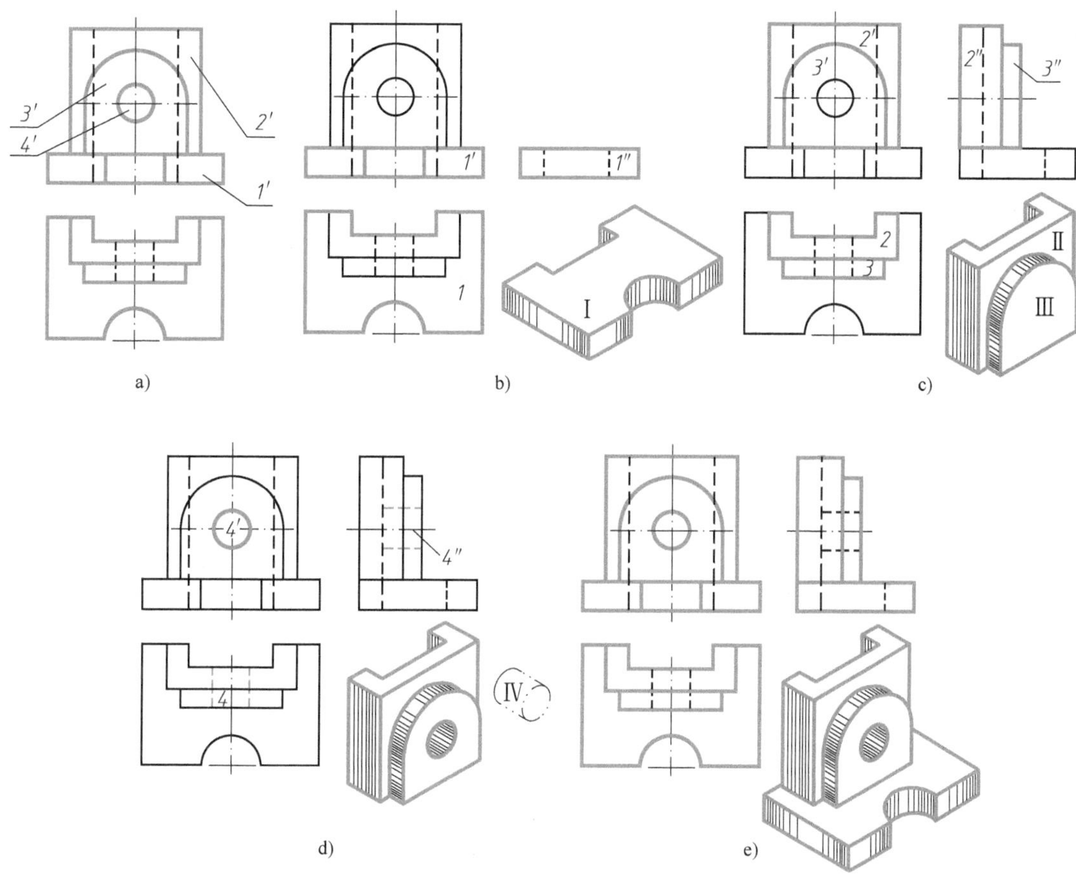

图 7-21　线面分析法读图

a) 已知两视图　b) 划线框、对投影，画形体Ⅰ　c) 划线框、对投影，画形体Ⅱ、Ⅲ　d) 划线框、对投影，画挖切形体Ⅳ　e) 想出组合体形状，检查、加深

7.5　组合体的构型设计

组合体的构型设计是将基本形体按照一定的组合类型和连接形式组合出一个新的形体，并用立体图和三视图表示出来的设计过程。它是建筑形体设计的基础。构型设计的学习和训练，可以培养和提高学生的空间想象力和创新能力，使学生初步建立工程设计意识。

组合体构型设计是在由画图到读图，即认知形体的两个过程之后的一次综合训练，所以它是对前段所学知识的全面复习、综合运用、加深升华的过程。

7.5.1　组合体构型设计的基本原则

它们的切割体等基本形体完成构型，同时注意基本形体的投影规律及它们之间的连接形式，灵活地运用组合类型，以提高创新意识。

2. 附加限定条件

构造组合体要满足其目的性。因此，构型设计必定要在限定的条件下，按照题意和要求完成构思、设计。

例如，要求构造一个组合体，其由 6~8 个基本形体组成，至少有两个回转体，并体现出截交、相贯的内容，如图 7-22 所示。

3. 具有多样性，创新求特的思维变化

构造一个组合体所使用的基本形体类型、组合类型以及连接方式应尽可能多样化，充分发挥想象力，打破常规的思维定式，力求创新求特、新颖别致的造型方案。

如图 7-23a 所示的组合体是在平面立体的基础上，经过多次切割而成，并在上部叠加一个四分之一圆柱和圆锥，使组合体由前向后逐层拔高，富有层次感，并且凹与凸、平面与曲面、大与小、高与低可以充分体现变化的效果。同时，图 7-23a 为左右对称形式，使其具有平衡与稳定，而图 7-23b 为非对称形式，着重体现变化和差异，避免单调。

图 7-22　限定条件下的组合体构型设计

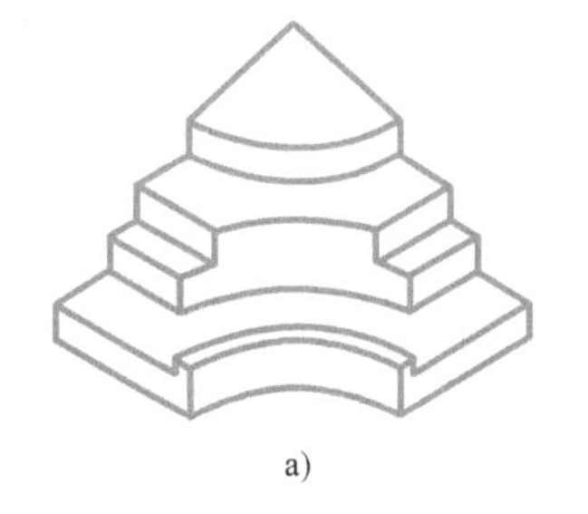

a)

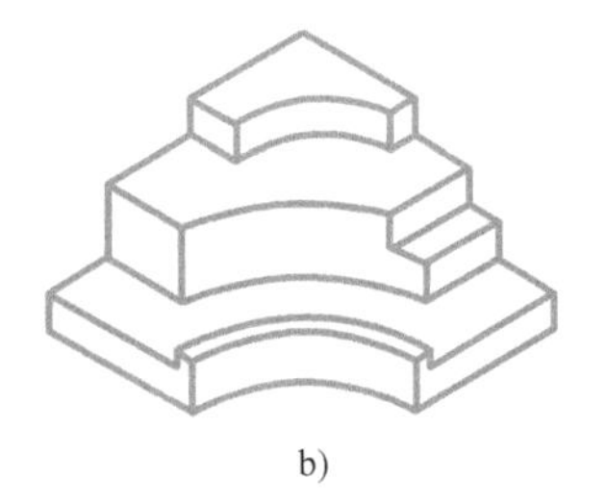

b)

图 7-23　组合体构型设计比较
a）对称形式组合体　b）非对称形式组合体

7.5.2　组合体构型设计的训练过程

1. 基本训练

为了更好地提高学生构造组合体的综合能力，首先可以进行单一形体上的切割（挖切）训练或在给出组合体一个视图的基础上，根据线框的含义，构思出组合体，并画出其他两个视图，即通常所说的“一补二”。

如图 7-24 和图 7-25 所示，均为单一形体基础上的切割（挖切）训练。通过此种训练可增强对平面切割、曲面切割以及相贯（贯穿）等切割方式的灵活运用，从而产生形态各异的立体造型，达到提高学生的创造力和审美能力的作用。

图 7-24　平、曲面切割立方体

图 7-25　切割、相贯立方体

图 7-26a 所示为简单的一个视图（水平投影）。根据各线框所代表不同的基本形体和面，可以想象出多种不同的形体。图中列出了四种形体。

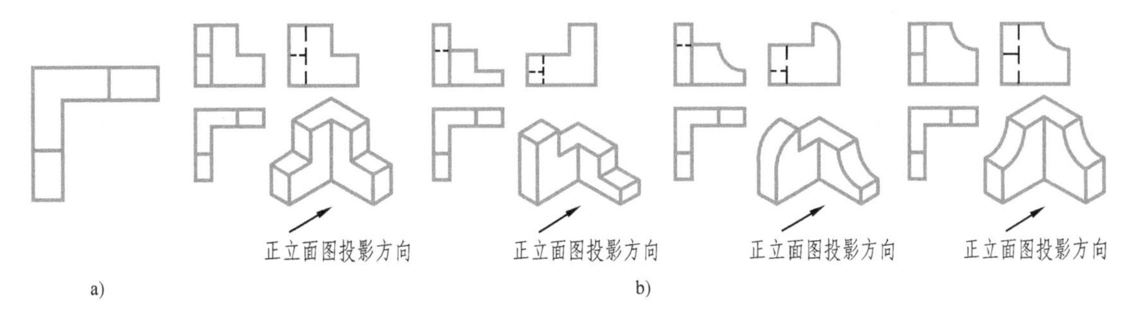

图 7-26　组合体构型设计训练一

a）已知一个视图（水平投影）　b）补画其他两个视图

图 7-27a 所示为稍显复杂一些的一个视图（水平投影）。此类训练的目的就是增强对形体变化和多样性的认知，使思维具有发散性，而且这种训练本身就是简单的构型设计。

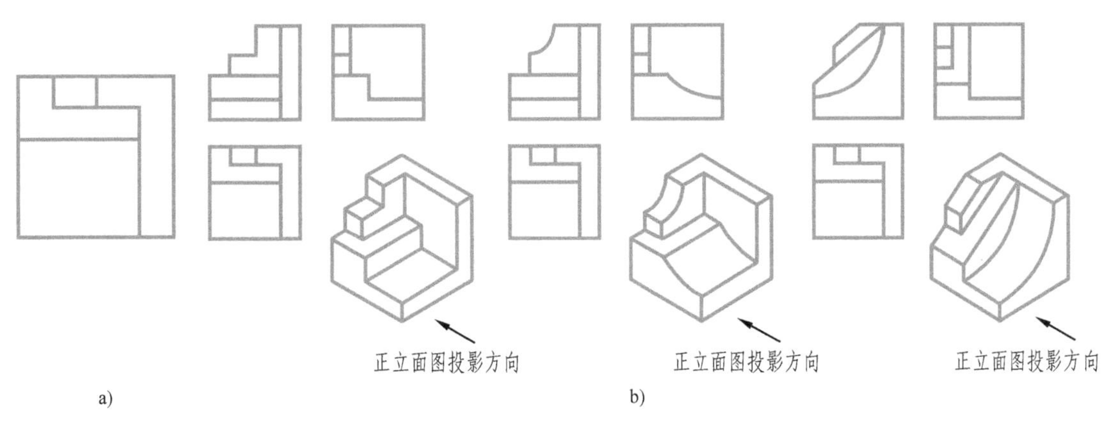

图 7-27　组合体构型设计训练二

a）已知一个视图（水平投影）　b）补画其他两个视图

在基本训练中除了注重形体的美感和表现外，还要注意其合理性。基本形体之间连接时应牢固连接，构成实体。不能以点、线连接，同时形体要放置平稳，不合理的连接如图 7-28 所示。

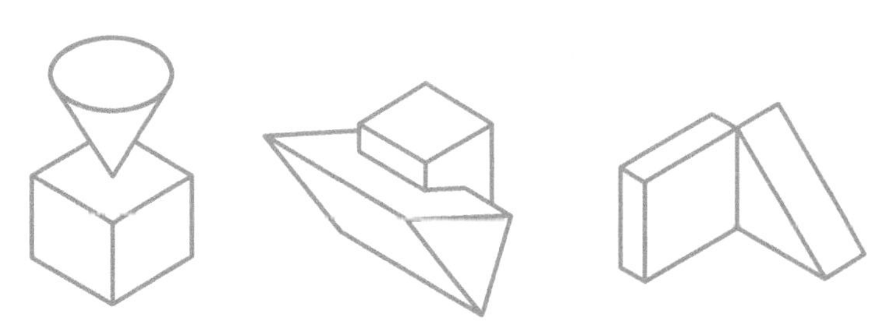

图 7-28　不合理的连接构型

2. 综合训练

综合训练是规定构成组合体的基本形体数目、连接方式以及难易程度和范围，运用叠加、切割、变换等形式，综合完成的训练过程。在构型过程中，除要求结构合理、组合关系正确、难易适中外，还要求创新独特、造型新颖美观，并注意对称的平衡与稳重、非对称的变化与差异等。

综合训练的过程与步骤如下：

（1）画设计草图　先用草图纸画出构思好的新组合体的立体图及三视图。设计草图经审核修改后，使之形状、大小尺寸都更加完善、合理，符合设计要求。

（2）完成设计图　将修改后的草图按画组合体三视图的步骤完成正规设计图。

注意：由于综合训练是一个渐进的提高过程，不可能一蹴而就。因此，要求学生在平时多积累组合体的素材，多观察，多表现。同时运用掌握的形体分析法、线面分析法多构思和组合一些形体。重视画图和读图的作业质量，重视并不断总结、凝练组合体构型设计作业。只有这样，才会从主观上达到一个创造力和审美的升华，才能展示出自己更好的作品。

7.5.3　组合体构型设计举例

【例 7-7】　按限定条件设计组合体。

（1）由 3 个基本形体组成；

（2）组合类型为综合式；

（3）至少有 2 个回转体；

（4）组合体总长、总宽、总高限定为 130、80、80。

组合体构型设计综合训练过程如下：

1）选取基本形体。选取长方体基础、长方体墙体、圆弧形屋面三个基本形体，如图 7-29a 所示。

2）综合、想象、构思出新形体。三个基本形体按叠加类型堆积起来，并注意它们的连接关系，如图 7-29b 所示。

3）在构成后的新形体上面完成切割（挖切），最终形成一个新的组合体，如图 7-29c 所示。在此过程中要注意新组合体以及各部分的大小比例，使得从局部到整体更协调一致。

4）按照构成后的新形体，绘出其三视图和轴测图，并完成新组合体的尺寸标注，最后按比例画在图纸上，如图 7-30 所示。

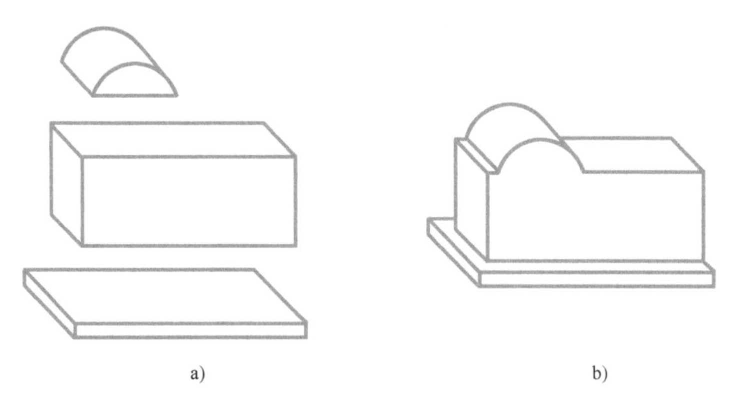

图 7-29　组合体构型综合训练过程

a）三个基本形体　b）叠加

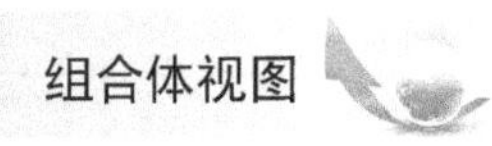

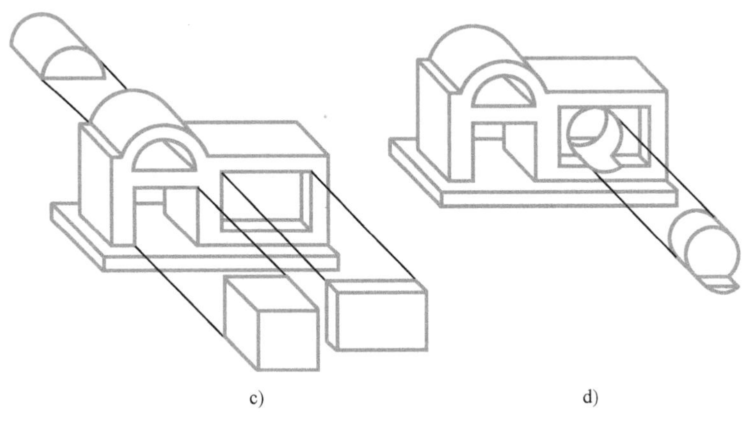

图 7-29　组合体构型综合训练过程（续）

c）挖切过程 1　d）挖切过程 2

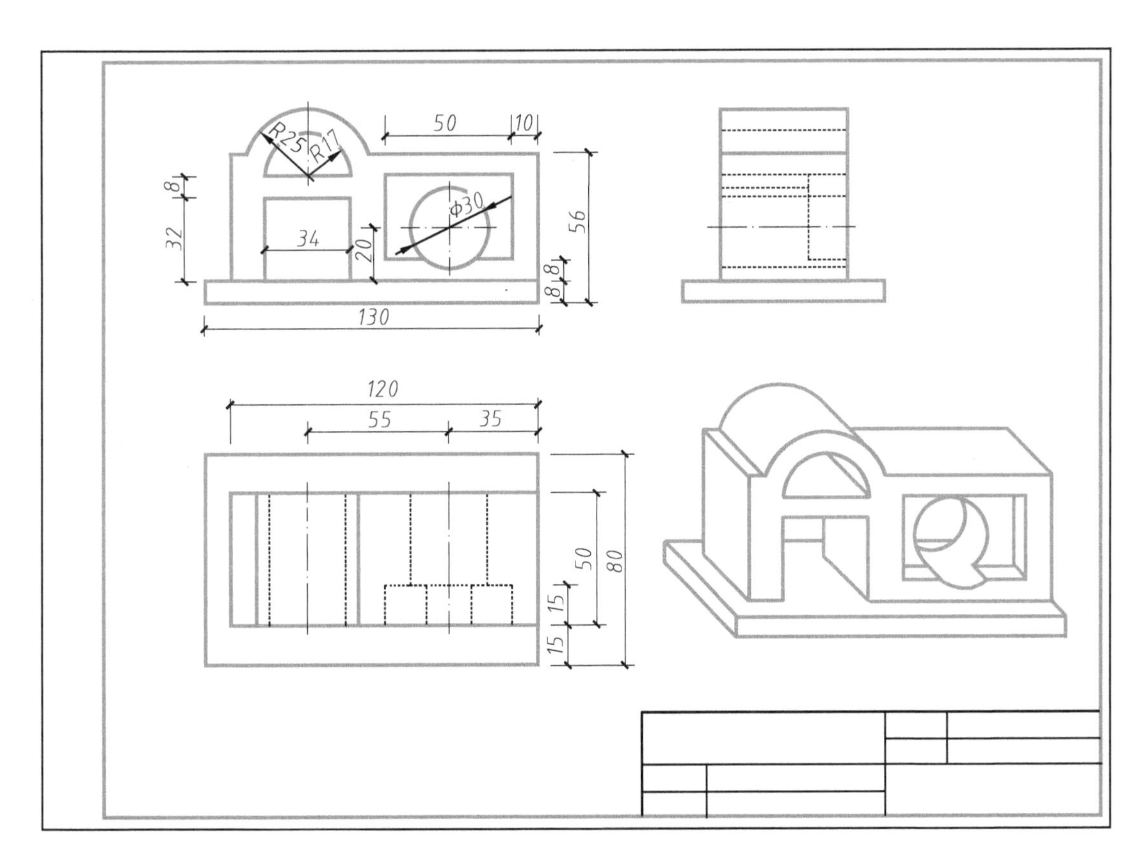

图 7-30　组合体构型设计完成图样

组合体构型设计完成图样

思考题

1. 组合体的组合类型有哪几种？各基本形体之间的连接关系有哪些？
2. 画组合体视图时，选择主视图的原则是什么？
3. 组合体尺寸标注的类型有几种？它们的基本要求是什么？
4. 试述形体分析法和线面分析法的不同点。
5. 试述组合体画图的方法和步骤。
6. 试述组合体构型设计的基本原则。

第 8 章　建筑形体的表达方法

本章概要

本章主要介绍 GB/T 17451—1998《技术制图　图样画法　视图》及 GB/T 50001—2017《房屋建筑制图统一标准》中规定的建筑形体的基本视图与辅助视图、剖面图、断面图等常用的投影制图方法及读图方法，并介绍第三角投影图、轴测剖面图、简化画法和规定画法等常用的工程图表达方法。

8.1　视图

8.1.1　基本视图

为了满足工程实际的需要，按照国家《房屋建筑制图统一标准》规定，房屋建筑的视图应按正投影法并用第一角画法绘制。在三面投影体系中再增设三个投影面，即在 V、H、W 投影面的相对方向上加设 V_1、H_1、W_1 三个投影面，使形体位于六个投影面所围成的箱体之中，形成六面投影体系。

然后将形体向上述六个投影面进行正投影，这样就得到了六个视图，自前方投影得到的主视图称为正立面图，自上方投影得到的俯视图称为平面图，自左方投影得到的左视图称为左侧立面图，自右方投影得到的右视图称为右侧立面图，自下方投影得到的仰视图称为底面图，自后方投影得到的后视图称为背立面图，如图 8-1a 所示，这六个视图称为基本视图。基本视图所在的投影面称为基本投影面。为了在一个平面（图纸）上得到六个基本视图，需要将上述六个视图所在的投影面都展平到 V 面所在的平面上。图 8-1b 表示展开过程。图 8-1c 表示展开后的六个基本视图的配置。

用上面方法得到的六个基本视图能从六个方向上反映出物体的形状和大小。

8.1.2　辅助视图

工程制图中，形体除了可以用基本视图表达外，当需要时，也可以采用辅助视图来表达。下面介绍常用的辅助视图。

1. 向视图

向视图是可以自由配置的视图，根据专业的需要，只允许从以下两种方式中选择一种（图 8-2）。

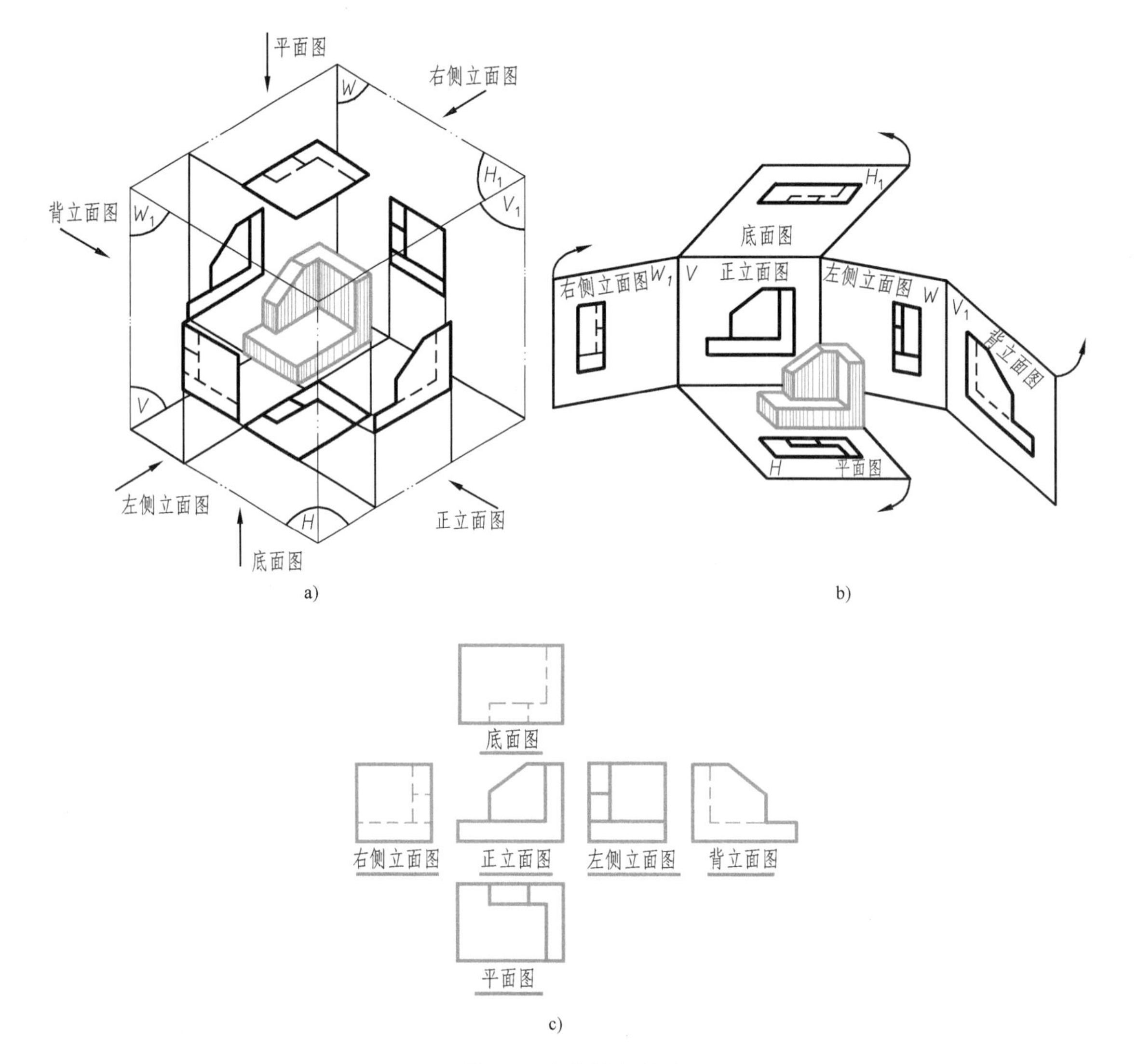

图 8-1　六个基本视图

a) 六个基本视图的形成　b) 六个基本视图的展开　c) 六个基本视图的配置

1）在向视图的上方标注“X”（“X”为大写拉丁字母），在相应视图的附近用箭头指明投射方向，并注相同的字母（图 8-2a）。

2）在视图下方（或上方）标注图名，标注图名的各视图的位置，应根据需要和可能，按相应的规则布置（图 8-2b）。

2. 局部视图

局部视图是将物体的某一部分向基本投影面投射所得的视图。如图 8-3 所示，作出形体左侧凸出部分的局部视图，就可以把这部分的形状表达清楚。

画局部视图时要注意：

1）局部视图应标注，即用箭头说明其表达部位和投影方向，用大写拉丁字母表示局部视图名称，如图 8-3 所示。

2）局部视图的边界可用波浪线（或折断线）表示，或以轮廓线为界。当使用波浪线

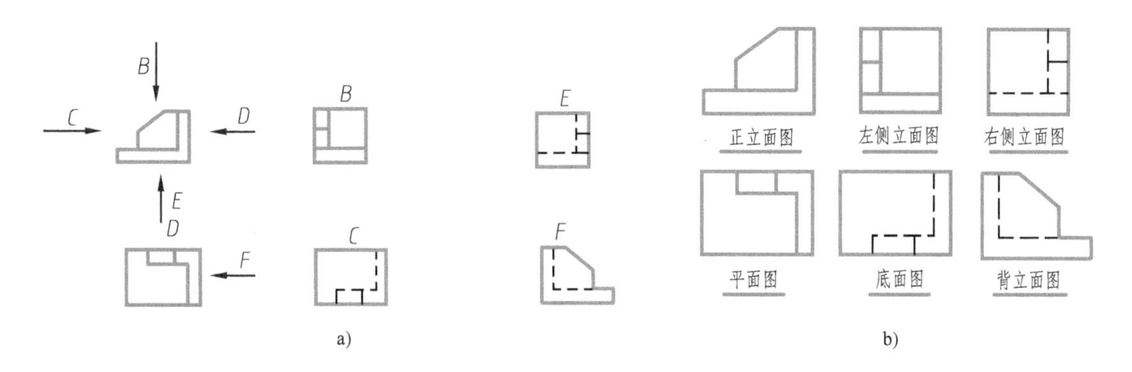

图 8-2　向视图

a）向视图表示法 1　b）向视图表示法 2

时，波浪线不得超出轮廓线绘制，如图 8-3b 所示；当使用折断线时，折断线应超出轮廓线 3～5mm 绘制，如图 8-3c 所示。在实际应用中应加以区分。

3）画局部视图时，可按基本视图的配置形式配置，如中间没有其他图形隔开时，可省略标注，如图 8-3a、b 所示。也可按向视图的配置形式配置并标注，如图 8-3c 所示。

4）局部视图的断裂边界用波浪线表示；当它所表示的局部结构是完整的，且外轮廓线又成封闭时，波浪线或折断线可省略不画，如图 8-3a 所示。

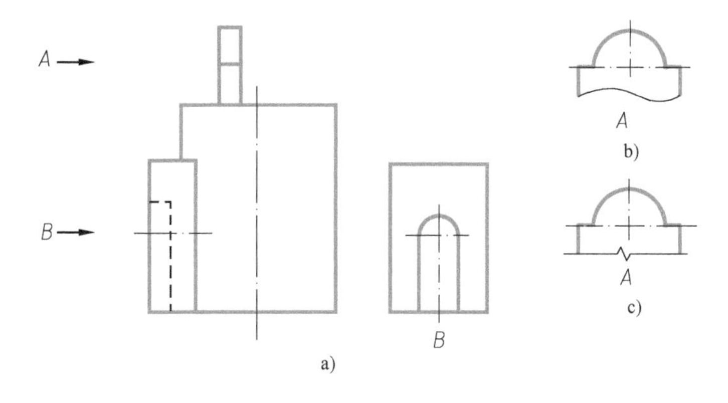

图 8-3　局部视图

a）原视图及 *B* 向局部视图　b）*A* 向局部视图（波浪线）　c）*A* 向局部视图（折断线）

3. 斜视图

如果形体的某一部分表面不平行于任何基本投影面，则六个基本视图都不能真实地反映该部位的形状。为使倾斜于基本投影面部分的形状表达出来，可用画法几何中的换面法来解决，设置一个平行于该倾斜部分表面的辅助投影面，然后把该部位向辅助投影面作正投影，反映这部分的实形。物体向不平行于基本投影面的平面投射所得的视图称为斜视图，如图 8-4 所示。

斜视图是表达形体某一局部形状的视图，画图时应注意：

1）画斜视图时，通常按向视图的配置形式配置并标注，用箭头指明投射方向，用大写拉丁字母表示视图名称并标注，这些字母均应沿水平方向书写，如图 8-4 所示。

2）必要时，允许将斜视图旋转配置，表示该视图名称的大写拉丁字母应靠近旋转符号

的箭头段，也允许将旋转角度标注在字母之后。

3）斜视图只要求表示出倾斜部分的实形，其余部分则不必画出，可用波浪线或折断线断开，或以轮廓线为界，舍去其他部分。

斜视图的标注形式与局部视图一致，斜视图和局部视图的区别在于：斜视图是向倾斜的辅助投影面上投射，并不属于六个基本视图。而局部视图是向基本投影面上投射，是六个基本视图投影方向中的一个。

4. 展开视图（旋转视图）

建（构）筑物的某些部分，如与投影面不平行，在画立面图时，可将该部分展至与投影面平行，再以正投影法绘制，并应在图名后注写“展开”字样。这种假想将物体的某倾斜部分旋转到与基本投影面平行的位置上进行投射所得的视图称为展开视图。

如图 8-5 所示的建筑物，其底座上方有相同的三部分，互为 120°角，其中有两部分与正立投影面不平行，为了得到该部分的实形，可假想使其左右两部分绕铅垂轴分别旋转到与正立投影面平行后再投射，所得的主视图即为展开视图。

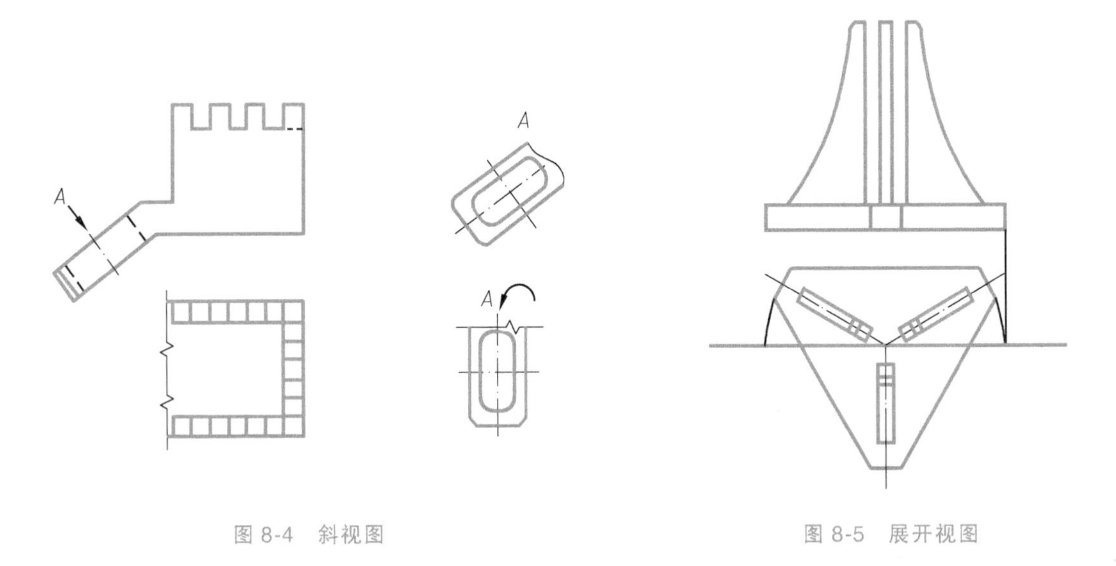

图 8-4　斜视图　　图 8-5　展开视图

5. 镜像视图

当视图用第一角画法绘制不宜表达时，可用如图 8-6a 所示的镜像投影法绘制，但应如图 8-6b 所示在图名后注写“镜像”两字；或如图 8-6c 所示画出镜像投影识别符号。

建筑吊顶（顶棚）灯具、风口等设计绘制布置图，应是反映在地面上的镜面图，不是仰视图。

8.1.3　第三角投影简介

1. 第三角投影的概念

前面采用的相互垂直的三个投影面（V、H、W）可以把空间分隔成八个分角，如图 8-7a 所示。我国的制图国家标准中采用第一分角投影，即将形体放在第一分角中向相互垂直的三个投影面（V、H、W）进行投影。一些欧美国家采用第三分角投影，即将形体放在第三分角中向 V_3、H_3、W_3 投影面进行正投影，如图 8-7b 所示。

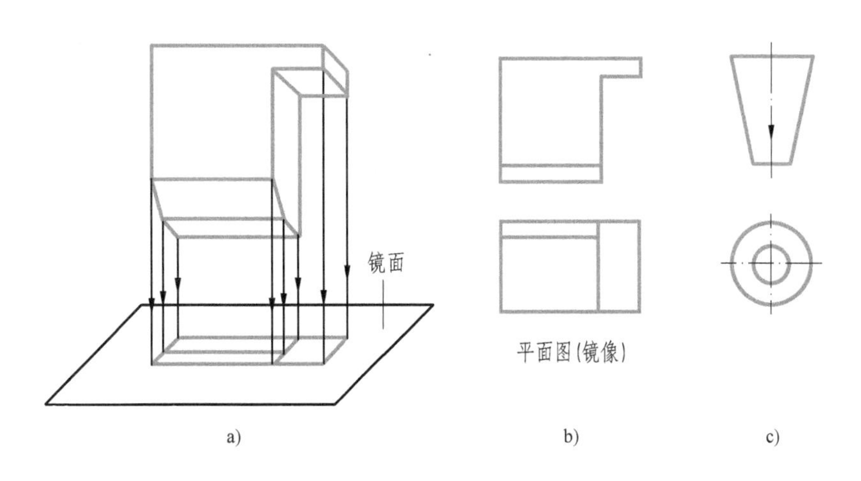

图 8-6　镜像投影法

a）镜像视图　b）注写　c）镜像视图识别符号

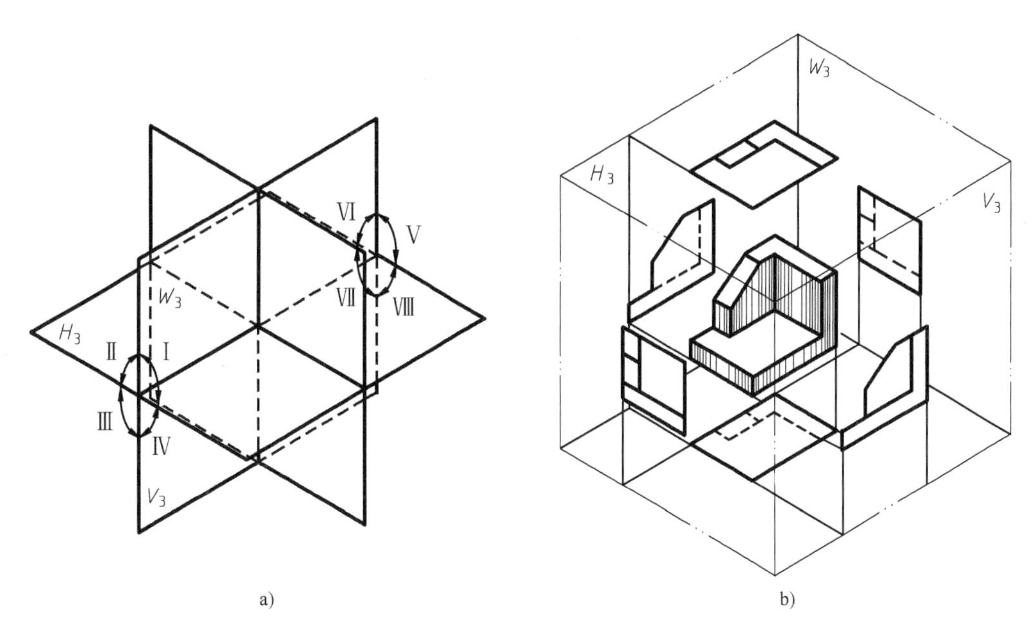

图 8-7　第三角投影

a）八个分角　b）第三角投影的形成

2. 第三角投影中的三面投影图

如图 8-8b 所示，采用第三角画法时，物体置于第三分角内，即投影面处于观察者与物体之间进行投影，然后按规定展开投影面，把形体放在第三分角中，向 V_3、H_3、W_3 投影面和它们相对的投影面进行正投影，如图 8-8a 所示。正立面图不动，将平面图向上旋转 90°，将底面图向下旋转 90°，将左侧立面图向左旋转 90°，将右侧立面图连带背立面图一起向右旋转展开，便得到位于一个平面上属于第三角投影的六面投影图，如图 8-8b 所示。

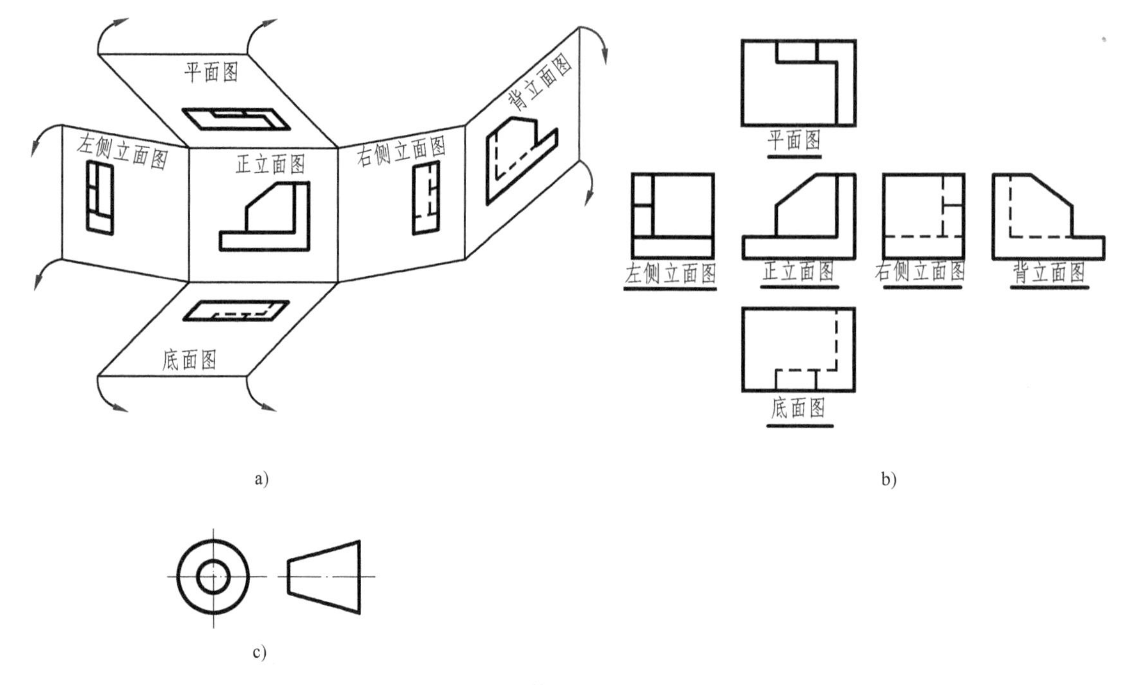

图 8-8　第三角投影视图

a）展开　b）视图配置　c）第三角投影的识别符号

8.2　剖面图

形体的基本视图和辅助视图主要表示形体的外部形状。在视图中形体的内部结构的不可见轮廓线需要用虚线画出。如果形体内部结构复杂，虚线就会过多，则在图面上就会出现内外轮廓线重叠、虚线之间交叉、混杂不清，既影响读图又影响尺寸标注，甚至会出现错误。如图 8-9a 所示，在形体的主视图中，出现了表示形体内部结构的虚线。为了克服视图的这种缺点，工程上通常用不带虚线的剖面图来表达形体的内部结构。

8.2.1　剖面图的形成

如图 8-9b、c 所示，假想用一个剖切平面将形体切开，移去剖切平面与观察者之间的部分形体，将剩下的部分形体向投影面投影，所得到的投影图称为剖面图，简称“剖面”。

从剖面图的形成过程可以看出，形体被假想剖切后，内部不可见的部分变得可见，于是视图中表示内部结构的虚线变成了实线。因此，剖面图比视图更能够清晰地表达物体内部结构的形状。

值得注意的是，由于物体被剖开是假想的，因此，当某一视图画成剖面图之后，其他视图仍然需要保持图形的完整性。

8.2.2　剖面图的画法

1. 确定剖切位置

画剖面图时，首先应根据图示的需要和形体的特点确定剖切平面的数量、剖切位置和投

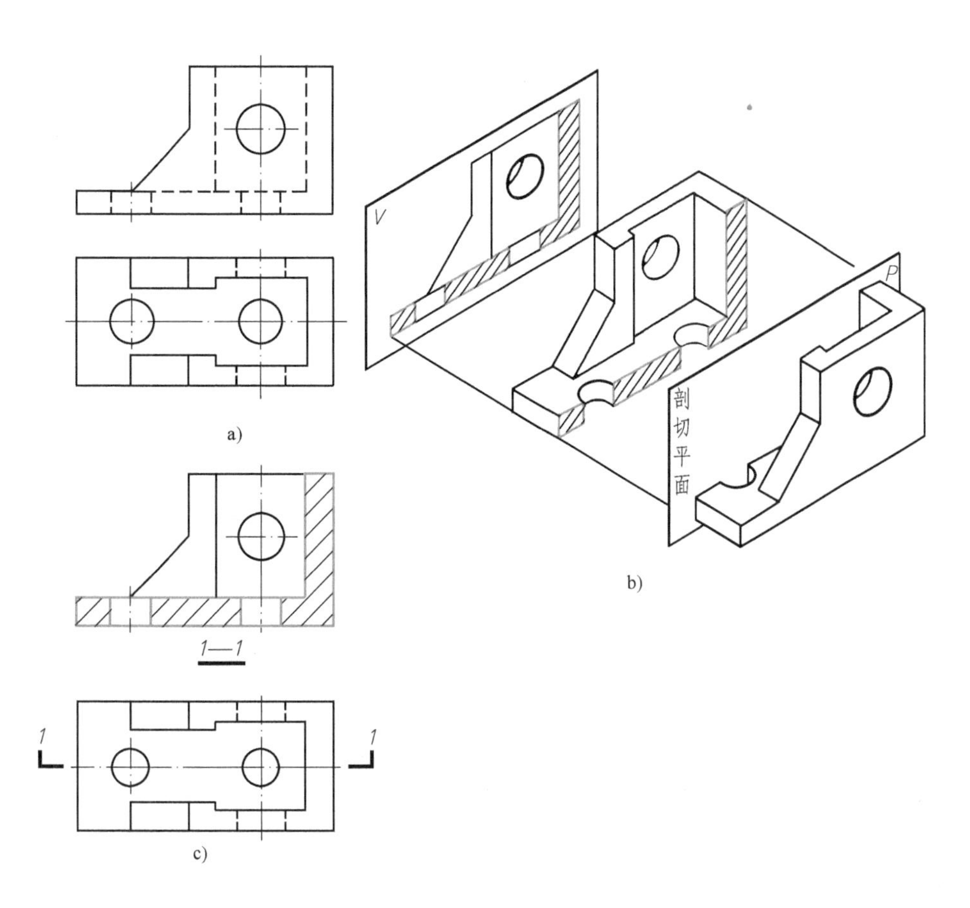

图 8-9　剖面图的形成

a）视图　b）剖切过程　c）剖面图

影方向。为了使剖切后所画出的剖面图能准确、清楚地表达形体的内部形状，剖切平面一般应通过形体内部结构的对称平面或孔、槽的中心线处，且应平行于投影面。剖面图的投影方向基本上与视图的投影方向一致。

2. 画剖面图

剖切位置确定之后，即可将形体切开，并且按照投影的方法画出保留部分（剖切平面与投影面之间的部分）的投影图，即得剖面图。

剖面图除应画出剖切面切到部分的图形外，还应画出沿投射方向看到的部分，被剖切面切到部分的轮廓线用 0.7*b* 线宽的实线绘制，剖切面没有切到但沿投射方向可以看到的部分，用 0.5*b* 线宽的实线绘制。

3. 画图例线

画剖面图时，为了明显地表示出形体的内部结构，要求把剖切平面与形体接触的部位以及剖切平面与形体不接触的部位（有孔、槽的部位）加以区分，按规定应在剖切平面与形体接触的部位画出图例线，如图 8-9c 所示。当未给出材料时，可绘制 45°倾斜的细实线。

常用的建筑材料应按表 8-1 所示图例画法绘制。

表 8-1 常用建筑材料图例

序号	名称	图例	备注
1	自然土壤		包括各种自然土壤
2	夯实土壤		
3	砂砾石、碎砖三合土	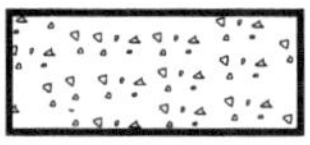	
4	毛石		
5	实心砖或多孔砖	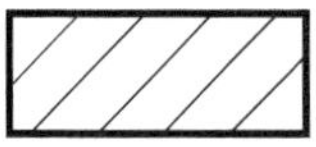	包括普通砖、多孔砖、混凝土块等砌体
6	混凝土		1. 包括各种强度等级、骨料、添加剂的混凝土 2. 在剖面图上绘制表达钢筋时，则不需绘制图例线 3. 断面图形较小，不易绘制表达图例线时，可填黑或深灰(灰度宜70%)
7	钢筋混凝土	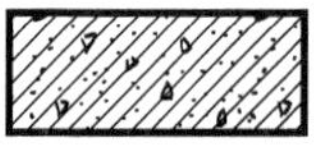	
8	木材		1. 上图为横断面，左上图为垫木、木砖或木龙骨 2. 下图为纵断面
9	金属	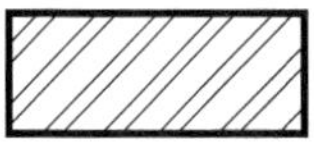	1. 包括各种金属 2. 图形小时，可涂黑或深灰(灰度宜70%)

8.2.3 剖面图的标注

剖面图的图形是由剖切平面的位置和投影方向决定的，因此，在剖面图中要用剖切符号指明位置和投影方向。剖面的剖切符号应由剖切位置线及剖视方向线组成，均应以粗实线绘制。

1. 剖切符号的组成

1）剖切位置线的长度宜为6~10mm；剖视方向线应垂直于剖切位置线，长度应短于剖切位置线，宜为4~6mm。绘制时，剖视剖切符号不应与其他图线相接触。

2）剖视剖切符号的编号宜采用粗阿拉伯数字，按剖切顺序由左至右、由下向上连续编排，并应注写在剖视方向线的端部。

3）需要转折的剖切位置线，应在转角的外侧加注与该符号相同的编号。

2. 剖切符号的编号

剖切符号的编号要用阿拉伯数字按从左到右、从下到上的顺序连续编排，数字要注写在

投影方向线的端部。剖切位置线需要转折时，在转折处也应加注相同的编号。编号数字一律水平书写。如图 8-10 所示的剖切符号及编号。

3. 剖面图的名称

剖面图要用与剖切符号相同的编号命名，其名称应注写在剖面图的下方，并在下方绘制一短粗实线，如 1—1，如图 8-9c 所示。

当剖切平面通过形体的对称平面，且剖面图又是按投影关系配置时，可以省略标注。

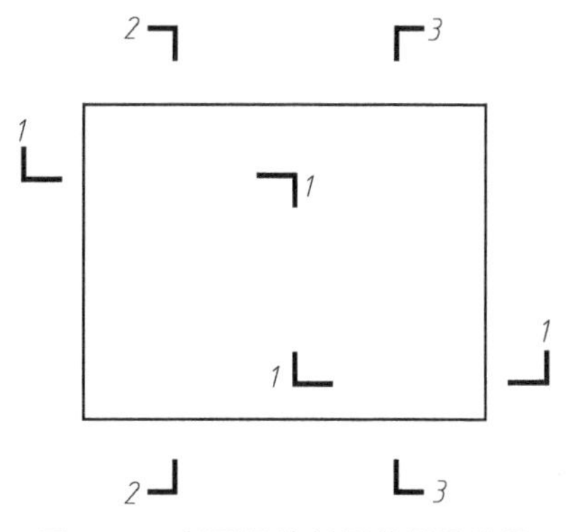

图 8-10　剖面图的剖切符号及编号

8.2.4　常用的剖面图

画剖面图时，为了能准确、清晰地表达形体的内部结构和外部形状，需根据物体自身结构形状特点，采用不同的剖切方式，画出不同类型的剖面图。GB/T 50001—2017《房屋建筑制图统一标准》中规定剖面图的剖切形式有几种：①用一个剖切面剖切；②用两个或两个以上平行的剖切面剖切；③用两个相交的剖切面剖切。

常用的剖面图种类有以下几类：

1. 全剖面图

全剖面图就是假想用一个或几个剖切平面把形体全部切开所得到的剖面图，如图 8-9 所示。当形体在某个方向上的视图为非对称图形，且外部形体比较简单时，宜采用全剖面图。

2. 半剖面图

当形体的内外部形状均比较复杂，且在某个方向上的视图为对称图形时，可以采用半剖面图来同时表示形体的内外部形状。

半剖面图的形成如图 8-11 所示，确定剖切平面的位置后，移去剖切平面、形体的对称面和观察者之间的四分之一形体而将剩余的部分形体向投影面作投影，这样得到的图形称为半剖面图。因此半剖面图是一半视图与一半全剖面图的组合。

国家标准规定半剖面图中视图和剖面图的分界线为对称符号。对称符号由对称线和两端的两对平行线组成，对称线应用单点长画线绘制，线宽宜为 0.25b；平行线应用中实线绘制，其长度宜为 6~10mm，每对的间隔 2~3mm，线宽宜为 0.5b；对称线垂直平分两对平行线，两端超出平行线宜为 2~3mm。半剖面图中的半个剖面图通常画在形体的垂直对称线的右方或水平对称线的下方。

在半剖面图中，由于形体的内部结构已在剖面图上表示清楚，所以视图上的虚线省去不画，如图 8-11b 所示。

半剖面图的标注方法与全剖面图相同，如图 8-11b 所示。

半剖面图主要应用于对称的形体的表达，但是如果形体的对称轴线与轮廓线重合则不能采用半剖视图，这种情况需采用将要介绍的局部剖面图。

由于半剖面图是视图与全剖面图各画一半，但某些图线虽然只画出一半，实际在空间中是完整的，所以应标注完整的尺寸。图 8-12 中的半圆实际上是完整的圆的一半，而内部槽的宽度也只画出一半，在标注尺寸的时候应按图中的方式标注出完整的尺寸。

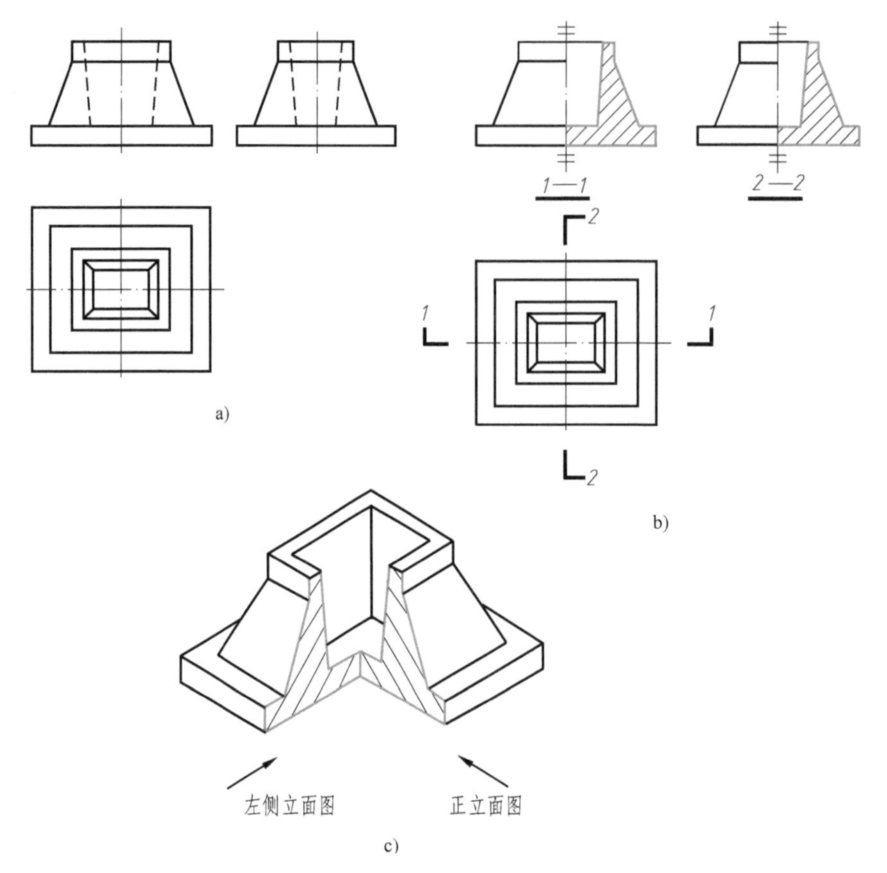

图 8-11　半剖面图的形成及画法

a）三视图　b）半剖面图的画法　c）半剖面图的形成

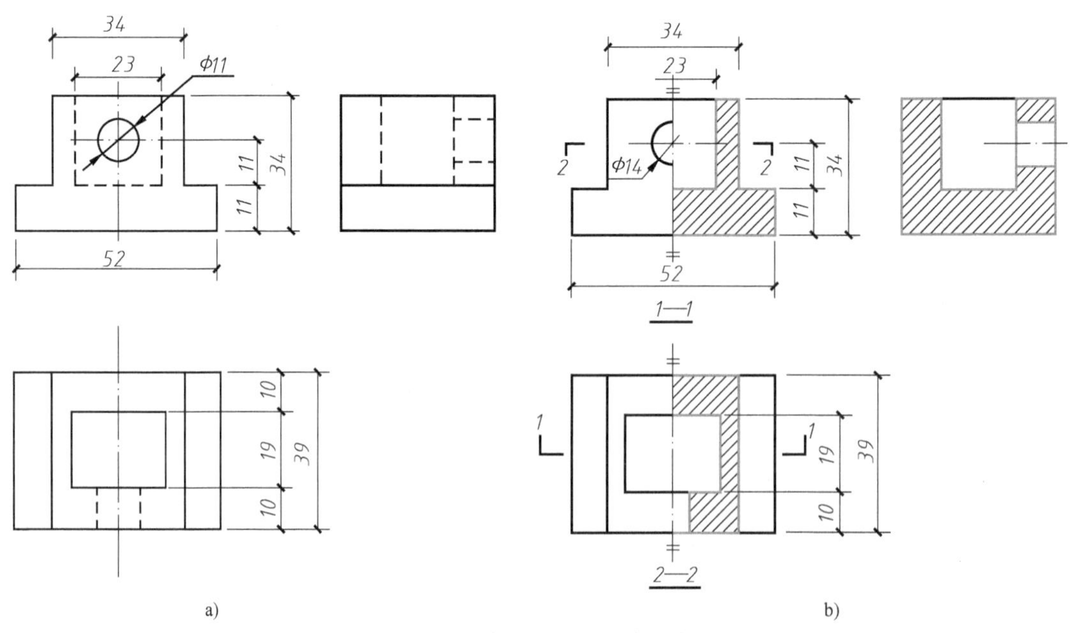

图 8-12　半剖面图的尺寸标注

a）三视图　b）半剖后尺寸标注法

3. 局部剖面图

(1) 形成　当建筑形体某一局部内部结构需要表达时，可以只将局部画成剖面图，表达内部结构，而保留原投影图的一部分，来表达建筑形体，这种剖面图称为局部剖面图，如图 8-13 所示。局部剖面图不需标注，需用波浪线表示形体的断裂边界，使形体与剖面图区分开。

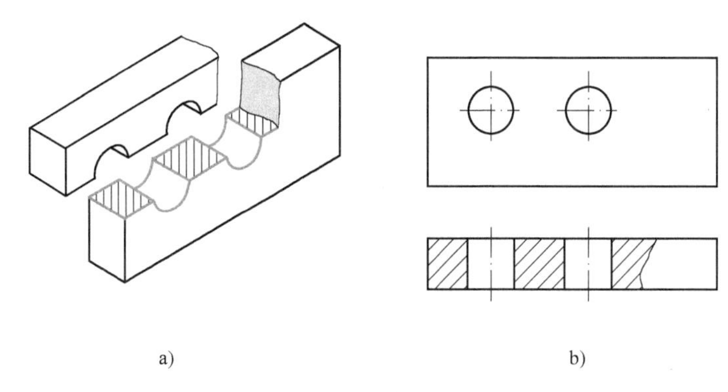

图 8-13　局部剖面图

a）直观图　b）局部剖面图画法

(2) 适用范围　局部剖面图适用于内部结构较简单的形体，如孔、槽等结构形式。同时，局部剖面图还适用于形体轮廓线与对称线重合，不宜采用半剖的形体，如图 8-14 所示。

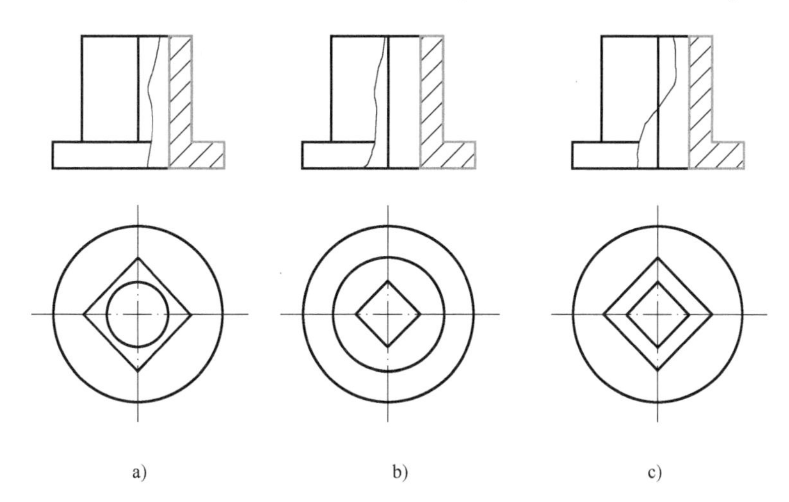

图 8-14　轮廓线与对称线重合

a）对称中心线位置有轮廓线画法 1　b）对称中心线位置有轮廓线画法 2　c）对称中心线位置有轮廓线画法 3

(3) 注意事项　波浪线应画在实体部分，不能超出视图轮廓线，不能画在中空部位，不能与其他图线重合，如图 8-15 所示。

建筑物的墙面、楼面及其内部构造层次较多时，可用分层局部剖面图来表示各层所用的材料和构造。分层剖切的剖面图，应按层次以波浪线将各层隔开，波浪线不应与任何线重合，如图 8-16 所示。

值得注意的是，虽然局部剖面图比较灵活，但不宜过于零碎。通常来说一个视图中局部剖不宜多于三处，它是全剖和半剖的补充形式。

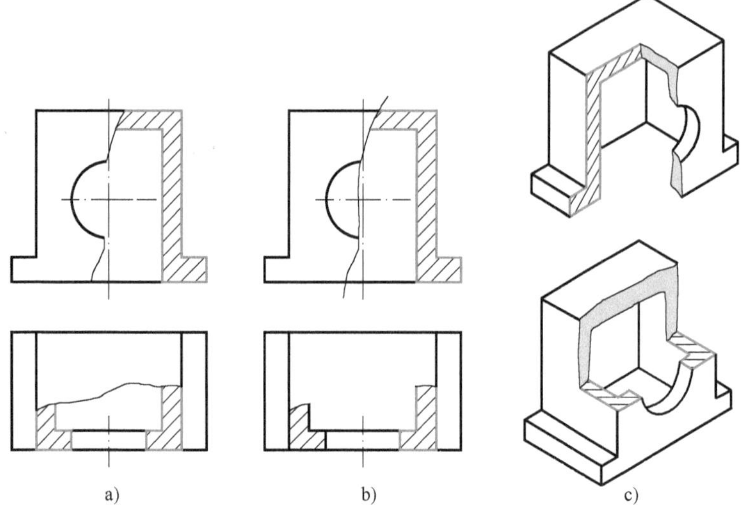

图 8-15 局部剖面图波浪线画法

a）正确画法 b）错误画法 c）直观图

4. 用两个或两个以上平行的剖切面剖切（阶梯剖面图）

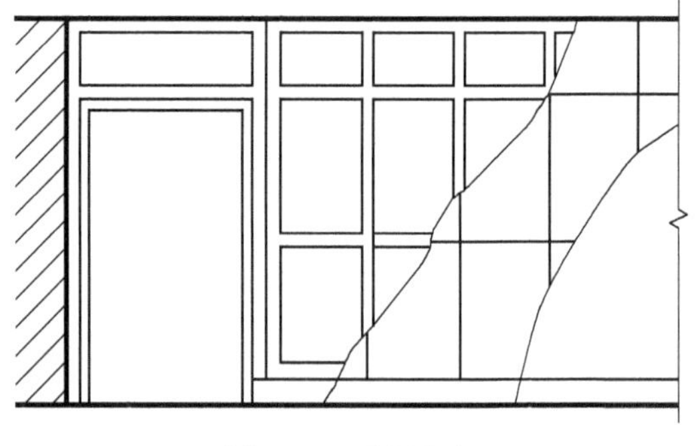

图 8-16 分层剖切

（1）形成 当形体上有较多的孔、槽，用一个剖切平面不能都剖到时，可以假想用几个互相平行的剖切平面分别通过孔、槽等的轴线把形体剖切开，所得到的剖面图称为阶梯剖面图，如图 8-17a 所示。

（2）标注方法 阶梯剖面图需标注，为使转折处的剖切位置不与其他图线发生混淆，应在转折处标注转折符号“ ┗”并在剖切位置的起、止和转折处标写相同的阿拉伯数字，如图 8-17b 所示。

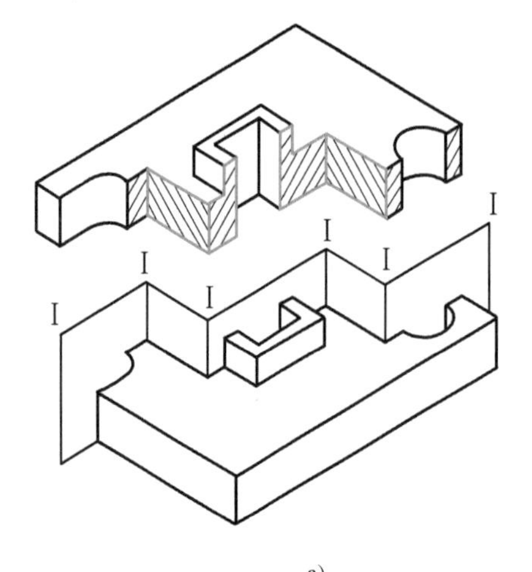

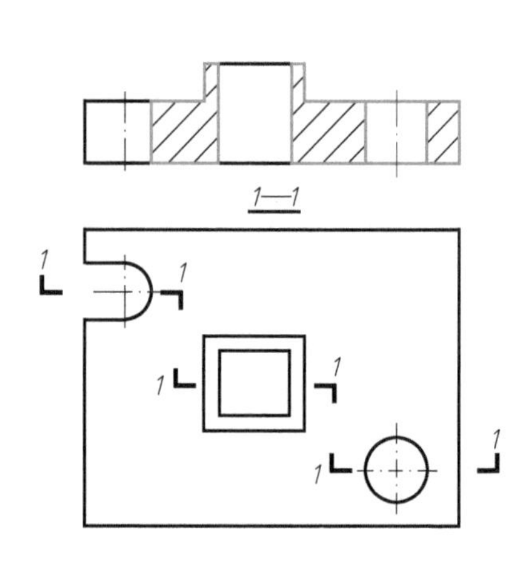

图 8-17 阶梯剖面图的形成及画法

a）阶梯剖面图的形成 b）阶梯剖面图的画法

（3）适用范围　内部结构不在同一平面上的形体。

（4）注意事项　阶梯剖面图的剖切平面不应剖切出不完整的要素，如不应出现孔、槽的不完整投影。由于整个剖切过程都是假想的，因此，在剖面图上，不应画出两个剖切平面转折处交线的投影，如图 8-18 所示的错误画法。

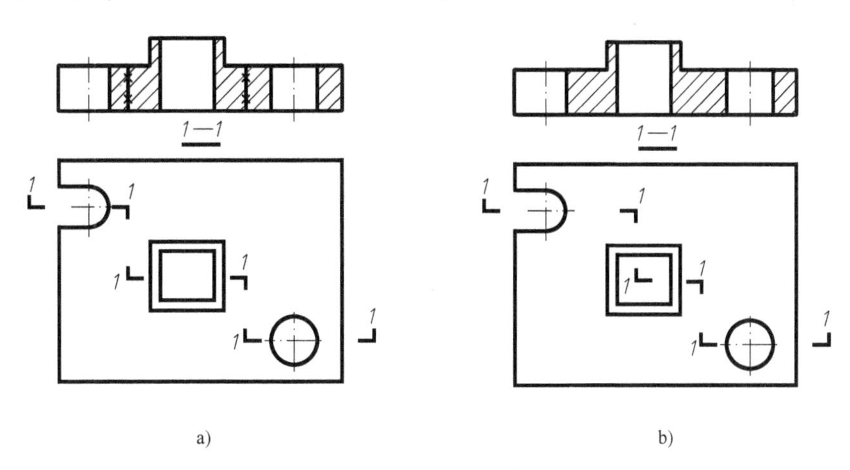

图 8-18　阶梯剖面图的错误画法

a）多画线　b）剖切平面位置不合适

5. 两个或两个以上相交的剖切平面（旋转剖面图）

（1）形成　用两个或两个以上相交的剖切平面（交线垂直于一基本投影面）剖切形体后，将剖切平面和观察者之间的部分移去，然后把保留部分中倾斜部分旋转到与选定的基本投影面平行，再进行投影，即得到旋转剖面图，如图 8-19 所示。

（2）注意事项

1）旋转剖面图需标注。在剖切位置的起、止和转折处注写相同的阿拉伯数字，如图 8-19 所示。

2）旋转剖面图要求先剖切、后旋转、再投影，并在旋转剖面图后面加注“展开”字样。

3）多个相交的剖切平面的交线必须与某一回转轴线重合。

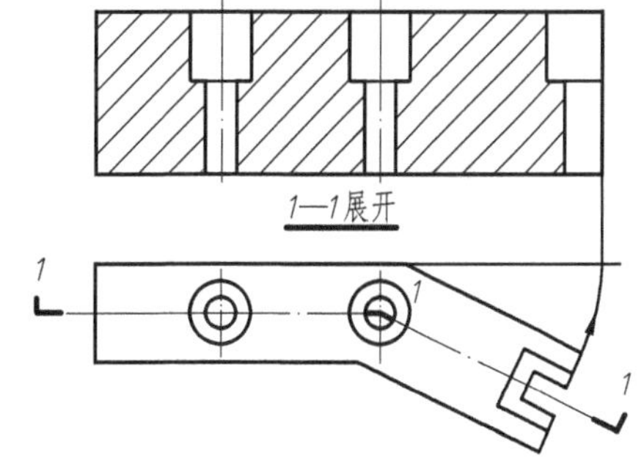

图 8-19　旋转剖面图的画法

（3）适用范围　内部结构不在同一平面上，且有回转轴线的形体。

8.2.5　综合应用

【例 8-1】　如图 8-20a 所示，已知三视图，试将主视图和左视图改画成适当的剖面图。

作图：

（1）由图 8-20a 所示的三视图想象出形体的内、外形状。

首先按形体分析读懂它的大致形状。由三视图可知，这个形体是前后对称的：主体为底板和方柱前后对齐放置；底板的左侧叠加放置一“U”形台，并向下开出“U”形槽；方柱自上而下做出由方孔和圆柱孔组成的阶梯孔，并在前后壁上做出半径一致的半圆孔。

（2）选择适当剖切形式，改画主视图和左视图。

由于形体左右不对称，且内部结构可用一个剖切平面完成，因此，主视图改画成全剖面图，如图 8-20b 所示，假想在形体的前后对称面上加一个剖切平面，把留下的部分进行正投影，得到如图 8-20c 所示主视图改画成的全剖面图。如图 8-20d 所示，由于形体前后对称，所以，以对称面作为边界，用过阶梯孔前后轮廓线处的剖切平面剖切，剖到对称面为止，把左角部分移去，留下部分向右进行正投影，得到如图 8-20e 所示左视图改画成的剖面图。

【例 8-2】 如图 8-21a 所示，已知两视图，想象出形体的形状，补画出左视图，并作出适当的剖面图和尺寸标注。

作图：

（1）由图 8-21a 所示的两视图想象出形体的内、外形状。

首先按形体分析读懂它的大致形状。由此可知，这个形体为综合类型组合体且左右对称：主体为箱体（可看成棱柱的形式）和圆弧柱叠加而成；然后经过挖切掉棱柱、半圆柱、圆柱，再在形体的上方叠加形体，从而组成复杂结构形式的组合体。

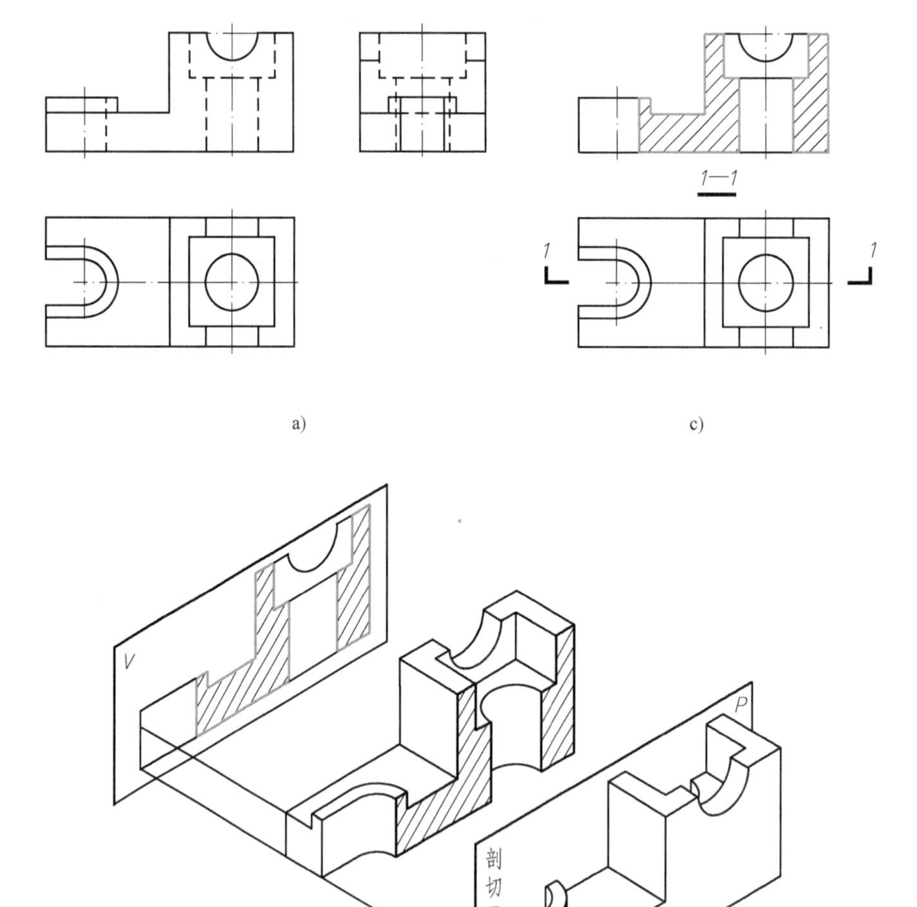

图 8-20 剖面图的画法示例

a）已知三视图 b）全剖面图的剖切过程 c）全剖面图

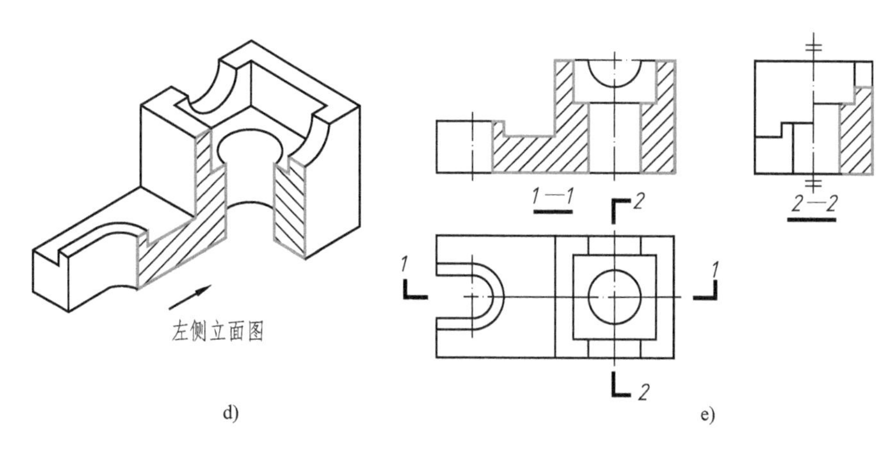

图 8-20　剖面图的画法示例（续）

d）半剖面图的形成　e）半剖面图

（2）补画出左视图。

根据想象出的形体形状，注意内外结构上的变化，以及各基本形体之间的相对位置关系，一个一个画出基本形体的左视图，最后擦去多余线，检查无误后，加深，如图 8-21b 所示。1—1 剖切平面通过形体的对称面，标注也可以省略。

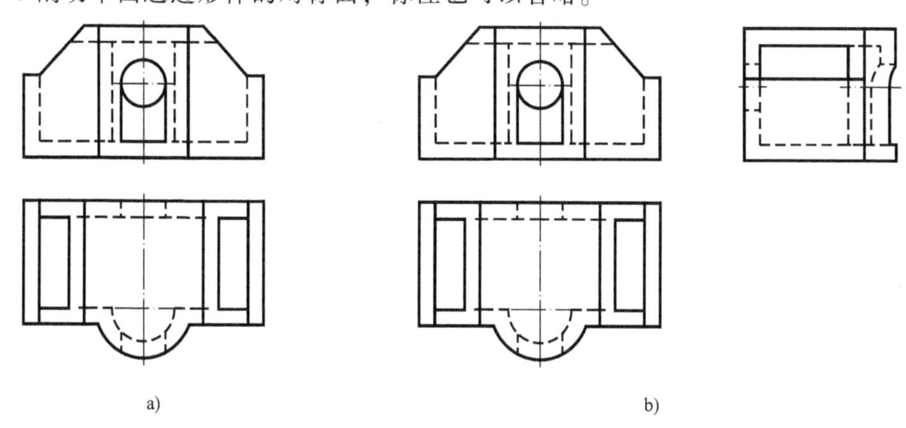

图 8-21　原题及补画左视图

a）已知　b）补画左视图

（3）选择适当剖切形式。

如图 8-22 所示，形体左右对称，且内部结构可用一个剖切平面完成。以左右对称面作为边界，假想在形体的前后的中间位置用一个与对称面垂直的剖切平面剖切，移去右前角，并把留下的部分进行正投影，即得主视图为半剖面图。以左右对称面作为边界，假想在形体上下的中间位置（通过圆柱孔左右轮廓线处）用一个与对称面垂直的剖切平面剖切，移去右上角，并把留下的部分进行正投影，即得平面图为半剖面图。以左右对称面作为剖切平面从前向后完全剖切，移去左面部分，并把留下的部分进行正投影，即得左视图为全剖面图。

将主视图和平面图改画成半剖面图，改画左视图为全剖面图；注写剖切符号；擦去多余图线，检查无误，加深，如图 8-23 所示。

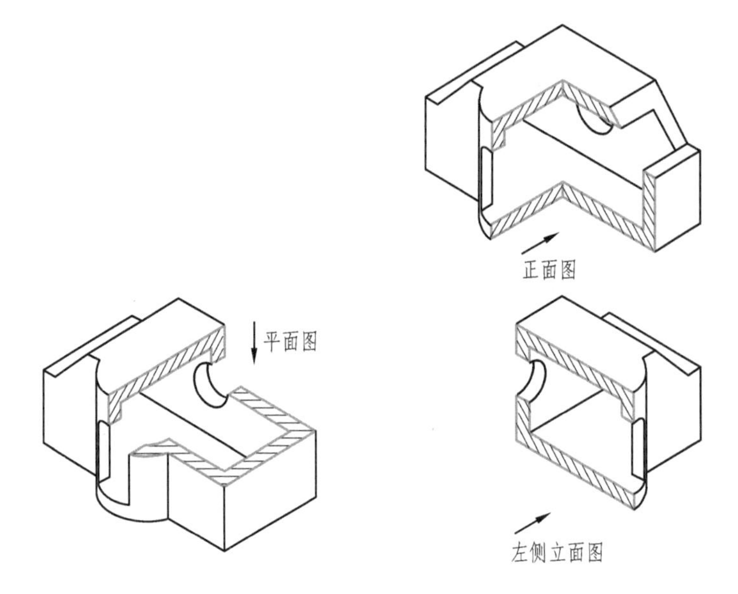

图 8-22　剖切过程

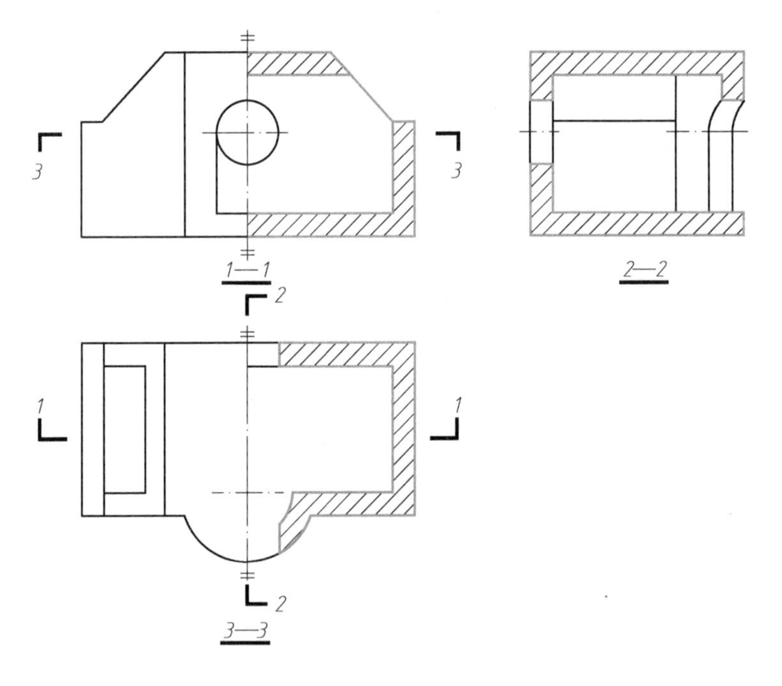

图 8-23　剖面图

（4）剖面图尺寸标注。

如图 8-24 所示，先标注定形尺寸，如 $R20$、$R30$、$\phi28$、10、150、50、80 等；再标注定位尺寸，如 35、130、75 等；最后标注总体尺寸，如 150、95、80。标注时注意主视半剖面图尺寸 130 和 75，由于只有一端指对的尺寸界线，所以，尺寸线采用超过对称线一点的长度，并标注完整的尺寸。

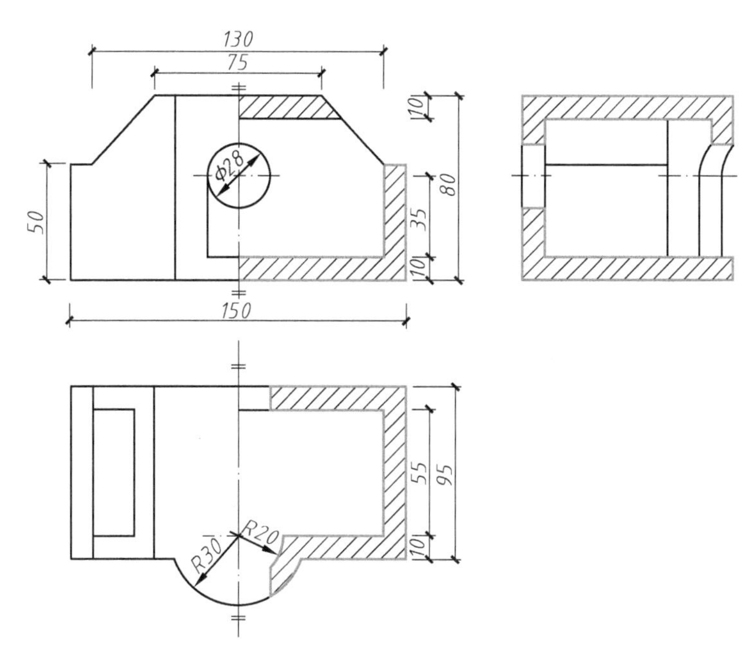

图 8-24　改画剖面图及尺寸标注

8.3　断面图

工程设计的实际过程中，当需要表示形体的截面形状时，通常画出其断面图。

8.3.1　断面图的形成与分类

1. 断面图的形成

假想用一个剖切平面把形体切开，画出剖切平面截切形体所得的断面图形，这个图形称为断面图，简称“断面”，如图 8-25 所示鱼腹式梁的断面图。

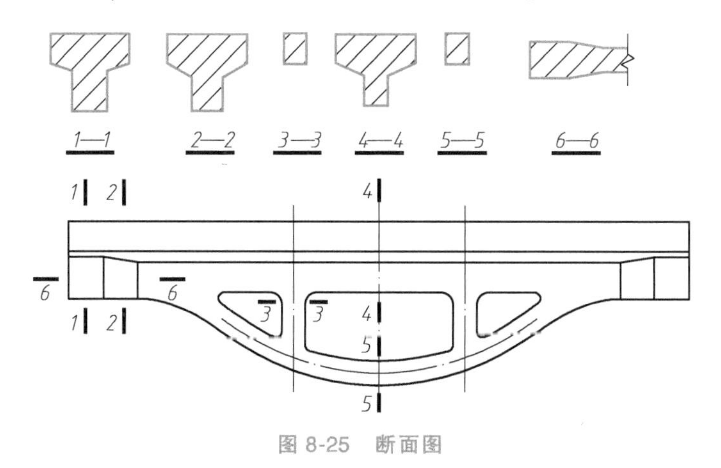

图 8-25　断面图

2. 断面图的分类

断面图包括移出断面和重合断面。

（1）移出断面　画在视图外面的断面图称为移出断面。移出断面的外形轮廓线用粗实线绘制，并画上材料图例线。当杆件需要做出多个断面时，断面图可绘制在靠近形体的一侧或端部处并按顺序依次排列，如图 8-26a 所示，此时要用剖切符号表明剖切位置和投影方向。剖切符号用剖切位置线表示，并以粗实线绘制，长度宜为 6~10mm。断面剖切符号的编号宜采用阿拉伯数字，按顺序连续编排，并注写在剖切位置线的一侧；编号所在的一侧应为该断面的投影方向，如写在剖切符号的下方，则表示向下投射，如写在剖切线的左侧，则表示向左投射。

移出断面也可绘制在杆件的中断处，如图 8-26b 所示，此时不需要标注。画断面图时，根据实际情况，可以采用不同的比例，但需注明。

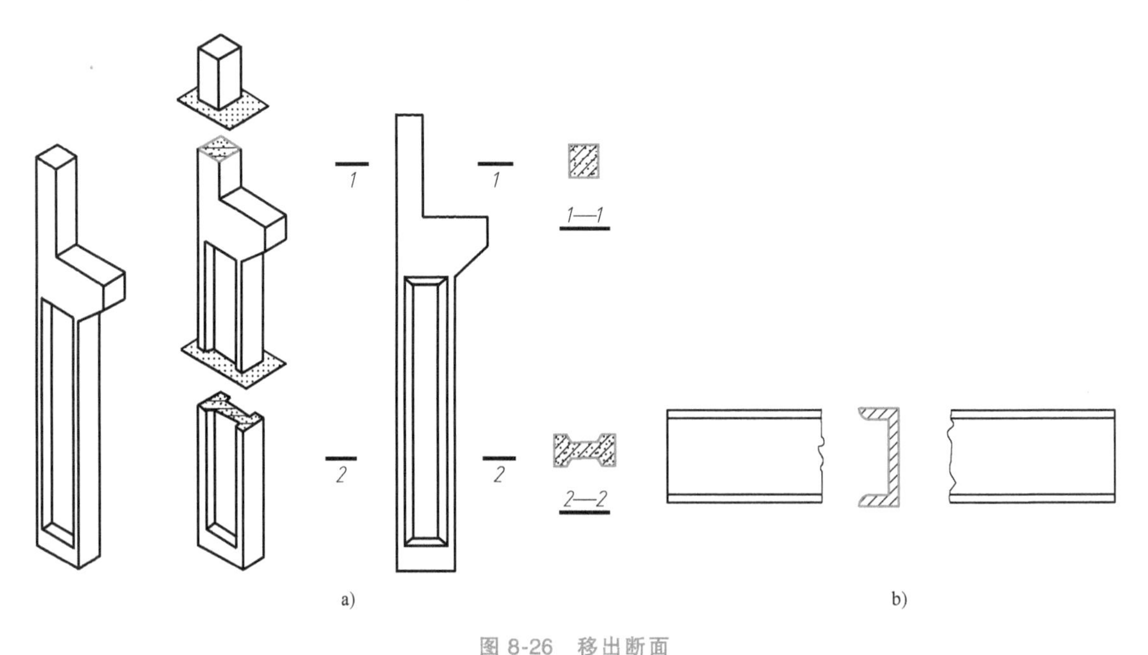

图 8-26　移出断面

a）需标注移出断面　b）不需标注移出断面

（2）重合断面　画在视图内部的断面图称为重合断面。重合断面的轮廓线应与形体的轮廓线有所区别，当形体的轮廓线为粗实线时，重合断面的轮廓线应为细实线，反之则用粗实线，并画上图例，如图 8-27 所示。当图中的轮廓线与重合断面的图形重叠时，视图中的轮廓线仍应完整地画出，不可间断。结构梁板的断面图可画在结构布置图上，如图 8-28 所示。

重合断面因画在剖切位置处，不需要标注，投射方向一般是向左或向下。

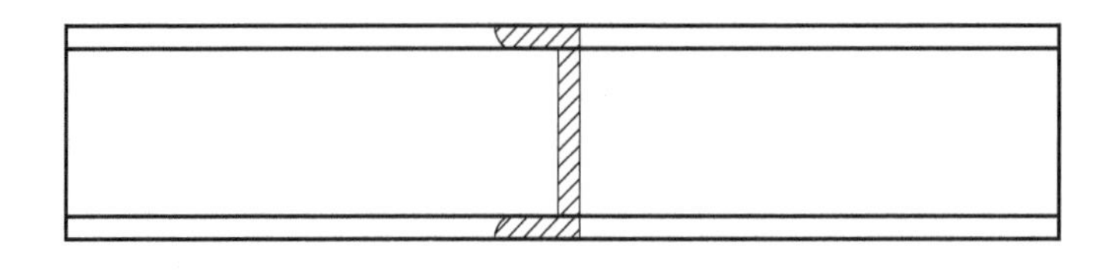

图 8-27　重合断面

8.3.2　断面图与剖面图的区别

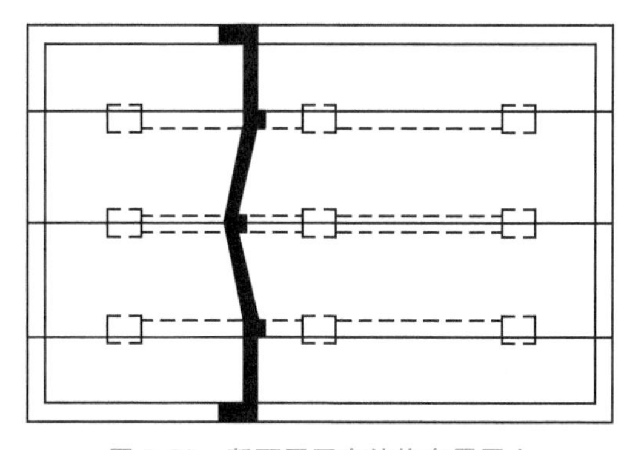

图 8-28　断面图画在结构布置图上

1）断面图只是形体被剖切平面所切到的截断面图形的投影，它是“面”的投影；而剖面图则是剖切平面剖切形体后剩余部分形体的投影，所以剖面图除应画出剖切面切到部分的图形外，还应画出沿投射方向看到的部分，它是“体”的投影，剖面图中包含断面图，而断面图只是剖面图中的一部分，如图 8-29b、c 所示。

2）剖面图标注既要画出剖切位置线，又要画出投影方向线，而断面图则只画剖切位置线，其投影方向线用编号的注写位置来表明。

根据图 8-29 中混凝土工字梁两处的剖面图和断面图，从中可以比较出两者的区别。

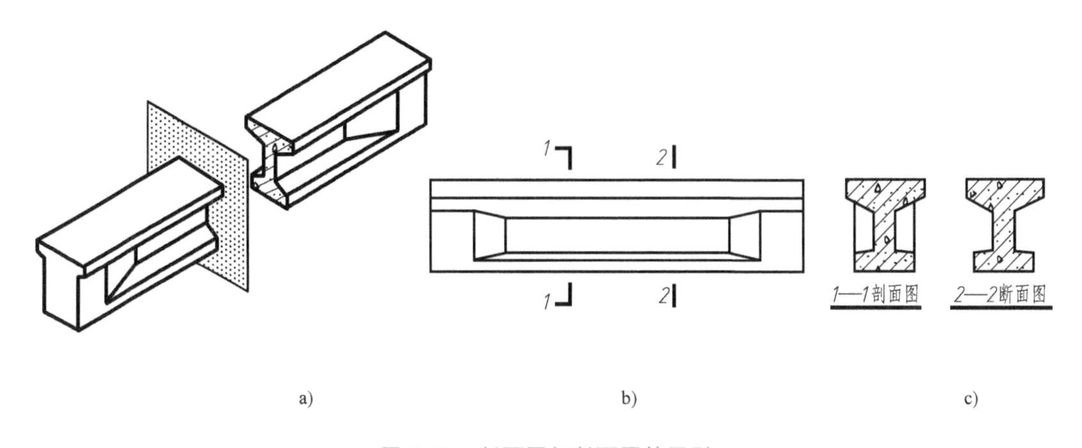

图 8-29　剖面图与断面图的区别
a）直观图　b）剖面图　c）断面图

8.4　特殊画法

1. 剖切后断面分开时的画法

如果断面图产生轮廓线断裂，则应在断裂处按剖面图的方法将断裂的轮廓线闭合，如图 8-30 所示。这种情况下，只需将断裂处按剖面图的画法连接即可，其余可见的结构不需画出。

2. 不剖物体

当剖切平面纵向通过薄壁、肋板或柱、轴等实心物体的轴线或对称平面时，这些物体不画图例线，只画外形轮廓线，此类物体称为不剖物体，如图 8-31 中的肋板。

3. 图例线的规定画法

当剖面或断面的主要轮廓线与水平线成 45°倾斜时，应将图例线画成与水平线成 30°或 60°方向，如图 8-32 所示。

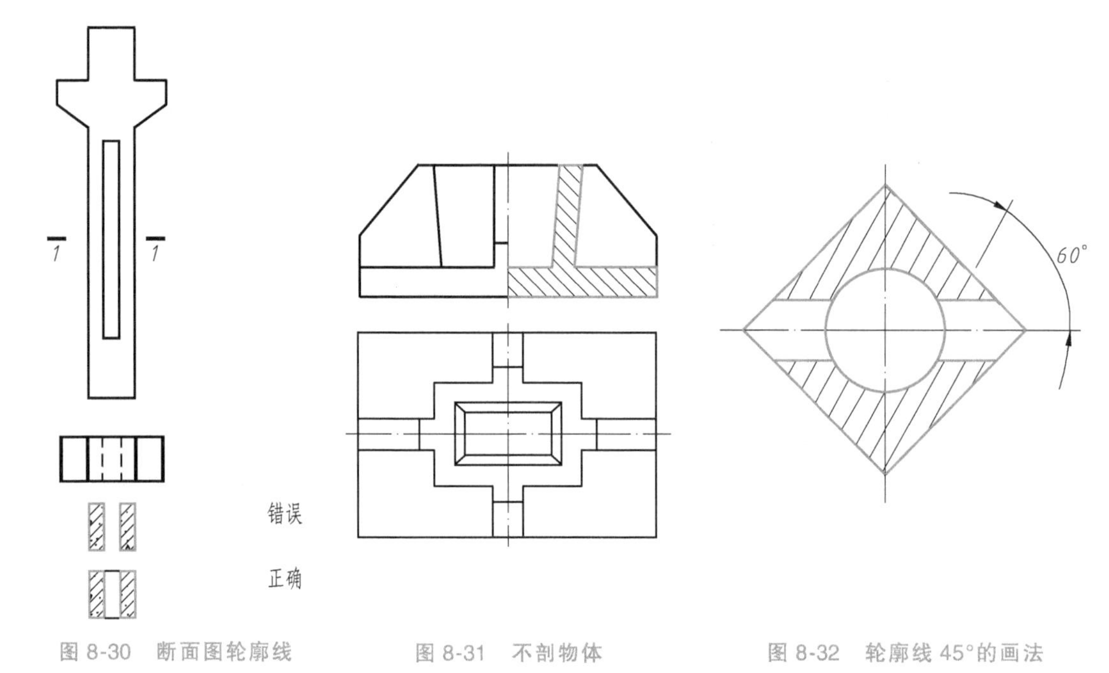

图 8-30　断面图轮廓线不闭合时的画法

图 8-31　不剖物体

图 8-32　轮廓线 45°的画法

8.5　轴测剖面图

轴测图能直观地反映形体的形状，为了直观地表示形体的内部结构，可假想用剖切平面将形体的一部分切去，这种剖切后的轴测图称为轴测剖面图。

1. 轴测剖面图中的剖切方法

在画轴测剖面图时，为能使形体的内部结构显露出来而又不破坏形体的完整形状，有时用一个剖切平面剖切整个形体得到轴测全剖面图或剖切局部形体得到轴测局部剖面图，如图 8-9b、图 8-13a 所示；有时用两个互相垂直的剖切平面剖切形体，得到轴测半剖面图，如图 8-11c 所示；有时用几个互相平行的剖切平面剖切形体得到轴测阶梯剖面图，如图 8-17a 所示。

2. 轴测剖面图中的图例线方向

轴测剖面图同剖面图一样，形体被剖切到的截面部分也要画上图例线。

剖面图中的图例线的方向与水平方向成 45°，它相当于正方形的对角线方向。对应于轴测剖面图中的图例线方向应是正方形的轴测投影——菱形或平行四边形的对角线方向。实际画图时，对正等轴测图而言，在三条轴测轴上用等长各取一点，连接三点成一等边三角形，它的各边分别表示所在轴测坐标面（或与它平行的平面）上的图例线方向，如图 8-33a 所示；对斜二测图而言，在 X、Z 轴上等长各取一点，在 Y 轴上用前者长度的一半取一点，连接三点成一等腰三角形，它的各边分别表示三个轴测坐标面（或与它平行的平面）上的图例线方向，如图 8-33b 所示。

3. 轴测剖面图的画图步骤

1）根据所给的视图画出形体的外形轴测图。

2）用沿轴测方向的剖切平面将形体切开，依次画出剖切后形体内部的可见轮廓线和剖切平面与形体的截交线。

3）在剖切断面上画出图例线。

4）轴测剖面图中的可见线宜用中实线，断面轮廓线宜用粗实线绘制，不可见线一般不画，必要时，可用细虚线画出所需部分。

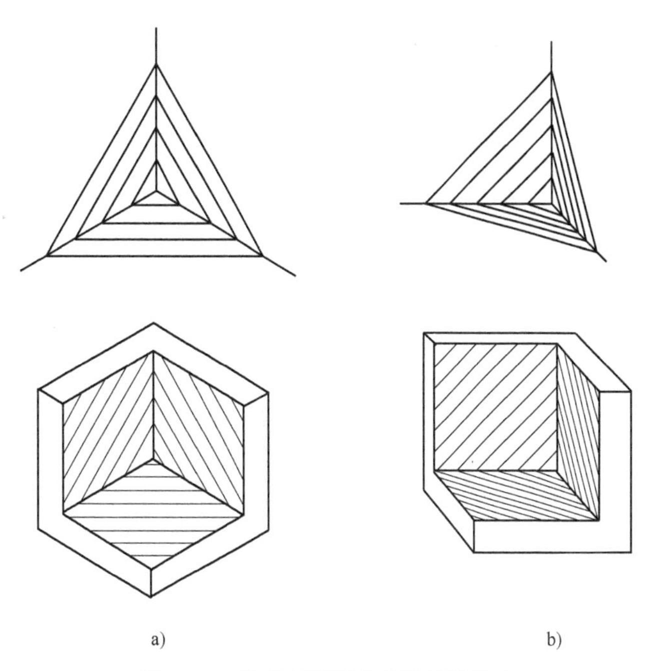

图 8-33　轴测剖面图中的图例线画法

a）正等测　b）斜二测

【例 8-3】 试作出如图 8-34a 所示形体的正等测剖面图。

作图：

（1）画出轴测轴以及形体的外形轴测图，如图 8-34b 所示；

（2）确定剖切平面位置，如图 8-34c 所示；

（3）画出形体内部可见部分和露出来的形体轮廓，检查描深，如图 8-34d 所示；

（4）画图例线，如图 8-34e 所示。

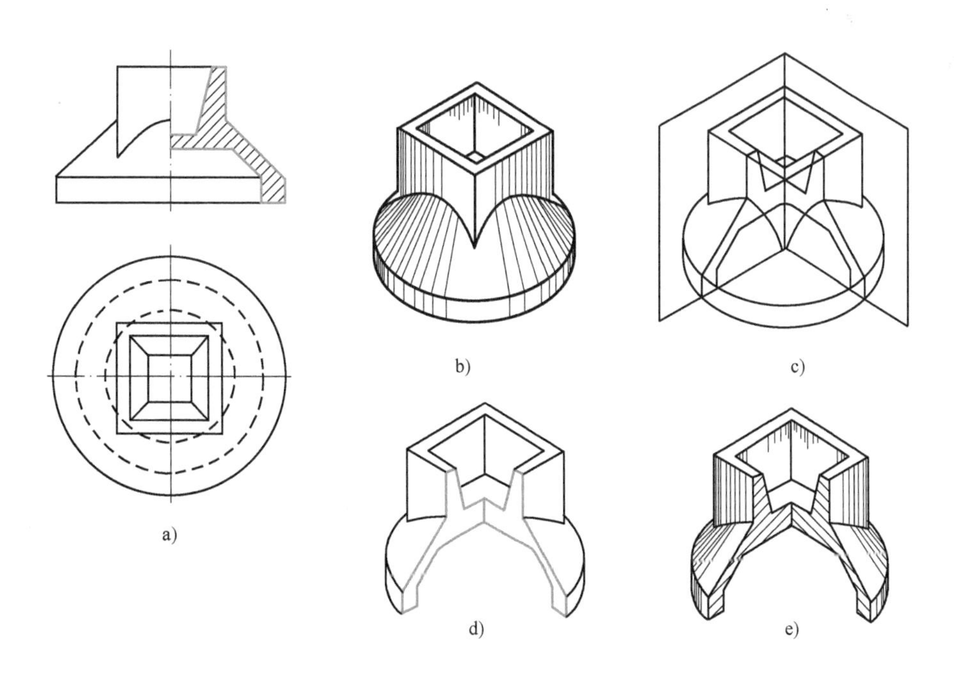

图 8-34　轴测剖面图的画法

a）已知　b）外形轴测图　c）确定剖切平面位置　d）绘制剖切后可见轮廓线，检查描深

e）画图例线

8.6 简化画法

1. 对称图形

如图 8-35a 所示，构配件的视图有一条对称线，可只画该视图的一半；视图有两条对称线，可只画该视图的 1/4，并画出对称符号。如图 8-35b 所示，图形也可稍超出其对称线，此时可不画对称符号。

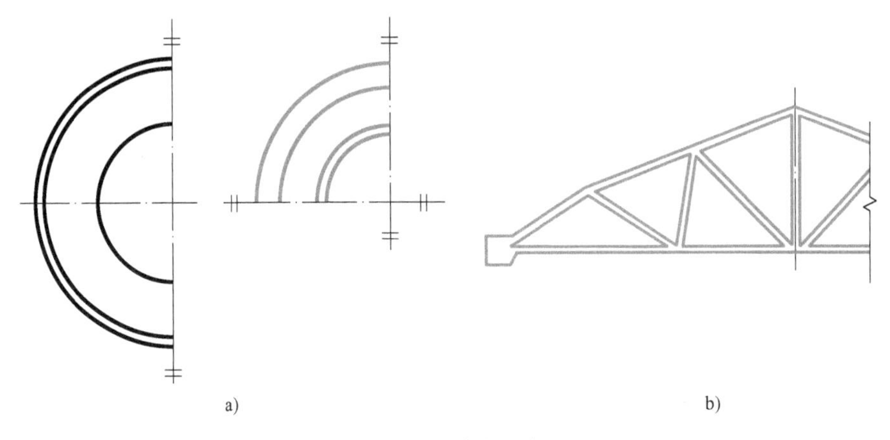

图 8-35 对称画法

2. 相同要素

构配件内多个完全相同而连续排列的构造要素，可仅在两端或适当位置画出其完整形状，其余部分以中心线或中心线交点表示。当相同构造要素少于中心线交点，则其余部分应在相同构造要素位置的中心线交点处用小圆点表示，如图 8-36 所示。

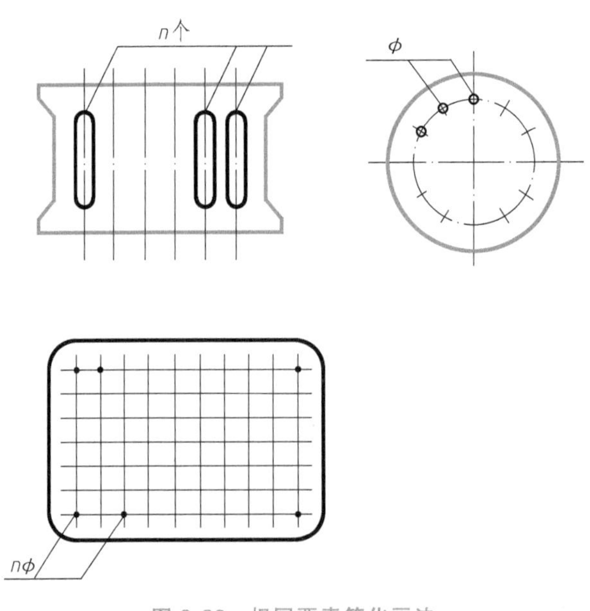

图 8-36 相同要素简化画法

3. 折断画法

较长的构件，当沿长度方向的形状相同或按一定规律变化，可断开省略绘制，断开处应以折断线表示，如图 8-37 所示。

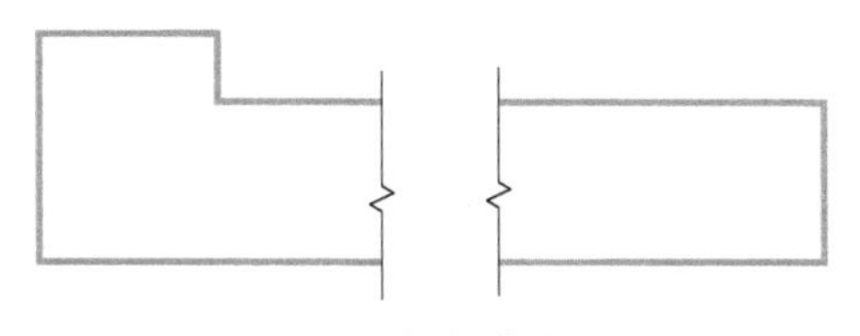

图 8-37　折断简化画法

4. 分部分画法

一个构配件，如绘制位置不够，可分成几个部分绘制，并应以连接符号表示相连，连接符号应以折断线表示需连接的部位，两部位相距过远时，折断线两端靠图样一侧应标注大写拉丁字母表示连接编号。两个被连接的图样应用相同的字母编号，如图 8-38 所示。

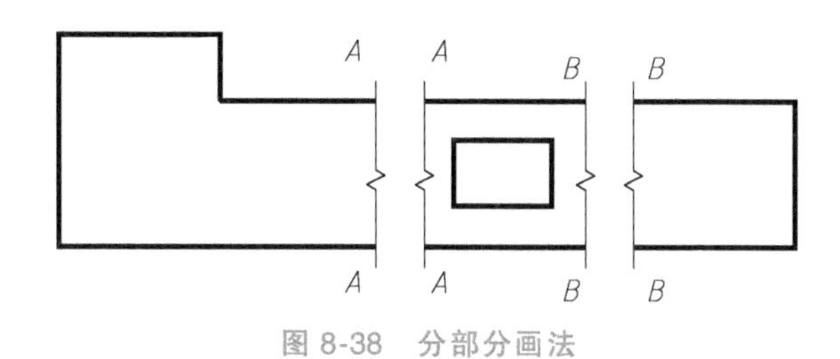

图 8-38　分部分画法

5. 两构配件部分相同画法

一个构配件如与另一构配件仅部分不相同，该构配件可只画不同部分，但应在两个构配件的相同部分与不同部分的分界线处，分别绘制连接符号，如图 8-39 所示。

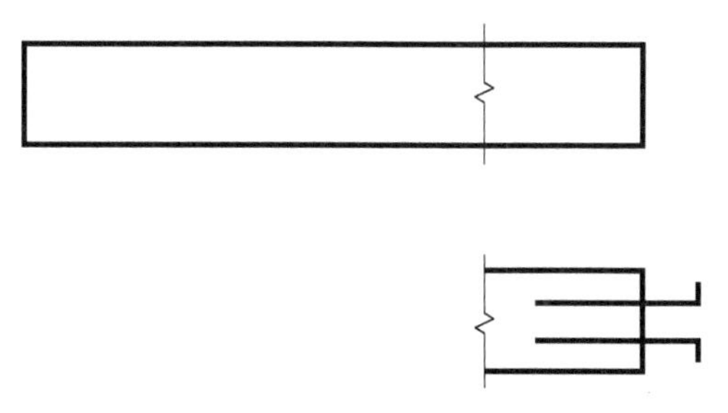

图 8-39　构件局部不同的简化画法

思考题

1. 什么是基本视图和辅助视图？
2. 试述剖面图的种类和应用特点。
3. 试述断面图的种类和应用特点。
4. 试述剖面图和断面图的异同点。

第9章 标高投影

本章概要

标高投影是在物体的水平投影上加注某些特征面、线以及控制点的高程数值的单面正投影，标高投影图实际上就是标出高度的水平投影图。这种图最适合表达复杂而无规则的地形图，地形图就是表达地形面的标高投影图。

本章将讨论标高投影图的图示原理和图解交线的方法。

9.1 点、直线和平面的标高投影

9.1.1 点

如图 9-1a、b 所示，空间点 A 高于水平投影面 H 面 5 个单位，a 点是它的水平投影。如果在水平投影 a 的右下角注出它相对于 H 面的高度 5，则 a_5 就是 A 点的标高投影。由于水平投影给出了 X、Y 坐标，标高给出了 Z 坐标，因而点的标高投影能够唯一确定点在空间的位置。

如图 9-1b 所示，标高投影中应标注比例和高程，比例可采用比例尺（附有其长度单位）的形式，也可采用标注比例的形式（如 1：1000 等），常用的高程单位为 m。在标高投影中，应设某一水平面作为基准面，其高程为 0，基准面以上的高程为正，基准面以下的高程为负。

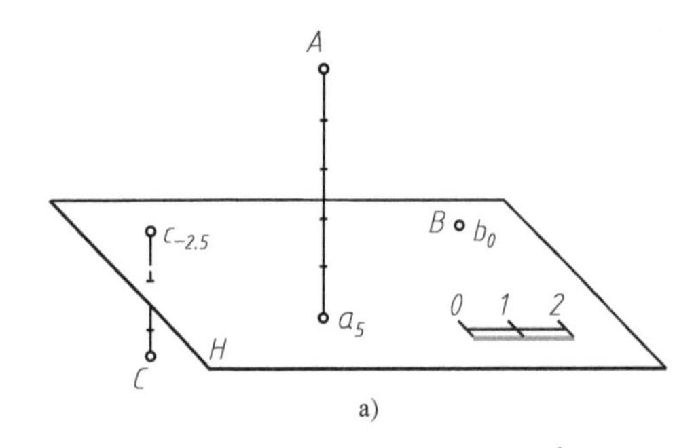

a)

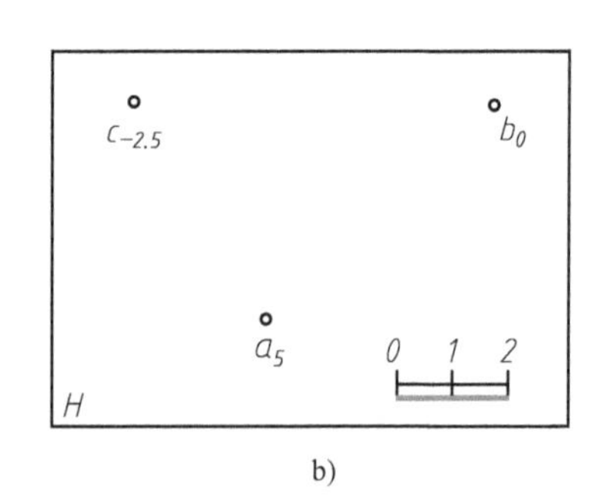

b)

图 9-1 点的标高投影

a）直观图 b）标高投影图

9.1.2　直线

如图 9-2a、b 所示，给出直线上任意两点的标高投影 a_2 和 b_5，则连接 a_2、b_5 的直线就是 AB 直线的标高投影。

1. 线段的实长和倾角

在标高投影中，用直角三角形法求线段的实长和倾角是很方便的。在图 9-2c 中，以投影 a_2b_5 为一直角边，以 A、B 两端点的标高差（5−2=3）为另一直角边作一直角三角形，则斜边即为 AB 线段的实长，斜边与投影的夹角等于 AB 直线与投影面 H 的倾角。

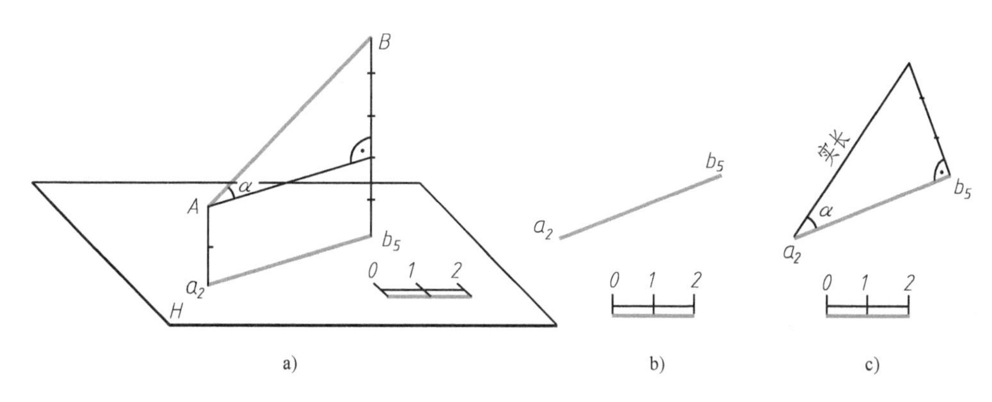

图 9-2　直线的标高投影

a）直观图　b）标高投影　c）用标高投影求实长倾角

2. 直线的坡度与平距

倾角 α 可以表示空间直线与投影面的倾斜程度，但在标高投影中通常用直线的坡度与平距这两个数值直接表达直线的倾斜程度。

如图 9-3a 所示，L 表示 AB 线段的投影长度，I 表示两端点 A、B 的高度差，i 表示直线的坡度，l 表示平距，则坡度 i 为高度差 I 与投影长度 L 的比值，即

$$i = \frac{I}{L} = \tan\alpha \tag{9-1}$$

而平距 l 为投影长度 L 与高度差 I 的比值，即

$$l = \frac{L}{I} = \cot\alpha \tag{9-2}$$

显然

$$l = \frac{1}{i} \tag{9-3}$$

1）式（9-1）表明，当线段的投影长度 L 等于 1 时，线段两端点的高度差 I 就等于坡度 i。

2）式（9-2）表明，当线段两端点的高度差 I 等于 1 时，线段的投影长度 L 就等于平距 l。

3）式（9-3）表明，坡度 i 和平距 l 互为倒数。

4）可见直线的倾角越大，坡度也越大，而平距则越小。

利用上述公式可以算出图中 AB 直线的坡度，$i=\frac{I}{L}=\frac{5-2}{4}=3/4$，平距 $l=\frac{I}{i}=4/3$。

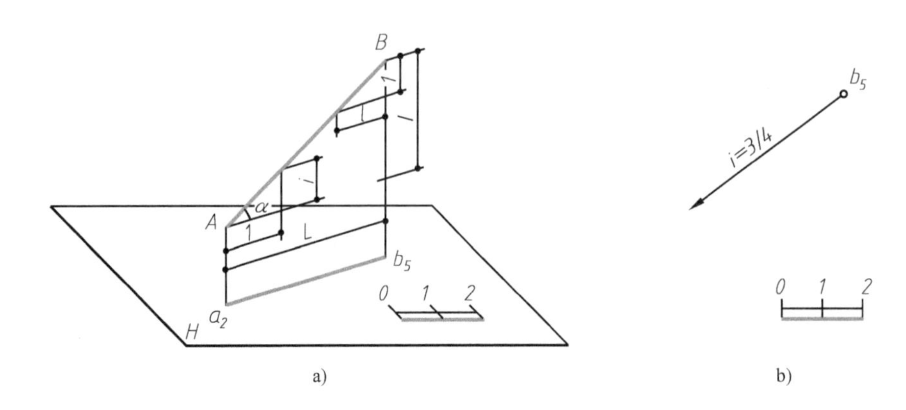

图 9-3　直线的坡度与平距

a）直观图　b）用坡度给定直线

在标高投影中，通常用直线上某点的标高投影和直线的坡度（或平距）及方向来确定直线。如图 9-3b 所示，给出直线上 B 点的标高投影 b_5、坡度 $i=3/4$（平距 $l=4/3$）及直线的方向即可确定该直线，箭头指向为直线下降方向。

3. 直线的刻度

在标高投影中往往将高程相差 1 个单位的整数高程点全部标注出来，就好像给直线带上了刻度尺，即对直线加以刻度。

如图 9-4a 所示，为给线段 $b_{4.5}c_7$ 作刻度，就需要在直线上找到高程为 5、6 的两个整数高程点的投影。为此，可从投影 $b_{4.5}$ 和 c_7 分别作 $b_{4.5}c_7$ 的垂线，并截取 $b_{4.5}B=4.5$ 单位，$c_7C=7$ 单位，连接 BC 可得线段实长；然后在 c_7C 上，自高程 5、6 处引两条与投影平行的标高线，相交于 BC 上的Ⅴ、Ⅵ两点；再自Ⅴ、Ⅵ分别向投影引垂线便得到刻度 5、6，如图 9-4b 所示。

在直线的标高投影上，相邻刻度之间的距离等于直线的平距。

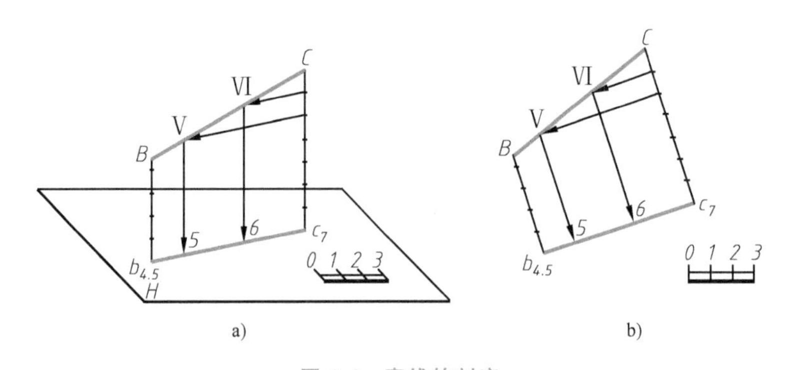

图 9-4　直线的刻度

a）直观图　b）给直线作刻度

9.1.3　平面

如图 9-5 所示，给出三角形三个顶点的标高投影 a_4、$b_{4.5}$、c_7，则连接 a_4、$b_{4.5}$、c_7 的三角形即为平面 ABC 的标高投影。

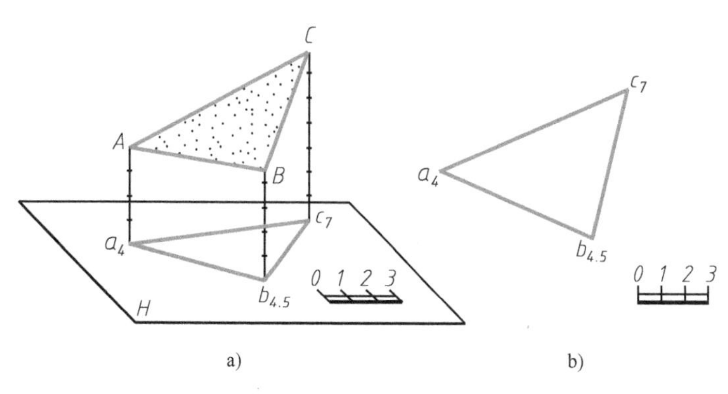

图 9-5　平面的标高投影

a）直观图　b）标高投影图

1. 平面上的等高线和最大坡度线

在标高投影中，平面常用等高线和最大坡度线来图示图解。所谓等高线就是平面上具有相等高程点的连线，平面上所有的水平线都是平面的等高线；所谓最大坡度线就是平面上对 H 面的最大斜度线，平面上凡是与水平线垂直的直线都是平面的最大坡度线，如图 9-6a 所示。

图 9-6b 给出了平面 $a_4b_{4.5}c_7$ 作等高线和最大坡度线的方法：首先作出 a_4c_7 边和 $b_{4.5}c_7$ 边的刻度 5、6，然后再把相同的刻度连成直线，即得具有整数高程 5、6 的两条等高线 5-5、6-6，最后作出坡度线 c_7d，使它与等高线垂直。

2. 平面的坡度比例尺

同给直线作刻度一样，如果把平面 P 上的最大坡度线也加以刻度，那么这条带有刻度的最大坡度线就叫作平面的坡度比例尺，以粗细双线形式表示，并标以符号 P_i。

在平面的坡度比例尺上，可以很容易地求出平面的坡角 α，其作法是：取 5、6 两刻度之间的平距为一直角边，取单位 1 为另一直角边作直角三角形，则直角三角形的斜边与坡度线的夹角就是平面的坡角 α，如图 9-6c 所示。

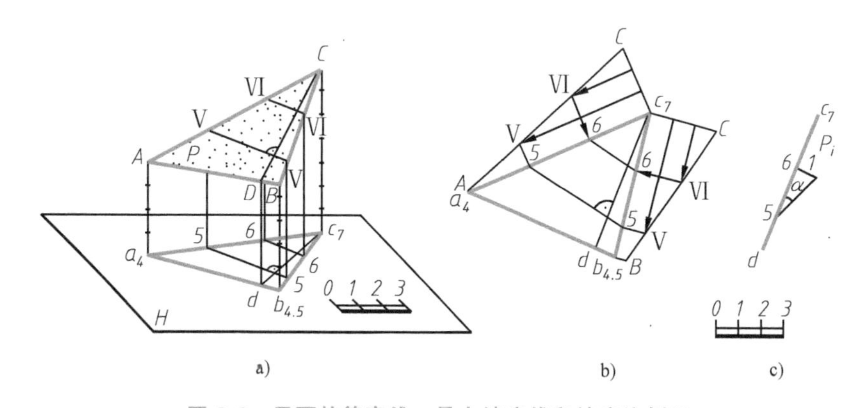

图 9-6　平面的等高线、最大坡度线和坡度比例尺

a）直观图　b）作等高线和最大坡度线　c）坡度比例尺

3. 求两平面的交线

在前面章节中曾介绍过用辅助平面法求两平面的交线，这种方法在标高投影中仍被采

用，而且所用的辅助平面都是水平面，如图 9-7a 所示。显然，水平面截两平面所产生的辅助交线是分别位于两平面上具有相等高程的两条等高线，这两条等高线的交点就是两平面的公共点。同理可知，具有相等高程的任意两条等高线的交点都是两平面的公共点即交线上的点。

图 9-7b 表明由坡度比例尺 P_i、Q_i 给出的两平面交线的作图方法：利用高程等于 5 的两条等高线找到公共点 m_5，又利用高程等于 8 的两条等高线找到公共点 n_8，连直线 m_5n_8 即为 P、Q 两平面的交线。

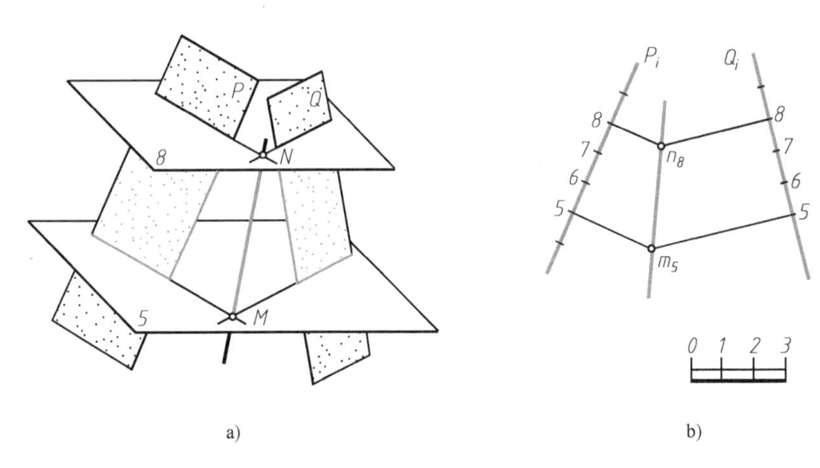

a)　　b)

图 9-7　两平面相交

a）分析　b）作图

9.2　圆锥曲面和同坡曲面的标高投影

9.2.1　圆锥曲面

1. 圆锥曲面上的等高线

如图 9-8 所示，用一系列高程各相差 1 个单位的整数标高水平面截割直立圆锥，所得的截交线为一系列水平圆。显然，这些水平圆就是圆锥上的等高线，它们的水平投影是大小不同的同心圆。把这些同心圆分别标出它们的高程就是圆锥面的标高投影。

2. 求平面与圆锥面的交线

平面与圆锥面相交所得交线一般为二次曲线。

求平面与曲面的交线和求平面与平面的交线，方法完全类似，即先在平面上和曲面上分别作出各自的等高线，然后找出具有相同高程的等高线的交点，再把这些交点光滑地连接起来就是所求的交线投影。

如图 9-9a 所示，给出平面 P（迹线为 P_H、坡度为 1/1）和正圆锥（底圆和锥顶 S_3），求它们的交线。

图 9-9b 表明了交线的画法：

1）在平面上根据坡度 $i=1$ 可知平距 $l=1$，作出高程等于 1、2、3 的三条等高线。

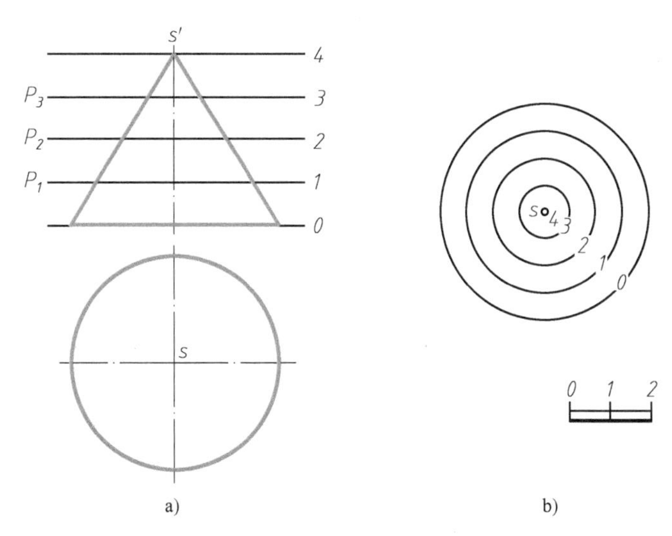

图 9-8 圆锥曲面的标高投影

a）等高线 b）标高投影

2）在锥面上用等分法在底圆与锥顶之间作出高程等于 1、2 的两条等高线。

3）找出相同高程等高线的交点。

4）把所求的交点光滑地连接起来，即为所求的交线。

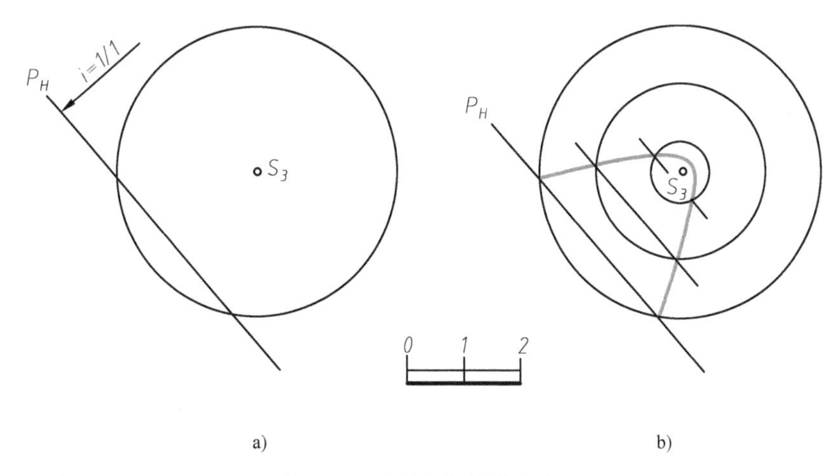

图 9-9 平面与圆锥面相交

a）已知 b）作图

9.2.2 同坡曲面

1. 同坡曲面的形成和同坡曲面上的等高线

如图 9-10a 所示，当正圆锥的锥顶沿着曲导线 $A_1B_1C_2D_3$ 移动时，各位置圆锥的包络面即与圆锥相切的曲面叫作同坡曲面。同坡曲面的坡度线就是同坡曲面与圆锥相切的素线，因此，同坡曲面的坡度处处相等。

给出同坡曲面的导线及坡度，即可作出该曲面的标高投影。

图 9-10b 表明，给出曲导线 $a_0b_1c_2d_3$ 和坡度 2，求作等高线的方法：

1）根据坡度 $i=2$，可知平距 $l=1/2$。

2）以 b_1、c_2、d_3 为锥顶分别作出各圆锥的等高线圆，第一个小圆半径为 1/2，各同心圆半径依次增加 1/2。

3）自 a_0、b_1、c_2 分别作曲线与高程等于 0、1、2 的等高线相切，即得同坡曲面上高程为 0、1、2 的三条等高线。

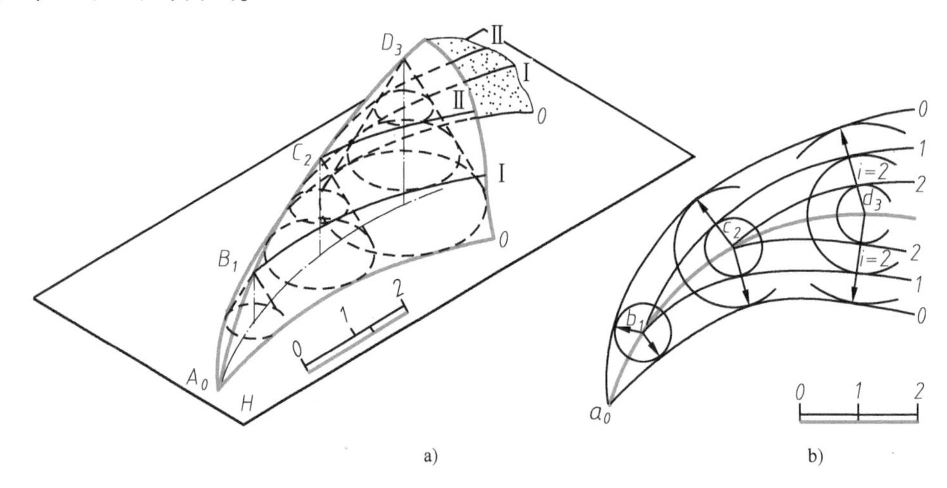

图 9-10 同坡曲面的形成及标高投影

a）形成 b）标高投影

2. 求平面与同坡曲面的交线

同坡曲面常见于弯曲路面的边坡，它与平直路面的边坡相交，就是同坡曲面与平面相交。

如图 9-11a 所示，弯坡路面是一段平螺旋面，标高从 0 到 4，一平直路面的标高为 4，所有边坡的坡度均为 1。

图 9-11b 表明了平直路面边坡与弯曲路面边坡交线的画法：

1）根据坡度 $i=1$ 求得平距 $l=1$，并分别作各坡面的等高线。

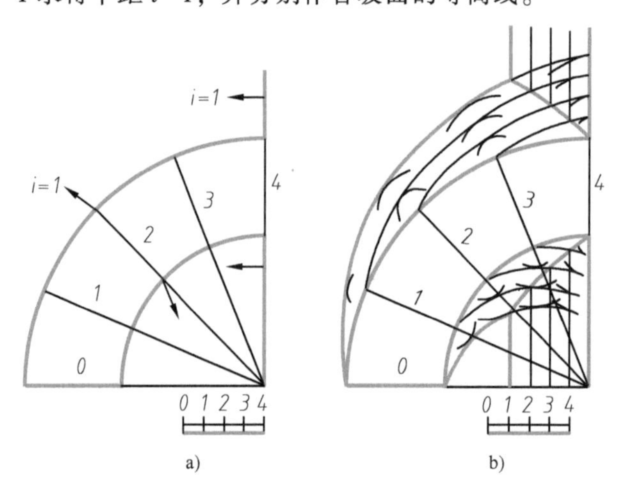

图 9-11 平面与同坡曲面相交

a）已知 b）作图

2）找出相同高度等高线相交的交点。

3）用曲线依次连接各交点，即得所求的交线。

9.3　地形面的标高投影

9.3.1　地形面上的等高线

自然形成的地面是一种不规则的曲面，叫作地形面。用标高投影绘制的地形图主要是用等高线表示，地形面上的等高线实际上是水平面与地形面的截交线，如图 9-12a 所示。把地形面上不同高程的等高线向水平投影面进行投影，并且标上等高线的高程，就是地形面的标高投影图，也叫地形图，如图 9-12b 所示。

在地形图上，各等高线都是不规则的曲线，它们的间隔不相同，疏密也不一样。等高线越密，表明地势越陡峭；等高线越疏，表明地势越平坦。

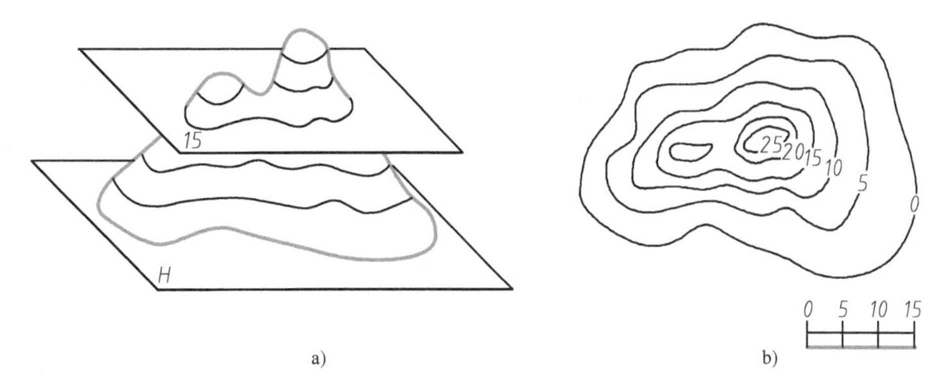

a)　　b)

图 9-12　地形面的标高投影

a）等高线　b）标高投影

9.3.2　在地形面上求交点、交线

在土建工程和道路工程中，往往需要解决在地形面上求交点、交线等问题。现举例说明这类问题的作图方法。

【例 9-1】　已知直线管道 AB 的标高投影 $a_{56}b_{53.6}$，求管道与地面的交点（图 9-13）。

分析：如同求直线与曲面的贯穿点一样，求直线与地形面的交点也用辅助截面法，即包含直线作一辅助截平面（图中为铅垂面），求出截平面与地面的截平线，得到直线所处位置的地形断面图，然后再求出直线与地面线的交点，即为所求直线与地形面的交点。

作图：

（1）在地形面上过 AB 直线作铅垂面 P；

（2）求 P 平面与地形面的截交线，首先在地形图上方作出一组与 P_H 平行、间隔相等的标高线，然后自 P_H 线与等高线相交的那些地面点分别向上引垂线，并且根据这些地面点的标高找到它们在标高线上的相应位置，再把标高线上的这些点连成曲线，即得地形断面图；

（3）根据标高投影 $a_{56}b_{53.6}$ 在断面图上作出 AB 直线；

（4）找出 AB 直线与地面线的交点 C 和 D，并且向地形图中引垂线找出它们的标高投影 c 和 d（cd 一段直线露在地上，是可见的）。

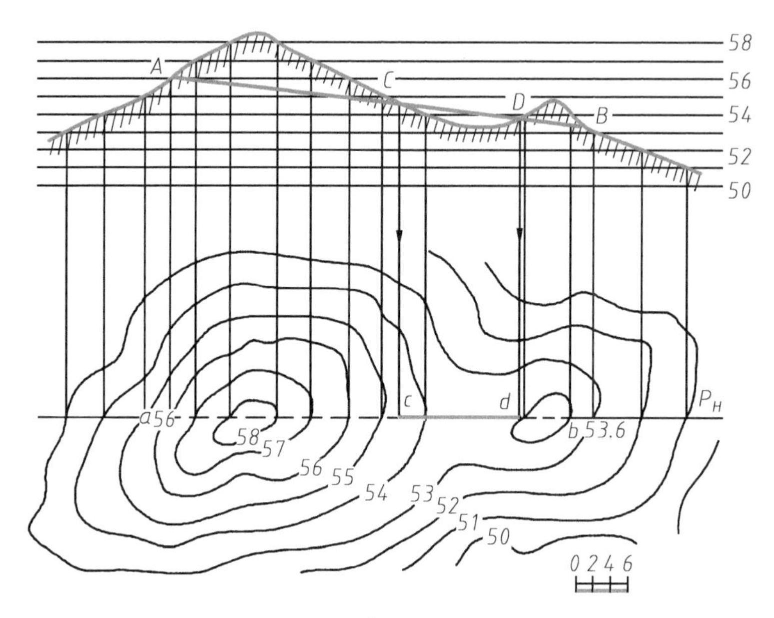

图 9-13　求管道与地面的交点

【例 9-2】 已知平直路面的标高为 45，挖方边坡坡度 $i=3/2$，求开挖边界线（图 9-14）。

分析：所谓开挖边界线就是挖方坡面与地形面的交线。由于地形面是不规则的曲面，因此开挖边界线也是不规则的曲线，如同求平面与曲面的交线一样，求平面与地形面的交线仍然用等高线来求解。

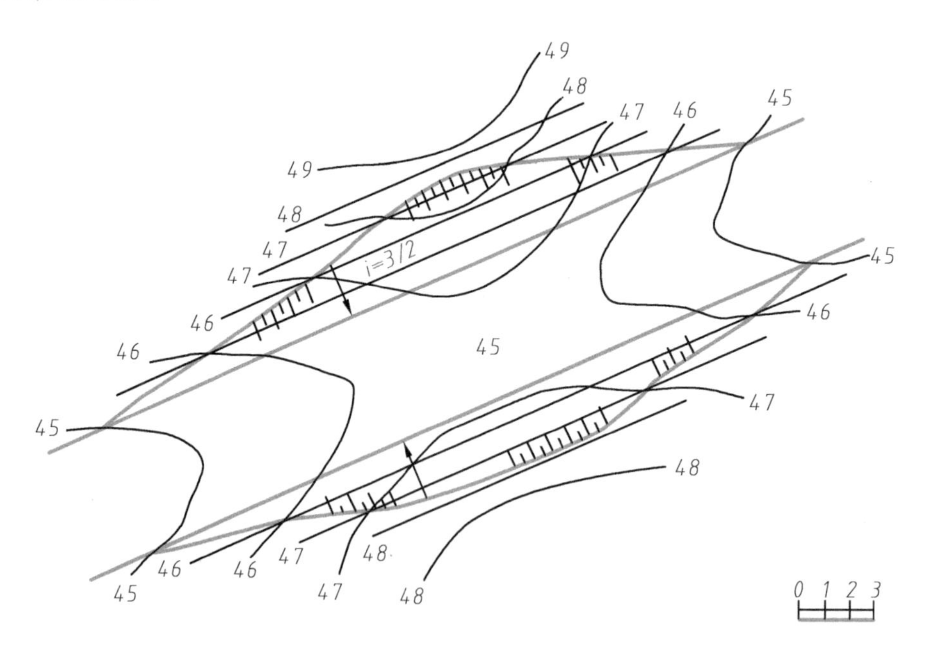

图 9-14　求道路的开挖边界线

作图：

（1）在路面两侧，根据 $i=3/2(l=2/3)$ 作出挖方坡面的等高线；

（2）求出这些等高线与地形面上相同高度等高线的交点；

（3）用曲线依次连接各交点，即得所求的开挖边界线。

【例 9-3】 已知圆形场地的地面标高为 27，挖方坡度为 3/2，填方坡度为 1，求挖填边界线（图 9-15）。

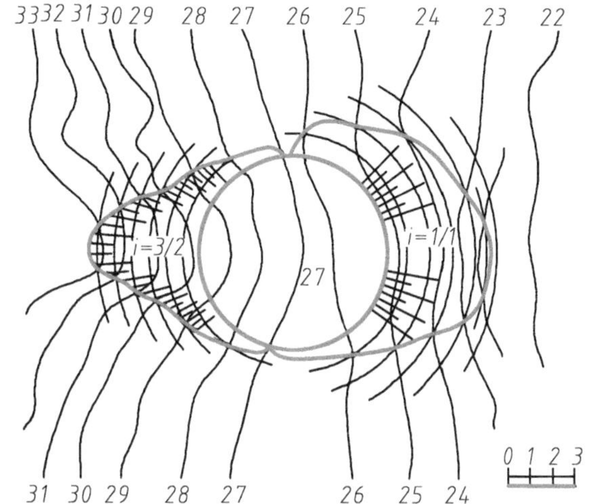

图 9-15　求圆形场地的挖方、填方的边界线

分析：由于场地是圆形的，所以挖方和填方的坡面均为圆锥面，只是挖方坡面为倒圆锥面，填方坡面为正圆锥面，而且坡度也不相同。挖填边界线即指挖、填方坡面与地形面的交线（都是不规则的曲线），求交线的方法还是等高线法。

作图：

（1）根据挖方坡度 3/2 作出挖方坡面的等高线，画在地势高于 27 的地方，圆弧等高线的高程由内向外逐渐升高，间距 2/3 单位；

（2）根据填方坡度 1 作出填方坡面的等高线，画在地势低于 27 的一侧，圆弧等高线的高程由内向外逐渐降低，间距为 1 单位；

（3）求出这些等高线与地形面上相同高程等高线的交点；

（4）用曲线依次连接这些交点，即得所求的挖填边界线；

（5）在挖填方坡面上画出边坡符号。

从图中可以看出，场地边界线与填挖边界线相交于地形面高程为 27 的等高线上。

思考题

1. 什么是标高投影？它的特点是什么？
2. 什么是直线的坡度和平距？它们之间有何关系？
3. 什么是平面的最大坡度线？什么是平面的坡度比例尺？
4. 如何求作两平面的交线？如何求作平面与曲面的交线？
5. 如何求作平面与地形面的交线？如何求作曲面与地形面的交线？

第 10 章　施工图概述及总图

本章概要

本章首先介绍施工图设计基本知识，介绍总图专业相关国家标准规定，同时介绍总图绘制、读图。

本章内容严格按照中华人民共和国住房和城乡建设部、中华人民共和国国家质量监督检验检疫总局发布的最新相关文件和国家标准撰写。

10.1　施工图的相关知识

10.1.1　房屋建筑的组成及作用

建筑物是指人类建造活动的一切成果，如房屋建筑、桥梁、码头、水坝等。房屋是供人们生产、居住或者其他用途的建筑物的总称。房屋建筑是指在固定地点建造的为使用者或占用物提供庇护覆盖，进行生活、生产等活动的场所，简称建筑。

房屋建筑按使用功能不同可分为生产性建筑和非生产性建筑两大类。生产性建筑可根据其生产内容划分为工业建筑和农用建筑两大类。非生产性建筑可统称为民用建筑，民用建筑分类因目的不同而有多种分法，如按防火、等级、规模、收费等不同要求有不同的分法，按使用功能可分为居住建筑和公共建筑两大类，其中，居住建筑可分为住宅建筑和宿舍建筑。房屋建筑以外的建筑物有时也称构筑物。

房屋建筑按结构分，通常有框架结构和承重墙结构等；按建筑材料分，可分为砖混结构、钢筋混凝土结构、钢结构、木结构等；民用建筑按地上建筑高度或层数进行分类应符合下列规定：

1）建筑高度不大于 27.0m 的住宅建筑、建筑高度不大于 24.0m 的公共建筑及建筑高度大于 24.0m 的单层公共建筑为低层或多层民用建筑。

2）建筑高度大于 27.0m 的住宅建筑和建筑高度大于 24.0m 的非单层公共建筑，且高度不大于 100.0m 的，为高层民用建筑。

3）建筑高度大于 100.0m 为超高层建筑。

建筑物由结构体系、围护体系和设备体系组成。

1. 结构体系

结构体系承受竖向荷载和侧向荷载，并将这些荷载安全地传至地基，一般将其分为上部结构和地下结构：上部结构是指基础以上部分的建筑结构，包括墙、柱、梁、屋顶等；地下结构指建筑物的基础结构。

2. 围护体系

建筑物的围护体系由屋面、外墙、门、窗等组成，屋面、外墙围护出的内部空间，能够遮蔽外界恶劣气候的侵袭，同时也起到隔声的作用，从而保证使用人群的安全性和私密性。

3. 设备体系

设备体系通常包括给水排水系统、供电系统和供热通风系统等。其中供电系统分为强电系统和弱电系统两部分，强电系统指供电、照明等，弱电系统指通信、信息、探测、报警等；给水系统为建筑物的使用人群提供饮用水和生活用水，排水系统用于排走建筑物内的污水；供热通风系统为建筑物内的使用人群提供舒适的环境。

如图 10-1 所示，组成建筑的基本单元是建筑构配件。其中用以组成建筑物的主要功能部分称为建筑构件，如基础（桩）、梁、楼板、屋面板、柱、墙、屋顶（盖）、楼梯等；用于辅助实现建筑构件具体功能的部分称为建筑配件，如门、窗和隔墙等。相关术语如下：

1）地基：指支撑基础的土体或岩体。

2）基础：将结构所承受的各种作用传递到地基上的结构组成部分。

3）桩：沉入、打入或浇筑于地基中的柱状承载构件。如木桩、钢桩、混凝土桩等。

4）梁：由支座支承的直线或曲线形构件，主要承受各种作用产生的弯矩和剪力，有时也承受扭矩。

5）墙柱：竖向平面或曲面构件，主要承受各种作用产生的中面内的力，有时也承受中面外的弯矩和剪力。外墙还起着围护的作用，抵御自然界各种因素对室内的侵袭，内墙具有分隔空间、组成各种房间的功能。柱为竖向直线构件，主要承受各种作用产生的轴向压力，有时也为承受弯矩、剪力或扭矩。

6）楼地面：楼地面包括楼板层和地坪层，是水平方向分隔房屋空间的承重构件，楼板层分隔上下楼层空间，地坪层分隔大地与首层空间。楼地面除承受家具、设备和人体荷载及本身重力外，同时还对墙身起到水平支撑作用。

7）楼梯：由包括踏步板、栏杆的梯段和平台组成的沟通上下不同楼面的斜向部件。分板式楼梯、梁式楼梯、悬挑楼梯和螺旋楼梯等。

8）门窗：建筑中围蔽墙体洞口或分隔建筑内外场所，可起采光、通风、防火、供人或运输设备进出等功能的建筑部件的总称。其中门是具有开启、关闭，可供人或运输设备进出等功能的建筑部件；窗是围蔽墙体洞口，可起采光、通风或观察等功能的建筑部件的总称。通常包括窗框和一个或多个窗扇以及五金配件，有时还带有亮窗或换气装置。

9）屋顶（盖）：在房屋顶部，用以承受各种屋面作用的屋面板、檩条、屋面梁或屋架及支撑系统组成的部件或以拱、网架、薄壳和悬索等大跨空间构件与支撑边缘构件所组成的部件的总称。分平犀盖、坡屋盖、拱形屋盖等。

10）幕墙：由面板与支承结构体系组成，具有规定的承载能力、变形能力和适应主体结构位移能力，不分担主体结构所受作用的建筑外围护墙体结构或装饰性结构。

11）混凝土构造柱：按构造要求设置在混凝土房屋墙体中的钢筋混凝土柱，并按砌墙、捆扎钢筋、浇灌混凝土的先后顺序施工，简称构造柱。

12）圈梁：在房屋的檐口、窗顶、楼层、吊车梁顶或基础顶面标高处，沿砌体墙水平方向设置封闭状的按构造配筋的混凝土梁式构件。分钢筋混凝土圈梁和钢筋砖圈梁。

13）过梁：设置在门窗或孔洞顶部，用以传递其上部荷载的梁。

房屋的第一层称为首层，也称为底层，最上一层称为顶层。首层与顶层之间的若干层可依次称之为二层、三层……或统称为中间层。此外，一幢房屋还有散水、勒脚、台阶、挑檐、雨水管、烟道、通风道、排水、排烟等设施。

常用的建筑结构体系包括混合结构体系、框架结构体系、剪力墙体系、框架-剪力墙结构、筒体结构、桁架结构体系、网架结构、拱式结构、悬索结构、薄壁空间结构等。混合结构房屋一般是指楼盖和屋盖采用钢筋混凝土或钢木结构，而墙和柱采用砌体结构建造的房屋，大多用在6层以下的住宅、办公楼、教学楼建筑中。

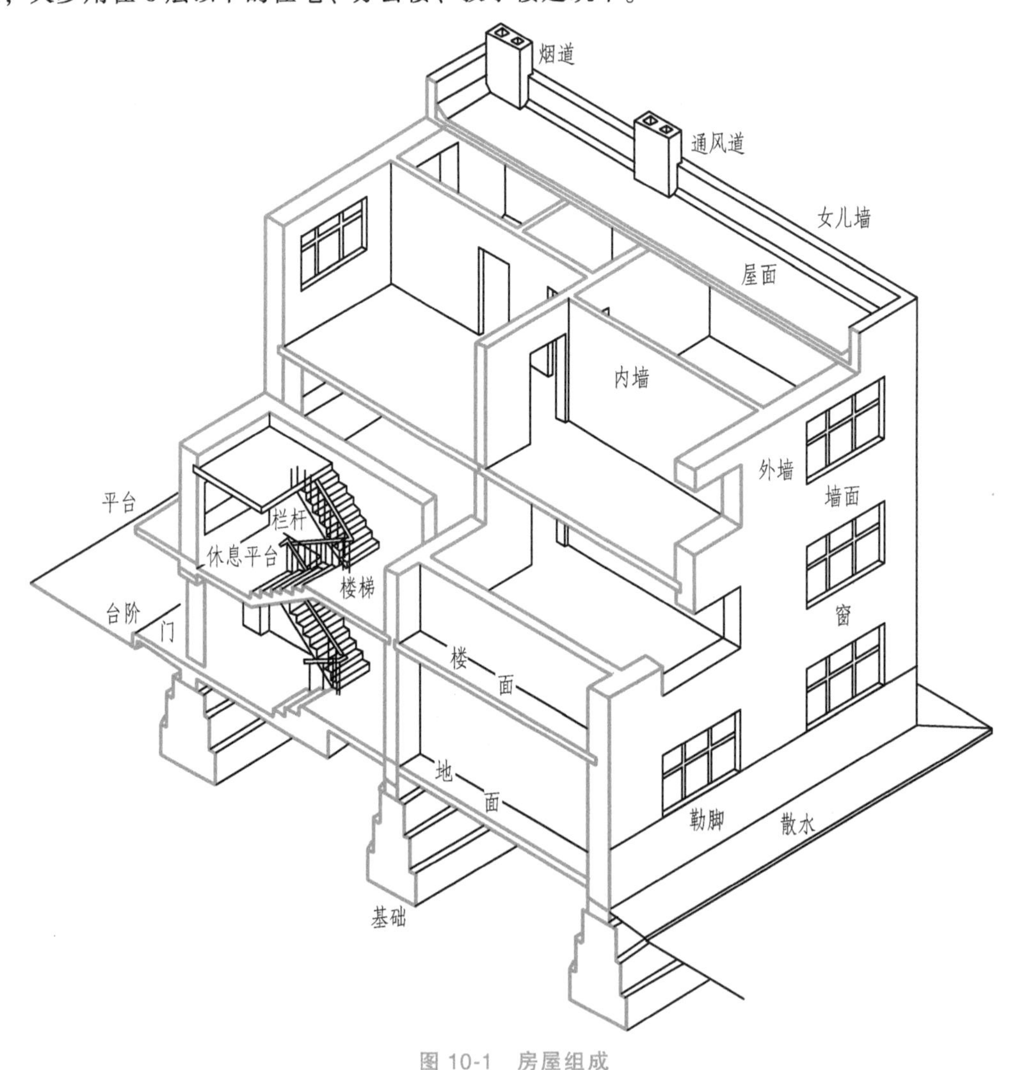

图 10-1　房屋组成

10.1.2　施工图设计阶段

建筑工程一般应分为方案设计、初步设计和施工图设计三个阶段；各阶段设计文件

编制深度应符合中华人民共和国住房和城乡建设部下发的《建筑工程设计文件编制深度规定（2016年版）》。

1. 方案设计阶段

方案设计文件，应满足编制初步设计文件的需要，应满足方案审批或报批的需要。主要包括：

1）设计说明书，包括各专业设计说明以及投资估算等内容；对于涉及建筑节能、环保、绿色建筑、人防等设计的专业，其设计说明应有相应的专门内容。

2）总平面图以及相关建筑设计图（若为城市区域供热或区域燃气调压站，应提供热能动力专业的设计图）。

3）设计委托或设计合同中规定的透视图、鸟瞰图、模型等。

2. 初步设计阶段

初步设计文件，应满足编制施工图设计文件的需要，应满足初步设计审批的需要。主要包括：

1）设计说明书，包括设计总说明、各专业设计说明。对于涉及建筑节能、环保、绿色建筑、人防、装配式建筑等，其设计说明应有相应的专项内容。

2）有关专业的设计图。

3）主要设备或材料表。

4）工程概算书。

5）有关专业计算书（计算书不属于必须交付的设计文件，但应按要求编制）。

3. 施工图设计阶段

施工图设计文件，应满足设备材料采购、非标准设备制作和施工的需要。本书着重介绍施工图设计阶段图样相关知识。

10.1.3　房屋施工图的分类

房屋施工图是用于指导施工的一套图样。

施工图设计文件应包括：

1）合同要求所涉及的所有专业的设计图（含图样目录、说明和必要的设备、材料表）以及图样总封面；对于涉及建筑节能设计的专业，其设计说明应有建筑节能设计的专项内容；涉及装配式建筑设计的专业，其设计说明及图样应有装配式建筑专项设计内容。

2）合同要求的工程预算书。

3）各专业计算书。计算书不属于必须交付的设计文件，但应按要求编制并归档保存。

总封面标识内容：

①项目名称；②设计单位名称；③项日的设计编号；④设计阶段；⑤编制单位法定代表人、技术总负责人和项目总负责人的姓名及其签字或授权盖章；⑥设计日期（即设计文件交付日期）。

按施工图内容和作用的不同，可分为总平面、建筑、结构、建筑电气、给水排水、供暖通风与空气调节、热能动力、预算等专业文件。

10.2 总平面专业

在施工图设计阶段，总平面专业设计文件应包括图样目录、设计说明、设计图、计算书。总平面定位图或简单的总平面图可编入建施图内，大型复杂工程或成片住宅小区的总平面图，应按总施图自行编号出图，不得与建筑图混编在同一份目录内。

10.2.1 国家标准及一般规定

1. 图线

GB/T 50103—2010《总图制图标准》规定，总图制图图线应根据图样功能，按表 10-1 规定的线型选用。

表 10-1 总图图线（GB/T 50103—2010《总图制图标准》）

名称		线型	线宽	用途
实线	粗	——	b	1. 新建建筑物±0.00 高度可见轮廓线 2. 新建铁路、管线
	中粗 中	——	0.7b 0.5b	1. 新建构筑物、道路、桥涵、边坡、围墙、运输设施的可见轮廓线 2. 原有标准铁轨铁路
	细	——	0.25b	1. 新建建筑物±0.00 高度以上的可见建筑物，构筑物轮廓线 2. 原有建筑物、构筑物、原有窄轨、铁路、道路、桥涵、围墙的可见轮廓线 3. 新建人行道、排水沟、坐标线、尺寸线、等高线
虚线	粗	- - - -	b	新建建筑物、构筑物地下轮廓线
	中	- - - -	0.5b	计划预留扩建的建筑物、构筑物、铁路、道路、运输设施、管线、建筑红线及预留用地各线
	细	- - - -	0.25b	原有建筑物、构筑物、管线的地下轮廓线
单点长画线	粗	—·—·—	b	露天矿开采界限
	中	—·—·—	0.5b	土方填挖区的零点线
	细	—·—·—	0.25b	分水线、中心线、对称线、定位轴线
双点长画线	粗	—··—··—	b	用地红线
	中粗	—··—··—	0.7b	地下开采区塌落界限
	中	—··—··—	0.5b	建筑红线
折断线		—\/—\/—	0.5b	断线
不规则曲线		～	0.5b	新建人工水体轮廓线

注：根据各类图样所表示的不同重点确定使用不同粗细线型。

总平面图应反映建筑物在室外地坪上的墙基外包线，宜以 0.7b 线宽的实线表示，室外地坪上的墙基外包线以外的可见轮廓宜以 0.5b 线宽的实线表示。

2. 图名

图名宜标注在视图的下方或一侧，并在图名下用粗实线绘制一条横线，其长度应以图名

所占长度为准，使用详图符号作图名时，符号下不宜再画线。

3. 比例

总图制图采用的比例宜符合表 10-2 的规定。

表 10-2　比例

图　名	比　例
总平面图,竖向布置图,管线综合图,土方图,铁路、道路平面图	1∶300、1∶500、1∶1000、1∶2000
场地园林景观总平面图、场地园林景观竖向布置图、种植总平面图	1∶300、1∶500、1∶1000
详图	1∶1、1∶2、1∶5、1∶10、1∶20、1∶50、1∶100、1∶200

4. 图例

总平面图图例应符合表 10-3 的规定。

表 10-3　总平面图图例

序号	名　称	图　例	备　注
1	新建建筑物	X= Y= ① 12F/2D H=59.00m	1. 新建建筑物以粗实线表示与室外地坪相接处±0.00 外墙定位轮廓线 2. 建筑物一般以±0.00 高度处的外墙定位轴线交叉点坐标定位。轴线用细实线表示,并标明轴线号 3. 根据不同设计阶段标注建筑编号,地上、地下层数,建筑高度,建筑出入口位置(两种表示方法均可,但同一图纸采用一种表示方法) 4. 地下建筑物以粗虚线表示其轮廓 5. 建筑上部(±0.00 以上)外挑建筑用细实线表示 6. 建筑物上部连廊用细虚线表示并标注位置
2	原有建筑物		用细实线表示
3	计划扩建的预留地或建筑物		用中粗虚线表示
4	拆除的建筑物		用细实线表示
5	建筑物下面的通道		—
6	散装材料露天堆场		需要时可注明材料名称

（续）

序号	名　称	图　例	备　注
7	其他材料露天堆场或露天作业场	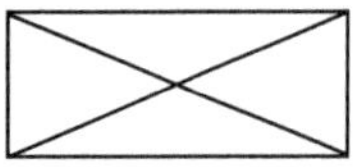	需要时可注明材料名称
8	铺砌场地	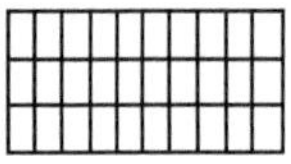	—
9	敞棚或敞廊	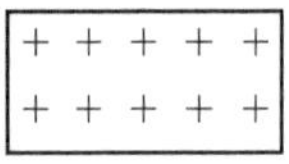 + + + + + + + + + +	—
10	台阶或无障碍坡道	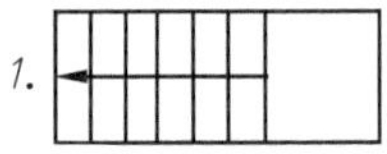 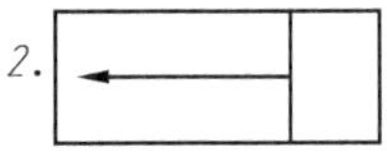 1. 2.	1. 表示台阶（级数仅为示意） 2. 表示无障碍坡道
11	坐标	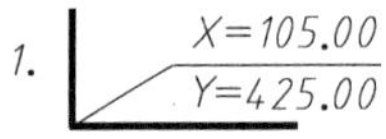 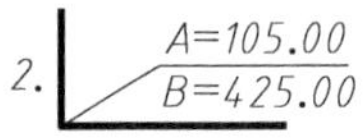 1. X=105.00 Y=425.00 2. A=105.00 B=425.00	1. 表示地形测量坐标系 2. 表示自设坐标系 坐标数字平行于建筑标注
12	地下车库入口	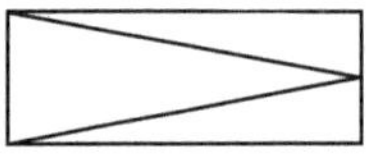	机动车停车场
13	地面露天停车场	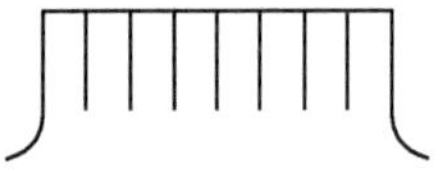	—
14	挡土墙	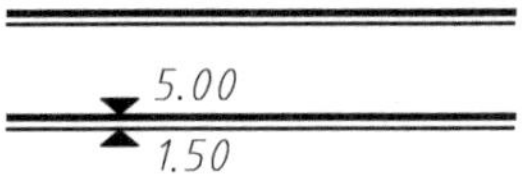 5.00 1.50	挡土墙根据不同设计阶段的需要标注 $\frac{\text{墙顶标高}}{\text{墙底标高}}$
15	人行道	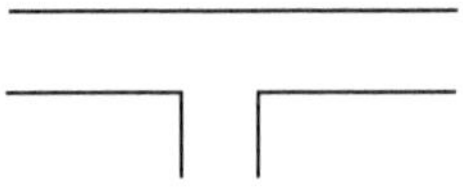	—
16	原有道路	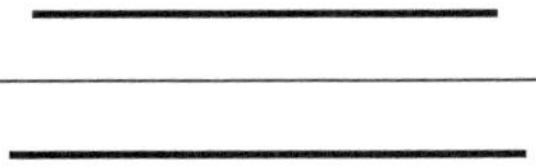	—

（续）

序号	名称	图　　例	备　　注
17	原有的标准轨距铁路		—
18	涵洞、涵管		1. 上图为道路涵洞、涵管，下图为铁路涵洞、涵管 2. 左图用于比较大的图面，右图用于比较小的图面
19	桥梁		1. 用于旱桥时应注明 2. 上图为公路桥，下图为铁路桥

5. 计量单位

总图中的坐标、标高、距离以米为单位。坐标宜以小数点标注三位，不足以“0”补齐；标高、距离以小数点后两位数标注，不足以“0”补齐，详图可以毫米为单位。

建筑物、构筑物、铁路、道路方位角（或方向角）和铁路、道路转向角的度数，宜注写到“秒”，特殊情况应另加说明。

6. 坐标标注

如图10-2所示，总图应按上北下南方向绘制。根据场地形状或布局，可向左或右偏转，但不宜超过45°。总图中应绘制指北针或风玫瑰图。

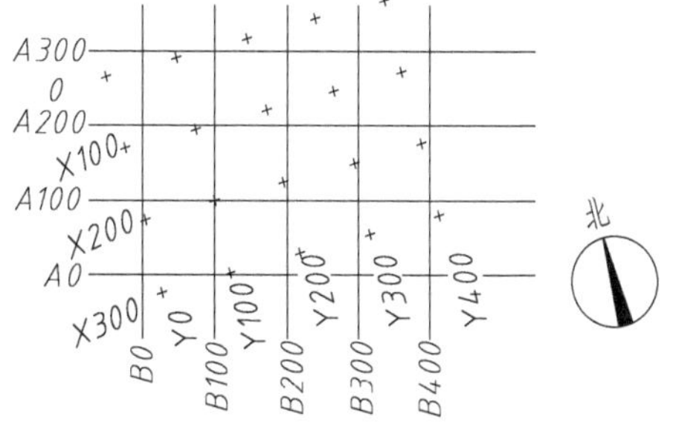

图10-2　坐标网格

注：图中 X 为南北方向轴线，X 的增量在 X 轴线上；Y 为东西方向轴线，Y 的增量在 Y 轴线上。A 轴相当于测量坐标网中的 X 轴，B 轴相当于测量坐标网中的 Y 轴。

坐标网格应以细实线表示，测量坐标网应画成交叉十字线，坐标代号宜用“X、Y”表示；建筑坐标网应画成网格通线，自设坐标代号宜用“A、B”表示。坐标值为负数时，应注“-”号，为正数时，“+”号可省略。

总平面图上有测量和建筑两种坐标系统时，应在附注中注明两种坐标系统的换算公式。同一工程不同专业的总平面图，在图纸上的布图方向均应一致。

表示建筑物、构筑物位置的坐标应根据设计不同阶段要求标注，当建筑物、构筑物与坐标轴线平行时，可注其对角坐标。与坐标轴线成角度或建筑平面复杂时，宜标注三个以上坐标，坐标宜标注在图纸上。根据工程具体情况，建筑物、构筑物也可用相对尺寸定位。

建筑物、构筑物、铁路、道路、管线等应标注下列部位的坐标或定位尺寸：

1）建筑物、构筑物的外墙轴线交点。

2）圆形建筑物、构筑物的中心。

3）皮带走廊的中线或其交点。

4）铁路道岔的理论中心，铁路、道路的中线交叉点和转折点。

5）管线（包括管沟、管架或管桥）的中线交叉点和转折点。

6）挡土墙起点、转折点墙顶外侧边缘（结构面）。

7. 标高注法

建筑物应以接近地面处的±0.00标高的平面作为总平面。字符平行于建筑长边书写。

总图中标注的标高应为绝对标高，当标注相对标高，则应注明相对标高与绝对标高的换算关系。我国把青岛附近的黄海平均海平面定为绝对标高的零点。其他各地的标高均以此为基准。

若总平面图地形起伏明显，则需要画出等高线。等高线上的数字代表该区域地势变化的高度。

建筑物、构筑物、铁路、道路、水池等应按下列规定标注有关部位的标高。

1）建筑物室内地坪，标注建筑图中±0.00处的标高，对不同高度的地坪，分别标注其标高。

2）建筑物室外散水，标注建筑物四周转角或两对角的散水坡角处标高。

3）构筑物标注其有代表性的标高，并用文字注明标高所指的位置。

4）铁路标注轨顶标高。

5）道路标注路面中心线交点及变坡点标高。

6）挡土墙标注墙顶和墙趾标高，铺砌场地标注其铺砌面标高。

总平面图室外地坪标高符号宜用涂黑的三角形表示，具体画法可按图10-3所示。

若总平面图地形起伏明显，则需要画出等高线。等高线上的数字代表该区域地势变化的高度。

图10-3　总平面图室外地坪标高符号

8. 名称和编号

总图上的建筑物、构筑物应注写名称，名称宜直接标注在图上。当图样比例小或图面无足够位置时，也可编号列表标注在图内。当图形过小时，可标注在图形外侧附近处。

总图上的铁路线路、铁路道岔、铁路及道路曲线转折点等，应进行编号。

9. 指北针及风玫瑰

指北针：指北针的形状宜符合图10-4a所示，其圆的直径宜为24mm，用细实线绘制；指北针尾部的宽度宜为3mm，指针头部应注“北”字或“N”字。需用较大直径绘制指北针时，指针尾部的宽度宜为直径的1/8。指北针应绘制在首层平面图上，图面的右上角。

风玫瑰：风玫瑰是根据某一地区多年统计，各个方向平均吹风次数的百分数值，按一定比例绘制，是新建房屋所在地区风向情况的示意图。一般多用八个或十六个罗盘方位表示，风玫瑰图上表示风的吹向是从外面吹向地区中心，图中实线为全年风玫瑰，虚线为夏季风玫瑰。

风玫瑰的位置应在图幅图区内的上方左侧或右侧。

如图10-4b所示，指北针与风玫瑰结合时宜采用互相垂直的线段，线段两端应超出风玫

瑰轮廓线 2～3mm，垂点宜为风玫瑰中心，北向应注“北”或“N”字，组成风玫瑰所有线宽均宜为 0.5b。

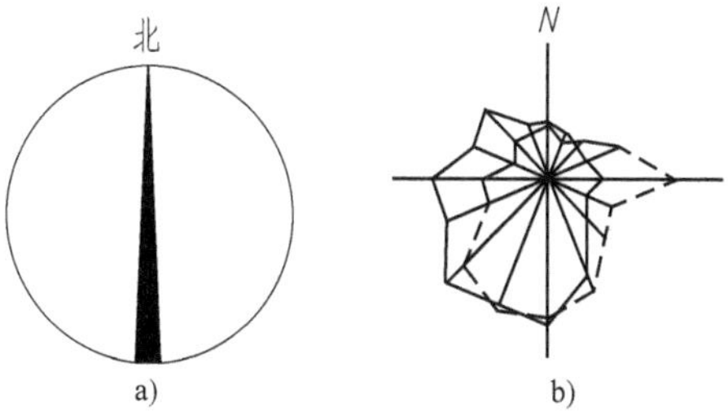

图 10-4 指北针及风玫瑰

a）指北针 b）风玫瑰

10.2.2 图样目录

应先列绘制的图样，后列选用的标准图和重复利用图。

10.2.3 设计说明

一般工程的设计说明分别写在有关的图样上，复杂工程也可单独书写设计说明。如重复利用某工程的施工图及其说明时，应详细注明其编制单位、工程名称、设计编号和编制日期；列出主要技术经济指标表，说明地形图、初步设计批复文件等设计依据、基础资料。

10.2.4 总平面图

总平面图是反映新建工程的总体布局的水平正投影图。它表示新建建筑物的位置、朝向、占地范围、相互间距、室外场地和道路布置、绿化配置，有关一定范围内基地的形状、大小、地形、地貌、标高，与原有建筑群和周边环境之间的关系以及基地临界情况等，是新建房屋施工定位、土方施工以及其他专业（水暖电等）管线总平面图和施工总平面图的设计依据。

1. 总平面图的内容

1）保留的地形和地物。

2）测量坐标网、坐标值。

3）场地范围的测量坐标（或定位尺寸），道路红线、建筑控制线、用地红线等的位置。

4）场地四邻原有及规划的道路、绿化带等的位置（主要坐标或定位尺寸），周边场地用地性质以及主要建筑物、构筑物、地下建筑物等的位置、名称、性质、层数。

5）建筑物、构筑物（人防工程、地下车库、油库、贮水池等隐蔽工程以虚线表示）的名称或编号、层数、定位（坐标或相互关系尺寸）。

6）广场、停车场、运动场地、道路、围墙、无障碍设施、排水沟、挡土墙、护坡等的定位（坐标或相互关系尺寸）。如有消防车道和扑救场地，需注明。

7）风玫瑰图或指北针。

8）建筑物、构筑物使用编号时，应列出“建筑物和构筑物名称编号表”。

9）注明尺寸单位、比例、建筑正负零的绝对标高、坐标及高程系统（如为场地建筑坐标网时，应注明与测量坐标网的相互关系）、补充图例等。

10）图名，比例。图名下画一条与图名等长的粗实线，比例宜注写在图名的右侧，字的基准线应取平，比例的字高宜比图名的字高小一号或二号。

2. 总平面图读图示例

阅读总平面图首先要了解工程性质、图样比例，阅读文字说明，熟悉图例；其次了解建设地段地形、周围环境、道路布置、建筑物及构筑物的布置情况；再了解拟建建筑物的室内外高差、道路标高、坡度及排水情况，拟建房屋的定位。

从图 10-5 所示的某住宅小区总平面图中，能够看出新建两栋住宅的平面图形是用粗实线表示的，原有的房屋画成细实线，其中打叉的是应拆除的建筑物。带有圆角的平行细实线表示原有道路，规划扩建的预留地用虚线表示。新建房屋平面图形的北部两端是两个单元的入口。其周围为绿化地带，种有花草和树木。

图中的四条等高线表示小区所在地段地势较平坦，西南地势较高，坡向东北。在东北角有一池塘，图中画出了池塘南侧的一段护坡。

道路宽度、道路与房屋的距离、新建住宅与原有房屋的距离等尺寸，均已在图中标明。

该总平面图标出该城市的风玫瑰，可知该新建建筑朝向。

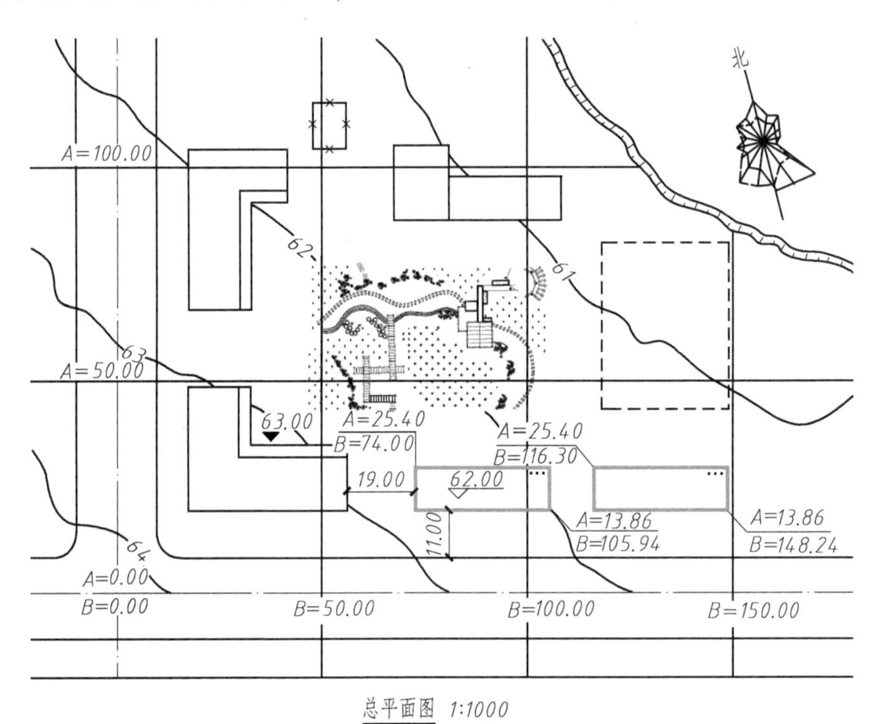

图 10-5 某住宅小区总平面图

如地势平坦，可不绘制出等高线，图 10-6 所示为某教学楼总平面图。新建教学楼附近主要街道、原有建筑、新建建筑和拟建建筑由坐标网格定位。新建建筑用粗实线绘制，其余图线符合标准规定。

此外，总平面专业施工图还包括竖向布置图、土石方图、管道综合图、绿化及建筑小品布置图、详图、设计图的增减以及计算书等。

设计图的增减如下：

1）当工程设计内容简单时，竖向布置图可与总平面图合并。

2）当路网复杂时，可增绘道路平面图。

3）土石方图和管线综合图可根据设计需要确定是否出图。

4）当绿化或景观环境另行委托设计时，可根据需要绘制绿化及建筑小品的示意性和控制性布置图。

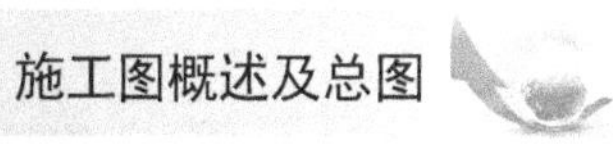

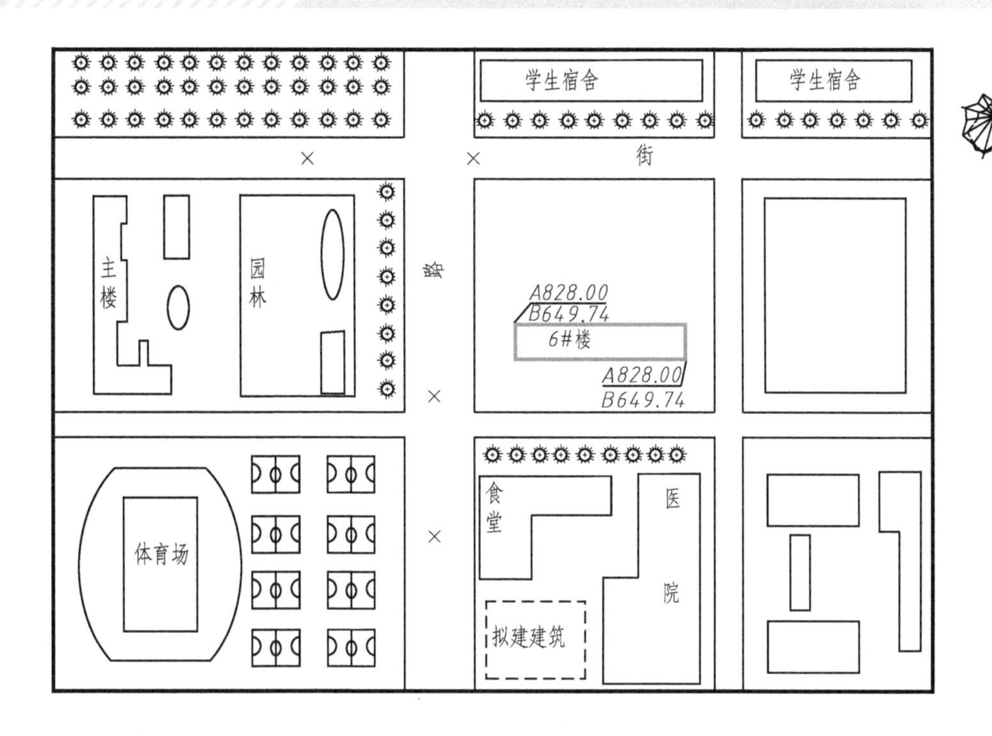

图 10-6　某教学楼总平面图

思考题

1. 试述房屋建筑的组成和各部分的作用。
2. 按施工图内容和作用的不同，施工图可分为哪几种专业文件？
3. 试述总平面图的作图、内容及读图方法。
4. 如何在总平面图中确定新建建筑物的位置？

第 11 章　建筑施工图

本章概要

本章介绍施工图设计中建筑专业相关国家标准、图样。重点介绍建筑平面图、立面图、剖面图、详图的图示内容及绘制、读图方法。

本章内容严格按照中华人民共和国住房和城乡建设部、中华人民共和国国家质量监督检验检疫总局发布的现行的相关文件、国家标准撰写。

11.1　国家标准的一般规定

在施工图设计阶段，建筑专业设计文件应包括图样目录、设计说明、设计图、计算书。

按照国家标准的规定，将一幢房屋的内外形状、结构特点、建筑构造、装饰做法以及设备安置等情况按照正投影原理绘制的一套图样称为房屋建筑施工图，主要包括建筑平面图、建筑立面图、建筑剖面图、详图。

1. 命名

每个视图均应标注图名，平面图应以楼层编号，包括地下二层平面图、地下一层平面图、首层（底层）平面图、二层平面图等，立面图应以该图两端头的轴线号编号，剖面图或断面图应以剖切号编号，详图应以索引号编号。

2. 图线

图线的宽度 b，应根据图样的复杂程度和比例，并按现行国家标准 GB/T 50001—2017《房屋建筑制图统一标准》的有关规定选用，见第 1 章图 1-4，绘制较简单的图样时，可采用两种线宽的线宽组，其线宽比宜为 $b:0.25b$。

GB/T 50104—2010《建筑制图标准》中，对建筑施工图的图线也做了规定，见表 11-1。

表 11-1　图线（GB/T 50104—2010《建筑制图标准》）

名称		线型	线宽	用途
实线	粗	———————	b	1. 平、立、剖中被剖切的主要建筑构造（包括构配件）的轮廓线 2. 建筑立面图或室内立面图的外轮廓线 3. 建筑构造详图中被剖切的主要部分的轮廓线 4. 建筑构配件详图中的外轮廓线 5. 平、立剖面的剖切符号

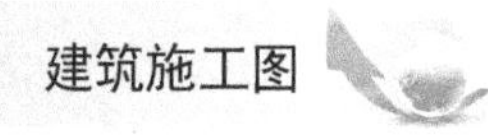

（续）

名称		线型	线宽	用途
实线	中粗	————	0.7b	1. 平、立、剖中被剖切的次要建筑构造（包括构配件）的轮廓线 2. 建筑平、立剖面中建筑构配件的轮廓线 3. 建筑构造详图及建筑构配件详图中的一般轮廓线
	中	————	0.5b	小于0.7b的图形线、尺寸线、尺寸界线、索引符号、标高符号、详图材料做法引出线、粉刷线、保温层线、地面墙面的高差分界线等
	细	————	0.25b	图例填充线、家具线、纹样线等
虚线	中粗	- - - - - -	0.7b	1. 建筑构造详图及建筑构配件不可见的轮廓线 2. 平面图中的起重机轮廓线 3. 拟建、扩建建筑物轮廓线
	中	- - - - - -	0.5b	投影线、小于0.5b的不可见轮廓线
	细	- - - - - -	0.25b	图例填充线、家具线等
单点长画线	粗	—·—·—	b	起重机轨道线
	细	—·—·—	0.25b	中心线、对称线、定位轴线
折断线	细	—\/—\/—	0.25b	部分省略表达时的断开界线
波浪线	细	～～～	0.25b	部分省略表达时的断开界线，曲线形构件断开界线 构造层次的断开界线

注：地平线宽可用1.4b。

3. 标高

标高是标注建筑物高度的一种尺寸形式。标高有绝对标高和相对标高两种，在上一章总平面专业已经介绍了绝对标高。

在建筑物上需要注明许多标高，如果全部采用绝对标高，不但数字烦琐，而且不易明显得出各高差。因此通常除总平面图外，一般都用相对标高，即将首层室内主要地坪标高定为相对标高的零点，再按当地附近的水准点（绝对标高）来测定拟建工程的首层地面标高，并在设计说明中标明相对标高和绝对标高的关系。

标高符号应以直角等腰三角形表示，按图11-1a所示形式用细实线绘制，如标注位置不够，也可按图11-1b所示形式绘制。标高符号的具体画法如图11-1c、d所示。

如图11-1c所示，标高符号的尖端应指至被注高度的位置。尖端宜向下，也可向上。标高数字应注写在标高符号的上侧或下侧。

标高数字应以米为单位，注写到小数点后三位。零点标高应注写成±0.000，正数标高不注“+”，负数标高应注“-”，例如3.000、-0.600。在图样的同一位置需表示几个不同标高时，标高数字可按图11-1f的形式注写。

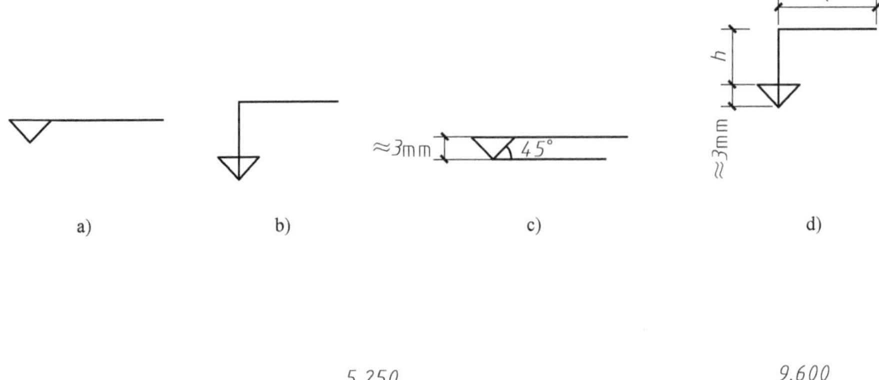

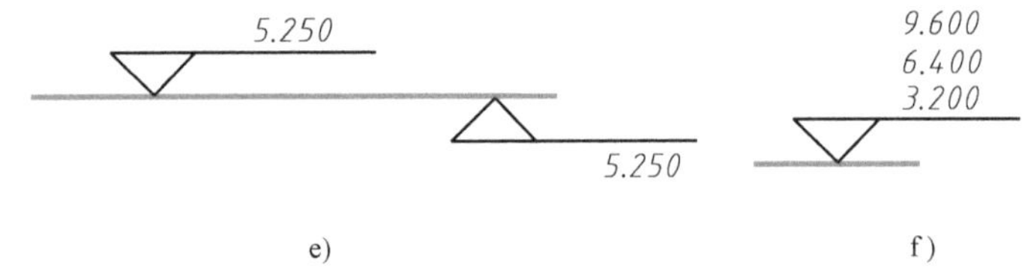

图 11-1 标高符号

a)、b) 标高符号 c)、d) 标高符号画法 e) 标高的指向 f) 同一位置注写多个标高数字

l—取适当长度注写标高数字 *h*—根据需要取适当长度

4. 图例

平面图、立面图、剖面图中的构件及配件的部分图例见表 11-2。

表 11-2 构件及配件的图例（部分）

序号	图例	名称	备注
1	墙体		1. 上图为外墙,下图为内墙 2. 外墙细线表示有保温层或有幕墙 3. 应加注文字或涂色或图案填充表示各种材料的墙体 4. 在各层平面图中,防火墙应着重以特殊图案填充表示
2	楼梯	下 下 上 上	1. 上图为顶层楼梯平面,中图为中间层楼梯平面,下图为首层(底层)楼梯平面 2. 需设置靠墙扶手或中间扶手时,应在图中表示
3	孔洞		阴影部分亦可填充灰色或涂色代替

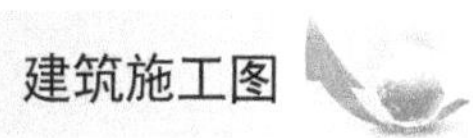

（续）

序号	图例	名称	备注
4	电梯	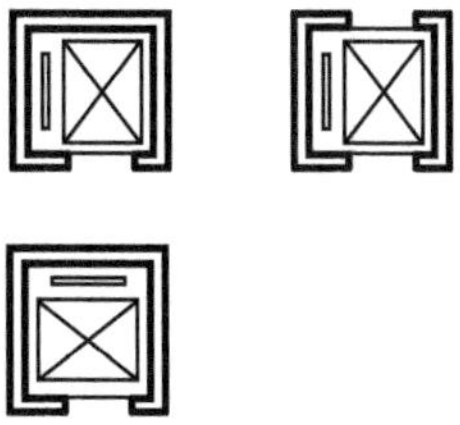	1. 电梯应注明类型，并按实际绘出门和平衡锤或导轨的位置 2. 其他类型电梯应参照本图例按实际情况绘制
5	空门洞	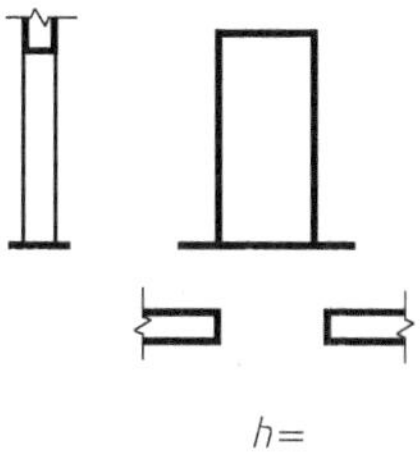 *h*=	*h* 为门洞高度
6	单面开启单扇门	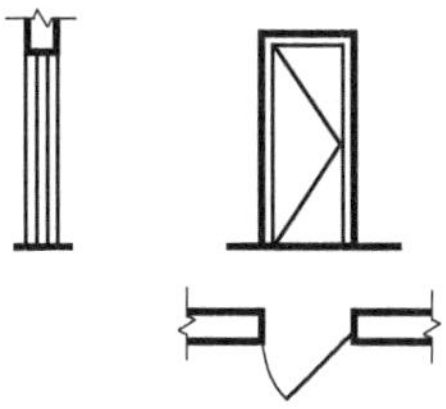	
7	双面开启单扇门	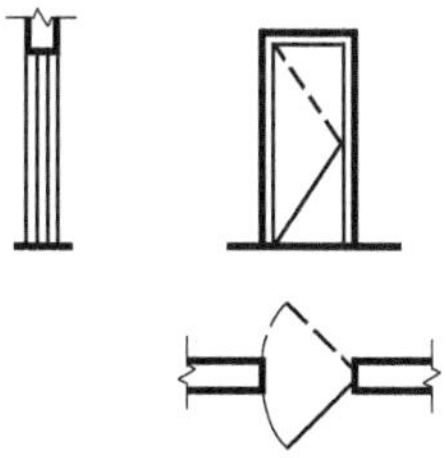	1. 门的名称代号用 M 表示 2. 平面图中，下为外，上为内门开启线为 90°、60°或 45°，开启弧线宜绘出 3. 立面图中，开启线实线为外开，虚线为内开，开启线交角的一侧为安装合页一侧。开启线在建筑立面图中可不表示，在立面大样图中可根据需要绘出 4. 剖面图中，左为外，右为内 5. 附加纱窗应以文字说明，在平、立、剖图中均不表示 6. 立面形式应按实际情况绘制
8	单面开启双扇门	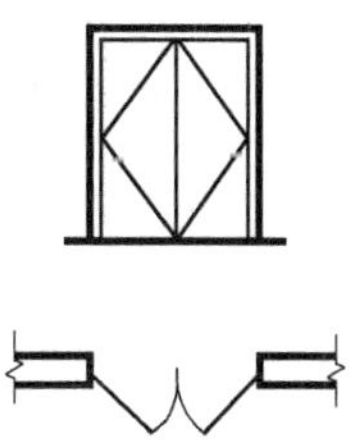	

（续）

序号	图例	名称	备注
9	双面开启双扇门	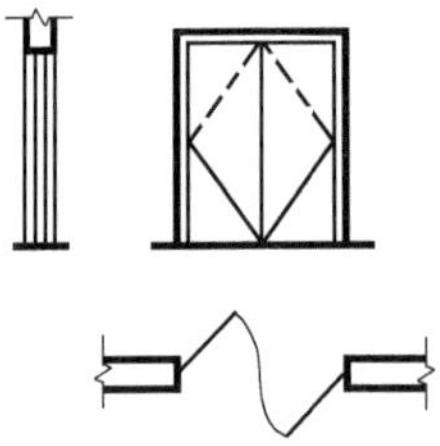	1. 门的名称代号用 M 表示 2. 平面图中，下为外，上为内门开启线为 90°、60°或 45°，开启弧线宜绘出 3. 立面图中，开启线实线为外开，虚线为内开，开启线交角的一侧为安装合页一侧。开启线在建筑立面图中可不表示，在立面大样图中可根据需要绘出 4. 剖面图中，左为外，右为内 5. 附加纱窗应以文字说明，在平、立、剖图中均不表示 6. 立面形式应按实际情况绘制
10	门连窗	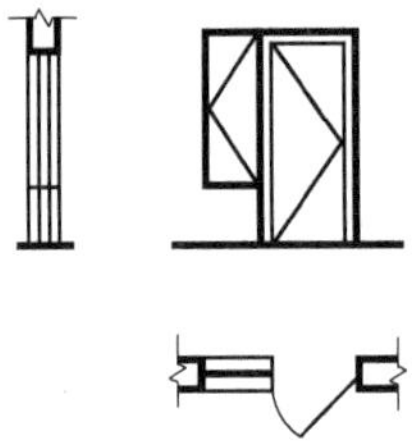	
11	竖向卷帘门	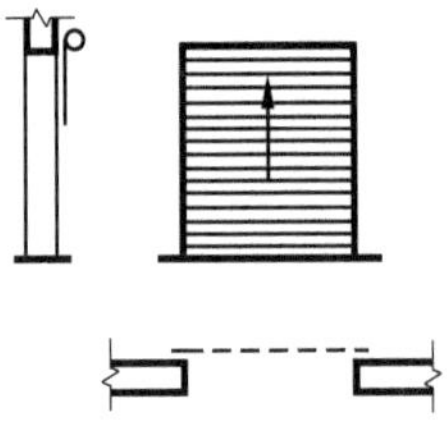	
12	固定窗	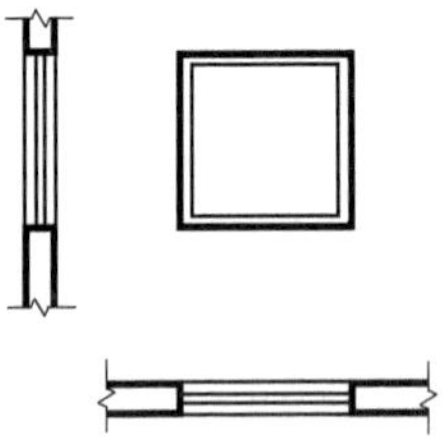	1. 窗的名称代号用 C 表示 2. 平面图中，下为外，上为内 3. 立面图中，开启线实线为外开，虚线为内开，开启线交角的一侧为安装合页一侧。开启线在建筑立面图中可不表示，在门窗立面大样图中需绘出 4. 剖面图中，左为外，右为内。虚线仅表示开启方向，项目设计不表示 5. 附加纱窗应以文字说明，在平、立、剖面图中均不表示 6. 立面形式应按实际情况绘制
13	单层推拉窗	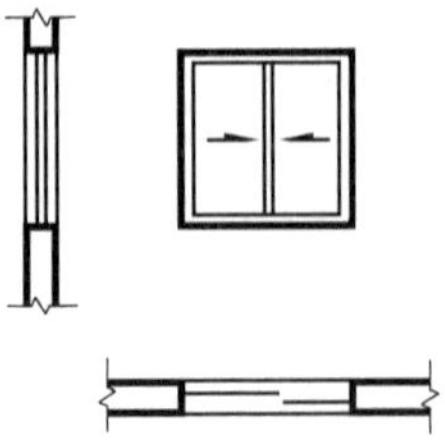	

（续）

序号	图例	名称	备注
14	上推窗		1. 窗的名称代号用C表示 2. 平面图中，下为外，上为内 3. 立面图中，开启线实线为外开，虚线为内开，开启线交角的一侧为安装合页一侧。开启线在建筑立面图中可不表示，在门窗立面大样图中需绘出 4. 剖面图中，左为外，右为内。虚线仅表示开启方向，项目设计不表示 5. 附加纱窗应以文字说明，在平、立、剖图中均不表示 6. 立面形式应按实际情况绘制
15	高窗		
16	单层外开平开窗		
17	立转窗		

5. 比例

建筑专业制图选用的各种比例，宜符合表11-3的规定。

表11-3 建筑专业制图比例

图 名	比 例
总平面图	1 : 300、1 : 500、1 : 1000、1 : 2000
建筑物或构筑物的平面图、立面图、剖面图	1 : 50、1 : 100、1 : 150、1 : 200、1 : 300
建筑物或构筑物的详图	1 : 10、1 : 20、1 : 25、1 : 30、1 : 50
构件及构造详图	1 : 1、1 : 2、1 : 5、1 : 10、1 : 15、1 : 20、1 : 25、1 : 30、1 : 50

6. 定位轴线

建筑施工图中的定位轴线是施工定位、放线的重要依据。凡是承重墙、柱等重要承重构件都应画出轴线来确定其位置。对于非承重的分隔墙、次要承重构件等，一般用分轴线。

定位轴线采用细单点长画线绘制，并应编号，编号应注写在轴线端部的圆内。圆应用细实线绘制，直径为8～10mm。定位轴线圆的圆心应在定位轴线的延长线或延长线的折线上。以混合式结构为例，外墙定位轴线应从室内向外偏移120mm布置，内墙定位轴线居中布置，如图11-2所示。

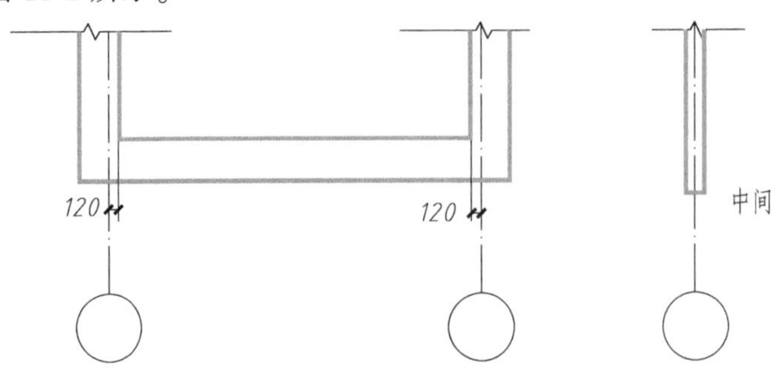

图 11-2　定位轴线与墙体位置

如图11-3所示，除较复杂需采用分区编号或圆形、折线形外，平面图上定位轴线的编号，宜标注在图样的下方或左侧，或在图样的四面标注。横向编号应用阿拉伯数字，从左至右顺序编写；竖向编号应用大写英文字母，从下至上顺序编写。

英文字母作为轴线号时，应全部采用大写字母，不应用同一个字母的大小写来区分轴线号。英文字母的I、O、Z不得用作轴线编号。当字母数量不够使用时，可增用双字母或单字母加数字注脚。

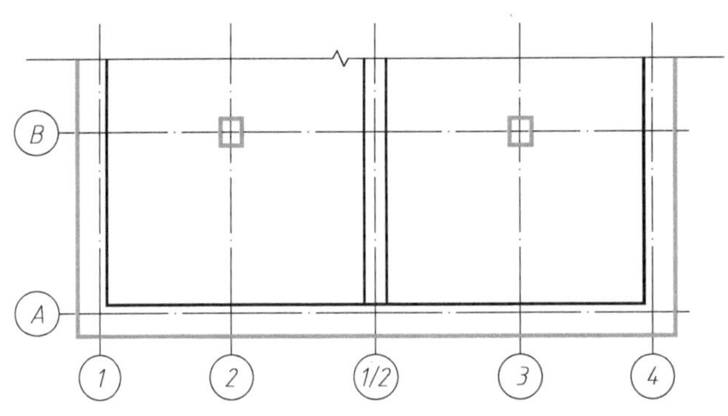

图 11-3　定位轴线的编号顺序

附加定位轴线的编号，应以分数形式表示，并应符合下列规定：两根轴线间的附加轴线，应以分母表示前一轴线的编号，分子表示附加轴线的编号，编号宜用阿拉伯数字顺序编写。如1/A表示定位轴线A之后的第一条分轴线，2/A表示定位轴线A之后的第二条分轴线，以此类推。1号轴线或A号轴线之前的附加轴线的分母应以01或0A表示。

如图11-4所示，一个详图适用于几根轴线时，应同时注明各有关轴线的编号。通用详图中的定位轴线，应只画圆，不注写轴线编号。

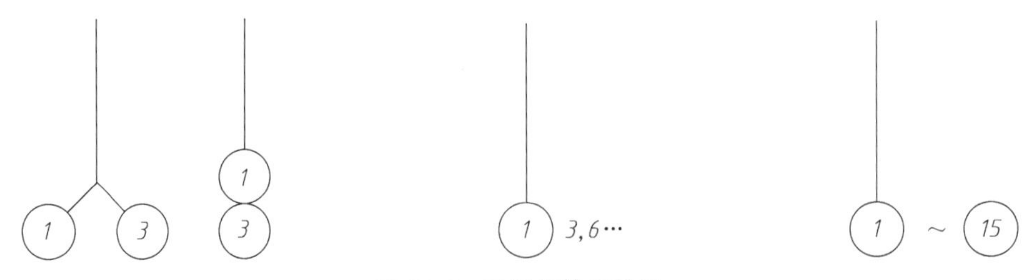

图 11-4　详图的轴线编号

如图 11-5 所示，组合较复杂的平面图中定位轴线可采用分区编号，编号的注写形式应为“分区号-该分区定位轴线编号”，分区号宜采用阿拉伯数字或大写英文字母表示；多子项的平面图中定位轴线可采用子项编号，编号的注写形式为“子项号-该子项定位轴线编号”，子项号采用阿拉伯数字或大写英文字母表示，如“1-1”“1-A”或“A-1”“A-2”。当采用分区编号或子项编号，同一根轴线有不止 1 个编号时，相应编号应同时注明。

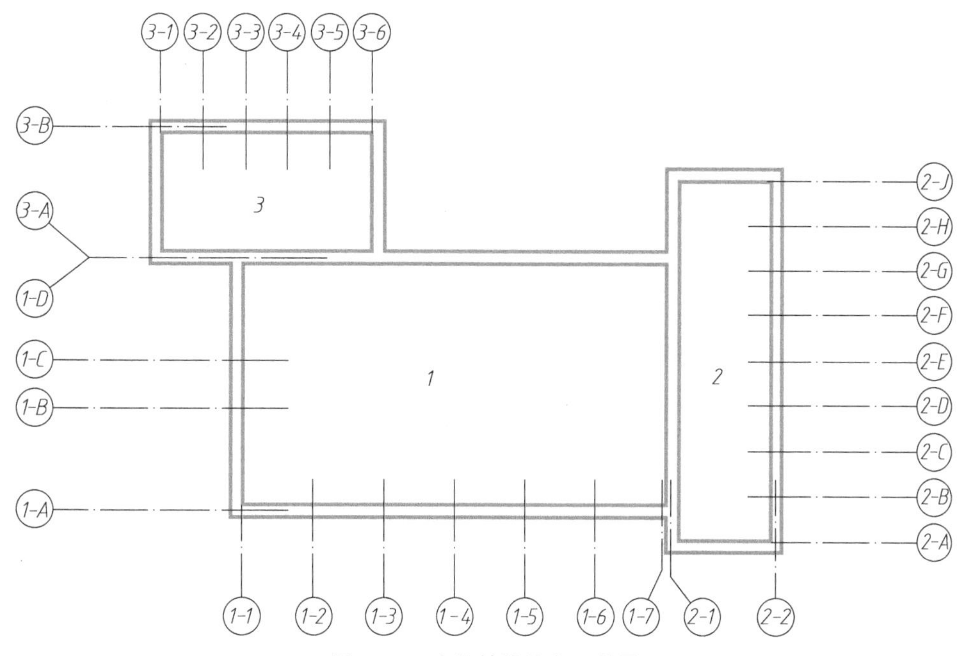

图 11-5 定位轴线的分区编号

如图 11-6、图 11-7 所示，圆形与弧形平面图中的定位轴线，其径向轴线应以角度进行定位，其编号宜用阿拉伯数字表示，从左下角或−90°（若径向轴线很密，角度间隔很小）开始，按逆时针顺序编写；其环向轴线宜用大写拉丁字母表示，从外向内顺序编写。圆形与弧形平面图的圆心宜选用大写英文字母编号，有不止 1 个圆心时，可在字母后加注阿拉伯数字进行区分，如 *P*1、*P*2、*P*3。

折线形平面图中定位轴线的编号可按图 11-8 的形式编写。

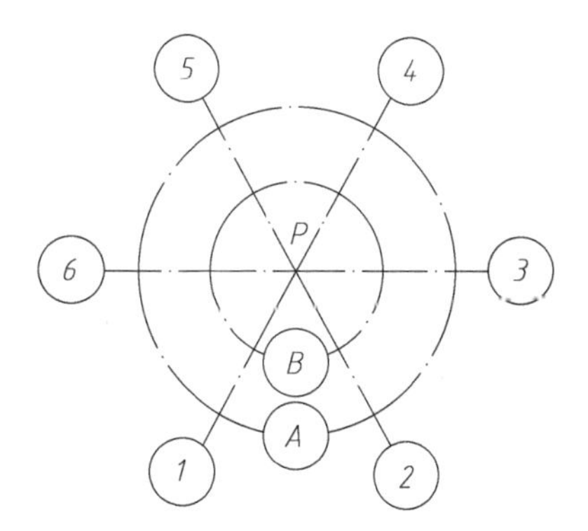

图 11-6 圆形平面定位轴线的编号

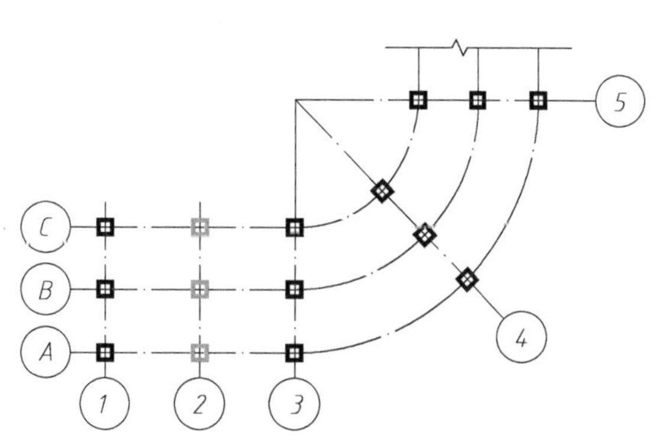

图 11-7 弧形平面定位轴线的编号

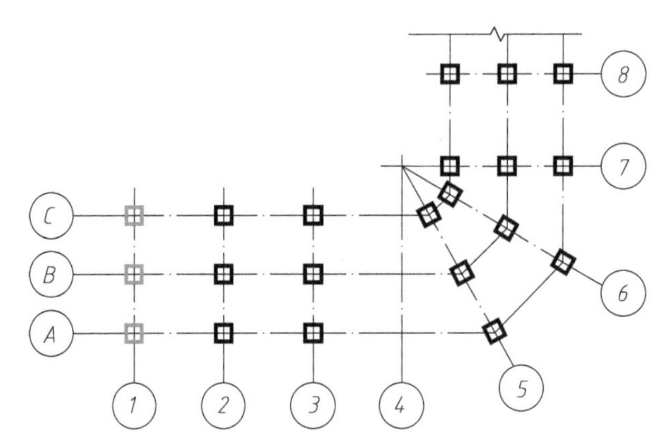

图 11-8　折线形平面定位轴线的编号

7. 引出线

如图 11-9 所示，引出线线宽应为 0. 25b，宜采用水平方向的直线或与水平方向成 30°、45°、60°、90°的直线，并经上述角度再折成水平线。文字说明宜注写在水平线的上方，也可注写在水平线的端部。索引详图的引出线，应与水平直径线相连接。

图 11-9　引出线

如图 11-10 所示，同时引出的几个相同部分的引出线，宜互相平行，也可画成集中于一点的放射线。

图 11-10　公用引出线

如图 11-11 所示，多层构造或多层管道共用引出线，应通过被引出的各层，并用圆点示意对应各层次。文字说明宜注写在水平线的上方，或注写在水平线的端部，说明的顺序应由上至下，并应与被说明的层次对应一致；如层次为横向排序，则由上至下的说明顺序应与由左至右的层次对应一致。

8. 变更云线

如图 11-12 所示，对图样中局部变更部分宜采用云线，并宜注明修改版次。修改版次符号宜为边长 0. 8cm 的正等边三角形，修改版次应采用数字表示。变更云线的线宽宜按 0. 7b 绘制。

9. 尺寸标注

尺寸标注可分为总尺寸、定位尺寸和细部尺寸。其中：

总尺寸——建筑物外轮廓尺寸，若干定位尺寸之和。

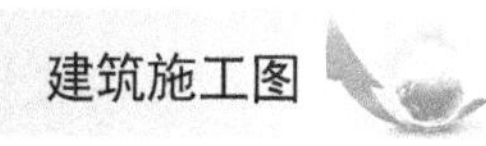

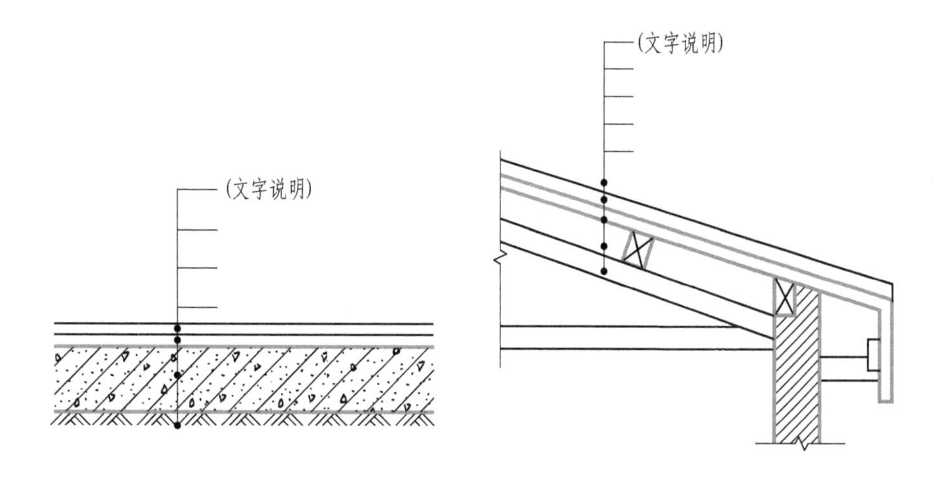

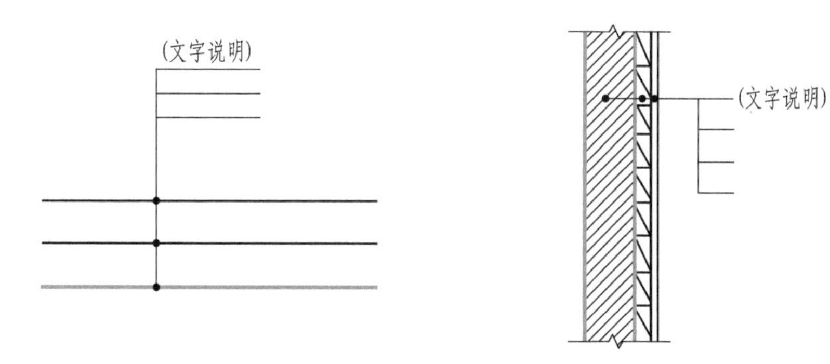

图 11-11　多层引出线

图 11-12　变更云线

注：1 为修改次数。

定位尺寸——轴线尺寸；建筑物构配件，如墙体、门、窗、洞口、洁具等，相应于轴线或其他构配件确定位置的尺寸。

细部尺寸——建筑物构配件的详细尺寸。

11.2　图样目录

先列新绘制的图样，后列选用的标准图或重复利用图。

11.3 设计说明

1）依据性文件名称和文号，如批文、本专业设计所执行的主要法规和所采用的主要标准（包括标准名称、编号、年号和版本号）及设计合同等。

2）项目概况。内容一般应包括建筑名称、建设地点、建设单位、建筑面积、建筑基底面积、项目设计规模等级、设计使用年限、建筑层数和建筑高度、建筑防火分类和耐火等级、人防工程类别和防护等级、人防建筑面积、屋面防水等级、地下室防水等级、主要结构类型、抗震设防烈度等，以及能反映建筑规模的主要技术经济指标，如住宅的套型和套数(包括套型总建筑面积等)、旅馆的客房间数和床位数、医院的床位数、车库的停车泊位数等。

3）设计标高。工程的相对标高与总图绝对标高的关系。

4）用料说明和室内外装修。

5）对采用新技术、新材料和新工艺的做法说明及对特殊建筑造型和必要的建筑构造的说明。

6）门窗表及门窗性能（防火、隔声、防护、抗风压、保温、隔热、气密性、水密性等)、窗框材质和颜色、玻璃品种和规格、五金件等的设计要求。

7）幕墙工程（玻璃、金属、石材等）及特殊屋面工程（金属、玻璃、膜结构等）的特点，节能、抗风压、气密性、水密性、防水、防火、防护、隔声的设计要求，饰面材质、涂层等主要的技术要求，并明确与专项设计的工作及责任界面。

8）电梯（自动扶梯、自动步道）选择及性能说明（功能、额定载重量、额定速度、停站数、提升高度等)。

9）建筑设计防火设计说明，包括总体消防、建筑单体的防火分区、安全疏散、疏散人数和宽度计算、防火构造、消防救援窗设置等。

10）无障碍设计说明，包括基地总体上、建筑单体内的各种无障碍设施要求等。

11）建筑节能设计说明。

12）根据工程需要采取的安全防范和防盗要求及具体措施，隔声减振减噪、防污染、防射线等的要求和措施。

13）需要专业公司进行深化设计的部分，对分包单位明确设计要求，确定技术接口的深度。

14）当项目按绿色建筑要求建设时，应有绿色建筑设计说明。

15）当项目按装配式建筑要求建设时，应有装配式建筑设计说明。

16）其他需要说明的问题。

11.4 建筑平面图

11.4.1 建筑平面图的形成和作用

由于房屋建筑的复杂性，一个建筑的水平投影不能完全表达建筑的平面信息。所以在实

际应用中还常常用一系列的剖面图来表示建筑水平投影面的信息。即用水平剖切平面将建筑剖开，移去观察者与剖切平面之间的部分，将余下的部分作水平投影，得到的工程图称为建筑平面图，简称平面图。

通常选取距离楼地面1200mm高处通常通过门窗洞上的水平剖切平面，第一层平面图称为首层（底层）平面图，最上一层称为顶层平面图。一般地说，多层房屋应该画出各层平面图，但有些建筑部分楼层的平面布置相同，或者平面布置大部分相同，只有局部不相同，这种情况下只需画出一个共同的平面图（亦称标准层平面图），局部不同之处可以另画局部平面图来表示。

因此，对于房屋建筑，必要的平面图为屋顶平面图、首层（底层）平面图、标准层平面图。有些建筑顶层不同则还需画出顶层平面图。

11.4.2　国家标准一般规定

1）平面图的方向宜与总平面图方向一致，平面图的长边宜与横式幅面图纸的长边一致。单体建（构）筑物平面图在图纸上的布图方向，必要时可与其在总平面图上的布图方向不一致，但必须标明方向。不同专业的单体建（构）筑物平面图，在图纸上的布图方向均应一致。

2）在同一张图纸上绘制多于一层的平面图时，各层平面图宜按层数由低向高的顺序从左至右或从下至上布置。

3）除顶棚平面图外，各种平面图应按正投影法绘制。顶棚平面图宜采用镜像投影法绘制。

4）建筑平面图应在建筑物的门窗洞口处水平剖切俯视，屋顶平面图应在屋面以上俯视，图内应包括剖切面及投影方向可见的建筑构造以及必要的尺寸、标高等，表示高窗、洞口、通气孔、槽、地沟及起重机等不可见部分时，应采用虚线绘制。

5）建筑物平面图应注写房间的名称或编号。编号应注写在直径为6mm细实线绘制的圆圈内，并应在同张图纸上列出房间名称表。

6）比例。平面图常用比例为1：50、1：100、1：150、1：200、1：300。

7）图线。建筑平面图中的图线应粗细有别，层次分明。平面图中采用的线宽应符合表11-1的规定。在1：100或者更小比例的平面图中不需绘制抹灰层，在1：50或比例更大的平面图中需用中实线绘制抹灰层。

可以根据图形复杂程度选取线宽组，图11-13所示为GB/T 50104—2010《建筑制图标准》中给出的平面图所用图线示例，该例中选取了粗、中、细三种线宽，若图形较为复杂可选取粗、中粗、中、细四种线宽，具体应用应符合表11-1中规定。

比例大于1：50的平面图宜画出材料图例；比例等于1：50的平面图抹灰层的面层线应根据需要确定；比例小于1：50的平面图，可不画出抹灰层，比例为1：100~1：200的平面图可画简化的材料图例；比例小于1：200的平面图可不画材料图例。

8）尺寸及标高。为了便于看图和施工，建筑平面图中一般需标注三道尺寸，从外墙轮廓由近向远整齐排列。

平面图中的尺寸，可分为总尺寸、定位尺寸（轴线尺寸）和细部尺寸三种。

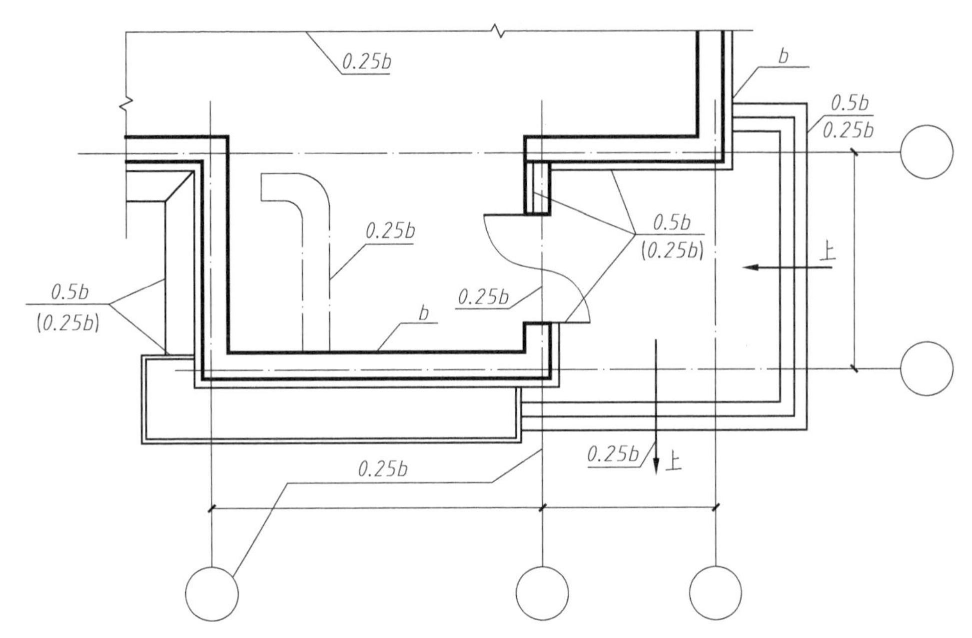

图 11-13　平面图所用图线示例

外墙三道尺寸中，第一道为外包（或轴线）总尺寸，总尺寸为建筑物外轮廓尺寸，是若干定位尺寸之和（外保温层可另行标注，并计入建筑物间距和建筑面积）。错台或分段外包尺寸可在二、三道之间单注，由此得出总长和总宽。房屋的建筑面积就是总长和总宽的乘积，多层房屋的建筑面积就是各建筑面积的总和。中间第二道为轴线尺寸，是建筑物构配件如墙体、门窗、洞口、洁具等，相应于轴线或其他构配件确定位置的尺寸，其中横墙线间的尺寸称为开间尺寸，纵墙轴线间的尺寸称为进深尺寸。最内一道为细部尺寸和定位尺寸，细部尺寸是建筑物构配件的详细尺寸，如门窗洞口和窗间墙、变形缝等尺寸及与轴线关系。

三道尺寸线间距宜为 7~10mm，最内一道尺寸距最外轮廓之间的距离不宜小于 10mm。

外墙以外的台阶、平台、散水等细部尺寸应另行标注。

内部尺寸是指外墙轴线以内的全部尺寸。它主要用于注明内墙、门窗洞口的位置及其宽度，房间大小，卫生器具、灶台和洗涤盆等固定设备的位置及其大小。

此外，还应标明房间的使用面积和楼面、地面的相对标高（规定一层地面标高为±0. 000，其他各处标高以此为基准，相对标高以米为单位，注写到小数点后 3 位）、房间的名称及使用面积等内容。

建筑物平面图，宜标注室内外地坪、楼地面、地下层地面、阳台、平台、檐口、屋脊、女儿墙、雨篷、门、窗、台阶等处的标高。平屋面等不易注明建筑标高的，可标注在结构板面最低点，并注明找坡坡度。其中楼地面、地下层地面、阳台、平台、檐口、屋脊、女儿墙、台阶等处应注写完成面标高，其余部分应注写毛面尺寸及标高。所谓毛面尺寸及标高是指非建筑完成面尺寸及标高，如平面图中标注的墙体厚度尺寸，板底、梁底、雨篷、门、窗标高。

9）指北针：指北针应绘制在建筑物±0. 000 标高的平面图上，并应放在明显位置，所指的方向应与总图一致。

10）门窗表。为了计算出每栋房屋中每种类型的门窗数量，以供订货加工使用，需要列出门窗表。中小型的门窗表一般放在建筑施工图内。门窗表的格式可按表 11-4 所示进行编写。

表 11-4　门窗表

类别	设计编号	洞口尺寸/mm		樘数	采用标准图集及编号		备注
		宽	高		图集代号	编号	
门	M-1						
窗	C-1						

注：采用非标准图集的门窗应绘制门窗立面图及开启方式。

11.4.3　建筑平面图的内容

一个完整的平面图应包括以下几部分内容：

1）承重墙、柱及其定位轴线和轴线编号，轴线总尺寸（或外包总尺寸）、轴线间尺寸（柱距、跨度）、门窗洞口尺寸、分段尺寸。

2）内外门窗位置、编号，门的开启方向，注明房间名称或编号，库房（储藏）需注明储存物品的火灾危险性类别。

3）墙身厚度（包括承重墙和非承重墙），柱与壁柱截面尺寸（必要时）及其与轴线关系尺寸，当围护结构为幕墙时，标明幕墙与主体结构的定位关系及平面凹凸变化的轮廓尺寸；玻璃幕墙部分标注立面分格间距的中心尺寸。

4）变形缝位置、尺寸及做法索引。

5）主要建筑设备和固定家具的位置及相关做法索引，如卫生器具、雨水管、水池、台、橱、柜、隔断等。

6）电梯、自动扶梯、自动步道及传送带（注明规格）、楼梯（爬梯）位置，以及楼梯上下方向示意和编号索引。

7）主要结构和建筑构造部件的位置、尺寸和做法索引，如中庭、天窗、地沟、地坑、重要设备或设备基础的位置、尺寸，各种平台、夹层、人孔、阳台、雨篷、台阶、坡道、散水、明沟等。

8）楼地面预留孔洞和通气管道、管线竖井、烟囱、垃圾道等位置、尺寸和做法索引，以及墙体（主要为填充墙、承重砌体墙）预留洞的位置、尺寸与标高或高度等。

9）车库的停车位、无障碍车位和通行路线。

10）特殊工艺要求的土建配合尺寸及工业建筑中的地面荷载、起重设备的起重量、行车轨距和轨顶标高等。

11）建筑中用于检修维护的天桥、栅顶、马道等的位置、尺寸、材料和做法索引。

12）室外地面标高、首层（底层）地面标高、各楼层标高、地下室各层标高。

13）首层（底层）平面标注剖切线位置、编号及指北针或风玫瑰。

14）有关平面节点详图或详图索引号。

15）每层建筑面积、防火分区面积、防火分区分隔位置及安全出口位置示意，图中标注计算疏散宽度及最远疏散点到达安全出口的距离（宜单独成图）；当整层仅为一个防火分区，可不注防火分区面积，或以示意图（简图）形式在各层平面中表示。

16）住宅平面图中标注各房间使用面积、阳台面积。

17）屋面平面应有女儿墙、檐口、天沟、坡度、坡向、雨水口、屋脊（分水线）、变形缝、楼梯间、水箱间、电梯机房、天窗及挡风板、屋面上人孔、检修梯、室外消防楼梯、出屋面管道井及其他构筑物，必要的详图索引号、标高等；表述内容单一的屋面可缩小比例绘制。

18）根据工程性质及复杂程度，必要时可选择绘制详图。

19）建筑平面较长较大时，可分区绘制，但须在各分区平面图适当位置上绘出分区组合示意图，并明显表示本分区部位编号。

20）图样名称、比例。

21）图样的省略：如系对称平面，对称部分的内部尺寸可省略，对称轴部位用对称符号表示，但轴线号不得省略；楼层平面除轴线间等主要尺寸及轴线编号外，与首层（底层）相同的尺寸可省略；楼层标准层可共用同一平面，但需注明层次范围及各层的标高。

22）装配式建筑应在平面图中用不同图例注明预制构件（如预制夹心外墙、预制墙体、预制楼梯、叠合阳台等）位置，并标注构件截面尺寸及其与轴线关系尺寸；提供预制构件大样图，给出控制尺寸及一体化装修相关的预埋点位。

11.4.4 建筑平面图读图示例

图 11-14 所示为新建住宅的首层（底层）平面图，首层（底层）平面图在一层整平地面标出相对标高零点和室外地坪标高，并标注三道尺寸以及必要的内部尺寸。首层（底层）平面图同时可以看到剖面图的剖切位置及编号和表示方向的指北针。

从图名上可以知道这是某民用住宅楼的首层平面图，其比例为 1：100，平面图右上角处的指北针显示该住宅大致为南北朝向。其入口位于楼的两端②~④轴与⑥~⑧轴之间，共有两个单元。每一单元共有两户，每户均为两室二厅，其中每户入口处为一明厅，起居室在南侧，厨房在北侧，卫生间设在侧面中间位置。

从①~⑤轴首层平面图来看，从室外进入室内要上一步台阶，进入大门后再上三个踏步到底层地面（±0.0000），经分户门可进入左右的两户内。从楼梯可上至二层和三层。

图中竖向定位轴线编号为 1~9，横向定位轴线编号为 A~C。房屋总长 31.94m，总宽 11.54m。南侧各房间的开间尺寸依次为 3.90m、3.90m、4.20m 和 3.60m。北侧的开间尺寸依次为 2.40m、3.30m、2.70m、3.60m 和 3.60m。进深尺寸依次为 5.40m、2.10m 和 3.30m。外墙厚为 490mm，内分户墙厚为 240mm，非承重内墙厚 120mm，楼梯间墙厚 370mm，外门编号为 M-1，分户门编号为 M-2，各内门编号分别为 M-3、M-4 和 M-5。窗的编号为 C-1、C-2、C-3 与 C-4，编号 CM-1、CM-2 为门连窗。门和窗的详细尺寸在门窗表中表明（表 11-4）。

图中还表示了阳台、室内楼梯、各种卫生设备的配置和位置以及室外台阶、散水的大小与位置。

其他层平面图应标明定位轴线及编号并且应与首层（底层）平面图相对应；应标注门窗编号；其他层平面图不需标注剖切符号和指北针。图 11-15 表示一半是二层平面图，一半是顶层平面图。

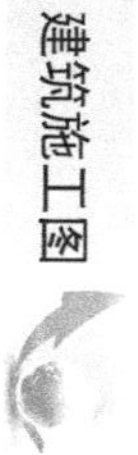

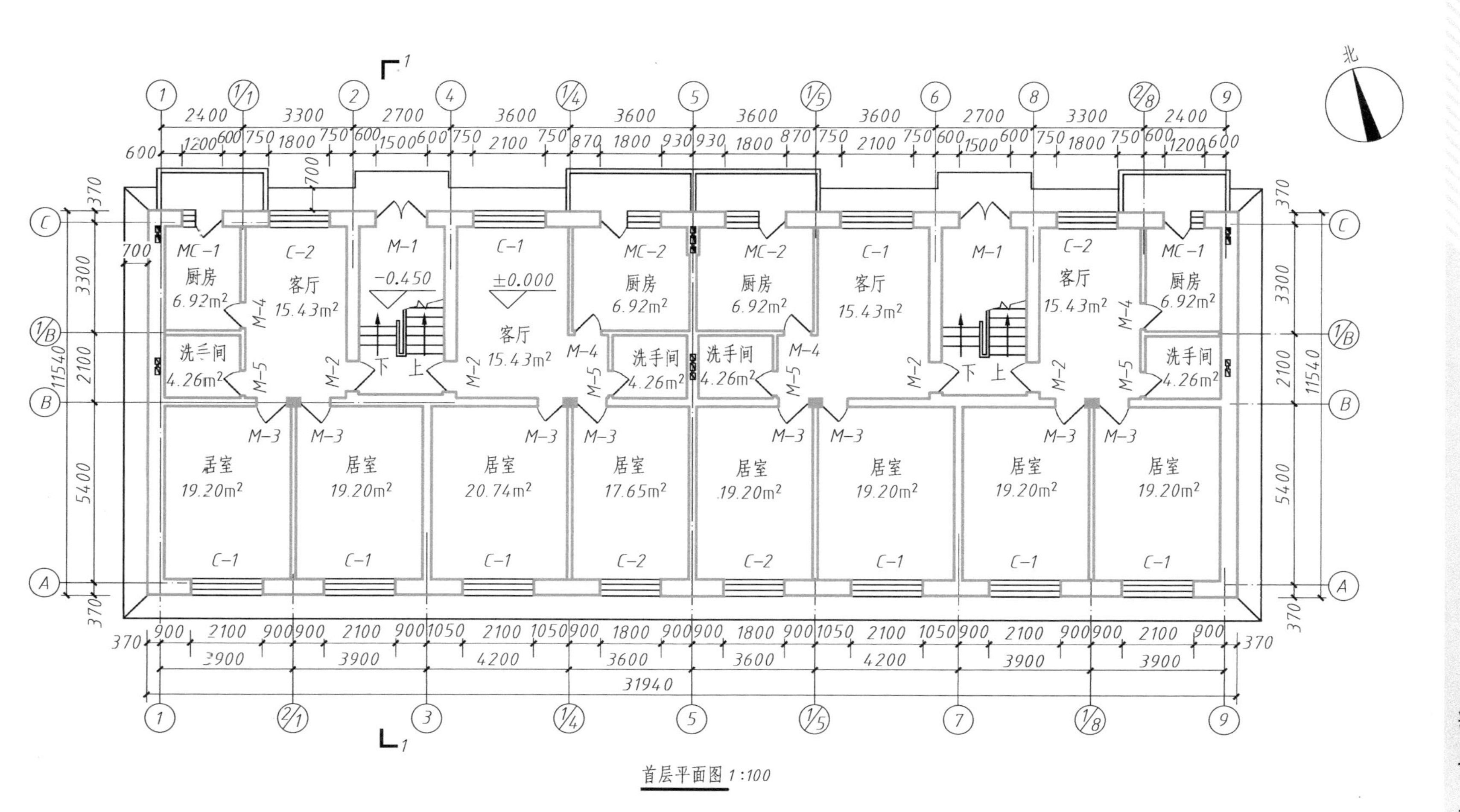
北
厨房
6.92m²
洗手间
4.26m²
客厅
15.43m²
居室
19.20m²
20.74m²
17.65m²
-0.450
±0.000
上
下
31940
11540
首层平面图 1:100

图 11-14　首层平面图

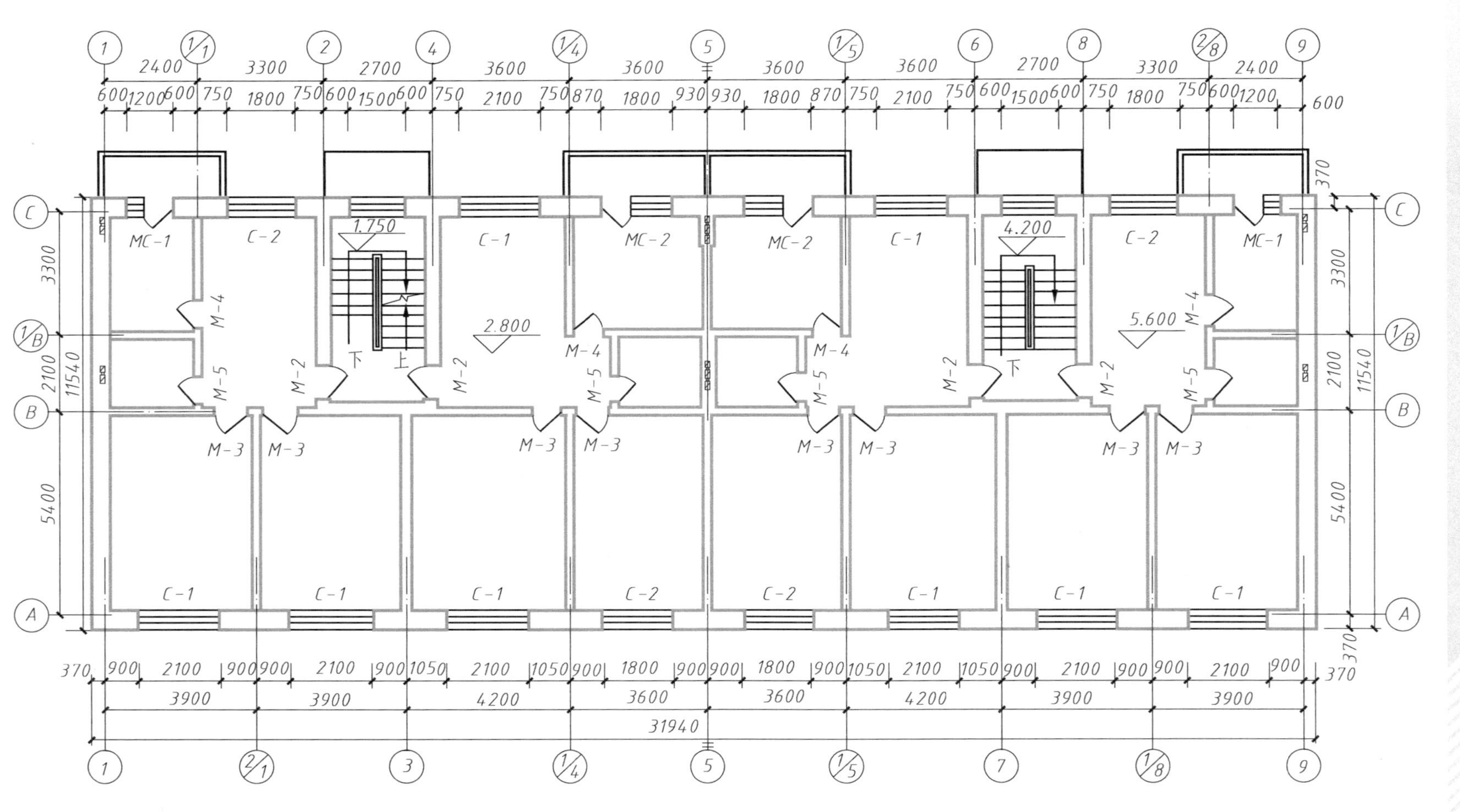

图 11-15　二层、顶层平面图

图 11-16 所示为标准层单元平面图。

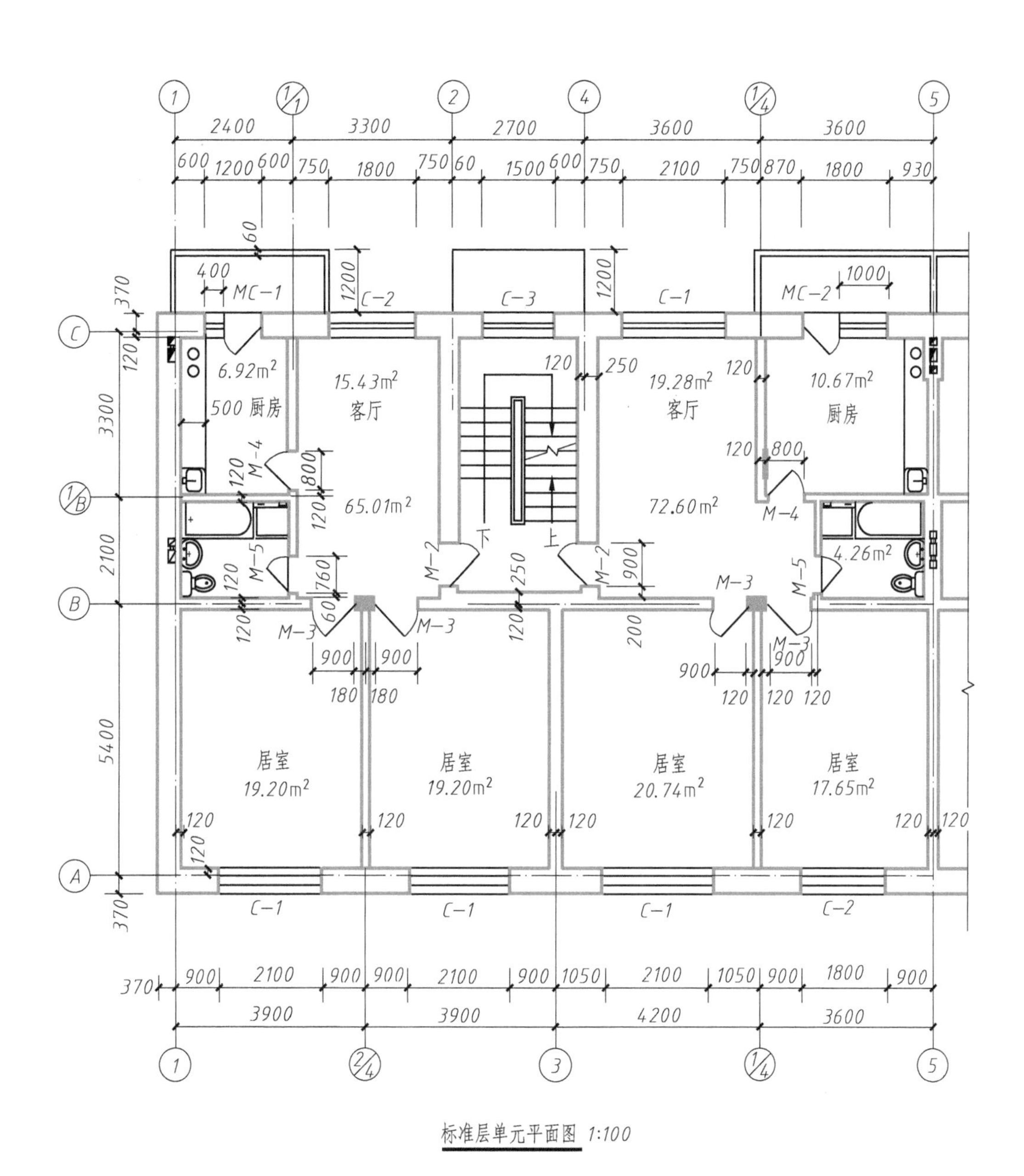

图 11-16　标准层单元平面图

建筑平面图中还包括屋顶平面图，也称屋面排水示意图。图 11-17 所示为本项目的屋顶平面图，是房屋的俯视图。屋顶平面图一般表明：屋顶形状（用半边箭头表示屋面排水方向和坡度），表明泛水、女儿墙、屋脊线、排水管和屋顶水箱、屋面出入口的设置，天沟或檐沟的位置，房屋的接闪带或接闪杆的位置等。

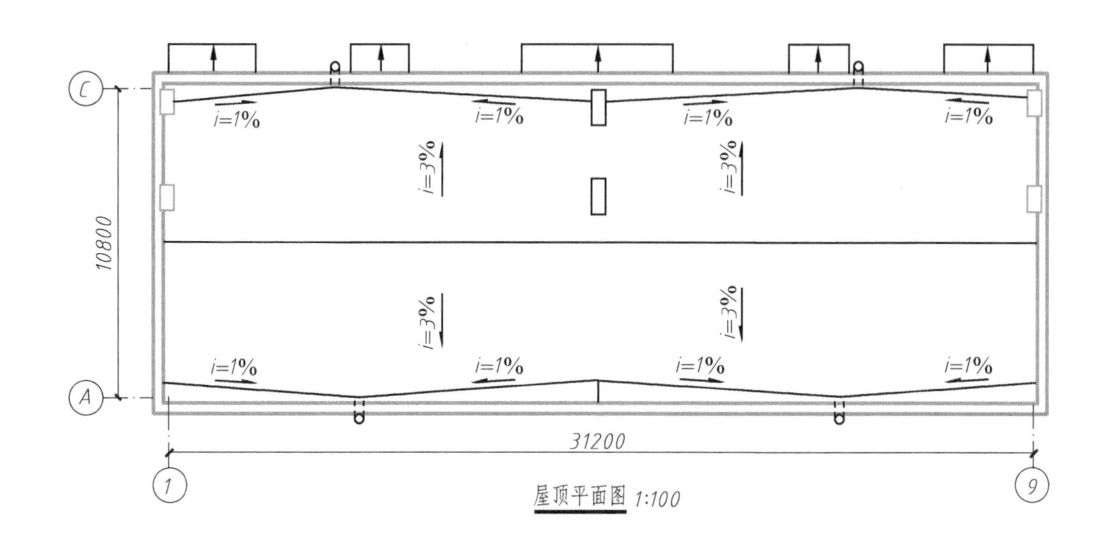

图 11-17 屋顶平面图

11.5 建筑立面图

11.5.1 建筑立面图的形成和作用

将房屋的各个立面按正投影法投影到与之平行的投影面上，得到的投影图称为房屋的建筑立面图。建筑立面图表示建筑物的外观和外墙面装饰要求等。

按正投影法绘制房屋建筑的视图，当观察者面向房屋的主要入口站立时，从前向后所得的是正立面图，从后向前得到的则是背立面图，从左向右得到的称为左侧立面图，而从右向左得到的则称为右侧立面图。

有定位轴线的建筑物，宜根据两端定位轴线号编注立面图名称。无定位轴线的建筑物可按平面图的朝向确定名称。

以定位轴线的编号命名：用该面的首尾两个定位轴线的编号，组合在一起来表示立面图的名称，如⑨-①立面图。

以房屋的朝向命名：规定房屋朝南面的立面图称为南立面图，同理还有北立面图、西立面图和东立面图。

11.5.2 建筑立面图的一般规定

1）各种立面图应按正投影法绘制。

2）建筑立面图应包括投影方向可见的建筑外轮廓线和墙面线脚、构配件、墙面做法及

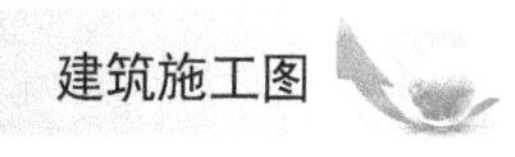

必要的尺寸和标高等。

3）平面形状曲折的建筑物，可绘制展开立面图。圆形或多边形平面的建筑物，可分段展开绘制立面图，应在图名后加注“展开”二字。

4）较简单的对称式建筑物或对称的构配件等，在不影响构造处理和施工的情况下，立面图可绘制一半，并应在对称轴线处画对称符号。

5）在立面图上，相同的门窗、阳台、外檐装修、构造做法等可在局部重点表示，并应绘制出其完整图形，其余部分可只画轮廓线。

6）在建筑物立面图上，外墙表面分格线应表示清楚。应用文字说明各部位所用面材及色彩。

7）图线。建筑立面图的图线按表11-1说明选取。

8）尺寸注法。建筑物立面图，宜标注室内外地坪、楼地面、地下层地面、阳台、平台、檐口、屋脊、女儿墙、雨篷、门窗、台阶等处的标高。平屋面等不易注明建筑标高的可标注在结构板面最低点，并注明找坡坡度。

立面图应注写楼地面、地下层地面、阳台、平台、檐口、屋脊、女儿墙、台阶等处的高度尺寸及完成面标高；其余部分如雨篷、门窗应注写毛面尺寸及标高。

9）相邻的立面图或剖面图，宜绘制在同一水平线上，图内相互有关的尺寸及标高，宜标注在同一竖线上，如图11-18所示。

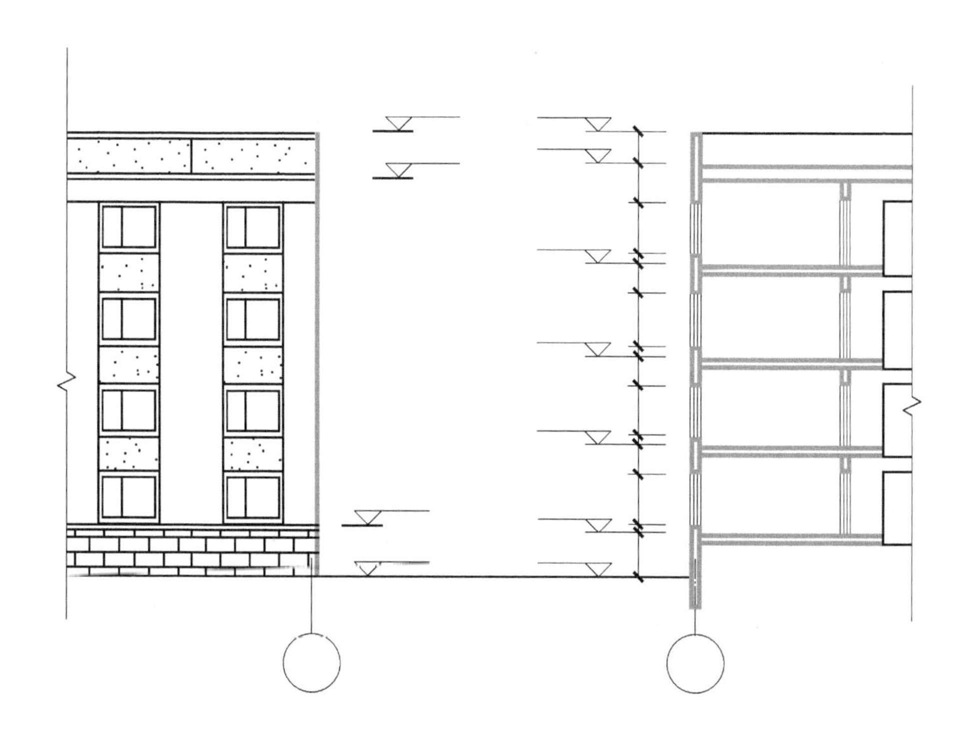

图11-18　相邻立面图、剖面图的位置关系

11.5.3 建筑立面图的内容

一个完整的立面图须包括以下几部分内容：

1）两端轴线编号，立面转折较复杂时可用展开立面表示，但应准确注明转角处的轴线编号。

2）立面外轮廓及主要结构和建筑构造部件的位置，如女儿墙顶、檐口、柱、变形缝、室外楼梯和垂直爬梯、室外空调机搁板、外遮阳构件、阳台、栏杆、台阶、坡道、花台、雨篷、烟囱、勒脚、门窗（消防救援窗）、幕墙、洞口、门头、雨水管，以及其他装饰构件、线脚和粉刷分格线等，当为预制构件或成品部件时，按照 GB/T 50104—2010《建筑制图标准》规定的不同图例示意，装配式建筑立面应反映出预制构件的分块拼缝，包括拼缝分布位置及宽度等。

3）建筑的总高度、楼层位置辅助线、楼层数、楼层层高和标高以及关键控制标高的标注，如女儿墙或檐口标高等；外墙的留洞应注尺寸与标高或高度尺寸（宽×高×深及定位关系尺寸）。

4）平、剖面图未能表示出来的屋顶、檐口、女儿墙、窗台以及其他装饰构件、线脚等的标高或尺寸。

5）在平面图上表达不清的窗编号。

6）各部分装饰用料、色彩的名称或代号。

7）剖面图上无法表达的构造节点详图索引。

8）图样名称、比例。

9）各个方向的立面应绘制齐全，但差异小、左右对称的立面可简略；内部院落或看不到的局部立面，可在相关剖面图上表示，若剖面图未能表示完全时，则需单独绘出。

11.5.4 建筑立面图读图示例

读建筑立面图时，首先要了解图名、比例；其次通过外形图了解房屋的形状以及门窗的类型、位置及数量；再次了解各部分的标高；最后了解外墙的装饰。

图 11-19、图 11-20 所示为此住宅楼的立面图，首先从图名、比例了解到该立面图为⑨-①及 A-C 立面图，比例为 1：100。同时找到轴线编号，结合平面图的编号联系起来对照阅读，能够确定立面图表示房屋的北向立面图。

其次了解房屋的外形。从立面图上能够看出房屋的外形高度以及台阶、勒脚、阳台、雨篷、门窗、屋顶和雨水管等细部的形式和位置。图中还表示了两个单元门的位置及房屋高度方向各部位的标高尺寸。房屋最高的位置及房屋高度方向各部位的标高尺寸，如房屋室内外高差为-0.450m，房屋最高处标高为 9.300m，其他各部位标高和高度方向尺寸在图中已表示清楚。

最后，了解墙面装饰材料及做法。图中用指引线再加上文字说明可知房屋外墙装饰材料。

综合两个立面图并结合平面图，可以大致了解该住宅楼的基本外形及外墙形式与细部做法，从而对该住宅楼的外部具有比较完整的了解。

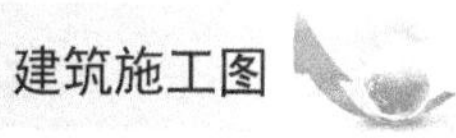

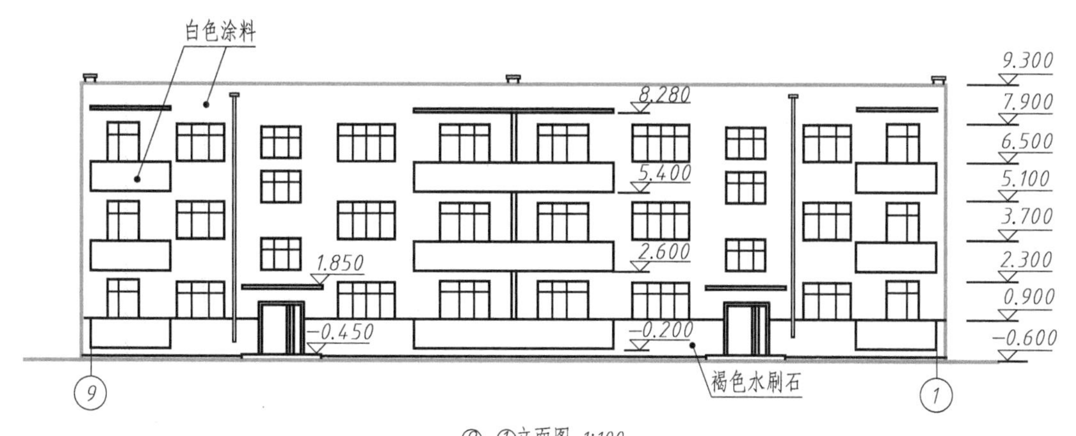

图 11-19　⑨-①立面图

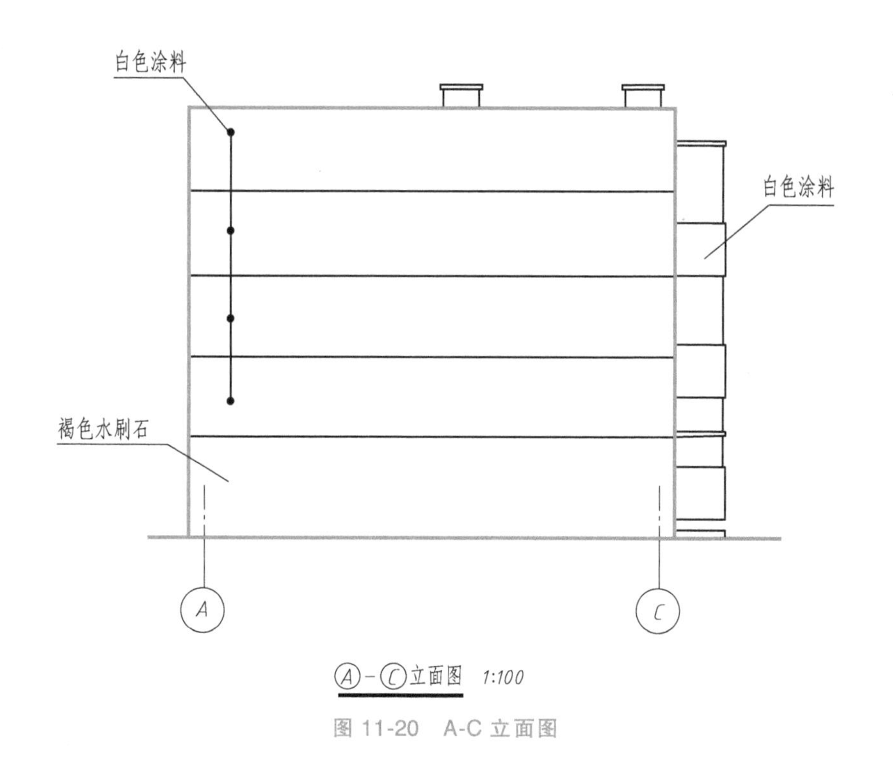

图 11-20　A-C 立面图

11.6　建筑剖面图

11.6.1　建筑剖面图的形成和作用

在建筑施工图中，平面图表示房屋的平面布置，立面图反映房屋的外貌和装饰，剖面图表示房屋内部的竖向结构和特征。平、立、剖三者相互配合，是不可缺少的基本图样。

假想用一个或多个剖切平面将房屋垂直地剖开，移去观察者与平面之间的部分，余下的部分向投影面做正投影得到的视图称为建筑剖面图，简称剖面图。

11.6.2 国家标准的一般规定

1）剖面图的剖切部位，应根据图样的用途或设计深度，选择能反映全貌、构造特征以及有代表性的部位剖切。

2）各种剖面图应按正投影法绘制。

3）建筑剖面图应包括剖切面和投影方向可见的建筑构造、构配件以及必要的尺寸、标高等。

4）剖切符号可用阿拉伯数字、罗马数字或拉丁字母编号。

5）比例大于 1∶50 的剖面图应画出抹灰层、保温隔热层等与楼地面、屋面的面层线，并宜画出材料图例。

6）比例等于 1∶50 的剖面图，宜画出楼地面、屋面的面层线，保温隔热层、抹灰层的面层线应根据需要确定。

7）比例小于 1∶50 的剖面图，可不画出抹灰层，宜画出楼地面、屋面的面层线。

8）比例为 1∶100~1∶200 的剖面图，可画简化的材料图例，宜画出楼地面、屋面的面层线。

9）比例小于 1∶200 的剖面图，可不画出楼地面、屋面的面层线与材料图例线。

10）定位轴线：凡被剖到的承重墙、柱都要画定位轴线，且编号与平面图相对应。

11）图线。根据表 11-1 选取图线线型及线宽。

12）比例：采用与平面图相同或更大的比例。

13）标高与尺寸标注。

① 标注出各部位完成面的标高，如室外地面标高，室内一层地面及各层楼面标高，楼梯平台标高，各层的窗台、窗顶标高，屋面以及屋面以上的通风道等的标高。

② 标注高度方向的尺寸（三道尺寸）。

最外：房屋总高尺寸。

中间：楼层高度尺寸。

最里：室内门、窗、墙裙等沿高度方向的定形尺寸和定位尺寸。

建筑物剖面图，宜标注室内外地坪、楼地面、地下层地面、阳台、平台、檐口、屋脊、女儿墙、雨篷、门、台阶等处的标高。平屋面等不易注明建筑标高可标注在结构板面最低点，并注明找坡坡度。

应注写楼地面、地下层地面、阳台、平台、檐口、屋脊、女儿墙、台阶等处的高度尺寸及完成面标高；其余部分如雨篷、门、窗应注写毛面尺寸及标高。建筑标高是指建筑构造（包括构配件）完成面的标高。结构标高是指构件（梁、板等）上皮或下皮的标高。

标注建筑剖面图各部位的定位尺寸时，应注写其所在层次内的尺寸。

14）相邻的剖面图，宜绘制在同一水平线上，图内相互有关的尺寸及标高，宜标注在同一竖线上。

11.6.3 建筑剖面图的内容

一个完整的剖面图须包括以下几部分内容：

1）剖视位置应选在层高不同、层数不同、内外部空间比较复杂、具有代表性的部位；建筑空间局部不同处以及平面、立面均表达不清的部位，可绘制局部剖面。

2）墙、柱、轴线和轴线编号。

3）剖切到或可见的主要结构和建筑构造部件，如室外地面、首层地（楼）面、地坑、地沟、各层楼板、夹层、平台、吊顶、屋架、屋顶、出屋顶烟囱、天窗、挡风板、檐口、女儿墙、幕墙、爬梯、门、窗、外遮阳构件、楼梯、台阶、坡道、散水、平台、阳台、雨篷、洞口及其他装修等可见的内容。

4）高度尺寸。

外部尺寸：门、窗、洞口高度，层间高度，室内外高差，女儿墙高度，阳台栏杆高度，总高度。

内部尺寸：地坑（沟）深度、隔断、内窗、洞口、平台、吊顶等。

5）标高。主要结构和建筑构造部件的标高，如室内地面、楼面（含地下室）、平台、雨篷、吊顶、屋面板、屋面檐口、女儿墙顶、高出屋面的建筑物、构筑物及其他屋面特殊构件等的标高，室外地面标高。

6）节点构造详图索引号。

7）图样名称、比例。

11.6.4　建筑剖面图读图示例

读建筑剖面图时，首先通过首层平面图的剖切位置和投影方向，了解建筑物的剖切位置以及投影情况和绘图比例；结合平面图与剖面图了解墙体剖切情况；了解地面、楼面、屋面的构造；了解楼梯的形式和构造；了解其他未剖切到的可见部分；了解各部分尺寸和标高等。

以图 11-21 为例，剖切位置选在楼梯间并通过门窗洞口的位置，通过轴线 B、D 的墙，同时通过正门口，剖到了台阶及雨篷。

1∶100 绘制的剖面图可不画图例，剖切到的墙体需用粗实线表示，剖切到的钢筋混凝土结构涂黑表示（楼板、楼梯、雨篷）。

楼梯一侧梯段被剖切到，绘制成粗实线，另一梯段未被剖切到，从投影关系上看属于可见部分，用中粗线绘制。

根据尺寸和标高可以了解建筑的内部尺寸。

将图名和轴线编号与图 11-14 首层平面图上的剖切位置和轴线编号相对照，可知 1—1 剖面图是一个剖切平面通过楼梯间、剖切后向左进行投影的横剖面图。

从剖面图中可以看出房屋的内部构造、结构形式和所用建筑材料等内容，如梁、板的铺设方向，梁、板与墙体的连接关系。墙体是用砖砌筑的，而梁、板、楼梯、雨篷等构件的材料为钢筋混凝土。

从图中的所注标高可以了解各部位在高度方向的变化情况，如楼面、顶棚、平台、窗洞上下皮、女儿墙、室外地面等处距一层室内地面（±0.000）的相对尺寸。

定位轴线间的尺寸能反映出房屋的宽度，外墙分段尺寸则表示窗高、墙垛高度和房屋总体高度，如窗高为 1.40m，房屋总高为 9.90m。

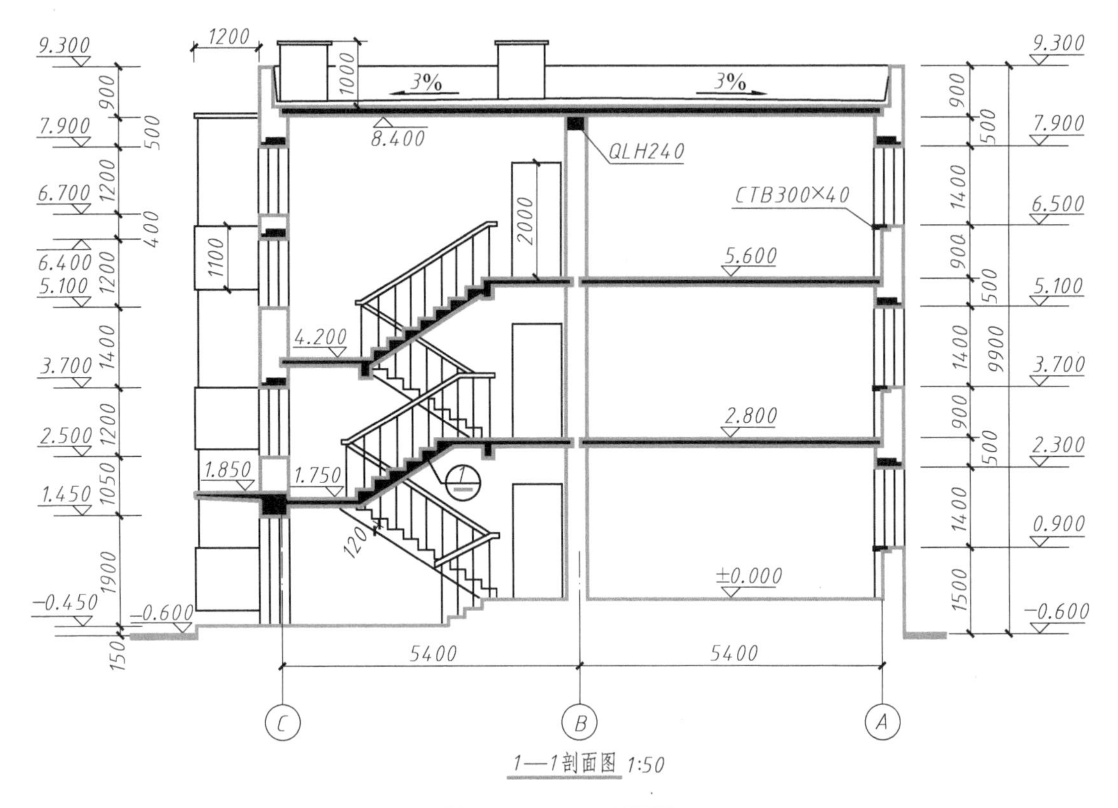

图 11-21　1—1 剖面图

11.7　建筑详图

11.7.1　建筑详图的形成和作用

房屋建筑图一般采用小比例绘制，有些构配件的细节构造并不能表示清楚，因此根据施工需要而采用较大比例绘制建筑细部的图样。建筑详图简称详图，也可称为大样图或节点图。建筑详图表示墙身由地面至屋顶各部位的构造、材料、施工要求及墙身有关部位的连接关系，是砌墙、立门窗口、室内外装修等施工和编制工程预算的重要依据。

房屋建筑详图通常需要绘制如墙身详图，楼梯间详图，阳台详图，厨厕详图，门窗、壁柜等详图。

11.7.2　建筑详图的一般规定

1）零配件详图与构造详图，宜按正投影法绘制。

2）比例：根据国家标准规定，详图采用的比例一般为 1∶1、1∶2、1∶5、1∶10、1∶15、1∶20、1∶25、1∶30、1∶50。

3）图线：被剖切到的建筑物轮廓线用粗实线，抹灰层和楼地面的面层线用中实线画。对比较简单的详图，可只采用线宽为 b 和 $0.25b$ 的两种图线。其他与建筑平、立、剖相同。

4）采用通用图集的详图可不用绘制出来。

5）定位轴线：和其他图所表示的一致。

6）尺寸和标高：与其他图要求一致。

7）图例和文字说明：表示有关楼（地）面及屋顶所用建筑材料，包括材料的混合比、施工厚度和做法、内外墙面的做法等。

8）索引符号与详图符号：图样中的某一局部或构件，如需另见详图，应以索引符号索引，如图 11-22a 所示。索引符号由直径为 8～10mm 的圆和水平直径线组成，圆及水平直径线宽宜为 0.25b。索引符号的编写有下列规定：

① 如图 11-22b 所示，当索引出的详图与被索引的图样同在一张图纸内，应在索引符号的上半圆中用阿拉伯数字注明该详图的编号，并在下半圆中间画一段水平细实线。

② 如图 11-22c 所示，当索引出的详图与被索引的详图不在同一张图纸中，应在索引符号的上半圆中用阿拉伯数字注明该详图的编号，在索引符号的下半圆用阿拉伯数字注明该详图所在图纸的编号。数字较多时，可加文字标注。

③ 如图 11-22d 所示，当索引出的详图采用标准图时，应在索引符号水平直径线的延长线上加注该标准图集的编号。需要标注比例时，应标注在文字的索引符号右侧或延长线的下方，与符号下对齐。

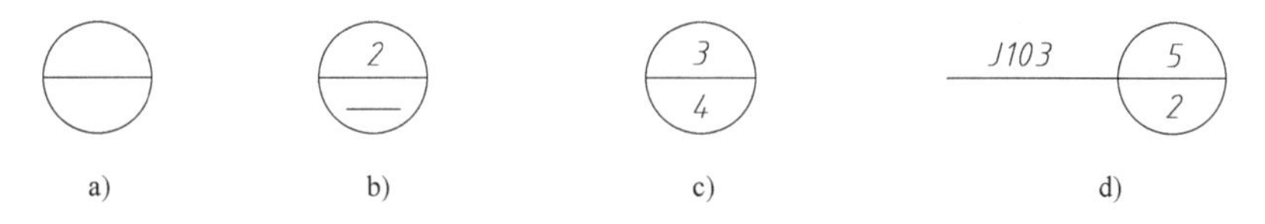

图 11-22 详图索引符号

a）索引符号 b）详图与被索引图样在一张图纸 c）详图与被索引图样不在一张图纸 d）引用标准图

④ 如图 11-23 所示，当索引符号用于索引剖视详图时，应在被剖切的部位绘制剖切位置线，并以引出线引出索引符号，引出线所在的一侧应为剖视方向。索引符号的编写符合①的规定。

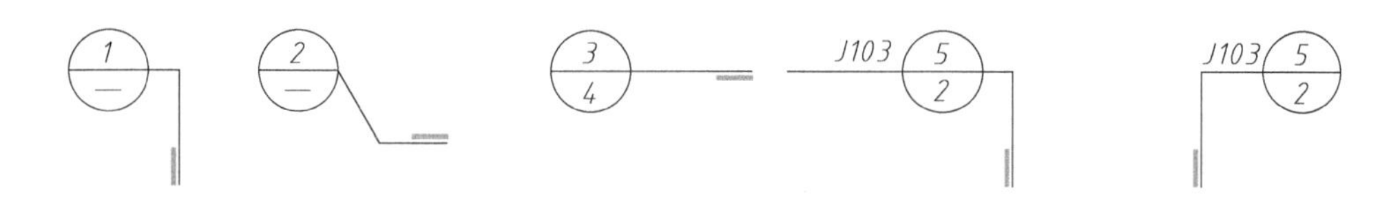

图 11-23 用于索引剖视详图的索引符号

⑤ 详图的位置和编号应以详图符号表示。详图符号的圆直径为 14mm，线宽为 b。详图符号应符合下列规定：

ⓐ 如图 11-24a 所示，当详图与被索引的图样同在一张图纸内时，应在详图符号内用阿拉伯数字注明详图的编号。

ⓑ 如图 11-24b 所示，当详图与被索引的图样不在同一张图纸内时，应用细实线在详图符号内画一水平直径，在上半圆中注明详图编号，在下半圆中注明被索引的图纸的编号。

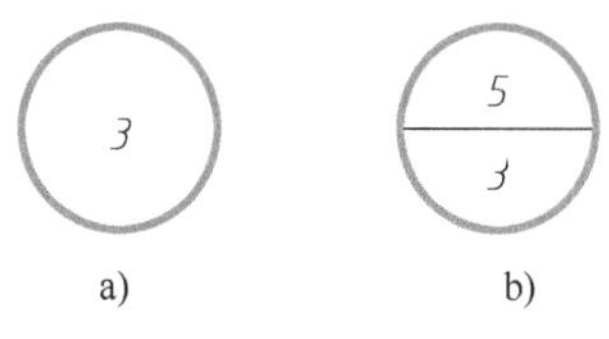

图 11-24 详图符号

a）与被索引图样在同一张图纸之内的详图索引

b）与被索引图样不在同一张图纸内的详图索引

11.7.3 建筑详图的内容

1）内外墙、屋面等节点，绘出不同构造层次，表达节能设计内容，标注各材料名称及具体技术要求，注明细部和厚度尺寸等。

2）楼梯、电梯、厨房、卫生间、阳台、管沟、设备基础等构造详图，注明相关的轴线和轴线编号以及细部尺寸，设施的布置和定位、相互的构造关系及具体技术要求等，应提供预制外墙构件之间拼缝防水和保温的构造做法。

3）其他需要表示的建筑部位及构配件详图。

4）室内外装饰方面的构造、线脚、图案等；标注材料及细部尺寸、与主体结构的连接等。

5）门、窗、幕墙绘制立面图，标注洞口和分格尺寸，对开启位置、面积大小和开启方式，用料材质、颜色等做出规定和标注。

6）对另行专项委托的幕墙工程、金属、玻璃、膜结构等特殊屋面工程和特殊门窗等，应标注构件定位和建筑控制尺寸。

11.7.4 建筑详图读图示例

1）外墙身详图。外墙身详图是建筑剖面图中的外墙身折断（从室外地坪到屋顶檐口分成几个节点）后画出的详图，通常由几个外墙节点详图组合而成，一般包括首层、中间层、顶层三个部分。

图 11-25 所示为墙身详图，首先根据详图符号和详图索引符号确定该详图表示的位置。根据引出符号和文字说明了解墙身做法及层数。

在图 11-25 中，详细表明了墙身从防潮层到屋顶面之间各节点的构造形式及做法，如室外散水坡度，室内地面、防潮层和窗台板等处的详细情况。防潮层为一毡二油，做在首层（底层）地面（±0.000）以下 60mm 处。在二层楼面节点上，可以看到楼面的构造，所用预制钢筋混凝土空心板由于没有伸入墙内，显然是搭接在竖向外墙上。在窗洞上部设有钢筋混凝土过梁。女儿墙厚 240mm，屋面是由预制钢筋混凝土空心板、保温层和防水层构成。屋面横向排水坡度为 3%，为有组织排水。图中也标明了墙身内外表面装饰的断面形式、厚度及所用材料等。

2）楼梯详图。在多层建筑中，一般采用现浇或预制钢筋混凝土楼梯。它是由楼梯段、休息平台、平台梁、栏杆（或栏板）和扶手等组成的。

楼梯详图包括楼梯平面图、楼梯剖面图、踏步和栏杆扶手节点详图。

1. 楼梯平面图

楼梯平面图实际是在建筑平面图中，楼梯间部分的详图。通常画首层平面图、一个中间层平面图和顶层平面图，如图 11-26 所示。图 11-27 分别为首层、二层及顶层楼梯的轴测剖面图。

1）首层楼梯平面图。由于首层楼梯平面图是沿首层门窗洞口水平剖切而得到的，所以从剖切位置向下看，右边是被切断的梯段（首层第一段），折断线按真实投影应为一条水平线，为避免与踏步混淆，规定用与墙面线倾斜大约 60°的折断线表示。这条折断线宜从楼梯平台与墙面相交处引出。

2）二层楼梯平面图。由于剖切平面位于二层的门窗洞口处，所以左侧部分表示由二层下到首层的一部分梯段（首层第二段），右侧部分表示由二层上到顶层的梯段（二层第一段），二层第二个梯段的断开处仍然用斜折线表示。

3）顶层楼梯平面图。由于剖切不到梯段，从剖切位置向下投影时，可画出自顶层下到二层的两个楼梯段（左段是二层第一段，右侧是二层第二段）。

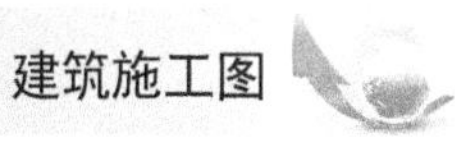

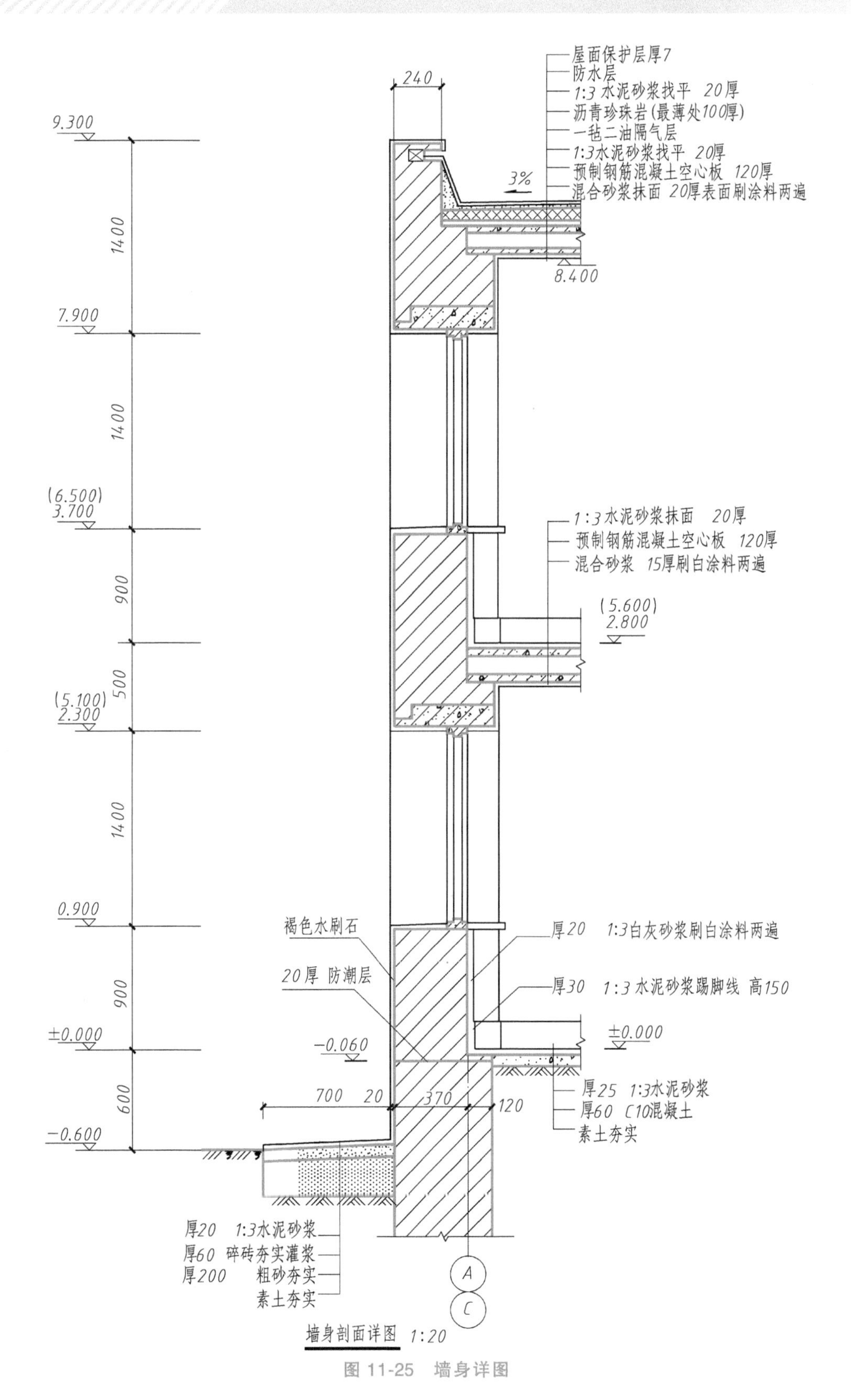

屋面保护层厚7
防水层
1:3 水泥砂浆找平 20厚
沥青珍珠岩(最薄处100厚)
一毡二油隔气层
1:3水泥砂浆找平 20厚
预制钢筋混凝土空心板 120厚
混合砂浆抹面 20厚表面刷涂料两遍
240
3%
9.300
1400
7.900
8.400
1400
(6.500)
3.700
1:3水泥砂浆抹面 20厚
预制钢筋混凝土空心板 120厚
混合砂浆 15厚刷白涂料两遍
900
(5.600)
2.800
500
(5.100)
2.300
1400
0.900
褐色水刷石
厚20 1:3白灰砂浆刷白涂料两遍
20厚 防潮层
厚30 1:3 水泥砂浆踢脚线 高150
900
±0.000
−0.060
±0.000
600
700 20 370 120
厚25 1:3水泥砂浆
厚60 C10混凝土
素土夯实
−0.600
厚20 1:3水泥砂浆
厚60 碎砖夯实灌浆
厚200 粗砂夯实
素土夯实
A
C
墙身剖面详图 1:20

图 11-25 墙身详图

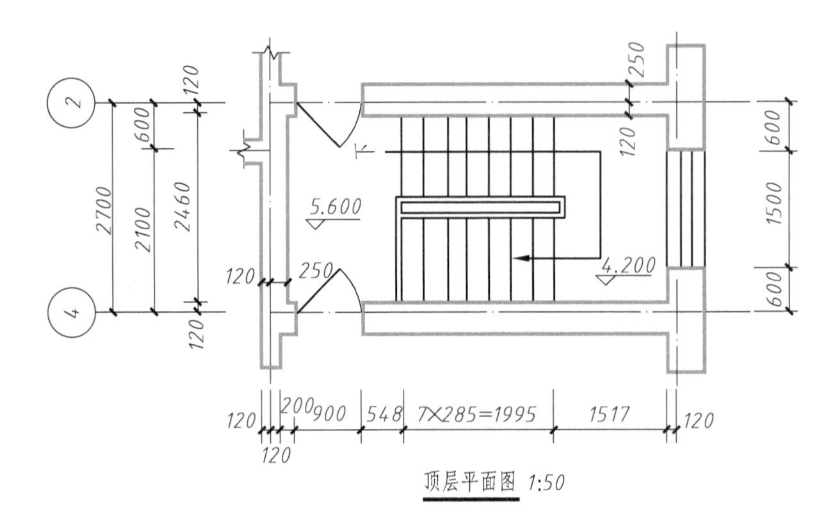

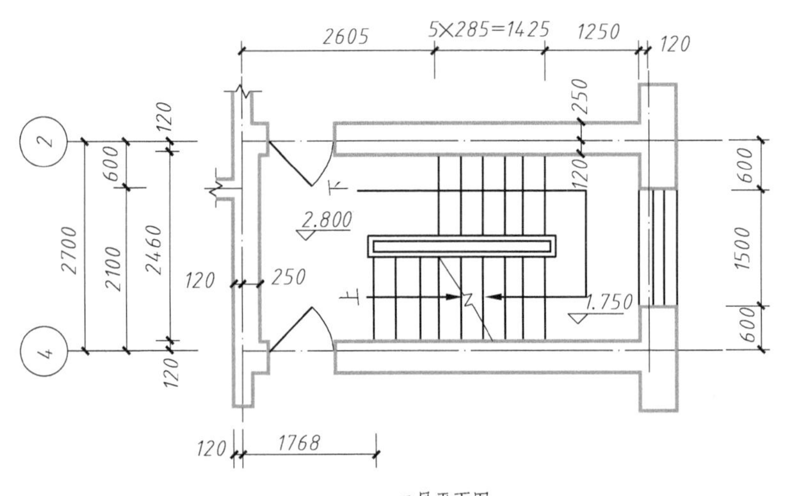

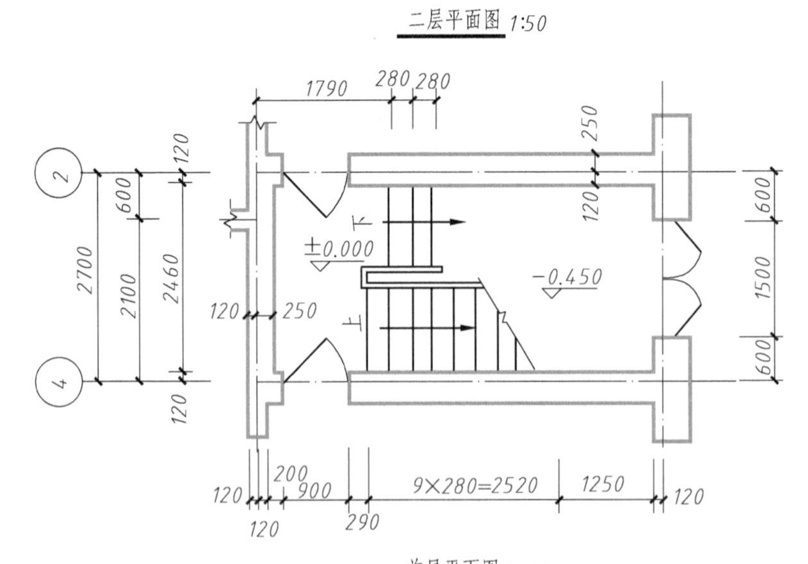

图 11-26 楼梯平面图

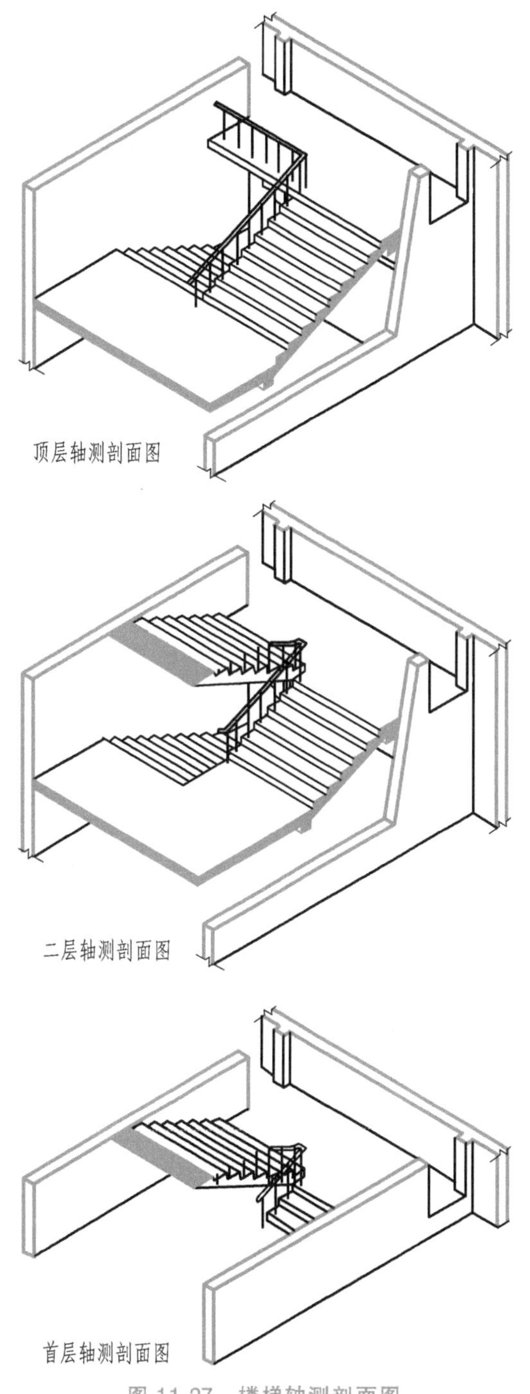

图 11-27　楼梯轴测剖面图

为了表示各个楼层的楼梯的上下方向，可在梯段上用指示线和箭头表示，并以各自楼层的楼（地）面为准，在指示线端部注写“上”和“下”。因顶部楼梯平面图中没有向上的楼梯，故只有“下”。

楼梯平面图的作用在于表明各层梯段和楼梯平面的布置以及梯段的长度、宽度和各级踏步的宽度。

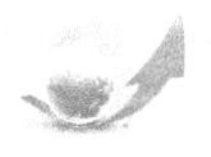

楼梯间要用定位轴线及编号表明位置。在各层平面图中要标注楼梯间的开间和进深尺寸、梯段的长度和宽度、踏步面数和宽度、休息平台及其他细部尺寸等。梯段的长度要标注水平投影的长度，通常用踏步面数乘以踏步宽度表示，如首层平面图中的9×280=2520。另外还要注写各层楼（地）面、休息平台的标高。

2. 楼梯剖面图

楼梯剖面图实际上是建筑剖面图中，楼梯间部分的剖面详图。它可以详细地表示楼梯的形式和构造，如各构件之间、构件与墙体之间的搭接方法，梯段形状，踏步、栏杆、扶手（或栏板）的形状和高度等，如图 11-28 所示。

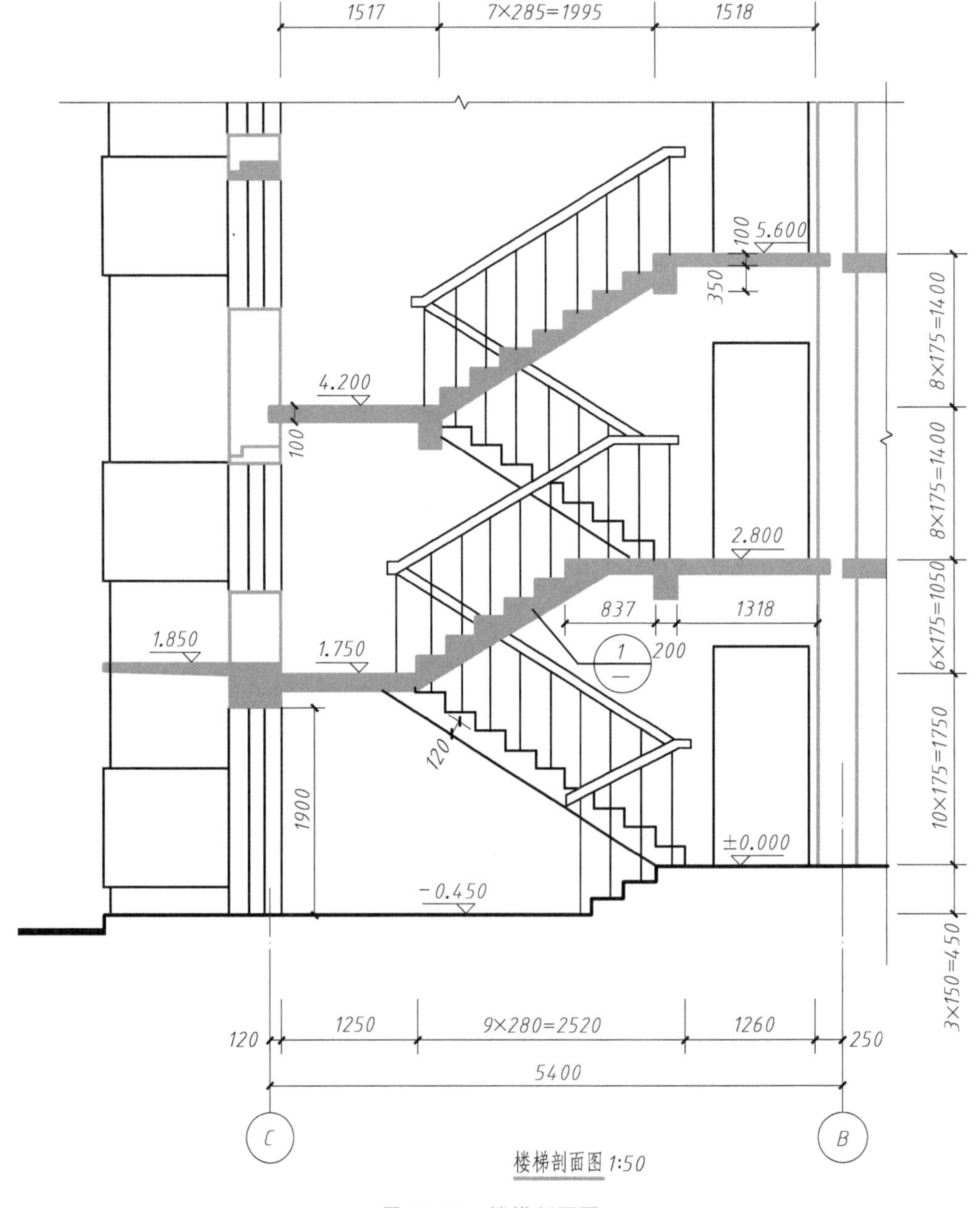

图 11-28　楼梯剖面图

在楼梯剖面图中，应注出各层楼（地）面的标高、楼梯段的高度及其踏步的级数和高度。楼梯段高度通常用踏步的级数乘以踏步的高度表示，如剖面图中首层楼梯段的高度为10×175＝1750。

从图 11-28 中能看出首层和二层共有 4 个梯段，每个梯段分别为 9 个、5 个、7 个和 7 个踏步。一层梯段踏步的尺寸是宽为 280mm，高为 175mm。平台板宽为 1250mm。扶手高度为 900mm，扶手坡度应平行楼梯段的坡度。

应该注意，各层平面图上所画的每分格，表示梯段的一级踏面。但因梯段最高一级的踏面与平台面或楼面重合，因此，平面图中每一梯段画出的踏面（格）数，总比踏步级数少一格。如图 11-28 中所示，从顶层楼面往下走的第一梯段共有 8 级，但在楼梯平面图（图 11-26）中只画有 7 格，梯段长度为 285×7＝1995。

楼梯栏杆、扶手、踏步面层和楼梯节点的构造，在楼梯平面图和剖面图中仍然不能表示得十分清楚，还需要用更大比例画出节点详图。

图 11-29 所示为楼梯节点、栏杆、扶手详图，已详细表明楼梯梁、板、踏步、栏杆和扶手的细部构造及尺寸。

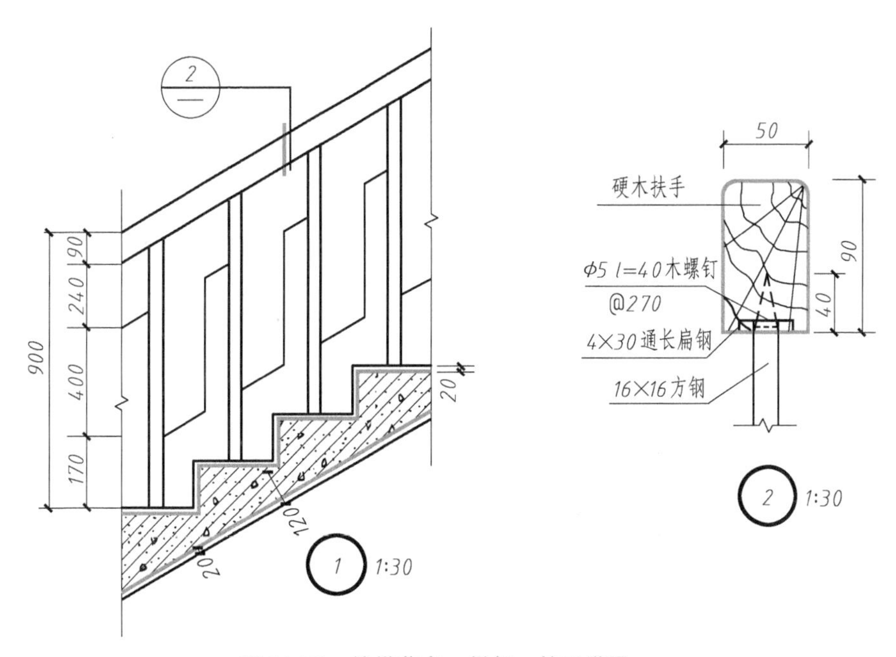

图 11-29　楼梯节点、栏杆、扶手详图

11.8　建筑施工图的绘制

重建黄鹤楼
手绘设计图

前面对建筑平、立、剖以及详图的内容、一般规定及读图方法做了相关的介绍。本节主要介绍建筑施工图的绘制方法。

绘制平、立、剖面图，必须注意三者的完整性和一致性。对于中小型的房屋，当平、立、剖面图能够绘制在同一张图纸上时，比较容易符合三等关系，但当需要分别绘制图样时，比较容易忽略一些细节。故而在绘制单独平、立、剖时要特别注意，例如平、立、剖面图的门窗宽度及布置要一致，各构配件的高度在立面图及剖面图上的位置要一致。

绘制建筑施工图，首先要根据图样的内容，选择合适的比例，进行布图；其次要进行底稿的绘制，确定轴网的位置；然后绘制建筑构配件的形状和大小，以及各个建筑细部，再进行加深；最后标注尺寸、标高、详图索引符号和有关说明等。理清绘图步骤就可以提高绘图的速度和图形的准确性。

施工图的画图顺序是先画平面图，再画立面图和剖面图，最后画详图。

平面图、立面图、剖面图三个图样可以画在一张图纸上，也可以不画在一张图纸上。画在一张图纸上时，应按投影关系排列；不画在一张图纸上时，相应的尺寸必须一致。

下面介绍各施工图的具体画法。

1. 平面图的画法

1）根据开间和进深尺寸画出定位轴线图，如图 11-30a 所示。

2）根据墙体厚度、门窗洞口和窗间墙等分段尺寸画出外墙身轮廓线的底线，如图 11-30b 所示。

3）根据尺寸画出楼梯、台阶、平台、散水等细部，再按图例画出门窗和卫生间的设备、烟道、通风道等，如图 11-30c 所示。

4）按图线层次要求加深所有图线，再画尺寸界线、尺寸线和轴线编号圆圈，最后注写轴线与门窗编号和尺寸数字。

2. 立面图的画法

1）画出室外地坪线、房屋外形轮廓线和屋顶线，如图 11-31a 所示。

2）确定门窗洞口、烟道及通风道等位置，再画出门窗、阳台、檐口等细部，如图 11-31b 所示。

3）按图线层次加深图线，如图 11-31c 所示；标注标高与高度方向尺寸及文字说明。

3. 剖面图的画法

1）依次画出墙身定位轴线、室内外地面线和女儿墙顶部线，再画各楼层、楼梯平台等处标高控制线和墙厚线，如图 11-32a 所示。

2）在墙身上画出门窗位置，再画楼梯梯段、台阶、阳台、女儿墙、屋面、烟道、通风道等细部图，如图 11-32b 所示。

3）按图线层次加深各图线并注写标高和尺寸数字，如图 11-32c 所示。

4. 楼梯详图的画法

（1）楼梯平面图（以首层平面图为例）

1）根据楼梯间的开间和进深尺寸画出定位轴线，然后根据墙体厚度画出墙轮廓线及门窗洞口，如图 11-33a 所示。

2）画出楼梯平台宽度 a、梯段长度 L、梯段宽度 b。再根据踏步级数 n 在楼梯段上用等分两平行线间距离的方法画出踏步面数（等于 $n-1$），如图 11-33b 所示。

3）画其他细部，并根据图线层次依次加深图线，再标注标高、尺寸数字、轴线编号、楼梯上下方向指示线和箭头，如图 11-33c 所示。

（2）楼梯剖面图

1）先画外墙定位轴线及墙身，再根据标高画出室内外地面线、各层楼面、楼梯休息平台位置线，如图 11-34a 所示。

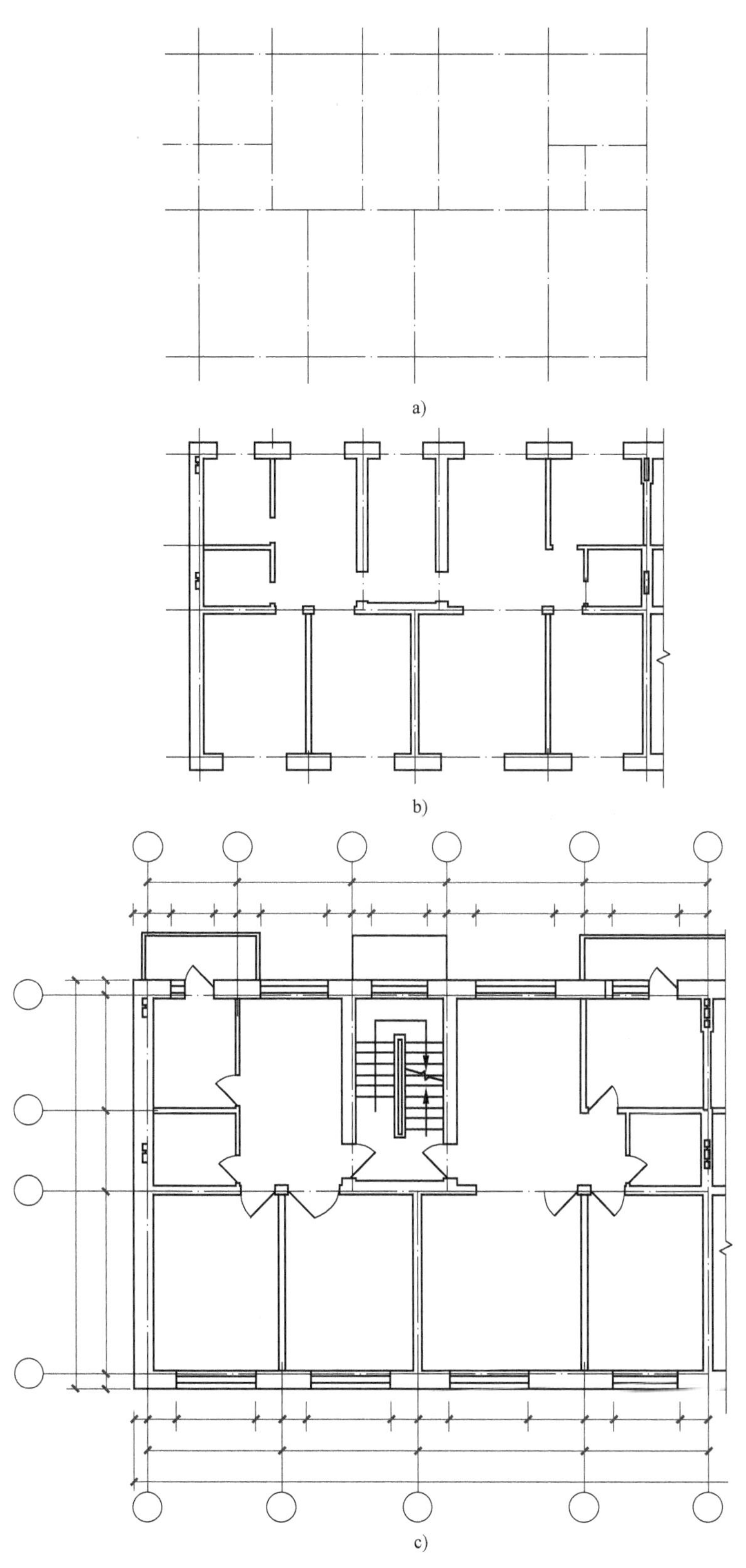

a)

b)

c)

图 11-30　平面图的绘图步骤

梁思成与“中国古建”

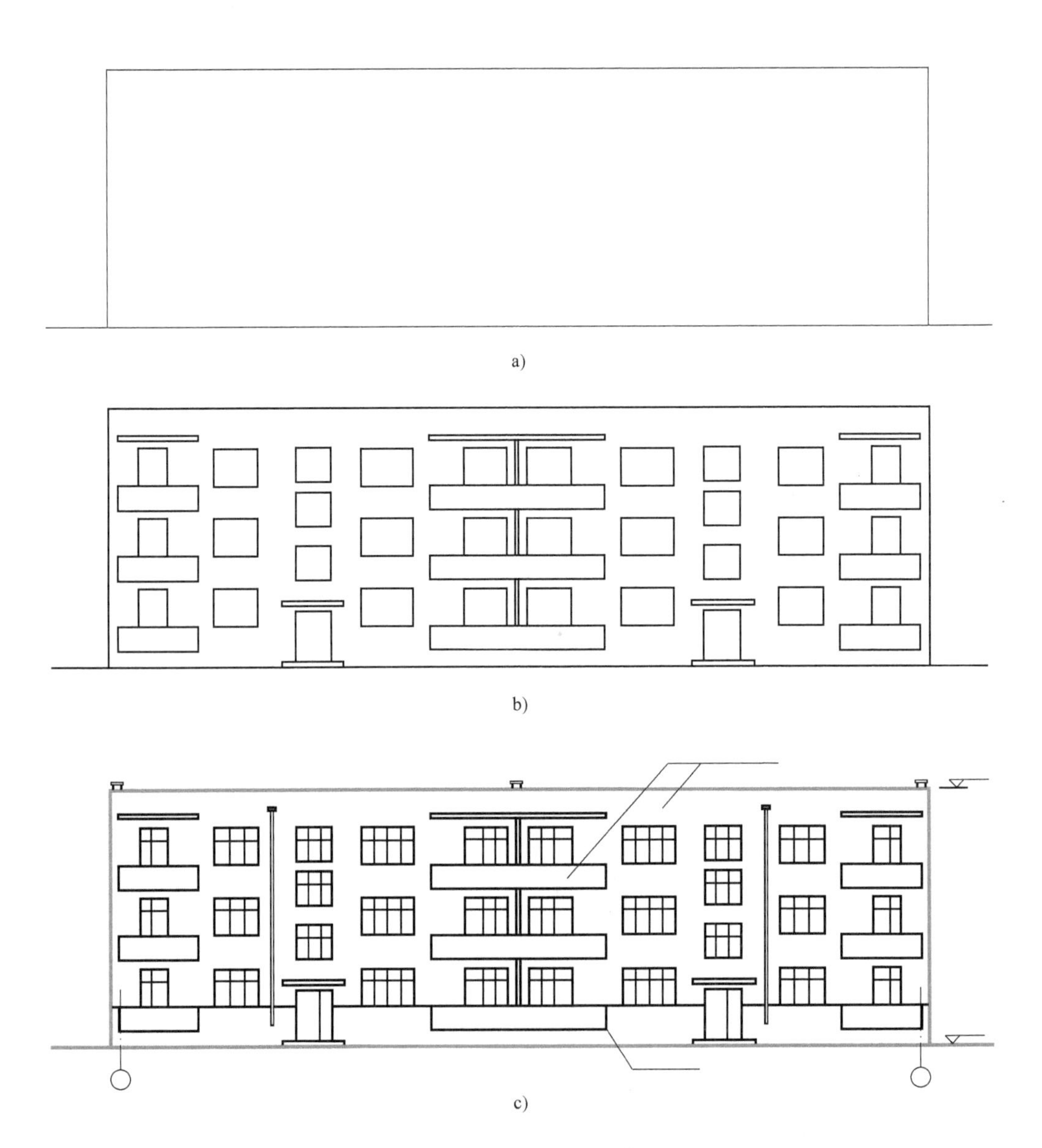

图 11-31　立面图的绘图步骤

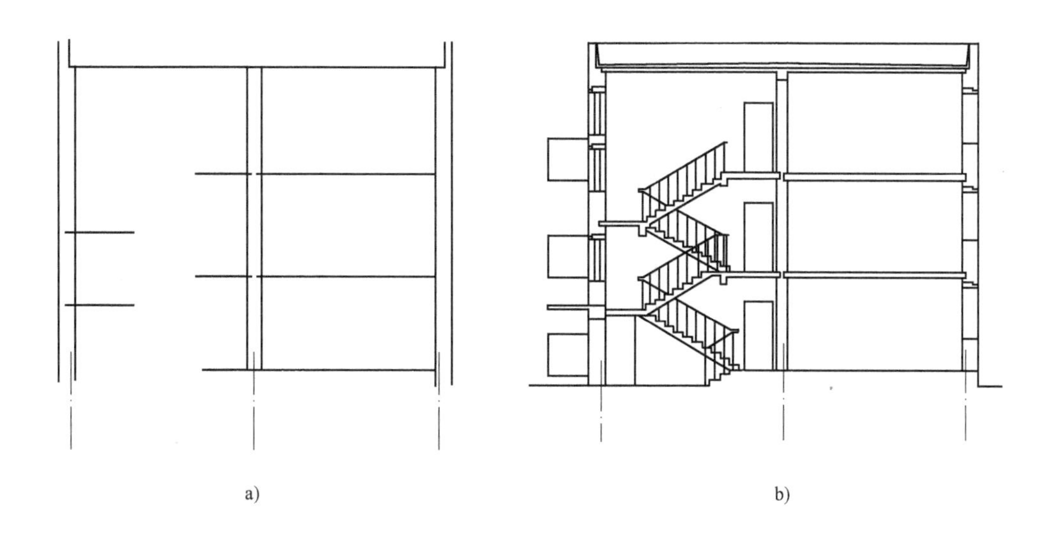

a)　　　　b)

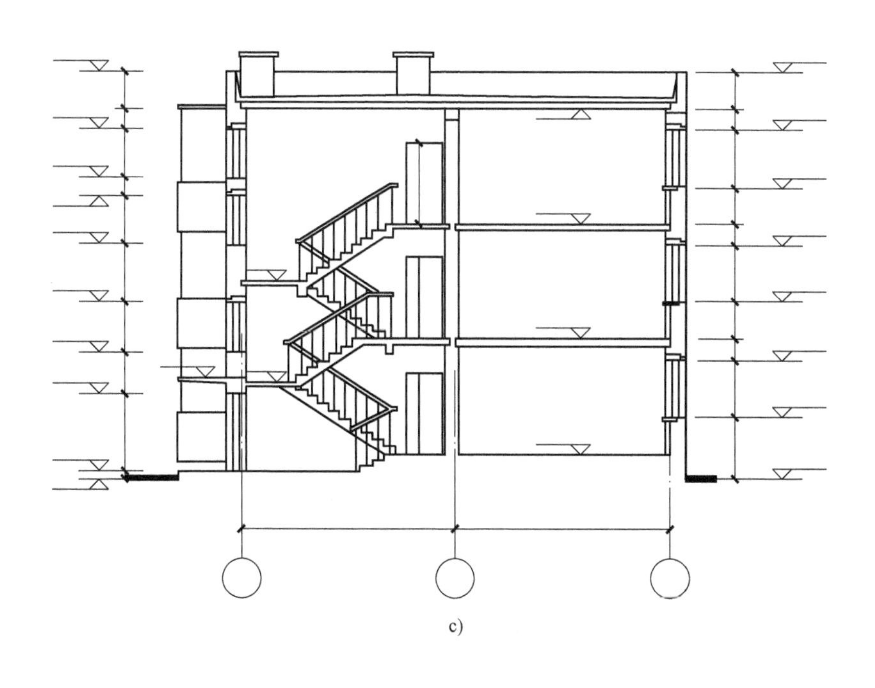

c)

图 11-32　剖面图的绘图步骤

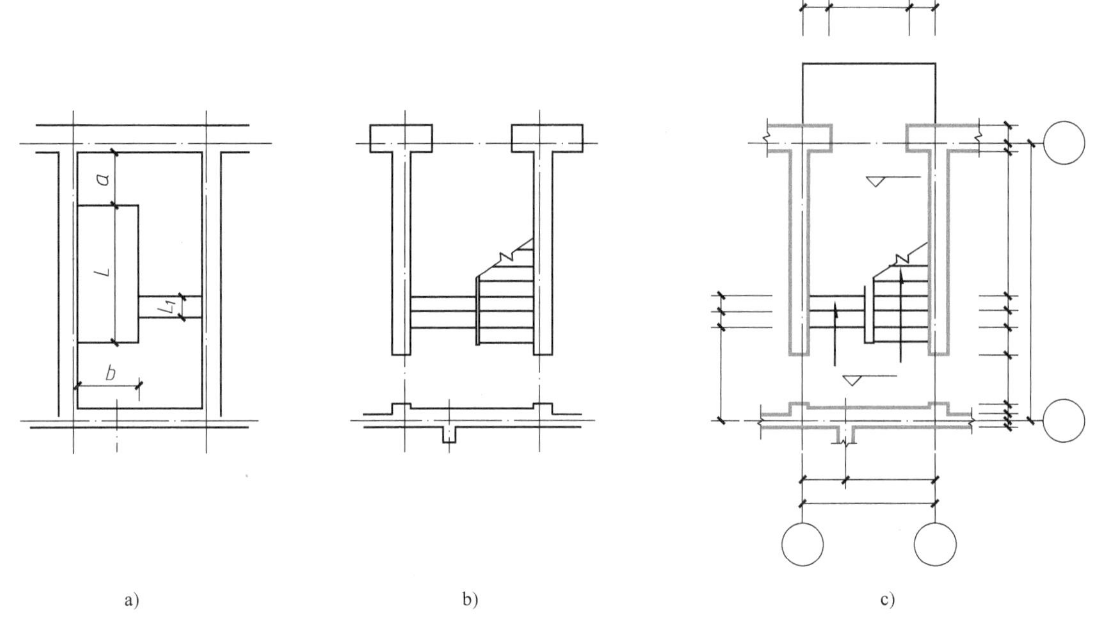

图 11-33　楼梯平面图的绘图步骤

2）根据梯段的长度 L、平台宽度 a、踏步数 n，定出楼梯段的位置。再根据等分两平行线距离的方法画出踏步的位置，如图 11-34b 所示。

3）画门、窗、梁、板、台阶、雨篷、栏杆、扶手等细部，如图 11-34c 所示。

4）加深图线并标注尺寸、标高、轴线编号等，如图 11-34d 所示。

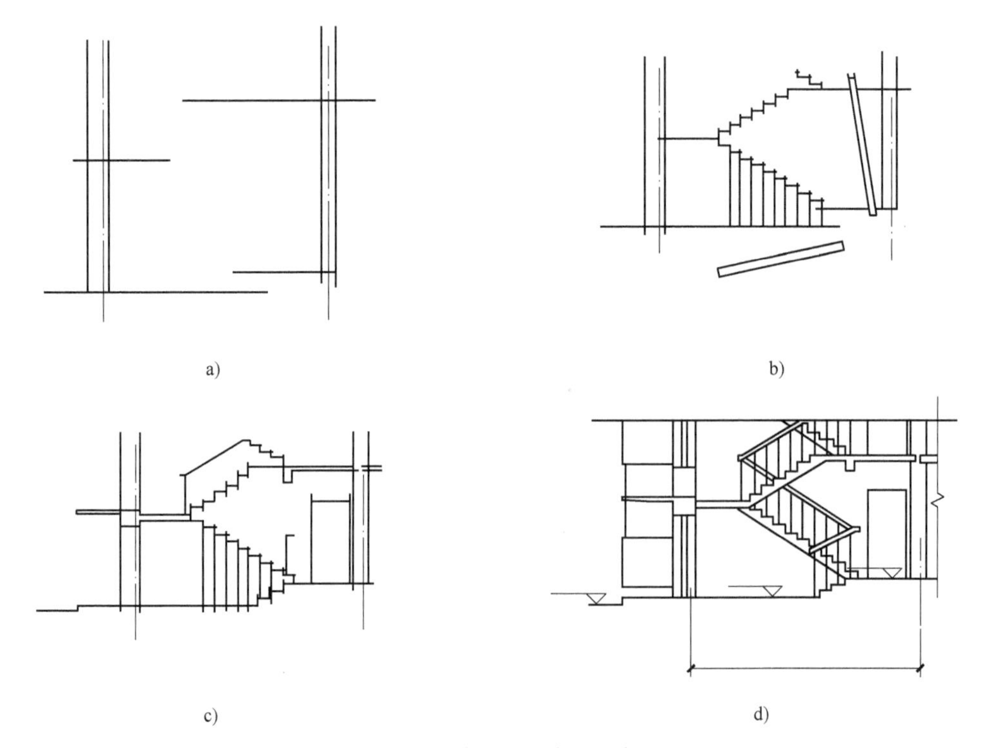

图 11-34　楼梯剖面图的绘图步骤

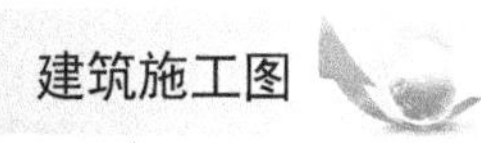

思考题

1. 建筑平面图的外墙上应该标注几道尺寸？每道尺寸的作用是什么？
2. 在剖面图和立面图上各应标注哪些尺寸（包括标高）？
3. 试述详图的作用。
4. 试述详图索引符号及详图符号的编制方法。
5. 试述建筑平面图、立面图、剖面图的绘制方法。

第12章 结构施工图

本章概要

本章主要介绍结构施工图的分类、主要内容和用途，钢筋混凝土结构的基本知识和图示方法，结构施工图的图示特点和要求，介绍《建筑工程设计文件编制深度规定（2016年版）》、GB/T 50105—2010《建筑结构制图标准》、GB 50010—2010《混凝土结构设计规范》、GB/T 50083—2014《工程结构设计基本术语标准》相关文件中规定的结构施工图设计阶段各种图样的绘制、阅读方法。

12.1 结构施工图的概述

房屋施工图除了建筑施工图所表达的房屋造型、平面布置、建筑构造与装修内容外，还应该按建筑各方面的要求进行力学与结构计算，决定房屋承重构件（如基础、梁、板、柱等）的具体形状、大小、所用材料、内部构造以及造型与构件布置等，并将其结果制成图样，用以指导施工，这种图样称为结构施工图，简称“结施”。结构在物理上可以区分出的部分，如柱、梁、板、基础桩等，称为结构构件。结构中由若干构件组成的具有一定功能的组合件，如楼梯、阳台、屋盖等称为部件。

在施工图设计阶段，结构专业设计文件应包含图样目录、结构设计总说明、设计图、计算书。

1. 图样目录

应按图样序号排列，先列新绘制图样，后列选用的重复利用图和标准图。

2. 结构设计总说明

每一单项工程应编写一份结构设计总说明，对多子项工程应编写统一的结构设计总说明。当工程以钢结构为主或包含较多的钢结构时，应编制钢结构设计总说明。当工程较简单时，亦可将总说明的内容分散写在相关部分的图样中。

3. 设计图

结构施工图包括基础平面图、基础详图、结构平面图、钢筋混凝土构件详图、混凝土结构节点构造详图、钢结构设计施工图等。

4. 计算书

计算书内容宜完整、清楚，计算步骤要条理分明，引用数据有可靠依据。所有计算书应

校审，并由设计、校对、审核人（必要时包括审定人）在计算书封面上签字，作为技术文件归档。

12.2　国家标准及相关规定

GB/T 50105—2010《建筑结构制图标准》对建筑结构施工图做出了以下规定。

12.2.1　图线

建筑结构专业制图应选用表 12-1 的图线。每个图样应根据复杂程度与比例大小，先选用适当基本线宽 b，再选用相应的线宽比。根据表达内容的层次，基本线宽 b 和线宽比可适当地增大或减小。

表 12-1　图线（GB/T 50105—2010《建筑结构制图标准》）

名称		线型	线宽	一般用途
实线	粗	━━━━━━	b	螺栓、钢筋线、结构平面图中的单线结构构件线、钢木支撑及系杆线，图名下横线、剖切线
	中粗	━━━━━━	$0.7b$	结构平面图及详图中剖到或可见的墙身轮廓线，基础轮廓线，钢、木结构轮廓线，钢筋线
	中	──────	$0.5b$	结构平面图及详图中剖到或可见的墙身轮廓线、基础轮廓线、可见的钢筋混凝土构件轮廓线、钢筋线
	细	──────	$0.25b$	标注引出线、标高符号线、索引符号线、尺寸线
虚线	粗	━ ━ ━ ━	b	不可见的钢筋线、螺栓线，结构平面图中不可见的单线结构构件线及钢、木支撑线
	中粗	━ ━ ━ ━ ━	$0.7b$	结构平面图中的不可见构件、墙身轮廓线及不可见钢、木结构构件线，不可见的钢筋线
	中	─ ─ ─ ─ ─	$0.5b$	结构平面图中的不可见构件、墙身轮廓线及不可见钢、木结构构件线，不可见的钢筋线
	细	─ ─ ─ ─ ─	$0.25b$	基础平面图中的管沟轮廓线、不可见的钢筋混凝土构件轮廓线
单点长画线	粗	━━·━━·━	b	柱间支撑、垂直支撑、设备基础轴线图中的中心线
	细	──·──·─	$0.25b$	定位轴线、对称线、中心线、重心线
双点长画线	粗	━━··━━··━	b	预应力钢筋线
	细	──··──··─	$0.25b$	原有结构轮廓线
折断线	细	─╲╱──╲╱─	$0.25b$	断开界线
波浪线	细	～～～	$0.25b$	断开界线

在同一张纸中，相同比例的各种图，应选用相同的线宽组。

12.2.2　比例

绘图时根据图样的用途和被绘物体的复杂程度，应选用表 12-2 中的常用比例，特殊情况下也可选用可用比例。

表 12-2 比例

图名	常用比例	可用比例
结构平面图、基础平面图	1 : 50、1 : 100、1 : 150	1 : 60、1 : 200
圈梁平面图，总图中管沟、地下设施等	1 : 200、1 : 500	1 : 300
详图	1 : 10、1 : 20、1 : 50	1 : 5、1 : 30、1 : 25

当构件的纵、横断面尺寸相差悬殊时，可在同一详图中的纵、横向选用不同的比例绘制。轴线尺寸与构件尺寸也可选用不同的比例绘制。

12.2.3 字体

图样的图名和标题栏内的图名应能准确表达图样，图样构成的内容要做到简练、明确。图纸上所有的文字、数字和符号等，应字体端正、排列整齐、清楚正确，避免重复。

图样及说明中的汉字宜采用长仿宋体，图样下的文字高度不宜小于 5mm，说明中的文字高度不宜小于 3mm。拉丁字母、阿拉伯数字、罗马数字的高度，不应小于 2.5mm。

12.2.4 名称

构件的名称可用代号来表示，代号后应用阿拉伯数字标注该构件的型号或编号，也可为构件的顺序号。构件的顺序号采用不带角标的阿拉伯数字连续编排。常用的构件代号应符合标准规定。

12.3 混凝土结构（砼结构）

三峡大坝
混凝土芯样

混凝土是以水泥、骨料和水为主要原材料，根据需要加入矿物掺合料和外加剂等材料，按一定配合比，经拌和、成型、养护等工艺制作的、硬化后具有强度的工程材料。

以混凝土为主制成的结构称为混凝土结构，包括素混凝土结构、钢筋混凝土结构和预应力混凝土结构，按施工方法可分为现浇混凝土结构和装配式混凝土结构。

1）混凝土强度等级应按立方体抗压强度标准值确定。C15 表示立方体抗压强度标准值为 $15N/mm^2$ 的混凝土强度等级。混凝土强度等级依次为 C15、C20、C25、C30、C35、C40、C45、C50、C55、C60、C65、C70、C75、C80。

2）素混凝土结构的混凝土强度等级不应低于 C15；钢筋混凝土结构的混凝土强度等级不应低于 C20；采用强度等级 400MPa 及以上的钢筋时，混凝土强度等级不应低于 C25。

3）预应力混凝土结构的混凝土强度等级不宜低于 C40，且不应低于 C30。

4）承受重复荷载的钢筋混凝土构件，混凝土强度等级不应低于 C30。

1. 钢筋混凝土材料的性能

配置受力普通钢筋的结构构件称为钢筋混凝土构件。钢筋混凝土构件在现场浇筑制作的称为现浇构件，而在预制构件厂先期制成的则称为预制构件。此外，为了提高构件的抗拉和抗裂性能，在构件制作时，先将钢筋张拉，预加一定的压力，这种构件称为预应力钢筋混凝土构件。钢筋混凝土构件通常有梁、板、柱等。

2. 钢筋的分类与作用

配置在钢筋混凝土构件中的钢筋，按其受力和作用的不同可分为下列几种，如图 12-1 所示。

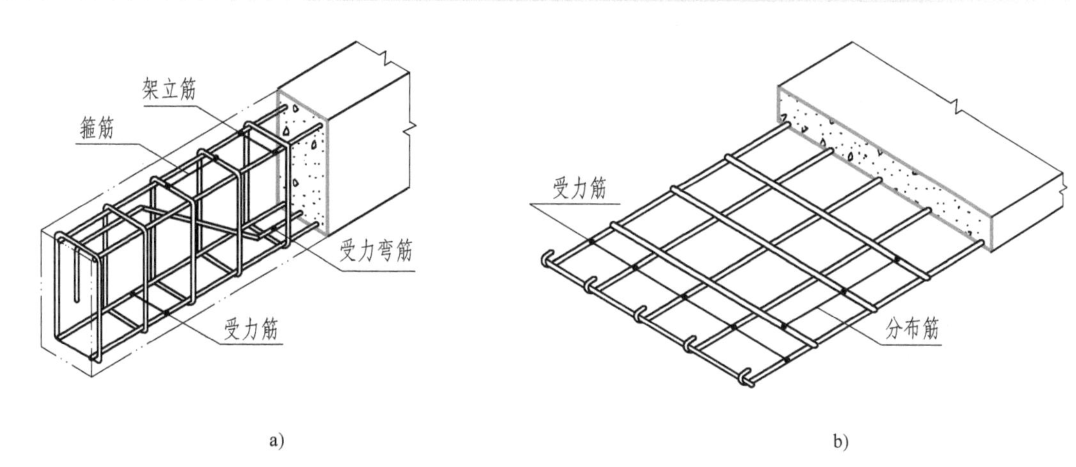

图 12-1 钢筋的种类

a）钢筋混凝土简支梁 b）钢筋混凝土板

（1）纵向受力筋 平行于钢筋轴线的承受拉、压应力的钢筋为纵向受力筋，它又分为直筋和弯筋两种。当梁中采用弯起钢筋时，弯起角宜取 45°或 60°。当板中采用弯起钢筋时，弯起角度可根据板厚在 30°~45°之间选取。

（2）架立筋 用以固定梁、板内受力钢筋和钢箍的位置，构成梁、板内钢筋骨架。

（3）箍筋 与纵向受力筋垂直，其作用是固定受力筋的位置，并且承受部分斜拉应力。

（4）分布筋 用于板内，且与板内受力筋垂直固定，形成整体受力。

（5）构造配筋 构造配筋指除满足规范最小配筋要求外，同时满足规范规定的其他构造要求的配筋。构造配筋包括纵向钢筋、箍筋及拉筋。

3. 钢筋弯钩

当纵向受拉普通钢筋末端采用弯钩措施时，钢筋弯钩形式如表 12-3 及图 12-2 所示。

表 12-3 钢筋弯钩的形式和技术要求

弯钩形式	技术要求
90°弯钩	末端 90°弯钩，弯钩内径 4d，弯后直段长度 12d
135°弯钩	末端 135°弯钩，弯钩内径 4d，弯后直段长度 5d

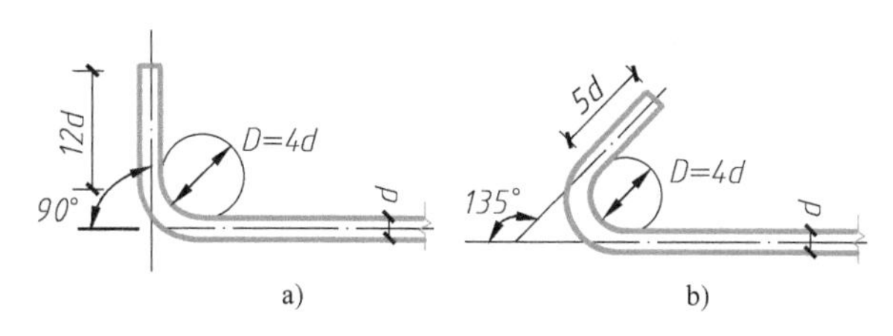

图 12-2 弯钩的形式和技术要求

a）90°弯钩 b）135°弯钩

如图 12-3a 所示，光圆钢筋受拉时，末端应作 180°弯钩，弯钩的弯后平直部分长度不应小于钢筋直径的 3 倍，做受压钢筋时可不做弯钩，如图 12-3b 所示。钢筋弯折的弯弧内直径 D 应根据钢筋牌号及用途选取，具体请查阅相关规范。

箍筋弯钩的弯折角度为 135°。

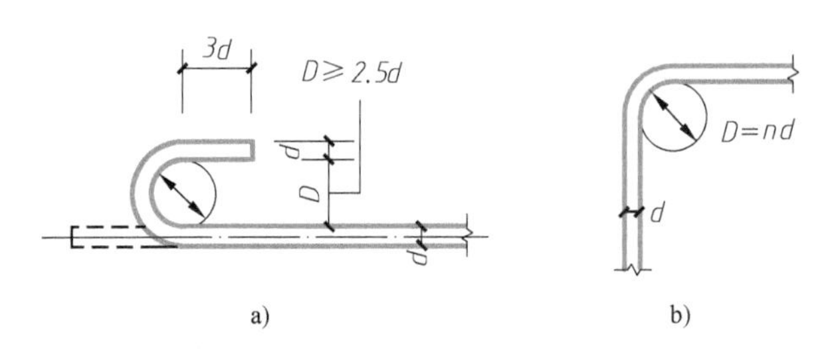

图 12-3 钢筋弯钩与弯折的弯弧内直径

a）光圆钢筋末端 180°弯钩 b）90°弯钩

4. 混凝土保护层

结构构件中钢筋外边缘至构件表面范围用于保护钢筋的混凝土，简称保护层。构件中普通钢筋及预应力筋的混凝土保护层厚度应满足下列要求：

1）构件中受力钢筋的保护层厚度不应小于钢筋的直径 d。

2）设计使用年限为 50 年的混凝土结构，最外层钢筋的保护层厚度应符合表 12-4 的规定；设计使用年限为 100 年的混凝土结构，最外层钢筋的保护层厚度不应小于表 12-4 中数值的 1.4 倍。

表 12-4 混凝土保护层的最小厚度 c （单位：mm）

环境类别	板、墙、壳	梁、柱、杆	环境类别	板、墙、壳	梁、柱、杆
一	15	20	三 a	30	40
二 a	20	25	三 b	40	50
二 b	25	35			

注：1. 混凝土强度等级不大于 C25 时，表中保护层厚度数值应增加 5mm。

2. 钢筋混凝土基础宜设置混凝土垫层，基础中钢筋的混凝土保护层厚度应从垫层顶面算起，且不应小于 40mm。

5. 钢筋的种类、级别和代号

根据生产和加工方法的不同，钢筋可分为热轧钢筋、热处理钢筋和冷拉钢筋。建筑工程中常用的钢筋种类、代号和性能见表 12-5。表中公称直径表示与钢筋的公称横截面积相等的圆的直径。

表 12-5 常用的钢筋种类、代号和性能

牌号	公称直径范围 d/mm	代号	种 类	屈服强度标准值 f_{yk}/(N/mm^2)
HPB300	6~22	Φ	强度等级为 300MPa 的热轧光圆钢筋（Hot Rolled Plain Bars）	300
HRB335	6~14	Φ	强度等级为 335MPa 的普通热轧带肋钢筋（Hot Rolled Ribbed Bars）	335
HRB400	6~50	Φ	强度等级为 400MPa 的普通热轧带肋钢筋	400
HRBF400		$Φ^F$	强度等级为 400MPa 的细晶粒热轧带肋钢筋（Hot Rolled Ribbed Bars of Fine Grains）	
RRB400		$Φ^R$	强度等级为 400MPa 的余热处理带肋钢筋（Remained Heat Treatment Ribbed Steel Bars）	
HRB500	6~50	Φ	强度等级为 500MPa 的普通热轧带肋钢筋	500
HRBF500		$Φ^F$	强度等级为 500MPa 的细晶粒热轧带肋钢筋	

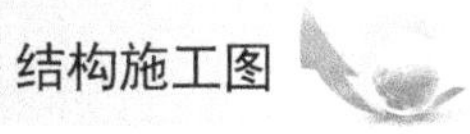

纵向受力普通钢筋可采用HRB400、HRB500、HRBF400、HRBF500、HRB335、RRB400、HPB300钢筋；梁、柱和斜撑构件的纵向受力普通钢筋宜采用HRB400、HRB500、HRBF400、HRBF500钢筋。箍筋宜采用HRB400、HRBF400、HRB335、HPB300、HRB500、HRBF500钢筋。预应力筋宜采用预应力钢丝、钢绞线和预应力螺纹钢筋。

普通钢筋的一般表示方法应符合表12-6的规定。

表12-6　钢筋图例表（GB/T 50105—2010）

序号	名　称	图　例	说　明
1	钢筋横断面		
2	无弯钩的钢筋端部		下图表示长短钢筋投影重叠时，短钢筋的端部用45°斜线表示
3	带半圆形弯钩的钢筋端部		
4	带直弯钩的钢筋端部		
5	带丝扣的钢筋端部		
6	无弯钩的钢筋搭接		
7	带半圆弯钩的钢筋搭接		
8	带直弯钩的钢筋搭接		
9	花篮螺丝钢筋接头		
10	机械连接的钢筋接头		用文字说明机械连接的方式（或冷挤压或锥螺纹等）

钢筋的画法应符合表12-7的规定。

表12-7　钢筋的画法

序号	说　明	图　例
1	在结构楼板中配置双层钢筋时，底层钢筋的弯钩应向上或向左，顶层钢筋的弯钩则向下或向右	（底层）（顶层）
2	钢筋混凝土墙体配双层钢筋时，在配筋立面图中，远面钢筋的弯钩应向上或向左而近面钢筋的弯钩向下或向右（JM近面，YM远面）	JM YM JM YM　JM YM JM YM

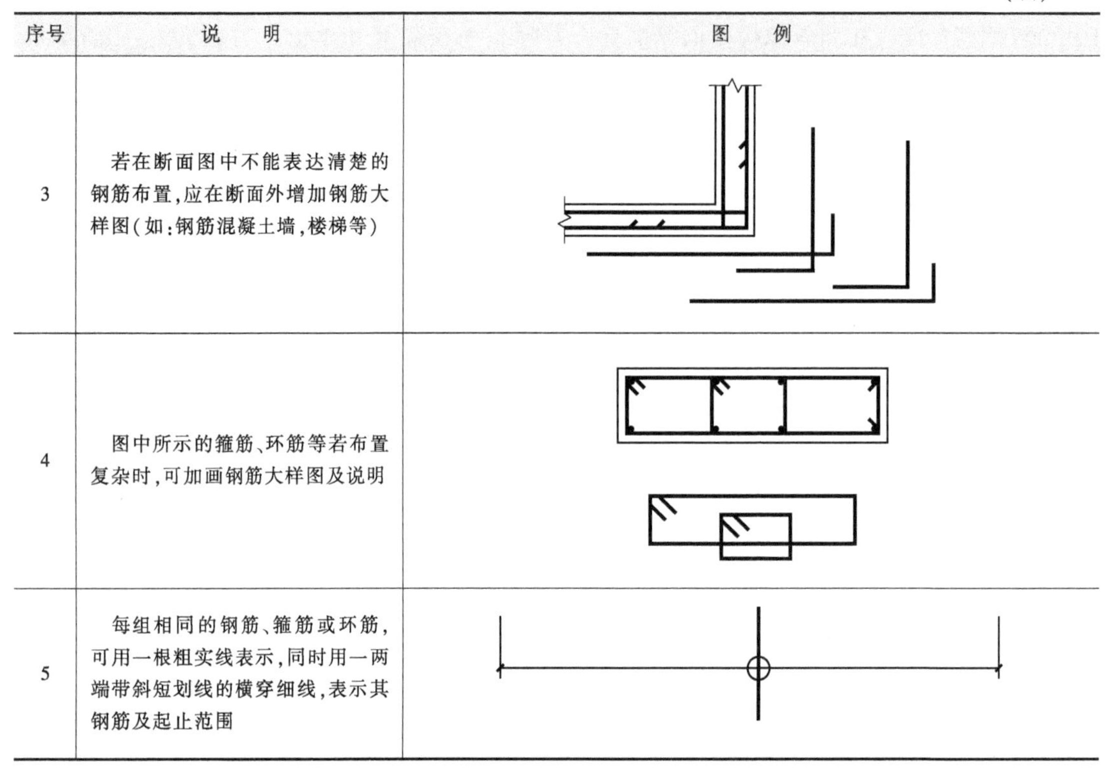

（续）

序号	说　明	图　例
3	若在断面图中不能表达清楚的钢筋布置，应在断面外增加钢筋大样图（如：钢筋混凝土墙，楼梯等）	
4	图中所示的箍筋、环筋等若布置复杂时，可加画钢筋大样图及说明	
5	每组相同的钢筋、箍筋或环筋，可用一根粗实线表示，同时用一两端带斜短划线的横穿细线，表示其钢筋及起止范围	

12.4　构件代号和标准图集

当采用标准、通用图集中的构件时，应用该图集中的规定代号或型号注写。

1. 构件代号

建筑工程中所使用的钢筋混凝土构件种类繁多，而且布置复杂。为使构件区分清楚，便于设计与施工，在GB/T 50105—2010《建筑结构制图标准》中已将各种构件的代号作了具体规定，常用构件代号见表12-8。

表12-8　常用构件代号（GB/T 50105—2010）

序号	名称	代号	序号	名称	代号	序号	名称	代号
1	板	B	10	吊车安全走道板	DB	19	圈梁	QL
2	屋面板	WB	11	墙板	QB	20	过梁	GL
3	空心板	KB	12	天沟板	TGB	21	连系梁	LL
4	槽形板	CB	13	梁	L	22	基础梁	JL
5	折板	ZB	14	屋面梁	WL	23	楼梯梁	TL
6	密肋板	MB	15	吊车梁	DL	24	框架梁	KT
7	楼梯板	TB	16	单轨吊车梁	DDL	25	框支梁	KZL
8	盖板或沟盖板	GB	17	轨道连接	DGL	26	屋面框支梁	WKL
9	挡雨板或檐口板	YB	18	车挡	CD	27	檩条	LT

（续）

序号	名称	代号	序号	名称	代号	序号	名称	代号
28	屋架	WJ	37	承台	CT	46	雨篷	YP
29	托架	TJ	38	设备基础	SJ	47	阳台	YT
30	天窗架	CJ	39	桩	ZH	48	梁垫	LD
31	框架	KJ	40	挡土墙	DQ	49	预埋件	M
32	刚架	GJ	41	地沟	DG	50	天窗端壁	TD
33	支架	ZJ	42	柱间支撑	ZC	51	钢筋网	W
34	柱	Z	43	垂直支撑	CC	52	钢筋骨架	G
35	框架柱	KZ	44	水平支撑	SC	53	基础	J
36	构造柱	GZ	45	梯	T	54	暗柱	AZ

注：1. 预制混凝土构件/现浇混凝土构件/钢构件和木构件，一般可以采用本表中的构件代号。在绘图中，除混凝土构件可以不注明材料代号外，其他材料的构件可在构件代号前加注材料代号，并在图纸中加以说明。

2. 预应力混凝土构件的代号，应在构件代号前加注“Y”，如 Y-DL 表示预应力混凝土吊车梁。

2. 构件标准图集

为使钢筋混凝土构件系列化、标准化，便于工业化生产，国家及各省、市都编制了定型构件标准图集。绘制施工图时，凡选用定型构件，可直接引用标准图集，而不必绘制构件施工图。在生产构件时，可根据构件的编号查出标注图直接制作。

构件标准图集可分为全国通用和各省、市内通用两类。使用标准图集时，应熟悉标准图集的编号以及标准图中构件代号和标记的含义。

12.5　基础施工图

基础是将结构所承受的各种作用传递到地基上的结构组成部分。基础的形式及材料很多。根据埋置深度可分为深基础和浅基础；根据材料可分为砖基础、毛石基础、灰土基础、三合土基础、钢筋混凝土基础等；根据结构可分为扩展基础、无筋扩展基础、条形基础、独立基础、筏形基础、箱形基础、桩基础、沉井基础等。

多层建筑墙下可采用混凝土条形基础、毛石混凝土条形基础、浆砌毛石条形基础或钢筋混凝土条形基础，砌体结构中砖柱可采用混凝土独立基础、毛石混凝土独立基础；对钢筋混凝土柱可采用钢筋混凝土独立基础。如图 12-4 所示，条形基础是指承受并传递墙体荷载或间距较小柱荷载的条形状基础，独立基础是指单独承受并传递柱下荷载的基础。

基础施工图包括基础平面图和基础详图。

基础平面图主要表示基础的平面布置、基础底部宽度、轴线位置等，它是施工放线的重要依据。基础平面图的画法如下：

1）绘出定位轴线、基础构件（包括承台、基础梁等）的位置、尺寸、底标高、构件编号，基础底标高不同时，应绘出放坡示意图，表示施工后浇带的位置及宽度。

2）标明砌体结构墙与墙垛、柱的位置与尺寸、编号；混凝土结构可另绘结构墙、柱平面定位图，并注明截面变化关系尺寸。

3）标明地沟、地坑和已定设备基础的平面位置、尺寸、标高，预留孔与预埋件的位

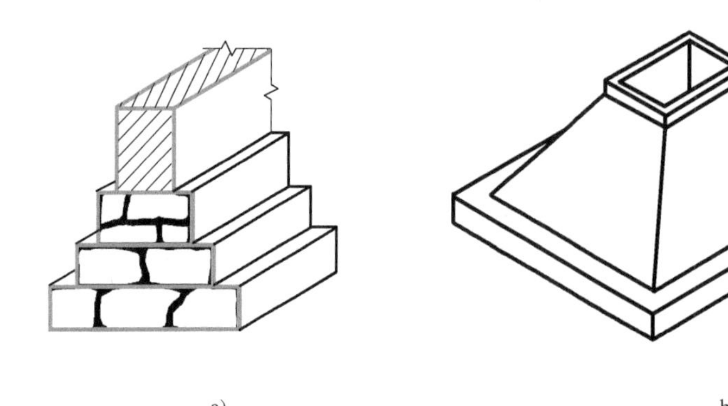

图 12-4　基础的样式

a）条形基础　b）独立基础

置、尺寸、标高。

4）需进行沉降观测时注明观测点位置（宜附测点构造详图）。

5）基础设计说明应包括基础持力层及基础进入持力层的深度、地基的承载力特征值、持力层验槽要求、基底及基槽回填土的处理措施与要求，以及对施工的有关要求等。

6）采用桩基时应绘出桩位平面位置、定位尺寸及桩编号；先做试桩时，应单独绘制试桩定位平面图。

7）当采用人工复合地基时，应绘出复合地基的处理范围和深度，置换桩的平面布置及其材料和性能要求、构造详图；注明复合地基的承载力特征值及变形控制值等有关参数和检测要求。

1. 条形基础平面图

画条形基础平面图时，首先要画出与建筑平面图中定位轴线一致的轴线编号。被剖到的墙身轮廓线用中粗实线绘制，基础底部边线用细实线画出，放大脚的水平投影省略不画。因此，对一段墙体的条形基础而言，基础平面图中只画四条线，即两条中粗实线（墙宽），两条细实线（基础底部宽），如图 12-15 所示。

各种管线出入口处预留孔洞用虚线表示。图中材料图例同建筑平面图画法一致。

在基础平面图中，应注出基础定位轴线间的尺寸和横向与纵向的两端轴线间的尺寸。此外，还应注出内、外墙宽度尺寸，基础底部宽度尺寸及其定位尺寸，预留孔洞尺寸和标高，地沟宽度尺寸和标高等。

2. 独立基础平面图

图 12-6 所示为某厂房的钢筋混凝土杯形基础平面图。独立基础平面图不但要表示出独立基础的平面形状，还要标明各独立基础的相对位置。对不同类型的独立基础要分别编号。独立基础之间设有基础梁，图中其编号为 JL-1、JL-2。

3. 基础详图

假想用剖切平面垂直剖切基础，用较大比例画出的断面图称为基础详图。它用于表示基础的断面形状、构成材料、详图尺寸和标高等。

砌体结构无筋扩展基础应绘出剖面、基础圈梁、防潮层位置，并标注总尺寸、分尺寸、标高及定位尺寸。扩展基础应绘出平面、剖面及配筋、基础垫层，标注总尺寸、分尺寸、标

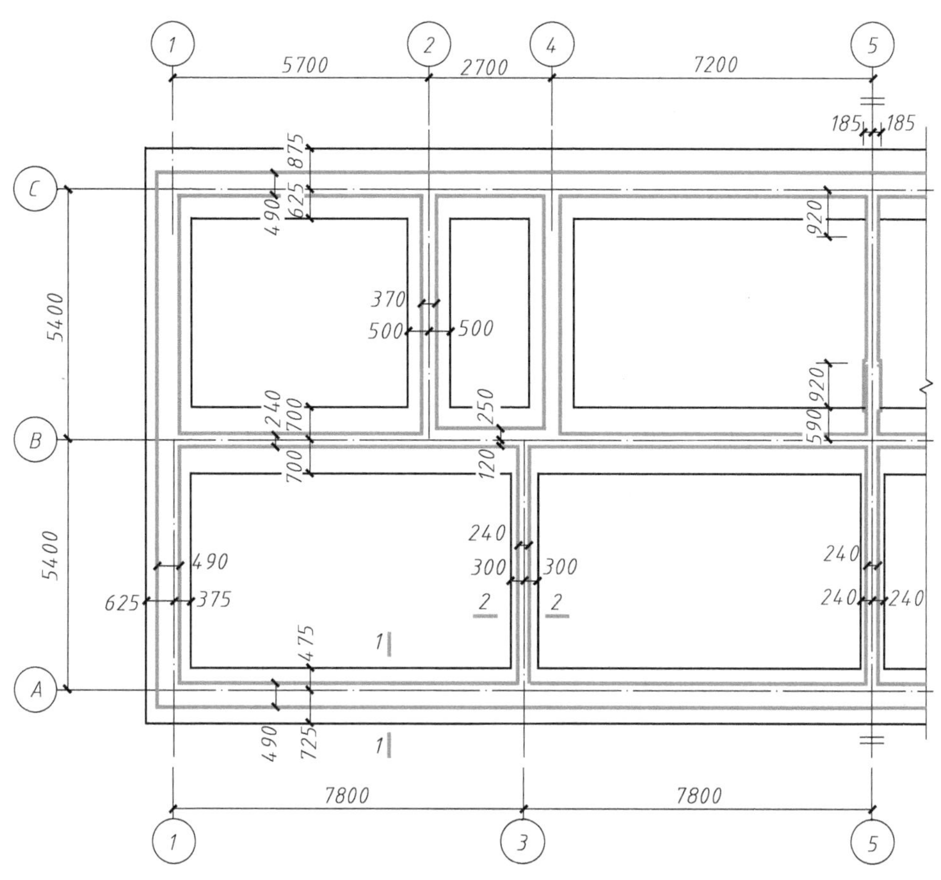

图 12-5　基础平面图（一）

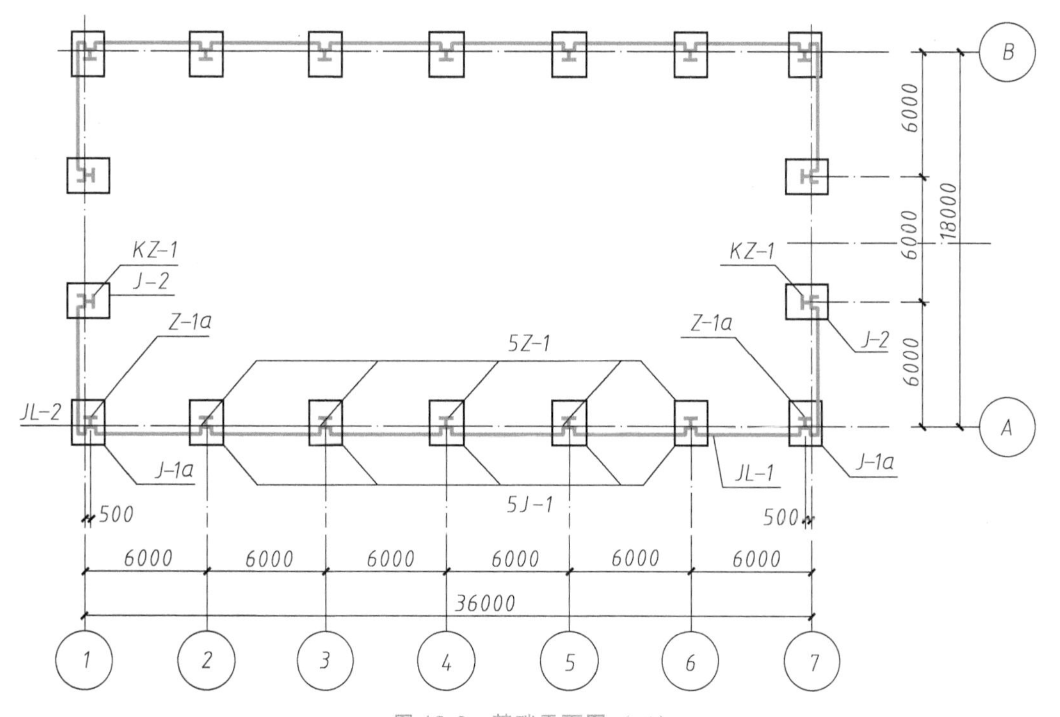

图 12-6　基础平面图（二）

高及定位尺寸等。其中，扩展基础是指为扩散上部结构传来的荷载，使作用在基底的压应力满足地基承载力的设计要求，且基础内部的应力满足材料强度的设计要求，通过向侧边扩展一定底面积的基础。无筋扩展基础是由砖、毛石、混凝土或毛石混凝土、灰土和三合土等材料组成的，且不需配置钢筋的墙下条形基础或柱下独立基础。

（1）条形基础　由于房屋各部位的荷载、地基承载力和构造要求等因素不同，基础的宽度、埋置深度和断面形状亦不相同，因此对每一段不同的基础都要画出断面图。为了表面剖切位置和投影方向，在基础平面图中必须画出断面符号，并在基础详图下侧标注详图编号。以浆砌毛石条形基础图为例，图 12-7 所示为外墙基础和内墙基础。

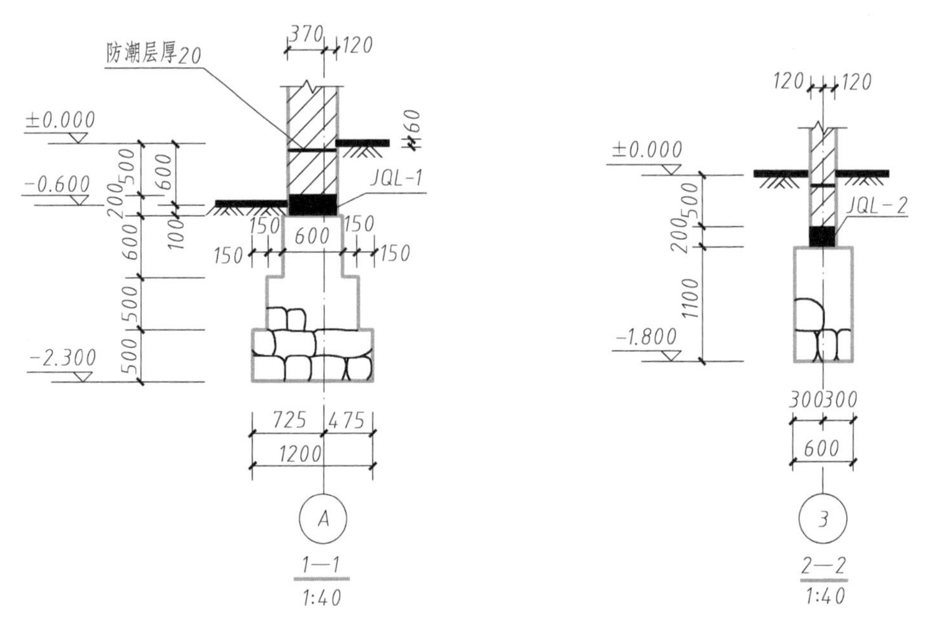

图 12-7　条形基础详图

从图 12-7 中可以了解到，基础是用毛石砌筑的，详图 1—1 是外墙基础，断面为阶梯状，有三个台阶砌体（也称作放大脚）；详图 2—2 是内墙基础。基础圈梁顶宜设置在标高 -0. 600m 处，当不设圈梁时，宜在标高-0. 600m 处设置 20mm 厚的防潮层。图中 JQL-2 配筋见 05SG811《条形基础》标准图集。

（2）独立基础　钢筋混凝土独立基础详图一般应画出平面图和剖面图，用以表达基础的详细尺寸和钢筋配置情况。

图 12-8 所示钢筋混凝土杯形基础结构详图。基础底面尺寸为 2200mm×2700mm，总高 950mm。基础顶面标高为-1. 100，基础的底面标高为-2. 050。

独立基础配筋较简单时，宜在平面模板左下角绘出波浪线，绘出钢筋并标注钢筋的直径、间距等。

此外，桩基应绘出桩详图、承台详图及桩与承台的连接构造详图。桩详图包括桩顶标高、桩长、桩身截面尺寸、配筋、预制桩的接头详图，并说明地质概况、桩持力层及桩端进入持力层的深度、成桩的施工要求、桩基的检测要求，注明单桩的承载力特征值（必要时尚应包括竖向抗拔承载力及水平承载力）。先做试桩时，应单独绘制试桩详图并提出试桩要

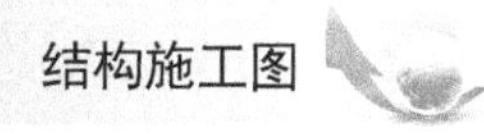

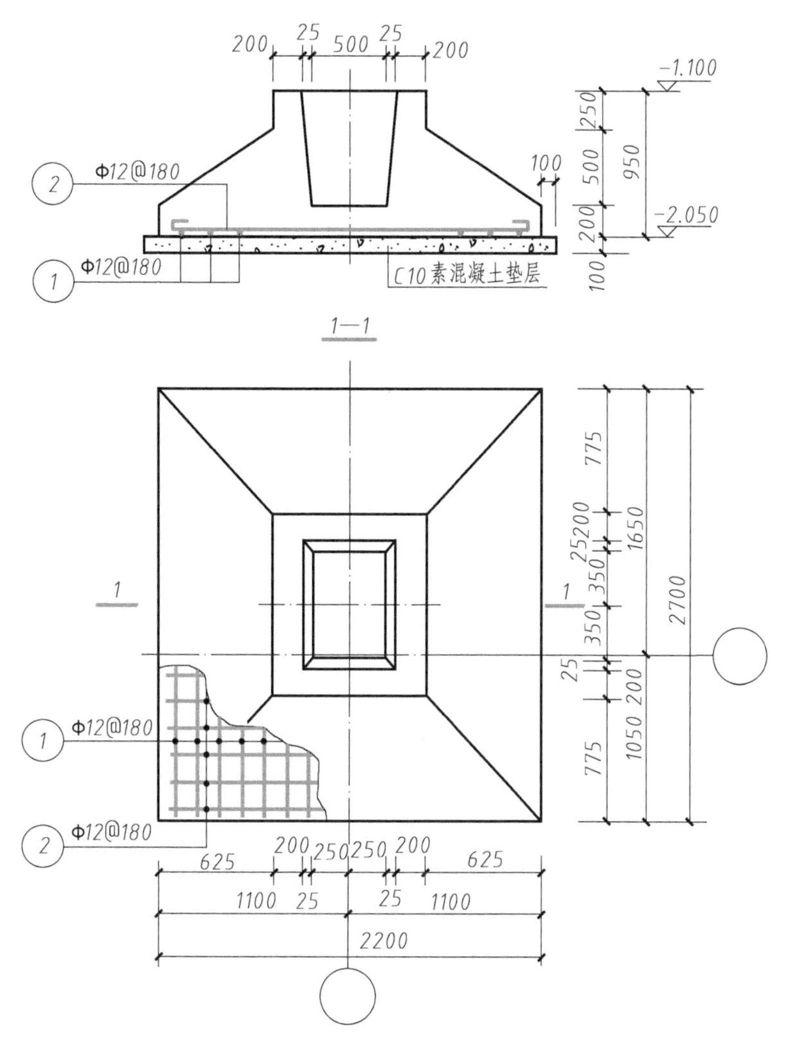

图 12-8　钢筋混凝土杯形基础结构详图

求。承台详图包括平面、剖面、垫层、配筋，标注总尺寸、分尺寸、标高及定位尺寸。

筏基、箱基可参照相应图集表示，但应绘出承重墙、柱的位置。当要求设后浇带时应表示其平面位置并绘制构造详图。对箱基和地下室基础，应绘出钢筋混凝土墙的平面、剖面及其配筋，当预留孔洞、预埋件较多或复杂时，可另绘墙的模板图。

基础梁可按相应图集表示。对形状简单、规则的无筋扩展基础、扩展基础、基础梁和承台板，也可用列表方法表示。

12.6　结构平面图

结构平面图是表示建筑物楼层中各承重构件平面布置的图样。承重构件多为梁、板、柱等，所以也称梁板布置图。它是建筑施工中承重构件布置与安装的主要依据。

结构平面图应采用投影法绘制，特殊情况下也可采用仰视投影绘制。在结构平面图中，构件应采用轮廓线表示，当能用单线表示清楚时，也可用单线表示。定位轴线应与建筑平面

图或总平面图一致，并标注结构标高。

在结构平面图中，当若干部分相同时，可只绘制一部分，并用大写的拉丁字母（A、B、C 等）外加细实线圆圈表示相同部分的分类符号。分类符号圆圈直径为 8mm 或 10mm。其他相同部分仅标注分类符号。

一般建筑的结构平面图，均应有各层结构平面图及屋面结构平面图，具体内容为：

1）绘出定位轴线及梁、柱、承重墙、抗震构造柱位置及必要的定位尺寸，并注明其编号和楼面结构标高。

2）装配式建筑墙柱结构布置图中用不同的填充符号标明预制构件和现浇构件，采用预制构件时注明预制构件的编号，给出预制构件编号与型号对应关系以及详图索引号，预制板的跨度方向、板号、数量及板底标高；标出预留洞大小及位置，预制梁、洞口过梁的位置和型号、梁底标高。

3）现浇板应注明板厚、板面标高、配筋（亦可另绘放大的配筋图，必要时应将现浇楼面模板图和配筋图分别绘制），标高或板厚变化处绘局部剖面，有预留孔、埋件、已定设备基础时应示出规格与位置、洞边加强措施，当预留孔、埋件、设备基础复杂时亦可另绘详图；必要时尚应在平面图中表示施工后浇带的位置及宽度；电梯间机房尚应表示吊钩平面位置与详图。

4）砌体结构有圈梁时应注明位置、编号、标高，可用小比例绘制单线平面示意图。

5）楼梯间可绘斜线，注明编号与所在详图号。

6）屋面结构平面布置图内容与楼层平面类同。当结构找坡时应标注屋面板的坡度、坡向、坡向起终点处的板面标高；当屋面上有留洞或其他设施时应绘出其位置、尺寸与详图，女儿墙或女儿墙构造柱的位置、编号及详图。

7）当选用标准图中节点或另绘节点构造详图时，应在平面图中注明详图索引号。

8）人防地下室平面中应标明人防区和非人防区，注明人防墙名称（如临空墙）与编号。

单层空旷房屋应绘制构件布置图及屋面结构布置图，应有以下内容：

1）构件布置应表示定位轴线，墙、柱、天桥、过梁、门樘、雨篷、柱间支撑、连系梁等的布置、编号、构件标高及详图索引号，并加注有关说明等；必要时应绘制剖面、立面结构布置图。

2）屋面结构布置图应表示定位轴线、屋面结构构件的位置及编号、支撑系统布置及编号、预留孔洞的位置及尺寸、节点详图索引号、有关的说明等。

在结构平面图中索引的剖视详图、断面图详图应采用索引符号表示，索引位置处，粗实线表示剖切位置，引出线所在一侧应为投影方向。索引符号编号顺序宜按图 12-9 的规定进行编排，并符合下列规定：

1）外墙按顺时针方向从左下角开始编号。

2）内横墙从左至右，从上至下编号。

3）内纵墙从上至下，从左至右编号。

平面图中的钢筋配置较复杂时，可按图 12-9 及图 12-10 方法绘制。

现以本章示例三层住宅楼为例，介绍楼层结构平面布置图的内容和图示方法，如图 12-11 所示。

楼层结构布置图是假想用剖切平面沿楼板面水平剖开后所作的水平剖面图。

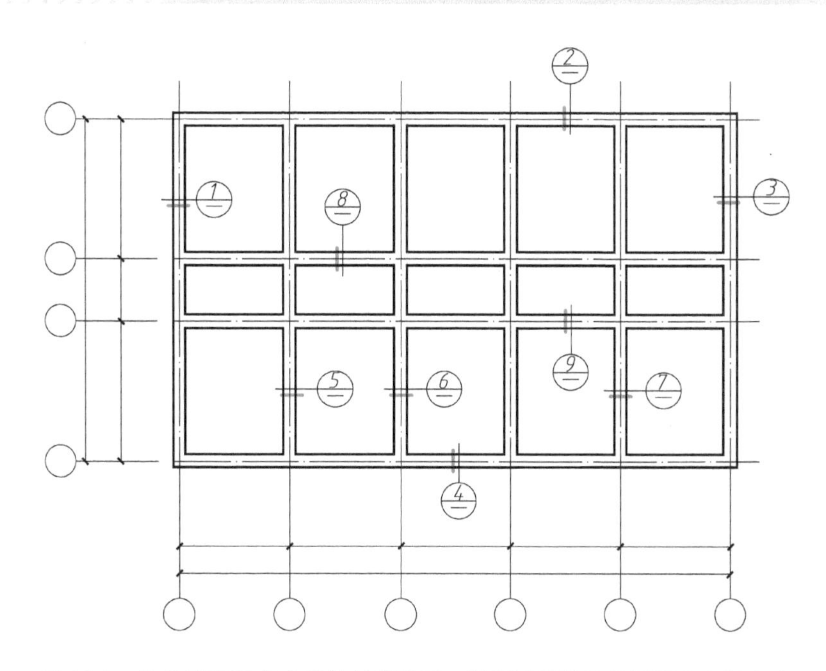

图 12-9　结构平面图中索引的剖视详图、断面图详图的编号顺序表示方法

1. 轴线和比例

结构平面布置图的轴线编号、轴间尺寸、比例同建筑水平面一致。

2. 预制楼板的表示法

在平面图上，应根据建筑施工图的承重墙位置和开间与进深尺寸确定楼板的跨度方向，选择合适的楼板进行布置。绘图时可采用简化画法，即在相同预制楼板布置的范围内画一条对角线并注出预制的数量和构件代号。例如图 12-11 中，③轴线间的房间内平均布置 4 块预制钢筋混凝土空心板，空心板代号为 YKB48. 6B-2。

在结构平面图中，为了突出梁、板的布置，墙体轮廓用中实线绘制，楼板轮廓用中粗实线表示，被楼板遮挡住的墙体轮廓线用中虚线画出（图 12-11）。

为了清楚地表达楼板与墙体（或梁）的构造关系，通常还要画出节点剖面详图，以便于施工。在节点详图中，应说明楼板或梁的底面标高和墙或梁的宽度尺寸，如图 12-12 所示。

3. 预制钢筋混凝土梁的表示法

在结构平面图中，因为圈梁、过梁等均在板下配置，规定圈梁和其他过梁用涂红的方式表示其位置，并在旁侧柱标注梁的代号和编号，如图 12-11 所示的过梁 GLB15. 4-2。

4. 现浇钢筋混凝土板的表示法

除在楼板布置范围内画出一条对角线，并注写代号、编号外，还应画出板的配筋详图，注明钢筋编号、规格、直径、间距或数量等。有时也可在结构平面图中画出梁、板的重合断面图，全须将断面涂黑，且标出梁底部标高。

5. 其他

为了明确表示各楼层所采用的各种构件类型、数量，一般要列出预制构件的一览表以供查用。房屋图的其他构件（如楼梯、阳台、雨篷、檐板等）也需要表达清楚，其图示方法基本相同。选用时，可查阅有关的详图或标准图集。

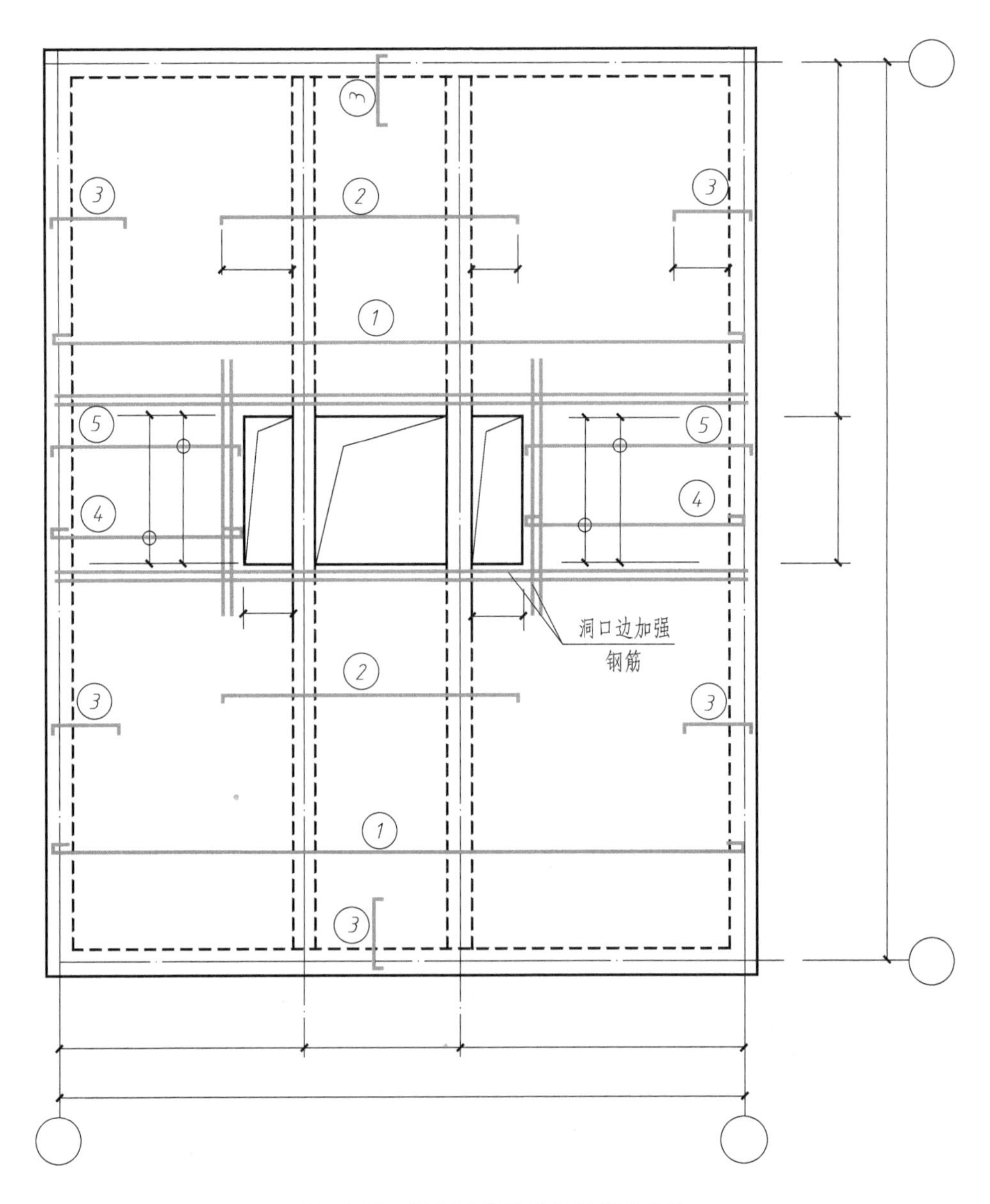

图 12-10 楼板配筋较复杂的表示方法

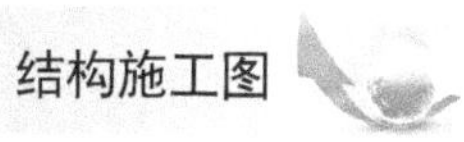

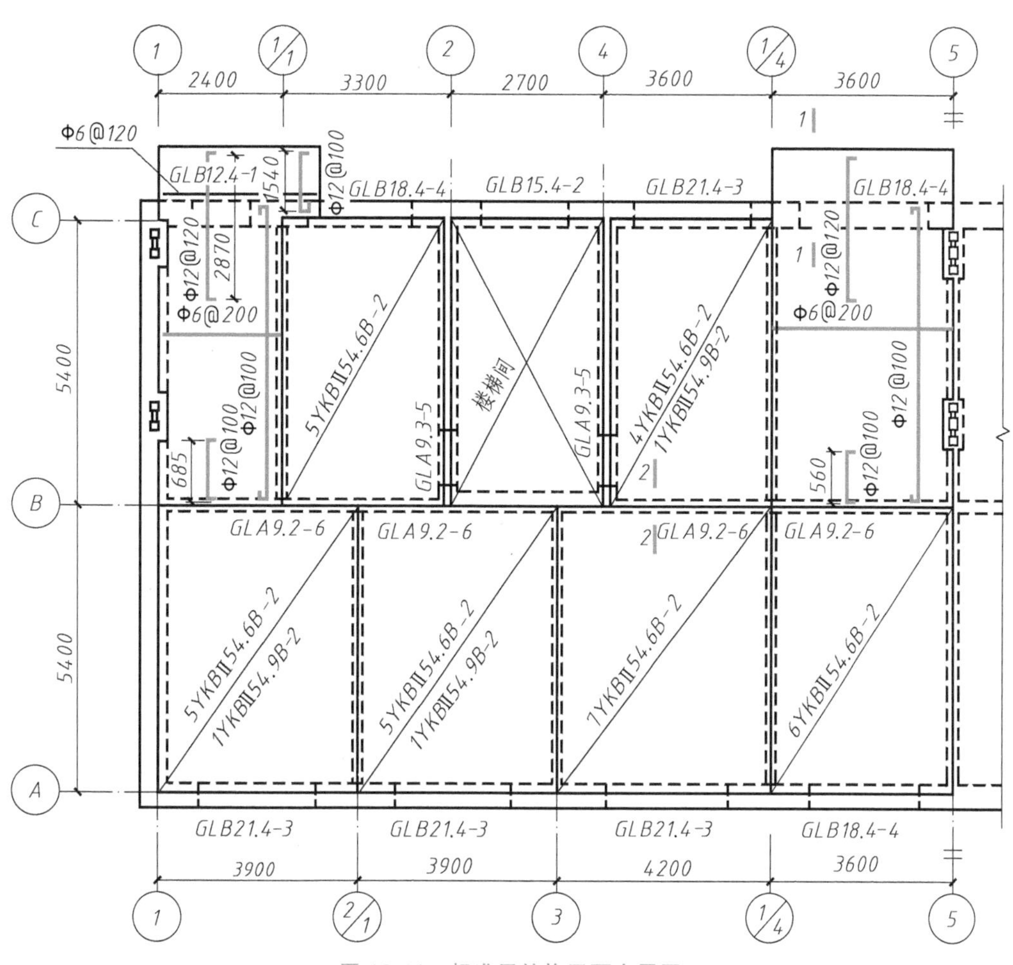

图 12-11　标准层结构平面布置图

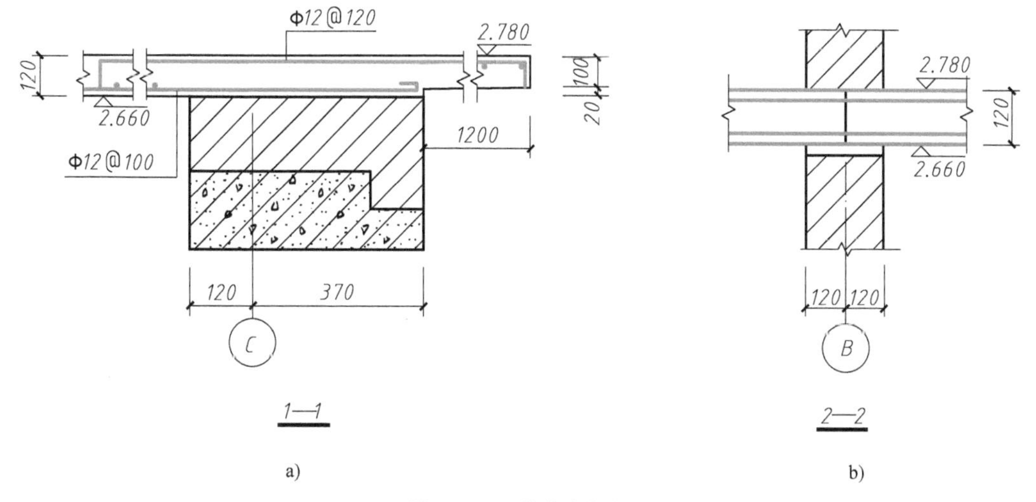

a)

b)

图 12-12　结构剖面图

12.7 钢筋混凝土构件图的图示方法

钢筋混凝土构件分为预制构件及现浇构件。现浇构件（现浇梁、板、柱及墙等详图）应绘出：

1）纵剖面、长度、定位尺寸、标高及配筋，梁和板的支座（可利用标准图中的纵剖面图）；现浇预应力混凝土构件尚应绘出预应力筋定位图并提出锚固及张拉要求。

2）横断面、定位尺寸、断面尺寸、配筋（可利用标准图中的横断面图）。

3）必要时绘制墙体立面图。

4）若钢筋较复杂不易表示清楚时，宜将钢筋分离绘出。

5）对构件受力有影响的预留洞、预埋件，应注明其位置、尺寸、标高、洞边配筋及预埋件编号等。

6）曲梁或平面折线梁宜绘制平面详图，必要时可绘展开详图。

7）一般的现浇结构的梁、柱、墙可采用“平面整体表示法”绘制，标注文字较密时，纵、横向梁宜分二幅平面绘制。

8）除总说明已叙述外需特别说明的附加内容，尤其是与所选用标准图不同的要求（如钢筋锚固要求、构造要求等）。

9）对建筑非结构构件及建筑附属机电设备与结构主体的连接，应绘制连接或锚固详图。

预制构件应绘出构件模板图、构件配筋图、需作补充说明的内容。

1. 构件模板图

如图 12-13 所示，构件模板图表示模板尺寸，预留洞及预埋件位置、尺寸，预埋件编号、必要的标高等；后张预应力构件尚需表示预留孔道的定位尺寸、张拉端、锚固端等。

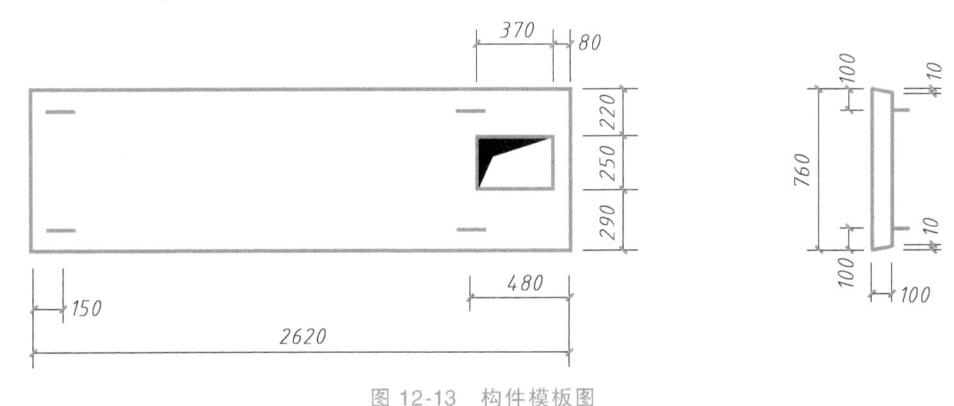

图 12-13 构件模板图

2. 构件配筋图

构件配筋图主要表示构件内部各种钢筋的形状、大小、数量、级别和排放位置，由纵剖面图和横断面图组成。

（1）纵剖面图 主要表示构件内钢筋形式、箍筋直径与间距，配筋复杂时宜将非预应力筋分离绘出。构件轮廓线用细实线画出，钢筋用粗实线表示。当钢筋的类型、直径、间距均相同时，可只画出其中的一部分，其余可省略不画。

（2）横断面图 横断面图是构件的横向断面图，它主要表示构件内钢筋的上下和前后配

置情况以及钢箍的形状等内容。一般在构件断面形状或钢筋数量、位置有变化之处，均应画出断面图。构件剖面轮廓线用细实线画出，钢筋横断面用黑点表示。横断面图应注明断面尺寸，钢筋规格、位置、数量等。

梁纵剖面及横断面图中钢筋的表示方法如图 12-14 所示。

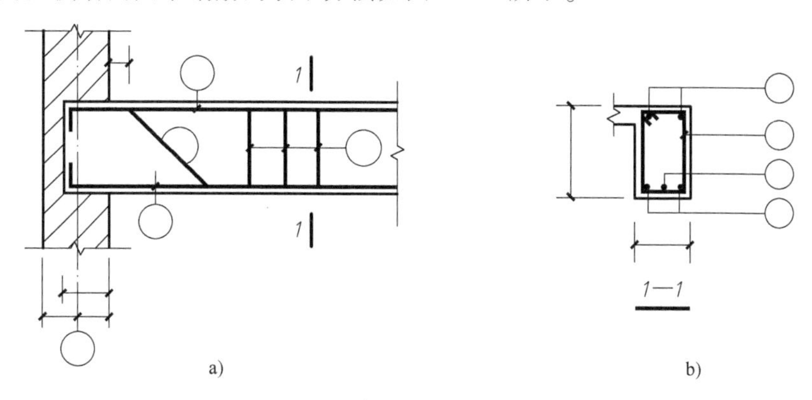

图 12-14　梁纵剖面及横断面图中钢筋的表示方法

a）梁纵剖面图中钢筋表示方法　b）梁横断面图中钢筋表示方法

（3）钢筋详图　钢筋详图是按照 GB/T 50105—2010《建筑结构制图标准》规定的图例画出的一种示意图。它能表示钢筋的形状，并便于施工和编制预算。同一编号的钢筋只画一根，并详细注出钢筋的编号、直径、级别、数量（或间距）及各段长度与总长度。注写长度时，可不画尺寸线和尺寸界线，而直接注写尺寸数字。结构施工图中常见的钢筋图例见表 12-6。

构件配筋图中箍筋的长度尺寸，应按箍筋的里皮尺寸。弯起钢筋的高度尺寸应按钢筋的外皮尺寸，如图 12-15 所示。

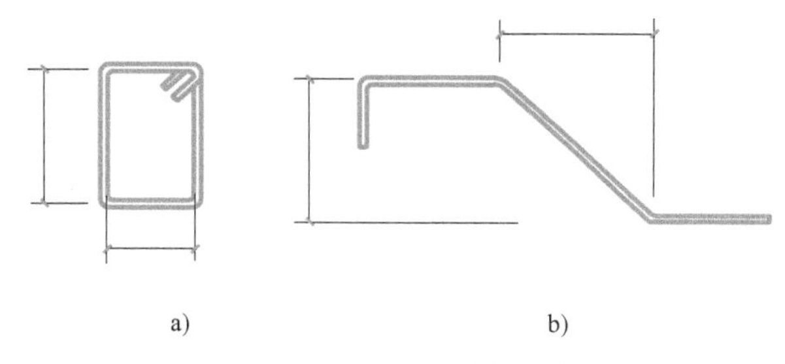

图 12-15　钢箍尺寸标注法

a）梁箍筋尺寸标注图　b）弯起钢筋尺寸标注图

（4）钢筋编号　钢筋的说明应给出钢筋的代号、直径、数量、间距、编号及所在位置，其说明应沿钢筋的长度标注或标注在相关钢筋的引出线上。

钢筋编号的直径宜采用 5~6mm 的细实线圆表示，其编号宜采用阿拉伯数字按顺序编写。简单的构件、钢筋种类较少可不编号。

3. 预埋件、预留孔洞的表示方法

在混凝土构件上设置预埋件时，可按图 12-16 的规定在平面图或立面图上表示。引出线指向预埋件，并标注预埋件的代号。

混凝土构件的正、反面同一位置均设置相同的预埋件时，可按图 12-17 的规定引出线，

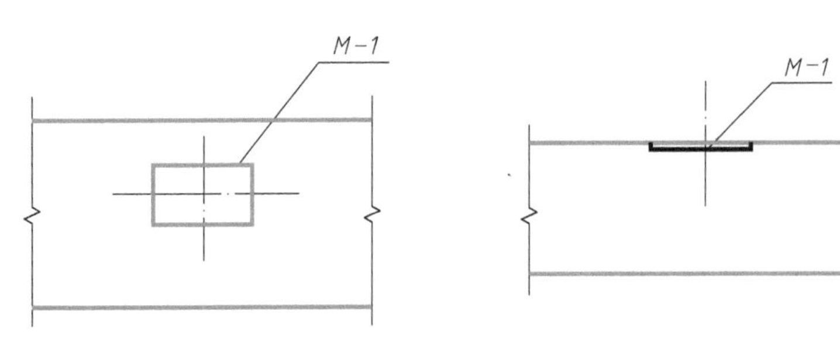

图 12-16　预埋件的表示方法

为一条实线和一条虚线并指向预埋件，同时在引出横线上标注预埋件的数量及代号。

在混凝土构件的正、反面同一位置编号不同的预埋件时，可按图 12-18 的规定引一条实线和一条虚线并指向预埋件。引出横线上标注正面预埋件代号，引出横线下标注反面预埋件代号。

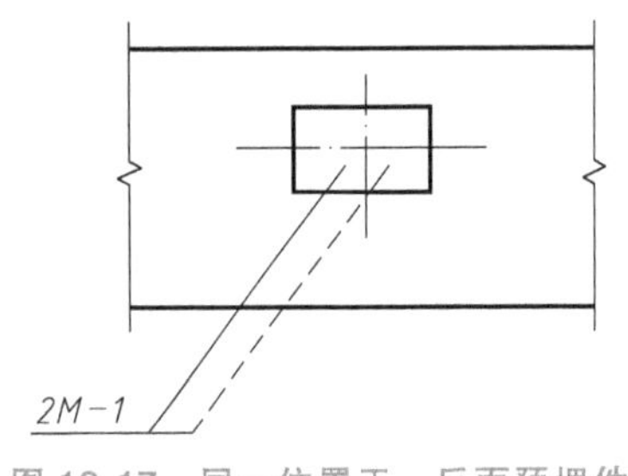

图 12-17　同一位置正、反面预埋件相同的表示方法

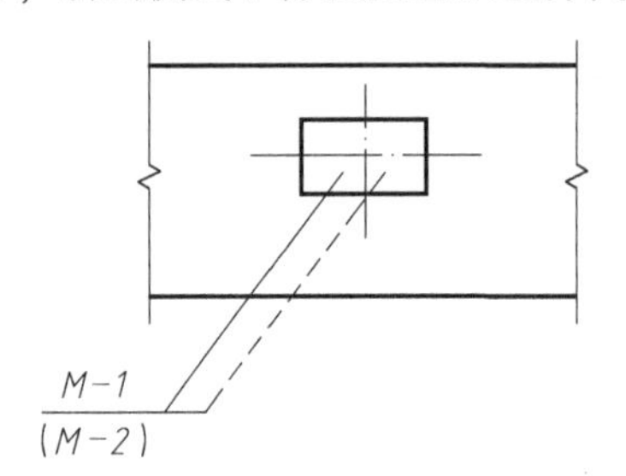

图 12-18　同一位置正、反面预埋件不相同的表示方法

在构件上设置预留孔、洞或预埋套管时，可按图 12-19 的规定在平面或断面图中表示。引出线指向预留（埋）位置，引出横线上方标注预留孔、洞的尺寸，预埋套管的外径。横线下方标注孔、洞（套管）的中心标高或底标高。

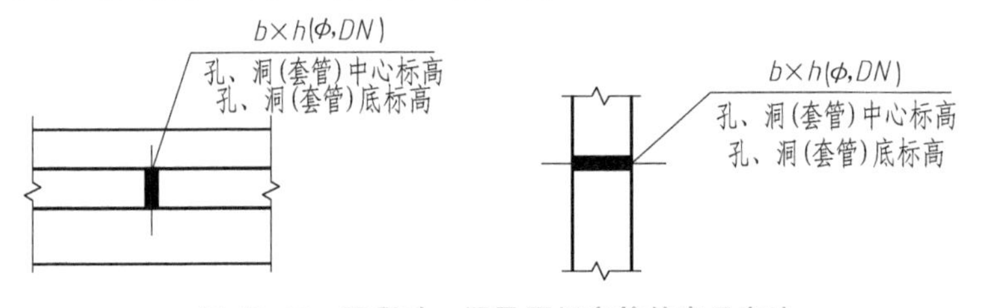

图 12-19　预留孔、洞及预埋套管的表示方法

4. 钢筋明细图

在钢筋混凝土构件配筋图中，如果构件比较简单，可不画钢筋详图，而只列一钢筋明细表，供施工备料和编制预算使用。

在钢筋明细表中，要标明钢筋的编号、规格、钢筋示意图、下料长度、每件根数、总根数、总长和总重等内容。其中钢筋示意图可按钢筋近似形状画出，并注写每段长度（钢筋明细表示例见表 12-9）。

表 12-9　钢筋明细表

成型钢筋代码	钢筋编号	规格/mm	钢筋示意图（单位：mm）	下料长度/mm	每件根数	总根数	总长/m	总重/kg

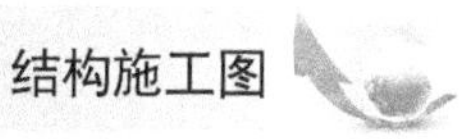

此外，对于现浇构件（现浇梁、板、柱及墙等详图）应绘出：

1）纵剖面、长度、定位尺寸、标高及配筋，梁和板的支座（可利用标准图中的纵剖面图）；现浇预应力混凝土构件尚应绘出预应力筋定位图并提出锚固及张拉要求。

2）横断面、定位尺寸、剖面尺寸、配筋（可利用标准图中的横断面图）。

3）必要时绘制墙体立面图。

4）若钢筋较复杂不易表示清楚时，宜将钢筋分离绘出。

5）对构件受力有影响的预留洞、预埋件，应注明其位置、尺寸、标高、洞边配筋及预埋件编号等。

6）曲梁或平面折线梁宜绘制平面详图，必要时可绘展开详图。

7）一般的现浇结构的梁、柱、墙可采用“平面整体表示法”绘制，标注文字较密时，纵、横向梁宜分二幅平面绘制。

8）除总说明已叙述外需特别说明的附加内容，尤其是与所选用标准图不同的要求（如钢筋锚固要求、构造要求等）。

9）对建筑非结构构件及建筑附属机电设备与结构主体的连接，应绘制连接或锚固详图。

5. 钢筋混凝土构件图示实例

（1）钢筋混凝土简支梁　钢筋混凝土结构详图应包括立面图、断面图和钢筋详图或列钢筋表。

图 12-20 所示为一矩形截面钢筋混凝土简支梁的结构详图。梁的立面图和断面图分别表

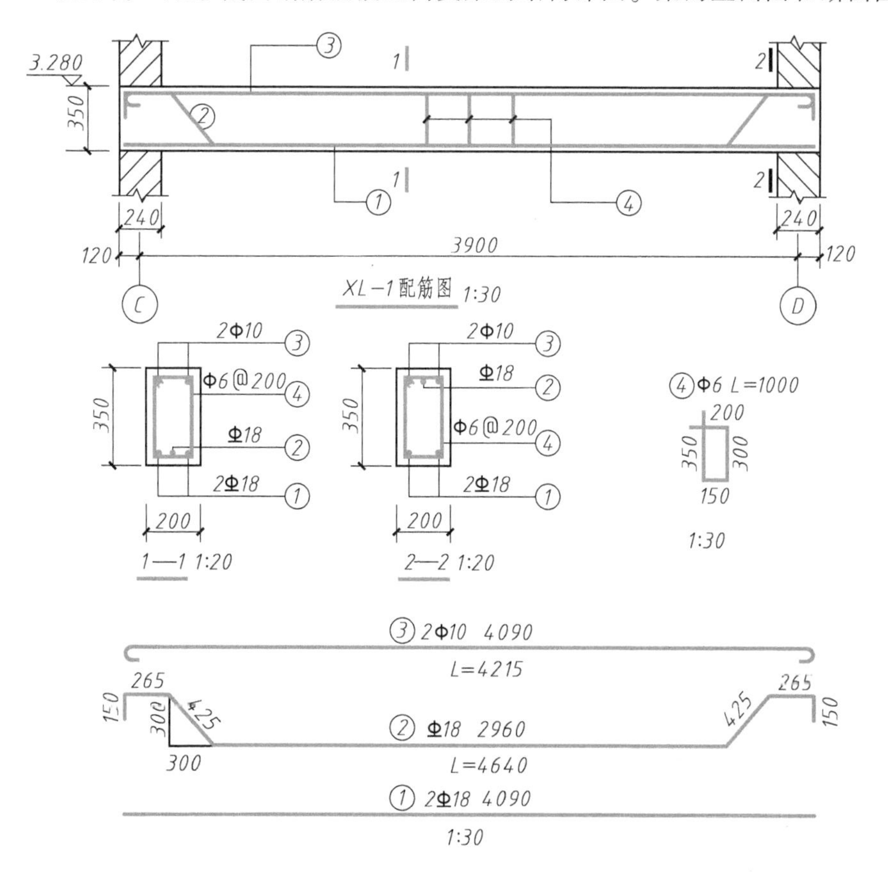

图 12-20　钢筋混凝土简支梁的结构详图

明了梁长约4140mm，宽200mm，高350mm。两端支承在墙上，各搭入墙内240mm。梁的下部配置了3根受力筋，其中②筋为弯起筋，直径18mm HRB335钢筋；①筋位于梁的两端侧，是两根直径18mm HRB335钢筋。两根立筋配置在梁的上部，其编号为③，直径10mm，HPB300钢筋。④筋是箍筋，直径为6mm，间距200mm。@是钢筋间距符号。

在钢筋详图中画出了每种钢筋的形状，并标明了钢筋的编号、根数、等级、直径、各段长度和总长度等。例如①筋两端带弯钩，其上标注的4090是指梁的长度减去两端保护层的厚度。钢筋的下料长度 $L=[4090+2\times(6.25\times d)]\text{mm}=4215\text{mm}$。②筋总长 $L=[2960+2\times(425)+2\times(265)+2\times(300)]\text{mm}=4640\text{mm}$。箍筋尺寸按钢筋的内皮尺寸计算。

（2）钢筋混凝土板　钢筋混凝土板结构详图一般应画板的平面图、剖面图和配筋详图，图12-21所示为现浇钢筋混凝土板结构详图。

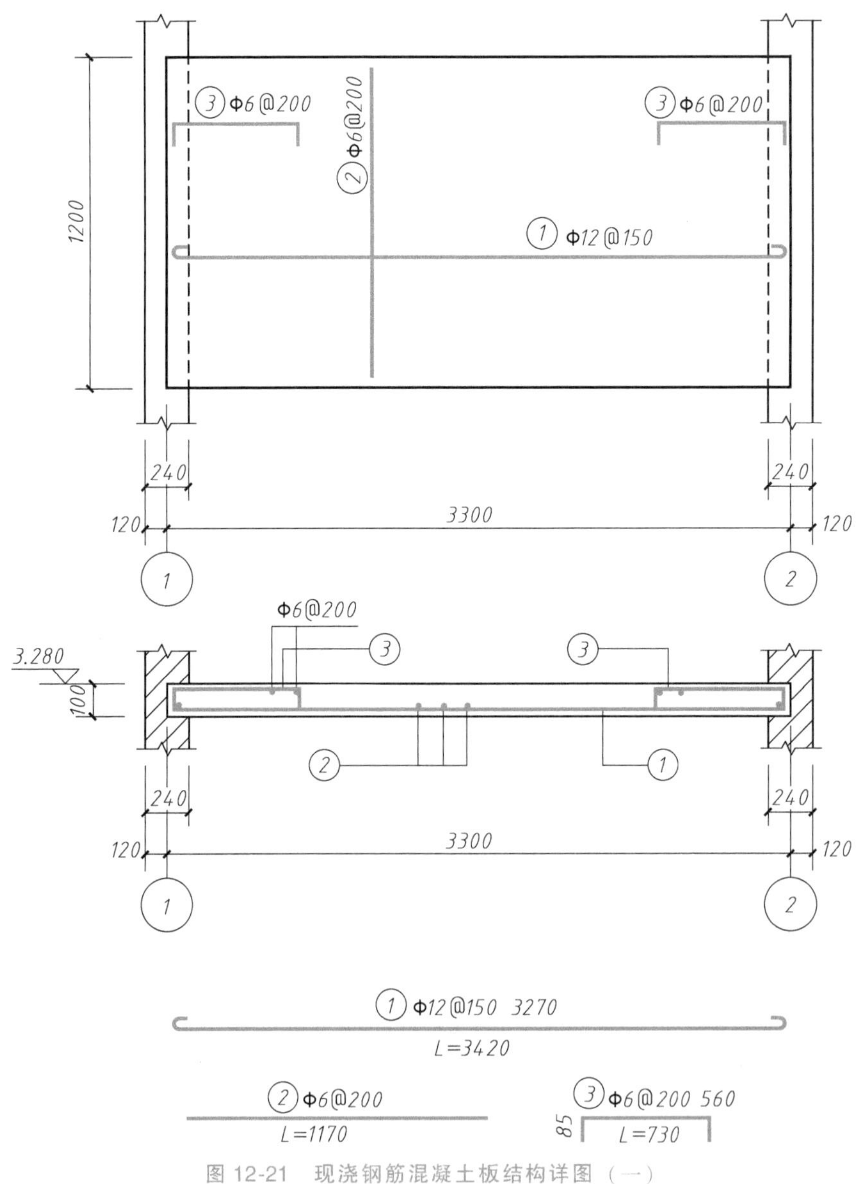

图12-21　现浇钢筋混凝土板结构详图（一）

在现浇钢筋混凝土板中，除了画板的外形外，还要用虚线画板下面的墙、梁、柱的位置。

钢筋混凝土板按其受力不同，可分为单向受力板和双向受力板。单向受力板中的受力筋配置在分布筋的下侧，双向受力板两个方向的钢筋都是受力筋，但与板的短边平行的钢筋配置在下侧。如果现浇板中的钢筋是均匀配置，那么同一形状的钢筋可只画其中的一根。

从图 12-21 中可以了解到，钢筋混凝土现浇板长 3300mm、宽 1200mm、厚 100mm。板两端伸入砖墙中，其支承长度各为 120mm。①筋为受力筋，直径 12mm，HPB300 钢筋，间隔 150mm 配置；②筋为分布筋，直径 6mm，HPB300 钢筋，间隔 200mm 配置；③筋为支座构造负筋，直径 6mm，HPB300 钢筋，间距 200mm。①筋总长 $L=3420$mm；③筋总长 $L=730$mm；②筋总长$L=1170$mm。

现浇钢筋混凝土板结构还可以按图 12-22 的形式表示，板厚和梁的断面形状用重合断面画出，每一种规格的钢筋只画一根，并按其立面形状图将钢筋配置在相应的位置上，然后注明钢筋编号、级别、直径和间距，同时还要标注钢筋长度与确定其位置的尺寸。

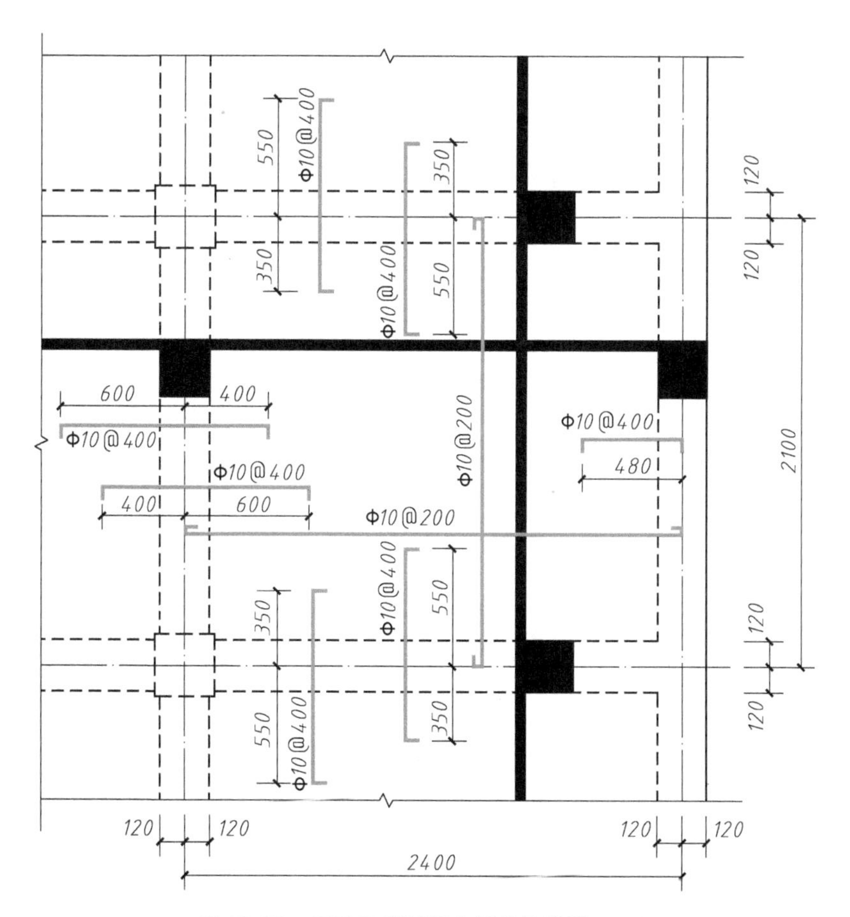

图 12-22　现浇钢筋混凝土板结构详图（二）

（3）钢筋混凝土柱　图 12-23 所示为单层工业厂房 BZ-11 钢筋混凝土边柱的结构详图，它选取自 056335《单层工业厂房钢筋混凝土柱》。由于 BZ-11 钢筋混凝土边柱的外形、配筋、预埋件比较复杂，因此，除了画出其配筋图外还画出了柱的模板图、预埋件详图和钢筋表。

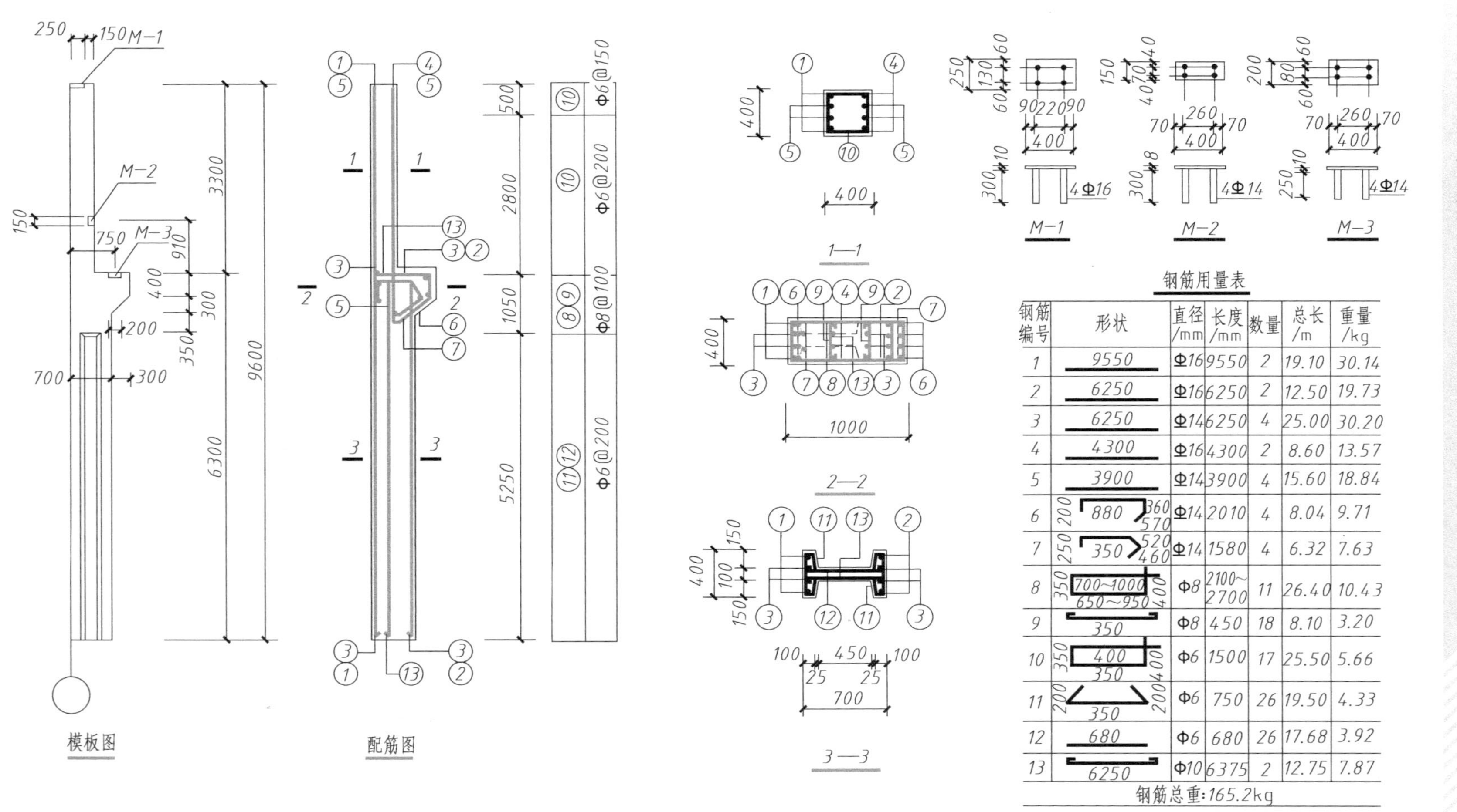

钢筋用量表

钢筋编号	形状	直径/mm	长度/mm	数量	总长/m	重量/kg
1	9550	Φ16	9550	2	19.10	30.14
2	6250	Φ16	6250	2	12.50	19.73
3	6250	Φ14	6250	4	25.00	30.20
4	4300	Φ16	4300	2	8.60	13.57
5	3900	Φ14	3900	4	15.60	18.84
6	200 880 360 570	Φ14	2010	4	8.04	9.71
7	250 350 520 460	Φ14	1580	4	6.32	7.63
8	350 700~1000 650~950 400	Φ8	2100~2700	11	26.40	10.43
9	350	Φ8	450	18	8.10	3.20
10	350 400 350 400	Φ6	1500	17	25.50	5.66
11	200 350 200	Φ6	750	26	19.50	4.33
12	680	Φ6	680	26	17.68	3.92
13	6250	Φ10	6375	2	12.75	7.87

钢筋总重:165.2kg

图 12-23 钢筋混凝土工字形边柱模板及配筋图

模板图表明，该柱总高为 9600mm，分为上柱和下柱两部分，上柱高为 3300mm，下柱高为 6300mm。配合断面图可以看出上柱断面为正方形实心柱，尺寸为 400mm×400mm；下柱为断面 700mm×400mm 的工字柱，下柱的上端凸出的牛腿，用以支承吊车梁，牛腿断面 2—2 为矩形，尺寸为 400mm×1000mm。

配筋图以立面图为主，再配合断面图，便可表示出配筋情况。从图中可以看到，上柱受力筋为①、④、⑤号钢筋，下柱的受力筋为①、②、③号钢筋，3—3 断面图表明，在下柱腹板内又加配两根⑩号钢筋钢箍。⑪、⑫号为钢筋钢箍。由 1—1 断面图可知，⑩筋为上柱钢箍。由 2—2 断面图可知，牛腿柱中的配筋为⑥、⑦号钢筋，其形状可由钢筋表中查得。⑧号钢筋为牛腿中的钢箍，其尺寸随牛腿断面变化而改变。⑨号筋是箍筋，在牛腿中用于固定受力钢筋②、③、④和⑩的位置。M-1 为柱与屋架焊接的预埋件，M-2、M-3 为柱与吊车梁焊接的预埋件，它们的形状见详图。

在钢筋用量表中列出了各种钢筋的编号、形状、级别、直径、根数、长度和重量。

对称的混凝土构件，也可在同一图样中一半表示模板，另一半表示配筋。

12.8　结构施工图平面整体表示方法

12.8.1　概述

在现浇混凝土结构中，构件的截面和配筋等数值可采用文字注写的方式表达。按结构层绘制的平面布置图中，直接用文字表达各类构件的编号（编号中含有构件的类型代号和顺序号）、断面尺寸、配筋及有关数值。

文字注写构件的表达方法即建筑结构施工图平面整体表示方法（简称平法）。平法的表达形式，概括来讲，是把结构构件的尺寸和配筋等，按照平面整体表示方法制图规则，整体直接表达在各类构件的结构平面布置图上，再与标准构造详图相结合，即构成一套完整的结构设计施工图。

平法是我国现浇混凝土结构施工图表示方法的重大改革，被原国家科委列为“九五”国家级科技成果重点推广计划项目，并被原建设部列为 1996 年科技成果重点推广项目。最新的标准图集是 16G101-1《混凝土结构施工图平面整体表示方法制图规则和构造详图（现浇混凝土框架、剪力墙、梁、板）》、16G101-2《混凝土结构施工图平面整体表示方法制图规则和构造详图（现浇混凝土板式楼梯）》、16G101-3《混凝土结构施工图平面整体表示方法制图规则和构造详图（独立基础、条形基础、筏形基础、桩基础）》。

按平法设计绘制的施工图，一般是由各类结构构件的平法施工图和标准构造详图两大部分构成，但对于复杂的工业与民用建筑，尚需增加模板、开洞和预埋件等平面图。只有在特殊情况下才需增加剖面配筋图。

按平法设计绘制结构施工图时，必须根据具体工程设计，按照各类构件的平法制图规则，在按结构（标准）层绘制的平面布置图上直接表示各构件的尺寸、配筋。出图时，宜按基础、柱、剪力墙、梁、板、楼梯及其他构件的顺序排列。

按平法设计绘制结构施工图时，应将所有柱、剪力墙、梁和板等构件进行编号，编号中含有类型代号和序号等。其中，类型代号的主要作用是指明所选的标准构造详图；在标准构造详图上，已经按其所属构件类型注明代号，以明确该详图与平法施工图中该类型构件的互补关系，使两者结合构成完整的结构设计图。

按平法设计绘制施工图时，应当用表格或其他方式注明包括地下和地上各层的结构层楼（地）面标高、结构层高及相应的结构层号。

其结构层楼面标高和结构层高在单项工程中必须统一，以保证基础、柱与墙、梁、板、楼梯等用同一标准竖向定位。为施工方便，应将统一的结构层楼面标高和结构层高分别放在柱、墙、梁等各类构件的平法施工中（注：结构层楼面标高是指将建筑图中的各层点和楼面标高值扣除建筑面层及垫层做法厚度后的标高，结构层号应与建筑楼层号对应一致）。

在平面布置图上表示各构件尺寸和配筋的方式，分平面注写方式、列表注写方式和截面注写方式三种。

12.8.2 柱平法施工图的图示法

柱平法施工图是在柱平面布置图上采用列表注写方式或截面注写方式表达。柱平面布置图可采用适当比例单独绘制，也可与剪力墙平面布置图合并绘制。

1. 列表注写方式

列表注写方式，是指在柱平面布置图上（一般只需采用适当比例绘制一张柱平面布置图，包括框架柱、框支柱、梁上柱和剪力墙上柱），分别在同一编号的柱中选择一个（有时需要选择几个）截面标注几何参数代号；在柱表中注写柱编号、柱段起止标高、几何尺寸（含柱截面对轴线的偏心情况）与配筋的具体数值，并配以各种主截面形状及其箍筋类型图的方式，来表达柱平法施工图。

柱表注写内容规定如下：

注写柱编号，柱编号由类型代号和序号组成，应符合表 12-10 的规定。

表 12-10　柱编号

柱类别	代号	序号	柱类别	代号	序号
框架柱	KZ	××	梁上柱	LZ	××
转换柱	ZHZ	××	剪力墙上柱	QZ	××
芯柱	XZ	××			

注：编号时，当柱的总高、分段截面尺寸和配筋均对应相同，仅截面与轴线的关系不同时，仍可将其编为同一柱号，但应在图中注明截面与轴线的关系。

图 12-24 所示为用列表注写方式表达的柱平法施工图示例（见附图）。

其主要内容可分为：

1）柱编号：由类型代号和序号组成。

图中的柱表示编号为“KZ1”，即 1 号框架柱。

2）各段柱的起止标高及断面尺寸。注写各段柱的起止标高，自柱根部往上以变截面位置或截面未变但配筋改变处为界分段注写。框架柱和转换柱的根部标高是指基础顶面标高；芯柱的根部标高是指根据结构的实际需要而定的起始位置标高；梁上柱的根部标高是指梁顶面标高；剪力墙上柱的根部标高为墙顶面标高。

对剪力墙上柱 QZ 提供“柱纵筋锚固在墙顶部”“柱与墙重叠一层”两种构造做法，应注明选用哪种做法。当选用“柱纵筋锚固在墙顶部”做法时，剪力墙平面外方向应设梁。

图中的结构柱的断面尺寸和配筋值随高度变化而变化，采用列表形式辅助表达其对应的数值。在图名中，写上该施工图适用的范围，如本图适用标高为-4.530~59.070m的柱。和图左边的表格对应，该表格表达了该建筑包括地下和地上各层的结构层楼（地）面标高、结构层高及相应的结构层号。因此，该建筑是一幢地上16层、地下2层的建筑，屋顶高度是65.670m，大部分楼层的层高是3.6m。表中粗线突出表示本张施工图对应的结构楼层号，本张施工图表示从-1层到16层的柱，标高从-4.530~59.070m。

3）对于矩形柱，注写柱截面尺寸 b（h 及与轴线关系的几何参数代号 b_1、b_2 和 h_1、h_2 的具体数值，需对应于各段柱分别注写。其中 $b=b_1+b_2$，$h=h_1+h_2$。当截面的某一边收缩变化至与轴线重合或偏到轴线的另一侧时，b_1、b_2、h_1、h_2 中的某项为零或为负值。

对于圆柱，表中 $b \times h$ 一栏改用在圆柱直径数字前加 d 表示。为表达简单，圆柱截面与轴线的关系也用 b_1、b_2 和 h_1、h_2 表示，并使 $d=b_1+b_2=h_1+h_2$。

对于芯柱，根据结构需要，可以在某些框架柱的一定高度范围内，在其内部的中心位置设置（分别引注其柱编号）。芯柱中心应与柱中心重合，并标注其截面尺寸，按图集标准构造详图施工；当设计者采用与构造详图不同的做法时，应另行注明。芯柱定位随框架柱，不需要注写其与轴线的几何关系。

图中所示该结构在此范围内的柱共有两种，编号为KZ1的框架柱和编号为XZ1的芯柱。“标高”栏内表明了柱在高度上的布置，KZ1在不同的标高，截面尺寸不同，例如从-4.530m到19.470m，即从第1层到第6层是750mm×700mm，第7层到第11层，柱子的截面尺寸为650mm×600mm，第12层到顶层，柱子的截面尺寸为550mm×550mm。

4）注写柱纵筋。当柱纵筋直径相同，各边根数也相同时（包括矩形柱、圆柱和芯柱），将纵筋注写在“全部纵筋”一栏中；除此之外，柱纵筋分角筋、截面 b 中部筋和 h 边中部筋三项分别注写（对于采用对称配筋的矩形截面柱，可仅注写一侧中部筋，对称边省略不注；对于采用非对称配筋的矩形截面柱，必须每侧注写中部筋）。

图中的柱表标高为“19.470~37.470”段，配筋情况是角筋为4根直径22mm的牌号为HRB400钢筋，截面的 b 边一侧中部筋为5根直径22mm的牌号为HRB400钢筋，截面的 h 边一侧中部筋为4根直径22mm的牌号为HRB400的钢筋。

5）在箍筋类型栏内注写箍筋类型号与肢数。具体工程所设计的各种箍筋类型图以及箍筋符合的具体方式，需画在表的上部或图中的适当位置，并在其上标注与表中相对应的 b、h 和类型号（注：确定箍筋肢数时要满足对柱纵筋“隔一拉一”以及箍筋肢距的要求）。

如图中所示，在柱表的上部画有该工程的各种箍筋类型图，柱表中箍筋类型号一栏，表明该柱的箍筋类型采用的是类型1，小括号中表示的是箍筋肢数组合，5×4组合见左下角“注”右侧图所示。

6）注写柱箍筋，包括钢筋的级别、直径和间距。用斜线“/”区分柱端箍筋加密区与柱身非加密区长度范围内箍筋的不同间距。施工人员需根据标准构造详图的规定，在规定的几种长度值中取其最大者作为加密区长度。当框架节点核心区内箍筋与柱端箍筋设置不同时，应在括号中注明核心区箍筋直径及间距。

图中柱表的箍筋，第一段为“ϕ10@100/200”表示直径为10mm，间距是200mm，而在加密区，间距是100mm，斜线“/”前表示柱端箍筋加密区箍筋的间距，其后表示柱身非加密区箍筋的间距，如果没有斜线“/”，则表示箍筋沿柱全高为同种间距。

2. 截面注写方式

截面注写方式，是在柱平面布置图的柱截面上，分别在同一编号的柱中选择一个截面，以直接注写截面尺寸和配筋具体数值的方式来表达柱平法施工图。

图 12-25 所示为柱平法施工图截面注写方式示例（见附图）。

图中左侧结构层高表中，用粗实线表示本例的标高范围。对除芯柱之外的所有柱截面按表 12-10 的规定进行编号，从相同编号的柱中选择一个截面，按另一种比例原位放大绘制柱截面配筋图，并在各配筋图上继其编号后再注写截面尺寸 $b \times h$、角筋或全部纵筋（当纵筋采用一种直径且能够图示清楚时）、箍筋的具体数值（箍筋的注写方式同列表法），以及在柱截面配筋图上标注柱截面与轴线关系 b_1、b_2、h_1、h_2 的具体数值。

图中 KZ1 的 650×600，说明在标高 19.470~37.470m 范围内，KZ1 的截面尺寸为 650mm ×600mm。

另外，需要标注柱的配筋情况，包括纵向钢筋和箍筋的配置。当纵筋采用两种直径时，需再注写截面各边中部筋的具体数值（对于采用对称配筋的矩形截面柱，可仅在一侧注写中部筋，对称边省略不注）。图中 KZ1，截面的宽度 b 方向上标注的 5⌀22 和截面高度 h 方向上标注的 4⌀20。

KZ2、LZ1 的纵筋都是同一规格，因此，在集中标注中将所有纵筋的数量和规格注明，如 KZ2 的 22⌀22，对应配筋图中纵向的钢筋的布置图，可以确定 22 根牌号为 HRB400、直径 22mm 钢筋的放置位置。

当在某些框架柱的一定高度范围内，在其内部的中心位置设置芯柱时，首先按照表 12-10 进行编号，继其编号之后注写芯柱的起止标高、全部纵筋及箍筋的具体数值（箍筋的注写方式同列表法），芯柱截面尺寸在构造时确定，并按标准构造详图施工，设计不注；当设计者采用与构造详图不同的做法时，应另行注明。芯柱定位随框架柱，不需要注写其与轴线的几何关系。

12.8.3 梁平法施工图的图示法

梁平法施工图是指在梁平面布置图上采用平面注写方式或截面注写方式表达。梁平面布置图，应分别按梁的不同结构层（标准层），将全部梁与其相关联的柱、墙、板一起采用适当比例绘制。

在梁平法施工图中，尚应按规定注明各结构层的顶面标高及相应的结构层号。

对于轴线未居中的梁，应标注其偏心定位尺寸（贴柱边的梁可不注）。

1. 平面注写方式

平面注写方式，是指在梁平面布置图上，分别在不同编号的梁中各选择一根梁，在其上注写编号、截面尺寸、跨数和配筋具体数值的方式来表达梁平法施工图。

平面注写包括集中标注与原位标注，集中标注表达梁的通用数值，原位标注表达梁的特殊数值。当集中标注中的某项数值不适用于梁的某部位时，则将该项数值原位标注，施工时，原位标注取值优先。

图 12-26a 所示为用平面注写方式表示的梁施工图，图 12-26b 所示为与之对应的传统断面图表达方式。采用平面注写方式，只要有图 12-26a，就可以将图 12-26b 中的内容完全表达清楚，不需要再画。

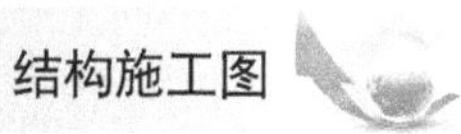

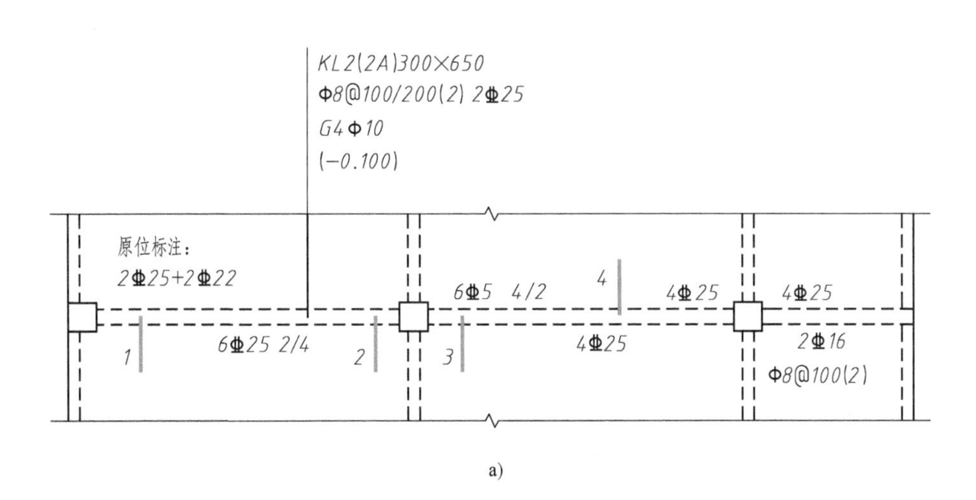

a)

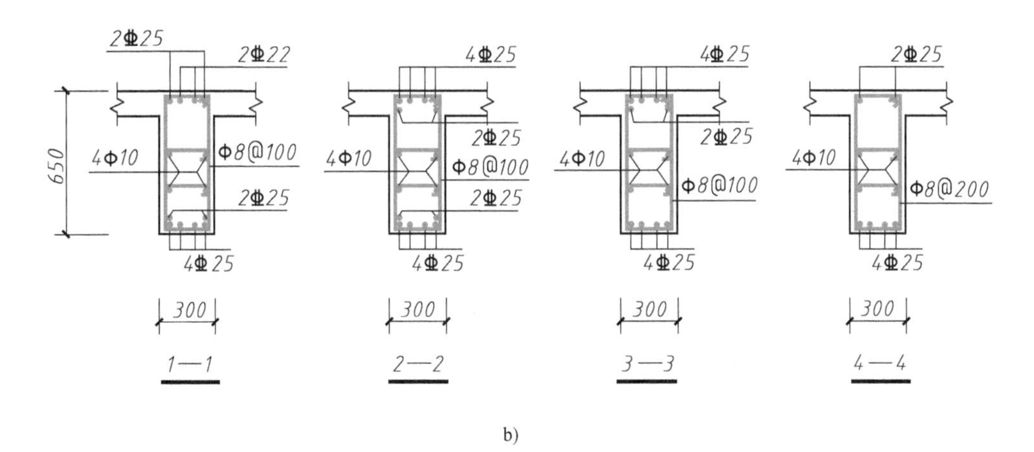

b)

图 12-26 平面注写方式示例

a）平面注写方式 b）传统断面图表达方式

注：图中四个梁截面是采用传统表示方法绘制的，用于对比按平面注写方式表达的同样内容。实际采用平面注写方式表达时，不需绘制梁截面配筋图和本图中相应界面号。

梁编号由梁类型代号、序号、跨数及带悬挑代号组成，并应符合表12-11的规定。

表 12-11 梁编号

梁类型	代号	序号	跨数及是否带悬挑代号
楼层框架梁	KL	××	(××)、(××A)或(××B)
楼层框架扁梁	WBL	××	(××)、(××A)或(××B)
屋面框架梁	WKL	××	(××)、(××A)或(××B)
框支梁	KZL	××	(××)、(××A)或(××B)
托柱转换梁	TZL	××	(××)、(××A)或(××B)
非框架梁	L	××	(××)、(××A)或(××B)
悬挑梁	XL	××	(××)、(××A)或(××B)
井字梁	JZL	××	(××)、(××A)或(××B)

注：(××A) 为一端悬挑，(××B) 为两端有悬挑，悬挑不计入跨数。

例如：KL7（5A）表示第7号框架梁，5跨，一端有悬挑；L9（7B）表示第9号非框架梁，7跨，两端有悬挑。

图12-27所示为梁平法施工图平面注写方式示例（见附图）。

（1）梁集中标注的内容　有五项必注值及一项选注值（集中标注可以从梁的任意一跨引出），规定如下：

1）梁编号：见表12-11，该项为必注值。其中，对井字梁编号中关于跨数的规定见图集16G101-1。

根据以上编号原则可知，集中注写中"KL4（3A）"表示的含义是：第4号框架梁，3跨，一端有悬挑。

2）梁截面尺寸：该项为必注值。当为等截面梁时，用 $b \times h$ 表示，如300×650表示截面宽度300mm、高650mm；当为竖向加腋梁时，用 $b \times h$ GY$c_1 \times c_2$ 表示，其中 c_1 为腋长，c_2 为腋高，如图12-28所示。

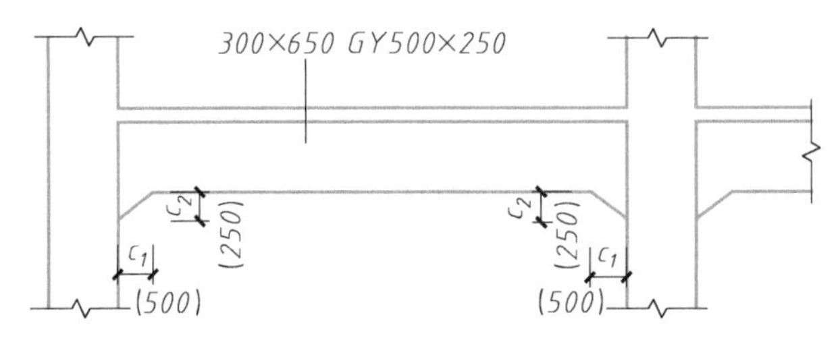

图12-28　竖向加腋梁截面注写示意

当为水平加腋梁时，一侧加腋时用 $b \times h$ PY$c_1 \times c_2$ 表示，其中 c_1 为腋长，c_2 为腋宽，加腋部位应在平面图中绘制，如图12-29所示。

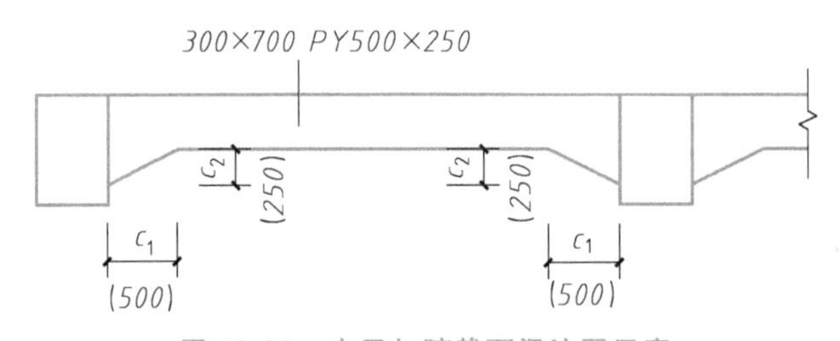

图12-29　水平加腋截面梁注写示意

当有悬挑梁且根部和端部的高度不同时，用斜线分隔根部与端部的高度值，即为 $b \times h_1/h_2$。如图12-30所示。

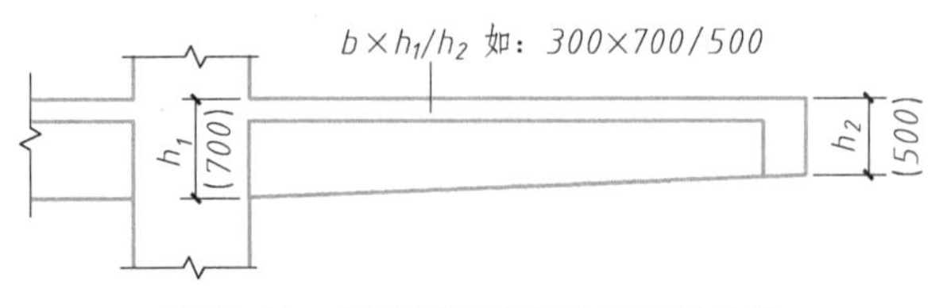

图12-30　悬挑梁不等高截面注写示意

3）梁箍筋：包括钢筋级别、直径、加密区与非加密区间距及肢数，该项为必注值。箍筋加密区与非加密区间距及肢数，该项为必注值。箍筋加密区与非加密区的不同间距及肢数

用“/”分隔；当梁箍筋为同一种间距及肢数时，则不需用斜线；当加密区与非加密区的箍筋肢数相同时，则将肢数注写一次；箍筋肢数应写在括号内。加密区范围见相应抗震等级的标准构造详图。例如Φ8@100(4)/150(2)，表示箍筋为HPB300钢筋，直径为8mm，加密区间距为100mm，四肢箍；非加密区间距为150mm，两肢箍。

图12-27中集中注写的“Φ10@100/200(2)”，表示箍筋为HPB300钢筋，直径为10mm，加密区间距为100mm，非加密区间距为200mm，均为两肢箍。

非框架梁、悬挑梁、井字梁采用不同的箍筋间距及肢数时，也用斜线“/”将其分隔开来。注写时，先注写梁支座端部的箍筋（包括箍筋的箍数，钢筋级别、直径、间距与肢数），在斜线后注写梁跨中部分的箍筋间距及肢数。例如13Φ10@150/200(4)，表示箍筋为HPB300钢筋，直径为10mm；梁的两端各有13个四肢箍，间距为150mm；梁跨中部分间距为200mm，四肢箍。18Φ12@150(4)/200(2)，表示箍筋为HPB300钢筋，直径为12mm；梁的两端各有18个四肢箍，间距为150mm；梁跨中部分，间距为200mm，双肢箍。

4）梁上部通长筋或架立筋配置（通长筋可为相同或不同直径采用搭接连接、机械连接或焊接的钢筋），该项为必注值。所注规格与根数应根据结构受力要求及箍筋肢数等构造要求而定。当同排纵筋中既有通长筋又有架立筋时，应用加号“+”将通长筋和架立筋相连。注写时需将角部纵筋写在加号的前面，架立筋写在加号后面的括号内，以示不同直径及与通长筋的区别。当全部采用架立筋时，则将其写入括号内。

例如：2⌀22用于双肢箍；2⌀22+(4Φ12)用于六肢箍，其中2⌀22为通长筋，4Φ12为架立筋。

当梁的上部纵筋和下部纵筋为全跨相同，且多数跨配筋相同时，此项可加注下部纵筋的配筋值，用分号“;”将上部与下部纵筋的配筋值分隔开来。

例如：3⌀22、3⌀20表示梁的上部配置3⌀22的通长筋，梁的下部配置3⌀20的通长筋。

图12-27中集中注写的“2⌀25”梁上部配置有贯通筋，直径为25mm的HRB400级钢筋两根，若为架立筋则写入括号内。

5）梁侧面纵向构造钢筋或受扭钢筋配置，该项为必注值。当梁腹板高度$h_N \geqslant 45$mm时，需配置纵向构造钢筋，所注规格与根数应符合规范规定。此项注写值以大写字母G打头，接续注写设置在梁两个侧面的总配筋值，且对称配置。

例如：G4Φ12表示梁的两个侧面共配置4Φ12的纵向构造钢筋，每侧各配置2Φ12。

当梁侧面需配置受扭纵向钢筋时，此项注写值以大写字母N打头，连续注写配置在梁两个侧面的总配筋值，且对称配置，受扭纵向钢筋应满足梁侧面纵向钢筋的间距要求，且不再重复配置纵向构造钢筋。

例如：N6⌀22表示梁的两侧共配置6⌀22的受扭纵向钢筋，每侧各配置3⌀22。

注：1. 当为梁侧面构造钢筋时，其搭接与锚固长度可取为15d。

2. 当为梁侧面受扭纵向钢筋时，其搭接长度为l_l或l_{lE}，锚固长度为l_a或l_{aE}；其锚固方式同框架梁下部纵筋。

6）梁顶面标高高差：该项为选注值。梁顶面标高高差，是指相对于结构层楼面标高的高差值，对于位于结构夹层的梁，则指相对于结构夹层楼面标高的高差，有高差时，需将其写入括号内，无高差时不注。

注：当某梁的顶面高于所在结构层的楼面标高时，其标高高差为正值，反之为负值。

例如：某结构标准层的楼面标高分别为44.950m和48.250m，当这两个标准层中某梁的梁顶面标高差注写为（-0.050）时，即表明该梁面标高分别相对于44.950m和48.250m低0.05m。

（2）梁原位标注的内容

梁支座上部纵筋，该部位含通长筋在内的所有纵筋：

① 当上部纵筋多于一排时，用斜线“/”将各排纵筋自上而下分开。

例如：梁支座上部纵筋注写为6⌀25 4/2，则表示上一排纵筋为4⌀25，下一排纵筋为2⌀25。

② 当同排纵筋有两种直径时，用加号“+”将两种直径的纵筋相连，注写时将角部纵筋写在前面。

例如：梁支座上部有四根纵筋，2⌀25放在角部，2⌀22放在中部，在梁支座上部应注写为2⌀25+2⌀22。

③ 当梁中间支座两边的上部纵筋不同时，须在支座两边分别标注；当梁中间支座两边的上部纵筋相同时，可仅在支座的一边标注配筋值，另一边省去不注，如图12-31所示。

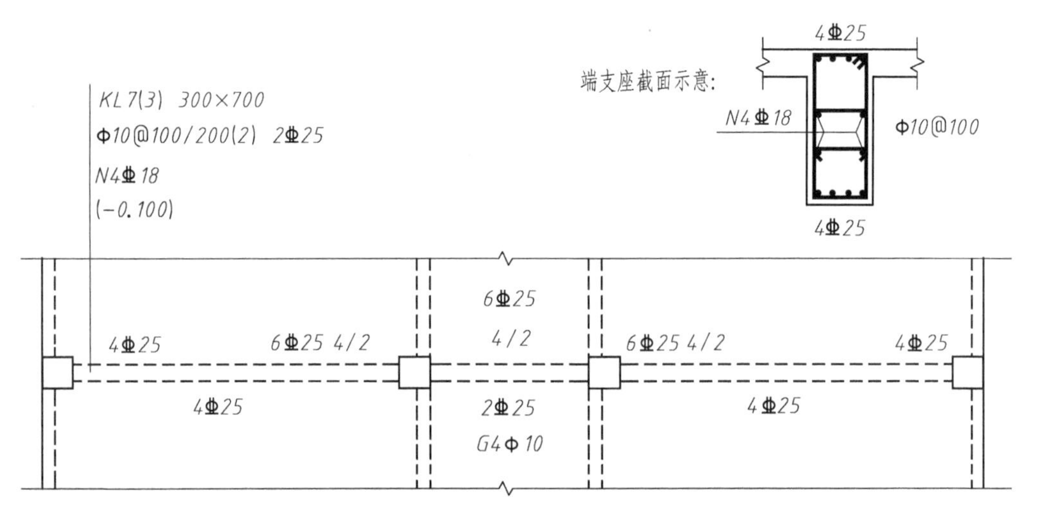

图12-31　大小跨梁的注写示意

2. 截面注写方式

截面注写方式，是指在分标准层绘制的梁平面布置图上，分别在不同编号的梁中各选择一根梁用剖面号引出配筋图，并在其上注写截面尺寸和配筋具体数值的方式来表达平法施工图。

对所有梁根据表12-11的规定进行编号，从相同编号的梁中选择一根梁，先将“单边截面号”画在该梁上，再将截面配筋详图画在本图或其他图上。当某梁的顶面标高与结构层的楼面标高不同时，尚应继其梁编号后注写梁顶面标高高差（注写规定与平面注写方式相同）。

图12-32所示为梁平法施工图截面注写方式示例。图示内容如下：

在截面配筋详图上注写截面尺寸$b×h$、上部筋、下部筋、侧面构造筋或受扭筋以及箍筋的具体数值时，其表达形式与平面注写方式相同。

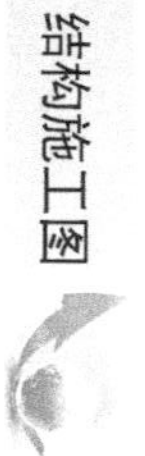

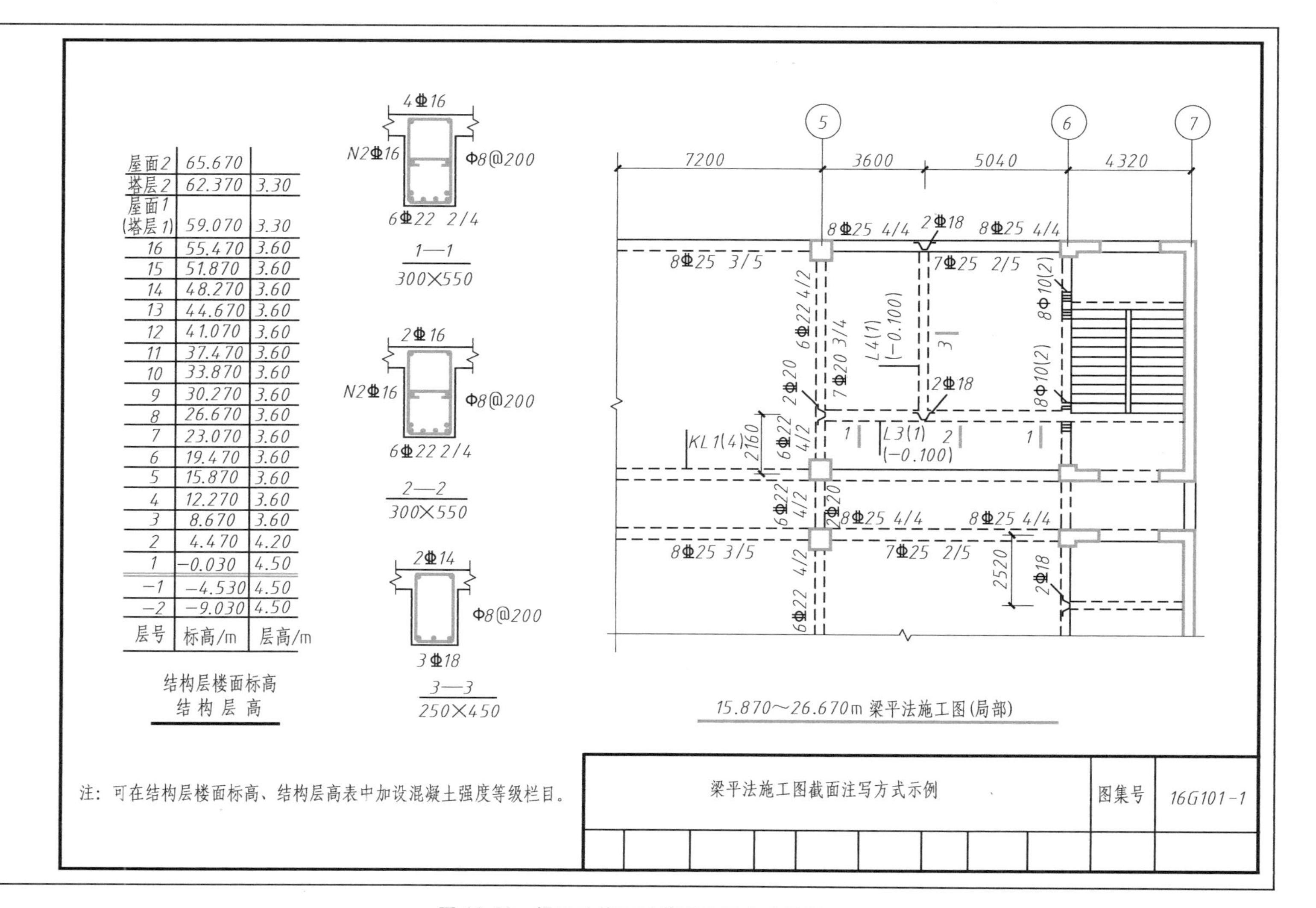

层号	标高/m	层高/m
屋面2	65.670	
塔层2	62.370	3.30
屋面1 (塔层1)	59.070	3.30
16	55.470	3.60
15	51.870	3.60
14	48.270	3.60
13	44.670	3.60
12	41.070	3.60
11	37.470	3.60
10	33.870	3.60
9	30.270	3.60
8	26.670	3.60
7	23.070	3.60
6	19.470	3.60
5	15.870	3.60
4	12.270	3.60
3	8.670	3.60
2	4.470	4.20
1	−0.030	4.50
−1	−4.530	4.50
−2	−9.030	4.50

结构层楼面标高
结构层高

注：可在结构层楼面标高、结构层高表中加设混凝土强度等级栏目。

图 12-32 梁平法施工图截面注写方式示例

对于框架扁梁尚需在截面详图上注写未穿过柱截面的纵向受力筋根数。对于框架扁梁节点核心区附加钢筋，需采用平、剖面图表达节点核心区附加纵向钢筋、柱外核心区全部竖向拉筋以及端支座附加 U 形箍筋，注写其具体数值。

截面注写方式既可以单独使用，也可与平面注写方式结合使用。

在梁平法施工的平面图中，当局部区域的梁布置过密时，除了采用截面注写方式表达外，也可将过密区用虚线框出，适当放大比例后再用平面法注写方式表示。当表达异形截面梁的尺寸与配筋时，用截面注写方式相对比较方便。

重要构件或较复杂的构件，不宜采用文字注写方式（平法）表达构件的截面尺寸和配筋等有关数值，宜采用绘制构件详图的表示方法。

基础、楼梯、地下室结构等其他构件，当采用文字注写方式绘制图样时，可采用在平面布置图上直接注写有关具体数值，也可采用列表注写的方式。

采用文字注写构件的尺寸、配筋等数值的图样，应绘制相应的节点做法及标准构造详图。

思考题

1. 钢筋混凝土结构图一般应包括哪些内容？

2. 模板图与配筋图各自表示什么内容？在图示方法上有何区别？

3. 在配筋图上对钢筋怎样编号和标注尺寸？

4. 如何查阅定型构件的标准通用图集？

5. 在梁板布置图中怎样表示板下墙、梁和柱？在梁板布置图中怎样简化预制楼板的表示方法？

6. 条形基础施工图由哪些图组成？各图表示什么内容？它们之间有何关系？

7. 在独立基础平面图中都应表示哪些内容？在基础平面图中各标注哪些尺寸？

第 13 章　室内给水排水工程图

本章概要

本章主要介绍给水排水系统的组成与分类、给水排水工程图的图示内容及图示方法，并介绍《建筑工程设计文件编制深度规定（2016 年版）》中给水排水施工图的设计深度，以及 GB/T 50106—2010《建筑给水排水制图标准》中的相关规定。

■ 13.1　室内给水系统的组成与分类

给水排水工程是城市建设的基础设施之一。它分为给水工程和排水工程。给水工程是为满足城镇居民生活和工业生产用水等需要而建造的工程设施。给水系统的设计应满足生活用水对水质、水量、水压、安全供水，以及消防用水的要求；排水工程是与给水工程相配套，用来汇集、输送、处理和排除生活污水、生产污水和雨、雪水的工程设施。

给水排水工程图分为两类，即室内给水排水图和室外给水排水图，本章仅介绍室内给水排水工程图。

13.1.1　室内给水系统的组成

室内给水系统是将城镇给水管网或自备水源给水管网的水引入室内，经配水管送至生活、生产和消防用水设备，并满足各用水点对水量、水压和水质要求的冷水供应系统。主要由下列几部分组成：

1. 引入管

引入管是由市政管道引入小区给水管网的管段，或由小区给水接户管引入建筑物的管段。每条引入管装有阀门，必要时还要装设泄水装置，以便管网检修时泄水。

2. 表节点

表节点是安装在引入管上的水表及其前后设置的阀门和泄水装置的总称。根据用水情况可在每单元、每幢建筑物或在一个住宅区内设置一个水表。

3. 给水管网

由水平干管、立管、支管等组成的管道系统。

4. 配水器材或用水设备

各类卫生器具和用水设备的配套水龙头和生产、消防等用水设备。

一般情况下，建筑物的给水是从室外给水管网上经一条引入管进入的，引入管安装进户总闸门和计算用水量用的水表，再与室内给水管网连接。如图 13-1 所示，为了确保建筑用水的水量和足够的压力，在室内给水管网上往往安装局部加压用水泵，在建筑物首层建贮水池，或在建筑物顶层安装水箱。按建筑物的防火要求，还要设置消防给水系统。

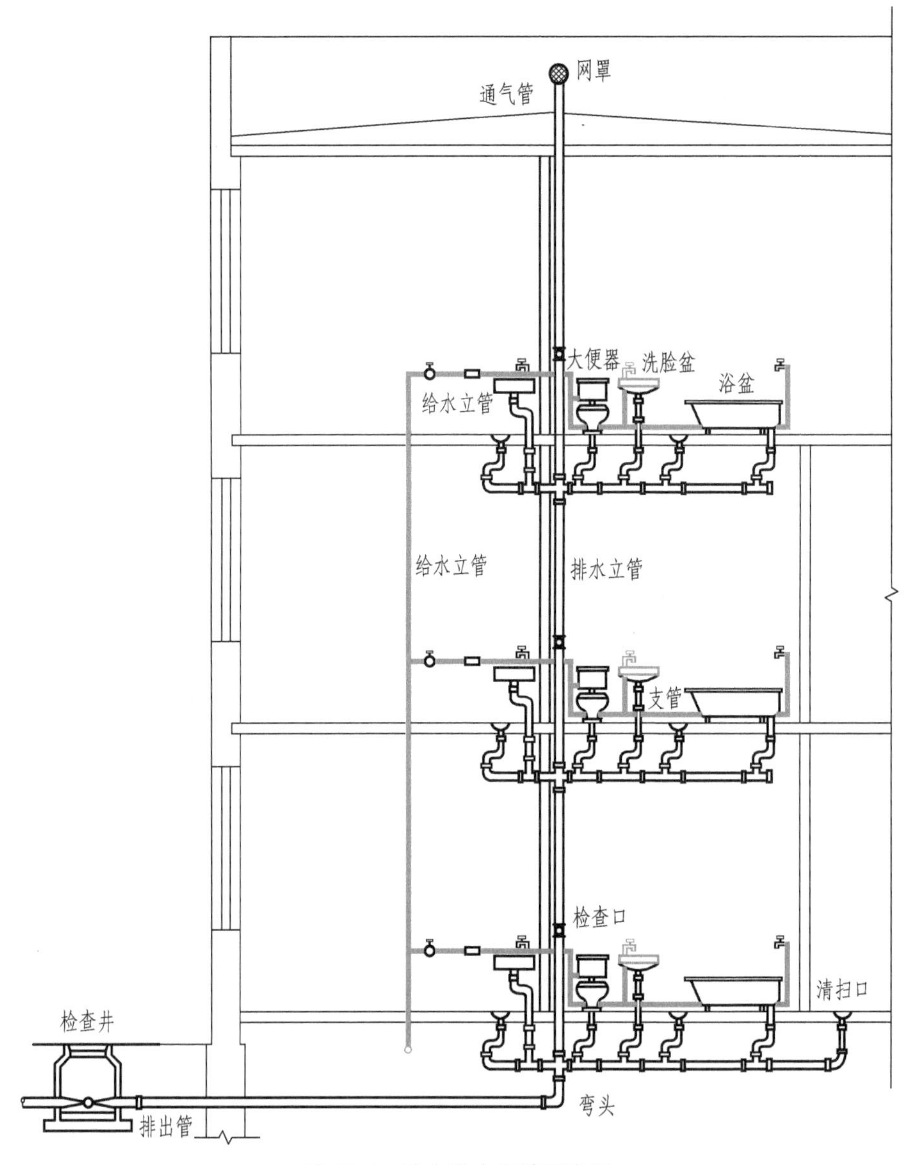

图 13-1　给水排水系统示意图

13. 1. 2　室内给水系统的分类

室内给水系统按用途可分为三类：

1. 生活给水系统

供民用、公共建筑和工业企业建筑内饮用、烹调、盥洗、洗涤、淋浴等生活用水。其水质必须严格符合国家规定的饮用水标准。

2. 生产给水系统

供给生产设备冷却、原料和产品的洗涤，以及各类产品制造过程中所需的生产用水。生产用水对水质、水量、水压以及安全方面的要求由于工艺不同，差异很大。

3. 消防给水系统

供层数较多的民用建筑、大型公用建筑及某些生产车间的消防系统的消防设备用水。消防用水对水质要求不高，但必须按建筑防火规范保证有足够的水量和水压。

上述三种给水系统可单独设置，也可根据实际条件和需要，组合成同时供应不同用途水量的生活、生产和消防共用给水系统。

13.2　室内排水系统的组成与分类

13.2.1　室内排水系统的组成

室内排水系统是将建筑内部的人们在日常生活和工业生产中使用过的水收集起来，及时排到室外。一般由下列几部分组成：

1. 卫生器具（或生产设备）

卫生器具是室内排水系统的起点，接纳各种污水后排入管网系统。

2. 排水管道

排水管道包括器具排水管（含存水弯）、排水横支管、立管、埋地干管和排出管。横支管应具有一定的坡度。为了保证污水畅通，立管管径不得小于50mm，也不应小于任何一根接入的横支管管径。排出管径不得小于与其连接的最大立管管径。

3. 通气管系统

建筑物内部排水管内是水气两相流，为防止因气压波动造成的水封破坏，使有毒有害气体进入室内，需要设置通气系统。一般情况可将排水立管上端延长并伸出屋顶，这一段管叫伸顶通气管。对于层数较高、卫生器具较多、排水量大的建筑，将排水管和通气管分开，设专用通气管道。

通气管的管径一般与排水立管管径相同或小一级，但在最冷月平均气温低于-2℃的地区和没有采暖的房间内，从顶棚以下0.15~0.2m起，其管径应较立管管径大50mm，以免管中因结冰霜而缩小或阻塞管道截面。

4. 清通设备

为疏通建筑物内部排水管道，保障排水通畅，需设清通设备。在横支管上设清扫口，在立管上设检查口。

13.2.2　室内排水系统的分类

1. 生活排水系统

排出居住建筑、公共建筑及工厂生活间的污废水。

2. 工业废水排水系统

排出工艺生产过程中产生的污废水。

3. 屋面雨水排出系统

收集排出降落到多跨工业厂房、大屋面建筑和高层建筑物面上的雨雪水。

13.3 给水排水工程图的制图规定

在贯彻执行 GB/T 50001—2017《房屋建筑制图统一标准》的同时，给水排水工程图还应贯彻 GB/T 50106—2010《建筑给水排水制图标准》中的相关规定。

在施工图设计阶段，建筑给水排水专业设计文件应包括图样目录、施工图设计说明、设计图、设备及主要材料表、计算书。

图样目录包括绘制设计图目录、选用的标准图目录及重复利用图目录。设计总说明可分为设计说明、施工说明两部分。凡不能用图示表达的施工要求，均应以设计说明表述；有特殊需要说明的可分列在有关图样上。

设计图包括：建筑小区（室外）给水排水总平面图；室外排水管道高程表或纵断面图；雨水控制与利用及各净化建筑物、构筑物平、剖面及详图；水泵房平面、剖面图；水塔(箱)、水池配管及详图；循环水构筑物的平面、剖面及系统图；建筑室内给水排水图；系统图；局部放大图，自备水源取水工程与集中的污水处理，应按照《市政公用工程设计文件编制深度规定》要求，另行专项设计。

设备及主要材料表给出使用的设备、主要材料、器材的名称、性能参数、计数单位、数量、备注等；根据初步设计审批意见进行施工图阶段设计计算得到计算书。

13.3.1 图线

建筑给水排水专业制图，常用的各种线型宜符合表 13-1 的规定。

表 13-1 图线

名称	线型	线宽	用　途
粗实线	————————	b	新设计的各种排水和其他重力流管线
粗虚线	- - - - - - - - - - - -	b	新设计的各种排水和其他重力流管线的不可见轮廓线
中粗实线	————————	$0.7b$	新设计的各种给水和其他压力流管线；原有的各种排水和其他重力流管线
中粗虚线	- - - - - - - - - - - -	$0.7b$	新设计的各种给水和其他压力流管线及原有的各种排水和其他重力流管线的不可见轮廓线
中实线	————————	$0.5b$	给水排水设备、零(附)件的可见轮廓线；总图中新建的建筑物和构筑物的可见轮廓线；原有的各种给水和其他压力流管线
中虚线	- - - - - - - - - - - -	$0.5b$	给水排水设备、零(附)件的不可见轮廓线；总图中新建的建筑物和构筑物的不可见轮廓线；原有的各种给水和其他压力流管线的不可见轮廓线
细实线	————————	$0.25b$	建筑的可见轮廓线；总图中原有的建筑物和构筑物的可见轮廓线；制图中的各种标注线
细虚线	- - - - - - - - - - - -	$0.25b$	建筑的不可见轮廓线；总图中原有的建筑物和构筑物的不可见轮廓线

（续）

名称	线型	线宽	用　途
单点长画线	——·——·——·—	0.25b	中心线、定位轴线
折断线	——∧/——	0.25b	断开界线
波浪线	∽∽	0.25b	平面中水面线；局部构造层次范围线；保温范围示意线

13.3.2　比例

给水排水专业制图常用的比例，见表13-2。

表13-2　给水排水专业制图常用的比例

名称	比　例	备注
区域规划图 区域位置图	1∶50000、1∶25000、1∶10000 1∶5000、1∶2000	宜与总图专业一致
总平面图	1∶1000、1∶500、1∶300	宜与总图专业一致
管道纵断面图	竖向：1∶200、1∶100、1∶50 纵向：1∶1000、1∶500、1∶300	—
水处理厂（站）平面图	1∶500、1∶200、1∶100	—
水处理构筑物、设备间、卫生间、泵房平、剖面图	1∶100、1∶50、1∶40、1∶30	—
建筑给水排水平面图	1∶200、1∶150、1∶100	宜与建筑专业一致
建筑给水排水轴测图	1∶500、1∶100、1∶50	宜与相应图样一致
详图	1∶50、1∶30、1∶20、1∶10、1∶5、1∶2、1∶1、2∶1	—

13.3.3　标高

1）室内工程应标注相对标高，室外工程宜标注绝对标高，当无绝对标高资料时，可标注相对标高，但应与总图一致。

2）压力管道应标注管中心标高，重力流管道和沟渠宜标注沟（管）至内底标高。标高单位以米计时，可注写到小数点后第二位。

3）在下列部位应标注标高：

① 沟渠和重力流管道。

a. 建筑物内应标注起点、变径（尺寸）点、变坡点、穿外墙及剪力墙处。

b. 需控制标高处。

c. 小区内管道按标准规定执行。

② 压力流管道中的标高控制点。

③ 管道穿外墙、剪力墙和构筑物的壁及底板等处。

④ 不同水位线处。

⑤ 建（构）筑物中土建部分的相关标高。

4）标高的标注方法应符合下列规定：

① 平面图中，管道标高应按图 13-2 所示方式标注。

② 平面图中，沟渠标高应按图 13-3 所示方式标注。

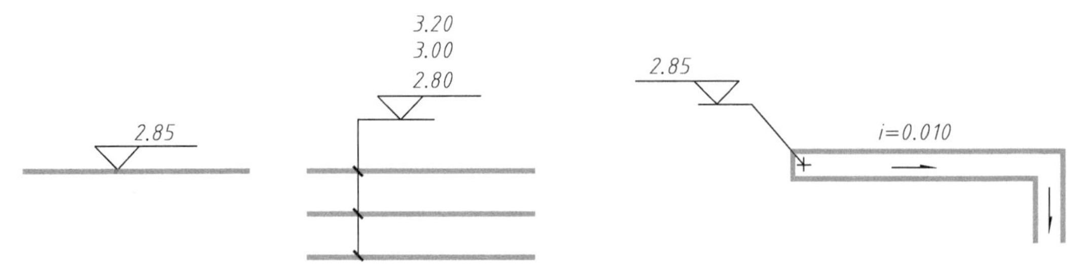

图 13-2　平面图中管道标高标注法　　　　图 13-3　平面图中沟渠标高标注法

③ 剖面图中，管道及水位的标高应按图 13-4 所示方式标注。

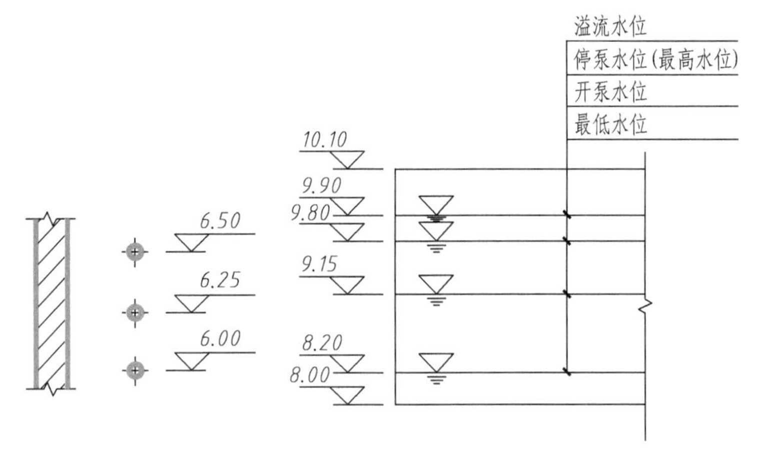

图 13-4　剖面图中管道及水位标高标注法

④ 轴测图中，管道的标高应按图 13-5 所示方式标注。

13.3.4　管径

1）管径应以 mm 为单位。

2）管道的表示方式应符合下列规定：

① 钢管、铸铁管等管径宜以公称直径 DN 表示（如 DN15、DN50）。

② 无缝钢管、焊接钢管（直缝或螺旋管）、铜管、不锈钢管等管材，管径宜以外径 *D*×壁厚表示（*D*108×4、*D*159×4.5 等）。

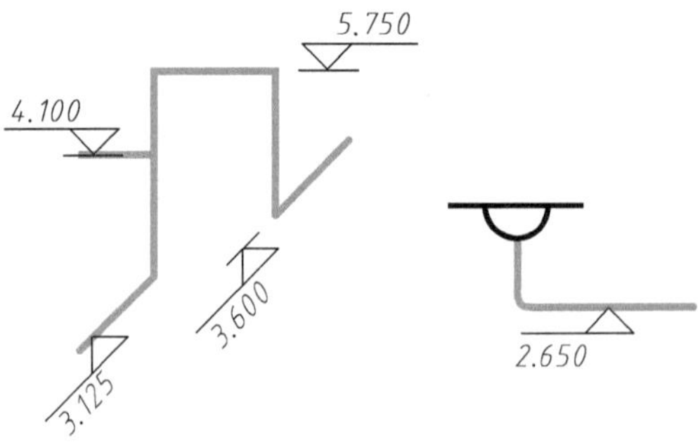

图 13-5　轴测图管道标高

③ 钢筋混凝土管、陶土管、耐酸陶瓷管、缸瓦管等管材，管径宜以内径 *d* 表示（如 *d*230、*d*380 等）。

④ 塑料管材，管径宜按产品标准的方法表示。

⑤ 设计均用公称直径 DN 表示管径时，应有公称直径 DN 与相应产品规格对照表。

3）管径的标注方法应符合下列规定：

① 单根管道时，管径应按图 13-6 所示的方式标注。

② 多根管道时，管径应按图 13-7 所示的方式标注。

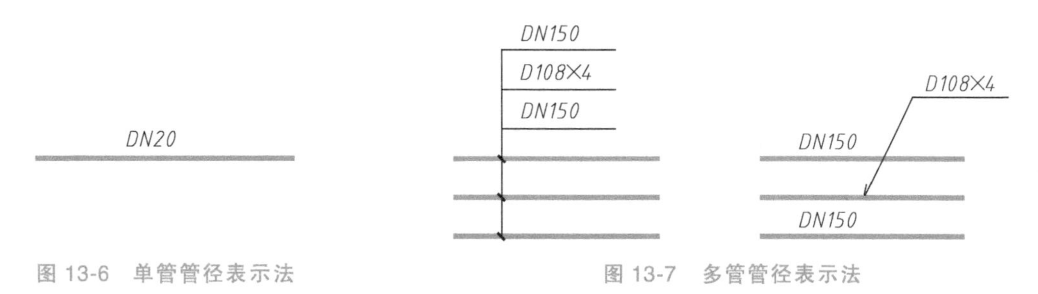

图 13-6　单管管径表示法

图 13-7　多管管径表示法

13.3.5　系统编号

1）当建筑物的给水引入管或排水管的数量超过一根时，应进行编号，编号宜按图 13-8 所示的方法表示。

2）屋内穿越楼层的立管，其数量超过一根时宜进行编号，编号宜按图 13-9 所示的方法表示。

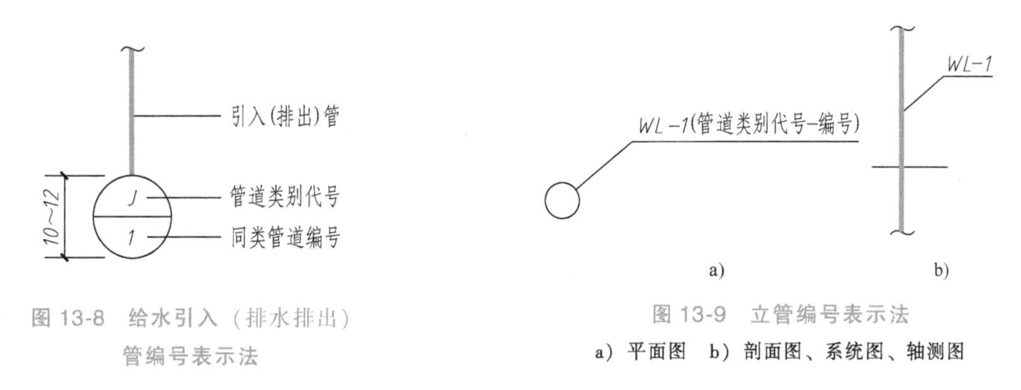

图 13-8　给水引入（排水排出）管编号表示法

图 13-9　立管编号表示法
a）平面图　b）剖面图、系统图、轴测图

3）总图的排水构筑物的编号顺序宜为：从上游到下游，先干管后支管。

13.3.6　图例

建筑给水排水专业制图中的各类管道、管道附件、管道连接、管件、阀门、给水配件、消防设施、卫生设备及水池、小型给水排水构筑物、给水排水设备、仪表等，均需按 GB/T 50106—2010《建筑给水排水制图标准》中规定的图例图线等进行绘制。部分图例见表 13-3。

表 13-3　给水排水图例

名称	图　例	名称	图　例
管　道			
生活给水管	—— J ——	热水回水管	—— RH ——
管道立管	XL-1 平面　XL-1 系统　X 为管道类别 L 为立管 1 为编号	排水明沟	坡向 ——→

（续）

名称	图　例	名称	图　例
管道附件			
管道伸缩器		通气帽	成品　蘑菇型
立管检查口		圆形地漏	平面　系统
管道连接			
法兰连接		弯折管	高　低　低　高
管道丁字上接	高　低	管道交叉	低　高
管　件			
正三通		S 形存水弯	
正四通		P 形存水弯	
阀　门			
闸阀		截止阀	
感应式冲水阀		球阀	
给水配件			
水嘴	平面　球阀	洒水(栓)水嘴	
消防设施			
消防栓给水管	XH	室内消火栓（单口）	
卫生设备及水池			
台式洗脸盆		立式洗脸盆	
挂式洗脸盆		淋浴喷头	
坐式大便器		浴盆	

（续）

名称	图　例	名称	图　例
小型给水排水构筑物			
隔油池	HC	沉淀池	CC
给水排水设备			
管道泵		开水器	
仪　表			
水表		温度传感器	T
自动记录流量表		压力传感器	P

13.3.7　双线图和单线图

在小比例尺通常为 1：30 的施工图中，用单根线表示管线和管件的图样称为单线图。

在某些大比例尺的施工图中，采用两根线条表示管线和管件的外形，其壁厚因相对尺寸较小而予以省略，这种表示管线和管件外轮廓线的投影图称为双线图。

在各种管道工程施工图中，平面图和系统图中的管道多采用单线图；剖面图和详图的管道均采用双线图。

13.4　室内给水排水平面图

13.4.1　室内给水排水平面图图示内容

室内给水排水平面图是表明给水排水管道及设备平面布置的图样，主要包括：

1）应绘出与给水排水、消防给水管道布置有关各层的平面，内容包括主要轴线编号、房间名称、用水点位置，注明各种管道系统编号（或图例）。

2）应绘出给水排水、消防给水管道平面布置、立管位置及编号，管道穿剪力墙处定位尺寸、标高、预留孔洞尺寸及其他必要的定位尺寸，管道穿越建筑物地下室外墙或有防水要求的构（建）筑物的防水套管形式、套管管径、定位尺寸、标高等。

3）当采用展开系统原理图时，应标注管道管径、标高，在给水排水管道安装高度变化处用符号表示清楚，并分别标出标高（排水横管应标注管道坡度、起点或终点标高），管道密集处应在该平面中画横断面图将管道布置定位表示清楚。

4）首层等平面应注明引入管、排出管、水泵接合器管道等管径、标高及与建筑物的定位尺寸，还应绘出指北针。引入管应标注管道设计流量和水压值。

5）标出各楼层建筑平面标高（如卫生设备间平面标高不同时，应另加注或用文字说明）和层数，建筑灭火器放置地点（也可在总说明中交代清楚）。

6）若管道种类较多，可分别绘制给水排水平面图和消防给水平面图。

7）需要专项设计（含二次深化设计）时，应在平面图上注明位置、预留孔洞、设备与管道接口位置及技术参数。

13.4.2 图样绘制

1. 平面图的数量和范围

原则上多层房屋的管道平面图应分层绘制，管道系统布置的楼层平面可绘制一个平面图，但首层（底层）平面图应单独画出，如图 13-10、图 13-11 所示；其余各层可仅画出布置有管道的局部平面图，如图 13-12、图 13-13 所示。

2. 给水排水平面图

建筑物轮廓线、轴线号、房间名称、楼层标高、门、窗、梁柱、平台和绘图比例等，均应与建筑专业一致，但图线应用细实线绘制。

各类管道、用水器具和设备、消火栓、喷砂水头、雨水斗、立管、管道、上弯或下弯以及主要阀门、附件等，均应按标准规定的图例，以正投影法绘制在平面图上，其图线应符合表 13-1 的规定。

3. 管道平面图

管道种类较多，在一张平面图内表达不清楚时，可将给水排水、消防或直饮水管分开绘制相应的平面图。各类管道应标注管径和管道中心距建筑墙、柱或轴线的定位尺寸。必要时还应标注管道标高。

管道立管应按不同管道代号在图面上自左至右进行编号，且不同楼层统一立管编号应一致。消火栓也可分楼层自左至右按顺序进行编号。

敷设在该层的各种管道和为该层服务的压力流管道均应绘制在该层的平面图上；敷设在下一层面为本层器具和设备排水服务的污水管、废水管和雨水管应绘制在本层平面图上。如有地下层时，各种排出管、引入管可绘制在地下层平面图上。

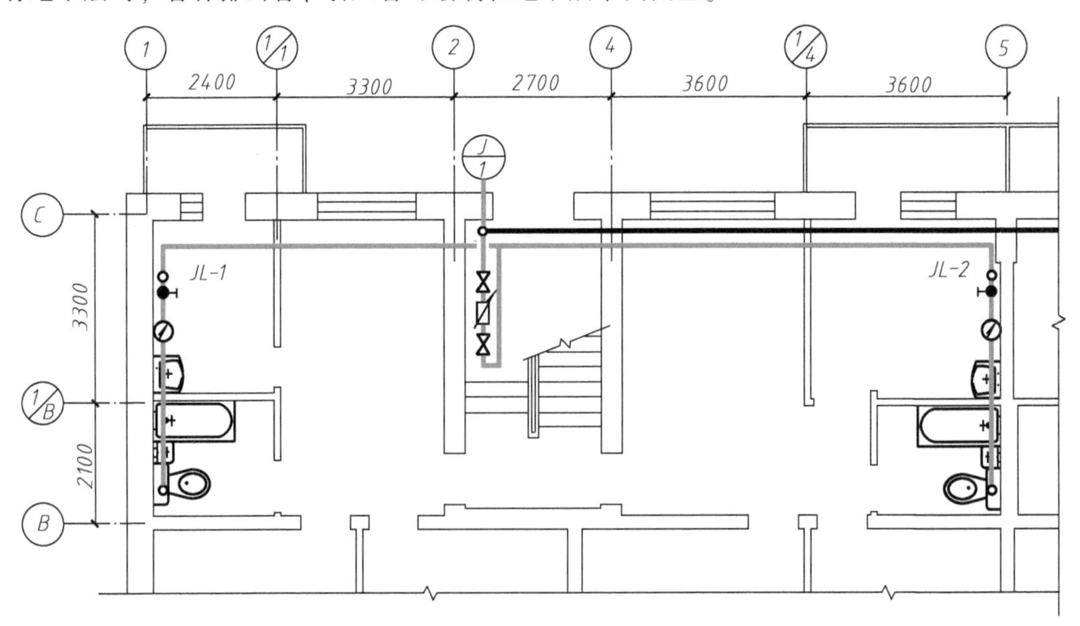

图 13-10　首层给水平面图

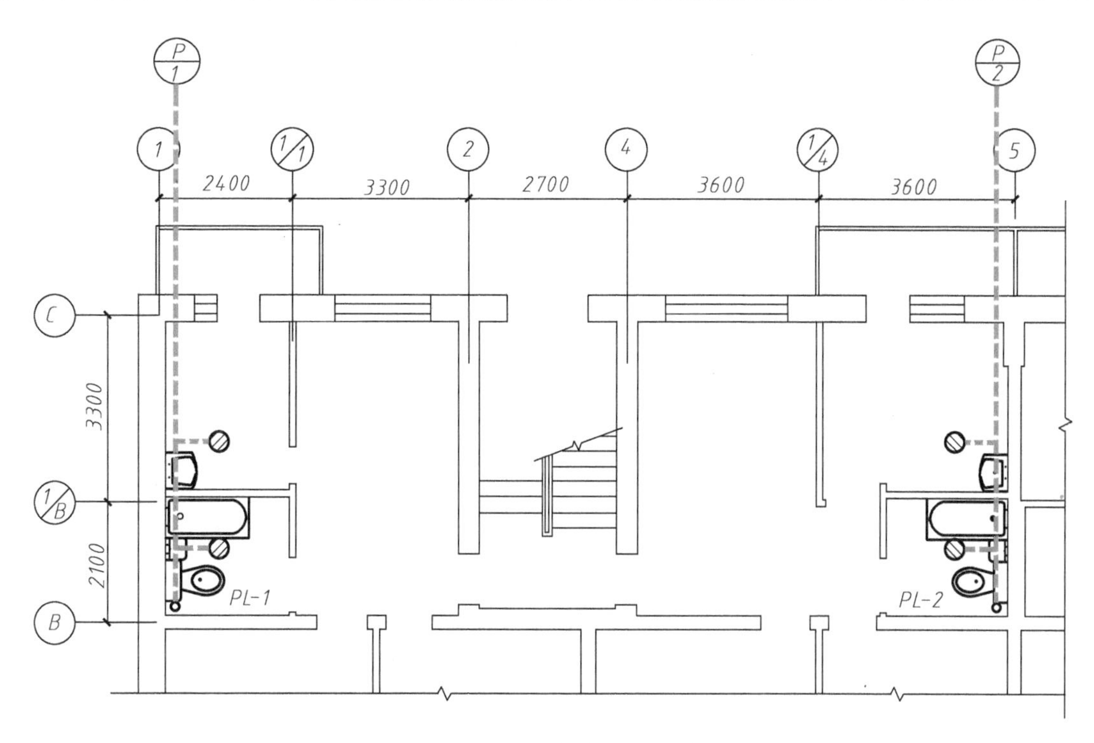

图 13-11　首层排水平面图

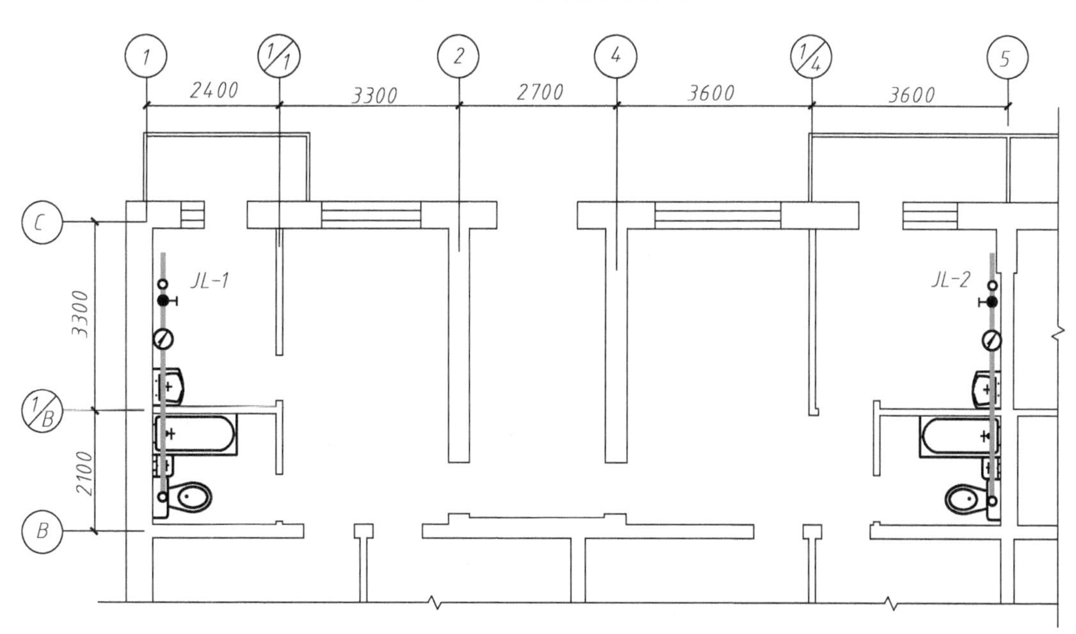

图 13-12　二、三层给水平面图

引入管、排出管应注明与建筑轴线的定位尺寸、穿建筑外墙的标高和防水套管形式，并应按标准规定以管道类别自左至右按顺序进行编号。

管道布置不相同的楼层应分别绘制其平面图，管道布置相同的楼层可绘制一个楼层的平面图，并按现行国家标准 GB/T 50001—2017《房屋建筑制图统一标准》的规定标注楼层地面高。

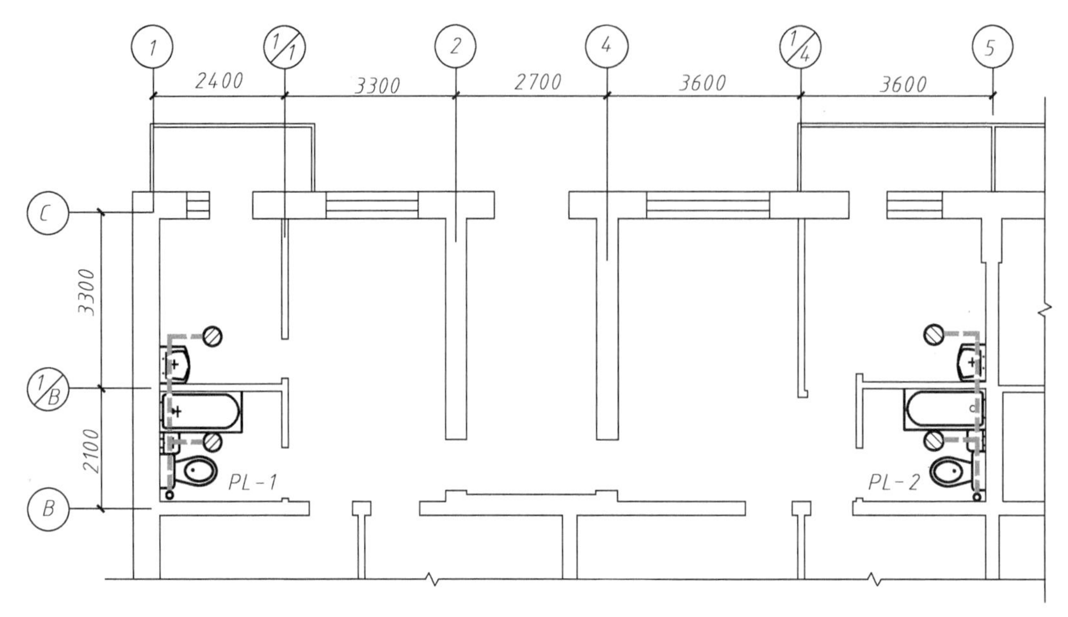

图 13-13　二、三层排水平面图

4. 放大图及详图

设备机房、卫生间等另绘制放大图时，应在这些房间内按现行国家标准《房屋建筑制图统一标准》的规定绘制引出线，并应在引出线上面注明“详见水施-××”字样。

平面图、剖面图中局部须另绘制详图时，应在平面图、剖面图和详图上按现行国家标准《房屋建筑制图统一标准》的规定绘制详图图样和编号。

5. 尺寸标注

平面图应按标准的规定标注管径、标高和定位尺寸。

地面层（±0.000）平面图应在图幅的右上方按现行国家标准《房屋建筑制图统一标准》的规定绘制指北针。建筑专业的建筑平面图采用分区绘制时，本专业的平面图也应分区绘制，分区部位和编号应与建筑专业一致，并应绘制分区组合示意图，各区管道相连但在该区中断时，第一区应用“至水施-××”，第二区左侧应用“自水施-××”，右侧应用“至水施-××”方式表示，并应以此类推。建筑各楼层地面标高应以相对标高标注，并应与建筑专业一致。

6. 绘图步骤

1）抄绘“建施”等的建筑平面图（有关部分）及卫生器具平面图。

2）画出给水排水管道平面图。

3）标注尺寸、标高、系统编号等，注写有关文字说明及图例。

13.5　管道系统图

13.5.1　管道系统图图示内容

管道系统图应表示出管道内的介质流经的设备、管道、附件、管件等连接和配置情况。

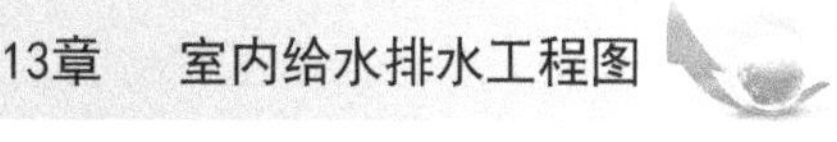

管道系统图可按系统原理图或系统轴测图绘制。

1）系统原理图。对于给水排水系统和消防给水系统等，采用原理图或展开系统原理图将设计内容表达清楚时，绘制（展开）系统原理图。

图中标明立管和横管的管径、立管编号、楼层标高、层数、室内外地面标高、仪表及阀门、各系统进出水管编号、各楼层卫生设备和工艺用水设备的连接，排水管还应标注立管检查口、通风帽等距地（板）高度及排水横管上的竖向转弯和清扫口等。

管道展开系统图可不受比例和投影法则限制，可根据展开图绘制方法按不同管道种类分别用中粗实线进行绘制，并应按系统编号。一般高层建筑和大型公共建筑宜绘制管道展开系统图。

2）系统轴测图。对于给水排水系统和消防给水系统，也可按比例分别绘出各种管道系统轴测图。图中标明管道走向、管径、仪表及阀门、伸缩节、固定支架、控制点标高和管道坡度（设计说明中已交代者，图中可不标注管道坡度）、各系统进出水管编号、立管编号、各楼层卫生设备和工艺用水设备的连接点位置。

复杂的连接点应局部放大绘制；在系统轴测图上，应注明建筑楼层标高、层数、室内外地面标高；引入管道应标注管道设计流量和水压值。

3）当自动喷水灭火系统在平面图中已将管道管径、标高、喷头间距和位置标注清楚时，可简化绘制从水流指示器至末端试水装置（试水阀）等阀件之间的管道和喷头。

4）简单管段在平面上注明管径、坡度、走向、进出水管位置及标高、引入管设计流量和水压值，可不绘制系统图。

13.5.2　管道系统轴测图图样绘制

轴测系统图应以45°正面斜轴测的投影规则绘制。

1. 比例

轴测系统图应采用与相对应的平面图相同的比例绘制。当局部管道密集或重叠处不容易表达清楚时，应采用断开绘制画法，也可采用细虚线连接画法绘制。

2. 管道系统

轴测系统图应绘出横管水平转弯方向、标高变化、接入管或接出管以及末端装置等。轴测系统图应将平面图中对应的管道上的各类阀门、附件、仪表等给水排水要素按数量、位置、比例一一绘出。

3. 编号及尺寸标注

轴测系统图应绘出楼层地面线，并应标注出楼层地面标高。轴测系统图应标注管径、控制点标高或距楼层面垂直尺寸、立管和系统编号，并应与平面图一致。

引入管和排出管均应标注出所穿建筑外墙的轴线号、引入管和排出管编号、建筑室内地面线与室外地面线，并应标出相应标高。

卫生间放大图应绘制管道轴测图，多层建筑宜绘制管道轴测系统图。

13.5.3　绘图步骤

管道系统轴测图应依照管道平面图按管道的系统编号分别绘制。首先画立管；然后依次画立管上的各层地面线、屋面线，给水引入管或污水排出管、通气管，画出给水引入管或污水排出管所穿越的外墙位置；从立管上引出各横管，在横管上画出卫生器具的给水连接支管或排水承接管；画出管道系统上的阀门、龙头、检查口等，最后标注管径、坡度、标高、有关尺寸及编号等。

13.5.4 室内给水排水系统图的阅读

1. 室内给水系统图的识读

图 13-14 所示为室内给水系统图。本系统由小区给水管网供水，引入管 DN50 敷设在采暖地沟中，一支在标高-0.550m 处进入右面另一单元；另一支通过立管，在标高-0.450m 处分别装有阀门和单元水表，然后折向下在标高-0.600m 处，通过水平干管分别向左单元两户室供水；两户室 1 楼到 3 楼立管为 DN25，每一户室设有阀门和水表。

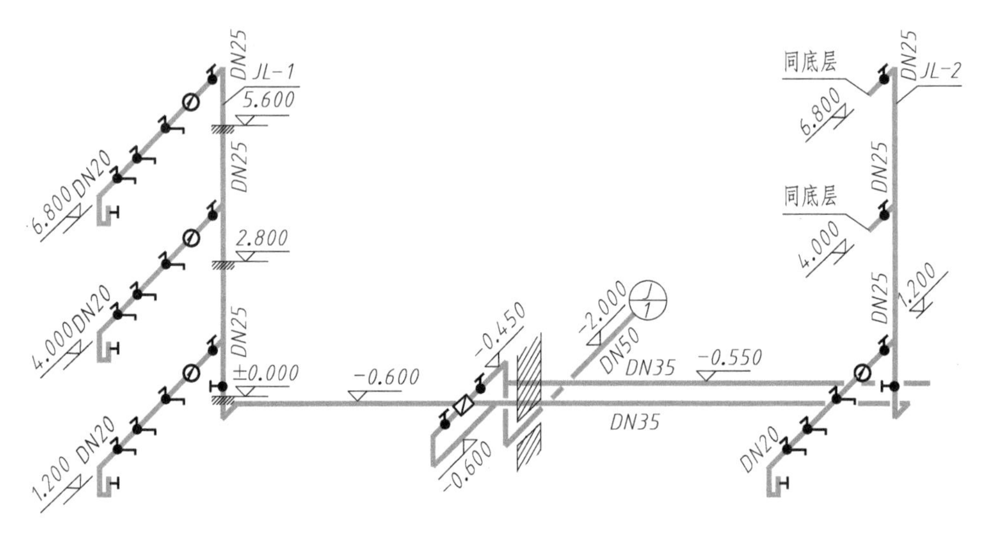

图 13-14 室内给水系统图

2. 室内排水系统图的识读

图 13-15 所示为室内排水系统图。本系统有两根排出管 DN100 穿越外墙接室外检查井，

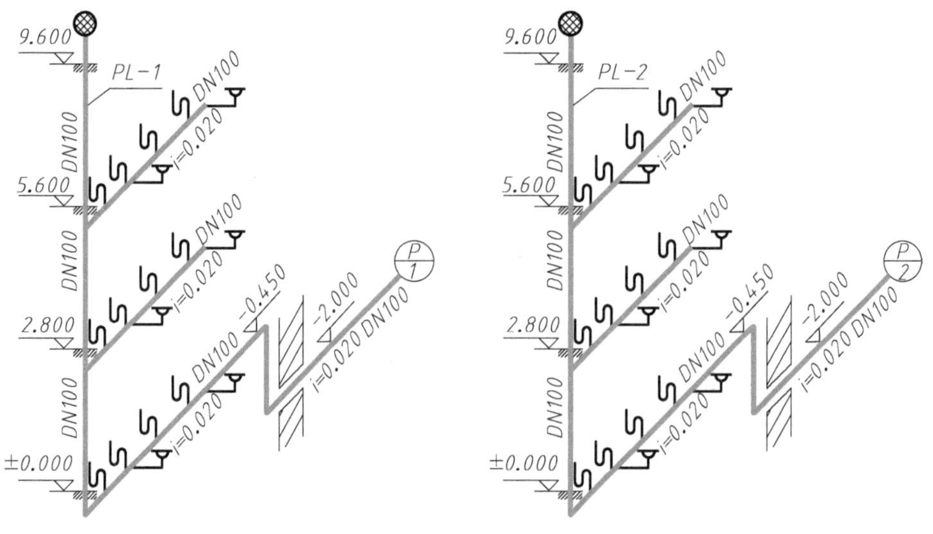

图 13-15 室内排水系统图

地沟排出管标高-0.450m，穿墙排出管标高-2.000m。各层卫生间和厨房通过排水立管DN100接入排出管。

13.6　局部放大图

对于给水排水设备用房及管道较多处，如水泵房、水池、水箱间、热交换器站、卫生间、水处理间、游泳池、水景、冷却塔布置、冷却循环水泵房、热泵热水、太阳能热水、雨水利用设备间、报警阀组、管井、气体消防贮瓶间等，当平面图不能交代清楚时，应绘出局部放大图；可绘出其平面图、剖面图（或轴测图、卫生间管道也可绘制展开图），或注明引用的详图、标准图号。

管径较大且系统复杂的设备用房宜绘制双线图。

思考题

1. 给水排水工程图的制图规定有哪些？
2. 室内给水排水系统由哪些部分组成？
3. 室内给水排水平面图的特点有哪些？
4. 室内给水排水系统图的特点有哪些？
5. 如何绘制室内给水排水平面图和系统图？

第14章 供暖通风与空气调节工程图

本章概要

本章主要介绍《建筑工程设计文件编制深度规定（2016年版）》、GB/T 50114—2010《暖通空调制图标准》、GB/T 50155—2015《供暖通风与空气调节术语标准》中的相关规定及供暖工程图的绘制和阅读。

14.1 国家标准的一般规定

供暖是指使室内获得热量并保持一定温度，以达到适宜的生活条件或工作条件的技术。通风是指采用自然或机械方法对密闭空间进行换气，以获得安全、健康等适宜的空气环境的技术。空气调节是指使服务房间内的空气温度、湿度、洁净度、气流速度和压力梯度等参数达到要求的技术，简称空调。

各工程、各阶段的设计图应满足相应的设计深度要求。在供暖通风与空气调节施工图设计阶段，供暖通风与空气调节专业设计文件应包括图样目录、选用图集（样）目录、设计与施工说明、设备及主要材料表、设计图、计算书。设计图主要包括总图、工艺图、系统图、平面图、剖面图、详图等，如单独成图时，其图样编号应按所述顺序排列。

1. 图幅

当在一张图幅内绘制平、剖面等多种图样时，宜按平面图、剖面图、安装详图，从上至下、从左至右的顺序排列；当一张图幅绘有多层平面图时，宜按建筑层次由低至高、由下而上顺序排列。

2. 图线种类及用途

暖通空调专业制图采用的线型及其含义，宜符合表14-1的规定。图样中也可以使用自定义图线，但应明确说明，其含义不应与《暖通空调制图标准》相反。线宽组应符合表1-3的规定，图样中仅使用两种线宽时，线宽组宜为 b 和 $0.5b$，三种线宽的线宽组宜为 b、$0.5b$ 和 $0.25b$。

表14-1 图线的种类及用途

名称		线型	线宽	一般用途
实线	粗	————	b	单线表示的供水管线
	中粗	————	$0.7b$	本专业设备轮廓、双线表示的管道轮廓

（续）

名称		线　型	线宽	一般用途
实线	中		0.5b	尺寸、标高、角度等标注线及引出线；建筑物轮廓
	细		0.25b	建筑布置的家具、绿化等；非本专业设备轮廓
虚线	粗		b	回水管线及单根表示的管道被遮挡的部分
	中粗		0.7b	本专业设备及双线表示的管道被遮挡的轮廓
	中		0.5b	地下管沟、改造前风管的轮廓线；示意性连线
	细		0.25b	非本专业虚线表示的设备轮廓等
波浪线	中		0.5b	单线表示的软管
	细		0.25b	断开界线
单点长画线	细		0.25b	轴线、中心线
双点长画线	细		0.25b	假想或工艺设备轮廓线
折断线			0.25b	断开界线

3. 图样比例

总平面图、平面图的比例，宜与工程项目设计的主导专业一致，其余可按表 14-2 选用。

表 14-2　比例

图　　名	常用比例	可用比例
剖面图	1∶50、1∶100	1∶150、1∶200
局部放大图、管沟断面图	1∶20、1∶50、1∶100	1∶25、1∶30、1∶150、1∶200
索引图、详图	1∶1、1∶2、1∶5、1∶10、1∶20	1∶3、1∶4、1∶15

4. 代号

水、汽管道、风道等可用线型区分，也可用代号区分，代号宜按表 14-3 采用。自定义水、汽管道、风道不应与表 14-3 相矛盾，并应在相应图面说明。

表 14-3　水、汽管道、风道代号（节选）

水、汽管道代号			
序号	代号	管道名称	备　注
1	RG	采暖热水供水管	可附加上 1/2/3 等表示一个代号、不同参数的多种管道
2	RH	采暖热水回水管	可通过实线、虚线表示供、回关系省略字母 G、H
3	PZ	膨胀水管	—
4	BS	补水管	—
5	GG	锅炉进水管	—
风道代号			
序号	代号	管道名称	备　注
1	SF	送风管	—
2	HF	回风管	—

（续）

风道代号			
序号	代号	管道名称	备注
3	PY	消防排烟风管	—
4	XB	消防补风风管	—
风口和附件代号			
序号	代号	风口和附件名称	备注
1	AV	单格送风窗口，叶片垂直	—
2	AH	单格送风窗口，叶片水平	—

5. 常用图例

暖通空调工程图中部分图例见表 14-4。

表 14-4 常用图例（节选）

水、汽管道阀门和附件图例					
序号	名称	图例	序号	名称	图例
1	截止阀		8	伴热管	
2	球形补偿器		9	三通阀	
3	柱塞阀		10	自动排气阀	
4	旋塞阀		11	弧形补偿器	
5	法兰封头或管封		12	矩形补偿器	
6	球形补偿器		13	波纹管补偿器	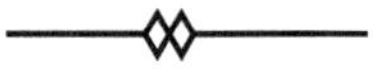
7	套管补偿器		14	保护套管	
风道阀门及附件图例					
序号	名称	图例	序号	名称	图例
1	矩形风管	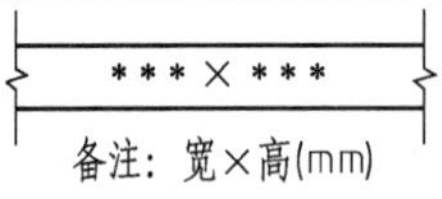 *** × *** 备注：宽×高(mm)	3	风管向上	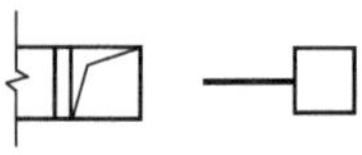
2	圆形风管	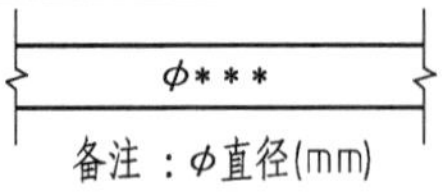 φ*** 备注：φ直径(mm)	4	风管向下	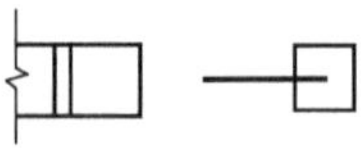
暖通空调设备图例					
序号	名称	图例	序号	名称	图例
1	分体式空调器	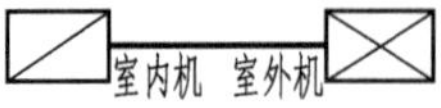 室内机 室外机	3	水泵	
2	散热器及温控阀	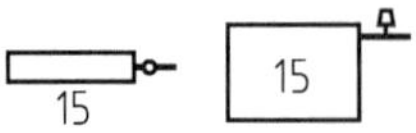 15 15	4	电加热器	

（续）

调控装置及仪表					
序号	名称	图　例	序号	名称	图　例
1	控制器	 C	4	吸顶式温度感应器	 T
2	温度传感器	 T	5	温度计	
3	烟感器	 S	6	压力表	

6. 坡度及坡向

如图 14-1 所示，坡度数值不宜与管道起、止点标高同时标注。标注位置同管径标注位置。

7. 介质流向

如图 14-2 所示，在管道断开处，流向符号宜标注在管道中心上，其余可同管径标注位置。

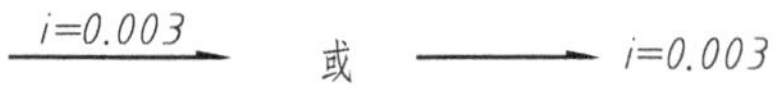

i=0.003　或　*i*=0.003

图 14-1　坡度的表示方式

或

图 14-2　介质流向

8. 系统编号

一个工程设计中同时有供暖、通风、空调等专业及以上的不同系统时，应进行系统编号。系统编号宜标注在系统总管处。

暖通空调系统标号、入口编号，应由系统代号和顺序号组成。见表 14-5，系统代号用大写拉丁字母表示，顺序号用阿拉伯数字表示。如图 14-3 所示，当一个系统出现分支时，可采用图 14-3b 的画法。

表 14-5　系统代号

序号	字母代号	系 统 名 称	序号	字母代号	系 统 名 称
1	N	（室内）供暖系统	9	H	回风系统
2	L	制冷系统	10	P	排风系统
3	R	热力系统	11	XP	新风换气系统
4	K	空调系统	12	JY	加压送风系统
5	J	净化系统	13	PY	排烟系统
6	C	除尘系统	14	P(PY)	排风兼排烟系统
7	S	送风系统	15	RS	人防送风系统
8	X	新风系统	16	RP	人防排风系统

如图 14-4 所示，竖向布置的垂直管道系统，应标注立管号，在不致引起误解时，可只标注序号，但应与建筑轴线编号有明显区别。

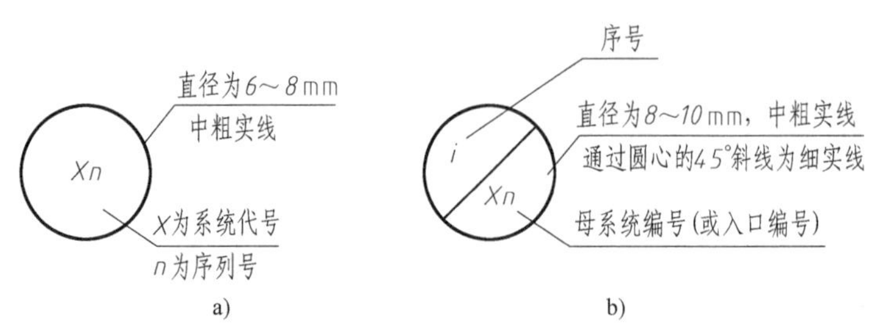

图 14-3　系统代号、编号的画法

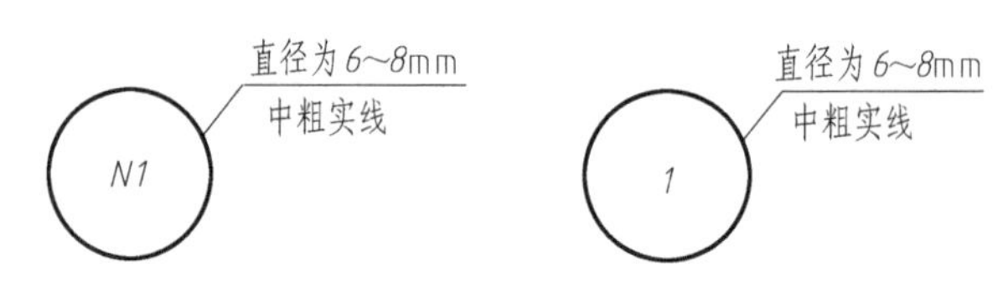

图 14-4　立管号的画法

9. 管道标高、管径（压力）、尺寸标注

1）在无法标注垂直尺寸的图样中，应标注标高。标高应以 m 为单位，并应精确到 cm 或 mm。

2）水、汽管道所注标高未予说明时，应表示为管中心标高。水、汽管道标注管外底或顶标高时，应在数字前加“底”或“顶”字样。

3）矩形风管所注标高应表示管底标高；圆形风管所注标高应表示管中心标高。当不采用此方法标注时，应进行说明。

4）低压流体输送用焊接管道规格应标注公称通径或压力。公称通径的标记由字母“DN”后跟一个以毫米表示的数值组成；公称压力的代号应为“PN”。

5）输送液体用无缝钢管、螺旋缝或直缝焊接钢管、铜管、不锈钢管，当需要注明外径和壁厚时，应用“D（或 ϕ）外径×壁厚”表示。在不致引起误解时，也可采用公称通径表示。

6）塑料管外径应用“de”表示。

7）圆形风管的截面定型尺寸应以“ϕ”表示，单位应为 mm。

8）矩形风管（风道）的截面定型尺寸应以“$A\times B$”表示。“A”应为该视图投影面的边长尺寸，“B”应为另一边尺寸，A、B 单位均应为 mm。

9）平面图中无坡度要求的管道标高可标注在管道截面尺寸后面的括号内。必要时，应在标高数字前加“底”或“顶”的字样。

10）水平管道的规格宜标注在管道的上方，竖向管道的规格宜标注在管道的左侧。双线表示的管道，其规格可标注在管道轮廓线内，如图 14-5 所示。

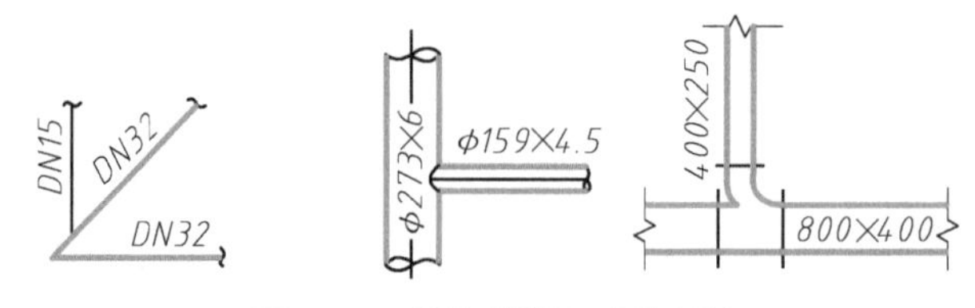

图 14-5　管道截面尺寸的画法

11）当斜管道不在图 14-6 所示 30°范围内时，其管径(压力)、尺寸应平行标在管道的斜上方。不用图中方法标注时，可用引出线标注。

12）多条管线的规格标注方式如图 14-7 所示。

13）如图 14-8 所示，平面图、剖面图上如需标注连续排列的设备或管道的定位尺寸和标高时，应至少有一个误差自由段。

10. 管道转向、分支、重叠及密集处的画法

单线管道转向的画法如图 14-9 所示。

双线管道转向的画法如图 14-10 所示。

单线管道分支的画法如图 14-11 所示。

双线管道分支的画法如图 14-12 所示。

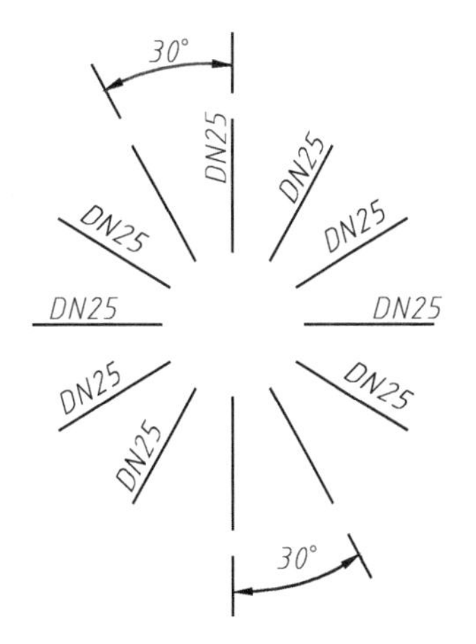

图 14-6　管径（压力）的标注位置示例

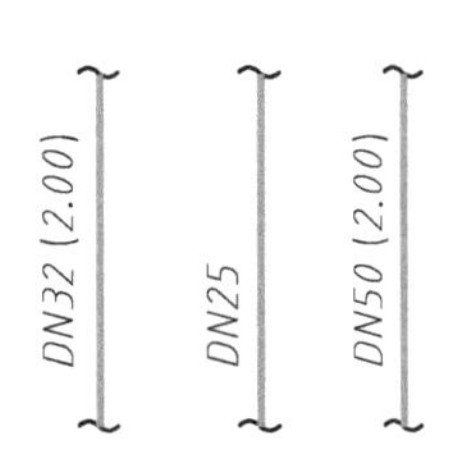

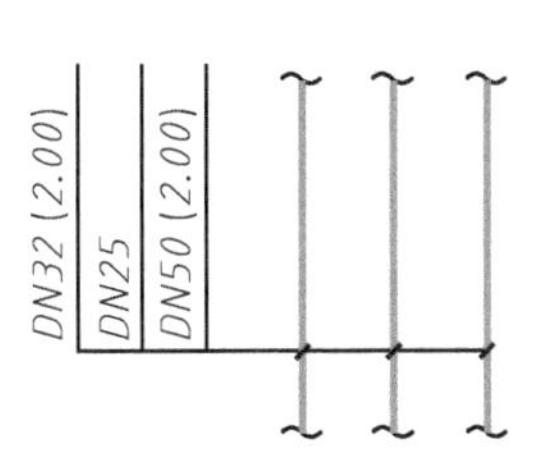

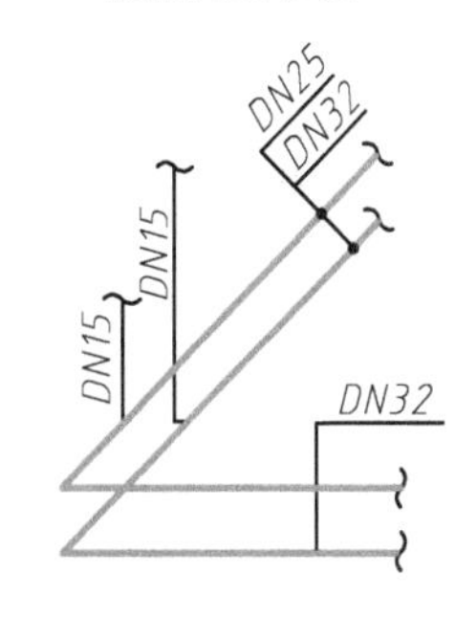

图 14-7　多条管线的规格的画法

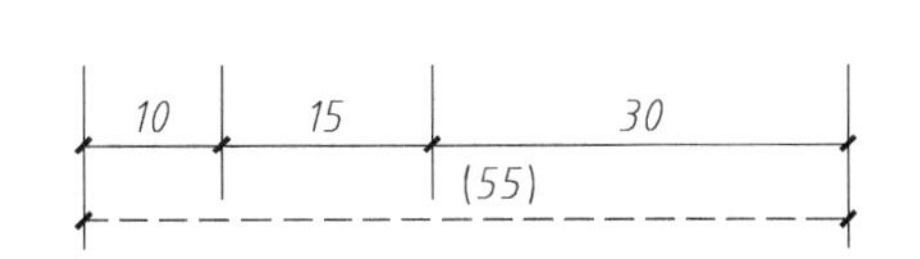

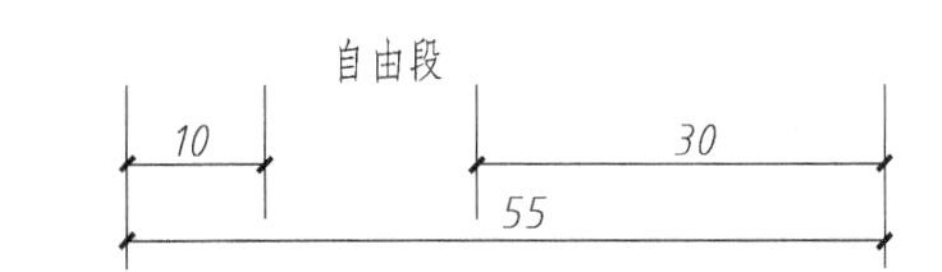

图 14-8　定位尺寸的表示方式

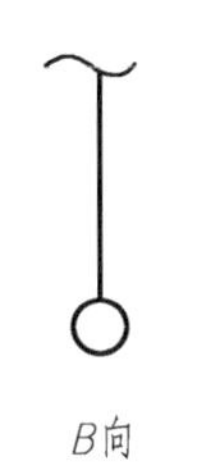

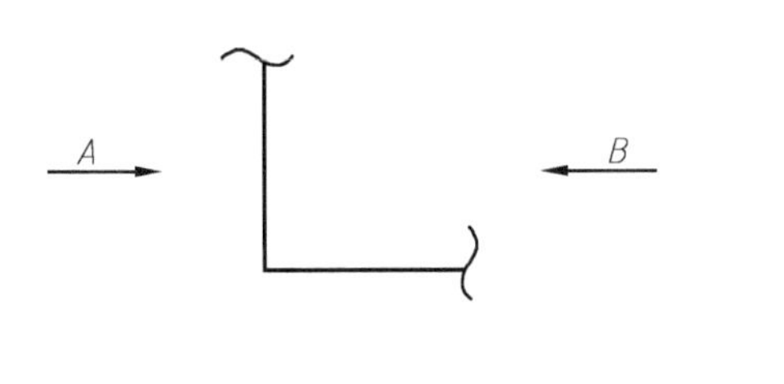

图 14-9　单线管道转向的画法

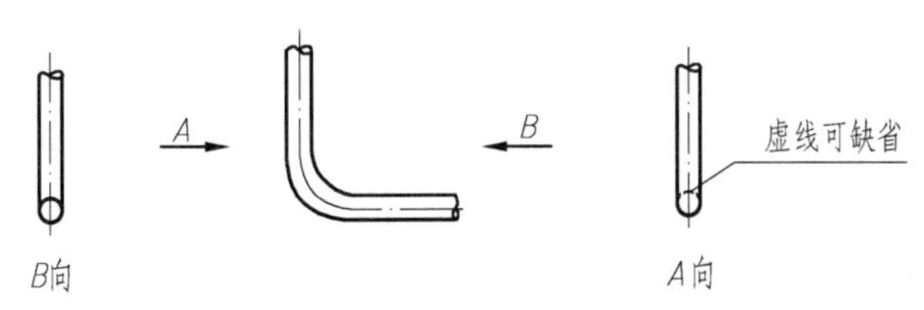

图 14-10　双线管道转向的画法

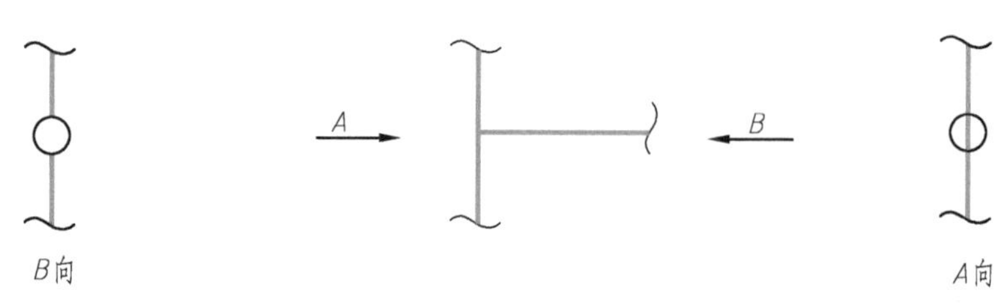

图 14-11　单线管道分支的画法

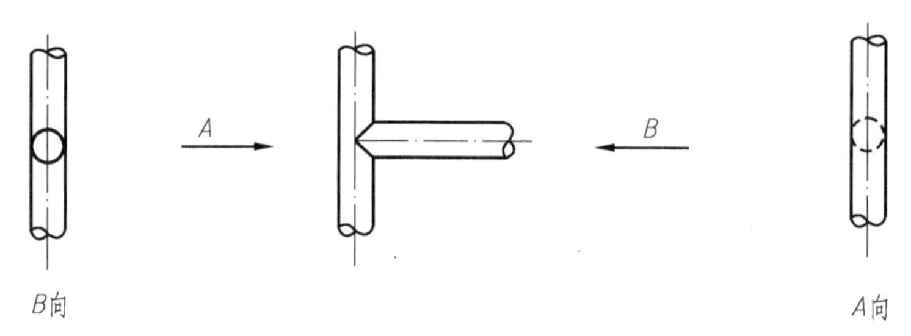

图 14-12　双线管道分支的画法

送风管转向的画法如图 14-13 所示。

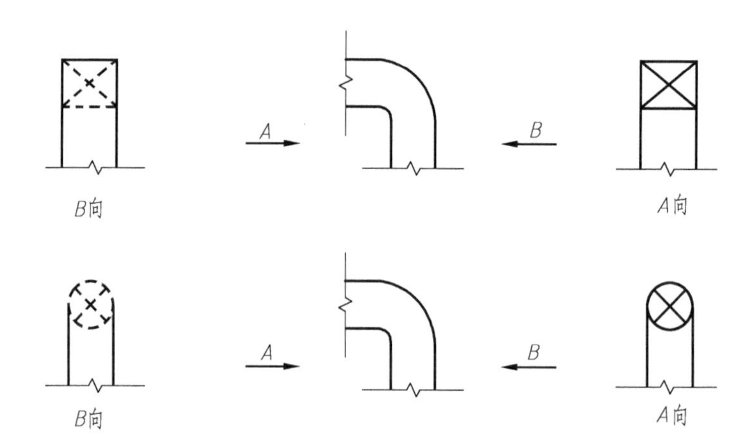

图 14-13　送风管转向的画法

回风管转向的画法如图 14-14 所示。

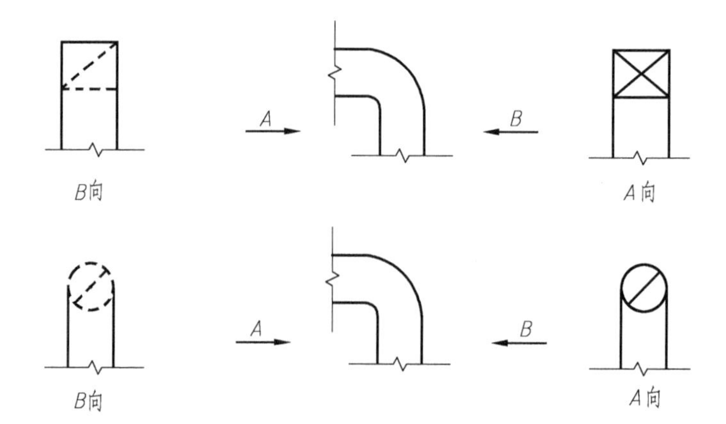

图 14-14　回风管转向的画法

平面图、剖面图中管道因重叠、密集需断开时，应采用断开画法，如图 14-15 所示。

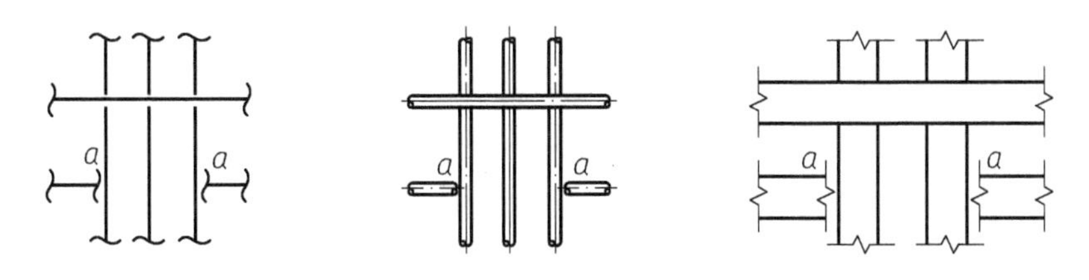

图 14-15　管道断开的画法

管道在本图中中断，转至其他图面表示（或由其他图面引来）时，应注明转至（或来自）的图号，如图 14-16 所示。

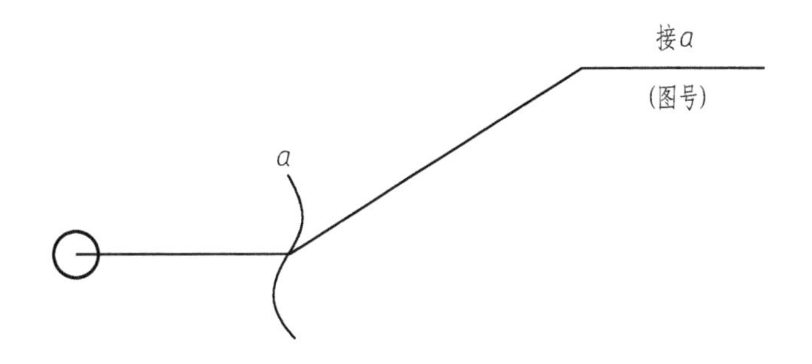

图 14-16　管道在本图中中断的画法

管道交叉的画法如图 14-17 所示。

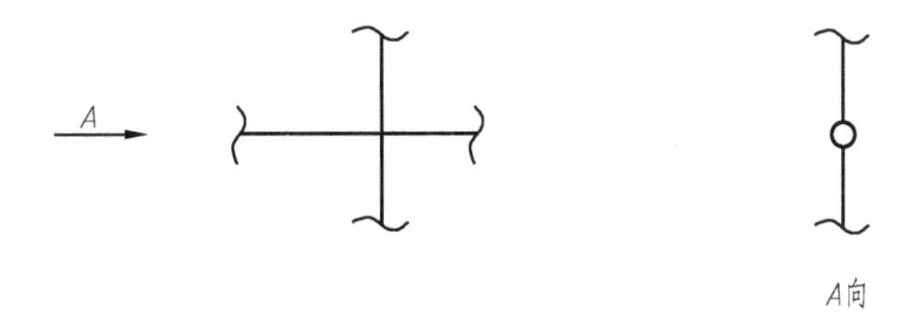

图 14-17　管道交叉的画法

管道跨越的画法如图 14-18 所示。

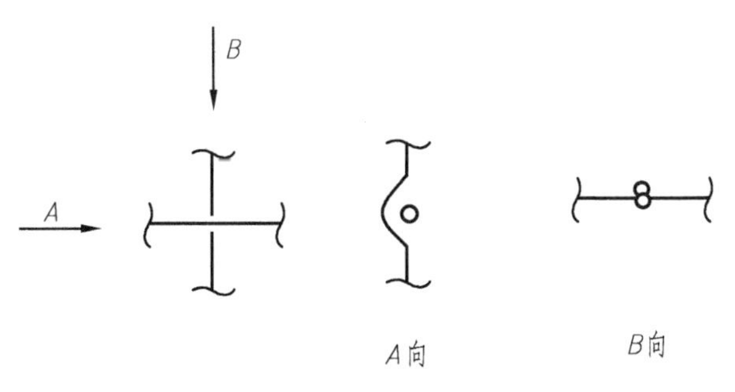

图 14-18　管道跨越的画法

14.2 平面图

14.2.1 平面图的内容

1）绘出建筑轮廓、主要轴线号、轴线尺寸、室内外地面标高、房间名称，首层平面图上绘出指北针。

2）供暖平面绘出散热器位置，注明片数或长度，供暖干管及立管位置、编号，管道的阀门、放气、泄水、固定支架、伸缩器、入口装置、管沟及检查孔位置，注明管道管径及标高。

3）通风、空调、防排烟风道平面用双线绘出风道，复杂的平面应标出气流方向。标注风道尺寸（圆形风道注管径、矩形风道注宽×高）、主要风道定位尺寸、标高及风口尺寸，各种设备及风口安装的定位尺寸和编号，消声器、调节阀、防火阀等各种部件位置，标注风口设计风量（当区域内各风口设计风量相同时也可按区域标注设计风量）。

4）风道平面应表示出防火分区，排烟风道平面还应表示出防烟分区。

5）空调管道平面单线绘出空调冷热水、冷媒、冷凝水等管道，绘出立管位置和编号，绘出管道的阀门、放气、泄水、固定支架、伸缩器等，注明管道管径、标高及主要定位尺寸。

6）多联式空调系统应绘制冷媒管和冷凝水管。

14.2.2 国家标准及相关规定

管道和设备布置平面图、剖面图应以直接正投影法绘制。用于暖通空调系统设计的建筑平面图、剖面图，应用细实线绘出建筑轮廓线和与暖通空调系统有关的门、窗、梁、柱、平台等建筑构配件，并应标明相应定位轴线编号、房间名称、平面标高。管道和设备布置平面图应假想除去上层板后按俯视规则绘制，其相应的垂直剖面图应在平面图中标明剖切符号。

平面图上应标注设备、管道定位（中心、外轮廓）线与建筑定位（轴线、墙边、柱边、柱中）线间的关系；剖面图上应注出设备、管道（中、底或顶）标高。必要时，还应注出距该层楼（地）板面的距离。建筑平面图采用分区绘制时，暖通空调专业平面图也可分区绘制。但分区部位应与建筑平面图一致，并应绘制分区组合示意图。平面图中的水、汽管道可用单线绘制，风管不宜用单线绘制。

平面图中的局部需另绘详图时，应在平面图上标注索引符号。

14.3 系统图、立管或竖风道图

14.3.1 图示内容

管道系统图应能确认管径、标高及末端设备，可按系统编号分别绘制。

分户热计量的户内供暖系统或小型供暖系统，当平面图不能表示清楚时应绘制系统图，

比例宜与平面图一致，按 45°或 30°轴测投影绘制；多层、高层建筑的集中供暖系统，应绘制供暖立管图，并编号。上述图样应注明管径、坡度、标高、散热器型号和数量。

冷热源系统、空调水系统及复杂的或平面表达不清的风系统应绘制系统流程图。系统流程图应绘出设备、阀门、计量和现场观测仪表、配件，标注介质流向、管径及设备编号。流程图可不按比例绘制，但管路分支及与设备的连接顺序应与平面图相符。

空调冷热水分支水路采用竖向输送时，应绘制立管图，并编号，注明管径、标高及所接设备编号。

供暖、空调冷热水立管图应标注伸缩器、固定支架的位置。空调、通风、制冷系统有自动监控要求时，宜绘制控制原理图，图中以图例绘出设备、传感器及执行器位置；说明控制要求和必要的控制参数。

对于层数较多、分段加压、分段排烟或中途竖井转换的防排烟系统，或平面表达不清竖向关系的风系统，应绘制系统示意或竖风道图。

14.3.2　国家标准及一般规定

管道系统图采用轴测投影法绘制时，宜采用与相应的平面图一致的比例，按正等轴测或正面斜二轴测的投影规则绘制，可按现行国家标准 GB/T 50001—2017《房屋建筑制图统一标准》绘制。

在不致引起误解时，管道系统图可不按轴测投影法绘制；管道系统图的基本要素应与平、剖面图对应；水、汽管道及通风、空调管道系统图均可用单线绘制；系统图中的管线重叠、密集处，可采用断开画法。断开画法处宜以相同的小写拉丁字母表示，也可用细虚线连接。原理图可不按比例和投影规则绘制，原理图基本要素应与平面图、剖面图及管道系统图相对应。

14.4　通风、空调剖面图和详图

风道或管道与设备连接交叉复杂的部位，应绘剖面图或局部剖面图。绘出风道、管道、风口、设备等与建筑梁、板、柱及地面的尺寸关系。注明风道、管道、风口等的尺寸和标高、气流方向及详图索引编号。供暖、通风、空调、制冷系统的各种设备及零部件施工安装，应注明采用的标准图、通用图的图名或图号。凡无现成图样可选，且需要交代设计意图的，均需绘制详图。简单的详图，可就图引出，绘制局部详图。

14.5　室内供暖工程图的识读

供暖是用人工方法通过消耗一定能源向室内供给热量，使室内保持生活或工作所需温度的技术、装备、服务的总称。供暖系统由热媒制备（热源）、热媒输送和热媒利用（散热设备）三个主要部分组成。

识读室内供暖工程图需先熟悉图样目录，了解设计说明，了解主要的建筑施工图（总平面图及平、立、剖面图）及有关的结构施工图，在此基础上将供暖平面图和系统图对照识读，同时再与有关详图配合识读。

以某住宅楼供暖工程施工图为例，它包括平面图（首层、标准层和顶层）及系统图。如图 14-19～图 14-22 所示，是一个系统的首层、标准层和顶层平面图及系统图。该工程热媒为热水（70～95℃），由锅炉房通过地沟管道集中供热。

14.5.1 平面图的识读

1）明确室内散热器的平面位置、规格、数量以及散热器的安装方式（明装、暗装或半暗装）。散热器一般布置在窗台下，以明装为主，如为暗装或半暗装，一般都在图样说明中注明。散热器的规格较多，除可依据图例加以识别外，一般在施工说明中均有注明。散热器的数量均标注在散热器旁。

2）了解水平干管的布置方式。识读时需注意干管是敷设在最高层、中间层还是首层，以了解供暖系统是上分式、中分式或下分式还是水平式系统。在底层平面图上还会出现回水干管或凝结水干管（虚线），识图时也要注意。此外，还应注意干管上的阀门、固定支架、补偿器等的位置、规格及安装要求等。

3）通过立管编号查清立管系统数量和位置。

4）了解供暖系统中，膨胀水箱、集气罐（热水供暖系统）、疏水器（蒸汽供暖系统）等设备的位置、规格以及设备管道的连接情况。

5）查明供暖入口及入口地沟或架空情况。当供暖入口无节点详图时，供暖平面图中一般将入口装置的设备如控制阀门、减压网、除污器、疏水器、压力表、温度计等表达清楚，并注明规格、热媒来源、流向等。若供暖入口装置采用标准图，则可按注明的标准图号查阅标准图。当有供暖入口详图时，可按图中所注详图编号查阅供暖入口详图。

14.5.2 系统图的识读

如图 14-22 所示，室内供暖系统图是根据各层供暖平面图中管道及设备的平面位置和竖向标高，用正面斜轴测或正等测投影以单线法绘制而成的。它表示供暖入口至出口的室内供暖管网系统、散热器设备、主要附件的空间位置和相互关系。该图注有管径，标高，坡度，立管编号，系统编号以及各种设备、部件在管道系统中的位置。把系统图与平面图对照阅读，可以了解室内供暖系统的全貌。

1）按热媒的流向确认供暖管道系统的形式及其连接情况，各管段的管径、坡度、坡向，水平管道和设备的标高以及立管编号等。供暖管道系统图完整表达了供暖系统的布置形式，清楚地表明了干管与立管以及立管、支管与散热器之间的连接方式。散热器支管有一定的坡度，其中，供水支管坡向散热器，回水支管则坡向回水立管。

2）了解散热器的规格及数量。当采用柱型或翼型散热器时，要弄清散热器的规格与片数（以及带脚片数）。当为光滑管散热器时，要弄清其型号、管径、排数及长度。当采用其他供暖设备时，应弄清设备的构造和标高（底部或顶部）。

3）注意查清其他附件与设备在管道系统中的位置、规格及尺寸，并与平面图和材料表等加以核对。

4）查明供暖入口的设备、附件、仪表之间的关系，热媒来源、流向、坡度、标高、管径等。如有节点详图，则要查明详图编号，以便查阅。

通过综合识读，管道系统的布置方式采用上供下回单管同程式系统。供热干管敷设在顶

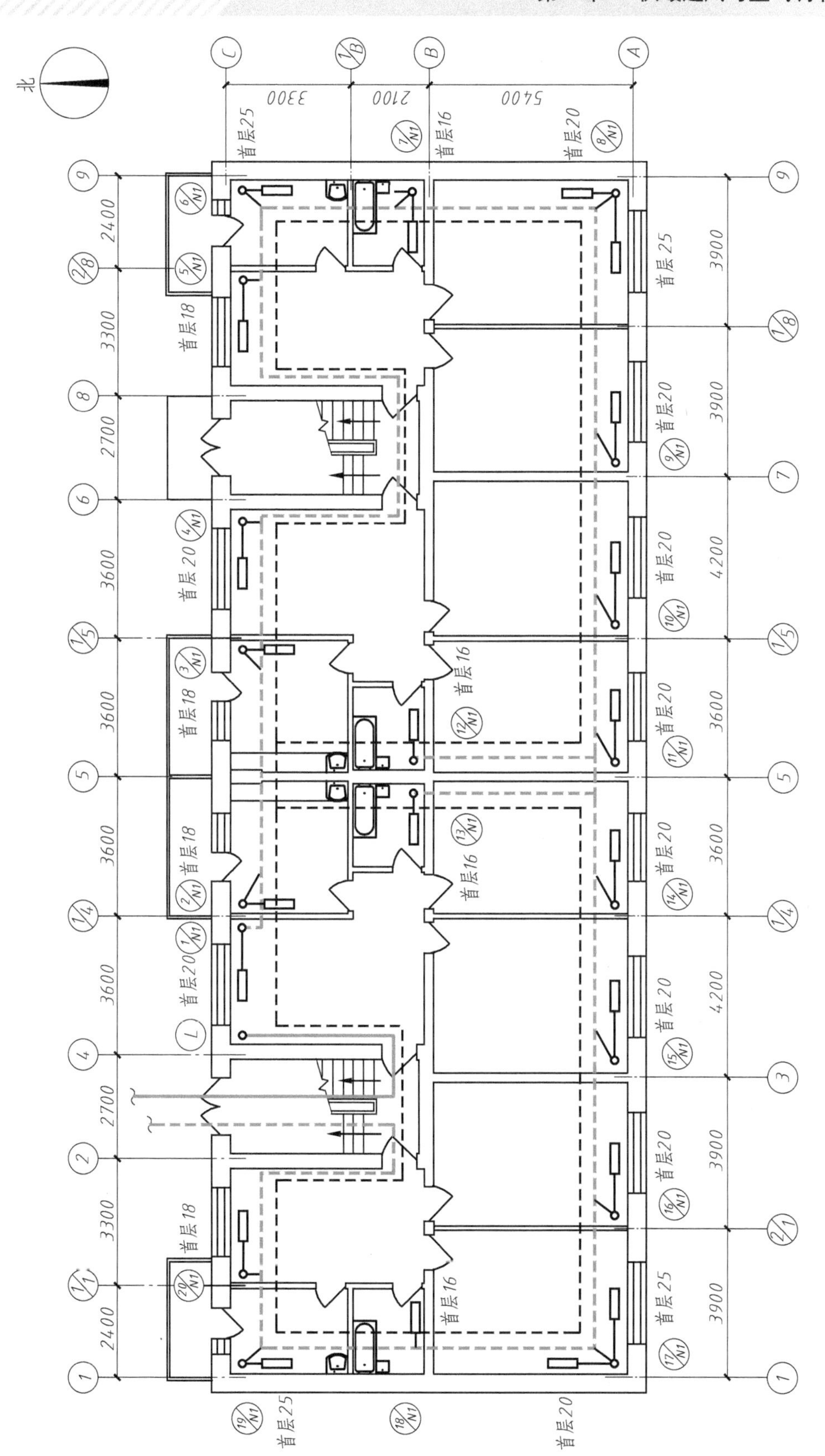

图 14-19　首层供暖平面图

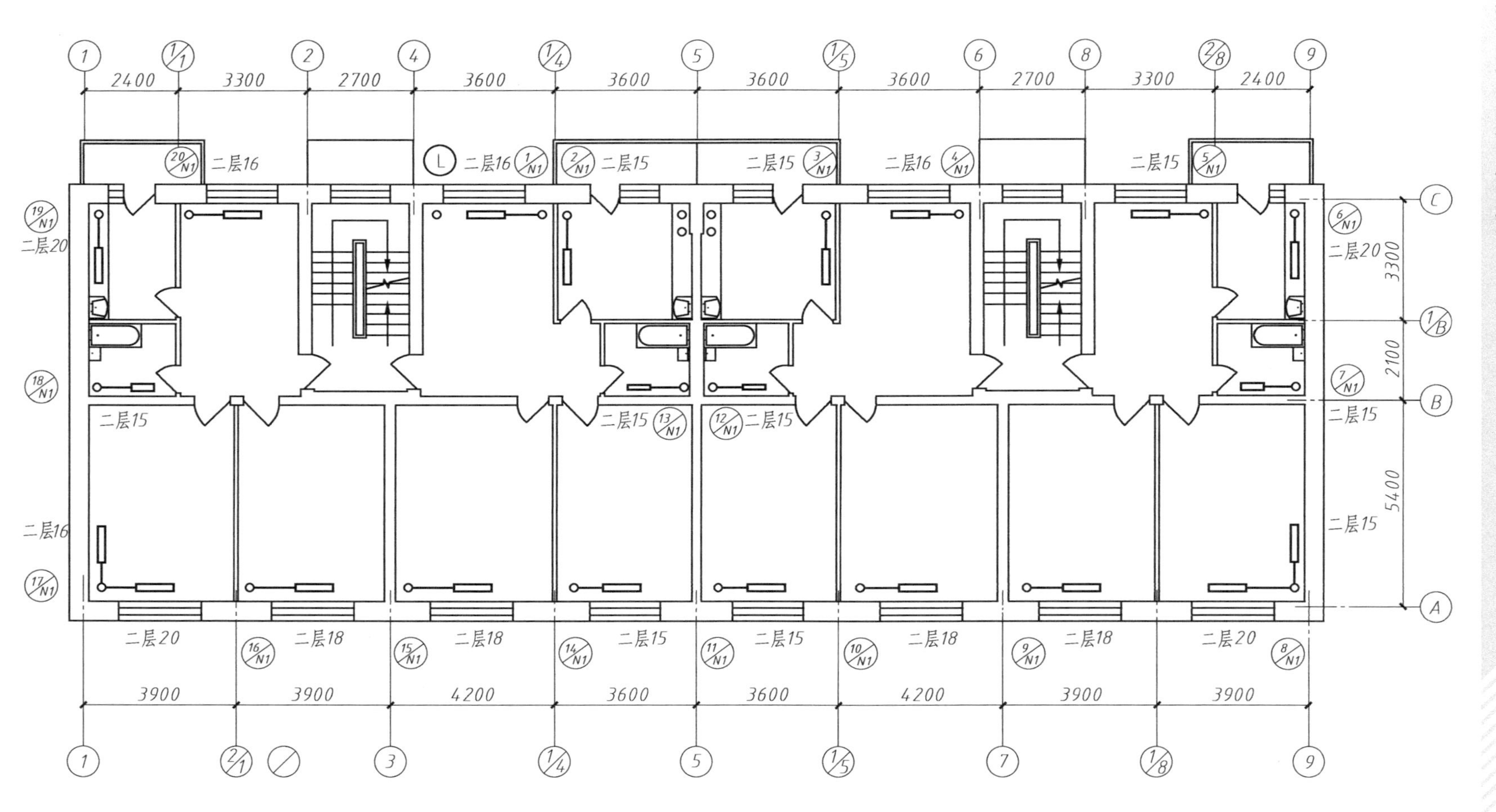

图 14-20　二层供暖平面图

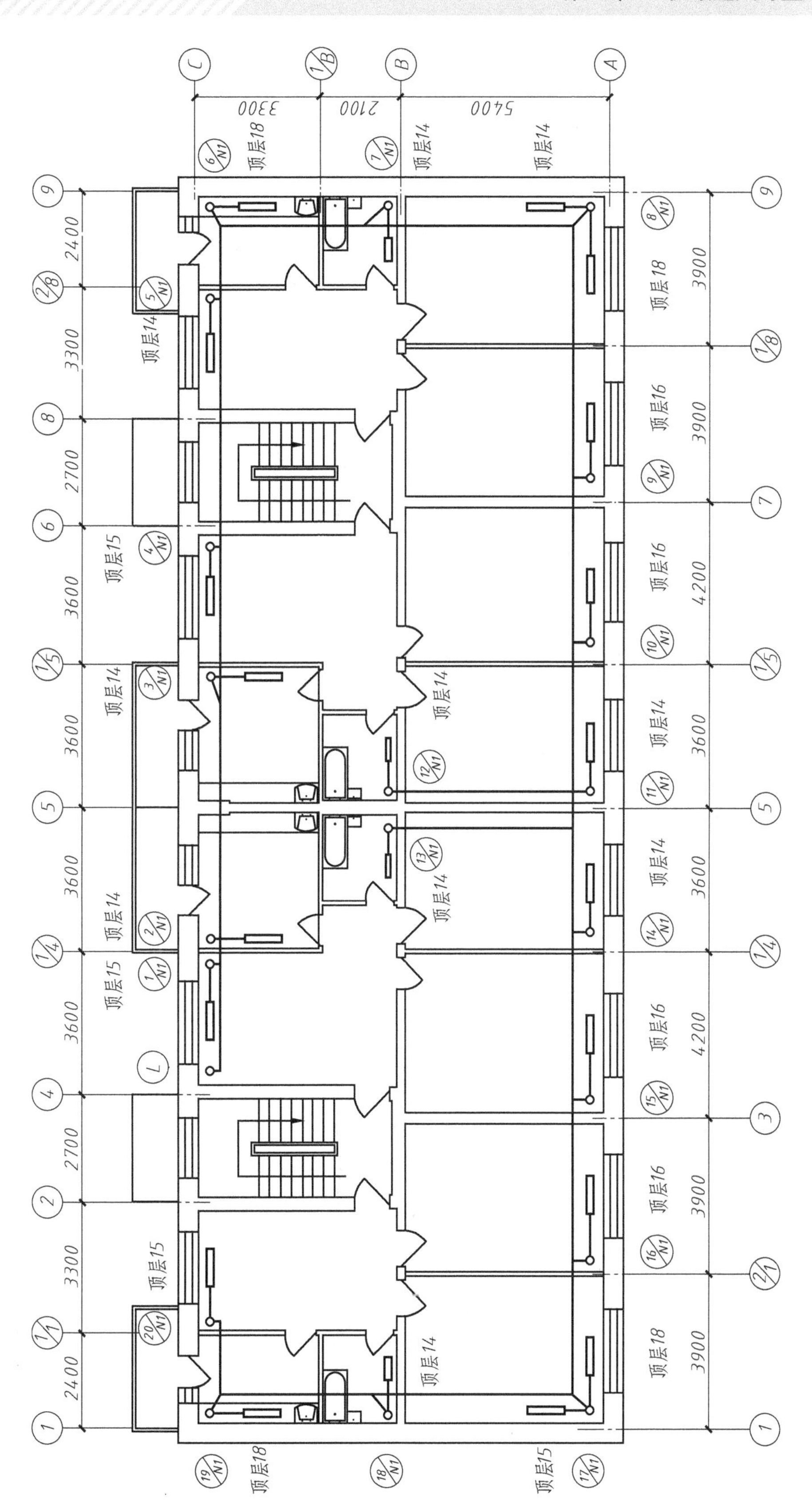

图 14-21 顶层供暖平面图

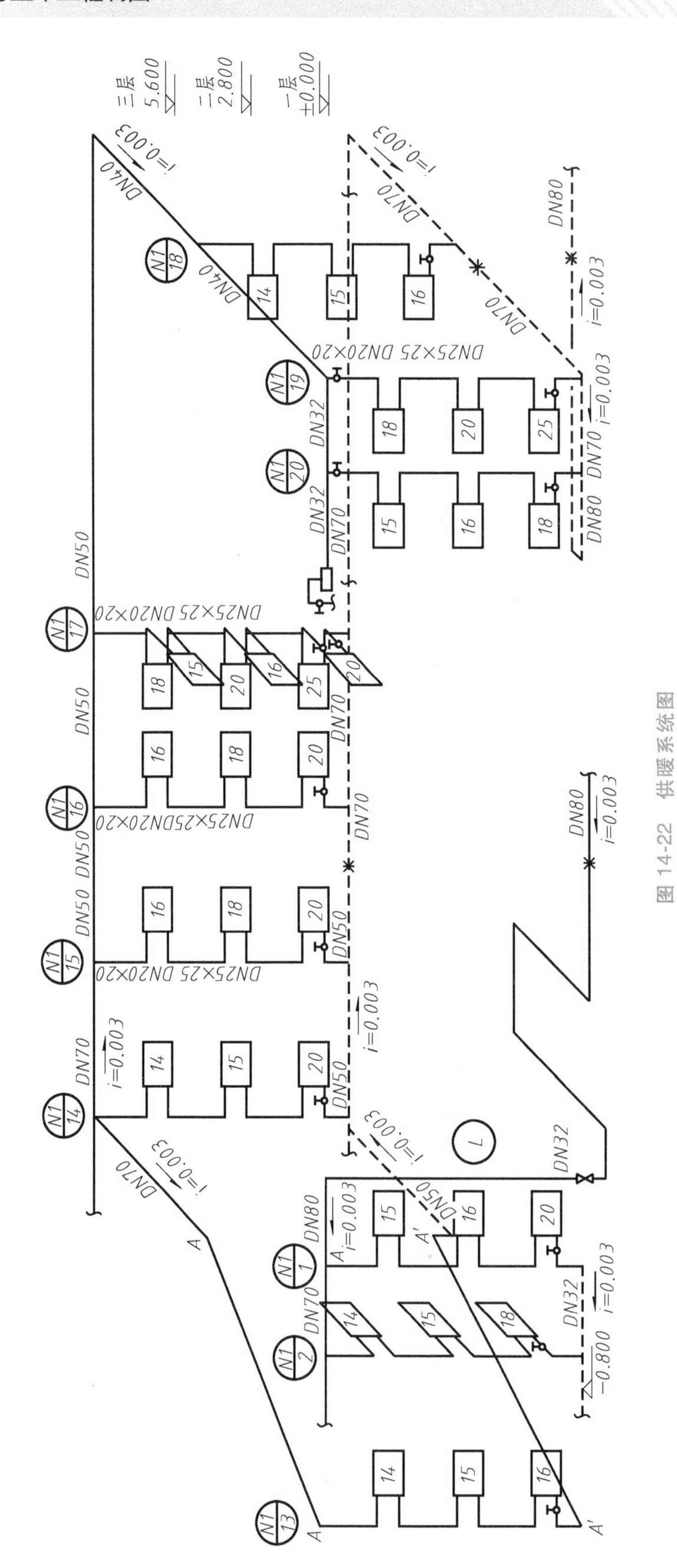

三层
5.600
二层
2.800
一层
±0.000
i=0.003
DN40
DN70
DN80
DN50
DN32
DN25×25 DN20×20
N1/13
N1/14
N1/15
N1/16
N1/17
N1/18
N1/19
N1/20
N1/1
N1/2
A
A'
L
−0.800

图 14-22　供暖系统图

层顶棚下，回水干管敷设在地沟中。散热器采用 LYG-50/500-1.0 型，均明装在窗台之下或墙角处。供水干管为整个住宅楼供暖的一个系统，在这个供暖系统中，供水总立管从卧室中管道井进户，供水干管由东向西环绕外墙侧墙布置，然后折向南再折向北形成上行水平干管，通过各立管将热水供给各层房间的散热器。所有的立管均设在各房间的外墙角处，通过支管与散热器相连接，经散热器散热后的回水，由敷设在地沟中的回水干管排出室外，通过地沟管道送回锅炉房。

供暖平面图表达了首层、标准层和顶层散热器的布置、回水干管的布置及其与各立管的连接；标准层平面图只画出立管、散热器以及它们之间的连接支管；顶层平面图表示出供水干管与各立管的连接关系。从供暖系统图可以清楚地看到整个供暖系统的形式和管道连接的全貌，且标出了管道系统的各管段的管径，每段立管两端均设有控制阀门，立管与散热器为双侧或单侧连接，散热器连接支管一律采用 DN15，供水干管与回水干管在进出口各设有总控制阀门，供水干管高处末端设有卧式集气罐 DN150×300，集气罐的排气管的下方设有一排气阀，供水干管采用 0.003 的坡度抬头走，回水干管采用 0.003 的坡度低头走。本设计供水干管采用调节阀，回水干管采用闸阀，立管上部采用截止阀，下部采用闸阀。

5）平面图绘图步骤：

① 抄绘建筑施工图首层建筑平面图的有关部分。

② 画出供暖设备平面。

③ 画出由干管、立管、支管组成的管道系统平面图。

④ 标注尺寸、标高、管径、坡度，注写系统和立管编号以及有关图例、文字说明等。

思考题

1. 系统图中常用哪些轴测图？

2. 系统图根据哪些图样画出？轴测图上的长、宽、高是怎样定的？当管路不平行于坐标轴时应如何处理？

3. 在系统图上都标注哪些尺寸？

4. 供暖工程图一般由哪些图样组成？每一种图各代表哪些内容？

5. 在供暖平面图中，管道是如何表示的？其中立管是如何表示的？

第 15 章　道路、桥梁、涵洞工程图

本章概要

本章主要介绍道路桥梁、涵洞工程图的主要内容和用途；介绍道路、桥梁、涵洞工程图的图示特点和图示方法；介绍 GB 50162—1992《道路工程制图标准》、15MR101《城市道路—初步设计、施工图设计深度图样》《市政公用工程设计文件编制深度规定（2013 年版）》、GBJ 124—1988《道路工程术语标准》《公路工程基本建设项目设计文件编制办法》(交公路发［2007］358 号）中道路、桥梁、涵洞工程图的相关内容。

15.1　图家标准及一般规定

1. 图线

每张图上的图线线宽不宜超过 3 种，基本线宽（b）应根据图样比例和复杂程度确定，线宽组合宜符合表 15-1 的规定。

表 15-1　线宽组合　（单位：mm）

线宽类别	线宽系列				
b	1.4	1.0	0.7	0.5	0.35
$0.5b$	0.7	0.5	0.35	0.25	0.25
$0.25b$	0.35	0.25	0.18(0.2)	0.13(0.15)	0.13(0.15)

图样中常用线型及线宽应符合表 15-2 的规定。

表 15-2　常用线型及线宽

名　称	线　型	线　宽
加粗粗实线	————————	$(1.4\sim2.0)b$
粗实线	————————	b
中粗实线	————————	$0.5b$
细实线	————————	$0.25b$
粗虚线	― ― ― ― ― ―	b
中粗虚线	― ― ― ― ― ―	$0.5b$
细虚线	― ― ― ― ― ―	$0.25b$

（续）

名　称	线　型	线　宽
粗点画线		b
中粗点画线		0.5b
细点画线		0.25b
粗双点画线		b
中粗双点画线		0.5b
细双点画线		0.25b
折断线		0.5b
波浪线		0.25b

注：道路制图中的线宽组合与 GB/T 50001—2017《房屋建筑制图统一标准》有所区别，注意区分。

2. 比例

绘图比例的选择应根据图面布置合理匀称美观的原则，按图形大小及图面复杂程度确定。公路工程图、城市道路工程图、桥梁工程图常用比例见表 15-3。

表 15-3　公路工程图、城市道路工程图、桥梁工程图常用比例

类型	图　名	比　例	
公路	路线平面图	一级公路 1:2000;其他公路 1:1000、1:2000、1:5000	
	路线纵断面图	水平	垂直
		与平面图一致	1:100、1:200、1:400 或 1:500
	路基标准横断面图	1:100~1:200	
	一般路基设计图	1:200	
城市道路	平面总体设计图	1:2000~1:10000	
	平面设计图	1:500~1:1000	
	纵断面设计图	纵向	横向
		1:50~1:100	1:500~1:1000
	横断面设计图	1:100~1:200	
	土方横断面设计图	纵向	横向
		1:50~1:200(补强 1:20~1:50)	1:100~1:400
	广场或交叉口设计图	1:200~1:500	
	交通标志线设计图	1:500~1:1000	
	其他细部设计图	1:10、1:20、1:50、1:100	
桥梁、涵洞	桥位平面图	1:500~1:2000	
	桥位工程地质平面图	1:500~1:2000	
	桥位工程地质纵断面图	水平	垂直
		1:200~1:2000	1:20~1:50
	桥型总体布置图	1:200~1:2000	
	典型涵洞设计图	1:50~1:200	

3. 图例

道路工程图常用图例见表15-4。

表15-4 道路工程图常用图例（节选）

名称	图例	名称	图例
平面			
指北针	北 北	桥梁	
公里桩		施工控制水准点	R2 1 BM 2 100.376
旱地		标高符号、水位符号	2~3 8.29 45° 4.25
草地		涵洞	
挡土墙(城市道路)	线宽0.35 6 1	等高线	40
挡土墙(公路)		三层楼房	3
纵断			
铁路	1.2 2	盖板涵	
拱涵		箱形通道	
桥梁		分离式立交 a)主线上跨 b)主线下穿	a) b)
管线断面			
现状管线		新建管线	
规划(未建)管线			

4. 单位

平面图、纵断面图、横断面图、交通组织图等，尺寸单位以米（m）计；细部详图，尺寸单位以厘米（cm）计，当不按以上采用时，应在图样中予以说明。

5. 文字

同一册图样上文字的字体类型应一致，应采用长仿宋体。图册封面字体宜采用仿宋体等易于辨认的字体。

图中汉字应采用国家公布使用的简化汉字，除有特殊要求外，不得采用繁体字。

推荐字号见表15-5。

表15-5 推荐字号

文字	推荐字号	文字	推荐字号
尺寸标注	3.5/2.5/2.0	图样说明文字	5.0/3.5
图中说明	3.5	图样说明行间距	4.0/3.5/3.0
剖面标注、图名	5.0		

6. 图样排序

一段路线的图样，从平面缩图开始排序，单数页在右上角标注图号，双数页在左上角标注图号。

15.2 道路工程图

道路是指供各种车辆和行人等通行的工程设施。按其使用特点分为公路、城市道路、厂矿道路、林区道路及乡村道路等。

1）公路：联结城市、乡村，主要供汽车或其他车辆行驶并达到一定技术标准和具备辅助设施的道路。它的基本组成部分包括路线、路基、路面、桥梁、涵洞、防护工程和排水工程等。

2）城市道路：在城市范围内，供车辆及行人通行的具备一定技术条件和设施的道路。

3）厂矿道路：主要供工厂、矿山运输车辆通行的道路。

4）林区道路：建在林区，主要供各种林业运输工具通行的道路。

5）乡村道路：建在乡村、农场，主要供行人及各种农业运输工具通行的道路。

15.2.1 公路工程图

川藏公路修筑纪实

在公路设计中，公路的中线就代表公路的路线。路线的形状与公路所经地带的地形、地物和地质条件密切相关，它通常是一条空间曲线。

1. 路线平面图图示内容

路线平面图应示出地形、地物、平面控制点、高程控制点，路中心线位置及平曲线交点，公里桩、百米桩及平曲线主要桩位，断链位置及前后桩号，各种构造物的位置以及县以上境界等，并标出指北图式，列出平曲线要素表。高速公路、一级公路及采用坐标控制的其他等级公路还应示出坐标网格，互通式立体交叉平面布置形式，跨线桥（包括分离式立体交叉桥）位置及交叉方式，复杂平面交叉位置及形式。标注地形图的坐标和高程体系以及

中央子午线经度或投影轴经度。

（1）地形地物　如图 15-1 所示，地形采用等高线表示（本图比例为 1∶5000），并在其上标明等高线的高程（字头朝向地面上坡的方向）。因此，图中等高线的疏密不同，即可显示地势的高低变化。

地物均按表 15-4 中图例画出，并表明该地区的河流、水准点、原有的道路、桥涵和房屋等的真实位置。每个水准点要编号，并注明高程。图中的⊖$\frac{\text{BM1}}{200.000}$，其中 BM1 表明这是第 1 号水准点，其高程为 200. 000m。

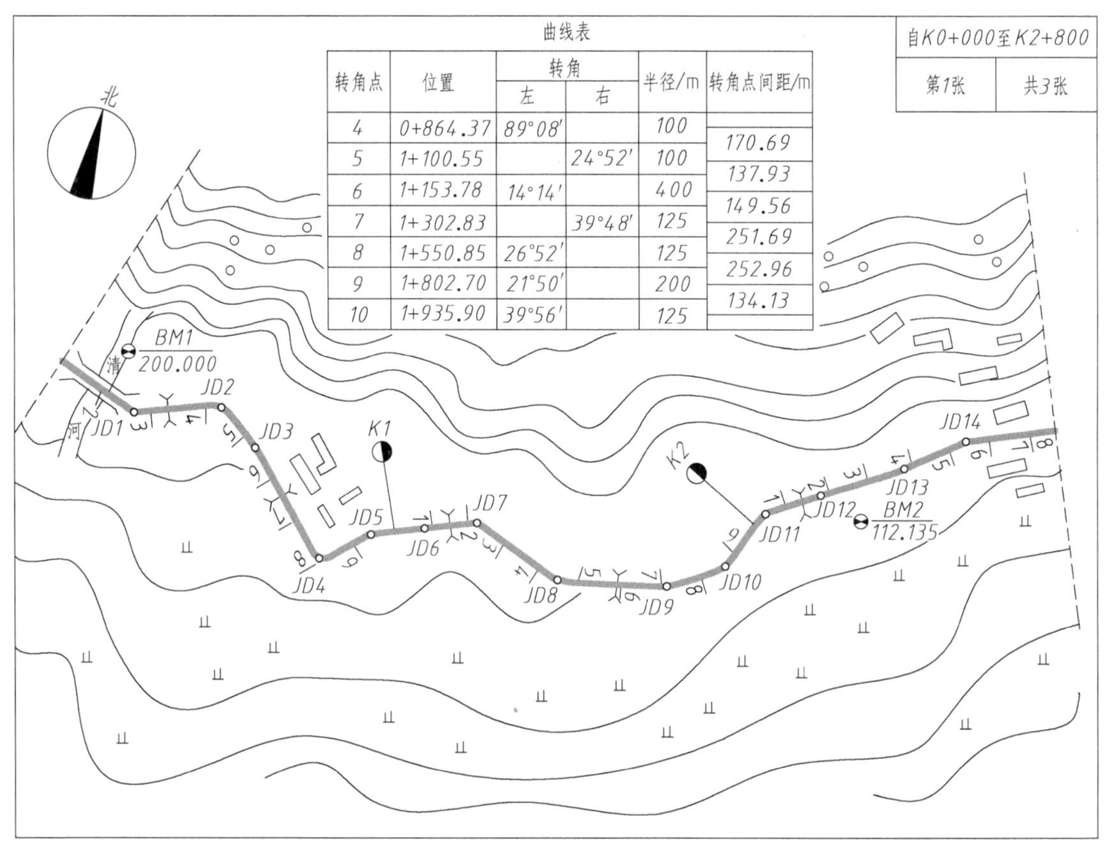

图 15-1　路线平面图

（2）图线　设计路线应采用加粗粗实线表示，比较线应采用加粗粗虚线表示；道路中心线应采用细点画线表示；中央分隔带边缘线应采用细实线表示；路基边缘线应采用粗实线表示；导线、边坡线、边沟线、切线、引出线、原有道路边线应采用细实线表示；用（征）地界线应采用中粗点画线表示；规划红线应采用粗双点画线表示；原有管线采用细实线表示；设计管线采用粗实线表示；规划管线采用虚线表示。水泥混凝土路面的胀缝应采用两条细实线表示。假缝应采用细虚线表示，其余应采用细实线表示，边沟水流方向应采用单边箭头表示。

（3）里程桩　里程桩号的标注应在道路中线上从路线起点至终点，按从小到大、从左到右的顺序排列。公里桩宜标注在路线前进方向的左侧，用符号“◐”表示。百米桩宜标

注在路线前进方向的右侧，用垂直于路线的短线表示。也可在路线的同一侧均采用垂直于路线的短线表示公里桩和百米桩。如果某点位于2公里桩后的第3个百米桩处，该点的里程即为2km 300m，写作K2+300。

（4）平曲线　在公路转弯处，要用曲线来连接（反映在平面图上是一段圆弧），这种设在路的平面转弯处的曲线称作平曲线。在平面图上要清楚地标明有关曲线的情况，平曲线特殊点如第一缓和曲线起点、圆曲线起点、圆曲线中点，第二缓和曲线终点、第二缓和曲线起点、圆曲线终点的位置宜在曲线内侧用引出线的形式表示，并应标注点的名称和桩号。

在图纸的适当位置，应列表标注平曲线要素：交点编号、交点位置、圆曲线半径、缓和曲线长度、切线长度、曲线总长度、外距等。高等级公路应列出导线点坐标表。用小圆圈标示出每个转角点（即路线上两相邻直线段的交点）的位置，并加以编号（图中的JD4就表示该转角点的编号为4）。在转角处按设计圆弧半径画出圆弧曲线，曲线两端各画出一段通向圆心的细线，分别表明曲线的起点和终点。为了更详细地表明各转角点的位置、相邻转角点的间距以及曲线各要素，如转角（α）、曲线半径（R）、切线长（T）、曲线长（L）和外矢距（E）的数值，要在图上列一曲线表（本图表中未列入T、L、E三项内容）。长度单位均以米（m）计。

圆曲线各转角点的位置、间距以及曲线各要素，如图15-2所示。

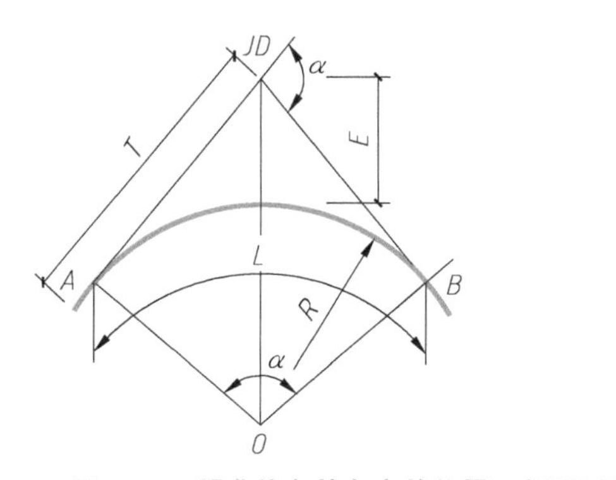

图15-2　圆曲线各转角点的位置、间距以及曲线各要素

（5）其他　当一段路线的平面图分画在几张图纸上时，每张图纸中路线的起止处，都要画上与路线垂直的点画线作为接图线。图的右上角要画一角标，最后一张图纸的右下角还应画出图标。这样一来，按照每张图纸角标中的序号和接图线的位置，就可以将几张图纸拼接成一张整段路线的平面图。拼图时，每张图上的指北针亦可用来校对方向。

图15-1的角标表明，这张图是整段路线平面图的第1张（共3张），路线是从K0+000到K2+800的一段。从图中可以看出，该段路前进方向的左侧傍山，有两处居民点和两个水准点。路线先由西向东，于K1+800处偏向东北。整段路共有14个转角点，沿线设置5座涵洞。

2. 路线纵断面图

（1）形成　沿路线中线的竖向剖面图称为路线纵断面图。沿路中线对路进行剖切时，剖切面是由平面和曲面组成的（因为路线是由直线段和曲线段组成的），因此路线的纵断面图，实际上是将剖切面展开成平面以后的断面图。

（2）画法　如图15-3所示，纵断面图的图样应布置在图幅上部，测设数据应采用表格

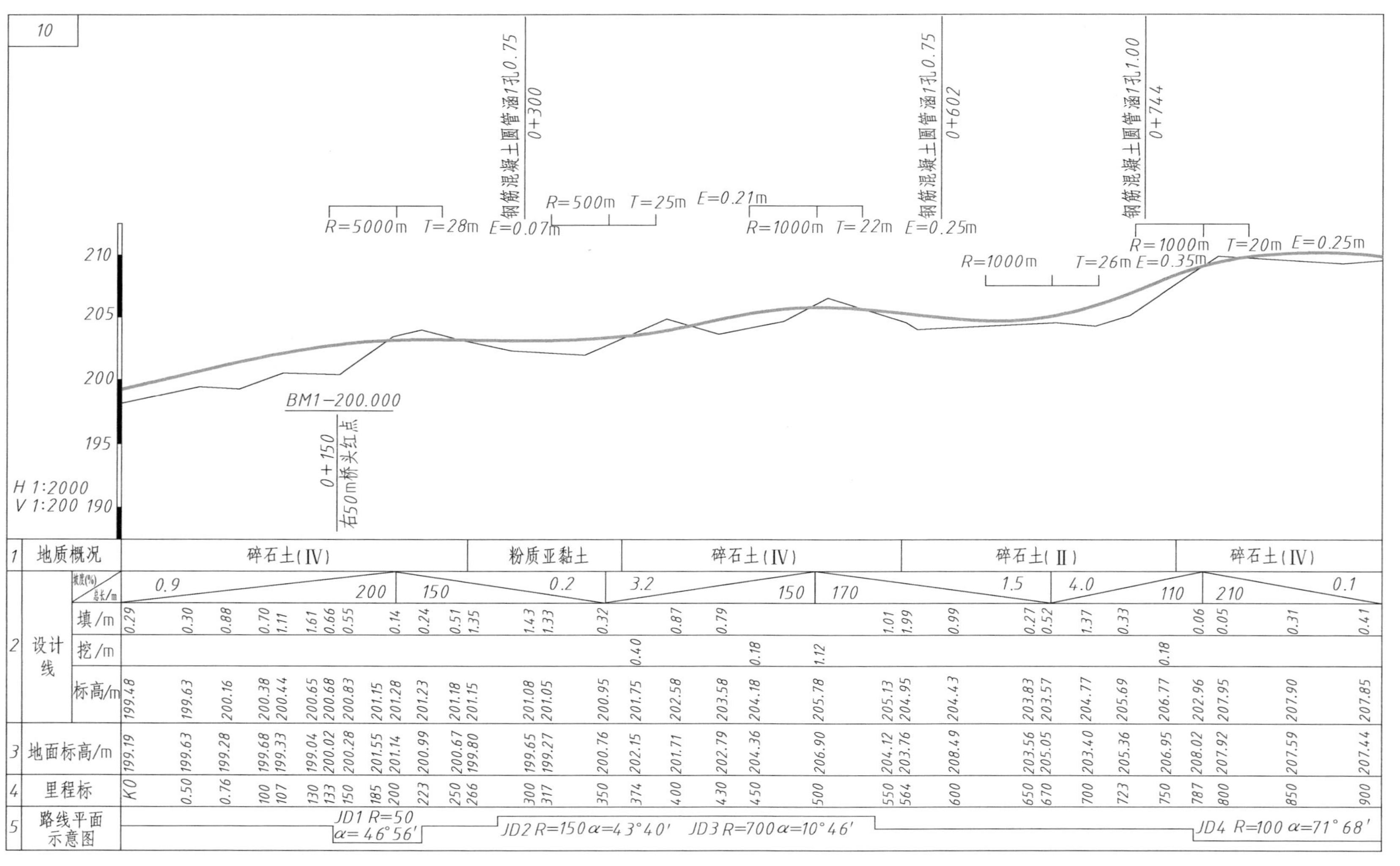
10
钢筋混凝土圆管涵1孔0.75
0+300
钢筋混凝土圆管涵1孔0.75
0+602
钢筋混凝土圆管涵1孔1.00
0+744
R=5000m T=28m E=0.07m
R=500m T=25m E=0.21m
R=1000m T=22m E=0.25m
R=1000m T=26m E=0.35m
R=1000m T=20m E=0.25m
BM1-200.000
0+150
右50m桥头红点
H 1:2000
V 1:200
地质概况
碎石土(IV)
粉质亚黏土
碎石土(II)
设计线
坡度(%)
总长/m
填/m
挖/m
标高/m
地面标高/m
里程标
路线平面示意图
JD1 R=50
α=46°56′
JD2 R=150 α=43°40′
JD3 R=700 α=10°46′
JD4 R=100 α=71°68′

图 15-3 路线纵断面图

形式布置在图幅下部，高程标尺应布置在测设数据表的上方左侧。测设数据表由上至下宜为地质概况、[坡度(%)]/(距离/m)、竖曲线、填高、挖深、设计高程、地面高程顺序排列，表格可根据不同设计阶段和不同道路等级的要求而增减，纵断面图中的距离与高程宜按不同比例绘制。

在纵断面图中，道路设计线应采用粗实线表示，原地面线应采用细实线表示。地下水位线应采用细双点画线及水位符号表示，地下水位测点可仅用水位符号表示。

设计线的纵坡是逐段变化的。按规定，当相邻两段坡度之差的绝对值超过一定数值时，在变坡处需用曲线连接（反映在纵断面上是一段圆弧），这种曲线叫竖曲线。在纵断面图中，表明竖曲线是一项重要的内容。

在路线设计线的上方，以变坡点（相邻两直线坡段的交点）位置所画细实线为对称线，画出与曲线相应（凸或凹形）的竖曲线示意图，并标明其曲线半径（R）、切线长（T）和外矢矩（E）的数值（均以米计）。至于竖曲线所在变坡点的里程、标高、各坡段的坡度和坡长，在纵断面图的下方列表详细说明。此外，该表格中还注明路的桩号、地面标高、设计线的填挖情况、相应路段在平面上的直曲示意图以及路段的土壤地质情况等内容。

在测设数据表中，设计高程、地面高程、填高、挖深的数值应对准其桩号，单位以米计。里程桩号应由左向右排列，应将所有固定桩及加桩桩号示出，桩号数值的字底应与所表示桩号位置对齐。整公里桩应标注“K”，其余桩号的公里数可省略。

在测设数据表中的平曲线栏中，道路左、右转弯应分别用凹、凸折线表示。当不设缓和曲线段时，按图 15-4a 标注；当设缓和曲线段时，按图 15-4b 标注。在曲线的一侧标注交点编号、桩号、偏角、半径、曲线长。

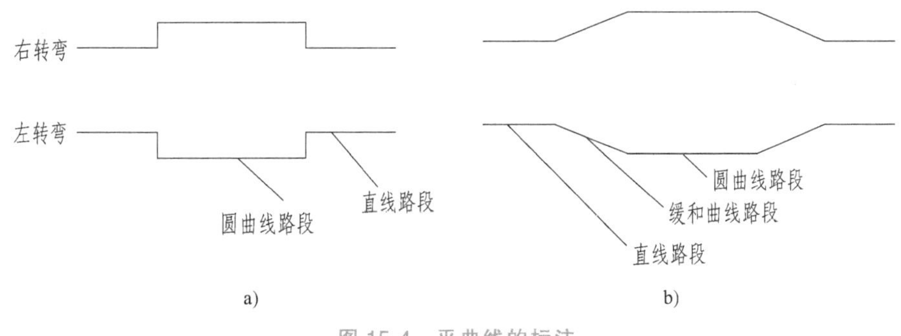

图 15-4　平曲线的标注

路线上的桥涵位置及其结构类型、孔径，水准点的编号、位置和标高等，都要在图中相应位置引出细实线并用文字注明。

（3）识读　如图 15-3 所示，它表示该路线自 K0+000 至 K0+900 的一段。水平比例用 1∶2000，垂直比例用 1∶200。

这段路共设有 5 个竖曲线，例如，第二个竖曲线设在变坡点 K0+350 处，曲线要素 R=500m、T=25m、E=0.21m。该变坡点前面是自 K0+200 至 K0+350、坡长 150m、坡度为 0.2%的一段下坡，变坡点之后是自 K0+350 至 K0+500、坡长 150m、坡度为 3.2%的一段上坡。故该竖曲线必须是凹曲线。

从设计线与地面线的各对应点的标高之差，可以看出路基的竖向填挖情况。

这段路线上设置了三个涵洞，如$\frac{\text{钢筋混凝土圆管涵 1 孔 0.75}}{0+300}$表示在 K0+300 处，设置了1 个孔，孔径为 75cm 的钢筋混凝土圆管涵洞。

路的附近有一个水准点。BM1 设在路的 K0 + 150 右面桥头的红点处，其标高为 200.000m。

路线平面示意图表明路线为直线段或曲线段的情况。根据折线画法可以读出在 JD1、JD2 和 JD3 处曲线段表示路线在转角 1 处向左转弯，在转角 2 和转角 3 处是连续向右转弯。

3. 路线横断面图

（1）形成　路线横断面图是对路线进行横向剖切所得到的图形，切得横向地面线用细实线画，路基断面设计线用粗实线画。横断面图可以清楚地表示出公路路基（包括边坡、边沟等）的形状、尺寸及其与原地面线的相互位置关系。

（2）图线与画法　如图 15-5 所示，路面线、路肩线、边坡线、护坡线均应采用粗实线表示；路面厚度应采用中粗实线表示；原有地面线应采用细实线表示，设计或原有道路中线应采用细点画线表示。

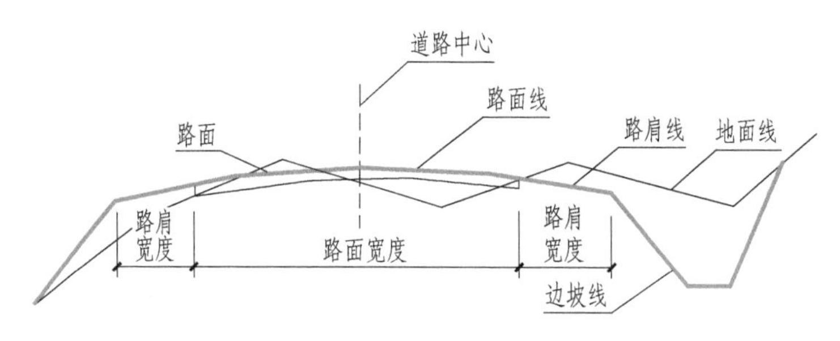

图 15-5　横断面图图线

如图 15-6 所示，当道路分期修建、改建时，应在同一张图纸中示出规划、设计、原有道路横断面，并注明各道路中线之间的位置关系。规划道路中线应采用细双点画线表示。规划红线应采用粗双点画线表示。在设计横断面图上，应注明路侧方向。

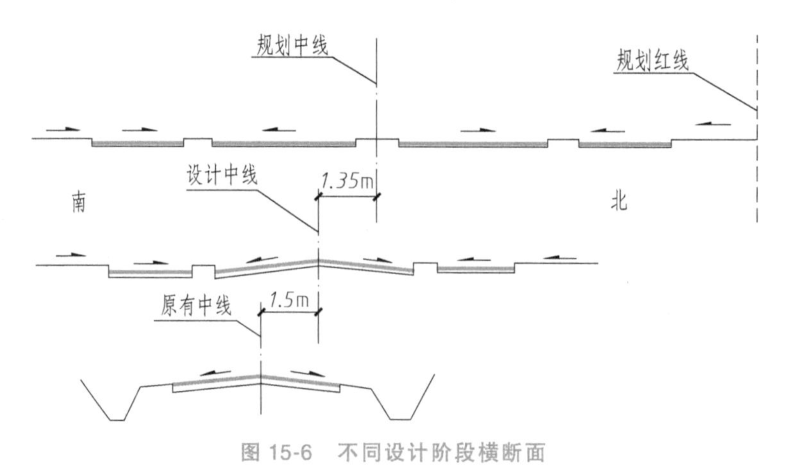

图 15-6　不同设计阶段横断面

如图 15-7 所示的横断面图中，管涵、管线的高程应根据设计要求标注。管涵、管线横断面应采用相应图例。

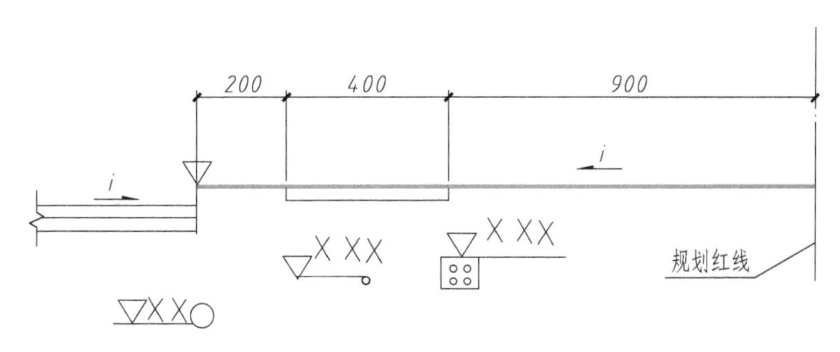

图 15-7　横断面图中管涵、管线的标注

（3）识读　识读如图 15-8 所示路基横断面示意图。

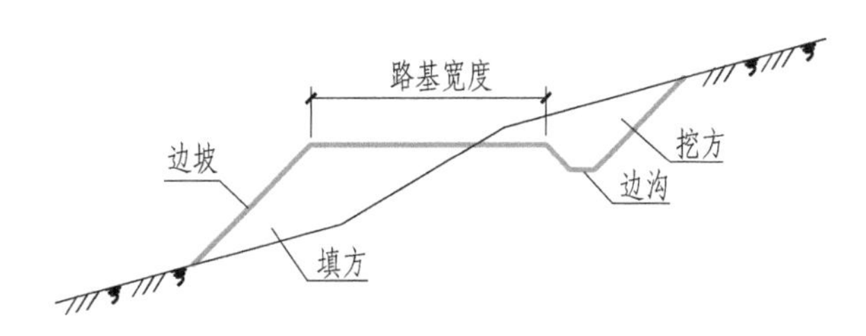

图 15-8　路基横断面示意图

按设计横断面的要求，左侧路基需要在原地面线之上填土，称为填方；右侧路基将原地面下挖，称为挖方。因此，这是一个半填半挖的路基断面形式。除此以外，还有全部填方（叫路堤）或全部挖方（叫路堑）的形式。

对于一段路，各处的横断面都不会完全一致，需要根据测量、设计和施工的要求，画出路线上某些位置的横断面图。

用于施工放样及土方计算的横断面图应在图样下方标注桩号。图样右侧应标注填高，挖深，填方、挖方的面积，并采用中粗点画线示出征地界线，如图 15-9 所示。

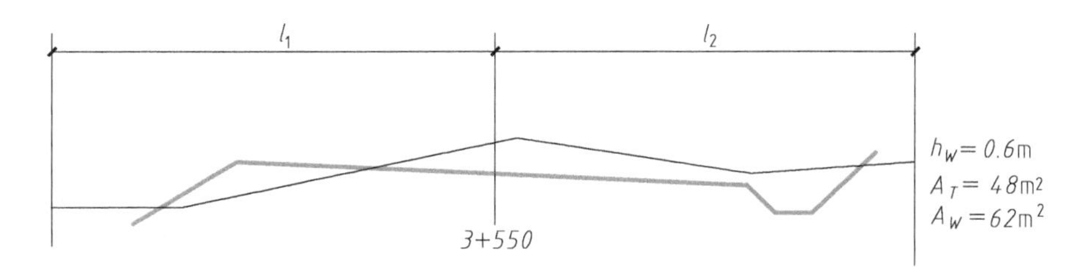

图 15-9　横断面图中填挖方的标注

在图纸上，各横断面应按里程顺序排列，并注明填挖方面积，以便查找。为计算面积时方便，可采用方格纸画图。

（4）标准横断面图　在一段公路中，如果没有特殊不良的地质地段，路基不需要特殊处理，那么整段路的路基横断面就采用几种标准横断面的形式，只要在各标准横断面中注明各自的适用范围即可。图 15-10 就是某段公路的路基标准横断面图。

在同一张图纸上的路基横断面，应按桩号的顺序排列，并从图纸的左下方开始，先由下向上，再由左向右排列。

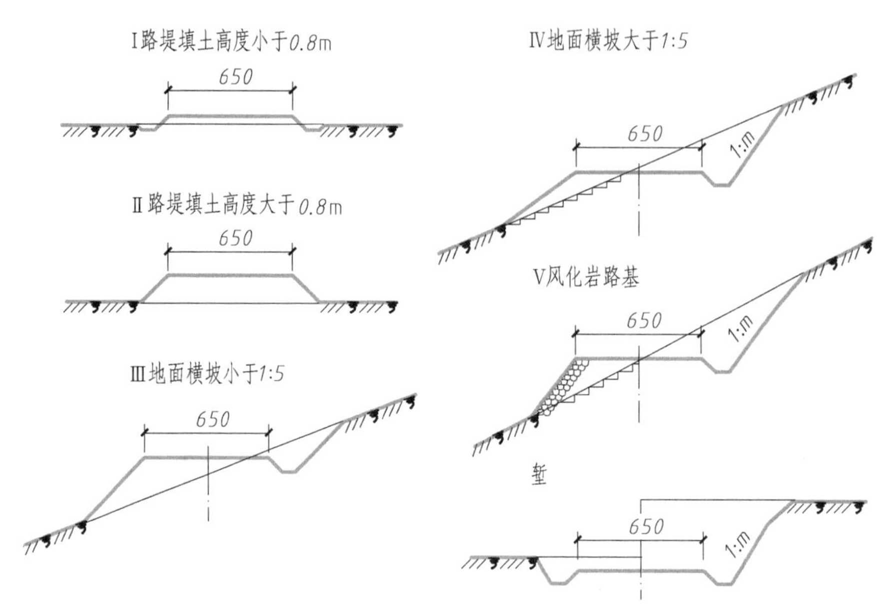

图 15-10　某段公路的路基标准横断面图

15.2.2　城市道路工程施工图

城市道路工程施工图设计文件包括设计说明书、施工图预算、工程数量和材料用量表、设计图。道路工程施工图设计图包括封面、目录、平面总体设计图、平面设计图、纵断面设计图、横断面设计图、交叉口设计图、路面结构设计图、道路附属工程（挡土墙、涵洞、路缘石、无障碍设施）设计图和交通安全设施设计图等。

1. 平面总体设计图

平面总体设计图反映出设计道路（或立交）在城市路网中的位置，沿线规划布局和现状，重要建筑物、单位、文物古迹、立交、桥梁、隧道及主要相交道路和附近道路系统。绘图比例推荐采用 1∶2000~1∶10000，内容同初步设计要求。

2. 平面设计施工图

平面设计施工图设计阶段的绘制内容包括：道路规划中线和施工中线坐标，平曲线要素表，机动车道、辅路（非机动车道）、人行道（路肩）及道路各部位尺寸，公共汽车停靠站、人行通道或人行天桥位置与尺寸，道路与沿线相交道路及建筑进出口的处理方式，桥隧、立交的平面布置与尺寸，各种杆、管线和附属构筑物的位置与尺寸，拆迁房屋、挪移杆线、征地范围等。绘制比例 1∶500~1∶1000。

3. 纵断面设计图

纵断面设计图包含设计路面高程，交叉道路、新建桥隧中线位置及高程，边沟纵断设计线、坡度及变坡点高程，有关交叉管线位置、尺寸及高程，竖曲线及其参数等，立交设计应绘制匝道纵断面设计图。比例纵向 1∶50~1∶100，横向 1∶500~1∶1000。

4. 横断面设计图

比例 1∶100~1∶200，应示出规划道路横断面图、设计横断面图（不同路段和立交各部）、现状路横断面图及相互关系，大填大挖方路基设计，地上杆线、地下管线位置，特殊

横断面及边沟设计、路拱曲线大样图等。

此外，城市道路工程施工图还包括广场或交叉口（平交、立交）设计图，路面结构设计图，需进行特殊处理、加固的路基设计图，排水设计图，挡土墙、无障碍、路缘石、台阶、涵洞等道路附属构筑物结构详图，交通安全设施及交通管理设施设计图，其他有关标准图、通用图等。桥隧、照明、绿化景观等工程详见有关专业设计图。

城市道路相关图样参见 15MR101《城市道路—初步设计、施工图设计深度图样》，此处略。

15.3　桥梁工程图

中国创造：大跨径拱桥技术

15.3.1　概述

桥梁是为铁路、公路、城市道路、管线、行人等跨越河流、山谷、道路等天然或人工障碍建造的架空建筑物。它主要由两部分组成：桥跨结构（上部结构）和下部结构。桥跨结构（上部结构）指桥的支撑部分以上或拱桥起拱线以上跨越桥孔的结构，包括桥面铺装、桥面板、纵梁、横梁和人行道等。下部结构指桥台、桥墩及桥梁基础的总称，用以支撑梁上部结构并将上部荷载传递给地基。桥墩为支撑两相邻桥跨结构并将上部荷载传递给地基的部件。桥台是位于桥的两端与路基相衔接，承受台后填土压力并将桥上荷载传递到基础的构筑物。

桥梁的结构形式很多，有梁式桥、拱式桥、刚构桥、吊桥四种基本体系。

按桥梁主要承重结构所用的材料，桥梁又有石桥、钢筋混凝土桥、钢桥等之分。目前公路上采用最广泛的是钢筋混凝土桥。

一座桥梁的图样，应将桥梁的位置、整体形状、大小及各部分结构、构造、施工和所用材料等详细、准确地表示出来。一般要用以下几方面的图样：第一，桥位地形、地物、地质、水文等资料图；第二，桥形布置图；第三，桥的上部、下部构造和配筋图等。

桥梁工程图有如下主要特点：

1）桥梁的下部结构大部分埋于土或水之中，画图时常把土和水视为透明的或揭去不画，而只画构件的投影。

2）桥梁位于路线的一段之中，标注尺寸时，除需要表示桥本身的大小尺寸外，还要标注出桥的主要部分相对于整个路线的里程和标高（以米为单位，精确到厘米），以便于施工和校核尺寸。

3）桥梁是大体量的条形构筑物，画图时采用缩小的比例。

15.3.2　桥梁工程图的内容和阅读方法

这里选取某桥的部分图样，借以说明。

1. 桥位地形图

桥位地形图主要表明桥的位置，桥位附近的地形、地物（水准点、房屋等）以及桥与路线的连接情况，包括桥梁平面布置、桥位附近地形、河流流向、桥头接线、调治构筑物、相关管线、防护工程等，需注明尺寸单位、中线桩号、高程系统、坐标系统等。

如图 15-11 所示，在 1：2000 的桥位地形图上，设计的路线用粗实线表示，桥用符号示意。

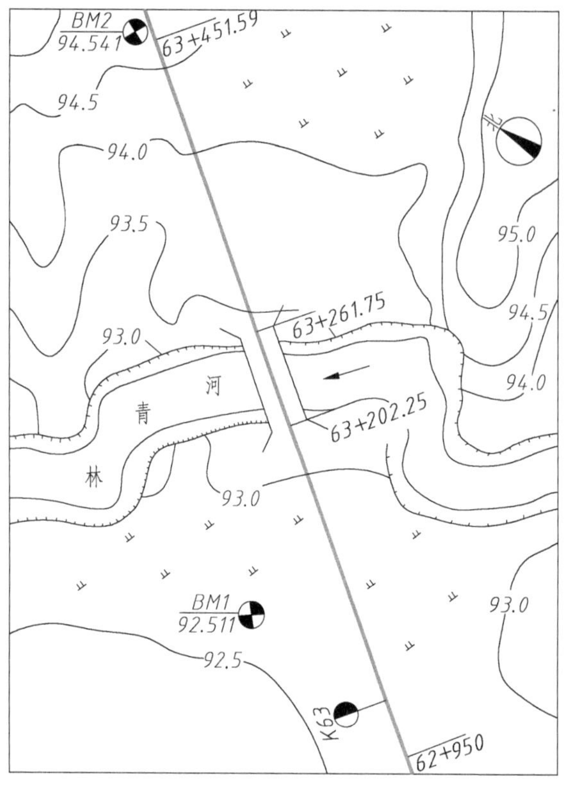

图 15-11　桥位地形图

从图 15-11 中可以看出，路线由东南走向西北，桥位于 K63+202.25 至 K63+261.75 处跨越林青河，桥的引道起点是 K62+950，终点是 K63+451.59。公里桩 K63 附近和引道终点附近各有一个水准点，分别是$\frac{\text{BM1}}{92.511}$和$\frac{\text{BM2}}{94.541}$。

2. 桥型布置图

桥型布置图包括立面、平面、横断面，需标示出桥梁主要结构控制尺寸（桥梁全长、跨度、桥宽、桥高、基础、墩台、梁等），各主要部位标高（基础底、顶面，墩台的顶面，河道位置梁底、设计道路中心线或桥面中心等处），坡度（桥面纵坡，车行道、人行道的横坡），河床断面，水流方向，特征水位，冲刷深度，地质剖面，弯桥、斜桥应标示出桥梁轴线半径、斜交角度，注明尺寸单位、中线桩号、水准基点（必要时）、高程系统、坐标系统、荷载等级、航道标准、地震烈度。

桥型布置图主要表明该桥的桥形、孔数、跨径、总体尺寸、各主要部分的相互位置及其里程与标高、总的技术说明等。此外，河床断面形状、常水位、设计水位以及地质断面情况等都要在图中示出。图 15-12 所示为某桥的桥型布置图，以上各内容具体表明在立面图、平面图和横剖面图中。本图比例为 1：200。

（1）立面图（及纵剖面图）　立面图是用于表明桥的整体立面形状的投影图。因为桥在纵向（行车方向）两端对称，故采用半个纵剖面图（一般沿桥面中线剖开）分别表示全桥

的纵向外形和内部构造，并在图的上方分别标明名称。

从图 15-12 中可以看出，该桥的下部结构共由两桥墩和两桥台组成。全桥共三孔，中孔两墩间距离 20m，两边孔墩、台间距离 19.75m，并标明了各轴线的里程。桥墩、台的基础均为钻孔灌注桩。由于桥墩的桩长为 21.04m，直径又无变化，为了节省图幅，可以将桩连同地质断面一起折断表示（图中标示出了 3 个地质勘探钻孔的位置与地质情况）。

上部结构是 T 梁，从平面图和 1—1 剖面图看出每跨的上部由 5 片主梁组成，纵剖面图还表明每片主梁有 5 个横隔梁（为显示横隔梁位置，此时剖切位置应改在横隔梁与主梁连接处附近）。

桥的起止里程分别为 K63+199.98 和 K63+264.02，桥总长为 64.04m。

桥的竖向，除标明桥的墩、台、梁等主要尺寸外，还标明了墩、台的桩底和桩顶标高，墩、台顶面及梁底标高，桥面中心、路肩标高等（公路工程图中习惯采用▽为标高符号）。这些主要部位的标高是施工时控制有关位置的重要依据。

为了查对桥的主要部位的纵向里程，河床标高，桥面的设计标高和各段的纵向坡度、坡长等资料，有时可在平面图下方列表标明，并和立面图对应，在立面图的左方，再设一标尺，这些都可以帮助对照读出某点的里程和标高，也起到校核尺寸的作用。

（2）平面图　桥的平面图习惯上采用从左至右分层揭去上面构件（或其他覆盖物）使下面被遮构件逐渐露出来的办法表示，因此也无须标明剖切位置。

图 15-12 中，从左面路堤到第一个桥墩轴线处，表示了路堤坝的宽度（为 10m）、路堤边坡、桥台处的锥形护坡、行车道和人行道的宽度以及栏杆立柱的布置情况。从第一个桥墩轴线到第二个桥墩轴线处（揭去行车道板）表示了纵（主）横梁的布置、桥墩盖梁的位置。第二个桥墩轴线以右则表明了桥墩和桥台（揭去台背填土）的平面尺寸及柱身与钻孔的位置。

由于桥在横向上常是以桥面中线为对称线，画平面图时也允许以桥面中线为对称线，画出半个平面图。

（3）横剖面图　桥的两端和路堤相连，不能直接画出左侧立面，为了表示桥的横向上的形状和尺寸，应在桥的适当位置（如在桥跨中间或接近桥台处）为桥横向剖切画出桥的横剖面图。应在立面图上标明横剖面图的剖切位置和投影方向，并在横剖面图的上方标明相应的横剖面图名称。为了减少画图，可把不同位置的两个横剖面各取对称图形的一半，拼成一个图形，中间仍以对称线为界，画在左侧立面的位置上。

图 15-12 所示的横剖面图就是由两个不同位置的剖面拼合而成的：左半边是在桥的中孔靠近右面桥墩，将桥剖开并向右投影，得到的 1—1 剖面图。从图中可以看到桥墩和钻孔桩及其系梁在横向上的相互位置、主要尺寸和标高。上部结构由 5 片 T 梁组成，桥面行车道宽 7m（图中习惯注写为 700/2），桥面横坡为 1.5%，人行道宽为 0.75m。右半边的 2—2 剖面图是在台背耳墙右端部将桥剖开（揭去填土），并向左方投影得到的。图中表示了桥台背面的形状、路肩标高和路堤边坡等。

桥型布置图的技术说明，要包括本图的尺寸单位、设计标准和结构形式等内容，图 15-12 中的说明内容有省略。

单凭一张桥型布置图，并不能把桥所有构件的形状、尺寸和所用材料都表达清楚，还必须分别画出桥的上部、下部各构件的构造图，才能满足施工的要求。

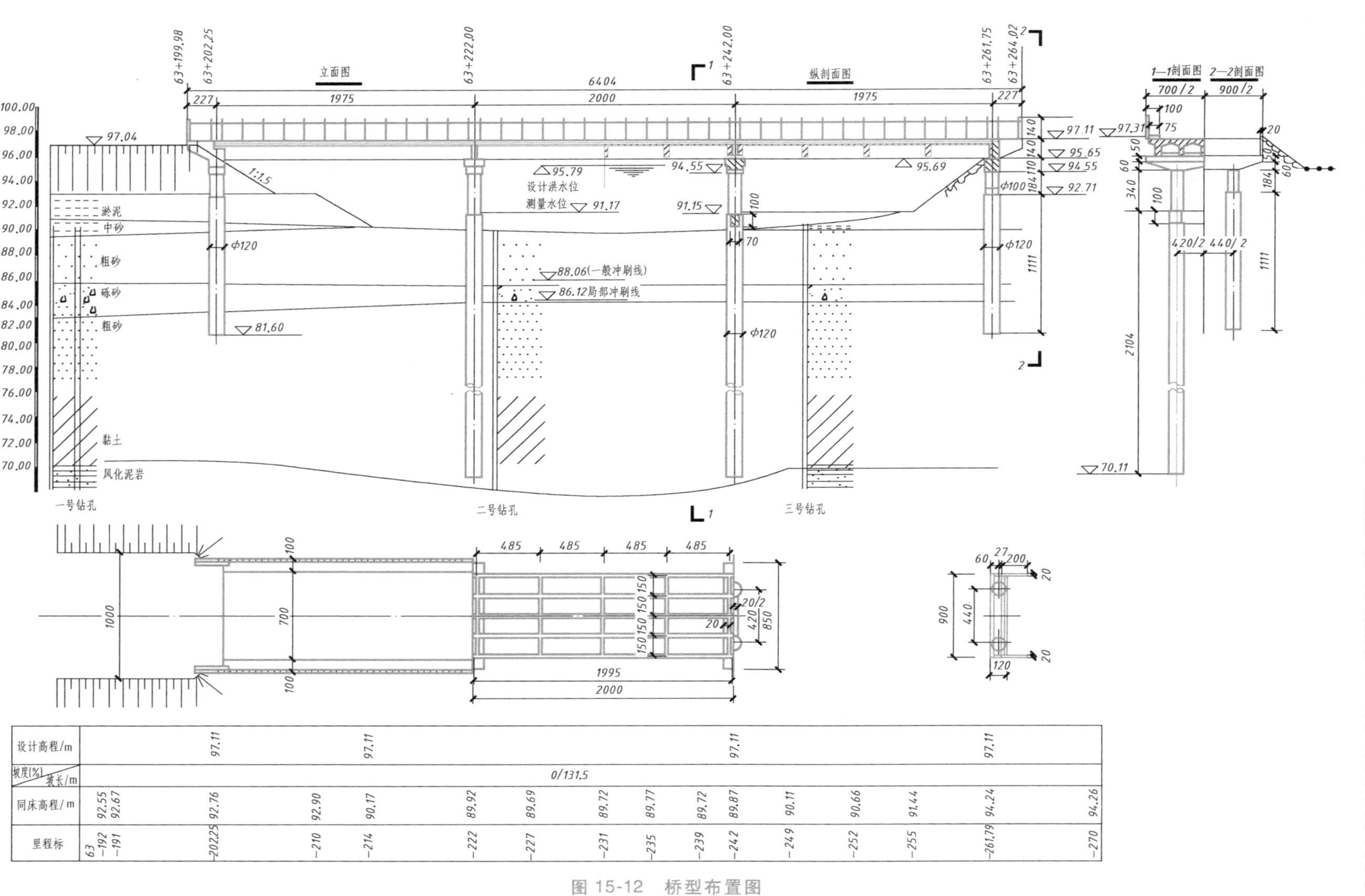
立面图
纵剖面图
1—1剖面图
2—2剖面图
设计洪水位
测量水位
88.06(一般冲刷线)
86.12局部冲刷线
淤泥
中砂
粗砂
砾砂
粗砂
黏土
风化泥岩
一号钻孔
二号钻孔
三号钻孔
设计高程/m
坡度(%)
坡长/m
0/131.5
同床高程/m
里程标

图 15-12 桥型布置图

3. 桥梁上部、下部构造图

上部构造图包括上部结构的细部尺寸布置，预应力结构钢束布置图，张拉次序、钢束数量表，各部位结构配筋图，钢筋明细表，上部构造预拱度，特殊构件和大样图。钢结构需标明主要焊缝及连接大样图。上部构造工程数量汇总表，说明图中未表达的内容、施工要求和注意要点。

下部构造图包括墩柱、桥台及基础的平面、立面布置图，构造尺寸图及配筋图、大样图，并附工程数量表。如为预应力结构时，其设计图的要求应同上部预应力结构，说明图中未表达的内容、施工要求和注意点。

（1）一般构造图　图15-13和图15-14所示为桥墩和桥台的一般构造图（比例均为1∶50）。

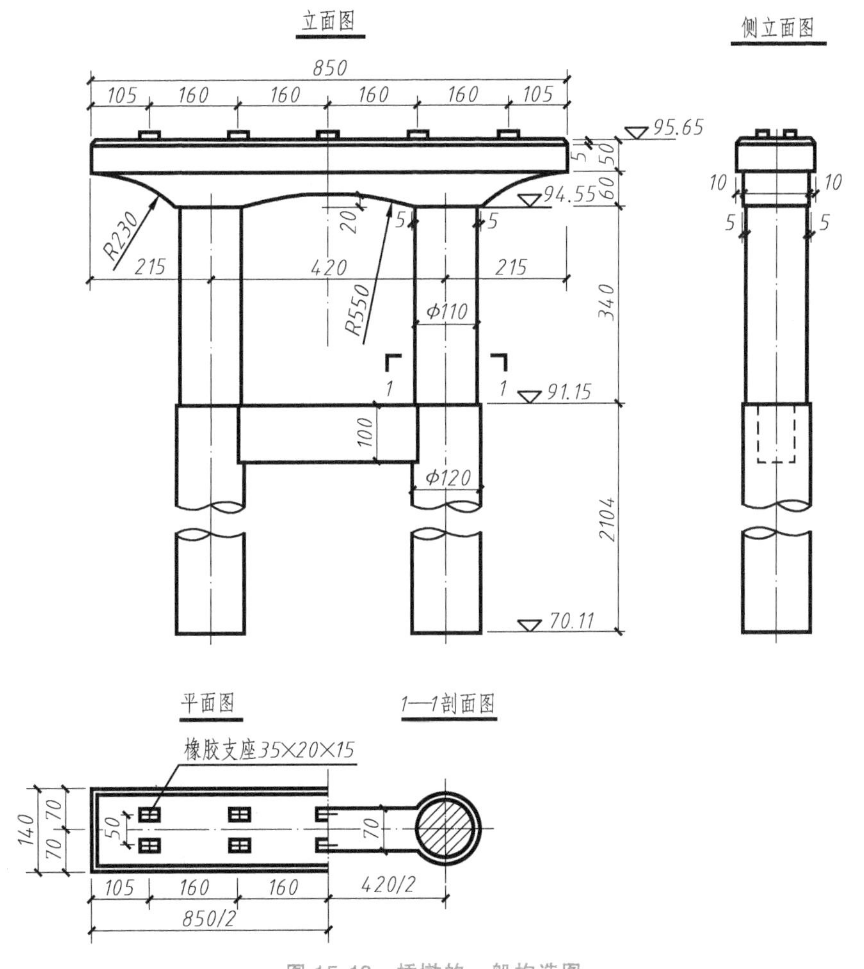

图15-13　桥墩的一般构造图

这种图通常是用投影图（包括剖面图和断面图）来表达它们的各部分形状，并标明详细尺寸。

对于前后形状不一样的桥台，可把它的半个正立面图和半个背立面图拼成一个图形。

T梁桥的上部结构，也需要有一般构造图（纵、横剖面图等），在此不作介绍。

（2）构造详图　桥的上、下部结构中的某个构件的局部构造，如装配式T梁桥上部各片T梁的连接、桥面各部分的构造等，均需画出详图；对钢筋混凝土构件，还需画出钢筋

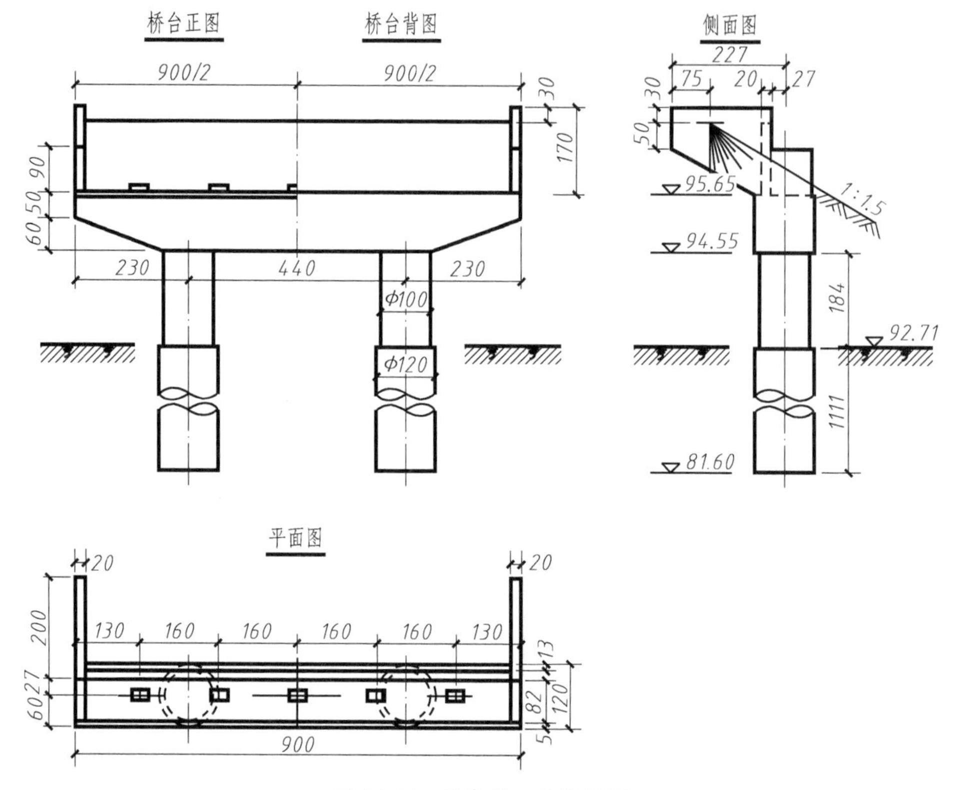

图 15-14　桥台的一般构造图

布置图，以便施工。

图 15-15 所示为 20m 跨径的 T 梁的主梁钢筋布置图，比例为 1∶50。

主梁的钢筋，首先是按钢筋详图成型，将受力钢筋、架立钢筋焊成一片片钢筋骨架。再用箍筋将水平分布钢筋绑扎成一整体（桥梁图中常称这种主梁钢筋布置图为主梁骨架构造图）。为此，图中要有整个主梁的配筋图，即立面图（主梁的翼板和横隔梁用虚线画）、一片钢筋骨架图和各种钢筋的详图；为便于了解钢筋的横向布置情况，应有必要的横断面图。

钢筋的编号有时习惯用在数字前冠以 N 字，有时也用在数字外画圈编号，一张图样中还经常混用，例如 N1 即①、N2 即②等。

在横断面图中，为表示叠置在一起的被截断的钢筋，可改实点为圆圈，并在断面图图形外侧有受力和架立钢筋的地方画出小方格，写出相应的钢筋编号，以便读图。

图 15-15 所示主梁的每片钢筋骨架由①、②、③、④、⑤、⑥、⑦号受力钢筋（主筋）各一根组成，还增补了⑧、⑨、⑩、⑪号焊接斜筋（除⑨号 2 根外，其余各为 1 根）；梁的顶部配置了 1 根⑤号架立钢筋，可按图中所给各尺寸焊接成骨架。至于每号钢筋的直径、长度、形状等，则要依据钢筋详图了。

对照跨中与支点两个横断面图，看出主梁内有两片钢筋骨架。箍筋为⑭号，在支点处改为四支式，编号⑮，箍筋的间距只在支座、跨中和横隔梁处有改变，已在图中表明。水平分布钢筋也有两种⑫和⑬号。

这种将主筋多层叠置焊成骨架的钢筋图，在画图时，故意把每条钢筋之间留出适当空隙，以便于读图。为保证焊接骨架的质量，对焊缝长度有专门的规定，在钢筋图中必须标明

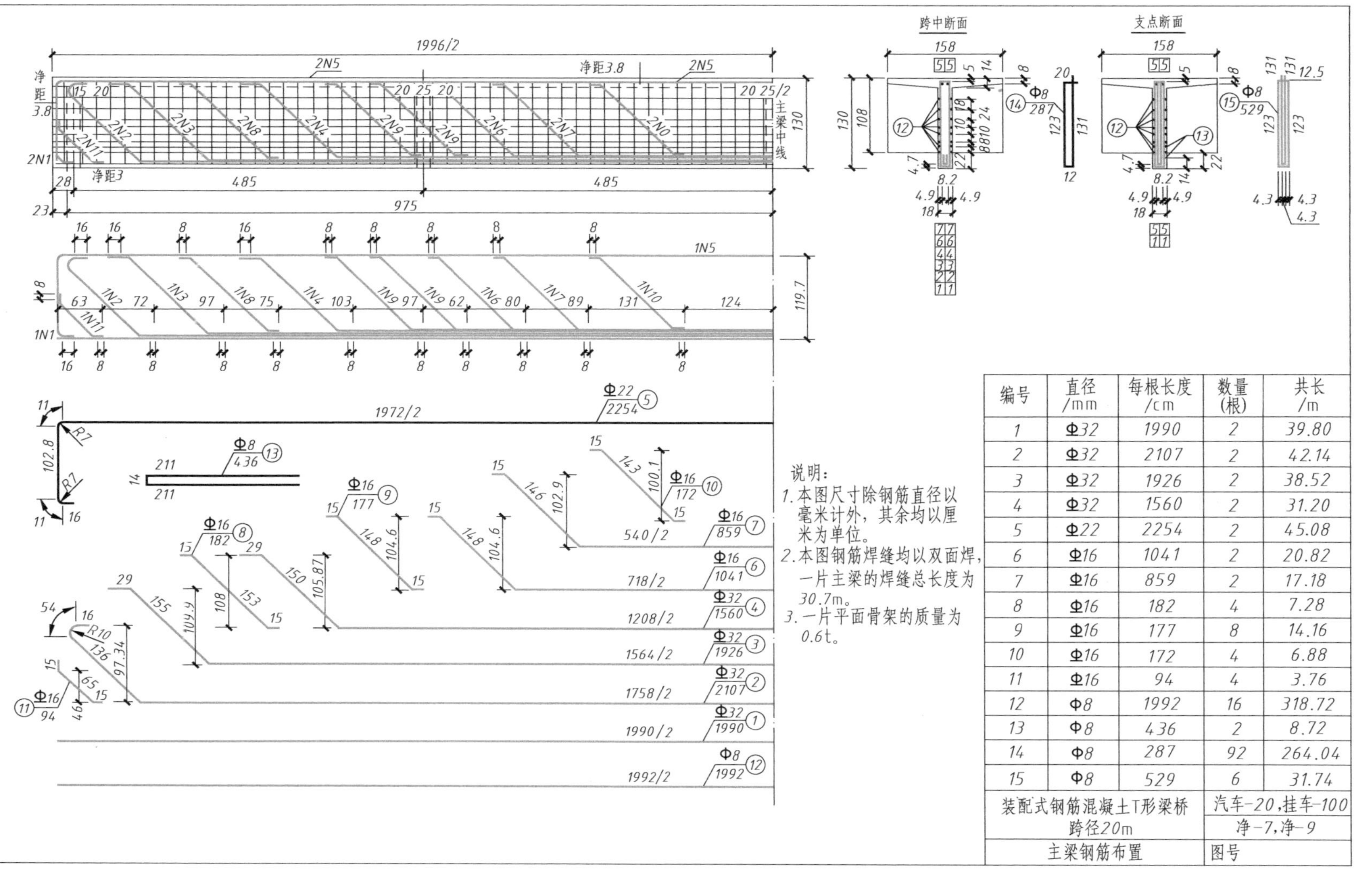

编号	直径/mm	每根长度/cm	数量(根)	共长/m
1	Φ32	1990	2	39.80
2	Φ32	2107	2	42.14
3	Φ32	1926	2	38.52
4	Φ32	1560	2	31.20
5	Φ22	2254	2	45.08
6	Φ16	1041	2	20.82
7	Φ16	859	2	17.18
8	Φ16	182	4	7.28
9	Φ16	177	8	14.16
10	Φ16	172	4	6.88
11	Φ16	94	4	3.76
12	Φ8	1992	16	318.72
13	Φ8	436	2	8.72
14	Φ8	287	92	264.04
15	Φ8	529	6	31.74
装配式钢筋混凝土T形梁桥 跨径20m			汽车-20，挂车-100 净-7，净-9	
主梁钢筋布置			图号	

图 15-15 主梁钢筋布置图

焊缝的位置及其长度。

钢筋表的内容和作用在结构施工图一章中已有介绍，这里不再重复。图 15-15 中还应该有一片主梁钢筋总表，但未示出。

4. 附属设施构造图

附属设施构造图包括支座、桥面连续构造、伸缩装置、栏杆及防撞护栏、人行道、人行扶梯、声屏障、各种过桥管线布置以及养护维修设施等。

综上所述，阅读桥梁工程图的方法和步骤是：首先，了解每张图的标题和标题栏中的内容、技术说明等，做到心中有数；其次，从桥型布置图中分析桥梁各构件的组成及其在桥梁中的相互位置；第三，看各构件的构造图，弄清各构件的形状、大小以及钢筋的布置情况后，最后再回到桥型布置图上，达到对桥的全面了解。

15.4 涵洞工程图

15.4.1 概述

1. 涵洞的概念及分类

涵洞是横贯并埋设在路基或河堤中，用以输水、排水或作为通道的构筑物。它主要是由两部分组成：

1）洞身。洞身是位于路堤中间，保证水流通过的结构物。

2）洞口。洞口是位于洞身两端，用以连接洞身和路堤边坡的结构物。

涵洞的种类繁多，按孔数分为单孔涵、多孔涵；按材料分为石涵、混凝土和钢筋混凝土涵；按构造形式分为圆管涵、拱涵、盖板涵和箱涵等。其中钢筋混凝土圆管涵、盖板涵和箱涵是公路上常见的涵洞。

图 15-16 所示为钢筋混凝土圆管涵的立体图。

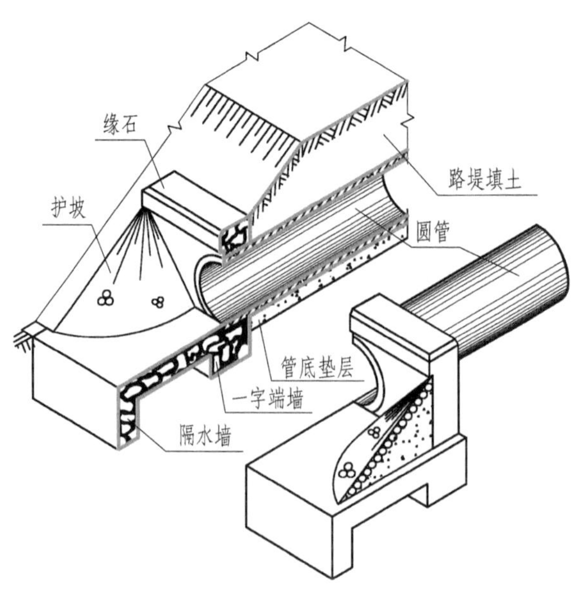

图 15-16 钢筋混凝土圆管涵的立体图

涵洞的构造比较简单，一般只画出以洞口为主的构造图，不须另画构造详图。

2. 涵洞工程图的主要特点

1）表达涵洞构造的投影图，通常是平面图、立面图、剖面图和断面图。涵洞为沿水流方向的狭长构筑物，故把水流方向作为涵洞的纵向。

2）一段路中每个涵洞的位置已于路线工程图中标明，因此在涵洞工程图中，只要标出涵洞本身的尺寸即可。

3）涵洞的体量一般比桥梁小，画图的比例比桥梁大。

15.4.2 涵洞工程图的内容和阅读方法

现以图15-17为例（图的比例为1∶50），说明涵洞工程图的内容和阅读方法。

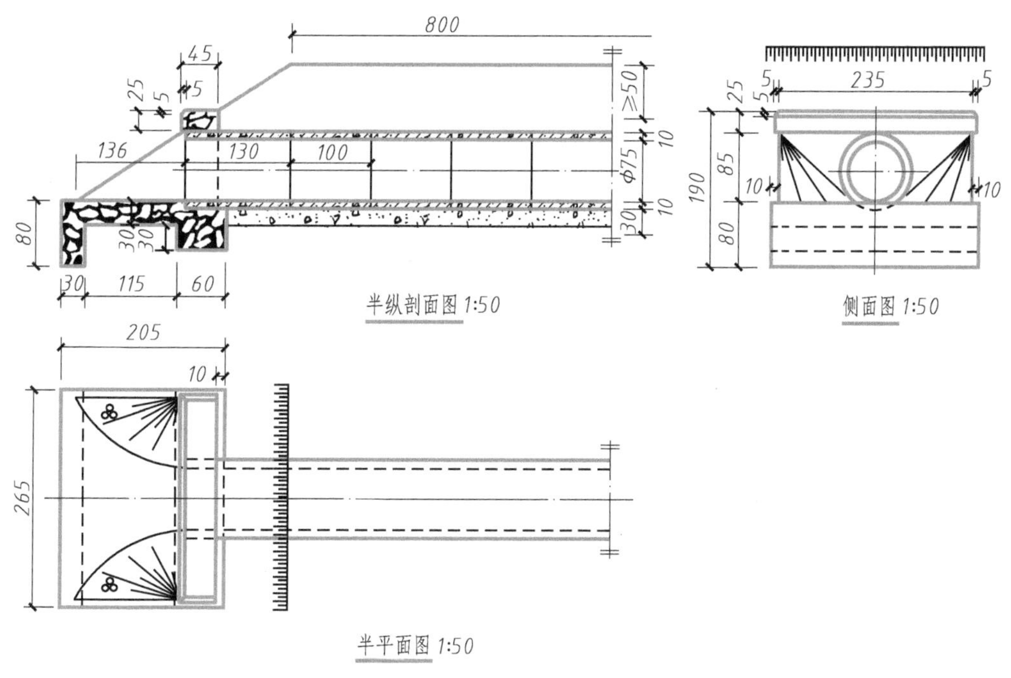

图15-17　钢筋混凝土圆管涵

1. 纵剖面图

纵剖面图是通过洞身圆管的轴线（或洞身的对称平面）剖开的，当涵洞进、出水口相同，涵洞两端对称时，纵剖面可以只画一半（以对称线为界）。纵剖面图主要表明洞身和洞口部分的形状、尺寸和相对位置。

在图15-17的纵剖面图中，所示圆管的直径为75cm，壁厚8cm，端节长1.5m，中节长1m。路基填土厚度等于或大于50cm，路基宽为8m，两边坡坡度为1∶1.5。圆管的纵坡为1%（箭头指明的坡度方向与水流方向相同）。管底有垫层。洞口处可见一字端墙基础的埋深、河床底面的铺砌、隔水墙及锥形护坡的情况。基础的埋深要根据情况选择。再配合技术说明（图中有省略），还可以了解到有关的施工要求。

2. 平面图

它相当于揭去路堤填土而画出的洞口和洞身的水平投影。与纵剖面图配合，平面图也应画出一半（习惯上画出路基边缘线和示坡线）。图中要标明洞口处的主要尺寸。

3. 洞口正面图

它是涵洞洞口的投影图。洞身的不可见部分一般不画，只画端墙及其基础的轮廓线（天然地面以下画虚线）、锥形护坡和路基边缘线，并标明洞口的主要尺寸。如果进、出水洞口形状不一样，可将两侧洞口各画一半拼成一个图形（一样时，也可以左半边画洞口，右半边画洞身断面图）。

思考题

1. 道路工程图主要表示什么内容？一般用哪些图表示？各种图的图示特点如何？
2. 公里桩、百米桩、转角点、水准点、角标等在图中应如何表示？
3. 路线纵断面图和横断面图的形成和主要图示特点如何？
4. 桥梁工程图一般由哪些图组成？主要图示特点如何？
5. 试述涵洞的表示法。

参考文献

［1］ 中华人民共和国住房和城乡建设部. 房屋建筑制图统一标准：GB/T 50001—2017［S］. 北京：中国建筑工业出版社，2018.

［2］ 中华人民共和国住房和城乡建设部. 总图制图标准：GB/T 50103—2010［S］. 北京：中国计划出版社，2011.

［3］ 中华人民共和国住房和城乡建设部. 建筑制图标准：GB/T 50104—2010［S］. 北京：中国计划出版社，2011.

［4］ 中华人民共和国住房和城乡建设部. 建筑结构制图标准：GB/T 50105—2010［S］. 北京：中国建筑工业出版社，2010.

［5］ 中华人民共和国住房和城乡建设部. 建筑给水排水制图标准：GB/T 50106—2010［S］. 北京：中国建筑工业出版社，2010.

［6］ 中华人民共和国住房和城乡建设部. 暖通空调制图标准：GB/T 50114—2010［S］. 北京：中国建筑工业出版社，2010.

［7］ 中华人民共和国建设部. 道路工程制图标准：GB 50162—1992［S］. 北京：中国计划出版社，1993.

［8］ 中华人民共和国住房和城乡建设部. 砖墙建筑、结构构造：15J101—15G612［S］. 北京：中国计划出版社，2015.

［9］ 中华人民共和国住房和城乡建设部. 混凝土结构施工图平面整体表示法制图规则和构造详图：现浇混凝土框架、剪力墙、梁、板：16G101-1［S］. 北京：中国计划出版社，2016.

［10］ 中华人民共和国住房和城乡建设部. 民用建筑设计统一标准：GB 50352—2019［S］. 北京：中国建筑工业出版社，2019.